"十四五"职业教育部委级规划教材

食品加工技术

Shipin Jiagong Jishu

张开屏　张　烨　王凤梅◎主编
孟祥平　侯文慧　庞静静　黄海英　田建军◎副主编

中国纺织出版社有限公司

内 容 提 要

本教材主要介绍了肉制品、焙烤食品、乳制品、软饮料、果蔬、发酵食品加工技术及食品加工新技术。既有培养学生动手能力的基础性实验和常见食品的加工工艺，又介绍了训练学生实践创新能力的新兴技术。本书共7个项目，每个项目以典型食品的加工生产为例，介绍了食品加工生产的技术，并有详细的专项实训，以便师生根据实际情况选择，实现教、学、做一体化。本书适合作为高等职业院校食品检验检测技术、食品质量与安全、食品生物技术等专业的教材，同时也可供中等职业院校、各类食品生产企业等相关专业人员参考。

图书在版编目（CIP）数据

食品加工技术／张开屏，张烨，王凤梅主编. --北京：中国纺织出版社有限公司，2022.1（2023.8重印）

"十四五"职业教育部委级规划教材

ISBN 978 - 7 - 5180 - 8630 - 6

Ⅰ. ①食… Ⅱ. ①张… ②张… ③王… Ⅲ. ①食品加工—高等职业教育—教材 Ⅳ. ①TS205

中国版本图书馆 CIP 数据核字（2021）第 108741 号

责任编辑：郑丹妮 国 帅 责任校对：高 涵
责任印制：王艳丽

中国纺织出版社有限公司出版发行
地址：北京市朝阳区百子湾东里 A407 号楼 邮政编码：100124
销售电话：010—67004422 传真：010—87155801
http://www.c-textilep.com
中国纺织出版社天猫旗舰店
官方微博 http://weibo.com/2119887771
三河市宏盛印务有限公司印刷 各地新华书店经销
2022 年 1 月第 1 版 2023 年 8 月第 2 次印刷
开本：787×1092 1/16 印张：27.25
字数：563 千字 定价：58.00 元

《食品加工技术》编委会成员

主　编　张开屏（内蒙古商贸职业学院）

　　　　张　烨（呼和浩特职业学院）

　　　　王凤梅（内蒙古商贸职业学院）

副主编　孟祥平（乌兰察布职业学院）

　　　　侯文慧（乌兰察布职业学院）

　　　　庞静静（山东科技职业学院）

　　　　黄海英（内蒙古农业大学职业技术学院）

　　　　田建军（内蒙古农业大学）

参　编（按姓氏笔画为序）

　　　　王丽敏（郑州工程技术学院）

　　　　刘　冰（新乡工程学院）

　　　　问亚琴（北京电子科技职业学院）

　　　　李逢振（湖南环境生物职业技术学院）

　　　　杨　希（安徽粮食工程职业学院）

　　　　范丽霞（河南工业贸易职业学院）

　　　　徐莉莉（内蒙古商贸职业学院）

　　　　高秀兰（内蒙古商贸职业学院）

前　言

在我国大力发展高等职业教育的今天,深化对高等职业院校和高等专科院校课程体系和教学内容体系的改革与创新,是实现人才培养目标的核心内容。本教材针对高等职业院校和高等专科院校食品类相关专业的教育要求,本着力求适应社会行业需求,重点突出以实践教学、实训教学和技能培养为主导方向的特点,力求做到精简、精练、实用,增强可操作性。

食品加工技术是高等职业院校和高等专科院校食品检验检测技术、食品质量与安全、食品生物技术等专业的专业核心课程,与众多学科相互渗透,并在实际应用中不断创新和发展,其广度和深度也不断得到拓展。本教材以项目型的方式,介绍了肉制品加工技术、焙烤食品加工技术、乳制品加工技术、软饮料加工技术、果蔬加工技术、发酵食品加工技术、食品加工新技术,以及各类产品质量控制等相关知识,内容体现了应用性和先进性。每个学习项目分解成一个个独立的"工作任务",首先是基础知识的学习任务,之后是实际操作的任务。每完成一项任务就可以掌握一项技能,所有任务完成后,可将获得的基础知识和技能串联起来形成完整的知识链。这样的设计让学生在学习过程中感受到工作的成就感与学习的乐趣,不仅可以提高学习效率,还可为以后的实际工作打下理论和实践的基础。除了项目中的基础知识和技能训练外,各项目后附有项目小结和问题探究,有助于学生梳理总结并系统掌握所学知识。

本教材由内蒙古商贸职业学院张开屏老师组织编写,并对全稿进行了统稿。本书前言、项目6由张开屏(内蒙古商贸职业学院)编写,项目1由王凤梅(内蒙古商贸职业学院)编写,项目2由孟祥平(乌兰察布职业学院)、侯文慧(乌兰察布职业学院)编写,项目3由张烨(呼和浩特职业学院)编写,绪论、项目4由庞静静(山东科技职业学院)编写,项目5由黄海英(内蒙古农业大学职业技术学院)编写,项目7由田建军(内蒙古农业大学)编写。

本教材在编写过程中参考了众多相关的研究论文与著作,引用了大量的文献资料,吸收了多方面的研究成果,绝大部分资料来源已列出,如有遗漏,请相关作者与我联系,同时向这些文献资料的作者表示诚挚的谢意!

由于编者的水平有限,不妥之处,希望兄弟院校及广大读者在使用中多提宝贵意见,以便再版时予以修改完善。

编者

2021 年 9 月

目　录

绪　论

一、食品加工技术概述

1. 食物和食品的概念

食物与食品是既有联系又相互区别的两个概念。

（1）食物的概念

食物是人体生长发育、更新细胞、修补组织、调节机能必不可少的营养物质,也是产生热量、保持体温、进行体力活动的能量来源。在现代社会中,"食物"已不限于其本身的含义,它还蕴涵着文化和物质文明的意义。

（2）食品的概念

一般定义是:经过加工制作的食物被称为食品。

《食品工业基本术语》对食品的定义:可供人类食用或饮用的物质,包括加工食品、半成品和未加工食品,不包括烟草或只作药品用的物质。

《食品安全法》规定:食品是指各种供人食用或者饮用的成品和原料以及按照传统既是食品又是中药材的物品,但是不包括以治疗为目的的物品。

从食品卫生立法和管理的角度来看,广义的食品概念还涉及所生产食品的原料,食品原料种植、养殖过程接触的物质和环境,食品添加的物质,所有直接或间接接触食品的包装材料、设施以及影响食品原有品质的环境。在进出口食品检验检疫管理工作中,通常还把"其他与食品有关的物品"列入食品的管理范畴。

2. 食品的分类

食品的品种成千上万,名称多种多样,目前尚无统一、规范的分类方法。按常规或习惯对食品的分类有以下几种方法:

（1）根据食品的来源分类

①植物性食品。

即可供人食用的植物的根、茎、叶、花、果实及其加工制品。又可大致将其分为粮食及其加工品、油料及其加工品、蔬菜及其加工品、果品及其加工品、茶叶及其加工品等。

②动物性食品。

即可供人食用的动物体、动物产品及其加工品。又可大致将其分为畜肉及其加工品、禽肉及其加工品、乳及乳制品、蛋及蛋制品、水产品及其加工品等。

③矿物性食品。

即可供人食用的矿产品及其加工品,如食盐、食碱、矿泉水等。

④微生物性食品。

即可供人食用的微生物体及其代谢产品。如食用菌及其加工品,食醋、酱油、酒类、味精等发酵食品。

⑤配方食品。

即并不明显以某种自然食物为原料,而是完全根据人的消费需要设计、调配、加工出来的一类食品。这类食品生产原料来源特殊或多样,具有较严格的配方,故称其为配方食品。如果味饮料、碳酸饮料、人造蛋、人造肉等。

⑥新资源食品。

指依据《新资源食品卫生管理办法》,称为新资源食品的产品类别。食品新资源系指在我国新研制、新发现、新引进的无食用习惯或仅在个别地区有食用习惯的,符合食品基本要求的物品。以食品新资源生产的食品称新资源食品(包括新资源食品原料及成品)。

（2）根据加工程度和食用方便性分类

①自然食品。

指可供人直接食用或经加工后可供人食用的来自自然界的产品,主要是来自自然界或农林牧渔业产品,如粮食、蔬菜、果品、食用菌、鱼、虾、蟹贝类等。它们有些可以直接食用（即生食）,如某些蔬菜、果品等,但大多数均需要一定加工后方可食用。自然食品是食品加工生产的主要原料,故又称为原料性食品、食用农产品或食物。

②初加工食品。

即以自然食品为原料,经简单或初步加工后所得的产品,一般不可以直接食用,食用前还需再进一步加工。如面粉、大米、油脂、面条、粉条（丝）、净菜、白条肉等。

③深加工食品。

即以自然食品或初加工食品为原料经进一步加工或加工深度较大、技术含量和原料利用率相对较高的产品。如罐头、果汁、蔬菜汁、色拉油、香肠、火腿、奶粉等。

④方便食品。

一般指经工业化加工,可供人直接食用,且食用的随意性较大不受时间、场所限制的食品。如方便面、方便米饭、火腿肠、糖果、面包、糕点、饼干及其他小食品等,也称其为即食食品。现在也将传统的在家庭、饭店等厨房内完成的加工工作工业化后所加工的产品称为方便食品,如冻饺、净菜等。

（3）根据食品的原料和加工工艺分类

我国按照食品不同的原料和加工工艺将食品分为28大类525种。这28大类食品是粮食加工品,食用油、油脂及制品,调味品,肉制品,乳制品,饮料,方便食品,饼干,罐头,冷冻饮品,速冻食品,薯类和膨化食品,糖果制品（含巧克力及制品）,茶叶,酒类,蔬菜制品,水果制品,炒货食品及坚果制品,蛋制品,可可及焙烤咖啡产品,食糖,水产制品,淀粉及淀粉制品,糕点,豆制品,蜂产品,特殊膳食食品及其他食品。

（4）根据食品的功能特性分类

①嗜好性食品。

指不以为人体提供营养素为基本功能,而具有明显独特的风味特性,能满足人们某种嗜好的食品。如酒类(尤指白酒)、茶叶、咖啡、口香糖等。

②营养性食品。

营养性是所有食品的基本功能,但不同的食品所含营养素的种类及其含量的多少有较大差异,自然食品和绝大多数加工食品,往往存在这样或那样的营养缺陷,不能满足人们对营养素的全面需要,或由于某种或某些营养素的缺乏,导致这种食品的整体营养价值较低。这里所说的营养性食品主要是指从营养学的观点出发,根据营养平衡原理在食品中人为添加某种或某些营养素,或将营养特性不同的几种食品按照一定比例组合搭配,而生产出的营养素种类含量及比例更趋科学合理、营养价值更高的食品,又称为营养强化食品或强化食品,如目前市场上的 AD 钙奶、富铁饼干、多维食品等。

③保健食品。

保健食品是一类新型食品,目前国际上还无统一的定义,又称为功能食品。我国《保健食品管理法》将其定义为:"保健食品系指表明具有特定保健功能的食品。即适宜于特定人群食用,具有调节机体功能,不以治疗疾病为目的的食品。"就是指除了满足食品应有的营养功能和感官功能外,还具有明显的调节人体生理功能的一类食品。

④特殊膳食用食品。

指为满足某些特殊人群的生理需要或者某些疾病患者的营养需要,按特殊配方专门加工的食品。这类食品的成分或含量,应当与可类比的普通食品有显著不同。如婴儿食品、航空员食品等。

⑤休闲食品。

即主要供人们在娱乐时间和空间、旅游途中等,不以充饥为主要目的而消费的一类食品。通常又称其为小食品,如各类瓜子、葵花子、口香糖、泡泡糖等。

（5）根据食品的安全性分类

根据食品不同的安全性可将食品分为无公害食品、绿色食品和有机食品等。

①无公害食品。

指的是无污染、无毒害、安全优质的食品,在国外称无污染食品、生态食品、自然食品。在我国,无公害食品生产地环境清洁,按规定的技术操作规程生产,将有害物质控制在规定的标准内,并通过部门授权审定批准,可以使用无公害食品标志的食品。

②有机食品。

有机食品是指来自有机农业生产体系,根据国际有机农业生产要求和相应的标准生产加工的,并通过独立的有机食品认证机构认证的一切农副产品,包括粮食、蔬菜水果、奶制品、畜禽产品、蜂蜜、水产品、调料等。

③绿色食品。

是指在产、运、销过程中没有受到污染的食品。农业农村部制定的标准如下：一是产品的原料产地具有良好的生态环境；二是原料作物的生长过程中给水、肥、土条件必须符合一定的无公害控制标准，并接受农业农村部农垦司环境保护检测中心的监督；三是产品的生产、加工及包装、贮运过程应符合《中华人民共和国食品安全法》的要求，最终产品根据《中华人民共和国食品卫生标准》检测合格后才准予出售。

3. 食品作为商品应符合的条件

食品一经出售即为商品，作为商品应符合下列两点要求。

①预包装食品应按国家规定具有商标标签，食品营养成分必须标明在商标上，标签应符合 GB 7718—2011《食品安全国家标准　预包装食品标签通则》的有关规定。

②食品应具有本身应有的色泽和形态，香气和味感，营养和易消化性，卫生和安全性，方便性，贮运和耐藏性等特点。

二、食品加工技术的发展历史和现状

1. 食品加工技术的发展历史

我国食品加工技术历史悠久，数千年来，我国人民在长期的劳动实践中创造了许多优良的食品品种和加工方法，积累了丰富的经验。例如，白酒固体发酵、固态蒸馏技术，豆豉、酱油等生产技术，饴糖生产技术，蔬菜的腌（泡）制加工技术，肉类的烟熏保藏技术等。许多特色产品选料严格、制作精细、色、香、味俱佳，广受欢迎，甚至流传国外，食品加工技艺已有相当水平。但一直是手工作坊，直到19世纪末，才开始建立食品加工厂。新中国成立后，我国食品工业迅速得到了恢复和发展，特别是改革开放以来，我国农、林、牧、副、渔业得到了持续稳定的发展，为食品工业提供了充足的资源，目前，我国食品工业已逐步发展与完善，现已经形成具有一定规模的工业体系。我国食品工业现已发展成10大门类45个加工制造业的大行业，包括粮、油、饲料、肉、水产、食盐及其他食品加工业；糕点、糖果、方便主食制造业；乳品制造业；罐头食品制造业；发酵制造业；调味品制造业；食品添加剂制造业；豆制品、淀粉、冷冻品等其他食品制造业；酒精及酒制造业；烟草加工业等。

2. 食品加工技术的现状

"民以食为天"，食品工业现代化和饮食水平是反映人民生活质量和国家文明程度的重要标志。随着我国城市化、工业化、现代化建设步伐的加快和国民经济持续高速的增长，人民生活水平的普遍快速提高，我国食品加工业已经成为国民经济中十分重要的独立的产业体系，成为集农业、制造业、现代流通服务业于一体的增长最快、最具活力的国民经济支柱产业，成为我国国民经济发展极具潜力的新的经济增长点。截至2018年，我国食品加工行业总收入达到12.8万亿元，其中，农产品食品加工市场在我国食品加工行业占据最大份额。该市场的收益达到7.4万亿元，年复合增长率为5.8%。

目前，我国食品加工行业中企业数量过多，整体水平较低，多为中小型企业，形成规模生产的不多。以饮料行业为例,整个行业中企业年平均产量仅 3000 多吨,平均销售收入仅 1000 多万元,销售利润率仅 3% 左右。

　　现代食品工业是与人类营养科学、现代医学、食品安全、食品科学,以及生物技术、信息技术、新材料技术、现代制造技术和智能化控制技术密切关联的"现代食品制造业",是与国计民生和国民的饮食安全、健康及身体素质密切关联的"现代餐桌子工程"。现代食品工业体系的建立与发展,现代食品产业链与供应链的形成,是现代社会保障食品安全和促进农民增收的重要基础和必要条件。应该看到,我国食品工业与世界先进水平相比仍存在巨大差距,在整体上尚处于粗加工多、规模小、水平低、综合利用差、能耗高的发展阶段。当前中国食品工业还是以农副食品原料的初加工为主,精细加工的程度比较低,正处于成长期。如乳品业、罐头产品业的发展现状与其应有的地位、作用有一定差距;方便食品、快餐食品的发展与市场需求存在明显不足等。

三、食品加工技术的研究内容及发展趋势

1. 研究内容

　　本课程主要包括肉制品加工技术、焙烤食品加工技术、乳制品加工技术、软饮料加工技术、果蔬加工技术、发酵食品加工技术等内容,并对当前的一些食品加工新技术,如食品超高压技术、食品微胶囊技术、生物工程技术等进行研究和探讨。

2. 食品加工技术的发展趋势

　　①广泛应用高新技术。

　　工业发达国家将一系列现代营养、生物卫生、食品、电子、光电、电磁、机械程控、材料等科学领域中的高新技术广泛应用于食品工业的科研与各项加工环节,从而提高产品得率与质量,改善产品品质与风味,保证营养与卫生安全,提高生产效率并节能降耗。

　　②发展功能性食品。

　　所谓功能性食品是指对人体具有增强机体防御功能、调节生理节律、预防疾病和促进康复等有关生理调节功能的食品,要求其应具有营养特性、感官特性和生理调节特性 3 个属性。开发的主要功能食品有高纤维食品、美容食品、增强记忆食品、抗劳累食品、催眠食品、戒烟食品、抗过敏食品、预防前列腺肥大食品、维生素 C 功能食品、补钙食品等。

　　③食品加工技术标准逐步向国际标准靠拢。

　　为了国际间技术交流和贸易往来的一致性与协调性,各国食品加工技术标准纷纷向国际标准和欧盟标准靠拢。尤其是 WTO 成员国,分别以国际标准作为制定本国食品加工技术标准方面的基准,进一步巩固国际标准在食品加工技术上的全球化地位。

　　④技术壁垒逐步成为食品加工技术竞争的主要形式。

　　技术壁垒以技术为支撑,提高对进口农产品及其加工装备的技术要求,以增加进口难度,从而达到保护本国利益的目的。据有关资料显示,世界农产品及其加工装备的贸易壁垒,有 80% 以上来自于技术壁垒。近年来,美国、日本及欧盟等发达国家,凭借自身的技术

优势,以保障人类健康、安全、卫生和产品质量为由,采取大量技术性措施在制定农产品及其加工装备技术标准、技术法规等方面设置了大量的技术壁垒。这些技术壁垒措施,不仅成为各国抢占技术竞争制高点的有力手段,而且已发展为技术竞争的主要形式。美国、日本及欧盟等发达国家均建立了技术壁垒体系,其中美国和日本的技术壁垒体系为技术法规、技术标准和认证制度,欧盟的技术壁垒体系为欧共体指令、欧洲统一标准和欧盟"CE"标志等。例如,在欧盟市场上,欧盟各国海关均拒绝未贴"CE"标志的农产品及其加工装备入关。这就对我国食品工业在国际市场竞争和可持续发展方面提出了十分严峻的挑战。

项目 1　肉制品加工技术

【知识目标】

1. 了解肉制品加工的基本原理和主要方法。
2. 掌握常见腌腊肉制品和火腿制品的加工技术。
3. 掌握常见熏烤肉制品加工技术及质量控制要点。
4. 掌握常见罐头肉制品加工技术。
5. 掌握常见酱卤肉制品加工技术以及质量控制要点。

【技能目标】

1. 培养生产加工腌腊肉制品和火腿制品的操作能力。
2. 培养生产加工熏烤肉制品的操作能力。
3. 培养生产加工罐头肉制品的操作能力。
4. 培养生产加工酱卤肉制品的操作能力。

预备知识

一、肉、肉制品与肉制品加工的基本概况

我们通常所说的"肉",是指动物体的可食部分,不仅包括动物的肌肉组织,还包括像心、肝、肾、肠、脑等器官在内的所有可食部分。肉制品是指利用某些设备和技术,以畜禽肉为主要原料,加各种调味料制成半成品或者可以食用的产品。对原料肉进行加工转变的过程,如腌制、灌肠、酱卤、熏烤、蒸煮、脱水、冷冻以及一些食品添加剂的使用等,称为肉制品加工。

肉制品种类繁多,其分类方法也有许多种。根据产地分为中式肉制品和西式肉制品。但是,随着加工方式的不断改进,现在不少肉类制品已经难以区别"中""西"了。根据加工方法,分为腌腊制品、灌装制品、熏烤制品、酱卤制品等。而很多肉制品在加工过程中都是用了几种加工方法,分类是取其中的主要方法。我们结合以上几种分类方法将肉制品大致分为腌腊制品、灌肠制品、罐头制品、酱卤制品、熏烤制品、脱水制品和其他类肉制品(如油炸肉制品、速冻肉制品、低温肉制品)等。

所制成的肉制品,无论采用什么加工方法,都具有滋味鲜美、香气浓郁、色泽诱人的特点。

二、肉制品加工业的历史

我国的肉制品加工源远流长,有着悠久的历史和丰富的内容,是中华民族勤劳智慧的结晶,是祖国文化遗产的组成部分。3000多年前,我国劳动人民就已经用陶瓷器皿保存肉制品。周朝的《周礼》一书涉及了我国的肉制品制作、饮食卫生、辨别食物的优劣以及四季的饮食制度等,对以后的肉制品加工技术有重要的启迪作用。春秋、战国时期的肉制品从《论语》《内经》《墨子》三本书的有关记载可以推断,在春秋战国时代,饮食营养方面的知识已经相当丰富。孔子提出:"食不厌精,脍不厌细"。庄子"庖丁解牛"一文极其生动的描述,可以反映出当时屠宰技术的进步和熟练已经达到炉火纯青的程度。北魏末期《齐民要术》一书中,记录了肉制品生产的主料、配料和加工技术,列出了香肠、肉干、肉脯、糟肉等多种肉制品。清朝乾隆年间,袁枚所著《随园食单》一书中,记载的肉制品种类有四五十种。

金华火腿在我国唐代就有生产,在宋朝时已广泛流行,后来传往欧洲各地,至今意大利、加拿大的火腿还保持中国火腿的特色。镇江肴肉有300多年的历史,北京月盛斋的酱牛肉有200多年的历史,南京香肚也有100年历史,南京板鸭在明朝已为名产。我国地大物博,民族众多,饮食习惯各异。有历史的名特肉制品很多,但早期的肉制品加工大多是民间家庭或者手工作坊制作,而且利用的是传统加工工艺。

新中国成立以后,全国各地建立了一些大中型肉类联合加工厂,从而使肉制品的加工从手工作坊形式逐渐走向工业化生产方式。20世纪80年代初,我国建立了中国肉类食品综合研究中心,与此同时,国家有关轻工业、农业、商业部门及其所属高等院校或研究机构,制定了肉制品加工工艺标准和开展了肉制品开发研究工作。从此,我国肉制品加工在追赶世界先进水平的道路上不断前进。

三、肉制品加工业现状

中国的肉类总产量约占世界肉类总产量的1/3,充足的肉类资源供应为工业发展提供了独特的条件。从肉类行业的结构来看,猪肉、鸡肉、牛肉和羊肉约占肉类总产量的63.4%、23.4%、7.6%与5.6%,猪肉占据主导地位,鸡肉、牛肉和羊肉的数量在稳步增加。中国对肉类的需求大,肉类进口量逐年增加,进出口贸易逆差急剧增加。自2014年起,肉类产品的形式已发生了改变,由原先的冷冻胴体产品升级为速冻便利肉品,冷冻肉冷链物流系统逐步完善,并引入了无线传感和物联网技术。低温肉类加工最大限度地保留了肉类产品的营养和风味。低温肉类产品的保质期短,因此必须配备冷链物流系统和设备,但此技术发展滞后。

四、肉制品加工业存在的问题

目前我国肉类工业与国际先进水平相比存在的差距有:肉品质量、加工水平、技术装备、屠宰方面等。而造成差距较大的主要原因有以下几方面:中国肉制品原料较多,但是其加工转化率较低,根据相关调查数据,我国的肉制品加工转化率仅5%;肉制品加工的质量较低,我国的肉制品经过加工后往往会出现脂肪含水量较高的情况,且供应量不足;肉制品加工产业结构不够合理,我国主要生产鲜冻肉制品,低温肉制品和可供直接食用的肉制品较少,低温肉制品加工市场远低于国外市场;我国肉制品加工技术还有待提升,而且肉制品加工业还未形成规模化发展,这诸多问题都制约着我国肉制品加工行业向更好方面发展。

五、肉制品加工业的发展趋势

就当前发展情况来看,我国肉制品加工行业的发展虽然与国外存在较大差异,但是并不能因此否认其发展潜力。当前我国的肉制品加工行业正处在由劳动密集型产业向技术密集型产业转变的关键时期,其加工技术与管理水平均有明显改观,在一些规模较大的肉制品加工企业中,已经引进了先进的加工设备,与此同时,员工的素质也得到较快提升,对先进技术的理解能力得以加强,对于引进的先进技术能够及时消化,并应用于肉制品加工中,能够较好地控制肉制品加工技术的关键点,推动我国肉制品加工技术迈向新的发展台阶。

肉制品加工的发展趋势主要体现在以下几个方面:

第一,安全卫生将更加严格。政府对食品安全卫生和检测监督将提出越来越严格的法规和措施,促使肉制品加工要应用高新技术和更加严格的管理体制。

第二,提倡营养平衡且利于健康。肉制品减少脂肪,改变不饱和脂肪酸的含量,改变蛋白质组成,如利用大豆蛋白或其他植物蛋白,既可降低成本、解决蛋白质资源不足的问题,又能使营养足够多、合理平衡。

第三,更加注重口味和品种的多样性。适合于大众化、多样化的消费趋势,在满足肉制品普通消费量的基础上,保持和发展具有民族特点或地方特色的口味、风味各异的品种。

第四,方便性更加突出。随着社会生活节奏的加快和收入水平的提高,越来越多的家庭烹饪所花的时间减少,这就对很多方便食品提出了更多的需求,而许多现代化的家用电器如电冰箱、微波炉、烤箱等进入家庭,为家庭劳动社会化创造了条件。快餐已经在快速普及和发展,而肉是快餐中最重要的贡献者,许多肉制品都可以作为或制作快餐食品。

第五,包装质量不断提高。肉类包装要求包装材料应防油、阻气和具有透明性等,因肉制品不同的要求而相应采取气调包装、充气包装或收缩包装,可延长肉的保藏期。就我们国家的情况看,今后10年将是我国肉类行业发展的重要时期。

任务1.1　肉制品加工常用辅料及加工特性

在肉制品加工中除以肉为主要原料外,还使用各种辅料。为了改善和提高肉制品的感官特性及品质,延长肉制品的保存期和便于加工生产,常需另外添加一些可食性物料,这些物料称为辅料。不同的辅料在肉制品加工过程中发挥不同的作用,如赋予产品独特的色、香、味,改善质构,提高营养价值和商品价值,保障消费者的身体健康等。

尽管肉制品加工中常用的辅料种类很多,但大体上可分为三类,即调味料、香辛料和添加剂。

一、调味料

在肉制品加工中,凡能突出肉制品口味,赋予肉制品独特香味和口感的物质统称为调味料。有些调味料也有一定的改善肉制品色泽的作用。

1. 咸味料

咸味在肉制品加工中是能独立存在的味道,主要存在于食盐中。食盐的主要成分是氯化钠,精制食盐中氯化钠的含量在98%以上。

（1）食盐

食盐能去腥,提鲜,解腻,减少或掩饰异味,平衡风味,又可突出原料的鲜香之味,是人们日常生活中不可缺少的食品之一;改善肉制品的质地,增加其嫩度、弹性、凝固性和适口性,使其成品形态完整,质量提高;增加肉糜的黏液性,促进脂肪混合以形成稳定的乳状物;抑制微生物的生长,延长肉制品的保质期。食盐是人体维持正常生理机能所必需的成分,如维持一定的渗透压平衡。

（2）酱油

酱油是我国传统的调味料,优质酱油咸味醇厚、香味浓郁。一般含盐量约为18%,并含有丰富的氨基酸等风味成分。

酱油在肉制品加工中的作用主要是:为肉制品提供咸味和鲜味;酿制的酱油具有特殊的酱香气味,可使肉制品增加香气;酱油生产过程中产生少量的乙醇和乙酸等,具有解除腥腻的作用;在香肠制品中还有促进成熟发酵的良好作用。

（3）豆豉

豆豉又称香豉,是以黄豆或黑豆为原料,利用毛霉、曲霉或细菌蛋白酶分解豆类蛋白质,通过加盐、干燥等方法制成的具有特殊风味的酿造品。豆豉作为调味品,在肉制品加工中主要起提鲜味、增香味的作用。

2. 甜味料

（1）蔗糖

肉制品中添加少量蔗糖可以改善产品的滋味;促进胶原蛋白的膨胀和疏松,使肉质松软、色泽良好;糖比盐更能迅速、均匀地分布于肉的组织中,增加渗透压,形成乳酸,降低 pH 值,有保鲜作用。蔗糖添加量在 0.5% ~1.5% 为宜。

（2）葡萄糖

葡萄糖为白色晶体或粉末,除可以改善产品的滋味外,还可形成乳酸,有助于胶原蛋白的膨胀和疏松,使制品柔软。葡萄糖的保色作用较好,而蔗糖的保色作用不太稳定。肉品加工中葡萄糖的使用量为 0.3% ~0.5%。

（3）饴糖

饴糖主要是麦芽糖（50%）、葡萄糖（20%）和糊精（30%）混合而成。饴糖甜柔爽口，有吸湿性和黏性。肉制品加工中常用作烧烤、酱卤和油炸制品的增色剂和甜味剂。

3. 酸味料

（1）食醋

食醋是以谷类及麸皮等经过发酵酿造而成。食醋中的主要成分为醋酸，含醋酸3.5%以上。具有促进食欲、帮助消化、一定防腐去膻腥的作用。当酸类与醇类在一起时，就会发生酯化反应，在风味化学中称为"生香反应"。食醋还能在烹制过程中使原料中的维生素少受或不受损失。另外，醋还具有医疗保健功能。骨头汤中加少量食醋可以增加汤的适口感及香味，并利于增加骨中钙的溶出。

（2）柠檬酸及其钠盐

柠檬酸及其钠盐不仅是调味料，还可作为肉制品的改良剂。如用氢氧化钠和柠檬酸盐等混合液来代替磷酸盐，提高pH值至中性，也能达到提高肉品持水性、嫩度和出品率的目的。

4. 鲜味剂

（1）谷氨酸钠

谷氨酸钠即"味精"，是食品烹调和肉制品加工中常用的鲜味剂。谷氨酸钠为无色至白色柱状结晶或结晶性粉末，具特有的鲜味，略有甜味或咸味。

（2）肌苷酸钠

肌苷酸钠是白色或无色的结晶性粉末。肌苷酸钠鲜味是谷氨酸钠的10～20倍，一起使用，效果更佳。

（3）鱼露

鱼露又称鱼酱油，它是以海产小鱼为原料，用盐或盐水腌渍，经长期自然发酵，取其汁液滤清后而制成的一种咸鲜味调料。鱼露营养十分丰富，蛋白质含量高，其呈味成分主要是呈鲜物质肌苷酸钠、鸟苷酸钠、谷氨酸钠、琥珀酸钠等，鱼露在肉制品加工中的应用主要起增味、增香及提高风味的作用。

二、香辛料

1. 香辛料介绍

香辛料又名增香剂，是一类能改善和增强食品香味和滋味的食品添加剂。因其多以植物的果实、花、皮、蕾、叶、茎、根等新鲜、干燥或粉碎状态使用，故称其为天然香辛料。香辛料的辛味比较强，依其具有辛辣和芳香气味的程度，可分为辛辣性和芳香性香辛料两种。许多香辛料有抗菌、防腐、抗氧化作用，同时还有特殊生理药理作用。

2. 常用的香辛料

（1）葱

在肉制品中添加葱，可增加香味、除去腥气、促进食欲，并有开胃消食以及杀菌发汗的功能。广泛用于酱制、红烧类产品,特别是酱猪肝、肚、舌、蹄等制品,葱更是必不可少的调料。

（2）姜

姜具有独特强烈的姜辣味和爽快风味。姜可鲜用,也可干制后供调味用,具有去腥调味、促进食欲、开胃驱寒和减腻解毒的功效。在肉品加工中常用于酱卤、红烧罐头等的调香。

（3）大蒜

大蒜在肉制品加工中作配料和调味,具有突出的去腥解腻、提味增香的作用。大蒜所含的蒜素、丙酮酸和氨等,可把产生腥膻异味的三甲胺加以溶解,并随加热而挥发掉,具有较强的杀菌能力,故有压腥去膻、增加肉制品蒜香味、刺激胃液分泌、促进食欲和杀菌的功效。

（4）洋葱

洋葱性温、味辛辣强烈。洋葱皮色有红皮、黄皮和白皮之别。洋葱以鳞片肥厚、抱合紧密、没糖心、不抽芽、不变色、不冻者为佳。洋葱有独特的辛辣味,在肉制品中主要用来调味、增香,促进食欲等。

（5）辣椒

辣椒中含有大量的辣椒碱,其辣味的主要来源是辣椒碱中的辣椒素。辣椒在调味时香味倍增。原因在于辣椒中还含有部分维生素和胡萝卜素,以及乳酸、柠檬酸、酒石酸等有机酸和钙、磷、铁等矿物质。加热会使胡萝卜素、有机酸和部分矿物质等也溶解于油脂,增强了制品的鲜红色泽和芳香味。

（6）花椒

花椒的香气主要来自花椒果实中的挥发油,油中含有异茴香醚,具有特殊的强烈芳香气,且味辛麻而持久。生花椒麻且辣,炒熟后香味才溢出。肉制品加工中应用它的香气可达到除腥去异味、增香和味、防哈变的目的,同时还有杀菌、抑菌等作用。

（7）胡椒

胡椒气味芳香,有刺激性及强烈的辛辣味,胡椒成分因加工不同而分白胡椒、黑胡椒。黑胡椒是球形果实在成熟前采集,经热水短时间浸泡后,不去皮阴干而成;白胡椒是成熟的果实经热水短时间浸泡后去果皮阴干而成。胡椒在肉制品中有去腥、提味、增香、增鲜、和味及除异味等作用。

（8）大茴香

大茴香有强烈的山楂花香气,味甜,性温和、有去腥和防腐的作用。鲜果绿色,成熟果深紫色,暗而无光。干燥果呈棕红色,并具有光泽。果实含精油2.5%～5%,其中以茴香脑为主（80%～85%）。

（9）小茴香

小茴香气味芳香,是肉制品加工中常用的调香料,有增香调味、防腐除腥的作用。炖牛羊肉时加入小茴香味道更鲜美。

（10）豆蔻

豆蔻具有强烈的香气。豆蔻用于肉制品加工时,将果实磨成粉加入制品中,具有良好的调味作用,特别在灌肠中广泛采用。

（11）肉豆蔻

肉豆蔻挥发油中含有肉豆蔻醚,气味极芳香。在肉制品加工中,加入肉豆蔻有增香去腥的调味功能,有暖胃止泻、止吐镇呃等功效,亦有一定抗氧化作用。肉豆蔻为酱卤制品必用的香料,也常在高档灌肠制品中使用。

（12）肉桂

肉桂以不破碎、外皮细、肉厚、断面紫红色、油性大、香气浓厚、味甜辣者为上品。在肉制品加工中,肉桂是一种主要的调味香料,加入烧鸡、烤肉及酱肉制品中,能增加特殊的香气和风味。

（13）陈皮

陈皮为柑橘在10～11月份成熟时采收剥下果皮晒干所得。含挥发油,有强烈的芳香气,味辛苦。中国栽培的柑橘品种甚多,其果皮均可作调味香料用。陈皮在肉制品生产中用于酱卤制品,可增加复合香味。

（14）丁香

丁香气味强烈芳香、浓郁,味辛辣麻。以朵大、油性足、香气浓郁、入水下沉者为佳品。磨碎后加入肉制品中,香气极为显著。丁香的香气特别浓,调味时能掩盖其他香料香味,用量不能多。

（15）砂仁

砂仁有温脾止呕、化湿顺气和健胃的功效,亦有矫臭去腥、提味增香的作用,是肉制品中重要的调味香料。含有砂仁的制品,食之清香爽口,风味别致。

三、添加剂

添加剂是指食品在生产加工和贮藏过程中加入的少量物质。添加这些物质有助于食品品种多样化,改善其色、香、味、形,保持食品的新鲜度和质量,并满足加工工艺过程的需求。肉品加工中经常使用的添加剂有以下几种。

1. 发色剂

肉制品加工中最常用的是硝酸盐及亚硝酸盐。

（1）硝酸盐（硝酸钾或硝酸钠）

硝酸盐是无色结晶或白色结晶粉末,稍有咸味,易溶于水。硝酸盐在肉中亚硝酸盐菌或还原物质作用下,还原成亚硝酸盐,然后与肉中的乳酸反应而生成亚硝酸,亚硝酸再分解生成一氧化氮,一氧化氮与肌肉组织中的肌红蛋白结合生成亚硝基肌红蛋白,使肉呈现鲜艳的肉红色。

在实际生产中,为保证良好的发色效果和抑制腐败菌的生长,一般加硝酸盐腌制是在
0 ~ 7℃的低温下进行。

（2）亚硝酸钠

亚硝酸钠除防止肉品腐败、提高保存性之外,还具有改善风味、稳定肉色的特殊功效,
此功效比硝酸盐还要强10倍,所以在腌制时与硝酸盐混合使用,能缩短腌制时间。亚硝酸
盐毒性强,用量要严格控制。GB 2760—2014中对硝酸钠和亚硝酸钠的使用量规定如下。

使用范围:肉类罐头、肉制品。最大使用量:硝酸钠0.5 g/kg,亚硝酸钠0.15 g/kg。最
大残留量(以亚硝酸钠计):肉类罐头不得超过50 mg/kg;肉制品不得超过30 mg/kg。

2. 发色助剂

（1）抗坏血酸、抗坏血酸钠

抗坏血酸即维生素C,具有很强的还原作用,即使硝酸盐的添加量少也能使肉呈粉红
色。但是对热和重金属极不稳定,因此一般使用稳定性较高的钠盐,另外,腌制剂中加入谷
氨酸也会增加抗坏血酸的稳定性。

（2）异抗坏血酸、异抗坏血酸钠

异抗坏血酸钠是抗坏血酸钠的异构体。它的性质与抗坏血酸相似,发色、防止褪色及
防止亚硝胺形成。作为助发色剂使用,加速了颜色的合成和保持了颜色的稳定,使肉制品
在存放过程中保持了色、香、味的统一。

3. 增稠剂

增稠剂又称赋形剂、黏稠剂,具有改善和稳定肉制品物理性质或组织形态、丰富食用的
触感和味感的作用。

（1）淀粉

在中式肉制品中,淀粉能增强制品的感官性能,保持制品的鲜嫩,提高制品的滋味,对
制品的色、香、味、形各方面均有很大的影响。

（2）大豆分离蛋白

粉末状大豆分离蛋白加入肉组织时,能改善肉的质地,增加肉制品的保水性、保油性和
肉粒感,此外,大豆蛋白还有很好的乳化性。

（3）明胶

明胶是用动物的皮、骨、软骨、韧带、肌膜等富含胶原蛋白的组织,经部分水解后得到的
高分子多肽的高聚合物。明胶胶冻富有弹性、口感柔软,胶冻的溶解与凝固温度在25 ~
30℃。明胶形成的胶冻具有热可逆性,加热时熔化,冷却时凝固,这一特性在肉制品加工中
常常有所应用,如制作水晶肴肉、水晶肠等。

（4）琼脂

琼脂为多糖类物质,主要为聚半乳糖苷。琼脂在开始凝胶时,凝胶强度随时间延长而
增大,但完全凝固后因脱水收缩,凝胶强度下降。琼脂凝胶坚固,可使产品有一定形状,但
其组织粗糙、发脆、表面易收缩起皱。尽管琼脂耐热性较强,但是加热时间过长或在强酸性

条件下也会导致胶凝能力消失。

任务1.2　腌腊肉制品及火腿制品加工技术

腌腊肉制品是肉经腌制、酱制、晾晒（或烘烤）等工艺加工而成的生肉类制品，食用前需经熟化加工。根据腌腊肉制品的加工工艺及产品特点将其分为咸肉类、腊肉类、酱肉类、风干肉类和腊肠类。

一、腌腊肉制品特点

1. 咸肉类

肉经腌制加工而成的生肉类制品，食用前需经熟制加工。咸肉又称腌肉，其主要特点是成品肥肉呈白色，瘦肉呈玫瑰红色或红色，具有独特的腌制风味，味稍咸。常见咸肉类有咸猪肉、咸羊肉、咸水鸭、咸牛肉和咸鸡等。

2. 腊肉类

肉经食盐、硝酸盐、亚硝酸盐、糖和调味香料等腌制后，再经晾晒或烘烤或烟熏处理等工艺加工而成的生肉类制品，食用前需经熟化加工。腊肉类的主要特点是成品呈金黄色或红棕色，产品整齐美观，不带碎骨，具有腊香风味。腊肉类主要代表有中式火腿、腊猪肉、腊羊肉、腊牛肉、腊兔、腊鸡、板鸭、板鹅等。

3. 酱肉类

肉经食盐、酱料（甜酱或酱油）腌制、酱渍后，再经脱水（风干、晒干、烘干、熏干等）而加工制成的生肉类制品，食用前需经煮熟或蒸熟加工。酱肉类具有独特的酱香味，肉色棕红。酱肉类常见有清酱肉（北京清酱肉）、酱封肉（广东酱封肉）和酱鸭（成都酱鸭）等。

4. 风干肉类

肉经腌制、洗晒（某些产品无此工序）、晾挂、干燥等工艺加工而成的生肉类制品，食用前需经熟化加工。风干肉类干而耐咀嚼，回味绵长。常见风干肉类有风干猪肉、风干牛肉、风干羊肉、风干兔和风干鸡等。

5. 腊肠类

传统中式腊肠俗称香肠，是指以猪肉为主要原料，经切、绞成丁，配以辅料，灌入动物肠衣再晾晒或烘焙而成的肉制品，是中国著名的传统风味肉制品。

二、腌制原理

腌制是借助盐或糖扩散渗透到组织内部，降低肉组织内部的水分活度，提高渗透压，有选择地控制有害微生物或腐败菌的活动并伴随着发色、成熟的过程。它不仅可以改变细菌菌属状况，抑制微生物的生长繁殖，提高防腐性，增强肉的保水性、黏结性，促进加热凝胶的形成，稳定肉的颜色，还可以形成并保持具有独特的盐腌风味，从而改善和提高肉制品的风味。

1. 抑菌防腐

肉的腌制就是利用加入一定量的盐类(如食盐)起到抑菌防腐和延长贮藏期的作用,盐类抑菌防腐主要表现在以下几个方面。

(1)脱水作用

食盐可以提高肉制品的渗透压,从而抑制微生物的生长。当食盐含量超过10%时,微生物细胞脱水,造成质壁分离,大部分微生物的生长活动就会受到暂时的控制。当食盐含量达到15%~20%,则大多数微生物停止生长。

(2)降低水分活度

一般微生物的生长都有其适当的水分活度(Aw)范围,低于这一范围,该微生物将不能生长。盐加入后由于离子周围限制了大量的水分子,大大降低了Aw,从而抑制了微生物的生长。Aw-微生物-肉制品的关系见表1-2-1所示。

表1-2-1　Aw-微生物-肉制品关系

Aw	在Aw以下被抑制增殖的微生物
0.95	革兰阴性杆菌,芽孢细菌的一部分,某种酵母
0.91	大部分的球菌、乳酸菌、某种霉菌
0.87	大部分的酵母
0.80	大部分的霉菌,金黄色葡萄球菌
0.75	好盐细菌
0.65	耐干性霉
0.60	好渗透压酵母
0.50	微生物不繁殖

Aw	常见肉制品的Aw范围
0.99~0.98	生鲜肉及腌制肉
0.98~0.96	蒸煮火腿、香肠
0.93	培根
0.80	干香肠

(3)毒性作用

一般来说,微生物对钠很敏感。在Na^+含量较低时,对微生物的生长有促进作用(如生理盐水),但当超过一定的含量时就会抑制微生物的生长。Na^+能和细胞原生质中的阴离子结合,因而对微生物产生毒害作用。同样,Cl^-会和细胞原生质中阳离子结合,从而使微生物生命活动受到抑制。

（4）影响酶活性

微生物分泌出来的酶很容易遭到盐液的破坏，这可能是因为盐液中的离子破坏了酶蛋白质分子中的氢键或与肽键结合，从而影响了酶的活性。

（5）去氧作用

由于盐的存在大大降低了盐液中氧的溶解度，从而形成了缺氧环境，不利于好氧菌的生长。同时，也减少了脂肪被氧化的机会。

2. 呈色

在腌制过程中，硝酸盐类与肌红蛋白发生一系列作用，而使肉制品呈现诱人的色泽。目前普遍接受的观点是亚硝基肌红蛋白（NO – Mb）是构成腌肉颜色的主要成分。亚硝基肌红蛋白生成量的多少受很多因素的影响。

（1）亚硝酸盐的使用量

肉制品的色泽与亚硝酸盐的使用量有关，用量不足时，颜色淡而不均，在空气中氧气的作用下会迅速变色，造成贮藏后色泽的恶劣变化。为了保证肉呈红色，亚硝酸钠的最低用量为 0.05 g/kg；为了确保安全，最大使用量为 0.15 g/kg，在这个范围内根据肉类原料的色素蛋白数量及气温情况变动。

（2）肉的 pH 值

亚硝酸钠只有在酸性介质中才能还原成 NO，一般发色的最适宜的 pH 值范围为 5.6 ~ 6.0。有时为了提高肉制品的持水性，常加入碱性磷酸盐，造成 pH 值向中性偏移，往往使呈色效果不好，pH 值接近 7.0 时肉色就淡，所以必须注意其用量。但过低的 pH 值环境中，亚硝酸盐的消耗量增大，如过量使用亚硝酸盐，又容易引起绿变。

（3）温度

生肉呈色的进行过程比较缓慢，经过烘烤、加热后，反应速度加快。如果配好料后不及时处理，生肉就会因氧化作用而褪色，这就要求迅速操作，及时加热。

（4）添加剂

添加抗坏血酸，当其用量高于亚硝酸盐时，在腌制时可起助呈色作用，在贮藏时可起护色作用；蔗糖和葡萄糖可影响肉色强度和稳定性；加烟酸、烟酰胺也可形成比较稳定的红色。但这些物质没有防腐作用，所以暂时还不能代替亚硝酸钠。此外，有些香辛料对亚硝酸盐还有消色作用。

（5）其他因素

微生物和光线等影响腌肉色泽的稳定性。正常腌制的肉，切开置于空气中后切面会褪色发黄，这是因为 NO – Mb 在微生物的作用下引起卟啉环的变化。NO – Mb 在光的作用下失去 NO，再氧化成高铁血色原，高铁血色原在微生物等的作用下，使得血色素中的卟啉环发生变化，生成绿色、黄色、无色的衍生物。这种褪色、变色现象在脂肪酸败及有过氧化物存在时可加速发生。

综上所述，为了使肉制品获得鲜艳的颜色，除了要有新鲜的原料外，必须根据腌制时间长短,选择合适的发色剂,掌握适当的用量,在适宜的 pH 值条件下严格操作。此外,要注意低温、避光,并采用添加抗氧化剂、真空或充氮包装、添加去氧剂等方法避免氧的影响,保持腌肉制品的色泽。

3. 风味形成

腌肉中形成的风味物质主要为羰基化合物、挥发性脂肪酸、游离氨基酸、含硫化合物等物质,当腌肉加热时就会释放出来,形成特有风味。风味的产生在腌制 10 ~ 14 d 后出现,40 ~ 50 d 达到最大程度。

腌肉制品的成熟过程不仅是蛋白质和脂肪分解形成特有风味的过程,而且是腌制剂(如食盐、硝酸盐、亚硝酸盐、异抗坏血酸盐以及糖分等)在肉内进一步均匀扩散,并和肉内成分进一步反应的过程。腌肉成熟过程中的化学和生物化学变化,主要由微生物和肉组织内本身酶活动所引起。腌制成熟后的肉会出现鲜味或软嫩感。这可能是由于蛋白质被分解为多肽、寡肽、氨基酸等小分子物质。

亚硝酸盐是腌肉的主要特色成分,它除了具有发色作用外,对腌肉的风味有着重要影响。大量研究发现腌肉的芳香物质色谱要比其他肉简单得多,其中腌肉中少去的大都是脂肪氧化产物,因此推断亚硝酸盐(抗氧化剂)抑制了脂肪的氧化,所以腌肉体现了肉的基本滋味和香味,减少了脂肪氧化所产生的特有风味及过度蒸煮味,后者也是脂肪氧化产物所致。

4. 保水

腌制可提高肉持水性这种作用主要是盐使肉中的蛋白质成分发生一些质构上的变化,从而提高持水能力。在肉腌制中常用磷酸盐,其提高肉持水性的作用机制可能为下列四个方面。

(1)pH 值上升

磷酸盐溶液呈碱性,可以使肉的 pH 值向碱性方向偏移。一般来说,持水性在 pH 值 5.5 左右最低,当其向碱性偏移后,持水性提高。

(2)螯合作用

聚磷酸盐有与多价金属离子结合的性质,聚磷酸盐的加入,可以结合原来与结构蛋白结合的钙、镁离子,使结构蛋白质的羧基被释放出来。由于羧基之间静电力的作用,使蛋白质结构松弛,可以使更多的水被吸收。

(3)增加离子强度

聚磷酸盐是具有多价阴离子的化合物,因而在较低的浓度下可以具有较高的离子强度,这有利于肌球蛋白转变为溶胶状态,提高持水性。

(4)肌球蛋白与低聚合度磷酸盐的特异作用

肌球蛋白与低聚合度的磷酸盐可以发生类似于肌球蛋白与 ATP 所发生的作用。肌球蛋白的增加,有利于持水性的提高。

肉制品加工过程中除了通过腌制提高持水性外,通常还配合使用滚揉法或添加大豆蛋白等方法提高肉制品的保水性能。

三、腌制方法

肉的腌制方法很多,大致可分为干腌法、湿腌法、混合腌制法、注射腌制法等。随着技术的进步,近年又发展了一系列加速腌制的方法,为腌制加工工业化生产提供了方便。

1. 干腌法

干腌法是利用干盐(结晶盐)或混合盐,先在肉品表面擦透,即有汁液外渗现象,而后层堆在腌制架上或层装在腌制容器里,各层间还应均匀地撒上食盐,各层依次压实,在外加压或不加压的条件下,依靠外渗汁液形成盐液进行腌制的方法。

在腌制过程中常需要定期将上、下层肉品依次翻装,又称翻缸。翻缸同时要加盐复腌,每次复腌的用盐量为开始腌制时用盐量的一部分,一般需复腌 2～4 次,视产品种类而定。

干腌法的优点是操作简便,制品较干,易于保藏,无须特别当心,营养成分流失少,风味较好。其缺点是盐分向肉品内部渗透较慢,腌制时间较长,内部易变质;腌制不均匀,失重大,味太咸,色泽较差。

2. 湿腌法

湿腌法即盐水腌制法。就是在容器内将肉品浸没在预先配制好的食盐溶液内,并通过扩散和水分转移,让腌制剂渗入肉品内部,并获得比较均匀的分布,直至它的浓度和盐液浓度相同的腌制方法。

此方法常用于分割肉、肋部肉的腌制。配制腌制液时,一般是用沸水将各种腌制材料溶解,冷却后使用。腌制温度 3～5℃,时间 4～5 d。

腌制过程由于肉中水分外移,从而导致盐液含量下降,且容易局部含量不均。因此,腌制过程应适当地增添盐以及经常翻缸,以保证维持均匀的一定含量。湿腌时一般盐液含量较高,通常不低于 25%,而硝酸盐(硝酸钾或硝酸钠)含量不低于 1%。

湿腌法的缺点是其制品的色泽和风味不及干腌制品,腌制时间比较长,肉质柔软,蛋白质流失较多,因含水分多不易保藏。

3. 混合腌制法

混合腌制法是可先干腌而后湿腌,是干腌和湿腌互补的一种腌制方法。干腌和湿腌相结合可以避免湿腌液因食品水分外渗而降低浓度,因为干腌可及时溶解外渗水分;同时腌制时不像干腌那样促进食品表面发生脱水现象;另外,内部发酵或腐败也能被有效阻止。

混合腌制法防止了肉的过分脱水和蛋白质的损失,增加了制品贮藏时的稳定性。

4. 注射腌制法

传统的干腌和湿腌法,腌制剂的渗透和扩散受盐水浓度和温度影响,腌制时间长,条件不易控制,且腌制不均匀。注射腌制法是进一步改善湿腌法的一种措施,为了加速腌制时的扩散过程,缩短腌制时间,最先出现了动脉注射腌制法,其后又发展了肌肉注射腌制法。

(1)动脉注射腌制法

此法是用泵将盐水或腌制液经动脉系统压送入分割肉或腿肉内,是散布盐液的最好方法。

注射用的单一针头插入前后腿上股动脉的切口内,然后将盐水或腌制液用注射泵压入腿内各部位,使其质量增加 8% ~ 10%,有的增至 20% 左右。

动脉注射的优点是腌制速度快,进而出货迅速;其次是得率比较高。缺点是只能用于腌制前后腿,胴体分割时还要注意保证动脉的完整性,腌制的产品容易腐败变质,故需要冷藏运输。

（2）肌肉注射腌制法

此法有单针头和多针头注射法两种。肌肉注射用的针头大多为多孔的。注射腌制法的特点是肉注射盐水后不用浸渍,腌制温度比传统方法高 3 ~ 5℃,腌制时间短、效率高,但其成品质量不及干腌制品,风味略差,煮熟时肌肉收缩的程度也比较大。

此外,为进一步加快腌制速度和盐液吸收程度,注射后通常采用按摩或滚揉操作,即利用机械的作用促进盐溶性蛋白质抽提,以提高制品保水性,改善肉质。

5. 新型快速腌制

（1）预按摩法

腌制前采用 60 ~ 100 kPa/cm^2 的压力预按摩,可使肌肉中肌原纤维彼此分离,并增加肌原纤维间的距离使肉变松软,加快腌制材料的吸收和扩散,缩短总滚揉时间。

（2）无针头盐水注射

不用传统的肌肉注射,采用高压液体发生器,将盐液直接注入原料肉中。

（3）高压处理

高压处理由于使分子间距增大和极性区域暴露,提高肉的持水性,改善肉的出品率和嫩度。据 Nestle 公司研究结果,盐水注射前用 2000 Bar（1 Bar $= 10^5$ Pa）高压处理,可提高 0.7% ~ 1.2% 出品率。

四、腌制注意事项

1. 肉块腌透、腌好

一般说来,腌制液完全渗透到肉内为腌透标志。目前尚无仪器能测量,全靠眼睛观察肉的色泽变化来判定。方法是用刀切开最厚肌肉,若整个断面呈玫瑰红色,指压弹性均相等,无黏手感,说明已达到腌透的要求;若中心部位颜色仍呈暗红色则表明未腌透。

2. 腌液浓度及温度

肉中盐的扩散速度与盐液浓度和温度密切相关。盐液与肉组织的盐浓度差距越大,扩散速度越快。温度越高,速度越快,但在温度高的情况下,细菌繁殖也越迅速,肉容易变质。腌制时最适宜的温度为 2 ~ 4℃。

3. 腌液处理

由于冷库温度偏高或肉质不新鲜等原因,腌制液往往酸败变质,致使肉变坏。变质的腌制液特征是水面浮有一层泡沫或小气泡上升,这在反复利用腌制液时更易出现。因此,在重复使用腌液时需先撇去浮在上面的泡沫,滤去杂质,再将滤液经80℃、0.5 h杀菌,充分冷却。

4.腌制时间

影响腌制成熟的因素是多方面的,如季节、库温、湿度、盐液浓度、硝酸盐用量等。只有按色泽变化情况勤检查,逐步探索出本地区各个季节、各个品种的最佳腌制时间。

五、典型腌腊肉制品的加工

1.咸肉加工

咸肉是以鲜肉或冻猪肉为原料,用食盐腌制而成的肉制品。中国各地都有生产,品种繁多,式样各异,其中以浙江咸肉、如皋咸肉、四川咸肉、上海咸肉等较为有名。如浙江咸肉皮薄、颜色嫣红、肌肉光洁、色美味鲜、气味醇香、便于久藏。

咸肉也可分为带骨和不带骨两种,加工工艺大致相同,其特点是用盐量多。

（1）工艺流程

原料选择→修整→开刀门→腌制→成品

（2）技术要领

①原料选择。

鲜猪肉或冻猪肉都可以作为原料,肋条肉、五花肉、腿肉均可,但需肉色好,放血充分,且必须经过卫生检验部门检疫合格,若为新鲜肉,必须摊开凉透;若是冻肉,必须解冻微软后再进行分割处理。

②修整。

先削去血脖部位污血,再割除血管、淋巴、碎油及横膈膜等。

③开刀门。

为了加速腌制,可在肉上割出刀口,俗称"开刀门"。刀口的大小深浅和多少取决于腌制时的气温和肌肉的厚薄。

④腌制。

在3~4℃条件下腌制,温度高,腌制过程快,但易发生腐败;温度低,腌制慢,风味好。干腌时,用盐量为肉重的14%~20%,硝石0.05%~0.75%,以盐、硝混合涂抹于肉表面,肉厚处多擦些,擦好盐的肉块堆垛腌制。第一层皮面朝下,每层间再撒一层盐,依次压实,最上一层皮面向上,于表面多撒些盐,每隔5~6 d,上下互相调换一次,同时补撒食盐,25~30 d即成。若用湿腌法腌制时,用开水配成22%~35%的食盐液,再加0.7%~1.2%的硝石,2%~7%的食糖(也可不加)。将肉成排地堆放在缸或木桶内,加入配好冷却的澄清盐液,以浸没肉块为度。盐液重为肉重的30%~40%,肉面压以木板或石块。每隔4~5 d上下层翻转一次,15~20 d即成。

（3）咸肉的保藏

①堆垛法。

待咸肉水分稍干后,堆放在 $-5 \sim 0℃$ 的冷库中,可贮藏6个月,损耗量为 $2\% \sim 3\%$ 。

②浸卤法。

将咸肉浸在 $24 \sim 25$ 波美度的盐水中。这种方法可延长保存期,使肉色保持红润,没有重量损失。

2. 腊肉加工

腊肉是以鲜肉为原料,经腌制、烘烤而成的肉制品。因其多在中国农历腊月加工,故名腊肉。由于各地消费习惯不同,产品的品种和风味也各具特色。以下介绍广式腊肉的加工。

广式腊肉系是指鲜猪肉切成条状,经腌制、烘焙或晾晒而成的肉制品。其特点是选料严格,制作精细,色泽鲜艳,咸甜爽口。

(1)工艺流程

原料验收→腌制→烘烤或熏制→包装→保藏

(2)技术要领

①原料验收。

精选肥瘦层次分明的去骨五花肉或其他部位的肉,一般肥瘦比例为5∶5或4∶6,剔除硬骨或软骨,切成长方体形肉条,肉条长 $38 \sim 42$ cm,宽 $2 \sim 5$ cm,厚 $1.3 \sim 1.8$ cm,重 $0.2 \sim 0.25$ kg。在肉条一端用尖刀穿一小孔,系绳吊挂。

②腌制一般采用干腌法和湿腌法。

按表 1-2-2 配方用 10% 清水溶解配料,倒入容器中,然后放入肉条,搅拌均匀,每隔 30 min 搅拌翻动 1 次,于 20℃ 下腌制 $4 \sim 6$ h,腌制温度越低,腌制时间越长,使肉条充分吸收配料,取出肉条,滤干水分。

表 1-2-2 腌制配方

名称	肉品	精盐	白砂糖	曲酒	酱油	亚硝酸钠	其他
用量(kg)	100	3	4	2.5	3	0.01	0.1

③烘烤或熏制。

腊肉因肥膘肉较多,烘烤或熏制温度不宜过高,一般将温度控制在 $45 \sim 55℃$,烘烤时间为 $1 \sim 3$ d,根据皮、肉颜色可判断,此时皮干瘦肉呈玫瑰红色,肥肉透明或呈乳白色。熏烤常用木炭、锯木粉、瓜子壳、糠壳和板栗壳等做烟熏燃料,在不完全燃烧条件下进行熏制,使肉制品具有独特的腊香。

④包装与保藏。

冷却后的肉条即为腊肉成品。采用真空包装,即可在20℃下保存 $3 \sim 6$ 个月。

另外,无论哪种腊肉制品,优质腊肉刀工整齐,长短一致,宽度、厚薄均匀,表面无盐霜,肉质光洁,肥肉金黄,瘦肉红亮,皮坚硬呈棕红色,咸度适中,气味芳香。劣质腊肉刀口不齐,长短、宽度、厚薄不均匀,肥瘦肉红黄不清,无光泽,皮上有黏液,香味淡薄,并有腐败气味。

3.中式火腿加工

中式火腿指用整条带皮猪腿为原料经腌制、水洗、干燥、长时间发酵制成的肉制品。加工期近半年,成品水分低,肉紫红色,有特殊的腌腊香味,食前需熟制。产品特点:皮薄爪细,红白分明,外形美观,滋味鲜美,香气浓郁,肥瘦适宜,食而不腻,风味独特,营养丰富,易于保藏。中式火腿分为三种:南腿,以金华火腿为代表;北腿,以如皋火腿为代表;云腿,以云南宣威火腿为代表。南北腿的划分以长江为界。

这里以中国著名的金华火腿为例介绍其加工技术。

(1)工艺流程

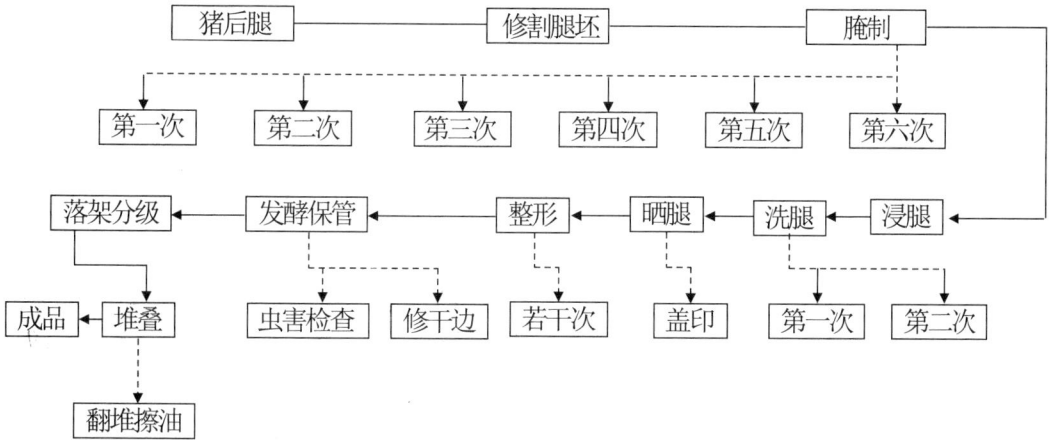

(2)技术要领

①原料选择。

原料是决定成品质量的重要因素,金华地区猪的品种较多,其中以两头乌猪最好。其特点是:头小、脚细、瘦肉多、脂肪少、肉质细嫩。特别是后腿发达,腿心饱满。

原料腿的选择:一般选重量为4.5~8.5 kg/只的鲜猪后腿,腿皮厚度≤0.35 cm,肥膘厚度≤3.5 cm。对于过小,腿心扁薄肉少,种公猪、种母猪、病猪、伤猪、黄膘猪等的腿一律不能使用。

选料时的等级标准如下:

一等:肉要求新鲜,皮肉无损伤,无斑痕,皮薄腿细,腿心饱满;

二等:新鲜,无腐败气味,皮脚稍粗厚;

三等:粗皮大脚,皮肉无损伤。

②修割腿坯。

整理:刮净腿皮上的细毛、黑皮等。

削骨:把整理后的鲜腿斜放在肉案上,左手握住腿爪,右手持削骨刀,削平腿部耻骨(俗称眉毛骨),修整股关节(俗称龙眼骨,不露眼,斩平背脊骨,留一节半左右),不"塌骨",不脱臼。

开面:把鲜腿腿爪向右,腿头向左平放在案上,削去腿面皮层,在胫骨节上面皮层处割成半月形。开面后将油膜割去。操作时刀面紧贴肉皮,刀口向上,慢慢割去,防止硬割。

修理腿皮:先在臀部修腿皮,然后将鲜腿摆正,腿朝外,腿头向内,右手拿刀,左手揉平后腿肉,随手拉起肉皮,割去肚腿皮。割完后将腿调头,左手揿出胫骨、股骨、坐骨(俗称三签头)和血管中的瘀血。鲜腿雏形即已形成。

③腌制。

修整腿坯后,即转入腌制过程。金华火腿腌制系采用干腌堆叠法,就是多次把盐硝混合料撒布在腿上,将腿堆叠在"腿床"上,使腌料慢慢渗透,约需30 d。腌制包括六次用盐。

第一次用盐(俗称出血水盐):腌制时,两手平拿鲜腿,轻放在盐笾上,腿脚向外,脚头向内,在腿面上撒布一薄层。5 kg重的鲜脚用盐约62 g,敷盐时要均匀。第二天翻堆时腿上应有少许余盐,防止脱盐。敷盐后堆叠时,必须层层平整,上下对齐,堆的高度应视气候而定,在正常气温下,12~14层为宜。堆叠方法有直角和交叉两种。直角堆叠时,在撒盐时应抹脚,腿皮可不抹盐;交叉堆叠时,如腿脚不干燥,也可不抹盐。

第二次用盐(又称上大盐):鲜腿自第一次抹盐后至第二天须进行第二次抹盐。从腿床上(即竹制的堆叠架)将鲜腿轻放在盐板上,揿出血管中的淤血,并在三签头上略用少许硝。然后,把盐从腿头撒至腿心(腿的中心),在腿的下部凹陷处用手指轻轻抹盐。5 kg重的腿用盐190 g左右。遇天气寒冷,腿皮干燥时,应在胫关部位稍微抹些盐,脚与表面不必抹盐。用盐后仍然按顺序轻放堆叠。

第三次用盐(又称复三盐):经二次用盐后,过6 d左右进行第三次用盐。先把盐板刮干净,将腿轻轻放在板上,用手轻抹腿面和三签头余盐。根据腿的大小,观察三签头的余盐情况,同时用手指测试腿面的软硬度,以便挂盐或减盐,用盐量按5 kg腿约用盐95 g计算。

第四次用盐(又称复四盐):在第三次用盐后,隔7 d左右再进行第四次用盐。目的是经上下翻堆后,借此检查腿质、温度及三签头盐溶化程度,如不够量要再补盐。并抹去黏附在腿皮上的盐,以防腿的皮色不光亮。5 kg重的腿用盐63 g左右。

第五次用盐(又称复五盐):上次用盐后7 d左右,检查三签头上是否有盐,如无盐再补一些,通常6 kg以下的腿可不再补盐。

第六次用盐(又称复六盐):与复五盐完全相同。主要是检查腿上盐分是否适当,盐分是否全部渗透。

在整个腌制过程中,须按批次用标签标明先后顺序,每批按大、中、小三等,分别排列、堆叠,便于在翻堆用盐时不致错乱、遗漏,并掌握完成日期,严防乱堆乱放。4 kg以下的小只鲜腿,从开始腌制到成熟期,须另行堆叠,不可与大、中腿混杂。用盐时避免多少不一,影响质量。

上述翻堆用盐次数和间隙天数,是指在0~10℃气温下,如温度过高、过低、暴冷、暴热、雷雨等情况,则应及时翻堆和掌握盐度。气温高热时,可把腿摊放开,并将腿上陈盐全部刷去,再上新盐。过冷时,腿上的盐不会溶化,可在工场适当加温,以保持在0℃以上。

抹盐腌制腿时,要用力均匀,腿皮上切忌用盐,以防出现发白和失去光泽。每次翻堆,注意轻拿轻放,堆叠应上下整齐,不可随意挪动,避免脱盐。腌制时间一般是大腿 40 d,中腿 35 d,小腿 33 d。

④洗腿。

鲜腿腌制结束后,腿面上油腻污物及盐渣,须经过清洗,以保持腿的清洁,有助于腿色、香、味的形成。洗腿的水须是洁净的清水,可在水缸或水池中清洗。春季洗腿应该当天浸泡,当天洗刷。初洗时要求腿皮向上,腿面向下,腿和皮都必须浸没水中,不得露出水面。浸腿时间长短要根据气候情况、腿只大小、盐分多少、水温高低而定。一般要浸泡 15 ~ 18 h。洗腿时,必须顺次先洗脚爪、皮面、肉面和腿的下部,腿各个部位都须洗刷干净,洗时不可使后腰肉翘起。经初步洗刷后,刮去腿上的残毛和污秽杂物,刮时不可伤皮。经刮毛后,将腿再次浸泡在清水中,仔细洗刷,然后用草绳把腿拴住吊起,挂在晒架上。

⑤晒腿。

洗过的腿挂上晒架后,再用刀刮去腿脚和表面皮层上的残余细毛和油污杂质。在太阳下晒,晒时要随时整修(即"做腿"),使腿形美观。然后,在腿皮面盖上"××火腿"和"兽医验讫"戳记。盖印时要注意清楚、整齐,在腿瞳部分盖起。盖印后,初次用手捏弯脚爪,捺进臀肉,然后放在校腿凳上,把脚爪做成镰刀形,并绞直脚骨(不要绞伤,绞碎腿皮骨),再捺臀肉,使腿头、腿脚正直。同时双手用力挤腿心(一手在趾骨上,另一手在股关骨相对紧挤),使腿心饱满,撇平后腰肉。

在第 2 ~ 4 d 晒腿时,应继续捏弯脚爪、挤腿心、捺腿肉、绞腿脚等。如遇阴天时则挂在室内,当出现黏液即揩去,严重时应重新洗晒。晒腿时应检查腿头上的脊骨是否折断,如有折断用刀削去,以防积水,影响质量。晒腿时间长短根据气候决定,一般冬季晒 5 ~ 6 d,春天晒 4 ~ 5 d,以晒至皮紧而红亮,并开始出油为度。

⑥发酵。

火腿经腌制、洗晒后,内部大部分水分虽然外泄,但是肌肉深处,还没有足够的干燥。因此,必须经过发酵过程,一面使水分继续蒸发,一面使肌肉中的蛋白质、脂肪等发酵分解,使肉色、肉味、香气更好。

火腿进入发酵场前,应逐只检查腿的干燥程度,是否有虫害和虫卵。火腿送入发酵场后,在腿架上应按大、中、小分类悬挂,彼此相距 5 ~ 7 cm。火腿发酵时间一般自上架起 2 ~ 3 个月。火腿发酵时一般已进入初夏,气温转热,残余水分和油脂逐渐外泄,同时肉面生长绿色霉菌,这些霉菌分泌酶对腿中的蛋白质、脂肪等起发酵分解作用,使火腿逐渐产生香味和鲜味。

⑦修整。

火腿发酵后,水分蒸发,腿身逐渐干燥,腿骨外露,须再次修整,此过程称为发酵期修整。一般是按腿上挂的先后批次,在清明节前后逐批刷去腿上发酵霉菌,进入修整工序。

修整工序包括:修平趾骨,修正股关骨,修平坐骨,从腿脚向上割去腿皮。修正时应达到腿正直,两旁对称均匀,使腿身成竹叶形。随后撒上白色砻糠,撒好后仍将腿依次上挂,继续发酵。

⑧落架、堆叠、分等级。

火腿挂至 7 月初(夏季初伏后),根据洗晒、发酵先后批次、重量、干燥度依次从架上取下,称为落架。并刷去腿上的糠灰,分别按大、中、小火腿堆叠在腿床上,每堆高度不超过 15 只,腿肉向上,腿皮向下,此过程称为堆叠。然后每隔 5 ~ 7 d 上下翻堆,检查有无毛虫,并轮换堆叠,使腿肉和腿皮都经过向上、向下堆叠过程。并利用翻堆时将火腿滴下的油涂抹在腿上,使腿质保持滋润而光亮。

经过多年的研究试验,通过不同温度、湿度和食盐用量等对火腿质量影响的探索,近年来终于创造出独特的"低温腌制、中温风干、高温催熟"的新工艺,并获得成功。突破了季节性加工的限制,实现了一年四季可连续加工腌制火腿,并使生产周期缩短到 3 个月左右。采用新工艺加工的火腿,其色、香、味、形以及营养成分都符合传统方法加工的火腿的质量要求,并在卫生指标方面有所提高。

4. 西式火腿加工

西式火腿大都是腌后瘦肉充填到模型或肠衣中进行煮制和烟熏而形成的即食火腿。加工过程只需 2 d,成品水分含量高,嫩度好,它们一般由猪肉加工而成,因与中国传统火腿(如金华火腿)的形状、加工工艺、风味等有很大的不同,习惯上称其为西式火腿,包括带骨火腿、去骨火腿、盐水火腿和肉糜火腿等。其加工技术基本相同。

(1)工艺流程

选料→修整→盐水制备→盐水注射→嫩化→按摩→压缩、成型→蒸煮→冷却→切片包装

(2)技术要领

①选料。

一般选用 pH 值为 5.8 ~ 6.2 的肉作为火腿的原料。同时,还要强调加工火腿的原料肉温,一般要求为 6 ~ 7℃。因为超过 7℃,细菌开始大量繁殖,而低于 6℃,肉块较硬,不利于蛋白质的提取和亚硝酸盐的使用,不利于注射盐水的渗透。

②修整。

原料修整首先是去掉筋、腱、肥膘这三部分,然后按产品要求切成块状。

整腿修割:先将肉皮和肉体分割,但其中心部分仍需连结,修去肉皮和肉块上的脂肪。再将整只腿肉表面分割成若干块(仍连结成一体)修去夹层脂肪和筋膜等杂物,带皮方火腿和圆火腿多采用此法。

肉块修割:肉块修割即以不带皮骨的整只腿肉,切成拳头大的肉块。为了使火腿中肉块间达到很好的连结,应将其上的疏松结缔组织、脂肪去掉;同时也要将肉块上的淋巴腺、软骨和大部分筋、腱去掉。肌肉部分是被结缔组织所包裹着的,为了更好地使蛋白质游离出来,应尽量破坏包裹在外面的结缔组织。此外,可在肉块上切一些 2 cm 深的纵向和横向的痕道,释放出更多的蛋白质,改善结着性。

修割后原料必须称重,其目的是确定注射盐水量。加工间的室温要求 8~12℃。

③盐水制备。

盐水要求在注射前 24 h 配制,以使所配备的成分能充分地溶解。盐水浓度和各添加剂分量均应根据各地口味及产品需要而定。配制盐水时由于磷酸盐较难溶解,因此可将磷酸盐先放在少量热水中溶解,然后倒入其他盐水中去。

盐水配制顺序为:将混合粉倒入水中(水温 6℃),搅拌,待完全溶解后加入混合盐搅拌,加入调味料(糖、维生素 C 等)搅拌至完全溶解。盐水配制好后放在 7℃ 以下冷却间内,以防温度升高,细菌增长。若要加入蛋白质,则在注射前 1 h 加入,然后搅拌倒入盐水注射机贮液罐中。在注射前,将盐水提前 15 min 倒入注射机贮液罐,以驱赶盐水中的空气。

④盐水注射。

盐水注射的方法是多种多样的,但是正确地将盐水注射到原料肉中是很关键的。所谓正确注射是指最小的偏差范围内尽可能准确、均匀地使盐水分布在肉中,而不出现局部沉积、膨胀的现象。

在实际操作中盐水的注射量各不相同(一般混合腌制液注射数量为原料肉重量的20% 左右),为了使产品得到最佳的保水力和优良的风味,成品中食盐的含量应为 1.8%~2.5%。要做到盐水注射均匀,首先要选择好注射机。盐水的注射量如果提高,出品率也会相应提高,但不能无止境地增加注射量。如果要想注入更多的盐水,就要求采取相应的措施,使盐水得以保留在肉的内部。

总之,注射误差越小,越能达到较好的注射量及较高的出品率。加工间室温应控制在7~8℃。

⑤嫩化。

采用肉类嫩化器时,在可调节距离的对滚的圆滚筒上装有数把齿状旋转刀,对肉块进行切割动作,刀刃切断了肉块内部的肌肉结缔组织和肌纤维细胞,增大了肉块表面积,使肉的黏着性更佳,较多的盐溶性蛋白质释放,大大提高了肉类的保水性,并使注射盐水分布得更均匀。

由于肉块大小不同,利用嫩化器提取蛋白时要将肉块按大小分类,将肉块在运输板上摆放平整、均匀,不能将肉块同时放入机器,否则肉块不能达到全部切割。用肉类嫩化器嫩化的肉块仍然能保持原来肉块的外形,成品在品质上,无论切片性还是出品率,都有较大提高。刀片切割深度至少要 1.5 cm。

⑥按摩。

按摩又称滚揉,是将腌制或注射过盐水的肉放进按摩机内,让肉随着翻料盘的旋转,由固定在盘内的挡板将肉铲起,并托至高处。然后自由跌下,与底部的肉块撞击。在连续旋转过程中,肉块间还发生互相挤压摩擦作用,实现按摩注射到肉块的盐水均匀分布到肉块中,增强了蛋白质的提取与保水性,从而赋予成品良好的结构、嫩度和色泽。按摩是火腿生产中最关键的一道工序,它是机械作用和化学作用有机融合的典型工序。它直接影响着产品的切片性、出品率、口感、颜色。

⑦压缩、成型。

压缩定型一般使用铝质、不锈钢质模具,圆腿也可以选用人造肠衣,用卷紧方法来压缩。压缩的步骤如下:

不定量装模:将肉块逐块揿入模型,须揿紧、揿实,不使内部有空隙。如以整只腿肉为原料,也同样要揿紧、揿实,再补充小块肉装满模型为止。模型装满后,盖上模型盖,再用力将弹簧压紧模型。

这种装模压缩法,产品不定量,每个重量不等,操作方法较为简捷,适用于设备简单的生产单位。

定量装模:定量装模能做到产品重量基本一致,但需要一定设备。第一是袋装,用特制的食用方型塑料袋在模具内摆放平稳、整齐。然后将坯料过磅计重,注意肉块老嫩、大小搭配,装入塑料袋揿实。揿紧后,将塑料袋自模型内取出,用针在塑料袋四周戳洞,放出空气,再放回模型内,折平袋口,盖好模型用力压紧。第二是肠衣装,将称量好的坯料塞入纤维状人造肠衣内,用卷紧机卷紧,挤实,成为圆火腿。加工间室温应控制在 8 ~ 12℃。

⑧蒸煮。

蒸煮西式火腿须用不锈钢锅或铁锅,内铺蒸汽管,其大小视生产规模而定。蒸煮时把模型逐层排列在平底方锅内,下层铺满后,再铺上层,以此类推。排列好后,即放入清洁水,水面稍高出模型。然后开大蒸汽,使水温迅速上升。火腿煮熟后,在排放热水的同时,锅面上应淋浴砂滤水,使模子温度迅速下降,以防止因产生大量水蒸气而降低成品率。然后,出锅整形,即指在排列和煮制过程中,由于模子间互相挤压,小部分盖子可能发生倾斜,如果不趁热加以校正,成品就不规则,影响商品外观。此外,由于煮制时少量水分外渗、内部压力减少、肌肉收缩等原因,火腿中间可能产生空洞。整形时再紧压一次,可减少空隙。如果使用进口的连续式烟熏炉进行蒸煮,可根据产品要求随意调整定时、定温各道工序,即可定时出炉。

在火腿蒸煮形成过程中,最关键的工艺指数是温度。温度可选择在 75 ~ 80℃,具体选择要依据蒸煮池的保温性能和模子的传热性能而定。产品在确定的温度下蒸煮,当中心温度达到 68℃时,维持 20 min 就可完成煮制过程。

⑨冷却。

火腿蒸煮后先在 22℃ 以下的流水中冷却,再转移至 2℃ 的冷风间,能使火腿冷却过程在 35 ~ 42℃(细菌的最适生长温度)内停留时间较短。温度过高(大于 22℃),成品冷却速度过慢,产品会有渗水现象;温度过低,产品内外温差过大,引起冷却收缩作用不匀,使成品结构及切片性受到不良影响。加工间室温应控制在 2 ~ 4℃,低于这个温度,火腿成品表面会出现冻结现象,不利于内部温度下降,同时冻结也影响产品的品质。

⑩切片包装。

切片包装工艺流程:

火腿成品→脱模→成品检验→紫外线照射→切片→称重→包装→封口→检查包装质量→贮藏(5~10℃条件下)

火腿切片小包装一般要采用复合薄膜,在无菌室内进行真空包装,1~8℃条件下可以较理想地延长货架期。

这里介绍的工艺是西式火腿的基本工艺,不同品种的火腿其工艺有所差异,如对某些品种(如意大利火腿)烟熏是必要的,熟火腿一般不需要烟熏步骤,而蒸煮是必须的。

(3)质量控制

西式火腿的品种很多,每种火腿的质量控制指标不同,几种著名的西式火腿的质量控制指标如下:

①美国田园火腿。

感官指标:肉呈黑红色,质地结实。

理化指标:含盐量(以 NaCl 计)≥4%(一般 4.5%~5.5%),加工过程收缩≥18%,水分含量 50%~60%。

微生物指标:不得检出致病菌。

②意大利火腿。

感官指标:色泽呈暗红色;具有该产品特有的风味。

理化指标:含盐量(以 NaCl 计)3%~4%。

微生物指标:不得检出致病菌。

③德国火腿。

感官指标:色泽呈暗红色或棕红色;组织结实,切面完整;具有德国火腿特有的风味,无异味。

微生物指标:不得检出致病菌。

④烘焙火腿。

感官指标:色泽呈酱红色,挂浆表面呈透明胶冻状,亮如水晶;具有该产品特有的腊香味。

微生物指标:不得检出致病菌。

任务 1.3　熏烤肉制品加工技术

烟熏是肉制品加工的主要手段。许多肉制品特别是西式肉制品如灌肠、火腿、培根等均需经过烟熏,肉制品经过烟熏,不仅获得特有的烟熏味,而且延长保存期。但随着冷藏技术的发展,熏烟防腐已降到次要位置,烟熏技术已成为具有特殊烟熏风味制品的一种加工方法。

一、熏烤制品种类

熏烤肉制品是指原料肉经腌制(有的还需煮制)后,再以烟气、高温空气、明火或高温固体为介质干热加工而成的肉制品。熏和烤是两种不同的加工方法,实际上熏烤制品应分为熏制品和烤制品两大类。

1. 熏制品

在肉品工业生产中,很多产品都要经过烟熏过程,特别是各种西式肉制品,差不多都要经过烟熏。烟熏是利用木屑、茶叶、红糖等材料不完全燃烧产生的烟气来改变肉制品风味、提高产品质量的一种加工方法。

腌制和烟熏经常相互紧密地结合在一起,在生产中先后相继进行,烟熏肉必须预先腌制。烟熏和加热一般同时进行,也可借温度控制分别进行。

熏制品种类繁多,如国外的西式生熏肉、烟熏肠、培根和中国传统名吃——北京熏猪头肉、熏鸡、新疆熏马肉等。

2. 烤制品

烤制品通常为熟肉制品,是原料肉经配料、腌制,再经热空气烘烤或明火直接烧烤成熟和形成独特风味的一大类肉制品,如北京烤鸭、广东脆皮烤乳猪。此外,以盐或泥等固体为加热介质,进行煨烤而成熟的制品也归为此类,如常熟叫花鸡、江东盐焗鸡等。

二、熏制

1. 熏制原理

(1)烟熏作用

①形成特种烟熏风味。

烟气中的许多有机化合物附在肉制品上,赋予特有的烟熏香味,如酚、芳香醛、酮、羰基化合物、酯、有机酸类物质。

②发色。

烟熏和蒸煮(加热)常相辅并进,这时在热的影响下,有利于形成稳定的腌肉色泽。此外,烟熏还将促使许多肉制品表面形成棕褐色。其色泽常随燃料种类、烟熏浓度、树脂含量、温度和表面水分变化。

③防止腐败变质。

由于烟气中含有抑菌物质,如有机酸、乙酸、醛类等。随着烟气成分在肉制品中沉积,使肉制品具有一定防腐特性。熏烟的杀菌作用较为明显的是在表层,产品表面的微生物经熏制后可减少10%。大肠杆菌、变性杆菌、葡萄球菌对烟最敏感,3 h即可死亡。

④预防氧化。

熏烟中许多成分具有抗氧化特性,故能防止酸败,最强的是酚类,其中以苯二酚、邻苯三酚及其衍生物作用尤为显著。另外,熏烟的抗氧化作用还可以较好地保护脂溶性维生素。

⑤改善肉制品的风味和质地。

肉制品熏烟时,为了使烟气易于附着和渗透到肉制品中,一般肉制品要先经过脱水干燥。肉在脱水干燥和熏烟的过程中蛋白质凝固,使得肉制品组织结构致密,产生良好质地。

（2）熏烟材料选择与燃烧条件

①熏烟材料。

烟熏材料应选用树脂少、烟味好且防腐物质含量多的材料。一般多用硬木,如柞木、桦木、栎树、杨木等;日本多使用樱花树、青冈栎、小橡子木等;欧美国家主要使用山核桃木、山毛榉木、白桦木、白杨木、表岗栎木等。此外,日本斋藤的研究结果表明,稻壳和玉米秆也是很好的熏烟材料。

②燃烧条件。

木材在燃烧的不同阶段所产生的烟,其成分是不同的。木材燃烧的初期产生脱水现象,然后引起酸化和分解,变化从外界慢慢向中心部发展。当木材中心部还留有水分,而表面温度超过100℃时,表面进行酸化和分解,形成一氧化碳、二氧化碳、甲醇、蚁酸、醋酸等。随着中心部的脱水和水分的减少,木材温度逐渐上升,水分接近于零,温度基本达到300～400℃。在这期间,200～260℃的温度中,木材燃烧的气体、挥发性有机酸产生变化明显,达到260～310℃时主要产生木醋液。达到310℃以上时,木质开始分解,产生石炭酸及其诱导体。

③熏烟的沉积和渗透。

影响熏烟沉积量的因素有:食品表面的含水量、熏烟的密度、熏烟室内的气流速和相对湿度。一般食品表面越干燥,沉积得越少(用酚的量表示);熏烟的密度越大,熏烟的吸收量越大,和食品表面接触的熏烟也越多。然而气流速度太大,也难以形成高浓度的熏烟,因此实际操作中要求既能保证熏烟和食品的接触,又不致使密度明显下降,常采用7.5～15 m/min的空气流速。相对湿度高有利于加速沉积,但不利于形成色泽。

熏烟过程中,熏烟成分最初在表面沉积,随后各种熏烟成分向内部渗透,使肉制品呈现特有的色、香、味。

影响熏烟成分渗透的因素是多方面的:熏烟成分、浓度、温度、产品组织结构、脂肪和肌肉的比例、水分含量,熏烟的方法和时间等。

2. 烟熏方法

烟熏方法分为常规烟熏法和特殊烟熏法两大类。常规法也称标准法,是直接用烟气熏制;特殊法又称速熏法,是用非烟的液熏和电熏。应用最广泛的是常规熏烟法。

（1）常规烟熏法

①直接烟熏法。

在烟熏室内,用直火燃烧木材直接发烟熏制,根据烟熏温度不同分为以下几种。

冷熏法:熏制温度为15～30℃,在低温下进行较长时间(4～7 d)的烟熏。熏制前物料需要盐渍、干燥成熟。熏后产品的含水量低于40%,可长期贮藏,并且增加了产品的风味。

温熏法:温度在30~50℃,用于培根、脱骨火腿及通脊火腿。此法通常采用橡木、樱木和锯木熏制,放在烟熏室的格架底部,在熏材上面放上锯末,点燃后慢慢燃烧,室内温度逐步上升。用这种温度熏制,重量损失少,制成的产品风味好。这种方法用于脱骨火腿和通脊火腿的熏烟。此产品熏制后还需进行蒸煮才能成为成品。

热熏法:温度在50~80℃,实际上常用60℃熏制,是广泛应用的一种方法。在此温度范围内蛋白质几乎全部凝固。其表面硬化度较高,而内部仍含有较多水分,有较好弹性,烟熏时间不必太长,最长不超过5~6 h。

焙熏法:温度为90~120℃,是一种特殊的熏烤方法,包含有蒸煮或烤熟的过程,应用于烤制品生产。由于温度高,熏制的同时即达到熟制目的,制品不必进行热加工就可以直接食用。但熏制时间短,制品不耐贮藏,应迅速销售食用。

②间接烟熏法。

不是在熏烟室直接发烟,而是利用单独的烟雾发生装置发烟,然后将一定温度和湿度的烟导入烟熏室,对肉制品进行熏烤的烟熏方法。间接烟熏法按烟的发生方法和烟熏室内的温度条件分为以下几种。

燃烧法:燃烧法是将木屑放在燃烧器上燃烧发烟,然后通过送风机把烟气送入熏烟室。烟的生成温度与直接烟熏法相同,需通过减少空气量和通过控制木屑的湿度进行调节。熏烟室内温度基本上是由烟的温度及空气温度所决定的。

湿热分解法:此法是将水蒸气与空气适当混合,加热至300~400℃,使高温气体通过木屑分解而发烟,烟和蒸汽同时流动而形或湿的高温烟,为此,事先将制品冷却,利于烟的凝结和附着,故也称凝缩法。送入熏烟室烟的温度一般为80℃。

流动加热法:木屑通过压缩空气飞入反应室内,经300~400℃的热空气作用而热分解。产生的烟随气流送入熏烟室,为了防止灰随气流混入烟中,可用分离机将两者分开。

(2)特殊熏烟法(速熏法)

①电熏法。

应用静电吸附作用,将制品吊起,间隔5 cm排列,相互连上正负电极,在送烟同时通上15~20 kV高压直流电或交流电,使自体(肉制品)作为电极进行电晕放电。烟的粒子由于电作用而带电荷则急速地吸附在制品表面并向内部渗透,比通常熏烟法缩短1/20时间。

②液熏法。

液熏法是不用烟熏,而是将木材干馏去掉有害成分,保留有效成分的烟收集起来进行浓缩,制成水(油)溶性的液体或冻结成干燥粉末,作为熏制剂进行熏制。

3.烟熏制品的安全性

(1)烟熏类肉制品对人体健康的危害

烟熏肉制品中含有许多有害成分。例如,熏烟生成的木焦油被视为致癌的危险物质;传统烟熏方法中多环芳香类化合物沉积或吸附在腌肉制品表面,其中3,4-苯并芘及二苯并蒽是两种强致癌物质,3,4 - 苯并芘是目前世界上公认的强致癌、致畸、致突变物质之一,其对人引起癌症的潜伏期很长,一般为 20 年左右。熏烟还可以通过直接或间接作用促进亚硝胺形成。

（2）有害成分的控制

①控制发烟温度。

发烟温度直接影响 3,4 - 苯并芘的形成,发烟温度低于 400℃时有极微量的 3,4 - 苯并芘产生,当发烟温度处于 400～1000℃时,便形成大量的 3,4 - 苯并芘,因此控制好发烟温度,使熏材轻度燃烧,对降低致癌物是极为有利的。一般认为比较理想的发烟温度为 343℃,既能达到烟熏目的,又能降低毒性。

②净化烟熏。

采用室外发烟,烟气经过滤、冷气淋洗及静电沉淀等处理后,再通入烟熏室熏制食品,这样可以大幅降低 3,4 - 苯并芘的含量。

③使用烟熏剂。

液态烟熏制剂制备时,一般用过滤等方法已除去焦油小滴和多环烃。因此,液熏法的使用是目前的发展趋势。

④隔离保护法。

3,4 - 苯并芘分子比烟气成分中其他物质的分子要大得多,而且它大部分附在固体微粒上,对食品的污染部位主要集中在产品的表层,所以可采用过滤的方法,阻隔 3,4 - 苯并芘,而不妨碍烟气有益成分渗入制品中,从而达到烟熏目的。有效的措施是使用肠衣,特别是人造肠衣,如纤维素肠衣,对有害物有良好的阻隔作用。

三、烤制原理及方法

利用热空气或明火对制品进行加热制熟称为烧烤,它是肉制品热加工的一种方法。烧烤能使肉制品增强表皮的酥脆性,产生诱人的香味和美观的色泽。

1. 原理

肉类经烧烤能产生香味,这是由于肉类中的蛋白质、糖、脂肪、盐和金属等物质,在加热过程中,经过降解、氧化、脱水、脱羧等一系列变化,生成醛类、酮类、醚类、内酯、呋喃、吡嗪、硫化物、低级脂肪酸等化合物,尤其是糖、氨基酸之间的美拉德反应,即糖氨反应,它不仅生成棕色物质,还伴随着生成多种香味物质,从而赋了肉制品的香味。蛋白质分解产生谷氨酸,与盐结合生成谷氨酸钠,使肉制品带有鲜味。

2. 烤制方法

烧烤的方法基本有两种,即明炉烧烤法和挂炉烧烤法（暗炉烧烤法）。

（1）明炉烧烤法

明炉烧烤法,是用铁制的、无关闭的长方形烤炉,在炉内烧红木炭,然后把腌制好的原料肉,用一根长铁叉（烧烤专用的）叉住,放在烤炉上进行烤制,在烧烤过程中,有专人将原料肉不断转动,使其受热均匀,成熟一致。驰名全国的广东烤乳猪(又名脆皮乳猪),就是采用此种烧烤方法。

(2)挂炉烧烤法

挂炉烧烤法也称暗炉烧烤法,即是用一种特制的可以关闭的烧烤炉,如远红外线烤炉、家庭用电烤炉、缸炉等。前两种烤炉热源为电,缸炉的热源为木炭,在炉内通电或烧红木炭,然后将调制好的原料肉(鸭坯、鹅坯、鸡坯、猪坯或肉条)穿好挂在炉内,关上炉门进行烤制。烧烤温度和烤制时间视原料肉而定。一般烤炉温度为 200～220℃,加工叉烧肉烤制时间为 25～30 min,加工鸭(鹅)烤制时间为 30～40 min,加工猪烤制时间为 50～60 min。挂炉烧烤法应用比较多,它的优点是花费人工少,对环境污染少,一次烧烤的量比较多,但火候不是十分均匀,成品质量比不上明炉烧烤。

四、烟熏、烧烤设备

1.烟熏设备

大部分西式肉制品如灌肠、火腿、培根等,均需经过烟熏,我国许多传统的特色肉制品,如湘式、川式腊肉,沟帮子熏鸡等产品,也要经过烟熏加工,用以提高产品的色、香、味,同时进行二次脱水,以确保产品质量。烟熏设备类型较多,如直火式烟熏设备、间接式烟熏设备等。

(1)直火式烟熏设备

该设备是在烟熏室内燃放发烟材料,使其产生烟雾,利用空气自然对流的方法,把烟分散到室内各处。直火式烟熏设备由于依靠空气自然对流的方式,使烟在直火式烟熏室内流动和分散,存在温度差、烟流不匀、原料利用率低、操作方法复杂等缺陷,目前只有一些小型企业仍在使用。

(2)间接式烟熏设备

不在烟熏室内发烟,而是将烟雾发生器产生的烟,通过鼓风机强制送入烟熏室内,对肉制品进行烟熏的设备,称为间接式烟熏设备(间接式烟熏的发烟方式前面已述)。目前,间接式烟熏设备越来越向大型化、多功能化、自动化方向发展,现代化的烟熏炉大多同时具有烟熏、蒸煮、喷淋、干燥、冷却等多种功能,有的甚至还有烧烤功能,即称自动熏烟炉。

自动熏烟炉主要由熏烟发生装置和熏烟室两部分组成。熏烟室内的空气由鼓风机强制循环,使用煤气或蒸汽作为热源。自动控制温度,通过循环热风使制品与室内空气同时加热,到中心温度达到要求为止。再由烟熏发生器从烟熏室的入口处导入过滤后的熏烟,烟熏和加热同步进行。在烟熏室中另设湿度调节装置,调节循环加热的热风,以减少制品的损耗,加速制品中心温度的上升。熏制时,熏烟从装置的上部和引进的空气一起送入加热室,由第一加热排管加热,经烟道,由第一扩散壁控制流速和流量,送入熏制室。在熏制室设置有第二加热排管,必要时可启动工作。一部分熏烟从排气管中排出,另一部分通过第二扩散壁送入上部送风室循环使用,由挡板控制。

2.烧烤设备

（1）设备用途

肉制品经高温烧烤后产生美观的色泽和诱人的香味，并且产品酥脆可口，所以现代人越来越喜爱烧烤制品。烧烤机便成为高档酒店必备的烹调机械，而且在食品工业中也很普及。

（2）设备原理及分类

烧烤设备一般采用炭火、液化气火焰或高温电热板等，对肉制品进行明火烧烤，一般炉内温度高达250～300℃，使肉制品表层的脂肪、蛋白、碳水化合物等成分发生分解，并产生剧烈的美拉德反应，形成大量的风味物质。烧烤设备有传统的砖土结构烧烤烤炉，如北京全聚德烤鸭用的挂炉。现代化食品企业中，一般采用燃气或电加热的烧烤机。

五、熏烤肉制品加工

1.培根加工

培根是英文（Bacon）的译音，意思是烟熏咸肋条（方肉）或烟熏咸背脊肉。培根的风味，除带有适口的咸味外，还具有浓郁的烟熏香味。

培根按原材料部位不同，可分为排培根、奶培根和大培根（也称丹麦式培根）三种。三种培根的制作工艺基本相同。

（1）工艺流程

选料→整形→冷藏腌制→出缸浸泡→剔骨修割→再整形→烟熏→成品

（2）产品配方（单位：kg）

原料肉100，盐8，硝酸钠0.05。

（3）操作要点

①选料。

大培根：坯料取自整片带皮白条肉的中段（前至第三根胸骨，后至荐椎与尾椎骨交界处，割去奶脯）。肥膘厚度要求最厚处以3.5～4 cm为宜。

排培根和奶培根（各有带皮、去皮二种）：取自白条肉前至第五根胸骨，后至荐椎骨末两节处斩下，去掉奶脯，沿距背脊13～14 cm处斩成两部分，分别为排培根和奶培根坯料，排培根的肥膘最厚处以2.5～3 cm为宜；奶培根肥膘最厚处约2.5 cm。

②整形。

用开猪机或大刀开割下来的胚料往往不整齐，需用小刀修整，使肉坯四边基本成直线，并修去腰肌和横膈膜。

③腌制。

腌制是培根加工的重要工序，它决定成品口味和质量；腌制要在0～4℃的冷库中进行，以防止细菌生长繁殖，引起原料肉变质。培根腌制一般分干腌和湿腌两个过程。

腌料"盐硝"的配制：干腌时使用盐硝，即将硝均匀拌和于盐中。方法是须将硝溶于少量水中制成液体,再加盐拌和均匀即为盐硝。

"盐卤"的配制:湿腌时使用盐卤,即将盐、硝溶于水中。方法是将配料的另一半倒入缸中,加入适量清水,用木棒不断搅拌,至盐卤浓度为 150 B′e。

腌制方法包括干腌和湿腌两个阶段:

干腌是腌制的第一阶段。按原料标准分别称取盐、硝,然后取一半进行拌和,将拌匀的盐硝敷于肉坯上,轻轻搓擦,肉坯表面必须无遗漏地搓擦均匀,待盐粒与肉中水分结合开始溶化时,将肉坯逐块抖落盐粒,装缸置冷库内腌制 20 ~ 24 h。

湿腌是腌制的第二阶段,经过干腌的坯料随即进行湿腌。将干腌时剩下的另一半盐、硝配成 150 B′e,程序是缸内先倒入盐卤少许,然后将肉坯一层一层叠入缸内,每叠 2 ~ 3 层,须再加入盐卤少许,直至装满,最后一层皮向上,用石块或其他重物压于肉上,加盐卤到淹没肉的顶层为止。所以盐卤总量和肉坯重量比为 1∶3。因干腌后的坯料中带有盐料,入缸后盐卤浓度会增加。如浓度超过 160 B′e,须用水冲淡。在湿腌过程中,每隔 2 ~ 3 d 翻缸一次,湿腌期一般为 6 ~ 7 d。

用腌制成熟期来衡量坯料是否腌好是不准确的。因影响成熟期的因素很多,如硝的种类、操作方法、冷库湿度、管理好坏等。因此,坯料是否腌好应以色泽变化为衡量标准。鉴别色泽的方法是将坯料瘦肉割开观察肉色,如已呈鲜艳的玫瑰红色,手摸不粘,则表明腌制成熟;如瘦肉部分仍是原来的暗红色,或仅有局部的鲜红色,手摸有粘手之感,表明未腌制成熟。

④出缸浸泡、清洗。

浸泡的水温须在 25℃ 左右,时间 3 ~ 4 h。浸泡有三个作用:一是使肉胚温度升高,肉质还软,表面油污溶解,便于清洗和修割;二是洗去表面盐分,熏制后表面无"盐花";三是软化后便于剔骨和整形。

⑤剔骨、修割、再整形。

培根的剔骨要求很高,只允许刀尖划破骨面上的薄膜,并在肋骨末端与软骨交界处,用刀尖轻轻拨开薄膜,然后用手慢慢扳出。刀尖不得刺破肌肉,否则侵入生水而不耐保藏;另一方面,若肌肉被划破,则烟熏干缩后,产生裂缝,影响保藏。修割的要求,一是刮尽残毛;二是刮尽皮上的油污。由于在腌制和翻缸过程中,肉胚的形状往往会发生改变,故须再一次整形,使四边成直线。整形后即可穿绳、吊挂和沥去水分,6 ~ 8 h 后即可进行烟熏。

⑥烟熏。

烟熏须在密闭的熏房内进行。方法是根据熏房面积大小,先用木柴堆成若干堆,用火燃着,再覆盖锯屑,徐徐生烟,也可直接用锯屑分堆燃着。前者可提高熏房温度,使用广泛。木柴或锯屑分堆燃着后,将沥干水分的肉坯移入熏房,这样可使产品少沾灰尘。熏房温度保持在 60 ~ 70℃,烟熏过程中须适时移动肉坯在熏房中的上下位置,以便烟熏均匀。烟熏时间一般为 10 h,待肉坯呈金黄色时,烟熏完成,即为成品。

（4）质量鉴定

①大培根。

成品为金黄色,割开瘦肉色泽鲜艳,每块重 7～10 kg。

②培根。

成品为金黄色,无硬骨,刀工整齐,不焦苦。带皮每块重 2～4.5 kg,无皮每块重不低于 1.5 kg,成品率82%左右。

③排培根。

成品为金黄色,带皮无硬骨,刀工整齐,不焦苦。每块重 2～4 kg,成品率82%～83%。

2.熏鸡加工

（1）工艺流程

原料整理→紧缩定型→油炸→煮制→烟熏→涂油

（2）产品配方(按 100 kg 鸡为原料计,单位:kg)

白酒 0.25,鲜姜 1,草果 0.15,花椒 0.25,桂皮 0.15,山柰 0.15,味精 0.05,白糖 0.5,精盐 3.5,白芷 0.1,陈皮 0.1,大葱 1,大蒜 0.3,砂仁 0.05,豆蔻 0.05,八角 1,丁香 0.05。

（3）操作要点

①原料整理。

先用骨剪将胸部的软骨剪断,然后将右翅从宰杀刀口处插入口腔,从嘴里穿出,将翅转压翅膀下,同时将左翅转回。最后将两腿折断并把两交叉插入腹腔中。

②紧缩定型。

将处理好的鸡体投入沸水中,浸烫 2～4 min,使鸡皮紧缩,固定鸡形,捞出晾干。

③油炸。

先用毛刷将 1∶8 的蜂蜜水均匀刷在鸡体上,晾干。然后在 150～200℃油中进行油炸,将鸡炸至柿黄色立即捞出,控油,晾凉。

④煮制。

先将调料全部放入锅内,然后将鸡并排放在锅内,加水 75～100 kg,点火将水煮沸,以后将水温控制在 90～95℃,视鸡体大小和鸡的日龄煮制 2～4 h,煮好后捞出,晾干。

⑤烟熏。

煮好的鸡先在 40～50℃条件下干燥 2 h,目的是使烟熏着色均匀。鸡的熏制一般有两种方法。

一是锅熏法,先在平锅上放上铁帘子,再将鸡胸部向下排放在铁帘上,待铁锅底微红时将糖按不同点撒入锅内迅速将锅盖盖上,2～3 min(依铁锅红的情况决定时间长短,否则将出现鸡体烧煳或烟熏过轻)后,出锅,晾凉。

二是炉熏法,把煮好的鸡体用铁钩悬挂在熏炉内,采用直接或间接熏烟法进行熏制,通常熏 20～30 min,使鸡体变为棕黄色即可。

⑥涂油。

将熏好的鸡用毛刷均匀地涂刷上香油(一般涂刷 3 次)即为成品。

(4)质量鉴定

产品外形完整,表皮呈光亮的棕红色,肌肉切面有光泽,微红色,脂肪呈浅黄色。无异味,具有特有的烟熏风味。

3.五香熏兔肉

(1)工艺流程

原料处理→预煮→煮制→熏烟→成品

(2)产品配方(单位:kg)

肉用整兔 10,白糖 0.8,酱油 0.6,玉果粉 0.25,生姜 0.25,五香粉 0.25,食盐 0.2,白酒适量。

(3)操作要点

①原料处理。

将肉兔洗净沥干,切成大肉块,放入锅内。

②预煮。

往锅里加盐并加热水没过肉块,加热煮沸。去掉肉汤上的血沫,煮 20 min,待肉块发硬捞出。

③煮制。

原汤里放入各种辅料后用旺火煮开,将肉块放入锅里,改用小火,并轻轻翻炒,到汤汁快烧干时,将肉出锅。

④熏烟。

把肉块涂抹烟熏液后晾置一会,然后在 180℃烘炉上熏烤 40 min 即成。

(4)产品特点

色泽棕黄,油润光亮,肉香浓郁,鲜美可口。

4.烤肉加工

(1)工艺流程

原料处理→浸料→烧烤→成品

(2)产品配方(按 100 kg 肉为原料计,单位:kg)

精盐 2.5,白酱油 2.5,五香粉 0.2,50°白酒 2,白糖 1。

(3)操作要领

①原料处理。

选用皮薄肉嫩猪肋条肉或夹心腿肉,刮去皮上余毛、杂质。切成长约 40 cm、宽约13 cm 的长条。然后洗净,待水分稍干后备用。

②浸料。

白糖加适量水在锅中熬成糖水待用。其他配料与原料肉拌匀,浸渍 30 min 后取出,挂在铁钩上晾干,将糖水均匀地洒在肉和皮面上,约 30 min 后,即可入炉烧烤。

③烧烤。

将皮面向上,肉面向下,炉温在200～300℃烧烤1.5 h左右,待肉质基本烤熟后取出,用不锈钢针在皮面上戳孔,然后肉面向下皮面向上,再入炉用猛火烧烤皮面,约0.5 h(待皮面烧至酥起小泡时)即可出炉。

(4)产品特点

产品应皮色金黄,油润光亮,皮脆肉香,味美可口。

任务1.4　罐头肉制品加工技术

罐头肉制品是指以畜禽肉为原料,调制后装入罐头容器或软包装,经排气、密封、杀菌、冷却等工艺加工而成的耐贮藏食品。

一、罐头肉制品的种类

根据罐头内容物加工方法的不同,罐头肉制品一般分为以下几类:

1.清蒸类罐头

将处理后的原料直接装罐,按不同品种,仅加入食盐、胡椒、月桂叶等,经密封杀菌后制成。清蒸类罐头较好地保持了原料特有的风味。

2.调味类罐头

调味类罐头是指将经过处理、预煮或烹调的肉块装罐后,加入调味汁液制成的罐头。有时同一种产品,因各地区消费者的口味要求不同,调味方法也有差异。成品应具有原料和配料的特有风味和香味,块形整齐,色泽较一致,汁液量和肉量保持一定比例。这类产品按调味方法不同又可分红烧、五香、浓汁、油炸、豉汁、茄汁、咖喱等类别。各种类别各自具有该产品的特有风味和香味。

3.腌制类罐头

将处理后的原料肉经过以食盐、亚硝酸盐、砂糖等按一定配比组成的混合盐腌制后,再进行加工制成的罐头。如火腿、午餐肉、咸牛肉、咸羊肉等。

4.烟熏类罐头

此类产品是指处理后的原料,经过腌制烟熏后制成的罐头。如火腿蛋和烟熏肋肉等。

5 香肠类罐头

此类产品是指肉经腌制加香料斩拌后,制成肉糜直接装入肠衣中,经烟熏预煮制成的罐头。

二、空罐的种类

1.硬质空罐

硬质空罐根据所使用材料不同分为金属罐和玻璃罐。

（1）金属罐

①镀锡板罐。

镀锡板表面镀有纯锡,纯锡与食品接触没有毒性,而且有良好的耐腐蚀性能,便于用锡焊合罐身接缝部位。焊接后能保持容器良好的密封性能。用镀锡板制成的容器质量轻,能承受一定的压力,具有一定的机械强度。镀锡板加工性能良好,可制成大小不一、形状各异的罐藏容器,适于连续化、自动化的工业生产要求。但镀锡板不经涂料、印刷,容易腐蚀和生锈;其容器不透明,也不能重复使用;此外,镀锡层外面还需加以涂料,生产成本较高。

②铝罐。

目前在啤酒、饮料和鱼类罐头生产方面已被大量使用。铝罐卫生安全,铝合金薄板质轻、强度较高、导热性好,有利于食品的杀菌、冷却。铝罐的重量仅为同样大小铁罐的三分之一。铝罐不会产生硫化污染,也不会使食品带有金属味。它有一定的耐腐蚀性,但它对酸类、盐类等物质的耐腐蚀性较差,内壁一般须涂料后才可使用。其内外壁比较容易涂料、印刷,外观易于美化。铝罐可回收使用。所需能源较低,对防止废罐公害、节资节能都有良好效果。由于铝罐轻薄,在重力作用下易变形,所以在加工、贮藏、运输过程中要加以防范。

③镀铬板罐。

镀铬板表面是金属铬和水合氧化铬层,其耐腐蚀性比镀锡板差。经涂料后,对内容物具有较好的耐腐蚀性能;其涂膜的牢度显著优于镀锡板,且其固化温度不受锡熔点温度（232℃）的限制,利于提高涂料的生产效率。镀铬板的机械加工性能、强度与镀锡板罐几乎相同,但表面镀铬层薄、易擦伤、板易生锈。镀铬板罐（三片罐）生产时,不能用锡焊接罐身,而要用技术较高的电阻焊工艺或黏结剂粘接。

此外,按照罐型分类,金属罐可分为圆罐、方罐、椭圆罐、梯形罐、马蹄形罐等。除圆罐外,其他形状的罐藏容器,一般统称为异形罐。

（2）玻璃罐

玻璃罐（瓶）是以玻璃作为材料制成。它在肉制品罐头生产中占的比重不大。

玻璃罐的优点是安全卫生、化学稳定性好,不会与食品发生作用,能较好地保持食品原有风味;造型美观,透明可见,便于检查和商品挑选;玻璃原料充足,容器可回收重复使用,因而成本较低。

玻璃罐也有一定的缺点,如机械性能差,极易破碎,抗冷、热变化的性能差,温差超过60℃时立即发生碎裂。加热或冷却时温度变化宜缓慢均匀上升或下降,尤以冷却为甚,它比加热时更易出现破裂问题。

2.软质空罐（蒸煮袋）

目前,常用于肉制品罐头食品的蒸煮袋形式主要有两种,即透明蒸煮袋和铝箔蒸煮袋。并且随着高温蒸煮材料和包装技术的发展,高温蒸煮容器又有了新的发展,出现了新的高温蒸煮包装形式。

（1）透明蒸煮袋

透明蒸煮袋一般是用2～3层透明的塑料复合薄膜制成，外层常用的材料主要有聚对苯二甲酸乙二醇酯（PET）、聚丙烯（PP）或聚酰胺（即尼龙，PA），中间层（阻隔层）常用的材料主要有乙烯—乙烯醇共聚物（EVOH）、聚偏二氯乙烯（PVDC），作为热封层的内层，常用的材料主要是耐高温的未拉伸聚丙烯（CPP）和高密度聚乙烯（HDPE）。

用透明的复合薄膜制作的蒸煮袋包装肉制品，其产品的可视性强，有利于销售，消费者购买时能够直接看到内装产品的颜色和状态。但是，透明蒸煮袋本身不能有效避光，对于流通和销售过程中的光照条件要求严格，在强光下长时间照射时，内装肉制品很容易变质；此外，由于所选用材料的不同，透明蒸煮袋的透氧度随着高温杀菌的变化也有很大差别，因此，在实际生产中应根据需要进行合理的和慎重的选择。

（2）铝箔蒸煮袋

铝箔蒸煮袋是由铝箔与塑料薄膜组成的复合薄膜材料。铝箔蒸煮袋一般能够耐120℃以上的高温杀菌环境，并且其透氧度随杀菌处理温度的提高变化不大。由于阻隔层是铝箔，只要没有因为铝箔折曲而产生的针孔或发生的断裂现象，其阻隔性能指标（如透气度、透湿度、透氧度等）基本接近于零。

目前，常用的三层铝箔蒸煮袋材料的典型组成是聚酯/铝箔/聚烯烃，可以耐120℃的高温杀菌处理而不致发生较大性能的改变；较为典型的四层铝箔蒸煮袋结构是PET/Al/PA/特殊PP，这种结构的蒸煮袋可以耐135℃的超高温杀菌。中国的铝箔蒸煮袋多为三层结构，即PET/Al/特殊PP，可以满足120℃高温杀菌的要求。

三、硬质罐肉制品

1. 工艺流程
空罐清洗消毒→原料预处理→装罐→预封→排气密封→杀菌→冷却→检验→成品

2. 技术要点
（1）空罐清洗消毒

由于空罐上附着有微生物、污染油脂、污物、残留的焊药水等，有碍卫生，为此在装罐之前必须进行洗涤和消毒。基本方式都是先用热水冲洗空罐，然后用蒸汽进行消毒。

①金属罐的清洗有人工清洗和机械清洗两种。

人工清洗是将空罐放在沸水中浸泡0.5～1 min，必要时可用毛刷刷去污物，取出后倒置盘中，沥干水分后消毒。人工洗罐劳动强度大，效率低。

机械清洗则多采用洗罐机喷射热水或蒸汽进行洗罐和消毒。洗罐机的种类很多，效率高的有旋转式洗罐机及直线型喷洗机等。

②玻璃罐清洗也有人工清洗和机械清洗两种。

人工清洗的过程一般是先用热水浸泡玻璃罐，对于回收的旧罐子，由于罐内壁常黏附着食品的碎屑、油脂等污物，罐外壁常黏附着商标残片等，故需先在40～50℃温度下，用浓度为2%～3%的NaOH溶液浸泡5～10 min,以便使附着物润湿而易于洗净。然后用毛刷逐个刷洗空罐的内外壁,再用清水冲净,沥水后消毒。

机械清洗则多用洗瓶罐清洗。常用的有喷洗式洗罐机、浸喷组合式洗罐机等。喷洗式洗罐机仅适用于新罐的清洗。洗罐时,罐子先以具有一定压力的高压热水进行喷射冲洗,而后再以蒸汽消毒。浸洗和喷洗组合洗罐机对于新罐、旧罐的清洗都适用。洗罐时,罐子先浸入碱液槽浸泡,然后送入喷淋区经两次高压热水冲洗,最后用低压、低温水冲洗即完成清洗。

（2）原料预处理

见相关肉制品加工内容。

（3）装罐

①装罐的要求。

原料经预处理后,应迅速装罐,不应堆积过多,保留时间过长易受微生物污染,则出现腐败变质现象而不宜装罐,造成损失,或影响成品质量及其保存时间。

肉类罐头,因部位不同,质量也有差异。因此在装罐时,必须注意质量搭配。

罐头食品的净重和固形物含量必须达到要求。每罐净重允许之差为±3%,但每批罐头其净重平均值不应低于净重。固形物含量一般为45%～65%,最常见的为55%～60%,也有的高达90%。

装罐时还必须留有适当的顶隙。顶隙是指罐内食品表层或液面和罐盖间的空隙。顶隙大小将直接影响食品的装罐量、卷边密封性、铁罐变形或假膨胀(非腐败性膨胀)、铁皮腐蚀,甚至引起食品变色、变质等。通常装罐时食品表层和容器翻边或顶边应相距4～8 mm。

②装罐的方法。

根据产品的性质、形状和要求,装罐可分为人工装罐和机械装罐两种。对于经不起机械摩擦,需要合理搭配和排列整齐的块、片状食品等目前仍用人工装罐。其主要过程有装料、称量、压紧、加汤汁和调味料等。通常在装罐台上进行,也可配置输送带输送物料、空罐和实罐。人工装罐的优点是简单,有广泛适应性,并能选料装罐。缺点是装量偏差较大,劳动生产率低,清洁卫生条件较差,而且生产过程的连续性较差。对于颗粒体、半固体和液体食品常采用机械装罐,如午餐肉、猪肉火腿等。机械装罐速度快、分量均匀,能保证食品卫生,因此除必须采用人工装罐的部分产品外,应尽可能采用机械装罐。

（4）预封

所谓预封,就是用封口机将罐盖与罐身初步钩连上,其松紧程度以能使罐盖沿罐身旋转而又不会脱落为度。经预封的罐头在热排气或在真空封罐过程中,罐内的气体能自由逸出,而罐盖不会脱落。对于采用热力排气的罐头来说,预封还可以防止罐内食品因受热膨胀而落到罐外,防止排气箱盖上的冷凝水落入罐内而污染食品;可以避免表面食品直接受高温蒸汽的损伤;可以避免外界冷空气的侵入,保持罐内顶隙温度,以保证罐头的真空度。预封还可以防止因罐身和罐盖吻合不良而造成次品,有助于保证卷边的质量,特别是对于异形罐,这一作用更为明显。

（5）排气

排气是食品装罐后密封前将罐内顶隙间的、装罐时带入的和原料组织细胞内的空气尽可能从罐内排除,从而使密封后罐头形成一定真空度的过程。目前,罐头食品厂常用的排气法有热力排气法、真空密封排气法和蒸汽密封排气法三种。

①热力排气法。

该方法是将装好食品的罐头（未密封）通过蒸汽或热水进行加热,或预先将食品加热后趁热装罐,利用罐内食品的膨胀和食品受热时产生的水蒸气,以及罐内存在的空气本身的受热膨胀,而排除空气,排出后立即封罐。目前常用的加热排气法有两种:热装罐法和排气箱加热法。

热装罐法:该方法是将食品先加热至一定温度后,立即趁热装罐并密封的方法,或者先将食品装入罐内,另将配好的汤汁加热到预定的温度,趁热加入罐内,并立即封罐。

排气箱加热法:该方法是在装罐后,将经过预封或不预封的罐头送入排气箱内,在预定的排气温度下,经过一定时间的加热,使罐头中心温度达到70～90℃,使食品内部的空气充分外逸。排气温度应以罐头中心温度为依据。各种罐头的排气温度与时间,根据罐头食品的种类和罐型而定,一般为90～100℃,6～15 min;大型罐头或装填紧密、传热效果差的罐头,可延长到20～25 min。肉类罐头一般采用高温短时间排气,即100℃/4 min排气,但要避免高温加热时可能出现的脂肪熔化和析出的现象。

②真空密封排气法。

该方法是在封罐过程中,利用真空泵将密封室内的空气抽出,形成一定的真空度,当罐头进入封罐机的密封室时,罐内部分空气在真空条件下立即外逸,并立即卷边密封。这种方法可使罐内真空度达到33.3～40 kPa。这种排气法主要是依靠真空封罐机来完成。封罐机密封室的真空度,可根据各类罐头的工艺要求、罐内食品的温度等进行调整。

③蒸汽密封排气法。

该方法是向罐头顶隙喷射蒸汽,压除顶隙内的空气后立即封罐,依靠顶隙内蒸汽的冷凝而获得罐头的真空度。这种方法主要由蒸汽喷射装置来喷射蒸汽;一般是在封罐机六角转头内部或封罐压头顶隙内部喷射蒸汽,并在罐身和罐盖交接处周围维持规定压力的蒸汽,以防止外界空气侵入罐内。喷射蒸汽一直延续到卷封完毕。

（6）密封

罐头的密封是采用封罐机将罐身和罐盖的边缘紧密卷合,这就是密封式封罐,或称封口。依靠罐头的密封,使罐内食品与外界完全隔绝,罐内食品不再受到外界空气和微生物的污染而产生腐败。由于罐藏容器的种类不同,罐头密封的方法也各不相同,罐头容器的密封性则依赖于封罐机和操作正确性、可靠性。

（7）杀菌

根据罐头食品原料品种及所采用包装容器的不同,其杀菌操作要求也不同。目前常用的有常压杀菌、加压蒸汽杀菌及加压水杀菌等几种。不管什么方法,都必须根据不同产品的要求采取相应的杀菌规程,明确杀菌的压力、温度、时间,以确保罐头产品达到商业无菌要求。

①常压杀菌。

该法是将罐头放在常压热水或沸水中进行杀菌,杀菌的温度不超过100℃,大多数水果和部分蔬菜罐头采用这种杀菌方式。常压杀菌分为间歇式和连续式常压杀菌。

间歇式常压杀菌须注意,在将待杀菌的罐头放入杀菌锅内沸水(热水)中时,可将罐头预热到50℃后,再放入杀菌锅内杀菌,以免锅内水温的急速下降和玻璃罐的破裂。待锅内热水再次升至预定的杀菌温度时,才开始计算杀菌时间,并保持杀菌温度至结束。罐头应全部浸没在水中,最上层的罐头应在水面以下 10~15 cm。水的杀菌温度以温度计的读数为准。

常压连续杀菌时,一般以水为加热介质。罐头从预热、杀菌至冷却全过程均在杀菌机内完成,杀菌时间可由调节输送带的速度来控制。自动化程度较高,罐头杀菌连续进行。

②高压蒸汽杀菌。

低酸性食品,如大多数蔬菜、肉类及水产类罐头食品,都须采用100℃以上的高温杀菌,一般使用高压蒸汽来达到高温。由于设备类型不同,杀菌操作方法也不同,现介绍常用的高压蒸汽杀菌方法:将装完罐头的杀菌篮放入杀菌锅,关闭杀菌锅的门或盖,并检查其密封性;关闭进、排水阀,开足排气阀和泄气阀,检查所有的仪表、调节器和控制装置;然后开大蒸气阀使高压蒸汽迅速进入锅内,充分地排除锅内的全部空气,同时使锅内升温;在充分排气后,须将排水阀打开,以排除锅内的冷凝水;排尽冷凝水后,关闭排水阀,随后再关闭排气阀,泄气阀仍开着,以调节锅内压力;待锅内压力达到规定值时,必须认真检查温度计读数是否与压力读数相对应;当锅内蒸汽压力与温度相对应,并达到规定的杀菌温度和压力时,开始计算杀菌时间,并通过调节进气阀和泄气阀来保持锅内恒定的温度,直至杀菌结束。恒温杀菌延续到预定的杀菌时间后,关掉进气阀,并缓慢打开排气阀,排尽锅内蒸汽,使锅内压力降至大气压力。若在锅内常压冷却,即按锅内常压冷却法进行操作。或将罐取出放在水池内冷却。

③加压水杀菌。

凡肉类、鱼类的大直径扁罐、玻璃罐以及蒸煮袋都可采用加压水杀菌或称高压水杀菌。此法的特点是能平衡罐内外压力,对于玻璃罐及蒸煮袋而言,可以保持罐盖及封口的稳定,同时能够提高水的沸点,促进传热。高压由通入的压缩空气来维持,不同压力,水的沸点就不同,其关系见表 1-4-1。必须注意,高压水杀菌时,压力必须大于该杀菌温度下相应的饱和蒸汽压力,一般大于 21 kPa,否则可能产生玻璃罐跳盖及蒸煮袋封口爆裂的现象。高压水杀菌时,其杀菌温度应以温度计读数为准。

表 1-4-1　高压锅压力与相应温度计温度的关系

表压/kPa	相当于饱和水蒸气温度/℃	表压/kPa	相当于饱和水蒸气温度/℃	表压/kPa	相当于饱和水蒸气温度/℃
6.9	101.8	45.1	110.6	109.8	122.0
9.8	102.8	48.1	111.3	117.7	123.1
13.7	103.6	52.0	112.0	124.5	124.1
17.7	104.5	54.9	112.6	131.4	125.1
20.6	105.3	61.8	114.0	138.2	126.0
24.5	106.1	68.6	115.2	145.1	127.0
27.5	106.9	75.5	116.4	152.0	127.8
31.4	107.7	82.4	117.6	158.7	128.8
34.3	108.4	89.2	118.8	165.7	129.8
38.2	109.2	96.1	119.9		
41.2	109.9	103.0	120.9		

　　高压水杀菌的操作过程如下:将装好罐头的杀菌篮放入杀菌锅,关闭锅门或盖,保持密闭性。关闭排水阀,打开进水阀,向杀菌锅内注水,使水位高出最上层罐头 15 cm 左右。对玻璃罐来说,为防止玻璃罐遇冷水破裂的现象,一般可先将水预热至 50℃左右,再通入锅内。进水完毕后,关闭所有的排气阀和溢水阀,进压缩空气,使罐内压升至杀菌温度相应的饱和水蒸气压,为 21~27 kPa,并在整个杀菌过程中维持这个压力。进蒸汽,加热升温,使水温升到规定的杀菌温度,以插入水中的温度计来测量温度。升温时间是随蒸汽进入量的大小及产品要求等条件而定,一般为 25~60 min。当锅内水温达到规定的时间、温度时,开始恒温杀菌,按工艺规程维持规定的杀菌条件。杀菌结束,关闭进气阀,打开压缩空气阀,同时打开进水阀进行冷却。对于玻璃罐,冷却水须预热到 40~50℃后再通入锅内,然后再通入冷却水进行冷却。冷却时,锅内压力由压缩空气来调节,必须保持压力的稳定。当冷却水灌满后,打开排水阀,并保持进水量与出水量的平衡,使锅内水温逐渐降低。当水温降至 38℃左右,即可关闭进水阀、压缩空气阀,继续排出冷却水。冷却完毕,打开锅门取出罐头。降温冷却的全部时间可控制在 25~60 min。

　　(8)冷却

　　罐头在加热杀菌结束后,须采用冷却水等方法迅速使罐头降温至 38℃左右,罐头冷却可减少热量对罐内肉制品的继续作用,以便保持其良好的色香味,减少其组织的软化和罐内壁的腐蚀。同时可防止罐头发生凸角、瘪罐、生锈以及微生物的二次污染等。

　　罐头的冷却是靠热交换来实现的,冷却速度与冷却介质、冷却方式有关。下面介绍几种罐头的冷却方法。

　　①水池冷却法。

　　杀菌结束后,排除锅内蒸汽,逐步使杀菌锅内的压力降至大气压力。接着缓慢打开锅顶的进水阀,向罐头喷水约 1 min,然后取出杀菌篮,置于冷却池中冷却到 38℃左右。这种方法适用于立式杀菌锅,优点是杀菌锅可以立即继续使用,提高了设备的利用率。

②杀菌锅常压冷却法。

杀菌结束,排除锅内蒸汽,使锅内压力降至大气压力。然后从锅顶喷淋冷水至锅内进满水,再关顶部进水阀,开启底部进水阀,水从溢水阀排出。经过几分钟后,使水反向流动,直至锅内罐头温度达38℃左右。

③水和水蒸气加压冷却法。

将蒸气通入杀菌锅的顶部来维持锅内压力,使杀菌锅内的压力比杀菌时的压力大14.7 kPa左右。先从杀菌锅底部通入热水,形成热水层,然后再将冷却水缓慢地从热水层下面通入杀菌锅底部而进行冷却。

④空气和水的加压冷却法。

杀菌结束后,关闭所有的泄气阀,打开压缩空气阀,使杀菌锅内的压力比恒温杀菌时的压力大14.7 kPa,接着关闭进气阀,向锅顶部或底部缓慢进冷水,并通入压缩空气以维持锅内稳定的压力。当水位接近顶部时,缓慢打开溢水阀或排水阀,关闭压缩空气,调节进水阀以保持锅内压力的稳定,压力不得过大。适当平衡进水和排水量,保持压力稳定,直至全部罐头完全冷却为止。打开溢水阀或排水阀时,应缓慢减压。进、排水经过一段时间后,反向操作,继续冷却至结束。

四、软质罐肉制品(软罐头)

软罐头肉制品是将肉类原料加工处理后,装入蒸煮袋内,热熔封口,经过适度的加热杀菌,能长期贮藏而不变质且食用方便的食品。

1. 工艺流程

原辅料验收及选择→加工处理→装填→排气密封→杀菌冷却→包装→封口检查

2. 技术要点

软质罐肉制品与硬质罐肉制品的生产工艺流程基本相同,只是装填和密封、杀菌和冷却操作有所不同。

(1)装填和密封

将经过预处理的肉制品及调味汁送至装填工序。装填封口机的类型根据内容物的不同而定。有以下三类:

①卧式真空包装机。

有移动式,也有固定式,采用脉冲封口,操作人员将内容物手工装入袋里进行封口。其缺点是效率较低(一般为15~20袋/min),装袋麻烦,易污染袋口,卧式包装最大倾角30°,故只能包装汤汁较少(低于15%)或完全固形物的食品。

②自动给袋式真空包装机。

有双转盘式和单转盘式两种。

双转盘式真空包装机,第一转盘动作为:自动上袋→打印日期→开启口袋→装料→灌汁→预封;第二转盘动作为:机械手将袋夹持、固定入真空室→第一级抽真空→第二级抽真空→封口→解除真空→放入输送带。全部动作为程序控制,一旦发现无料空袋,也无随后动作进行,夹持手便将空袋放落。该类机为立式装袋封口,可适于含有一定量汤汁的食品,但汤汁不能超过30%,汤汁过多,真空封口时便会抽出,污染袋口,当半制品及调味料送至装填工序时,必须注意物料温度的控制,一般要在40℃以下,以防止蒸汽对封口强度产生不良的影响。真空度的选择,要考虑到汤汁的多少,一般15%含量,真空度97.33 kPa以上;25%含量,93.33 kPa左右;30%含量,控制在79.99 kPa。该机包装速度为25~40袋/min,封口电压15~18 V,时间0.25~0.27 s。

单转盘式自动包装机,一般无真空装置,动作一周完成:自动上袋→开启→装固形物料→装汤汁→第一级封口→第二级封口→冷却→落入输送带。该类机的特点在于立式上袋,并可装液体含量高的食品,甚至饮料。其真空度控制主要在于利用热装液体(90℃以上)的蒸汽排气,密封后袋内冷凝形成真空,真空度可达86.66 kPa以上。封口系采用电热板加热加压进行,封口温度根据包装材料性能而定。一般三层复合蒸煮袋封口温度控制在180~220℃,该机包装速度为20~25袋/min。

③可制袋式自动包装机。

其设备较大,价格高,而且需要有适宜机器的包装材料。该机的特点是,从复合材料到制袋至装填封口,完全一条龙自动进行,包装速度可达60袋/min。

(2)杀菌和冷却

一般来讲,软罐头杀菌理论、杀菌值与金属罐头相同,其杀菌方法也类似,可以采用高温热水或高温蒸汽杀菌。但由于软罐头包装材料的机械强度、刚性等与金属罐相比较低,容器热封后的封口强度与金属罐的封口强度也不可同日而语,在高温杀菌过程中,包装容器的内外压力差过大时会造成包装容器的破裂或封口部位被撕开。因此,软罐头杀菌必须采取反压力杀菌方法。在应用反压力杀菌时,其反压力控制有两种方式,即定压反压力控制杀菌方式和定压差反压力控制杀菌方式。

①定压反压力控制杀菌方式。

此法在整个杀菌和冷却过程中,杀菌锅的内压始终保持一定的压力值。即在杀菌升温阶段就开始通入压缩空气,使杀菌锅的内压比杀菌温度所对应的饱和蒸汽压力高0.03~0.1 MPa的压差,并且此压差一直保持到冷却阶段结束。这种方式常用于蒸煮袋软罐头包装方式的杀菌(也可用于结扎灌肠的杀菌)。

②定压差反压力控制杀菌方式。

此法在整个杀菌过程中,杀菌锅内压与包装容器内压始终保持一定的压差。这种方式主要应用于耐高温蒸煮罐(盒)的软罐头包装形式的杀菌。蒸煮罐(盒)在低真空度下加盖热封时,为了保证罐(盒)保持良好的外观形状,罐(盒)内要留有少量空气。而为了保证罐(盒)在灭菌时不发生破裂或严重变形现象,就必须采用这种杀菌方式进行高温杀菌。一般而言,这种高温杀菌设备配有专门的定压差程序控制仪表,通常定压差变化程序有5~10

种,在实际的杀菌过程中应谨慎选择,例如,应当将蒸煮罐(盒)包装食品时顶隙状态以及食品固有的膨胀力等影响因素考虑到,以此为依据来选择合理的定压差杀菌程序。

五、罐头检验与贮藏

1. 检验

罐头成品的检验主要有三种方法:保温检验、理化检验和微生物学检验。

（1）保温检验

保温检验是罐头的直接检验方法。通过保温检验,能了解罐头的杀菌效果,可及时除去胀罐败坏者(俗称"胖听")和不合格产品。

保温检验一般是将罐头肉制品置于恒温室中,在(37±2)℃下保温 7 昼夜。如罐头在高压灭菌器内取出冷却至40℃左右即送入保温室,保温时间可缩短为 5 昼夜。罐头在食品保温后应及时进行检查,敲打时声音"清脆"者完好,声音"浊"者败坏。也可从罐盖(底)处观察,凹者正常,凸者即为细菌引起的胀罐败坏。

（2）理化检验

理化检验为罐头成品的质量和杀菌操作技术的功效提供依据。检验项目包括:罐头净重、固形物重、汤汁重及其浓度、重金属含量、农药残留量、顶隙和真空度、pH 值和酸度测定、气体分析等。具体检测按国家标准方法操作。

（3）微生物学检验

微生物学检验不仅可以判定杀菌是否充分,而且也可了解是否仍有造成罐头败坏的活微生物存在,特别是致病菌的存在。通常在每批产品中至少抽 12～24 罐进行检验,主要根据国家食品卫生标准检查活菌存在数及其种类。具体参考 GB 4789.26—2013《罐头食品商业无菌的检验》方法。

2. 贮藏

罐头食品的贮藏涉及的问题较多,如仓库位置选择,要求进出库方便,交通方便,便于操作管理,库内应具通风、光照、防火等安全和保管设施。

罐头贮存一般可分为散堆和箱装两种形式。通常箱装比散堆费人工少,操作较方便,不易损伤罐头。散堆节省包装材料,便于随时检查。

贮存的罐头应编排号码标签,严格管理,详细记录。对贮存的罐头应经常进行检查,以检出损坏罐,避免污染好罐头。

3. 质量控制

罐头的质量要从食品和罐头容器的性质与状态来评定。罐头成品应符合相关技术条件的要求。

罐头内容物各组成部分的比例应符合配方标准,其中不得有杂质,不得有因微生物生长繁殖而引起的腐败变质现象。

罐头肉制品内容物应当保持原形,是烂软的、有弹性的、密实的,不应有纤维状;汤汁均匀,小骨变软,植物性原料保持整齐一致;内容物的滋味和气味应正常,不能有异味,稠度应符合罐头的种类和内容物应有的状态;罐头组成部分的颜色应当是食物的天然色泽;肉制品由粉红色到红色,汤汁加热后应透明而稍带混浊,由黄色到棕色;肥膘色泽不黄。

六、典型罐头肉制品加工

1.原汁猪肉罐头

（1）工艺流程

原料处理（剔骨、去皮、整理、分段）→切块→复验→拌料→装罐→排气密封→杀菌冷却→揩罐入库

（2）技术要点

①原料处理。

采用检验合格的猪肉,肉肥膘不宜过厚。最好采用肥膘厚度为 1~3 cm(即商品等级为一级或二级)的猪肉。解冻后的肉应富有弹性,无肉汁析出,肉色鲜红,气味正常。

②切块、复验。

将整理后的肉按部位切成长宽各为 3.5~5 cm 的小块,每块重 50~70 g。切块后的肉逐块进行一次复验,除去一切杂物,并注意保持肉块的完整,较小的肉块应单独分放,供搭配添称用。

③拌料。

各部位肉块分别按以下比例进行拌料:肉块 100 kg,精盐 1.3 kg,白胡椒粉 0.05 kg,分别按比例拌匀后便可搭配装罐。

④猪皮胶或猪皮粒制备。

原料猪肉罐头装罐时须添加一定比例的猪皮胶或猪皮粒。

猪皮胶熬制:取新鲜猪皮(最好是背部猪皮)清洗干净后加水煮沸 15 min,取出,稍加冷却后用刀刮除皮下脂肪层及皮面污垢,并拔除毛根(毛根密集部位弃去)。然后用温水将碎脂肪屑全部洗净,切成条,按 1∶2.5 的皮水比例在微沸状态下熬煮,熬至胶液的可溶性固形物含量达 15%,出锅以 4 层纱布过滤后备用。

猪皮粒制备:取新鲜猪皮,清洗干净后加水煮沸 10 min(时间不宜煮的过长,否则会影响凝胶能力)。取出,在冷水中冷却后,去除皮下脂肪及表面污垢,拔净毛根,然后切成 5~7 cm 宽的长条,在 -2~-5℃中冻结 2 h,取出后在孔径为 2~3 mm 的绞肉机上绞碎。绞碎后置于冷藏库中备用。注意绞后的猪皮粒细度不宜超过 3 mm,否则装入罐内不能完全熔化成胶。

⑤装罐。

净重 397 g 的 962 空罐,每罐装肉 360 g,猪皮胶液 37 g。为保证原汁猪肉罐头质量符合油加肥肉重不超过净重 30% 的要求,除在原料处理时控制肥膘厚度在 1 cm 左右以外,在装罐时须进行合理搭配。一般后腿与肋条肉,前腿与背部大排肉搭配装罐。每罐内添称小块肉不宜过多,一般不允许超过两块。

⑥排气密封。

真空密封,真空度53.3 kPa;加热排气密封应先经预封,排气后罐内中心温度不低于65℃,密封后立即杀菌。

⑦杀菌冷却。

原汁猪肉需采用高温高压杀菌,杀菌温度为121℃,杀菌时间在90 min左右。

2.午餐肉罐头

(1)工艺流程

原料→解冻→拆骨加工→切块→腌制→绞肉、斩拌、加配料→真空搅拌→装罐→真空密封→杀菌、冷却→吹干、入库

(2)技术要点

①拆骨加工。

在拆骨加工过程中,前腿、后腿作为午餐肉的瘦肉原料。肋条、前夹心两者搭配作为午餐肉的肥瘦肉原料。将前、后腿完全去净肥膘,作为净瘦肉,严格控制肥膘,不超过10%。肋条、前夹心允存留0.5~1 cm厚肥膘,多余的肥膘应去除。

②切块。

经拆骨后加工的瘦肉分别切成3~5 cm条块,送去腌制。

③腌制。

腌制用混合盐配方:食盐98%,砂糖1.5%,亚硝酸钠0.5%。腌制方法:瘦肉和肥瘦肉分开腌制,100 kg猪肉添加混合盐2 kg,用拌和机均匀拌和,定量装入不锈钢桶或其他容器中,然后,送到0~4℃的冷藏库中,腌制时间为48~72 h。

④绞肉、斩拌、加配料。

腌制以后的肉进行绞碎,得到9~12 mm的粗肉粒。瘦肉在斩拌机上斩成肉糜状,同时加入其他调味料,开动斩拌机后,先将肉均匀地放在斩拌机的圆盘中,然后放入冰屑、淀粉、香辛料。斩拌时间3~5 min。斩拌后的肉糜要有弹性,抹涂后无肉粒状。

⑤真空搅拌。

将粗绞肉和斩拌肉糜均匀混合,同时抽掉半成品的空气,防止成品产生气泡、氧化作用及物理性胀罐。真空搅拌,真空度控制在67~80 kPa,真空搅拌时间为2 min。

斩拌配比:瘦肉80 kg,肥瘦肉80 kg,玉米淀粉11.5 kg,冰屑19 kg,白胡椒粉0.192 kg,玉果粉0.058 kg,维生素C 0.032 kg。

⑥装罐。

搅拌均匀后,即可取出送往充填机进行装罐。按罐型定量装入肉糜。

⑦真空密封、杀菌冷却。

装罐后立即进行真空密封,真空度为60 kPa。密封后立即杀菌,杀菌温度121℃,杀菌时间按罐型不同,一般为50~150 min。杀菌后立即冷却到40℃以下。

(3)质量控制

色泽:呈淡粉红色。

滋气味:具有午餐肉罐头应有的滋味及气味。

组织状态:肉质柔软、紧密、形态完整、可以切片,切面有明显的粗纹肉夹花现象,允许稍有脂肪析出和小气孔存在。

净重:340 g、397 g。

食盐含量:1.5% ~ 2.5%。

应符合罐头食品商业无菌要求。

任务1.5 酱卤肉制品加工技术

酱卤制品是将原料肉加入调味料和香辛料中,以水为加热介质煮制而成的熟肉类制品。酱卤制品是我国传统的一大类肉制品,其主要特点是成品都是熟的,可以直接食用,产品酥润,有的带有卤汁,不易包装和贮藏,适于就地生产,就地供应。近年来,由于包装技术的发展,已开始出现精包装产品,很受消费者欢迎。

酱卤制品突出调味料与香辛料以及肉的本身香气,食之肥而不腻,瘦不塞牙。酱卤制品随地区不同,在风味上有甜、咸之别。北方式的酱卤制品咸味重,如符离烧鸡;南方制品则味甜、咸味轻,如苏州酱汁肉。由于季节不同,制品风味也不同,夏天口轻,冬天口重。

一、酱卤肉制品分类

由于各地的消费习惯和加工过程中所用的配料、操作技术不同,形成了许多具有地方特色的肉制品。酱卤肉制品根据煮制方法和调味材料的不同分为白煮肉类、酱卤肉类、糟肉类。白煮肉类可视为酱卤肉制品类未经酱制或卤制的一个特例,糟肉则是用酒糟或陈年香糟代替酱制或卤制的一类产品。

1. 白煮肉类

白煮肉类是将原料肉经(或未经)腌制后,在水(盐水)中煮制而成的熟肉类制品。其主要特点是最大限度地保持了原料肉固有的色泽和风味,一般在食用时才调味。其代表品种有白斩鸡、盐水鸭、白切猪肚、白切肉等。

2. 酱卤肉类

酱卤肉类是将肉在水中加食盐或酱油等调味料和香辛料一起煮制而成的熟肉类制品。有的酱卤肉类的原料在加工时,先用清水预煮,一般预煮15 ~ 25 min,然后用酱汁或卤汁煮制成熟,某些产品在酱制或卤制后,需再经烟熏等工序。酱卤肉类的主要特点是色泽鲜艳、味美、肉嫩,具有独特的风味。产品的色泽和风味主要取决于调味料和香辛料。酱卤制品根据加入调味料的种类、数量不同又可分为很多品种,通常有五香或红烧制品、蜜汁制品、糖醋制品、卤制品等。

（1）五香或红烧制品

是酱制品中最广泛的一大类,这类产品的特点是在加工中用较多量的酱油,所以有的叫红烧;另外在产品中加入八角、桂皮、丁香、花椒、小茴香 5 种香辛料（或更多香辛料）,故又叫五香制品。

（2）蜜汁制品

在红烧的基础上使用红曲米作着色剂,产品为樱桃红色,鲜艳夺目,辅料中加入适量的糖分或增加适量的蜂蜜,产品色浓味甜。

（3）糖醋制品

辅料中加糖醋,使产品具有甜酸的滋味。典型的酱卤制品有苏州酱汁肉、苏州卤肉、道口烧鸡、德州扒鸡、糖醋排骨、蜜汁蹄髈等。

3. 糟肉类

糟肉类是将原料肉经白煮后,再用"香糟"糟制的冷食熟肉类制品。其主要特点是保持了原料肉固有的色泽和曲酒香气。糟肉类有糟肉、糟鸡及糟鹅等。

二、酱卤制品的加工工序

酱卤制品加工的关键工序:一是调味,二是煮制。

1. 调味

调味就是根据各地区消费习惯、品种的不同而加入不同种类和数量的调味料,加工成具有特定风味的产品。调味的方法根据加入调味料的时间大致可分为基本调味、定性调味、辅助调味三种。

（1）基本调味

在原料经过整理之后,加入盐、酱油或其他配料进行腌制,奠定产品的咸味,称基本调味。

（2）定性调味

原料下锅后,随同加入主要配料如酱油、盐、酒、香料等,加热煮制或红烧,决定产品的口味,称定性调味。

（3）辅助调味

加热煮制之后或即将出锅时加入糖、味精等以增进产品的色泽、鲜味,称辅助调味。

2. 煮制

（1）煮制作用

煮制是对原料肉进行热加工的过程,用水、蒸汽等加热方式处理,其对产品的色、香、味、形及成品化学变化都有显著的影响。煮制使肉黏着、凝固,产生与生肉不同的硬度、齿感、弹力等物理变化,具有固定肉制品形态的作用,使肉制品可以切成片状,使肉制品产生特有的风味和色泽,达到熟制的目的。同时煮制也可杀死微生物和寄生虫,提高肉制品的贮藏稳定性和保鲜效果。

（2）煮制方法

煮制是酱卤制品加工中的主要工艺环节,许多名优特产都有其独特的操作方法,但归纳起来,具有一定的规律,一般煮制分为清煮和红烧两个工序。

①清煮。

在肉汤中不加任何调味料,只是清水煮制,也称紧水、出水、白锅。通常在沸腾状态下加热5～10 min,个别产品可达到1 h。它是辅助性的煮制工序,作用是去除原料肉的腥、膻异味,同时通过撇沫、除油,将血污、浮油除去,保证产品风味纯正。

②红烧。

红烧是在加入各种调味料后进行煮制,是决定产品风味和质量的重要工序。加热的时间和火候依产品的要求而定。在煮制过程中汤量的多少对产品的风味也有一定的影响,由汤与肉的比例和煮制中汤量的变化,分为宽汤和紧汤。宽汤是将汤添加到液面与肉面相平或淹没肉面,适于块大、肉厚的产品,如卤猪头等。紧汤是添加汤的量使液面低于肉面的1/3～1/2处,适于色深、味浓的产品,如酱汁肉等。加热火候根据加热火力的大小可分为旺火、文火和微火。旺火又称大火、武火、急火,火焰高而稳定,多用在开始加热、投料时,锅内汤面剧烈沸腾。文火又称温火,火焰低而摇晃,用于长时间加热,锅内汤面微沸,可使产品酥润可口、风味浓郁。微火又称小火,保持火焰不灭,火力很小,锅内汤面平静,时有小泡,长时煮制,产品香烂、酥软。煮制时经急火求韧,以慢火求烂,先急后慢求味美,这是掌握火候大小的原则。目前,许多厂家早已用夹层锅生产,利用蒸汽加热,加热程度可通过液面沸腾的状况或由温度指示来决定,以生产出优质的肉制品。

（3）肉在煮制过程中发生的变化

①肉的风味变化。

生肉的香味是很弱的,通过加热后,不同种类的肉都会产生各自特有的风味。因为加热导致肉中水溶性成分和脂肪的变化,肉的风味形成与氨、硫化氢、胺类、羰基化合物、低级脂肪酸等有关,主要是水溶性成分。如氨基酸、肽和低分子碳水化合物等热反应生成物。不同种的肉类由于脂肪和脂溶性物质不同,在加热时形成的风味也不同,如羊肉的膻味是辛酸和壬酸形成引起的,加热时肉类中的各种游离脂肪酸均有不同程度的增加。

②肉色的变化。

肉在加热过程中颜色的变化程度与加热方法、时间和温度高低密切相关,但以温度影响最大。肉在60℃以下时,肉色变化很小,当温度达到65～70℃时,开始变为粉红至淡粉红;当温度达到75℃时,则变为灰褐色。这种变化是肉中色素蛋白质的变化引起的。肌红蛋白在受热时,逐渐发生蛋白质变性,构成肌红蛋白辅基的血红素中铁也由二价变成三价,最后生成灰褐色的高铁血色原。此外,高温长时间加热时所发生的完全褐变,除色素蛋白质的变化外,还有诸如焦糖化作用和羰氨反应等发生。

③蛋白质的变化。

经过加热,肉中蛋白质发生变性和分解。首先是凝固作用,肌肉中蛋白质受热后开始凝固而变性,使原生质中的肌凝蛋白、肌溶蛋白、肌红蛋白等属于肌浆部分的各种蛋白质发生不可逆的变化,而成为不可溶性物质。各种蛋白质的凝固温度不一样,从 30 ~ 35℃(肌纤蛋白)至 65℃(肌溶蛋白)约有 90% 蛋白质发生凝固。其次是脱水作用。随着蛋白质的凝固,亲水胶体体系遭到破坏而失去保水能力,从而发生脱水作用,脱水的程度取决于加热温度。肌肉脱水前阶段以肌凝蛋白为主,后阶段以肌溶蛋白为主。蛋白质在发生变性脱水的同时,伴随着多肽类化合物的缩合作用,使溶液黏度增加。结缔组织中的蛋白质主要是胶原蛋白和弹性蛋白,在一般的加热条件下,弹性蛋白几乎不发生什么变化,主要起作用的物质是胶原蛋白。它在水中加热则变性,水解成动物胶,如继续加热,则进一步水解成具有不同长短链的多肽性物质。

④脂肪的变化。

由于包围脂肪滴的结缔组织受热收缩,使脂肪细胞受到较大的压力,细胞膜破碎,脂肪融化流出。随着脂肪的融化,释放出一些与脂肪相关联的挥发性化合物,这些物质给肉和汤增加了香气。脂肪在加热过程中有一部分发生水解,生成脂肪酸,因而使脂肪酸值有所增加,同时也有氧化作用发生,生成氧化物和过氧化物。水煮加热时,如肉量过多或剧烈沸腾,易形成脂肪的乳浊化,乳浊化的肉汤呈白色浑浊状态。脂肪易被氧化,生成二羟硬脂酸类的羟基酸,而使肉汤带有不良的气味。

⑤浸出物的变化。

凡用水处理肉类时,能溶于水的物质,统称为浸出物。可分为含氮和无氮浸出物两种,前者主要有肌酸、肌酸酐、次黄嘌呤、胆碱等;后者主要有糖元、葡萄糖、乳酸等。在加热过程中从肉中分离出来的汁液含有大量的浸出物,它们易溶于水,易分解,并赋予煮熟肉特征口味和增加香味。呈游离状态的谷氨酸和次黄嘌呤核苷酸会使肉具有特殊的香味。

⑥肉的外形及重量变化。

肉开始加热时肌肉纤维收缩硬化,并失去黏性,后期由于蛋白质的水解、分解以及结缔组织中的胶原蛋白水解成动物胶,肉的硬度由硬变软,并由于水溶性水解产物的溶解,组织细胞相互集结和脱水等作用而使肉质疏松脆弱。加热肉的重量由于胶体中水分的析出而使重量减轻。

⑦其他成分的变化。

加热会引起维生素破坏,其中的硫胺素加热破坏最严重。无机盐在加热过程中也有一定的损失,酶类受热活性会丧失。

三、蒸煮设备介绍

蒸煮是多数肉制品必须经过的加工环节,蒸煮设备种类很多,如用于加工西式火腿的大型蒸煮锅、夹层锅等。蒸煮设备大都具有结构简单、操作方便、工作效率高、费用低等优点。

蒸煮锅用于各种食品的高温高压蒸煮、杀菌等,可采用电、燃油、燃气、低压水蒸气、高压蒸汽、热水及导热油等多种形式进行加热。蒸煮时,把水加热到适当的温度,控制好进气阀,再把应下锅的产品放入锅中,适当地掌握水温和时间,待产品中心温度达到68℃以上时,即为成熟。目前,较先进的设备,采用微处理器控制系统,对锅体温度、食品中心温度、运行时间等指标可进行精确的控制。

夹层锅按其操作可分为固定式和可倾式。最常用的为半球形(夹层)壳体上加一段圆柱形壳体的可倾式夹层锅。可倾式夹层锅主体由锅体、填料盒、冷凝水排出管、进气管、压力表、倾覆装置及排出阀组成。内壁是半球形与圆柱形壳体焊接而成的容器,外壁半球形壳体用普通钢板制成。使用时应打开进气阀门,然后打开排水阀门,将锅内残余水排出,并在见到蒸汽排出时方可关闭排水阀门,使夹层保压。生产结束后,首先关闭进气阀门,然后打开排水阀门,把夹层内的余气排除,并将锅体内、外洗刷干净。

夹层锅技术参数见表1-5-1:

表1-5-1　夹层锅技术参数

设备型号	GT6J1	GT6J2	GT6J3	GT6J4
容量(L)	100	200	300	400
出料管直径(m)	0.038	0.038	0.050	0.050
蒸汽工作压力(kPa)	200	250	300	300
外形尺寸(长×宽×高)(mm)	880×880×1030	100×1000×1160	1120×1120×1225	1260×1260×1306
设备质量(kg)	150	300	400	500

四、白煮肉类的加工

1.白切鸡

(1)工艺流程

原料选择→宰杀→预煮→煮制→冷却→包装

(2)操作要点

①原料选择。

要求鸡体丰满健壮,皮下脂肪适中,除毛后皮色淡黄。鸡经宰前检疫,宰后检验确认合格后方可使用。

②宰杀。

口腔放血后,煺净鸡毛。开膛刀口要小,去尽内脏,然后将鸡体内外清洗干净。

③预煮。

先将鸡坯放入沸水浸煮,煮沸后立即提出,使鸡形丰满、定型,并除去腥味。

④煮制。

重新加清水,将鸡入内并加入葱、姜、食盐、黄酒少许,用大火烧开,小火焖煮。在烧煮过程中需上下翻动,注意按鸡的生长期长短正确掌握煮制时间。要求熟而不烂,嫩而不生,基本能保存良好的营养成分。

⑤冷却。

待鸡刚好熟时,马上将锅端下,盖上锅盖静置一旁,待锅里的汤冷却后将鸡捞出,控去汤汁,在鸡的周身涂上麻油即可。

(3)食用方法

用酱油(500 g)、味精、白糖、精盐少许调和煮沸,然后放姜末、葱花制成调料。食用时,将鸡改刀装盘,蘸调料食用即成。

(4)产品特点

皮光亮油黄,肉净白;鸡香纯正,无腥味;皮嫩肉嫩,味鲜润口,肥而不腻;肌肉饱满,形体完整。

2. 南京盐水鸭

南京盐水鸭是江苏省南京市著名的传统名优肉制品。南京盐水鸭加工制作的季节不受限制,一年四季都可加工。其中农历 8 ~ 9 月是稻谷飘香、桂花盛开的季节,此时加工的盐水鸭又叫桂花鸭。南京盐水鸭的特点是腌制期短,鸭皮洁白,食之肥而不腻,清淡而有咸味,具有香、鲜、嫩的特色。

(1)工艺流程

原料选择与整理→腌制→烘坯→上通→煮制→冷却→包装

(2)操作要点

①原料选择与整理。

选用当年健康肥鸭,宰杀拔毛后切去翅膀和脚爪,然后在右翅下开膛,取出全部内脏,用清水冲净体内外,再放入冷水中浸泡 1 h 左右,挂起晾干待用。

②腌制。

先干腌,即用食盐和八角粉炒制的盐,涂擦鸭体内腔和体表,用盐量每只鸭 100 ~ 150 g,擦后堆码腌制 2 ~ 4 h,冬春季节长些,夏秋季节短些。然后扣卤,再行复卤 2 ~ 4 h 即可出缸。复卤即用老卤腌制,老卤是将生姜、葱、八角熬煮再加入过饱和盐水而制成。

③烘坯。

腌后的鸭体沥干盐卤,把鸭逐只挂于架子上,推至烘房内,以除去水汽,其温度为 40 ~ 50℃,时间为 20 ~ 30 min,烘干后,鸭体表色未变时即可取出散热。注意烘炉要通风,温度决不宜高,否则会影响盐水鸭品质。

④上通。

用 6 cm 长中指粗的中空竹管或芦柴管插入鸭的肛门,俗称"插通"或"上通"。再从开口处填入腹腔料,姜 2 ~ 3 片,八角 2 粒,葱 1 ~ 2 根,然后用开水浇淋鸭的体表,使肌肉和外皮绷紧,外形饱满。

⑤煮制。

水中加三料(葱、生姜、八角)煮沸,停止加热,将鸭放入锅中,开水很快进入体腔内,提鸭头放出腔内热水,再将鸭坯放入锅中,压上竹盖使鸭全浸在液面以下,焖煮 20 min 左右,此时锅中水温约 85℃,然后加热升温到锅边出现小泡,这时锅内水温 90～95℃,提鸭倒汤再入锅焖煮 20 min 左右后,第二次加热升温,水温 90～95℃时,再次提鸭倒汤,然后焖 5～10 min,即可起锅。在焖煮过程中水不能开,始终维持在 85～95℃。否则水开肉中脂肪熔解导致肉质变老,失去鲜嫩特色。

（3）食用方法

煮好的盐水鸭冷却后切块,取煮鸭的汤水适量,加入少量的食盐和味精,调制成最适口味,浇于鸭肉上即可食用。切块时必须凉后切,否则热切肉汁易流失,切不成型。

（4）产品特点

盐水鸭表皮洁白,鸭体完整,鸭肉鲜嫩,口味鲜美,营养丰富,细细品尝时,有香、酥、嫩的特色。

五、酱卤制品加工

1. 肴肉加工

肴肉在全国比较出名的是镇江肴肉,它是江苏省镇江市的传统肉食品,历史悠久,全国驰名。肴肉皮色洁白,光滑晶莹,卤冻透明,肉质细嫩,味道鲜美,有特殊香味。最大的特点是表层的胶冻透明如琥珀状,又有水晶肴蹄之称。它具有香、酥、鲜、嫩四大特色,瘦肉色红,食不塞牙。肥肉去膘,食而不腻。

（1）工艺流程

原料选择→原料整理→腌制→清洗→煮制→压蹄→产品

（2）产品配方（按 100 只去爪猪蹄髈计,单位:kg）

绍酒 0.25,盐 13,葱段 0.25,姜片 0.12,花椒 0.07,八角茴香 0.07,硝水 3（硝酸钠 30 g 溶解于 5 kg 水中）,明矾 0.03。

（3）操作要点

①原料选择。

制肴肉的原料应选用薄皮猪,毛猪活重在 70 kg 左右、冬季的育肥猪。肴肉一般最好选用猪的前蹄髈,也可以用后蹄髈代替。

②原料整理。

取猪的前后腿髈,去除残毛,剔骨去筋,刮净污物杂质并清洗干净。

③腌制。

将蹄髈平放于案板上,皮朝下,用铁钎在每只蹄髈的瘦肉上戳若干小孔,用精盐揉擦皮、肉各处。揉匀后,一层一层放在腌制缸中,皮面朝下,放时用 3% 的硝水溶液洒在每层肉面上,多余的精盐同时撒布在肉面上。夏天每只蹄髈用盐 125 g,腌制 6～8 h;冬天用盐 90 g,腌制 7～10 d;春秋季用盐 110 g,腌制 3～4 d。腌到中心部位肌肉变红为度。腌好出缸后在 15～20℃的冷水中浸泡 2～3 h,适当减轻咸味并除去涩味,取出刮去皮上污物,用清水漂洗干净。

④煮制。

将葱段、姜片、花椒、八角、茴香等分装在两只布袋内,扎紧袋口,制成香料袋。在锅内放入清水 50 kg,加盐 4 kg,明矾 15 g,用旺火烧开,撇去浮沫,放入猪蹄髈,皮朝上,逐层相叠,最上一层皮朝下,用旺火烧开,撇去浮沫,放入香料袋,加入绍酒,在蹄髈上盖上竹箅一只,上放清洁重物压紧蹄髈,用小火煮制约 1.5 h(保持微沸,温度在 95℃左右)。将蹄髈上下翻换,重新放入锅内再煮约 3 h 至九成烂时出锅(用竹筷子很易插入肉中即可)。捞出香料袋,肉汤留下继续使用。

⑤压蹄。

取直径 40 cm、边高 4.3 cm 的平盘 50 只,每只盘内平放猪蹄髈 2 只,皮朝上,每 5 只盘叠压在一起,上面再盖空盘 1 只,20 min 后,将盘逐只移至锅边,把盘内油卤倒入锅内,用旺火将汤卤烧开,撇去浮油,放入明矾 15 g,清水 23 kg,再烧开并撇去浮油,将汤卤舀入蹄盘内。淹满肉面,置于阴凉处冷却凝冻(天热时凉透后放入冰箱凝冻),即成水晶肴肉。煮开的余卤即为老卤,可供下次继续使用。

2. 酱牛肉加工

(1)工艺流程

原料选择与整理→预煮→调酱→煮制、酱制→出锅→产品

(2)产品配方(按 100 kg 牛肉为原料计,单位:kg)

八角茴香 0.6,花椒 0.15,丁香 0.14,砂仁 0.14,桂皮 0.14,黄酱 10,盐 3,香油 1.5。

(3)操作要点

①原料选择与整理。

酱牛肉应选用不肥、不瘦的新鲜、优质牛肉,肉质不宜过嫩,否则煮后容易松散,不能保持形状。将原料肉用冷水浸泡清除余血,洗干净后进行剔骨,按部位分切肉,把肉再切成 0.5～1 kg 的肉方块,然后把肉块倒入清水中洗涤干净,同时要把肉块上面覆盖的薄膜去除。

②预煮。

把肉块放入 100℃的沸水中煮 1 h,目的是除去腥膻味,同时可在水中加几块胡萝卜。煮好后把肉捞出,再放在清水中洗涤干净,洗至无血水为止。

③调酱。

取一定量水与黄酱拌和,把酱渣捞出,煮沸 1 h,并将浮在汤面上酱沫撇净,盛入容器内备用。

④煮制、酱制。

向煮锅内加水 20～30 kg,待煮沸之后将调料用纱布包好放入锅底。锅底和四周应预先垫以竹箅,使肉块不贴锅壁,避免烧焦。将选好的原料肉,按不同部位肉质老嫩分别放在锅内,通常将结缔组织较多肉质坚韧的部位放在底部,较嫩的、较少的结缔组织放在上层,用旺火煮制 4 h 左右后,为使肉块均匀煮烂,每隔 1 h 左右倒锅一次,再加入适量老汤和食

盐。必须使每块肉均浸入汤中,再用小火煮制约 1 h,使各种调味料均匀地渗入肉中。等到浮油上升,汤汁减少时,然后倒入调好的酱液进行酱制,并将火力继续减少,最后封火煨焖。煨焖的火候掌握在汤汁沸动,但不能冲开汤面上浮油层的程度,全部煮制时间为 6~7 h。

⑤出锅。

出锅应注意保持肉块完整,用特制的铁铲将肉逐一托出,并将香油淋在肉块上,使成品光亮油润。酱牛肉的出品率一般为 60% 左右。

（4）产品特点

成品无膻味,食而不腻,瘦而不柴,味道鲜美,余味带香。

六、糟肉制品加工

1. 糟肉加工

糟肉属于上海风味制品,它香味可口,常年供家庭食用,夏季销售最多。

（1）工艺流程

原料整理→白煮→配料→糟制→产品→包装

（2）产品配方(以 100 kg 肉为原料计,单位:kg)

炒过的花椒 3~4,陈年香糟 3,上等绍酒 7,高粱酒 0.5,五香粉 0.03,盐 1.7,味精 0.1,上等酱油 0.5(最好用虾子酱油)。

（3）操作要点

①原料整理。

选用新鲜的皮薄而又细腻的方肉、前后腿肉为原料。方肉按肋骨横斩对半开,再顺肋骨直斩成规格为长 15 cm、宽为 11 cm 的长方肉块。前后腿肉亦斩成同样规格。

②白煮。

肉坯倒入锅内烧煮,水要超过肉坯表面,用旺火将肉汤烧至沸腾后,撇清血沫,减小火力继续烧,直至骨头容易抽出时为止。用尖筷和铲刀把肉坯捞出,出锅后,一边拆骨,一边在肉坯两面敷盐。

③准备陈糟。

香糟 50 kg,用 1~2 kg 炒过的花椒,加盐拌和后,置入缸内,用泥封口,待第二年使用,称为陈年香糟。

④搅拌香糟。

每 50 kg 糟肉用陈年香糟 1.5 kg,五香粉 15 g,盐 250 g,放入缸内,先放入少许上等绍酒,用手边加边拌和,并徐徐加入绍酒(共 2.5 kg)和高粱酒 100 g,直至糟酒完全拌和,没有结块时为止,称为糟酒混合物。

⑤制糟露。

用白纱布置于搪瓷桶上,四周用绳扎牢,中间凹下,在纱布上放绢纱一张,把糟酒混合物倒在纱布上,上面加盖,使糟酒混合物通过绢纱、纱布过滤,徐徐将汁滴在桶内,称糟露。

也可以用其他符合卫生食用标准的滤纸代替。

⑥制糟卤。

将白煮肉汤撇去浮油,用纱布过滤倒入容器内,加盐0.6 kg,味精50 g,上等酱油1 kg,高粱酒150 g,拌和冷却,数量以掌握在15 kg左右为宜。将拌和辅料后的白汤倒入糟露内,进一步拌匀,即为糟卤。

⑦糟制。

将凉透的糟肉坯,皮朝外圈,圈砌在盛有糟卤的容器中,糟货桶需事先放在冰箱内,另用一盛冰的细长桶,置于糟货桶中间加速冷却,直至糟卤凝结成冻时为止。

另外,糟蹄髈、糟猪头肉、糟猪舌、糟猪肚、糟大肠等按各自的整理方法进行清洗整理,均可按照肉的方法进行糟制。

(4)质量鉴定

①感官指标。

胶冻白净,清凉鲜嫩。

②滋味气味。

爽口沁胃,具有糟香味。

(5)食用和保管方法

糟制肉制品需放在冰箱中保存,才能保持其鲜嫩、爽口特色。食用时把它先浸在糟卤内和胶冻同时吃,更有滋味。

2.糟鹅加工

(1)工艺流程

原料选择与整理→烧煮→起锅冷却→糟制→成品

(2)产品配方(按125 kg健康鹅约50只为原料计,单位:kg)

陈年香糟1.3,葱1.5,黄酒3,生姜0.2,炒过的花椒0.025,食盐0.75,味精0.01,五香粉0.05,大曲酒0.25。

(3)操作要点

①原料选择与整理。

选择2~2.5 kg健康鹅,将其宰杀,放血、去毛、去内脏,然后将洗净的白条鹅放入清水中浸泡1 h后取出,沥干水分。

②烧煮。

将整理后的鹅坯放入锅内用旺火煮沸,除去浮沫,随即加葱500 g、生姜50 g、黄酒500 g,再用中火煮40~50 min后起锅。

③起锅冷却。

鹅体出锅后,在每只鹅身上撒些精盐,然后从正中剥开成两片,头、脚、翅斩下,一起放入经过消毒的容器中约1 h,使其冷却。锅内原汤撇去浮油,再加酱油750 g,精盐1.5 kg,葱1 kg,生姜150 g,花椒25 g于另一容器中,待其冷却。

④糟制。

用大糟缸一只,将冷却的原汤倒入缸内,然后将鹅块放入,每放两层加些大曲酒,放满后所配的大曲酒正好用光,并在缸口盖上一只带汁香糟的双层布袋,袋口比缸口大一些,以便将布袋捆扎在缸口。袋内汤汁滤入糟缸内,浸卤鹅体。待糟液滤完,立即将糟缸盖紧,焖4~5 h,即为成品。

⑤香糟的做法。

香糟2.5 kg,黄酒2.5 kg,倒入盛有原汤的另一容器中即可。

(4)产品特点

本品皮白肉嫩,香气浓郁,风味鲜美,独有特色。糟制鹅既可在4℃条件下保藏,也可鲜销。

【项目小结】

本项目结合我国肉制品加工的历史、现状、发展趋势和当前肉制品行业的最新生产加工技术,以培养高素质节能型、技能型人才为目标,重点介绍了肉制品加工常用的辅料及其特性、腌腊肉制品、火腿制品、熏烤肉制品、罐头肉制品、酱卤肉制品的加工工艺及操作要点,并详细介绍了各种肉制品生产的质量控制指标。

【问题探究】

①肉、肉制品、肉制品加工的基本概念。

②肉制品加工的发展趋势。

③简述食盐在肉制品中的作用。

④酱油在肉制品加工中起什么作用?

⑤肉制品加工中常用的甜味料有哪些?

⑥肉制品加工中常用的鲜味料有哪些?

⑦肉制品加工中常用的香辛料有哪些?

⑧亚硝酸盐在肉制品加工中起何作用? 应用亚硝酸盐时应注意什么?

⑨哪几种磷酸盐常用作肉制品的品质改良剂? 应如何应用?

⑩简述腌制原理。

⑪肉的腌制方法大致可分为哪几种?

⑫应用注射腌制法腌制时应注意什么?

⑬腌制成熟的标志是什么? 腌制时有哪些注意事项?

⑭简述腊肉加工的工艺流程及技术要领。

⑮简述金华火腿加工的工艺流程及技术要领。

⑯烟熏的成分及其在食品生产中的作用是什么？

⑰烟熏对肉制品的作用是什么？

⑱说一说肉制品烧烤的原理。

⑲简述烟熏的方法及其优缺点。

⑳哪些材料可以作为烟熏材料，哪些不能，为什么？

㉑罐头肉制品的种类有哪些？

㉒试述硬质肉制品罐头的一般加工过程。

㉓软质肉制品罐头与硬质肉制品罐头在加工过程中主要有哪些不同？

㉔保温试验有何意义？

㉕试说明三种酱卤肉制品的共同点和不同点。

㉖详细说明加工酱卤肉制品的关键工序是什么？

㉗如何理解白煮肉是卤制肉制品的一个特例？

㉘试说明肉在煮制过程中发生哪些变化？

㉙叙述烧鸡的加工过程。

【实验实训】

实验实训一　南京板鸭加工

一、产品特点

南京板鸭又名"贡鸭"，是我国著名的特产，可分为"腊板鸭"和"春板鸭"两类。"腊板鸭"是从小雪到立春，即农历十月到十二月底加工的板鸭，其品质最好，肉质细嫩，保存时间较长，一般可以保存 3 个月。"春板鸭"是从立春到清明，即农历一月至二月底加工的板鸭，其特点是香、酥、板、嫩，但其保存时间较短，一般可以保存 1 个月左右，3 ~ 4 个月滴油。

南京板鸭的特点是：体肥、皮白、肉红、骨绿、肉质细嫩、紧密、味香、回味甜。

二、材料、仪器及设备

1. 材料与配方

①主料：150 kg 新鲜光鸭(70 ~ 80 只)。

②腌制辅料：食盐 9.375 kg(光鸭重的 1/16)，八角 46.875 g(食盐重的 0.5%)。

炒盐制备：按干腌辅料配方将食盐放入锅内，加入八角，用火炒熟，并磨细即制成炒盐。

湿腌辅料：洗鸭血水 150 kg，食盐 50 kg，生姜 100 g，八角 50 g，葱 150 g。

盐卤的配制：按湿腌辅料配方在洗鸭血水中加入食盐，放锅中煮沸，使食盐溶解成为饱和溶液，撇去血污，澄清，用纱布滤去杂质，再加入打扁的大片生姜、整形的八角、整根的葱，冷却后即成新卤。新卤经过腌鸭后多次使用和长期储藏即成老卤，每 200 kg 老卤可腌板鸭 70 ~ 80 只。盐卤腌鸭 4 ~ 5 次后，必须煮沸一次，撇去上浮血污，并澄清。可适当补充食盐，使卤水保持一定咸度。

2.仪器及设备

冷藏柜,燃气灶,波美度计,锅,刀具,台秤,砧板,缸,盆。

三、工艺流程

1.传统工艺流程

原料选择→宰杀→修整→腌制→叠坯→排坯→成熟→成品

2.现代板鸭加工工艺流程

原料选择→宰杀→修整→盐注→低腌→风干→煮制→真空包装→杀菌→成品

四、操作要点

1.原料选择

腌制南京板鸭要挑选体长、身宽、胸腿肉发达、两腋下有"核桃肉"、体重1.75 kg以上的活鸭为原料。无条件的也可用优质瘦肉鸭代替,体重1.5~2 kg,以肌肉丰满、鸭体皮肤洁白、新鲜健康者为宜。

2.宰杀

宰前断食18~24 h,不断给水,在鸭舌5 cm下颈部宰杀。宰杀后的鸭子5 min内进行浸烫、煺毛。浸烫水温以62~65℃为宜,一般时间为30~60 s。烫好后立即煺毛,拉出鸭舌齐根割下,至冷水中浸洗,去血污,净细毛。

3.修整

将浸洗后的鸭尸切除两翅,两脚。由肛门处拉断直肠,在右翼下开一长5~6 cm的半月口,取出食管、嗉囊及全部内脏。先用冷水洗净体腔,再放入冷水中浸泡1~2 h后,将鸭体取出,挂起,沥干水分,放在案上(背部向上,腹部向下,头朝里,尾朝外),以手掌用力压扁三叉骨,使鸭体呈扁长方形。

4.腌制

①擦盐干腌:先取3/4制备好的炒盐,从右翼下开口处装入鸭子体腔,反复翻转鸭体,使盐均匀布满体腔,再把余下的食盐在大腿下部用力抹,同时揉搓在胸部肌肉、刀口、肛门和口腔内部。内外擦透盐后的鸭体逐只叠入缸中,腌制12 h。

②抠卤:干腌12 h后,用手提起鸭翅,手指插入并撑开肛门,放出鸭体内卤出的盐水。此工序称"抠卤"。第一次抠卤后鸭子再叠入缸中,8 h后再进行第二次抠卤。

③复卤:二次抠卤后,从右翼刀口处灌入预先配好的盐卤(新卤或老卤,最好用老卤),再逐一叠入另一缸中,缸上压盖使鸭体全部浸在卤中,腌制15~20 h。

5.叠坯

复卤时间达到规定标准后,鸭体出缸,沥尽卤水(抠卤),放在案上用手掌压成扁形,再叠入缸中,这一工序称"叠坯"。叠坯时间为2~4 d。

6.排坯

将叠在缸中的鸭体取出,用清水把鸭身洗净,挂在木档钉上,用手将颈部拉直,胸部拍平,两腿展开,腹部挑起(即用手插入肛门把下腹部挑成球形),再用水冲洗,然后挂在通风良好处吹干。等鸭体水滴完,皮吹干后,收回再排一次,加盖印章。这一工序就叫"排坯"。排坯的目的是使鸭肥大好看,达到外形美观的效果,同时也使鸭子内部通气。

7. 成熟

排坯并加盖印章后转到仓库晾挂保管。晾挂仓库必须通风良好,不受日晒雨淋,鸭体互不接触,经过 2~3 周即为成品。

8. 成品

成品板鸭体肥、皮白、肉红、骨绿、肉质细嫩、紧密、味香。通常品质好的板鸭能保存到 4 月底以后,存放在 0℃ 左右的冷库内,可保存到 6 月底或更长的时间。进行真空包装的板鸭,在 10℃ 以下可保存 3~6 个月。

五、注意事项

①正宗南京板鸭加工时,活鸭在屠宰前要用稻谷饲养数周,进行催肥,使其膘肥肉嫩,皮肤洁白。也有用米糠或玉米为主要饲料育肥的,但皮肤色泽、肉的品质都比稻谷育肥差。催肥后的鸭脂肪熔点高,在气温较高的情况下也不易滴油、哈喇。经稻谷育肥的活鸭称"箱膘活鸭",制成的板鸭叫"白油板鸭",是板鸭中的上品。

②活鸭在宰杀前一天停食,不断给水,使皮肤洁白,并利于煺毛。另外,用电击昏后宰杀利于放血。

③浸烫、煺毛必须在宰杀后 5 min 内进行。这时鸭体刚死,周身柔软,容易烫透。否则,停留时间过久,尸体发硬,毛孔收缩,煺毛较困难,又容易使皮肤破裂,影响外观,甚至成为次品。未死透的鸭子不能浸烫,因为周身血液尚未排净,会使皮肤发红,造成次品。煺毛时先拔翅羽,再拔腹胸毛、尾毛、颈毛,拔鸭毛后随即拉出鸭舌,投入冷水中浸洗并用镊子拔净小毛、绒毛。

④开膛时刀口不要太大或太小,否则影响美观或不利净膛。浸鸭时要用冷水,并充分浸泡,浸出鸭体内剩余的血污,使肌肉洁白,肉味鲜美。

⑤鸭子整理时压扁三叉骨,鸭体内外全部漂洗干净,既不影响肉的鲜美品质,又不易腐败变质,与板鸭的长期保存有很大关系。

⑥干腌擦盐时应遍及体内外,外部各处都要用盐擦透。特别是大腿处擦盐时要从大腿下部用力向上抹,在肌肉与腿骨脱开的同时使部分食盐从骨与肉脱离处入内,使大腿肌肉也能充分腌透。

⑦复卤时盖上加压不宜太紧,以免鸭体吸收盐分不均匀。复卤时间的长短,应根据季节、鸭体大小而确定,15~20 h 不等。盐卤越陈旧腌制出的板鸭风味越好。这是因为腌鸭后一部分营养物质渗进卤中,每烧煮一次,卤中营养成分浓厚一些,越是老卤,其营养成分越浓厚。

⑧叠坯时放入缸中的鸭体必须腹朝上,头朝向缸中心,以免刀口渗出血水污染鸭体。

⑨排坯后的鸭体不要挤压,防止变形。晾挂时若遇阴雨天,则晾挂时间要适当延长。

⑩保存中不要受潮或污染。气候干燥时,可把腌制3周左右的鸭胚在缸内木板上盘叠堆起(盘叠法)。

⑪现代南京板鸭的工艺创新。

a.产品由生制品向开袋即食的熟制品转变。

b.腌制由一次湿腌取代以往的干腌加湿腌。

c.采用自动风干,风干时间由15 d以上缩短至3~5 d。

d.温湿度的有效控制,产品盐度降为3%~4%,省去了传统的脱盐工序。

e.采用轨道式自动旋转吊钩,提高了产品的均一性和生产效率。

实验实训二　南京琵琶鸭加工

一、产品特点

琵琶鸭又称琵琶腊鸭,是南京的著名产品之一,制作这类产品不受季节限制,一年四季均可生产。它的特点是形状像琵琶,肉质干板,携带方便,食用方法简单,风味独特。

二、材料、仪器及设备

1.材料与配方

①主料:150 kg新鲜光鸭(70~80只)。

②干腌辅料:食盐9.375 kg,八角46.875 g(将食盐放入锅内,加入八角,用火炒熟,并磨细即制成炒盐)。

③盐卤配制:在清水50 kg中加盐25 kg,放锅内煮沸,使盐溶化成饱和溶液,再用纱布将盐卤过滤,冷却后加入适量切碎的姜、葱和压碎的八角即成。

2.仪器及设备

冷藏柜,燃气灶,波美度计,蒸煮锅,刀具,台秤,砧板,缸,盆。

三、工艺流程

原料选择→宰杀→腌制→整形→晾晒→储藏→成品

四、操作要点

1.原料选择

制作琵琶鸭的原料应是肉质嫩、油脂少的鸭只,如油质过多,夏天晒干时会滴油,风味也会下降。

2.宰杀

鸭子经宰杀后,先脱毛,后剖肚。剖肚方法是:在鸭的胸骨到肛门处开一长形刀口,用手指钩开鸭的胸部肌肉,使胸骨露出,用刀割除胸骨,除去食管、气管和内脏后,将鸭放入清水中浸泡1 h左右取出,沥干水分。

3.腌制

用鸭体重1/16的盐擦遍鸭体内外全身,经2 h后,将鸭坯放在盐卤里浸6~8 h。

4.整形

从卤缸中取出鸭只,用菜刀拍平鸭的胸部肋骨,或者放在案板上用板压平。压平后,用五根薄竹片,其中两根斜撑住鸭体,一根与鸭体平行撑住,两根横撑,使其外形饱满。

5. 晾晒

将整形后的鸭只挂起来晒干,也可以将压平的鸭体放在筛子上平晒,2~3 d 后便可晒干。

6. 储藏

晒干的琵琶鸭可保存 3~4 个月或更长时间,夏天可保存 1~2 个月。

五、注意事项

①干腌时,鸭体内外全身擦盐时要擦匀擦遍。

②在储藏期间,库温不宜过高,否则鸭体会干缩。

琵琶鸭一般是煨汤吃,也可以蒸吃或煮吃。蒸吃前,要用清水浸泡 1~3 h,待肌肉软后蒸熟。煮吃的方法与板鸭相同,水温控制在80℃左右。

实验实训三 四川腊肉加工

一、产品特点

四川腊肉呈长方形,成品长 33~40 cm、宽 5~7 cm,带皮无骨。每条净重 0.5~1 kg,颜色金黄,咸度适中,腊香味浓郁,无烟熏味,无哈变,无臭味,不霉不烂。

二、材料、仪器及设备

1. 材料与配方

按 50 kg 猪肉计,精盐 3.5~3.75 kg,硝酸钠 25 g,五香粉 150 g,白糖 250 g,白酒 500 g。

2. 仪器及设备

冷藏柜,烘房或烤箱,燃气灶,台秤,砧板,刀具,塑料盆,大缸。

三、工艺流程

原料选择→修整→腌制→晾挂→洗腿→烘烤→冷却→成品

四、操作要点

1. 原料选择

选用卫生检验合格的新鲜猪肉为原料。

2. 修整

修净猪毛,割去头、尾和猪脚,剔净骨头、淤血、淋巴、脏污等,切割成长 33~40 cm、宽 5~7 cm、带皮的长条。

3. 腌制

将盐放铁锅内炒热,晾凉后放入硝酸钠、辅料拌均匀。将拌均匀的混合料均匀地擦在肉及肉皮上,然后放入缸内或池内,放时皮面向下、肉面向上,都装好后,最后一层肉皮面向上,肉面向下,以装满为度,并将剩余的盐、硝酸钠、辅料放在上层。腌制 2~3 d 进行翻缸,翻缸后再腌 2~3 d 即可出缸。

4. 晾挂

将出缸后的肉条,用清水洗净皮肉上的白沫,用铁针或尖刀在肉块上端穿眼,并用麻绳结套拴扣,悬挂在竹竿上,放在通风的地方晾干水汽后,即可送入烘房烘烤。

5. 烘烤

烘烤时将串有肉条的竹竿送入烘房,由上层至下层,由里面到外面,一竿一竿地挂好。然后将木炭放入瓦盆内,再放入烘房的四角及中间,共 5 处,随即升火烘烤,全部烘烤时间为 32 h。烤至 12 h,看到肉皮呈现黄色,即可熄火进行翻炕,将上层移下、下层移上,再升火烘烤 20 h,视肉皮已干硬、瘦肉内部呈酱红色即可出炉。

6. 冷却

将烘烤后的腊肉连竹竿从烘房中取出,悬挂于空气流通处,待晾凉后方可进行包装。否则腊肉容易变酸。

腊肉每 50 kg 鲜猪肉出成品 36 kg 左右。

五、注意事项

①腌制时,由于冬至后立春前气温低,可腌 3 d,立春后冬至前气温上升,盐分容易渗入肉内,只需要腌 2 d。

②烘烤时,竹竿与竹竿、肉与肉之间须保持一定间距,以不相互挤压为度。烘烤 12 h 火力由初燃渐升至 42℃,在此期间内,温度如超过 42℃,则宜迅速降低,使其保持在 42℃。否则肉会被烤煳或流油;翻炕后烘烤期间温度最高不超过 46℃,否则容易烤焦。

③储藏时应注意保持清洁,防止污染。同时要防潮及防鼠啮、虫蛀。

实验实训四　北京烤鸭加工

一、产品特点

北京烤鸭历史悠久,在国内外享有盛名,是我国著名特产。北京烤鸭烤成后的鸭体甚为美观,表皮和皮下结缔组织以及脂肪混为一体,皮层变厚,色泽红润,鸭体丰满,具有外脆内嫩、肉质鲜酥、肥而不腻的特点。

二、材料、仪器及设备

1. 材料与配方

北京填鸭(或光鸭),麦芽糖水(1 份糖 6 份水,在锅内熬成棕红色)。

2. 仪器及设备

冷藏柜,烤炉,打气筒,加热灶,台秤,砧板,刀具,盆,鸭撑子,挑鸭杆,挂鸭杆。

三、工艺流程

原料选择→宰杀、造型→洗膛→烫皮→上糖色→晾皮→灌汤、打色→烤制→成品

四、操作要点

1. 原料选择

选用经过填肥的北京填鸭,以 50 ~ 60 日龄、活重 2.5 ~ 3 kg 最为适宜,无条件的可选用

重约 2 kg 的光鸭代替。

2. 宰杀、造型

填鸭经宰杀、烫毛、煺毛后先剥离颈部食道周围的结缔组织,将食管打结,把气管拉断、取出,伸直脖颈,把气筒的气嘴从刀口部位捅入皮下脂肪和结缔组织之间,给鸭体充气至八九成满,拔出气嘴。将食指捅入肛门内勾住并拉断直肠,再将直肠头取出体外。在鸭右翅下割开一条 3~5 cm 的呈月牙形的刀口,从刀口处拉出食管、气管及所有内脏。把鸭撑子(一根 7~8 cm 长的秸秆或小木条)由刀口送入鸭腔内,竖直立起,下端放置在脊椎骨上,上端卡入胸骨与三叉骨,撑起鸭体。

3. 洗腔

将鸭坯浸入 4~8℃ 清水中,使水从刀口灌入腹腔,用手指插入肛门掏净残余的鸭肠,并使水从肛门流出,反复灌洗几次,即可净腔。

4. 烫皮

用鸭钩钩住鸭的胸脯上端 4~5 cm 处的颈椎骨(右侧下钩,左侧穿出),提起鸭坯,用 100℃ 沸水淋浇,先浇刀口和四周皮肤,使之紧缩,严防从刀口跑气,然后再浇其他部位,一般三勺水即可使鸭体烫好。

5. 上糖色

用制好的糖浇遍鸭体表皮,三勺即可。

6. 晾皮

将烫皮上糖色后的鸭坯挂在阴凉、通风的地方,使鸭皮干燥。一般春秋季节晾 2~4 h,夏季晾 4~6 h,冬季要适当增加晾皮的时间。

7. 灌汤、打色

用鸭堵塞(或用 6~8 cm 秸秆)卡住肛门口,由鸭身的刀口处灌入 100℃ 沸汤水 70~100 mL,称为"灌汤"。灌好后再向鸭体表皮浇淋 2~3 勺糖液,称为"打色",弥补上糖色时的不均匀。

8. 烤制

炉温一般控制在 230~250℃。鸭坯入炉后,先挂在前梁上,先烤刀口这一边,促进鸭体内汤水汽化,使其快熟。当右侧烤至橘黄色时,转动鸭体,使左侧向火,待两侧呈同样颜色时,将鸭用杆挑起,近火燎其底裆,反复几次,使腿间和下肢着色,再烤左右侧鸭脯,使全身呈橘黄色。把鸭体挂到炉的后梁,烤鸭体的后背,鸭身上色已基本均匀,然后旋转鸭体,反复烘烤,直到鸭体全身呈枣红色时,即可出炉。一般一只 1.5~2 kg 的鸭坯在炉内烤 35~50 min 即可全熟。鸭子烤好出炉后,可趁热刷上一层香油,以增加皮面光亮程度,并可去除烟灰,增添香味,即为成品。一般鸭坯在烤制过程中失重 1/3 左右。

9. 成品

成品北京烤鸭色泽红润,鸭体丰满,表皮和皮下组织、脂肪组织混为一体,皮层变厚,皮质松脆,肉嫩鲜酥,肥而不腻,香气四溢。

五、注意事项

①鸭体充气要丰满,皮面不能破裂,打好气后不要用手碰触鸭体,只能拿住鸭翅、腿骨和颈。

②烫皮、上糖色时要用旺火,水要烧得滚开,先淋两肩,后淋两侧,均匀烫遍全身,使皮层蛋白质凝固,烤制后表皮酥脆,并使毛孔紧缩、皮肤绷紧,减少烤制时的脂肪流出,烤后皮面光亮、美观。

③晾鸭坯时要避免阳光晒,也不要用高强度的灯照射,并随时观察鸭坯变化,如发现鸭皮溢油(出现油珠儿)要立即取下,挂入冷库保存,同时还要注意鸭体不能挤碰,以免破皮跑气,更不能让鸭体沾染油污。

④灌汤前因鸭坯经晾制后表皮已绷紧,所以肛门捅入堵塞的动作要准确、迅速,以免挤破鸭坯表皮。灌汤的鸭体在烤制时可达到外烤内蒸,制品成熟后外脆里嫩。

⑤在烤制进行中,火力是关键。炉温过高,时间过长,会使鸭坯烤成焦黑色,皮上脂肪大量流失,皮如纸状,形如空洞;时间过短,炉温过低,会造成鸭皮收缩,胸脯下陷和烤不透,均影响烤鸭的质量和外形。另外,鸭坯大小和肥度与烤制时间也有密切关系,鸭坯大,肥度高,烤制时间长,反之则短。

⑥对于鸭子是否已经烤熟,除了掌握火力、时间、鸭身的颜色外,还可倒出鸭腔内的汤来观察。当倒出的汤呈粉红色时,说明鸭子7~8成熟;当倒出的汤呈浅白色,清澈透明,并带有一定的油液和凝固的黑色血块时,说明鸭子9~10成熟。如果倒出的汤呈乳白色,油多汤少时,说明鸭子烤过火了。

⑦烤鸭最好现制现食,久藏会变味失色,如要储存,冷库内的温度宜控制在3~5℃。冬季室温10℃时,不用特殊设备可保存7 d,若有冷藏设备可保存稍久,不致变质。吃前短时间回炉烤制或用热油浇淋,仍能保持原有风味。食用时,需将鸭肉削成薄片。削片时,手要灵活,刀要斜坡,大小均匀,皮肉不分,片片带皮。

实验实训五 午餐肉罐头加工

一、产品特点

午餐肉罐头是肉类经过盐、糖、亚硝酸钠等腌料腌制后,再进行加工制成的罐头。呈淡粉红色,弹性好,具有特殊的风味和滋味。

二、材料、仪器及设备

1.材料与配方

腌制用混合盐配方:盐98%,砂糖1.5%,亚硝酸钠0.5%。

斩拌配料:肥瘦肉80 kg,玉米淀粉11.5 kg,净瘦肉80 kg,玉果粉58 g,白胡椒粉192 g,冰屑19 kg,维生素C 32 g(或不加)。

2.仪器及设备

冷藏柜,加热灶,台秤,砧板,刀具,盆,蒸煮锅,绞肉机,斩拌机,杀菌锅。

三、工艺流程

原料处理→腌制→绞肉、斩拌、加配料→真空搅拌→装罐→真空密封→杀菌、冷却→吹干、入库

四、操作要点

1. 原料处理

去皮去骨猪肉去净前后腿肥膘使其成为净瘦肉,肋条去除部分肥膘,使肥膘厚度不超过 2 cm 即为肥瘦肉。经加工后净瘦肉含肥肉 8% ~ 10%,肥瘦肉含肥膘不超过 60%,净瘦肉与肥瘦肉比例应为 1∶1。可以脊排肉及夹心肉去肥或带肥调节肥瘦比例。处理后肉温不超过 15℃。

2. 腌制

净瘦肉和肥瘦肉应分开腌制,各切成 3 ~ 5 cm 的小块,定量装入不锈钢桶或其他容器中,每 100 kg 猪肉添加混合盐 2 ~ 2.5 kg,用拌和机拌和均匀,然后送到 0 ~ 4℃ 的冷藏库中,腌制 48 ~ 72 h,腌后要求肉块鲜红,气味正常,肉质有柔滑和坚实的感觉。

3. 绞肉、斩拌、加配料

将腌制以后的肥瘦肉绞碎,得到 9 ~ 12 mm 的粗肉粒。净瘦肉在斩拌机上斩成肉糜状,同时加入其他调味料,开动斩拌机后,先将肉均匀地放在斩拌机的圆盘中,然后放入冰屑、玉米淀粉、香辛料。斩拌时间 3 ~ 5 min。斩拌后要求肉质鲜红,具有弹性,斩拌均匀,无冰屑,抹涂后无肉粒状。

4. 真空搅拌

将粗绞肉和斩拌肉糜均匀混合,同时抽掉半成品的空气,防止成品产生气泡、氧化作用及物理性胀罐。真空搅拌的真空度控制在 67 ~ 80 kPa,时间为 2 min。

5. 装罐

肉料搅拌均匀后,即可取出送往充填机进行装罐。装午餐肉的空罐,应使用脱膜涂料罐和抗硫涂料罐,按罐型定量装入肉糜。

6. 真空密封

装罐后立即进行真空密封,真空度为 60 kPa。

7. 杀菌、冷却

密封后立即杀菌,杀菌时间按罐型决定,一般为 50 ~ 150 min。

净重 198 g 杀菌式:15 ~ 50 min,反压冷却/121℃(反压 147.1 kPa);

净重 340 g 杀菌式:15 ~ 55 min,反压冷却/121℃(反压 147.1 kPa);

净重 397 g 杀菌式:15 ~ 70 min,反压冷却/121℃(反压 147.1 kPa)。

杀菌后立即冷却到 40℃ 以下。

五、注意事项

午餐肉罐头容易产生胶冻和脂肪析出、黏罐、形态不良、表面发黄、物理性胀罐及弹性不足等质量问题,产生原因及防止措施如下。

1. 成品产生胶冻和脂肪析出

由于肉质不佳、持水性差而引起的。防止措施：

①严格控制原料质量，最好选用新鲜肉。

②加强解冻、拆骨加工和生产过程中的温度控制，冻肉解冻以自然室温缓慢解冻为宜，拆骨加工和生产车间的室温不要高于25℃，夏季生产应以冷风调节。

③加工时严格控制肥肉含量，成品油脂含量一般为22%～25%，如果原料肥膘过多，肉的质量不好，就容易产生以上质量问题.

④添加适量的磷酸盐可防止胶冻析出。

2. 成品黏罐

为解决黏罐，以前的办法是装罐前在罐内涂一薄层熟猪油，装罐表面抹平后也涂一层熟猪油。但最好的解决办法是制罐前在镀锡板上涂布脱膜涂料，这样开罐后不黏罐，表面无白色脂肪层，外观较好，生产方便。

3. 形态不良

午餐肉罐头形态上的缺陷主要是腰鼓形和缺角，产生原因主要是充填推力不够或不均匀。采用装罐机进行装填，才能保证良好的形态。

4. 表面发黄、切面变色快

表面发黄、切面变色快是表面接触空气氧化而造成的。为了解决这一质量问题，可提高罐头真空度；密封时真空度控制在60～67 Pa；斩拌时，加抗氧化剂维生素C，添加后，成品颜色红润，表里颜色基本一致，口味也比较嫩。维生素C的添加量为0.02%，并采用真空搅拌。

5. 弹性不足

弹性不足是原料的新鲜度、解冻条件和腌制条件而引起的。目前的解决方法是使用绞肉机进行粗绞，粗绞肉应呈粒状，温度不超过10℃。

6. 物理性胀罐

主要是肉糜中存在较多空气或装填太满而引起的，可通过搅拌时提高真空度、装罐前抽真空、杀菌后反压冷却等方法，以避免产生假胀听现象。

实验实训六 酱肘子加工

一、产品特点

酱肘子加工具有较长的历史，深受广大消费者的欢迎，其特点是热制冷吃，以色美、肉香、味醇、肥而不腻、瘦而不柴见长。

二、材料、仪器及设备

1. 材料与配方

按50 kg猪肉或猪肘子计算：花椒100 g，大料100 g，桂皮150 g，小茴香50 g，蔻仁25 g，丁香10 g，山萘25 g，砂仁25 g，陈皮25 g，白糖(炒糖色用)100 g，大盐2.5～3 kg，大葱

500 g,鲜姜 250 g,香叶 25 g,白矾适量(1~2 块捣碎,以备清汤使用)。

2.仪器及设备

切肉刀,喷灯,铁箅,小铁筒,竹板,蒸煮锅,煤气灶,勺子,竹篓,塑料盆。

3.工艺流程

原料选择→整理→焯水→清汤→码锅→酱制→出锅→掸酱汁→成品

三、操作要点

1.原料选择

选用经兽医卫生检验合格的、皮嫩膘薄、膘厚不宜超过 2 cm 的猪肘子为原料。

2.整理

首先用喷灯把猪皮上的长、短毛烧干净,而后用小刀刮净皮上的焦煳,去掉肉体上的杂骨、软骨、碎骨、淤血、杂污,切成 17 cm 长、14 cm 宽、厚度不超过 6~8 cm 的肉块,达到大小均匀。然后将原料肉块放入有流动自来水的容器内浸泡 4 h 左右,泡去血腥味,捞出并用硬毛刷子洗刷干净,以备入锅酱制。

3.焯水

把准备好的料袋、盐和水同时放入铁钢内,烧开、熬煮。一般以刚好淹没原料肉为好,控制好火力的大小,以保持汤面微沸和原料肉的鲜香与滋润度。根据需要视其原料肉老嫩适时有区别地从汤面沸腾处,捞出原料肉。煮制时不盖锅盖,随时撇出浮油和血沫,煮制 40 min 左右,捞出的原料肉块,用凉水洗净肉块上的血沫和油脂。同时把原料肉分成肥、瘦、软、硬,以待码锅。

4.清汤

待原料肉捞出后,再把锅内的汤过一次箅,去净锅底和汤中的肉渣,并把汤面浮油用铁勺撇净,若发现汤面要沸腾,适当加入一些凉水,不使其沸腾,直到把杂质、浮沫撇干净,汤呈微清的透明状、清汤即可。如果感觉汤不够理想,可将白矾放入未开的汤内(此时汤面浮起白沫),及时撇清白沫,随时顺锅边加凉水,不使汤沸腾,待撇净沫子呈清汤即可。

5.码锅

把煮锅清洗干净,放入 1.5~2 kg 自来水,用一个约 40 cm 直径的圆铁条状箅子垫在锅底,然后用 20 cm 长、6 cm 宽的竹板整齐地码垫在铁箅四周边缘上,紧靠在铁锅内壁上,沿锅壁码放一排或二排竹板,然后再用一个高 40 cm(据产量需要,也可矮些)、直径 12 cm 的圆铁筒,筒壁上有 2 cm 直径的不规则圆眼数十个,竖放在铁箅中央,目的是留出锅心(操作熟练可以不放铁筒,直接用肉码出锅心),将半成品逐个竖放在锅心,码紧码实,将清汤放入码好肉的锅内,并漫过肉面 6 cm 左右。

6.酱制

码锅后盖上锅盖,用旺火煮 2~3 h,然后打开锅盖,适量放糖色使汤液达到栗子色,以补救煮制中的颜色不足。等到汤逐渐变稠时,改用中火焖煮 60 min 左右,用手触摸肉块看是否熟软,尤其是肉皮是否煮得软烂,但也要注意肉块不可成烂泥状。

7. 出锅(也称起锅)

酱肘子肉达到半成品时应及时将中火改为微火,汤汁要做到小泡不能间断,否则酱汁出油,不能成为酱汁。出锅时用小平板铁铲将其取出,放在盘子内,围拢成椭圆形并且不留空隙。然后把煮锅内的竹板、铁筒、铁算子取出,用微火煮,用铁勺不停地搅拌锅内汤汁,直到呈黏稠状。将酱汁倒入洁净容器内,继续用铁勺搅拌、散热,使酱汁温度降至60~70℃,用炊帚头部蘸酱汁刷在肘子肉上,晾凉即为成品,出品率为65%。

四、注意事项

①配方中的各种香辛调味料要装入宽松的纱布袋内,扎紧袋口,不宜装得过满,以免香料吸水胀破纱袋和香味不宜扩散,影响酱制质量。大葱和鲜姜另装一个料袋,因为这种辅料一般只是一次性使用。

②酱制猪肉,对原料的选择十分重要。如果是体重膘肥的猪肉,则加工出来的酱肉质量不但得不到保证,还有可能造成加工中途失败。

③焯水是酱制前预制的常用方法,目的是去除血污和腥、膻、臊等异味。然后将准备好的原料肉块投入沸水锅内加热,煮至半熟。原料肉经过这样的处理后,再入酱锅酱制,其成品表面光洁、味道香、质量好、易保存;放水量要一次性兑足,不要在酱制过程中加凉水,以免使原料因受热不均匀而影响原料肉的水煮质量;要一次性地把原料肉同时放入锅内,不要边煮边捞又边下料,以免影响原料肉的鲜香味和色泽。

④在清汤过程中,要注意始终添加凉水,不使汤面沸腾,以利于把杂质、浮沫撇干净。

⑤码锅时根据肉的数量可以码成数层,注意一定要码紧、码实,防止开锅时沸腾的汤把肉冲散;同时码锅时不要把肉渣掉入锅底,防止煳锅;码好后清汤要一次加足,避免在酱制中途加凉汤或凉水,使肘子肉受热不均匀,影响成品质量。

⑥出锅时注意锅内酱汁始终保持小泡,如果酱汁颜色浅,可以在搅拌过程中再继续放些糖色,以达到深栗子色为好。如果熬酱汁把握不大,又没有老汤汁,可用猪蹄、猪皮与猪头肉同时酱制,并码放在肘子原料的最下层,解决酱汁质量或酱汁不足的缺陷。切不可用淀粉掺在汤汁内做酱汁,这样会失去酱肘子的香味。

项目2 焙烤食品加工技术

【知识目标】

1. 了解焙烤食品加工主要原料、辅料的加工特性。

2. 了解面包、饼干、蛋糕、月饼的概念、分类。

3. 理解面包、饼干、蛋糕、月饼的加工原理。

4. 掌握面包、饼干、蛋糕、月饼的加工工艺、操作要点及质量标准。

【技能目标】

1. 能正确选择焙烤食品加工原辅材料。

2. 能按照工艺流程的要求完成面包、饼干、蛋糕和月饼的加工。

3. 能进行面包、饼干、蛋糕、月饼的质量评价。

预备知识

一、焙烤食品概念

焙烤食品广义是指用面粉及各种粮食及其半成品与多种辅料相调配,或经发酵,或直接用高温烘焙,或用油炸而成的一系列香脆可口的食品。

二、焙烤食品行业发展概况

1. 焙烤食品发展历史

焙烤食品是自有历史以来即被发现而作为人类的食品。焙烤食品发展历史最早可以追溯到金字塔时代。大约6000年前,埃及已有谷物制作类似面包的食品。在公元前1000年,希腊人就用大麦粉制作烙饼,称作"Mazai"。公元前8世纪,希腊人向埃及学习发酵面包的方法,把蜂蜜、鸡蛋及干酪等加入面团中,于是蛋糕类产品也产生和发展起来。后来面包技术又从希腊传到罗马。中世纪后面包的做法传到了法国,逐渐形成大陆式的面包。后来传到英国,再传到美国,形成英美式面包。而饼干一词来源于法语"Basciut",意思为再次烘烤的面包,是由面包发展而来的食品。

在我国,焙烤食品历史悠久,如传统中式糕点(酥皮、桃酥、月饼等)、北方的烙饼及锅盔等都是我国特有的焙烤食品。

2. 焙烤食品行业存在问题及发展

近年来,随着经济的发展,我国焙烤食品行业得到了快速发展,焙烤食品不仅从工艺、品种、花色、质量、数量、外包装以及生产工艺和装备方面有了显著的提高,且在消费量上也显著增加。

（1）焙烤食品行业存在问题

①行业竞争激烈。近年来,随着市场准入制度的实施,焙烤行业进入"门槛"提高,国内焙烤市场竞争逐步从打"价格战"竞争,步入以产品质量和产品研发为核心的竞争,中高端市场成为争夺焦点。

②专业化、标准化不够。随着国家行业标准的不断出台和实施,部分企业在行业标准基础上制定了更严格的原料、生产工艺、产品检测一系列标准,来保证产品的品质,焙烤食品企业必须走专业化、标准化道路。

③焙烤食品趋于同质化。很多焙烤食品在种类、配料、口味及包装等方面趋于同质化。在种类方面,目前市场上焙烤食品大多以蛋糕、面包、小西点食品为主,辅以月饼、水果慕斯等时令产品,缺乏根据不同消费者、不同地域特征设计的食品;在配料方面,大部分焙烤食品都以面粉、白糖、鸡蛋、油脂等为主要原料,配料单调造成营养成分单一;在口味方面,市场 2/3 以上的焙烤食品是甜味,仅 1/3 的产品是原味或咸味;在包装方面,我国焙烤食品的包装缺乏文化内涵和设计特色。

（2）焙烤食品行业发展

随着人民生活水平的提高,天然、营养、安全、保健、卫生的食品越来越受到人们青睐,焙烤食品作为食品的主要分支之一,以安全、卫生为基本发展趋势,以低热量、营养、保健等方面占领市场。

①注意营养价值和营养平衡。焙烤食品的发展应该适应人们对营养的需求。一是生产营养丰富和各种营养成分的比例符合人体需要模式的营养平衡的焙烤食品;二是加大功能性配料如膳食纤维、低聚糖、糖醇、大豆蛋白、功能性脂类、植物活性成分、活性肽等在焙烤食品中的开发利用。

②焙烤食品创新多元化。焙烤食品创新多元化,并与糖果、冰激凌等组合,形成一系列全新产品。引进国外先进加工技术,不断开发适合我国人民生活习惯、营养需求、消费水平的焙烤食品。

三、焙烤食品分类

目前,焙烤食品种类繁多,分类方法多样,通常有根据原料的配合、制法、制品特性、产地等多种分类方法。这里主要介绍三种分类方法。

1. 根据地域分类

根据地域分类,可分为中国传统焙烤食品和西式焙烤食品两类。

2. 按发酵和膨化方法分类

（1）用培养酵母或野生酵母使之膨化的制品

包括面包、苏打饼干、烧饼等。

（2）用化学方法膨化的制品

是利用化学膨松剂小苏打、碳酸氢铵、发粉等产生二氧化碳使制品膨化,如各种蛋糕、炸面包圈、油条、饼干等。

（3）利用空气进行膨化的制品

是利用机械或手工搅打过程中拌入空气使制品体积膨大的方法，如天使蛋糕、海绵蛋糕、戚风蛋糕等。

（4）利用水分进行膨化的制品

此方法不用发酵也不用化学膨松剂，主要指一些类似膨化食品的小吃。

3. 按用料和加工工艺分类

根据用料和加工工艺，焙烤食品可以分为面包类、饼干类、蛋糕类，中国传统焙烤食品和其他类等。

四、烘焙原料比例

烘焙食品所用的原料种类繁多，每一种原料的性质、功能都不同，同时每种原料的用料也不一样，这就要求掌握烘焙原料的精确计算方法。在焙烤行业通常采用烘焙百分比来确定各原料在配方中所占比例。烘焙百分比是以面粉重量为 100% 作为基准，其他材料如砂糖、盐、酵母等占面粉重量的百分比计算。比如白吐司面包配方为：高筋粉 1000 g、砂糖 50 g、食盐 40 g、脱脂奶粉 40 g、奶油 40 g、酵母 20 g、改良剂 1 g、水 700 g，各原料烘焙百分比分别为 100.0%、5.0%、4.0%、4.0%、4.0%、2.0%、0.1%、70.0%。

任务2.1　焙烤食品加工原辅料

一、小麦粉及其他粉类原料

小麦粉（也称面粉）是制作焙烤食品的主要原料。小麦粉的性质对于焙烤食品的加工工艺和产品的性质起决定性作用，而小麦粉的性质往往由小麦的性质决定，因此从事焙烤食品行业的相关技术人员有必要了解一些关于小麦和面粉的知识。

1. 小麦粉

（1）小麦种类

小麦不仅是我国的主要粮食作物之一，更是世界上分布范围最广、栽培面积最大、生产量最多的粮食作物。小麦的种类很多，可以根据播种季节、颗粒皮色和麦粒粒质等进行分类，这里主要介绍三种分类方法。

①按播种季节分类。

小麦按播种季节可分为冬小麦和春小麦。我国小麦生产划为三大自然区，即北方冬麦区、南方冬麦区和北方春麦区。一般北方冬小麦蛋白质质量较好，其次是北方春小麦，南方冬小麦相对较差。

②按颗粒皮色分类。

小麦按颗粒皮色分为红麦与白麦。红麦多为硬质麦,皮层为红褐色或深褐色,皮层较厚,麦粒结构紧密,出粉率较低,粉色较差,但筋力较强。白麦多为软麦,皮层呈乳白色或黄白色,皮层较薄,出粉率较高,粉色较好,一般筋力较弱。

③按麦粒粒质分类。

按麦粒粒质可分为硬质小麦和软质小麦两类。一般硬麦麦色深,籽粒不如软麦饱满,但面筋含量较高,品质较好,适宜制作面包;软麦色浅,籽粒饱满,但面筋含量较低,适宜制作饼干和糕点。

(2)小麦粉种类

①按加工精度分类。

参照国家标准 GB 1355—1986,我国小麦粉按照加工精度分为特制一等粉、特制二等粉、标准粉及普通粉。

②按面粉用途分类。

按用途可以分为工业用粉和食品专用粉。工业用粉一般为标准粉和特二粉,主要用于生产谷朊粉、淀粉、黏结剂等。食品专用面粉分为通用粉、专用粉和配合粉。通用粉是指可以制作一种或多种一般性的食品,适用范围广,如等级粉和标准粉就是通用粉;专用粉是指按照制造食品的专门需要加工的面粉,包括低筋粉、高筋粉、面包粉、饼干粉等;配合粉是以小麦粉为主,根据特殊目的添加其他一些物质调配而成的面粉,包括营养强化粉、预混合面粉等。

③按面筋筋力强弱分类。

按面筋筋力强弱可以分为高筋粉、中筋粉和低筋粉。见表2-1-1。

表2-1-1　不同筋力的小麦粉面筋质与蛋白质含量

种类	面筋质/%(以湿基计)	蛋白质/%(干基计)	吸水率/%	用途
高筋粉	≥30.0	≥12.2	60~64	面包
中筋粉	24.0~30.0	10.0~12.2	55~58	中式糕点、馒头等
低筋粉	<24.0	≤10.0	50~53	饼干、蛋糕等

(3)小麦粉的化学成分及其在焙烤加工中的工艺性能

由于我国小麦品种和制粉方法不同,小麦粉化学成分的含量差异较大,见表2-1-2。

表2-1-2　小麦粉中主要化学成分含量

种类	水分/%	蛋白质/%	脂肪/%	碳水化合物/%	灰分/%	其他
标准粉	13~14	10~13	1.8~2.0	70~72	1.10~1.30	少量维生素和酶
精白粉	13~14	9~12	1.2~1.4	73~75	0.50~0.75	

①水分。

我国国家标准规定小麦粉水分为13%~14%。小麦粉水分太高会引起酶活力增强和微生物污染,导致小麦粉发热变酸,缩短小麦粉的保存期限,同时使焙烤食品品质下降。而水分含量过低时,小麦粉粉色差,颗粒粗,含麸量高,使焙烤食品品质下降。

②蛋白质。

蛋白质分类:小麦粉的蛋白质可据它们在水及各种溶剂中溶解度不同分为麦胶蛋白、麦谷蛋白、球蛋白、清蛋白和酸溶蛋白,也可根据形成面筋的特性分为面筋蛋白和非面筋蛋白两类。小麦粉中的蛋白质主要是面筋蛋白,其中麦胶蛋白和麦谷蛋白约占80%。麦胶蛋白具有良好的延伸性,但缺乏弹性,而麦谷蛋白富有弹性。麦胶蛋白和麦谷蛋白对面团网络结构形成具有重要意义。

面筋:面筋是小麦蛋白质的主要成分,是使小麦粉能形成面团的具有特殊物理性质的蛋白质。将小麦粉加水调制成面团,静置20 min,在室温水中揉洗,除去淀粉和其他物质,直到水不变色为止,剩下柔软、灰色、无味、有弹性、黏性的凝胶体称为湿面筋。去掉水分的面筋称为干面筋。面筋主要成分为麦胶蛋白和麦谷蛋白,这两种蛋白都具有二硫键(—S—S—)结合的多肽链结构,这两种蛋白质分子在膨润状态下相互接触时,分子内的—S—S—键就会变为分子间的结合键,连成巨大的分子,形成面筋的网络结构;面粉内的少量淀粉、纤维素、脂肪、糖类和矿物质包藏在面筋网络结构中,起填充作用。

面粉蛋白质所含氨基酸:小麦面粉蛋白质属于不完全蛋白质,其中赖氨酸含量极少,而谷氨酸含量多,约占40%。此外,小麦中含有的半胱氨酸对小麦的加工性能有很大影响。半胱氨酸含有巯基(—S—H—),—S—H—具有和—S—S—迅速交换位置,使蛋白分子间相对容易运动,促进面筋形成的作用,因而它的存在使面团产生黏性和伸展性。但当—S—H—含量较多时,这一作用将使面筋结构中的—S—S—结合点无法固定,面筋缺乏弹性,面团发黏不易操作,而且会使得面团气体保留性差,成品体积小,组织粗糙。—S—H—还具有还原性,氧化后可成为连接蛋白分子的—S—S—结合,增强面筋弹性和强度。以上原理如图2-1-1所示。

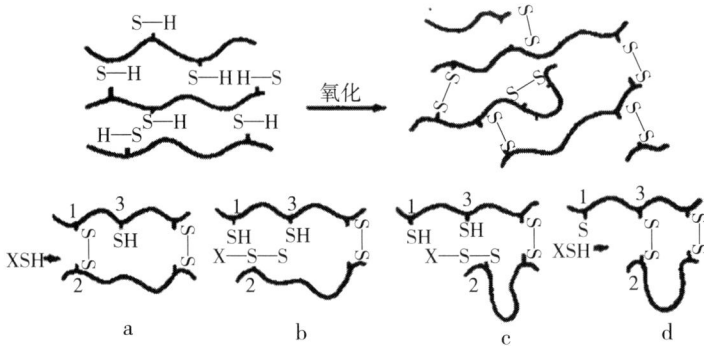

图2-1-1 面筋蛋白结构的互变

因此,刚磨出的面粉含有较多的半胱氨酸,故不易马上用来加工面包。常用自然陈化或添加改良剂处理的方法氧化—S—H—为—S—S—结合形式,使得面粉的加工性能得到改善。常用的改良剂一般是氧化剂如碘酸钾、维生素C等。

③碳水化合物。

碳水化合物占小麦粉75%以上,主要包括淀粉、少量的可溶性糖及纤维等。

淀粉:淀粉以粒状存在于小麦胚乳细胞中。在小麦淀粉中,直链淀粉占24%,支链淀粉占76%。直链淀粉易溶于热水,生成的胶体黏性不大,不易凝固;支链淀粉不溶于冷水,只有在加热、加压条件下才溶于水中,生成的胶体黏性很大。淀粉在常温下不溶于水,随着温度升高,在水中溶胀、分裂,形成均匀的糊状溶液,这种过程称为淀粉糊化,这种糊化状态的淀粉称为 α - 淀粉。未糊化的淀粉分子排列很规则,称为 β - 淀粉。淀粉糊化的本质是淀粉粒中有序及无序态的淀粉分子间氢键断开,分散在水中形成胶体溶液。面类食品由生变熟的过程,实际就是 β - 淀粉变为 α - 淀粉的过程,即淀粉糊化。淀粉老化是淀粉糊化的逆过程,也称"返生",是指经过糊化的淀粉在室温或低于室温下放置后,会变得不透明甚至凝结而沉淀的现象。淀粉经过糊化后,容易被人体吸收,而淀粉老化,使产品品质下降,不易消化。

在酸或酶的作用下,淀粉可水解为糊精、麦芽糖和葡萄糖,这种性质在焙烤食品加工中有重要意义。在烘焙制作过程中,当面团中心温度达55℃时,酵母会加速淀粉酶活化,使得淀粉水解为糖的过程加速,面团变软,淀粉吸水膨胀,形状变大,与网络面筋结合形成强劲结构。

可溶性糖:小麦粉中含有2.5%的可溶性糖,主要是葡萄糖、麦芽糖、蔗糖。这些糖既可作为酵母生长所需的碳源,又是形成焙烤食品色、香、味的基质。另外,少量可溶性戊聚糖能与阿魏酸发生交联作用,形成凝胶体,给予面团一定程度的刚性。

纤维素:纤维素是构成小麦皮层(麸皮)的主要成分,占小麦粒总量的2.3% ~ 3.7%(干物重)。小麦粉中含有一定量的麸皮有利于肠胃蠕动,能促进机体对其他营养成分的消化吸收,但含量过高时会影响焙烤制品的外观和口感。

④脂肪。

小麦粉中脂肪含量少,主要由不饱和脂肪酸组成,因此小麦粉及其产品的贮藏过程与脂肪含量密切相关,如果保存不当,很容易酸败,但少量可改变面筋的筋力。

⑤矿物质。

小麦或面粉中矿物质主要有钙、钠、镁、磷、铁等,以盐类形式存在,小麦或面粉完全燃烧之后的残留物绝大部分为矿物质盐类,称为灰分。面粉灰分含量很少,大部分存在于麸皮中,其灰分含量的高低,是评定面粉品级优劣的重要指标。矿物质多的面粉营养价值高,但口感粗糙。

⑥维生素。

小麦粉中 B 族维生素(B_1、B_2、B_5)及维生素 E 的含量较高,维生素 A 含量较少,缺乏维生素 C,几乎不含维生素 D。由于小麦粉维生素的不完全性及焙烤食品均需要经过高温烘烤,有些产品加碱,致使小麦粉中的维生素损失殆尽。因此,提倡焙烤食品应强化维生素。

⑦酶。

小麦粉中酶有淀粉酶、蛋白酶、脂肪酶等。

淀粉酶：小麦粉中淀粉酶包括 α-淀粉酶和 β-淀粉酶。这两种淀粉酶能使小麦粉中的破损淀粉水解转化为麦芽糖，其为酵母发酵的主要能量来源。α-淀粉酶在 70℃时，随着温度上升，作用增加，当温度大于 95℃时钝化；β-淀粉酶在温度为 70℃时，活力减弱到 50%。面粉中 β-淀粉酶含量足，而 α-淀粉酶含量不足，因此焙烤食品加工中往往添加 α-淀粉酶，改善产品质量。

蛋白酶：小麦粉中还有少量的蛋白酶，能水解面筋蛋白，使面团软化和最终液化。在使用面筋力过强的小麦粉制作焙烤食品时，可加入适量的蛋白酶制剂，降低面筋的强度，有助于面筋完全扩展，并缩短搅拌时间。

脂肪酶：脂肪酶是一种对脂质起水解作用的酶类，在小麦粉贮藏期间将增加游离脂肪酸的数量，使小麦粉酸败，降低小麦粉的烘焙品质。

（4）小麦粉品质鉴定

①面筋的数量与质量。面筋主要由麦胶蛋白和麦谷蛋白两种蛋白组成。面筋蛋白的数量与质量影响面粉品质。面筋的质量和工艺性能是评价小麦及小麦粉品质的主要指标之一，包括延伸性、韧性、弹性和可塑性等。延伸性是指面筋被拉长而不断裂的能力；弹性是指湿面筋被压缩或拉伸后恢复原来状态的能力；韧性是指面筋在拉伸时所表现的抵抗力；可塑性是指面团成型或经压缩后，不能恢复其固有状态的性质。一般情况下，面筋生产率高的面团，延伸性和弹性也强，面筋成率低的面团可塑性好。根据上面面筋工艺特性，可将面筋分为优良面筋、中等面筋和劣质面筋三类。其中优良面筋，弹性好，延伸性大或适中；中等面筋，弹性好，延伸性小，或弹性适中，延伸性适中；劣质面筋，弹性小，韧性差，由于自身重力而自然延伸和断裂，还会完全没有弹性，或冲洗面筋时不黏结而冲散。

②面粉吸水率。

面粉吸水率是指调制一定稠度和黏度的面团所需的水量，以占面粉质量的百分率表示，一般面粉吸水率在 45%~55%。面粉吸水率是面粉品质的重要指标，吸水率大可以提高出品率，对用酵母发酵的面团制品和油炸制品的保鲜期也有良好影响。

③面粉气味和滋味。

气味与滋味是鉴定面粉品质的重要感观指标。新鲜面粉具有良好、新鲜而清淡的香味，在口中咀嚼时有甜味，凡带有酸味、苦味、霉味、腐败臭味的面粉都属于变质面粉。

④颜色与麸量。

面粉颜色与麸量的鉴定根据已制定的标准样品进行对照。

2. 其他粉类原料

随着人们生活水平的提高与健康意识的增强，传统的小麦粉在精细加工过程中一些营养物质如膳食纤维等损失严重，以小麦粉为主的焙烤食品已不能满足人们对营养的需求。我国 2018 年《中国居民膳食指南》第八条提到"食物多样，谷类为主"，在平衡膳食宝塔中谷类食物位居底层。近年来，一种或几种其他谷类原料粉与面粉混合搭配以丰富焙烤食品的营养，已成为发展趋势。

（1）大米

大米被称为"五谷之首"，其蛋白是谷类蛋白中佼佼者，其氨基酸组成平衡，营养价值高，必需氨基酸含量丰富。大米蛋白与其他谷类蛋白相比，蛋白质利用率高，过敏性低，非常适合开发婴幼儿食品。

（2）荞麦

荞麦按栽培种分为甜荞和苦荞。荞麦含优质蛋白质、脂肪、膳食纤维、维生素、矿物质、氨基酸等。荞麦蛋白含量一般接近或稍高于小麦蛋白含量，远高于大米、玉米及高粱的蛋白含量。荞麦蛋白富含必需氨基酸如赖氨酸和精氨酸等，缺乏苏氨酸、谷氨酸和脯氨酸等。荞麦的脂肪含量在 $2.0\% \sim 2.6\%$ ，其中 $75\% \sim 80\%$ 为不饱和脂肪酸，以油酸和亚油酸为主，其含量分别为 36.5% 和 35.5% 左右；荞麦中的膳食纤维总量为 $9\% \sim 11\%$ ，其中可溶性膳食纤维可占到 $20\% \sim 30\%$ ；荞麦富含维生素 B_1、维生素 B_2、维生素 E 和烟酸；荞麦中还含有较高的抗氧化成分，如生育酚、芦丁等。

（3）燕麦

燕麦，又称莜麦，富含蛋白质、脂质、可溶性膳食纤维、维生素、矿物质和其他生物活性成分。燕麦的蛋白质含量为 $15\% \sim 20\%$ ，其氨基酸组成平衡。燕麦的脂肪含量为 $3.1\% \sim 11.8\%$ ，其中约 80% 都为不饱和脂肪酸。燕麦的膳食纤维含量在 $12\% \sim 15\%$ ，尤其富含 β - 葡聚糖。燕麦中还富含维生素 B_1、维生素 E 和泛酸，还含有少量的维生素 B_2 和叶酸；燕麦中的矿物质含量为 $2\% \sim 3\%$ ，主要为 P 和 K 等，还含有少量的 Mg 和 Ca 等；此外燕麦中的植酸和酚类等物质也有很好的抗氧化功效。

二、糖

糖在焙烤食品加工中的使用，除了面粉和盐之外，可以说是使用场合最多的一种材料。糖除了使焙烤食品具有甜味外，还对面团的物理、化学性质有各种不同影响，因此了解焙烤食品用糖的种类、特性及糖在焙烤食品中的作用非常重要。

1. 焙烤食品中常用的糖的种类

（1）蔗糖

蔗糖是一种使用最广泛、较理想的甜味剂。蔗糖种类有白砂糖、黄砂糖、绵白糖。白砂糖是白色透明的纯蔗糖晶体，其蔗糖含量达 99% 以上，甜味纯正。黄砂糖是制造白砂糖的产物，因常带有杂质，需过滤才能使用；绵白糖是由粉末状的白砂糖加入 2.5% 左右的转化糖或饴糖，经干燥冷冻制成，具有晶粒细小均匀、质地绵软细腻、入口即化等特点，在焙烤食品加工中可直接在调粉时加入。

（2）淀粉糖（饴糖）

淀粉糖也称饴糖，是我国最古老的糖，是用植物淀粉经糖化剂糖化后，再经浓缩而成的一种半透明的浅黄色液体。其主要成分是麦芽糖和糊精，此外还含有水分、葡萄糖、蛋白质、矿物质等，甜度一般为 $0.2 \sim 0.46$ 。

（3）转化糖

转化糖是蔗糖与酸共热或在酶的催化作用下水解而成的葡萄糖和果糖的等量混合物。转化糖不易结晶、甜度大，而且不会造成龋齿，因此是比较理想的甜味剂。但转化糖不易贮存，需随用随配。

（4）异构糖

异构糖也称果葡糖浆或高果葡糖浆，是淀粉经过酸糖化处理分解为葡萄糖，然后经葡萄糖异构糖酶或碱处理使之一部分异构化为果糖，其主要成分为葡萄糖和果糖。异构转化率为42%异构糖，其甜味与蔗糖相等，但比砂糖渗透压高，耐热性差，加热易发生褐变。

（5）蜂蜜

蜂蜜的主要成分为果糖、葡萄糖、蔗糖、蛋白质、糊精、水分、淀粉酶、有机酸、维生素、矿物质以及蜂蜡等，具有较高的营养价值。由于其在烘焙过程中一些成分会受到破坏，故不常使用，但在一些点心制作时用作表面涂被的材料，以增加色泽。

2. 糖在焙烤食品中的主要作用

（1）增加焙烤食品甜度

（2）改善面团物理性质

糖的添加会影响面团吸水量。面筋形成时主要依靠蛋白质胶体内部的浓度所产生的渗透压吸水膨胀形成面筋。糖的存在会增加蛋白质胶体外水的渗透压，对胶体内水分产生反渗透压作用，因而过多使用糖会使胶体吸水能力降低，妨碍面筋形成。此外，糖还影响调粉时面团搅拌所需时间，在糖使用量为20%时影响不大，在糖使用量为20%～25%时，面团形成时间增加，这类面团最好高速搅拌。而对于面筋要求低的面团，高糖量有利于抑制面筋形成。对于面包制作，糖用量越多产气越多，但糖的添加量不超过30%。

（3）提供酵母生长与繁殖所需营养

大部分糖类物质都可以在酶作用下分解为葡萄糖和果糖，酵母可利用这些糖进行生长和繁殖。面团内添加一小部分砂糖（4%～8%）可以促进发酵，但超过8%，酵母的发酵作用会因为糖量过多产生高渗透压而受到抑制，导致发酵速度减慢。

（4）改善制品色、香、味、形

糖对热敏感，一经加热，这些糖在高温下发生焦糖化反应产生焦糖素，从而使制品表面呈金黄色，且赋予制品理想的风味，但过度焦糖化反应，对制品的色泽、香味均不利。此外，焙烤食品加工过程中，在一定的温度条件下，原料中氨基化合物（如蛋白质、多肽、氨基酸及胺类等）的自由氨基与羰基化合物（如酮、醛、还原糖等）羰基之间发生美拉德反应，这有助于焙烤食品形成良好的色、香、味。此外，添加适量的糖可以改善焙烤食品的形态和口感。如在饼干制作中，较多的糖能够限制在调粉时形成面筋，使制品具有酥脆的口感。在面包制作中，加入糖可以保持面包的柔软性，抑制面包老化。

（5）抗氧化作用

由于砂糖可以在加工中转化为转化糖，具有还原性，所以是一种天然抗氧化剂。在油脂较多的食品中，这些转化糖就成为油脂稳定性的保护因素，防止酸败的发生，延长保存时间。

（6）抑制细菌繁殖

在糖含量较多的食品中效果比较明显，一般细菌在50%的糖度下不会增殖。

三、油脂

食品中使用的油脂是油和脂肪的总称。在常温下，呈液态的称为"油"，固态称为"脂"，故称为油脂。在焙烤食品中常用的油脂有植物油、动物油、人造奶油和起酥油等。

1.油脂种类

（1）天然油脂

天然油脂包括植物油和动物油。

①植物油。

有大豆油、棉籽油、花生油、芝麻油、橄榄油、棕榈油、玉米油、菜籽油、葵花油、椰子油、可可油等。除棕榈油、椰子油外，其他各种植物油含有较多不饱和脂肪酸，植物油熔点低，常温下呈液态。其可塑性较动物油脂差，在使用量多时，会发生"走油"现象。棕榈油、椰子油与其他植物油有不同特点，其熔点较高，常温呈固态，稳定性好，不易酸败，故常用做油炸油脂。

②动物油。

常用的是奶油（黄油）、猪油、牛油等。其中奶油的熔点为31~36℃，口中融化性好，又含有多种维生素，还具有独特的风味，是制作高级焙烤食品的原料；猪油熔点为35~40℃，其起酥性较好，但融合性稍差，稳定性欠佳；牛油起酥性不好，但融合性比较好。

（2）人造油脂

主要有人造奶油、起酥油等。

①人造奶油。

人造奶油是指精制食用油添加适量的水、乳粉、色素、香精、乳化剂、防腐剂、抗氧化剂、食盐、维生素等辅料，经乳化、急冷捏合而成的，具有天然奶油特色的可塑性油脂制品。由于人造奶油具有良好的涂抹性能、口感性能和风味性能等加工特性，它已成为世界上焙烤食品加工中使用较为广泛的油脂之一。

②起酥油。

起酥油是指精炼的动植物油脂、氢化油、酯交换油或这些油的混合物，经混合、冷却、塑化而加工出来的具有可塑性、乳化性的固态或流动性的油脂产品。起酥油与人造奶油的主要区别是起酥油中没有水相。在国外起酥油的品种很多，在面包、饼干、糕点中使用最为广泛。

2. 油脂的加工特性

（1）油脂的可塑性

可塑性就是柔软性（用很小的力就可使其变形），可保持变形但不流动的性质。固体油脂在相当温度范围内有可塑性。一般可塑性不好的油脂，起酥性和融合性也不好。在焙烤食品加工中油脂的可塑性体现为：可增加面团的延伸性，使面包体积增大；可防止面团过软和过黏，增加面团弹力，使机械化操作容易；油脂和面筋结合可以柔软面筋，使制品内部组织均匀、柔软，改善口感；油脂可以在面筋和淀粉之间形成界面，成为单一分子的薄膜，可以防止成品中水分从淀粉向面筋的移动，进而可防止淀粉老化，延长面包保存时间。

（2）起酥性

起酥性是指用作饼干、酥饼等焙烤食品的材料可以使制品酥脆的性质。起酥性是通过在面团中组织面筋的形成，使得食品组织比较松散来达到起酥作用的。起酥性一般与油的稠度（可塑性）有较大关系。稠度适度的油，起酥性较好，如果过硬，在面团中会残留一些块状部分，起不到松散组织的作用；如果过软或为液态，会在面团中形成油滴，使成品组织多孔、粗糙。

（3）融合性

融合性是油脂在制作含油量较高的糕点时非常重要的性质，是指像黄油和奶油经搅拌处理后油脂包含空气气泡的能力，或称为拌入空气的能力。在焙烤食品加工中油脂的融合性体现为：油脂可以包含空气或面包发酵产生的二氧化碳，使蛋糕和面包体积增大；能形成大量均匀气泡，使得制品内相色泽好；能稳定蛋糕面糊。

（4）乳化分散性

乳化分散性是指油脂在与含水材料混合时的分散亲和性质。如在蛋糕制作过程中，油脂的乳化分散性越好，油脂小粒子分布更均匀，得到的蛋糕也会越大，越软。乳化分散性好的油脂对改善面包、饼干面团的性质，提高产品质量有一定作用。

（5）稳定性

稳定性是油脂抗酸败变质的性能。

3. 油脂在焙烤食品中的工艺性能

（1）增加面团的风味和营养

各种油脂可以给食品带来特有的香味。同时油脂具有较高的发热量，并含有人体必需的脂肪酸（如亚油酸等）和脂溶性维生素（如维生素 A、维生素 D、维生素 E 等），从而使食品更富营养。

（2）调节面团的胀润度

油脂可以提高面团可塑性。由于油脂中有大量的疏水基存在，使油脂具有疏水性。在酥性面团调粉时，油脂分布在小麦粉蛋白质或淀粉粒的周围形成油膜，这限制了小麦粉吸水作用,也限制了面筋形成。

(3)起酥作用

在调制苏性面团时,油、水、小麦粉经搅拌以后,油脂以球状或条状存在于面团中,在这些球状或条状的油脂内结合大量空气,空气的结合量与小麦粉调粉时搅拌程度和糖的颗粒状态有关。搅拌充分或糖的颗粒越小,空气含量越高,当成型烘烤时,油脂受热流散,气体膨胀并向两相的界面流动。此时,有化学疏松剂分解释放的 CO_2 及面团中水气化,也向油脂流散的界面聚结,使制品破碎成很多孔隙,成为片状或椭圆形的多孔结构,使产品体积膨大、疏松。油脂的融合性越好,其作用越明显。

(4)影响发酵速度

在发酵面团调制时,若油脂用量过多或添加顺序不当,就有可能在酵母细胞周围形成一层不透明的油膜。这层油膜会妨碍酵母对营养物质摄取,影响酵母的正常生长、繁殖,从而影响面团发酵速度。

(5)润滑作用

油脂可作为面筋和淀粉之间的润滑剂。

(6)油脂在焙烤食品中的不稳定性

大部分油脂稳定性欠佳,添加到制品中因扩大了油脂和空气的接触面积,使其不稳定,不耐贮存。因此,必须采用稳定性较高的油脂,或添加抗氧化剂和增效剂来提高油脂的稳定性。

四、乳、蛋及乳制品

乳、蛋及乳制品具有很好的营养源、良好的加工性能,是焙烤食品的重要原料之一。

1. 乳及乳制品

(1)乳制品的种类

乳制品种类多,有鲜牛乳、奶粉、稀奶油、奶油、干酪、干酪素等。下面介绍几种常用于焙烤食品加工的乳制品。

①乳粉。

是焙烤食品中常用的原料之一,在同样量的营养成分下具有体积小、质量轻和使用方面的特点。

②稀奶油。

是以乳为原料,分离出含脂肪的部分,添加或不添加其他原料、食品添加剂和营养强化剂,经加工制成脂肪含量10.0%~80.0%的产品。

③奶油(黄油)。

是以乳和(或)稀奶油(经发酵或不发酵)为原料,添加或不添加其他原料、食品添加剂和营养强化剂,经加工制成脂肪含量不小于80.0%的产品。在烘焙中所用到的奶油一般统称为"稀奶油",也叫"鲜奶油"。

④干酪。

是成熟或未成熟的软质、半硬质、硬质或特硬质的乳制品,其中乳清蛋白/酪蛋白的比例不超过牛奶中的相应比例。

⑤干酪素。

与干酪不同,是酪蛋白,不含有乳脂肪和其他成分。干酪素常用于减肥食品、保健食品、蛋白质强化剂、乳化稳定剂、起泡剂、面团改良剂及黏着剂等。

(2)乳制品在焙烤食品中的加工性能

①改善面团性质。

增加面筋强度,加强面筋韧性。乳粉含有大量乳蛋白,其对面筋具有一定的增强作用,提高了面团筋力和面团的强度,不会因搅拌时间延长而导致搅拌过度。筋力弱的面粉较筋力强的面粉受乳粉的影响大。加入乳粉的面团更适合于高速搅拌,改善制品组织和体积。

②增加风味、提高营养价值。

乳制品中的脂肪,带给人浓郁的乳香味道,将其加入焙烤食品中,在烘烤时,使低分子脂肪酸挥发,乳香更加浓郁,食用时风味清雅。乳制品含有丰富的蛋白质和人体所需的必需氨基酸、维生素和矿物质,而面粉中蛋白质是一种不完全蛋白质,含极少赖氨酸,所以乳制品的加入提高了焙烤食品的营养价值。

③提高面团吸水率。

牛乳内的蛋白质主要是酪蛋白,占乳蛋白75%~80%,而乳品的吸水量的多少与酪蛋白的变性相关,其变性的程度越大,吸水量越大。酪蛋白对热稳定,由于乳粉的吸水率较高,每增加1%的乳粉,面团加水量相应增加1%~1.25%。

④提高面团发酵耐力。

乳制品中含有大量蛋白质,对面团发酵的pH值的变化具有一定的缓冲作用,使面团的pH值不会发生太大的变化,保证面团的正常发酵。

⑤增进焙烤食品表皮颜色,延长产品货架期。

乳制品中含有具有还原性的乳糖,其不被酵母所利用,发酵后仍全部留在面团中。在烘烤期间,乳糖与蛋白质中氨基酸发生美拉德反应,形成诱人的色泽。

2. 蛋及蛋制品

蛋制品是焙烤食品加工中的重要原料,尤其是蛋糕加工中不可或缺的原料,对蛋糕的品质起多方面作用。

(1)种类

蛋及蛋制品种类有鲜蛋、冷藏液蛋、冰冻蛋、干燥蛋等。

①鲜蛋。

②冷藏液蛋。

冷藏液蛋是禽蛋经打蛋去壳,蛋液经一定处理后包装冷藏(或冷冻),代替鲜蛋消费的产品。液蛋产品包括浓缩液蛋、全蛋液、蛋白液、蛋黄液、加盐或加糖蛋黄液、酶改性蛋黄液、不同比例的蛋清蛋黄混合液等。

③冷冻蛋。

冷冻蛋又称冰蛋,包括冷冻蛋白、冷冻蛋黄,及全蛋同牛乳、奶酪的混合物的冷冻产品,有些产品为了防止加工过程中蛋白的凝固,在产品中加入一定量的食盐、砂糖、果葡糖浆等。冷冻蛋需要冻结贮运,使用前需进行解冻处理,解冻后,冷冻蛋的理化性质基本与新鲜蛋相同。

④干燥蛋。

干燥蛋又称脱水蛋、固体蛋、蛋粉,其品质比新鲜蛋品低,主要用于方便食品及其他食品的加工。但由于经过干燥处理,其物理性质不适于制作蛋糕。

(2)蛋及蛋制品在烘焙食品中的工艺性能

蛋白的起泡性、凝固性、蛋黄的乳化性,可改善焙烤食品色、香、味、形,并提高营养价值。

①可稀释性。

可稀释性是指鸡蛋可以同其他原料均匀混合,并且被稀释到任意浓度的特性。

②起泡性。

起泡性又称打发性,是指鸡蛋蛋白在空气中搅拌时卷入并包裹气体的能力。蛋白在强烈搅打时,空气被卷入蛋液中,同时搅打的作用也会使空气在蛋液中分散形成泡沫,最终泡沫体积可变为原来体积的6~8倍。蛋白之所以容易打发主要是由于蛋白的表面张力较小,表面比较容易扩展,且蛋白容易被外力扩展成薄膜而包住气体,蛋白黏度较大,并且形成的气泡稳定。影响气泡稳定的因素有:

温度:温度较高的蛋白比温度低一些的起泡性好,新鲜蛋白30℃时起泡性最好。

黏度:黏度越大形成泡沫越稳定,如在蛋白搅打时加入糖或食盐可以增加蛋白泡沫的稳定性。

pH值:蛋白pH值为6.5~9.5时起泡快但不稳定,一般pH值较低时形成的泡沫稳定。

油:是消泡剂,可使打发的泡沫破裂、消失。

砂糖:砂糖可以抑制卵蛋白的表面变性,使其黏度增大,起泡性变差,也就是打发时,搅拌时间较长。但在打发操作中,不易打发过头,对于形成很稳定的气泡有良好效果,因此,在打发时先不加入糖,打发到一定程度后再加入糖搅打较好。

③热凝固性。

热凝固性是指鸡蛋蛋白加热到一定温度后,会凝固变性形成凝胶的特性。

④乳化性。

乳化性是指将油脂类物质和水分等互不相溶的物质均匀分散的过程。鸡蛋蛋黄中卵磷脂是天然的乳化剂,可以使原料中的水和油充分混合均匀,使得面团光滑,改善制品颗粒,使得面包、蛋糕质地细腻,增加柔软性,使得饼干酥松。

⑤改善糕点、面包的色、香、味、形和提高制品营养价值。

鸡蛋中含有的蛋白质和氨基酸在烘烤过程中会发生美拉德反应,产生令人愉悦的风味和色泽,且鸡蛋中的类黄素、核黄素等也会改善制品的颜色。此外,鸡蛋含有丰富的营养成分,其蛋白质是天然食品中最优质的蛋白质,含有人体所需的氨基酸,消化吸收率高,蛋黄中还有丰富的卵磷脂、固醇类及钙、铁、磷、维生素 A、维生素 D 及 B 族维生素等,可提高制品营养价值。

五、疏松剂

疏松剂又称膨松剂,是指能够使食品产生体积膨大、组织疏松特性的一类物质。按来源可以分为生物疏松剂和化学疏松剂两类。

1. 生物疏松剂

生物疏松剂主要是酵母,其在适宜的条件下,产生大量的 CO_2,使面团呈蜂窝状膨松体,疏松而富有弹性。

(1)酵母在面包加工中作用

①生物疏松作用。

酵母在面团发酵过程中产生 CO_2,并由于面筋网状结构的形成而被留在网络组织内,使面包疏松多孔、体积增发膨松。

②面筋扩展作用。

酵母发酵产生 CO_2,这些气体会扰动周围分子,增加了蛋白质分子与水分子接触机会,增加了面团面筋力。

③调节面包的香和味。

酵母在面团发酵时,除了产生酒精外,还伴随有许多其他的与面包风味有关的挥发性和不挥发性的物质产生,形成面包特有的香气和风味。

④增加营养价值。

酵母主要成分为蛋白质,其必需氨基酸含量充足,尤其是赖氨酸含量较多,此外酵母中还含有大量的维生素 B_1、维生素 B_2 及烟酸等,提高了发酵食品的营养价值。

(2)常见酵母种类及使用方法

①根据含水量分类。

鲜酵母:又称压榨酵母,是酵母菌种在糖蜜等培养基中经过扩大培养和繁殖、分离,去掉大部分水,均质后经压榨而制成,呈淡黄色或乳白色。鲜酵母一般含水量达到 66% ~ 70%。鲜酵母活性较低,活性不稳定,其活性和发酵力随贮存时间的延长而大幅降低,必须在 2 ~ 4℃低温贮存,一般保质期为 1 个月左右。此外,鲜酵母容易自溶和自我发酵,使其发酵力降低,以致死亡、腐败。其使用方法:按配方所规定用量,加温水,稍经活化处理。

干酵母:是鲜酵母经低温干燥制成,一般为条状或颗粒状,颜色为浅黄色或浅棕色。干酵母的含水量为4%~6%,常温可保存2年。干酵母活性较高,发酵时间短,用量较少,容易储存和运输,使用方便,使用时一般不需要活化处理。

②根据酵母用途分类。

高糖酵母:可以耐较高的渗透压,在有糖条件下发酵力较高,因此适宜于含糖量为8%以上的面团发酵。

低糖酵母:低糖酵母不能耐受高的渗透压,在无糖条件下发酵力较高,因此适宜于8%以下的面团发酵。

(3)影响酵母发酵的主要因素

①温度。

酵母最适生长温度为25~28℃。随温度升高,酵母的发酵速度增加,气体的发生量增加,当面团温度达38℃时,产气量最大。

②pH值。

酵母对pH值的适应能力最强,在pH值为5~6弱酸性环境适宜发酵,pH值大于8或小于2,酵母活性受到抑制。

③渗透压。

酵母细胞靠半透性的细胞膜以渗透方式获取营养,因此,外面溶液浓度高低影响酵母活性。当糖浓度大于6%或盐浓度大于1%,酵母发酵受到抑制。

④水。

一般水较多、较软的面团,发酵速度快。

2. 化学疏松剂

(1)碳酸氢钠($NaHCO_3$)

俗名小苏打。白色晶体粉末,易溶于水,水溶液呈弱碱性,pH值为8.3,加热到60℃开始分解,是目前使用最广泛的疏松剂。但分解产生的碳酸钠残留于食品中,使制品呈碱性,影响风味。用量稍多时会使制品表面产生黄色斑点。

(2)碳酸氢铵(NH_4HCO_3)

俗称臭粉。白色结晶,易溶于水,水溶液呈碱性。有吸湿性,潮解后会很快分解。热稳定性差,在空气中容易风化,在36℃即分解,在60℃时可完全分解。

碳酸氢钠和碳酸氢铵各有缺陷,若将其混合使用,一来可以减少各自的用量,二来可以弥补各自的缺陷。

(3)复合疏松剂

为消除碱性疏松剂的缺点,人们研制了性能更好的专用干胀发食品的一种复合疏松剂,称为发粉或泡打粉、发泡粉。复合疏松剂一般由碱剂(小苏打)、酸剂、填充剂和稀释剂等组成。其作用原理是酸剂与碱剂遇水后发生中和反应,释放 CO_2 使成品不含碱性物质,从而提高了产品的质量。发粉按反应速度或反应温度的高低分为速效性发粉、缓慢性发粉与持续性发粉(双重发粉)。各种焙烤食品对发粉反应释放 CO_2 的速度要求不一样,应根据产品选择合适的发粉。

六、水

水是焙烤食品的主要原料,如面包的用水量占小麦粉质量 50% 以上。

1. 水的作用

(1)调节面团的胀润度

面筋的形成就是面筋性蛋白质吸水胀润的过程。在面团调制时,加水适量,面团胀润度好,所形成的湿面筋弹性好、延伸性好;加水量过少,面筋蛋白吸水不足,水化程度低,面筋不能充分扩展,导致面团胀润度及品质较差。因此,在焙烤食品加工中,采用不同加水率,制作出不同特性的面团。

(2)调节淀粉糊化程度

淀粉糊化是指淀粉在适当温度下(60~80℃)吸水膨胀、分裂,形成均匀糊状溶液的过程。因此,只有在水量充分时,淀粉才能充分吸水而糊化,使制品组织结构良好,体积增大;反之,淀粉不能充分糊化,导致面团流散性大,制品组织疏松。

(3)促进酵母生长繁殖和酶的水解作用

水既是酵母的重要营养物质之一,又是酵母吸收其他营养物及细胞内各种生化反应进行的必需介质。酵母的最适水分活度(Aw)为 0.88,当 Aw 小于 0.78 时,酵母的生长繁殖受到抑制。酶的活力、浓度与底物浓度是影响酶促反应的重要因素,它们又与水有直接关系。当 Aw 小于 0.30 时,淀粉酶活力受到较大抑制。

(4)溶剂作用

水可以使得配方中糖、盐、疏松剂、奶粉等干性物料均匀分散在面团中,特别是这些物料用量少时,往往用水将它们溶解后再添加到小麦粉中。

(5)调节面团温度

面团温度的控制,对面包的质量影响较大。在面包生产中,一般采用水温来调控面团温度。

(6)水是传热介质之一

水是传热介质,可以加速焙烤食品在烘烤过程中热量的传递,使得焙烤食品熟化。

2. 焙烤食品对水质的要求

饼干因用水量少,对水质要求低,满足饮用水标准即可。面包用水量大,对水质要求除满足饮用水标准外,要求水的硬度不能太大,一般使用 100 mg/L,pH 值为 5.2~5.6 为宜。

七、食盐

食盐是制作面包的四大基本原料之一。

1. 食盐的质量标准

符合质量及卫生标准,要求:色泽洁白,无肉眼可见的外来杂质,无苦味,无异味,氯化钠含量不得低于97%,含碘量为(35±15)mg/kg。

2. 食盐的作用

(1)提高成品的风味

盐与其他风味物质相互协调、相互衬托,使得产品的风味更加鲜美、柔和。

(2)调节和控制发酵速度

食盐对面团酵母发酵速度的影响表现为两方面,一是食盐是酵母必需的养分之一,适量添加有利于酵母生长繁殖,加速面团发酵;二是酵母对食盐渗透压抵抗力较弱,当食盐浓度大于1%时,产生明显渗透压,抑制酵母发酵,导致面团发酵速度减慢。

(3)增强面筋筋力

食盐易溶于水,并形成水化离子,可固定水分,同时增加渗透压,有利于蛋白质进一步吸水形成面筋。低浓度的稀盐溶液,有利于蛋白质凝胶作用。食盐能抑制蛋白酶活性,减少对面筋蛋白破坏。此外,食盐可使面筋质地细密,增强面筋立体网络结构,易于延伸,增加弹性。

(4)改善制品的内部颜色

食盐可以改善面筋的立体网络结构,使得面团有足够的能力保持CO_2,也能控制发酵速度,使产气均匀,面团均匀膨胀、扩展,使得产品内部组织细密、均匀,气孔壁薄呈半透明,阴影少,光线易通过气孔壁膜,故产品内部组织颜色变白。

(5)增加面团调制时间

在搅拌开始时加入食盐,会增加面团搅拌时间,在面包加工中一般采用后加盐法。

3. 食盐的用量及添加方法

无论采用什么制作方法,食盐都要采用后加盐法,即在面团搅拌的最后阶段加入。一般在面团的面筋扩展阶段后期,即面团不再黏附调粉机缸壁时,食盐作为最后加入的原料,然后搅拌5~6 min 即可。

人对食盐最舒适的浓度为0.8%~1.2%,考虑焙烤食品各原料之间味感方面的互相影响,一般用量为1.5%左右,最多不超过3%。

八、其他辅料

1. 面团改良剂

焙烤制品生产过程中,面团的性能对产品质量的好坏及生产操作的顺利起着关键性作用。因此,常常在配料中添加少量化学物质来调节面团的性能,以达到适合工艺需要,提高产品质量的目的,此类化学物质称为面团改良剂。这里主要介绍下面几种。

(1)氧化剂

氧化剂的用处是可减短面粉的成熟周期,增强面团的面筋,使配方中可以加入更多的水分,可加固搅拌后形成的网状结构,加快面团成熟及缩短加工时间。常用的有偶氮甲酸铵、碘酸钾、溴酸钾、维生素 C 等。

(2)还原剂

还原剂可将过强的面筋减弱及提供网络的结构以达到调整作用,有利于面包体积增大。常用的有半胱氨酸、焦亚硫酸钾等。

(3)乳化剂

乳化剂的用处是可使加于面团中的油脂更均匀及细致地分布,增加面团间的黏性、弹性和面团的保气能力。有些乳化剂能与淀粉结合,用以减慢面包老化过程。有些乳化剂与面筋中蛋白质起作用,形成蛋白质脂肪链,对面筋起调整作用。常用的有卵磷脂、硬脂酰乳酸钙/硬脂酰乳酸钠(CSL/SSL)、双乙酰酒石酸单双甘油酯(DATEM)。

(4)增稠稳定剂

增稠稳定剂是改善或稳定食品的物理性质或组织状态的添加剂。它可以增加食品黏度、增大产品体积、增加蛋白膏的光泽、防止砂糖再结晶、提高蛋白点心的保鲜期等。

2.营养强化剂

小麦粉虽然含有一定的营养素,但赖氨酸含量极小。小麦粉在加工过程中,维生素 B_1 和维生素 B_2 损失较大,因此可进行一定量的强化。

3.抗氧化剂

抗氧化剂是能阻止或推迟食品氧化,提高食品稳定性和延长贮存期的物质。抗氧化剂种类很多,按来源不同分为天然和人工合成两类。按溶解性分为油溶性和水溶性。在焙烤食品中常用的抗氧化剂有丁基羟基茴香醚(BHA)、二丁基羟基甲苯(BHT)、没食子酸丙酯(PG)、茶多酚等

4.防腐剂

有些面包要长时间的包装贮存,形成了对细菌生长有利的条件。所以在面包生产上,会常常用到防腐剂,当然防止发霉的最好的方法是车间经常保持良好的卫生,其次才是防腐剂的使用。其实细菌的繁殖及孢子到处都有,原料卫生与否决定污染程度,正确的原料贮存及制作方法,比使用防腐剂好,高度污染的产品,即使使用多量的防腐剂也无效。

必须谨记,防腐剂的使用,只能延长销售时间,并不能提高产品的品质,在一般的综合添加剂中,不应含防腐剂的成分。

5.食用香精香料

香精或香料在焙烤食品中的主要作用,一是可以使焙烤制品有浓郁的香气,二是掩盖某些原料带来的不良气味。如饼干、蛋糕中常需使用各种香料增加风味,蛋糕使用香料还可以掩盖蛋腥味,也可据产品品种加入不同香精或香料,使制品得到不同香气和香味。可分为天然和人造两大类。常用的有:香兰素、奶油、巧克力、可可型、乐口福、蜂蜜、桂花等香精油等。人们往往又把数十种香料调和成香精使用。

6.食用色素

食用色素按来源和性质分为天然色素和合成色素两类：常用天然色素有红曲色素、紫草红、姜黄素、焦糖；常用合成色素有苋菜红、胭脂红、柠檬黄、日落黄、靛蓝等着色剂。

任务 2.2　　面包加工技术

一、面包概念及分类

面包是焙烤食品中历史最悠久，消费量最多，品种繁多的一大类食品。在欧美等国家，面包是人们的主食。在我国面包作为方便食品，随着国民经济的发展，面包在人们的饮食中将占据越来越重要的地位。

1.面包概念

根据国家标准 GB/T 20981—2007《面包》，面包是以小麦粉、酵母、食盐、水为主要原料，加入适量辅料，经搅拌面团、发酵、整形、醒发、烘烤或油炸等工艺，制成的松软多孔的食品，以及烤制成熟前或后在面包坯表面或内部添加奶油、人造黄油、蛋白、可可、果酱等的制品。

2.面包分类

（1）根据国家标准 GB/T 20981—2007《面包》，面包按产品的物理性质和使用口感分为五类。见表 2-2-1 所示。

软式面包：组织松软、气孔均匀的面包。

硬式面包：表皮硬脆、有裂纹，内部组织柔软的面包。

起酥面包：层次清晰、口感酥松的面包。

调理面包：烤制成熟前后在面包坯表面或内部添加奶油、人造黄油、蛋白、可可、果酱等的面包。不包括加入新鲜水果、蔬菜以及肉制品的食品。

其他面包：上述面包类别之外，风味、口感、造型别具一格的其他面包，如甜甜圈、贝果、比萨、佛卡夏面包、艺术面包等。

表 2-2-1　不同种类面包感官要求

项目	软式面包	硬式面包	起酥面包	调理面包	其他面包
形态	完整，丰满，无黑泡或明显焦斑，形状应与产品造型相符	表皮有裂口、完整、丰满，无黑泡或明显焦斑，形状应与产品造型相符	丰满、多层，无黑泡或明显焦斑，形状应与产品造型相符	完整、丰满，无黑泡或明显焦斑，形状应与产品造型相符	符合产品应有的形态
表皮色泽	金黄色、淡棕色或棕灰色，色泽均匀，正常				
组织	细腻，有弹性，气孔均匀，纹理清晰，呈海绵状，切片后不断裂	紧密，有弹性	有弹性，多孔，纹理清晰，层次分明	细腻，有弹性，气孔均匀，纹理清晰，呈海绵状	符合产品应有的组织

项目	软式面包	硬式面包	起酥面包	调理面包	其他面包
滋味和口感	具有发酵和烘烤后面包的香味,松软适口,无异味	耐咀嚼,无异味	表皮酥脆,内质松软,口感酥香,无异味	具有品种应有的滋味和口感,无异味	符合产品应有的滋味和口感,无异味
杂质	正常视力无可见的外来物				

（2）可根据食用方式分类

按食用方式分为主食面包、餐包、点心面包。

主食面包:是当作主食来消费的,包括吐司面包、法式面包等。根据国际上主食的惯例,以面粉量作为基数计算,糖的用量一般不超过10%,油脂低于6%。主食面包通常与其他副食品一起食用,所以本身不必添加过多的辅料。

餐包:一般用于正式宴会和讲究的餐食中。

点心面包:是消费者作为甜点食用的,市场上常见的花式面包属于此类。其品种繁多,包括夹馅面包、油炸面包圈等。与主食面包相比,其结构更为松软、体积大、风味优良。除面包本身的滋味外,尚有其他原料的风味。

（3）按地域分类

按地域可分为中式面包、日式面包、法式面包、意式面包、德式面包、俄罗斯面包、英式面包、美式面包等。

（4）按原料特点分类

按原料特点可分为白面包、全麦面包、黑麦面包、杂粮面包、水果面包、奶油面包、调理面包、营养保健面包等。

（5）按膨胀源分类

按膨胀源可分为发酵面包、速成面包及无发酵面包。

二、面包加工设备

1.面团搅拌设备

面团搅拌设备为搅拌机,又称和面机,是面包生产中用于原辅料混合均匀,完成面粉水化并混揉成面团的机械。搅拌机按搅拌轴的位置形式主要分为立式搅拌机、卧式搅拌机和斜式搅拌机三类。

（1）立式搅拌机

又称垂直式搅拌机,一般配有钩状、桨状、网状三个不同的搅拌头,其中钩状搅拌头常用来搅拌面包面团,桨状搅拌头常用来搅拌稍软一些的面团及面糊类蛋糕和其他用途,钢丝网搅拌头专门用来搅拌面糊及装饰奶油。立式搅拌机速度可调,通常有三个档位。其搅拌溶剂较小,搅拌量从2~100 kg不等。它的好处是在规定的容积40%作用仍可以得到满意的搅拌效果,适宜小型工厂或个体饼房使用。如下图2-2-1所示。

图2-2-1　立式搅拌机及常用搅拌器

（2）卧式搅拌机

又称水平搅拌机,其结构有多种,国外生产的多为中间一根主轴,周围不规则排列三根直径较大的圆轴为搅拌轴,工作时甩打面团有力,且速度较快,面团搅拌效果较好。国产卧式搅拌机的搅拌桨多为叶片状,其搅拌效果取决于叶片的直径、叶片与搅拌缸壁的距离、叶片与主轴间的夹角、叶片伸长长度等。卧式搅拌机搅拌容积较大,通常搅拌量为25～250 kg,且搅拌量不能少于规定容积的90%。

（3）斜式搅拌机

又称螺旋式搅拌机,其搅拌钩呈螺旋形,转速通常有高低两档可调,同时搅拌缸也可转,搅拌效果取决于搅拌钩直径、螺旋圈数及运转速度等,其搅拌容积为中等水平。该类机器的优点是搅拌均匀,机器运转时安静无噪声,能将面团面筋搅拌至完全扩展阶段,最适合于生产甜面包、餐包、派及多种西点。

2.整形设备

整形设备有面团分块经机、滚圆机、开酥机、压面机、整形机、排盘机等。有单机设备,也有成套生产线。其中分割滚圆机作用是将面团按要求质量大小进行分割,然后进行搓圆,如图2-2-2所示;压面机,可分为往复式和吐司专用两种,如图2-2-3所示。压面机主要作用是将中间醒发的面团重复压成薄片,并折叠成一定大小的规格,常用于裹油类面团整形。面包成型生产线如图2-2-4所示。

图2-2-2　半主动面团分割滚圆机

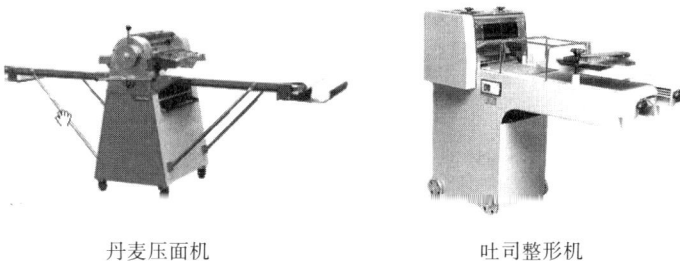

丹麦压面机　　　　　吐司整形机

图2-2-3　压面机和整形机

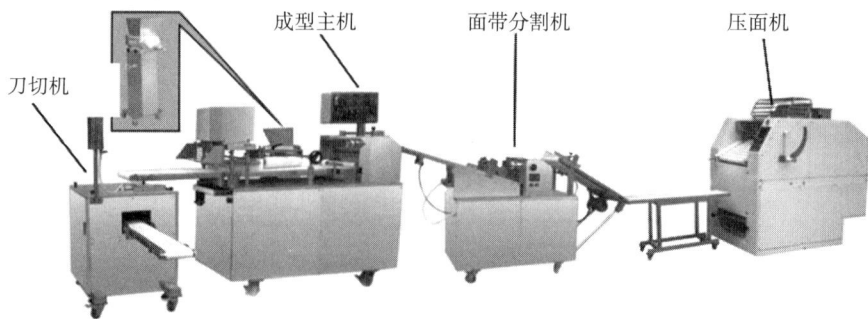

图 2 - 2 - 4　面包成型生产线

3. 恒温设备

面包加工中的恒温设备主要有发酵箱和冷藏冷冻设备。发酵箱又称醒发箱,主要是提供面团基本及最后发酵使用,现多为电脑控制,可以设定温度、时间和湿度。在规模较大的工厂,一般使用醒发室。冷藏冷冻设备常用的有冷柜、摇盘式冷藏冷冻柜、冷藏展示柜等。如图 2 - 2 - 5、图 2 - 2 - 6 所示。

图 2 - 2 - 5　发酵箱　　　　　图 2 - 2 - 6　摇盘式冷藏冷冻柜

4. 烘烤设备

烤炉是焙烤食品的主要烘烤设备。烤炉的热源有煤气、微波、电等,目前多采用电热式烤炉或烤箱,这种烤炉结构简单、卫生、温度调节方便且能实现自动控制。根据烤炉外形及运转情况分类,有箱式烤炉、旋转式烤炉、隧道式烤炉等。如图 2 - 2 - 7 所示。

箱式烤炉　　　　　　　旋转烤炉　　　　　　　隧道炉

图 2 - 2 - 7　面包烤炉

三、面包加工方法

面包加工方法很多,主要介绍以下四种。

1. 直接发酵法

直接发酵法又称一次发酵法,其基本做法为面团只经过一次搅拌、一次发酵,即是将配方中的原料按一定的先后顺序放入搅拌机缸内,搅拌至面筋完全扩展后进行发酵,然后进行整形、醒发、烘烤。此种方法具有操作简单、发酵时间短、口感、风味较好、节约设备、人力、空间的优点,但面团的机械耐性差、发酵耐性差、成品品质受原材料、操作误差影响大,面包易于老化。其工艺流程如图2-2-8所示。

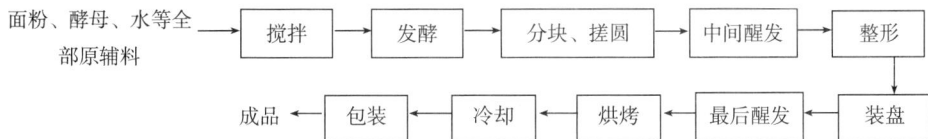

面粉、酵母、水等全部原辅料 → 搅拌 → 发酵 → 分块、搓圆 → 中间醒发 → 整形

成品 ← 包装 ← 冷却 ← 烘烤 ← 最后醒发 ← 装盘

图2-2-8　直接发酵法面包加工工艺流程

2. 中种发酵法

中种发酵法又称二次发酵法,是面团经二次搅拌、二次发酵的面包生产方法,是面包加工中常用的方法。首先将配方中面粉量分成两部分,第一次搅拌时,加入一部分面粉(30% ~80%),然后加入相应的水,以及所有酵母、改良剂等,用中、慢速搅拌,使面团成为粗糙且均一的面团,此时面团称为中种面团。然后将中种面团放入发酵室进行第一次发酵,待面团发酵至4~5倍体积时,再与配方剩余的面粉、盐及各种辅料依次进行第二次搅拌至面筋完全扩展,此时面团称为主面团,然后再经缩短时间的第二次发酵,即可进行分割整形。此种方法具有发酵充分、面筋伸展性好、利于大量、自动化机械操作的优点,相比直接发酵法加工的面包,具有产品体积大、组织细密、表皮柔软、有独特芳香风味、老化慢的特点。这种方法的缺点为使用机械、劳动力、空间较多,发酵时间长,香味和水分挥发较多。其工艺流程如图2-2-9所示:

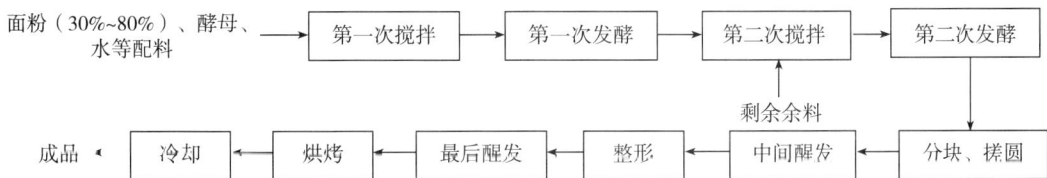

面粉(30%~80%)、酵母、水等配料 → 第一次搅拌 → 第一次发酵 → 第二次搅拌 → 第二次发酵

剩余余料 ↑ (至第二次搅拌)

成品 ← 冷却 ← 烘烤 ← 最后醒发 ← 整形 ← 中间醒发 ← 分块、搓圆

图2-2-9　中种发酵法面包加工工艺流程

3. 快速发酵法

快速发酵法是在一次发酵法的基础上,将原辅料一次投入,在调制面团时加入大量的酵母和改良剂,在控温下,较长时间搅拌,借助强烈的机械搅拌作用,把调粉与发酵两个工序结合起来,在调粉中完成主发酵作用。具有生产周期短、效率高、节约设备、人力及空间、

发酵损失少、降低能耗和维修成本等优点,但制品发酵风味差、面包老化较快、贮存期短,需要较多的酵母、面团改良剂和保鲜剂,成本大,价格高。其工艺流程如图 2 - 2 - 10 所示:

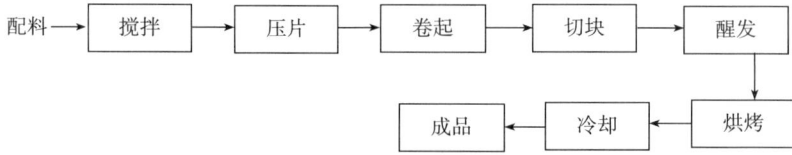

配料 → 搅拌 → 压片 → 卷起 → 切块 → 醒发 → 烘烤 → 冷却 → 成品

图 2 - 2 - 10　快速发酵法面包加工工艺流程

4. 冷冻面团法

20 世纪 50 年代发展起来的面包加工工艺,是将已经搅拌、发酵、整形后的面团在冷库中快速冻结和冷藏,再将此冷冻面团送到各连锁店,用冰箱储存,各连锁店只需将冷冻面团从冰箱取出,放入醒发室解冻、醒发,然后烘烤即得到成品。多数冷冻面团产品的生产都采用快速发酵法,即短时间或无时间发酵,这能使产品冻结后具有较长的保鲜期。工艺流程如图 2 - 2 - 11 所示:

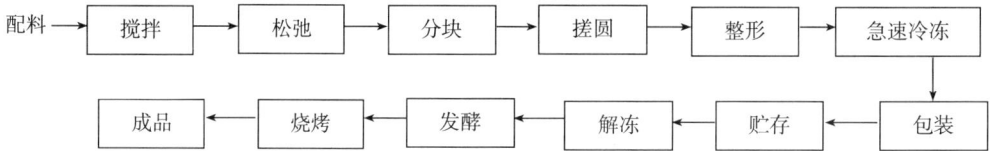

配料 → 搅拌 → 松弛 → 分块 → 搓圆 → 整形 → 急速冷冻 → 包装 → 贮存 → 解冻 → 发酵 → 烧烤 → 成品

图 2 - 2 - 11　冷冻面团法面包加工工艺流程

四、面包加工工艺

面包加工主要工序有原料选择与处理、面团调制、面团发酵、整形、最后醒发、烘烤、冷却及包装。

1. 原料的选择和处理

（1）面包的配方

面包配方中基本材料是面粉、酵母、水和食盐,辅料是砂糖、油脂、乳粉、改良剂及乳、蛋、果仁等。

（2）原材料的处理

①小麦粉的处理。

制作面包的小麦粉,要选择面筋含量多、质量好,一般采用高筋粉。投产前对小麦粉质量进行检测,不合格者不投产。在使用前须过筛去除杂物,使小麦粉微粒松散,以混合空气,有利于小麦粉面团形成及酵母繁殖。

②酵母处理。

酵母是面包制作必需的疏松剂,在投产前需要检查其活力（发酵力）。酵母处理需要根据种类采用相应的处理方法,在使用压榨酵母时,制成酵母液后使用;在使用干酵母时必须要进行活化处理。此外,在酵母使用时不要与油脂、食盐、砂糖直接混合。

③水的添加和处理。

水是面包主要原料之一。面包品质与水的量和性质关系很大。面包添加水量要根据面粉的吸水率而定。制作面包的水质常以水的硬度判断,制作面包用水的硬度应为40~120 mg/kg,若硬度过大,会使面团韧化,发酵速度慢,成品口感粗糙;若硬度过小,面团发软发黏,操作困难。水的酸碱度也对面包的加工有影响,稍微带酸的水(pH 值为 5.2 ~ 5.6)对面包加工最合适。酸性(pH 值 <5.2)水会使面筋溶解,面团失去韧性,需要以碳酸钠来中和;碱性大的水会抑制酵母活性和促使面筋氧化,添加适量乳酸可以改善。

④其他辅助材料的处理。

面包制作的辅料主要有砂糖、食盐、乳粉、油脂及添加剂。砂糖和食盐使用时一般用水溶解;乳粉使用前用适量水溶解调成乳状液后使用或与面粉先拌匀再加水,这样可以防止乳粉结块。油脂根据季节变化选用,夏季选用熔点高的油脂,冬季反之。而对于微量添加剂在称量时一般要稀释,通常以小麦淀粉作为稀释剂。

2. 面团调制

面团调制也称搅拌、捏合,是面包加工最重要的两个工序(面团调制和发酵)之一。

(1)面团调制目的

①使各种原料充分分散和均匀混合。

②加速面粉吸水而形成面筋。

面粉遇水表面部分会被水润湿,形成一层胶韧性的膜,该膜将阻止水的扩散。通过搅拌机的搅拌,利用机械的作用使面粉表面韧膜破坏,水分很快向更多的面粉粒浸润。

③促进面筋网络的形成。

面筋的形成不仅需要吸水水化,还要通过适当的搅拌、揉和使面筋充分接触空气,促进面筋发生氧化和其他复杂的生化反应,面筋进一步扩展,达到最佳的弹性和伸展性。

④拌入空气有利于酵母发酵

(2)面团调制基本理论

①材料的混合。

面包的原材料一般可以分为大量原料、少量辅料和微量添加剂。大量原料指小麦粉和水,当小麦粉特别是高筋粉与水接触时,接触面会形成胶质的面筋膜,这些膜会阻止水向面粉的浸透与接触,通过搅拌的机械作用可以不断破坏面筋的胶质膜,扩大水与面粉的接触。少量辅料(除油脂外)一般先与加水的一部分混合后再投入搅拌。油脂直接与面粉接触会形成一层油膜,因此需要在面团形成后再投入。

②面粉的水化。

水化作用是指淀粉和面粉中的面筋性蛋白质与水混合的同时,将水分吸收到粒子内部,使自身胀润的过程。淀粉粒形状近似球形,水化作用较容易,而蛋白质由于表面积大,形状复杂,其水化所需要时间较长。

结合或聚合作用:小麦粉中面筋蛋白主要通过与—S—S—结合、与盐结合、与水分子结合、与氢结合的形式,使得小麦醇溶蛋白和谷蛋白结合成巨大分子。

③氧化作用。

面团调制是面团搅拌,需要氧气的过程,这一氧化作用使得面筋蛋白中—S—H—被氧化成—S—S—,使蛋白质分子间的结合更强而有力。

④拌入空气对发酵有一定促进作用。

(3)面团调制的六个阶段

面包面团搅拌分为六个阶段,如图2-2-12所示。

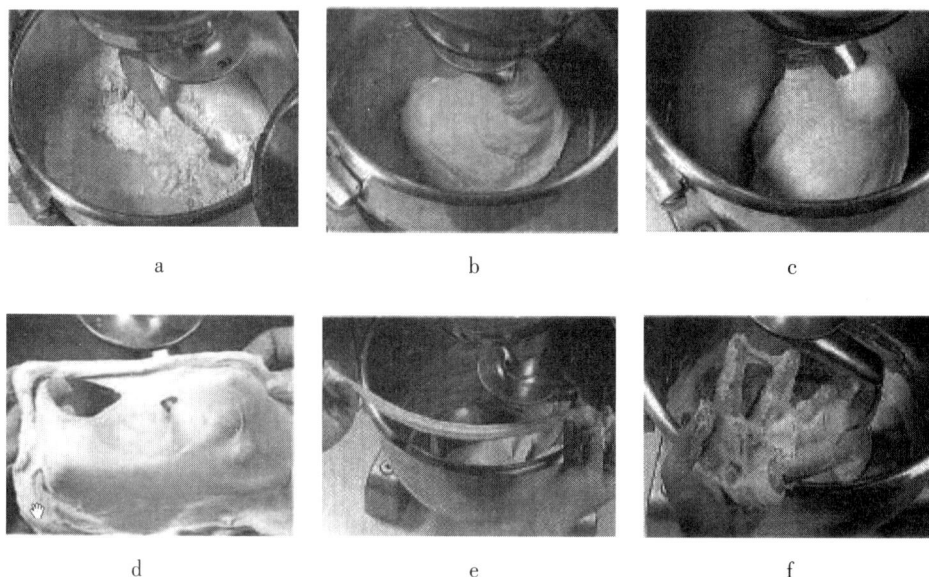

图2-2-12 面团搅拌六阶段

①抬起阶段。

这是搅拌的第一个阶段,除油脂、乳化剂和食盐外的其余材料加入搅拌缸,低速搅拌,蛋白质和淀粉开始吸水,干湿性物料混合,物料呈分散的非均态混合物。

②卷起阶段。

面团质地仍硬,缺少弹性。面团形成整体,一部分蛋白质形成面筋,用双手拉面团时易断裂,面团无延伸性、弹性,开始中速搅拌。

③面筋扩展、结合阶段。

面团表面已逐渐干燥,变得较为光滑,且有光泽,用手拉取面团时,虽具有伸展性,但仍易断裂,加入油脂和乳化剂。

④完成阶段。

面团在此阶段因面筋已达到充分扩展,变得柔软而具有良好的伸展性,搅拌钩在带动面团转动时,会不时发出"噼啪"的打击声和"嘶嘶"的黏缸声。此时面团的表面干燥而有光泽,细腻整洁而无粗糙感。用手拉取面团,可将面团撑拉为极薄的薄膜,即使将薄膜拉破,边缘仍会呈现光滑圆弧状,此时为面团最佳程度,一般面包和软吐司面包搅拌即可。

⑤过渡阶段。

面团搅拌到完成阶段还继续搅拌,原本光滑干燥的面团表面再度出现含水光泽,面筋开始断裂,面团会再度黏附搅拌缸,停机后向四周流动,形成会黏手的薄丝状,此时已不适合制作面包。

⑥面筋打断阶段。

再继续搅拌,面团开始水化且松弛无弹性,表面湿黏,面筋断裂严重,钩状搅拌器已经无法再将面团卷起,用手拉取会形成透明状的丝线,无法制作面包。

(4)面团调制温度

面团调制终了温度对面团发酵及其他工序有很大影响。面团温度在没有自动控温搅拌机的情况下主要靠加水的温度来调控,一般搅拌温度为26～28℃为宜。

3.面团发酵

(1)发酵的目的

①在面团中积蓄发酵生成物,给面包带来浓郁的风味和芳香。

②使面团变得柔软而易于伸展,在烘烤时得到极薄的膜。

③促进面团的氧化,强化面团的持气能力。

④产生使面团胀发的二氧化碳气体。

⑤有利于烘烤时的上色反应。

(2)面团发酵原理

面包面团发酵是以酵母为主,还有面粉中的微生物参加的复杂的发酵过程,即在酵母的转化酶、麦芽糖酶和酒化酶等多种酶的作用下,将面团中糖分解为酒精和二氧化碳,并产生各种糖、氨基酸、有机酸、酯类等,使面团具有芳香味的过程。在这一过程中主要的生物变化有:

①糖的变化。

面团内含有的可溶性糖有单糖、双糖,其中单糖类主要是葡萄糖和果糖,双糖主要是蔗糖、麦芽糖和乳糖。葡萄糖、果糖等单糖可以被酵母的酒化酶所发酵,产生酒精和二氧化碳,这个过程称为酒精发酵。

$$C_6H_{12}O_6 \rightarrow 2C_2H_5OH + CO_2 + 100.8kJ$$

蔗糖不能在酒化酶作用下直接发酵,而是由酵母分泌的蔗糖转化酶分解为葡萄糖和果糖后再进行酒精发酵。

$$C_{12}H_{22}O_{11} + H_2O \xrightarrow{\text{蔗糖转化酶}} C_6H_{12}O_6 + C_6H_{12}O_6$$

麦芽糖同样也由酵母分泌的麦芽糖酶作用下分解为葡萄糖,再进行酒精发酵。

而乳糖不受酵母分泌酶的作用,因此基本留在面团中。

②淀粉的变化。

淀粉在淀粉酶作用下,可以分解为麦芽糖,麦芽糖再在麦芽糖酶作用下水解为葡萄糖供酵母发酵所用。

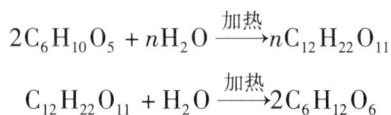

$$2C_6H_{10}O_5 + nH_2O \xrightarrow{\text{加热}} nC_{12}H_{22}O_{11}$$

$$C_{12}H_{22}O_{11} + H_2O \xrightarrow{\text{加热}} 2C_6H_{12}O_6$$

③蛋白质变化。

在面团发酵过程中,面筋组织因发酵所产生的气体,使面筋受到拉伸,因此,发酵的时间对面筋网络的形成有很大的影响,当面团发酵过度时,能破坏面筋的网络结构。

④面团酸度的变化 。

在面团发酵时还会产生酸发酵。酸发酵主要是由面粉中已有的、或从空气中落入的、或从乳制品中带来的乳酸菌、醋酸菌、酪酸菌等引起,主要的成酸反应包括乳酸发酵、醋酸发酵和酪酸发酵。发酵温度越高,糖分越多,乳酸发酵进行越快;醋酸发酵在较高温度、酒精及氧气的存在下,反应加快;酪酸发酵的条件是乳酸的积蓄、较高的温度和长时间发酵。随着发酵时间的延长和温度的升高,这些酸发酵增多,使面团有强烈的酸味。

⑤面包的风味和脂肪酶的反应。

发酵的目的之一就是得到具有浓郁香味和风味的物质。发酵风味物质主要有酒精、有机酸、酯及羰基化合物四类化学物质。

（3）发酵工艺参数及操作

①发酵工艺参数。

发酵室是制作面包的重要设备,一般发酵室温度要求 28～30℃,相对湿度为 80%～85%,发酵时间因酵母种类、用量、发酵方式不同而不同。

②翻面。

翻面又称揿粉,是将已起发的面团中部压下去,除去面团内部的大部分 CO_2,再把发酵槽四周及上部的面团拉向中心,并翻压下去,再把发酵槽底部的面团翻到槽的上面来。发酵面团通过翻面工序可使面团内的温度均匀,发酵均匀,增加气泡核心数,增加面筋的延伸性和持气性。一般中种发酵法不用翻面,而直接发酵法在面团发酵到一定程度时需要翻面。

③面团发酵成熟的判断。

面团制作中所讲的"成熟",是指面团发酵到产气速率和保气能力都达到最大程度的时期,尚未到这一时期的面团叫"嫩面团",超过这一时期的面团叫"老面团"。当面团膨胀到原来体积的 2～3 倍时,即表示发酵作用完成。其判断方法有:

手触法:用手指轻轻插入面团内部,待手指拿出后,如四周的面团不再向凹处塌陷,被压凹的面团也不立即复原,仅在凹处周围略微下落,表示面团成熟;如果被压凹的面团很快恢复原状,表示面团嫩;如果凹下的面团随手指离开而很快跌落,表示面团成熟过度。如图 2 - 2 - 13 所示。

回落法:面团发酵一定时间后,在面团中央部位开始向下回落,即为发酵成熟。但在面团刚开始回落时,如果回落幅度太大则发酵过度。

面团温度:面团发酵成熟后,一般温度上升 4 ~ 6℃。

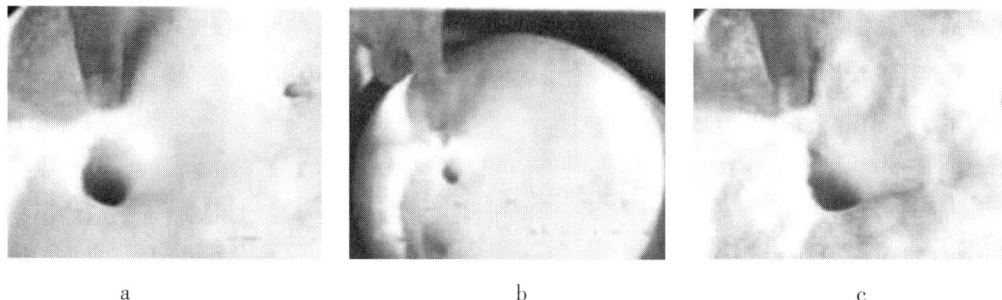

图 2 - 2 - 13　面团发酵成熟度
a. 面团发酵成熟　b. 面团发酵不足　c. 面团发酵过度

pH 值法:面团发酵前 pH 值为 6.0 左右,发酵成熟后 pH 值约为 5.0,如果低于 5.0,则说明发酵过度。

4. 面包坯的整形

将发酵好的面团做成一定形状的面包坯称作整形。整形包括分块、称量、搓圆、中间醒发、整形。如图 2 - 2 - 14 所示。在整形期间,面团仍进行着发酵过程,整形室所要求的条件是温度为 26 ~ 28℃,相对湿度为 85%。

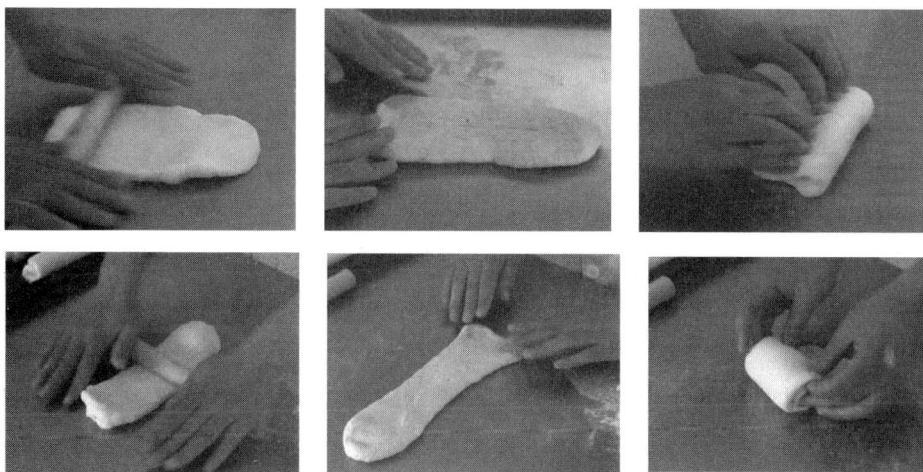

图 2 - 2 - 14　吐司面包二次整形法

(1)分块

分块应在尽量短的时间内完成,主食面包的分块最好在 15 ~ 20 min 内完成,点心面包最好在 30 ~ 40 min 内完成,否则因发酵过度影响面包质量。由于面包在烘烤中有 10% ~

12%的质量损耗,故在称量时应将这一质量损耗计算在内。

(2)搓圆

搓圆就是使不规则的面块搓成圆球形状,恢复在分割中被破坏的面筋网络结构。通过搓圆压出面团中CO_2,补充氧气,并使所分割出的面团外围再形成一层皮膜,以防新气体的失去,同时使面团膨大;恢复因切块而破坏的面筋网络结构;使分割的面团有一层光滑的表皮,在后面操作过程中不会发黏,使烤出的面包表皮光滑好看。有手工搓圆和机械搓圆两种方法。手工搓圆是掌心向下,五指握住面块,在案面上向一个方向旋转,将面块搓成圆球形。机械搓圆由搓圆机完成。

(3)中间醒发

中间醒发又称静置,时间一般为8~20 min。通过中间醒发可以使搓圆的、处于紧张状态的面团得到松弛缓和,利于后续工序;使酵母产气,调整面团的网络结构,增加塑形,易于整形;使面团光滑,持气性增强。

(4)整形

面团经过中间醒发后,将面团整成一定形状,立即放入烤模或烤盘中。面团的接合处要向下放置,以防止面团在最后醒发或烘烤时裂开,影响面包品质。

5. 最后醒发

(1)最后醒发的目的

①使整形后处于紧张状态的面团得到恢复,使面筋进一步结合,增强其延伸性,以利于体积充分膨胀。

②酵母再进行最后一次发酵,使面包坯膨胀到所要求的体积。

③通过发酵产气,改善面团的内部结构。

④积累产物,增强面团的香气和风味。

(2)最后醒发的工艺条件

成型一般在发酵室进行。一般温度为38~40℃,湿度为80%~90%。成型时间要根据酵母用量、发酵温度、面团成熟度、面团的柔软性和整形时的跑气程度而定,一般为30~60 min。

(3)最后醒发成熟判断方法

①一般最后发酵结束时,面团的体积应是成品体积的80%,其余20%留在炉内胀发。对于方包,由于烤模带盖,所以好掌握,一般醒发到80%就行,但对于山型面包和非听型面包就要凭经验判断。一般听型面包都以面团顶部离听子上缘的距离来判断。

②用整形后面团的胀发程度来判断,要求胀发到装盘时的3~4倍。

③根据外形、透明度和触感判断。发酵开始时,面团不透明和发硬,随着膨胀,面团变柔软,表面有半透明的感觉。最后,随时用手指轻摸面团表面,感到面团越来越有一种膨胀起发的轻柔感,根据经验利用以上感觉判断最佳发酵时期。

6. 烘烤

焙烤是面包制作的主要工序,是指成型好的面包坯在烤炉中成熟的过程。

（1）烘烤目的

①淀粉糊化,蛋白质变性凝固,面包坯由生变熟,消化性提高。

②面团中气体膨胀,使面包坯体积充分膨大到成品体积。

③面筋蛋白质变性凝固,面包体积固定,形成面包的外形和蜂窝状结构。

④面包表皮上色。

（2）烘烤过程

在烘烤过程中,面包的内部组织和外观发生变化。面包烘烤分为三个阶段:第一阶段为膨胀阶段。第二阶段为定型成熟。第三阶段是面包上色和增加香气,提高风味的阶段。面团在入炉后的最初几分钟内,体积迅速膨胀。其主要原因有两方面,一方面是面团中已存留的气体受热膨胀;另一方面由于温度的升高,在面团内部温度低于45℃时,酵母变得相当活跃,产生大量气体。一般面团的快速膨胀期不超过10 min。随后的焙烤过程主要是使面团中心温度达到100℃,水分挥发,面包成熟,表面上色。

（3）烘烤工艺条件

焙烤温度的范围大致为180～220℃,时间为15～50 min。焙烤的最佳温度、时间组合必须在实践中摸索,根据烤炉、配料、面包大小不同具体确定。

7. 面包冷却

（1）冷却目的

①刚出炉的面包皮硬心软,包装易损坏面包表皮,压坏面包组织。

②由于表面先冷却,内部蒸汽也在表皮凝聚,使表皮软化和变形起皱。

③有些面包需切片操作,因刚烤好的面包表皮高温低湿,硬而脆,内部组织过于柔软易变形,切片困难。

④刚出炉的面包,瓤的温度也很高,如果立即包装,热蒸汽不易散发,遇冷产生的冷凝水便吸附在面包的表面或包装纸上,给霉菌生长创造条件,面包容易发霉变质。

面包在冷却至中心温度32℃时切片或包装最为理想,此时面包内水分不超过38%,这样既能保持面包的柔软性和可口性,又能使面包可以承受住切片或包装机械作用力,使面包不变形。

（2）面包冷却方法

面包冷却方法有三种,方法一是空气冷却法,所需时间为2～2.5 h,这种方法不能有效控制面包水分损耗;方法二是使用空气调节设备冷却,在适当温度和湿度下,约90 min内完成。方法三是真空冷却法,其优点是在适当温度、湿度和真空度下,面包在极短时间内冷却,一般时间为30 min。

8. 包装

为了保证面包品质和复合卫生要求,冷却后或切片后的面包应立即包装,以免污染。

面包包装后应保持清洁卫生,避免在运输、贮存、销售过程中受污染。同时有包装的面包,可以避免面包水分过多损失,较长时间地保持面包的新鲜度,有效地防止面包的老化变硬,延长保鲜期。包装的方法有手工、半机械和自动化包装。

五、面包的老化与延缓

刚出炉的面包香气诱人、口感柔软,但放置一两天后,出现香气消失、发干、发硬、掉渣,口感不柔软等现象,这种现象称为面包老化。面包老化一般可分为面包皮的老化和面包心部组织或面包瓤的老化。面包的老化是自身能量降低的过程,不可逆转,只能延缓。延缓面包老化的方法有:

1. 加热和保温

保持了一定水分的面包再加热时还可以新鲜化,这是由于已经老化的 β - 淀粉,如没有失去水分,再加热时还可以重新糊化变成 α - 淀粉,使面包呈新鲜时的状态。淀粉的糊化温度为 60℃,将面包保持在 60~90℃ 环境中可防止面包老化,这种方法可使面包新鲜度保持 36~48 h。

2. 冷却

面包贮存在 20℃ 以上,老化缓慢;在 -7~20℃ 贮存,老化最快;在 -20~-18℃ 贮存,此时水分 80% 冻结,可延缓面包老化。

3. 原辅料

加入一些糖、乳制品、蛋和油脂等辅料,这些辅料不仅能改善面包风味,还有延缓面包老化的作用。

4. 使用添加剂

在面包制作时,加入一定量酶制剂如 α - 淀粉酶、木聚糖酶,乳化剂如单甘油酸酯、卵磷脂等乳化剂及硬酯酰乳酸钙(CSL)、硬酯酰乳酸钠(SSL)、硬酯酰延胡索酸钠(SSF)等可延缓面包的老化。

5. 采用合适的加工条件和工艺

在面包加工过程中需注意对五个加工环节即面团搅拌、发酵、整形、成型和烘烤的把握。

6. 包装

包装可以保持面包卫生并防止水分、风味、芳香的散失,从一定程度保持了面包的柔软,延长面包货架期,延缓面包老化。

六、典型面包加工实例

1. 软式面包加工

软式面包具有组织松软、体积轻而膨大、质地细腻而富有弹性的特点。为了使面包达到松软的效果,在制作软质面包的过程中,除应用面粉、酵母、食盐、水主要原料外,还根据面包的特性添加一定量的鸡蛋、糖、油脂、牛奶、添加剂等各种柔性材料,以促进面包的内部组织松软,并适当增加水的添加量,从而改善面包的柔软程度,同时还延长面包的保质期。以带盖白吐司面包加工为例介绍。

（1）基本配方

白吐司面包基本配方见表2-2-2。

表2-2-2　白吐司面包基本配方

原辅料	烘焙百分比/%	原辅料	烘焙百分比/%
高筋面粉	100	食盐	2.5
水	63	奶粉	4
鲜酵母	3.5	改良剂	0.15
糖	4	乳化剂	0.1
白油	4		

（2）工艺要点

①原料准备。

选用高筋粉（或面包粉）,使用前应进行过筛处理,已除去面团粉块,并混入新鲜空气。酵母用温水活化,白糖、食盐、奶粉溶于水。

②面团搅拌。

将高筋粉、糖水、食盐水、活化酵母液、奶粉水、剩余水加入搅拌缸中,先慢速搅拌,待原辅料混合成团,改用中速搅拌成面团。当面团面筋已扩展,加入黄油搅拌至面团光滑,具有良好弹性、延伸性、拉膜呈透明状即搅拌成熟。

③面团发酵。

将面团放置于醒发箱发酵,当面团体积膨胀为原来面团2倍左右,用手指按压面团,面团不会很快下沉,即发酵成熟。醒发箱温度为28～30℃,相对湿度为80%,发酵时间约1 h。

④整形。

排气:取出发酵面团排气。

割:均匀分割面团,每个面团规格为190 g/个。

搓圆、静置:搓圆至表面光滑,覆盖保鲜膜静置10 min。

整形:采用二次整形法,即将面团擀成长条状,可撒少许葡萄干,再卷成圆筒状,盖上保鲜膜松弛10～15 min,第二次将面团卷成圆筒状,取5个面团,接口朝下,先将两个面团紧贴模具放两边,再放剩余三个,使面团均匀排列于模具中（不盖盖子）。

⑤最后醒发。

将吐司烤模置于醒发箱醒发至体积膨胀到90%左右后取出,盖盖。醒发箱温度为35～40℃,相对湿度为80%,醒发时间约1 h。

⑥烘烤。

将吐司模具放入烤炉烘烤,上火190℃,下火200℃,烘烤25~30 min 后熄火,焖 10 min。

2. 硬式面包加工

硬式面包所选用的面粉是介于高筋面粉和中筋面粉之间,并相应地减少用水量,面团比较结实,其目的是控制面筋的扩展程度和体积膨胀,并相应地减少发酵所需时间,从而使烘焙后的制品具有整体的结实感。硬式面包的保质期一般较一般面包长。以法国棍式面包的加工为例介绍。

(1)基本配方

法国棍式面包基本配方见表2-2-3。

表2-2-3 法国棍式面包基本配方

原辅料	烘焙百分比/%	原辅料	烘焙百分比/%
高筋面粉	100	食盐	2
水	50	改良剂	0.15
即发活性干酵母	1.5		

(2)工艺要点

①原料预处理。

将面粉过筛,鸡蛋去壳。

②面团调制。

将高筋粉、即发活性干酵母、改良剂放入搅拌缸中拌匀,加水慢慢搅拌 2 min,然后高速搅拌 8 min,最后再加盐,继续搅拌至面筋完全扩展。此时面团呈乳白色,用手将面团取出,测量温度控制在 26~28℃。

③面团发酵。

发酵条件为温度 28℃,相对湿度70%~80%,醒发时间 30~45 min。

④分割、搓圆。

将发酵后的面团分割成每个300 g,搓圆并静置 15 min。

⑤中间醒发。

温度 28℃,相对湿度70%~75%,醒发时间 15 min。

⑥整形。

用擀面杖将面团擀成长方形薄片,再卷成长棍状,放在烤盘上,送进醒发箱。

⑦最后醒发。

醒发温度为38℃,相对湿度为85%,醒发至原体积约 3 倍时取出,用刀在最后醒发完成的面团上斜着划割 4~5 道裂口。

⑧烘烤。

进烤炉后喷蒸汽,上火 200℃,下火 180℃,时间 30~35 min,烤至表面呈金黄色出炉。

⑨冷却、包装。

将出炉后的烤盘置于烤盘架上至面包冷却到室温。用塑料袋或塑料纸将面包包好，放于食品箱中。

3. 丹麦牛角面包加工

（1）基本配方

丹麦牛角面包配方见表2-2-4。

表2-2-4 丹麦牛角面包配方

原辅料	烘焙百分比/%	原辅料	烘焙百分比/%
高筋面粉	80	白糖	8
低筋面粉	20	食盐	1.7
水	40	鸡蛋	18
奶油	10	起酥油	70
鲜酵母	2.4		

（2）工艺要点

①备齐所有原辅料。

②酵母溶解。

将酵母放入容器内，加入适量的温水（30℃左右）搅拌混合。

③制备蛋液。

将蛋放入另一容器内，一边搅拌一边加水、糖、盐，搅拌至糖液溶化。

④将高筋粉和低筋粉混合，加入蛋液和酵母溶液，进行面团调制。

⑤将调制好的面团移至工作台上，加入奶油拌匀，在22~25℃的环境中松弛20 min，然后用薄膜胶纸包好放入冰柜冷藏1~4 h。

⑥案板上撒一些面粉防粘，用擀面棍敲打起酥油，整形成厚1.5 cm的长方形片状，擀薄后的黄油软硬度应该与面团硬度基本一致，经敲打，若太软可放冷藏一段时间待用。

⑦将面团从冷柜取出后，先让面团放置15 min左右回温，再用棍擀开成2 cm厚的长方形。

⑧将起酥油放在面团的左边摆齐，将面团对折覆盖住起酥油，用手将面团重叠口轻轻压实捏紧。

⑨用擀面棍来回擀开成1 cm厚的长方形，把面团三折后放入冰柜冷冻20 min，取出再次擀开，再次三折，再次冷冻，如此来回三次后，把面团擀开成0.5 cm厚的长方形。

⑩将整形后的牛角间隔均匀的排入烤盘中醒发，醒发完后体积约为原来的3倍，烤前刷蛋液，以上火200℃，下火190℃，烘烤15 min。

任务2.3 饼干加工技术

一、饼干概念及分类

1. 饼干概念

根据我国食品安全标准 GB 7100—2015《饼干》，饼干是指以谷类粉（或豆类、薯类粉）等为主要原料，添加或不添加糖、油脂及其他原料，经调粉（或煎烤）等工艺制成的食品，以及熟制前或熟制后在产品之间（或表面、或内部）添加奶油、蛋白、可可、巧克力的食品。

2. 饼干分类

根据国家标准 GB/T 20980—2007《饼干》，饼干可分为如下13类。

（1）酥性饼干

以小麦粉、糖、油脂为主要原料，加入膨松剂和其他辅料，经冷粉工艺调粉，辊压或不辊压、成型、烘烤制成的表面花纹多为凸花，断面结构呈多孔状组织，口感酥松或松脆的饼干。

（2）韧性饼干

以小麦粉、糖（或无糖）、油脂为主要原料，加入疏松剂、改良剂与其他辅料，经热粉工艺调粉、辊压、成型、烘烤制成的表面花纹多为凹花，外观光滑，表面平整，一般有针眼，断面有层次，口感松脆的饼干。

（3）发酵饼干

以小麦粉、油脂为主要原料，酵母为膨松剂，加入各种辅料，经调粉、发酵、辊压、叠层、成型、烘烤制成的酥松或松脆，具有发酵制品特有香味的饼干。

（4）压缩饼干

以小麦粉、糖、油脂、乳制品为主要原料，加入其他辅料，经冷粉工艺调粉，辊印、烘烤成饼坯后，再经粉碎，添加油脂、糖、营养强化剂或再加入其他干果、肉松、乳制品等，拌和、压缩制成的饼干。

（5）曲奇饼干

以小麦粉、糖、糖浆、油脂、乳制品为主要原料，加入膨松剂及其他辅料，经冷粉工艺调粉，采用挤注或挤条、钢丝切割或辊印方法中的一种形式成型、烘烤制成的具有立体花纹或表面有规则波纹的饼干。

（6）夹心（或注心）饼干

在饼干单片之间（或饼干空心部分）添加糖、油脂、乳制品、巧克力酱、各种复合调味品酱或果酱等夹心料而制成的饼干。

（7）威化饼干

以小麦粉（或糯米粉）、淀粉为主要原料，加入乳化剂、膨松剂等辅料，经调浆、浇注、烘烤制成多孔状片子，通常在片子之间添加糖、油脂等夹心料的两层或多层的饼干。

（8）蛋圆饼干

以小麦粉、糖、鸡蛋为主要原料，加入膨松剂、香精等辅料，经搅打、调浆、挤注、烘烤制成的饼干。

（9）蛋卷

以小麦粉、糖、鸡蛋为主要原料，添加或不添加油脂，加入膨松剂、改良剂及其他辅料，经调浆、浇注或挂浆、烘烤卷制而成的饼干。

（10）煎饼

以小麦粉（可添加糯米粉、淀粉等）、糖、鸡蛋为主要原料，添加或不添加油脂，加入膨松剂、改良剂及其他辅料，经调浆或调粉、浇注或挂浆、煎烤制成的饼干。

（11）装饰饼干

在饼干表面涂布巧克力酱、果酱等辅料或喷撒调味料或裱粘糖花而制成的表面有涂层、线条或图案的饼干。

（12）水泡饼干

以小麦粉、糖、鸡蛋为主要原料，加入膨松剂，经调粉、多次辊压、成型、热水烫漂、冷水浸泡、烘烤制成的具有浓郁香味的酥松、轻质的饼干。

（13）其他饼干

二、饼干加工工艺

不同品种饼干的配方及加工工艺各异，但不论韧性饼干、酥性饼干，还是发酵饼干，都具有基本工艺流程，如图2-3-1所示。

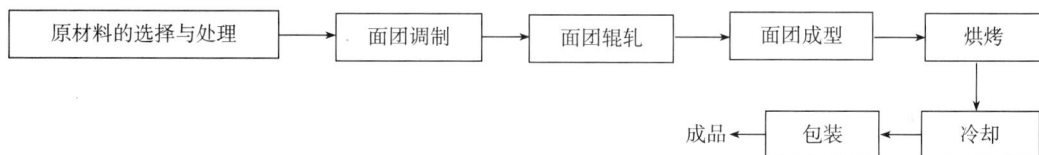

原材料的选择与处理 → 面团调制 → 面团辊轧 → 面团成型 → 烘烤 → 冷却 → 包装 → 成品

图2-3-1　饼干生产工艺流程

1. 原辅材料的选择与预处理

（1）小麦粉

饼干加工中，除了个别品种，一般不希望面筋过多，过高的面筋将会给成型带来困难。韧性饼干要求有一定的膨胀率，因此要求面筋弹性中等，延伸性好，面筋含量较低的小麦粉，一般湿面筋含量为21%～28%。酥性饼干含油脂多，含糖多，面团较软，采用辊印或挤压机钢线切割成型。操作中面片要有结合力，不粘模、不粘带，成型后的饼干坯凸状花纹图案要清晰，不收缩变形，因此面粉要用低筋粉，一般面筋含量为19%～22%。发酵饼干为发酵食品，口感酥松，有发酵食品特有的香味，含糖量低，不易上色。在生产过程中，采用多次辊轧、折叠、夹酥，因此面团要求有良好的延伸性和弹性，不易破皮。发酵饼干第一次发酵采用湿面筋含量在30%左右的强力粉,第二次发酵采用湿面筋含量为24%~26%,筋力稍弱的小麦粉。小麦粉在使用前必须过筛,以使面粉形成微小粒,清除杂质,混入一定量的空气。

（2）淀粉

当小麦粉的筋力过强时,需要添加淀粉以减少面筋蛋白的比例,降低面团的韧性,一般可添加小麦淀粉、玉米淀粉和马铃薯淀粉。

（3）糖类

糖的作用除了增加甜味、增加光泽、上色外,对于酥性饼干,糖的一个重要作用是阻止面筋形成。糖有反水化作用,当糖量为10%以下,对面团吸水影响不大,但在20%以上时,对面筋形成有较大的抑制作用。在饼干加工中,一般使用糖粉或将砂糖溶化为糖浆,过滤后使用。

（4）油脂

在饼干加工中,选用油脂,首先要求选用的油脂具有良好的风味、起酥性、稳定性,其次要求具有良好的可塑性。常用油脂通常有精炼植物油(棕榈油、椰子油等熔点较高的油脂)、起酥油,也可适量添加猪油和奶油来调节风味。油脂在面团形成时的作用与糖一样,有反水化作用,可阻止面筋形成。酥性饼干加工时油脂用量较大,一般为15%~30%,韧性饼干用油量相比酥性饼干少,发酵饼干油脂用量为小麦粉的12%左右。

（5）疏松剂

大多数种类饼干加工都使用化学疏松剂。

（6）水

饼干用水符合饮用水标准即可。

（7）食盐

食盐的添加对饼干有重要意义,可以给饼干以咸味,增强产品的风味;增强面筋弹性和韧性;可以作为淀粉酶的活化剂,增加淀粉的转化率,给酵母供给更多的糖;抑制杂菌。此外,对发酵饼干、椒盐饼干等品种,盐可在饼干表面形成薄片状大小的结晶。

（8）饼干面团改良剂

①酥性饼干面团改良剂。

酥性面团主要利用乳化剂来改善面团性质。酥性面团中脂肪和糖的含量很大,这些都足以抑制面团面筋的形成,但生产中常会出现面团发黏、不易操作的问题。因此,常需要添加卵磷脂来降低面团黏度。卵磷脂可以使面团中油脂部分乳化,为面筋所吸收。此外,卵磷脂还是一种抗氧化剂,可使产品保存期延长。由于磷脂有蜡质口感,不能多用,一般使用量为1%左右。

②韧性饼干面团改良剂。

生产韧性饼干的配方中,由于面团中油糖比例较小,加水量较多,面团的面筋可以充分地胀润,如果操作不当常会引起制品收缩变性,因此需要使用面团改良剂。常用的为带有—SO_2基团的各种无机化合物,如亚硫酸盐。

③发酵饼干面团改良剂。

发酵饼干面团属于发酵面团,要求有良好的面筋网络结构,需使用质量好的小麦粉,在调制面团时一般需要加发酵面团改良剂,常用的有蛋白酶和α-淀粉酶。

(9)其他

在饼干生产中,常添加乳制品、蛋制品、可可、巧克力、咖啡、果脯、果酱等改善制品的口感和风味。此外,也添加一些抗氧化剂,如叔丁基对羟基茴香醚(BHA)、2,6-二叔丁基对甲酚(BHT)、没食子酸酯(PG)等,其用量不大于油脂用量的0.01%。

2. 面团调制

面团调制是将各种原辅料按要求的数量配合好,然后在混合机中加入一定量的水,搅拌制成适宜于加工的面团的过程。

(1)酥性面团调制

①酥性面团调制要求。

酥性面团要求有较大的可塑性和有限的黏弹性,面团不粘轧辊和模具,饼干坯应有较好的花纹,焙烤时有一定的胀发率而又不收缩变形。

②酥性面团调制原理。

酥性面团因其温度接近或略低于常温,比韧性面团的温度低很多,故称酥性面团为"冷粉"。酥性面团在调制中应遵循有限胀润的原则,即适当控制面筋性蛋白质的吸水率,根据需要控制面筋的形成,避免由于面筋的大量形成导致面团弹性和强度增大,可塑性降低,引起饼坯变形,防止面筋形成的膜在烘烤过程中引起饼坯表面胀发起泡。

③面团调制方法。

酥性面团的调制是先将糖、油、乳品、蛋品、膨松剂等辅料与适量的水倒入和面机内均匀搅拌成乳浊液,然后将面粉、淀粉倒入和面机内调制,一般调制时间为6~12 min。香精、香料一般要在调制成乳浊液的后期再加入或在投入面粉时加入,以防止香味的挥发。

④影响面团调制的因素。

投料顺序:调制酥性面团,在调粉操作前将除面粉以外的原辅料混合成浆糊状的混合物,这称为辅料预混。对于乳粉、面粉等易结块的原料要预先过筛。在辅料预混时注意:当脂肪、乳制品较多时应适当添加单甘油三酯或卵磷脂。

糖和油的用量:在酥性面团调制时,糖和油用量较多,这能充分发挥糖和油的反水化作用,限制面筋形成。在糖的用量达28%,油的用量达20%时,面团的性质比较容易控制,如果糖和油量用量比较少的面团,调制时极易起筋,且不易上色,要特别注意操作,避免搅拌过度和烘烤过度。

加水量和面团的软硬度:面筋的形成是水化作用的结果,控制面团的加水量是控制面筋形成的重要措施之一。加水量与糖浆的用量、油的用量有关,一般加水量为:糖浆+油脂+水=35%~40%。加水多的面团容易形成面筋,为了防止面筋形成必须缩短调粉时间。较硬的面团,由于加水量较少,调粉时间可以适当延长一些。

淀粉与头子用量：添加淀粉可以抑制面筋形成，降低面团的强度和弹性，增加面团的可塑性。用面筋含量较高的小麦粉调制酥性面团时，需要加入淀粉，但淀粉的添加量不宜过多，过多会影响饼干的胀发力和成品率。酥性面团中淀粉的添加量一般为4%左右，甜酥性面团一般不用淀粉。

在冲印成型和辊切成型操作时，从面带上切下饼坯必然留下部分边料，在生产中还会出现一些无法加工成成品的面团和不合格面团，这些统称为头子。为了将这些头子再利用，常常需要把它再掺到下次制作的面团中去。头子的加入会增强面团的筋力，影响酥性面团的加工性能和成品的酥松度。这是因为头子已经经过辊轧和长时间的胀润，面筋形成量比新调粉的面团要高很多，但在面筋筋力十分弱、面筋形成十分慢的情况下，头子的加入可以弥补面团筋力不足。因此，头子添加应根据情况灵活使用，且注意添加量。

面团温度：温度是影响面团调制的重要因素。温度低，蛋白质吸水少，面筋强度低，形成面团黏度大，操作困难；温度高，则蛋白质吸水量大，面筋强度大，形成面团弹性大，不利于饼干的成型和保形，成品饼干酥松感差；另外温度高，用油量大的面团可能出现"走油"现象，对饼干质量和工艺都有不利影响。因此在生产中，应严格控制面团温度，一般用水温来控制调粉温度。酥性面团的调粉温度一般控制在22～28℃，而甜酥饼干面团温度在20～25℃。夏季气温高，可用冷水调制面团。

调制时间：面团调制时间的控制，是酥性面团调制的又一关键技术。延长调粉时间，会促进面筋蛋白的进一步水化，因而面团调制时间是控制面筋形成程度和限制面团黏性的最直接因素。在实际生产中，应根据糖、油、水的量和面粉质量，以及调制面团时的面团温度和操作经验来具体确定面团的调制时间。一般来说，油、糖少，水多的面团，调制时间短（12～15 min），而油、糖大，用水少的面团，调制时间长（15～20 min）。

静置时间：面团调制好后，适当静置几分钟到十几分钟，使面筋蛋白水化作用继续进行，以降低面团黏性，适当增加其结合力和弹性。若调粉时间较长，面团的黏弹性较适中，则不进行静置，立即进行成型工序。面团是否需静置和静置多少时间，视面团调制程度而定。

面团成熟度判断：在酥性面团调制过程中，要不断用手感来鉴别面团的成熟度，即从调粉机中取出一小块面团，观察有无水分及油脂外露。如果用手搓捏面团，不粘手，软硬适中，面团上有清晰的手纹痕迹，当用手拉断面团时，感觉稍有连接力，拉断的面头不应有收缩现象，则说明面团的可塑性良好，已达到最佳程度。

（2）韧性面团调制

①韧性面团调制要求。

韧性面团是用来生产韧性饼干的面团。这种面团要求具有较强的延伸性和韧性、适度的弹性和可塑性。与酥性面团相比，韧性面团的面筋形成比较充分，但面筋蛋白仍未完全水合，面团硬度仍明显大于面包面团。

②韧性面团调制原理。

韧性面团在调制过程中，通过搅拌、撕拉、揉捏等处理，原料得以充分混合，并使面团的各种物理特性(弹性、软硬度、可塑性)等都得到较大的改善。韧性面团的调制分为两个阶段,第一阶段是使面粉充分吸水,形成较好面筋网络的面团;第二阶段是继续搅拌,使其逐渐超越弹性限度而使弹性降低,延伸性增强,具有一定可塑性。

③韧性面团调制方法。

韧性面团在调粉时可一次性将面粉、水和辅料投入机器搅拌,但也有按酥性面团的方法,将油、糖、蛋、奶等辅料加热水或热糖浆在和面机中搅匀,再加入面粉。如果使用改良剂,则应在面团初步形成时(约 10 min 后)加入。由于韧性面团调制温度较高,疏松剂、香精、香料一般在面团调制的后期加入,以减少分解和挥发。

④面团调制影响因素。

淀粉的添加:调制韧性面团,通常均需添加一定量的淀粉。其目的除了淀粉是一种有效的面筋浓度稀释剂,有助于缩短调粉时间,增加可塑性外,在韧性面团中使用,还有一个目的就是使面团光滑,降低黏性。添加量一般为小麦粉的 5% ~10%。

加水量:韧性面团通常要求面团比较柔软。加水量要根据辅料及面粉的量和性质来适当确定。一般加水量为面粉的 22% ~28%。

面团温度:面团温度直接影响面团的流变学性质,根据经验,韧性面团温度一般在 38 ~ 40℃。面团的温度常用加入的水或糖浆的温度来调整,冬季用水或糖浆的温度为 50 ~ 60℃,夏季为 40 ~45℃。

调制时间:韧性面团的调制,不但要使面粉和各种辅料充分混匀,还要通过搅拌,使面筋蛋白与水分子充分接触,形成大量面筋,降低面团黏性,增加面团的抗拉强度,有利于压片操作。另外,通过过度搅拌,将一部分面筋在搅拌桨剪切作用下不断撕裂,使面筋逐渐处于松弛状态,一定程度上增强面团的塑性,使冲印成型的饼干坯有利于保持形状。韧性面团的调制时间一般在 30 ~35 min。

面团静置:为了得到理想的面团,韧性面团调制好后,一般需静置 10 min 以上(10 ~ 30 min),以松弛形成的面筋,降低面团的黏弹性,适当增加其可塑性。另外,静置期间各种酶的作用也可使面筋柔软。

成熟度的判断:面团调制时间应根据经验通过判断面团的成熟度来确定。一是观察调粉机的搅拌桨叶上粘着的面团,当在转动中很干净地被面团粘掉,即接近结束;二是韧性面团调制到一定程度后,取出一小块面团搓捏成粗条,用手感觉面团柔软适中,表面干燥,当用手拉断粗面条时,感觉有较强的延伸力,拉断面团两断头有明显的回缩现象,此时面团调制已达到了最佳状态。

(3)发酵饼干面团调制与发酵

①面团调制要求。

发酵饼干是利用酵母在生长繁殖过程中产生二氧化碳气体,并使其充盈在面团中,二氧化碳气体在烘烤时受热膨胀,加上油脂的起酥效果,形成酥松质地和清晰层次结构的断面。为了实现以上目标,要求调制后的发酵面团的面筋充分形成,具有良好的保气性能,还要有较好的延伸性、可塑性、湿度结合力及柔软、光滑的性质。

②面团调制原理与方法。

发酵饼干面团调制多采用两次搅拌、两次发酵的面团调制工艺。

面团的第一次搅拌与发酵:将配方中面粉的 40% ~50% 与活化的酵母溶液混合,再加入调节面团温度的生产配方用水,搅拌 4 ~5 min。然后在相对湿度为 75% ~80%、温度为 26 ~28℃下发酵 4 ~8 h。发酵时间的长短依面粉筋力、饼干风味和性状的不同而异。通过第一次较长时间的发酵,使酵母在面团内充分繁殖,以增加第二次面团发酵潜力,同时酵母的代谢产物酒精会使面筋溶解和变性,产生的大量 CO_2 使面团体积膨胀至最大后,继续发酵,气体压力超过了面筋的抗拉强度而塌陷,最终使面团的弹性降到理想程度。

第二次搅拌与发酵:将第一次发酵成熟的面团与剩余的面粉、油脂和除化学疏松剂以外的其他辅料加入搅拌机中进行第二次搅拌,搅拌开始后,缓慢撒入化学疏松剂,使面团的 pH 值达到 7.1 或稍高为止。第二次搅拌所用面粉,主要是使产品口感酥松,外形美观,因而需选用低筋粉。第二次搅拌是影响产品质量的关键,它要求面团柔软,以便辊轧操作。搅拌时间一般 4 ~5 min,使面团弹性适中,用手较易拉断为止。第二次发酵又称后续发酵,主要是利用第一次发酵产生的大量酵母,进一步降低面筋的弹性,并尽可能地使面团结构疏松。一般在 28 ~30℃发酵 3 ~4 h 即可。

3. 辊轧

(1)辊轧概念及目的

面团辊轧是指内部组织比较松散的面团通过多对轧辊反复辊轧,使之变成厚薄均匀一致、内部组织密实的工序。它不仅是冲印成型的准备工序,而且是防止成型后,饼干收缩变形的必要措施。

韧性饼干面团和发酵饼干面团一般都经过辊轧工序。通过辊轧可以改善面团的黏弹性;使得面团组织成为有规律的层状均匀分布,逐渐形成饼坯;使产品组织细密;使产品表面有光泽,形态完整,花纹保持能力增强,色泽均匀。而对于大多数的酥性或甜酥性饼干面团,无论采用哪种成型方法,都不必经过辊轧工序,这是因为酥性或甜酥性面团中糖和油脂的用量多,面筋形成少、质地柔软、可塑性强,一经辊轧易出现面带断裂、粘辊,在辊轧时会增加面带的机械强度,使面带硬度增加,造成产品酥度下降等现象。当面团黏性过大,或面团的结合力过小,坯子易断裂时,不能顺利成型,采用辊轧可以使得面团的加工性能得到改善。一般在成型机前用 2 ~3 对轧辊即可,要求加入头子比例不能超过 1/3,头子与新鲜面团的温度差不超过 6℃。

(2)辊轧设备及注意事项

辊轧设备有往复式辊轧机和连续压面机。

①韧性饼干面团辊轧。

韧性饼干面团一般采用包含 9 ~13 道辊的连续辊轧方式进行压片,在整个辊轧过程中,应有 2 ~4 次面带转向(90°)过程,以保证面带在横向与纵向受力均匀。如图 2 -3 -2

所示。

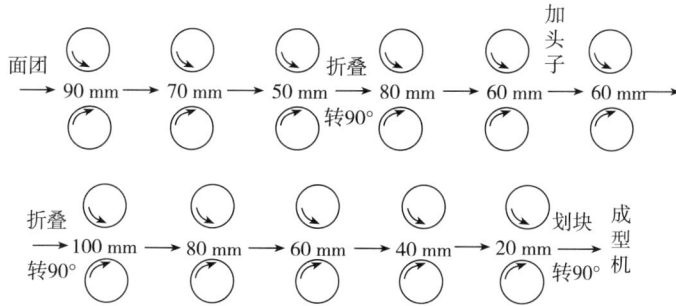

图2-3-2　韧性饼干面团的辊轧过程

韧性饼干面团辊轧需要注意以下三点：

压延比：压延比公式如下：

$$压延比 = \frac{辊轧前面带的厚度 - 辊轧后面带的厚度}{辊轧前面带的厚度} \times 100\%$$

韧性面团辊轧压延比不超过1∶3，压延比过大，影响饼干疏松；压延比过小，增加辊轧次数，使头子与新鲜面团掺和不均匀，使得制品表面色泽不均出现花纹。

头子添加量：冲印成型方法产生剩余"头子"需要在压面过程掺入，一般头子和新鲜面团比例应在1∶3左右，但弹性差的新鲜面团适当多加。不经辊轧的，要求头子铺匀，上面复以新鲜面团；经辊轧的，要求头子均匀地铺在面带表面。

韧性面团一般用油脂较少，而糖比较多，易引起面团发黏。为了防止黏辊，在辊轧时往往撒上些面粉，但一定要均匀，切不可撒得太多，以免引起面带变硬，造成产品不够疏松及烘烤时起泡的问题。

②发酵饼干面团辊轧。

发酵饼干一般辊轧11～13次，折叠4次，并旋转90°，包酥两次，每次包入油酥两次。

发酵饼干面团的辊轧操作基本与韧性饼干相同，区别在于加油酥前后压延比的变化。未加油酥前，压延比不宜低于1∶3，面带加油酥后，一般要求在1∶2～1∶2.5之间，压延比过大，油酥和面团变形过大，面带的局部出现破裂，引起油酥外漏，影响饼干组织的层次和外观，并使胀发率减低。

4.饼干的成型

饼干成型的方法根据所用设备的不同，一般分为冲印成型、辊切成型、辊印成型、挤浆成型、钢丝切割、挤条成型等。不同饼干所用成型方法不同。

（1）冲印成型

①冲印成型设备及原理。

冲印成型是将面团辊轧成连续的面带后，用印模将面带冲印成饼干坯的方法。冲印成型适用于多种饼干，如韧性饼干、酥性饼干、发酵饼干等的成型。冲印成型机主要是由压片机构、冲印机构、拣分机构和酥松机构等组成。如图 2 - 3 - 3 所示。目前常用的冲印成型机是摆动式冲印成型机,其成型原理是冲头垂直冲印帆布运输带的面带,将面带分切成饼坯和头子的同时,与帆布带下面能够活动的橡胶模合模,并随着连续运动的帆布输送带、分切的饼坯和头子向前移动一段距离,然后冲头抬起成弧线迅速摆回原来位置,并开始下一个冲印动作,如此循环,不断将面带冲印成饼坯。冲印成型机工作原理如图 2 - 3 - 4 所示。

②冲印成型印模。

冲印饼干坯的成型和剪切是靠印模进行的。印模主要分为两大类,一种适合于韧性饼干的凹花有针孔印模;另一种适合于酥性饼干的凸花无孔模型。韧性饼干的面团由于面筋水化的充分,面团弹性较大,烘烤时饼坯的胀发率大并容易起泡,底部易出现凹底。因此,宜使用带有针柱的凹花印模,饼坯表面具有均匀分布的针孔,就可以防止饼坯烘烤时表面起泡现象的发生。发酵饼干的印模与韧性饼干不同,韧性饼干采用凹花有针孔的印模,发酵饼干不使用有花纹的针孔印模。因为发酵饼干弹性较大,冲印后花纹保持能力很差,所以一般只使用带针孔的印模就可以了。

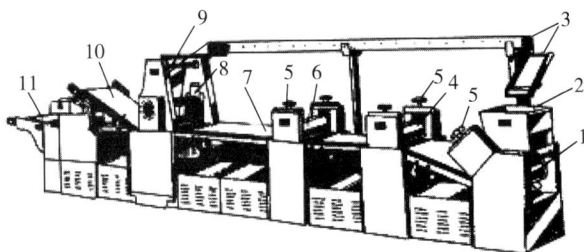

图 2 - 3 - 3　冲印成型机

1—头道辊　2—面斗　3—回头机　4—二道辊　5—压辊间隙调整手轮　6—三道辊
7—面坯输送带　8—冲印成型机结构　9—机架　10—拣分斜输送带　11—饼干坯输送带

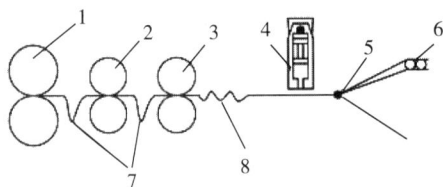

图 2 - 3 - 4　冲印饼干成型机工作原理图

1—第一对轧辊　2—第二对轧辊　3—第三对轧辊　4—冲印机头　5—头子分离
6—头子输送带　7—辊轧面带下垂度　8—辊轧后面带皱褶

(2)辊印成型

一般酥性、甜酥性饼干采用辊印或辊切成型。辊印成型的饼干花纹图案十分清晰。辊印设备占地面积小,产量高,无须分离头子,运行平稳,噪声低。还适用于面团中加入芝麻、花生、桃仁、杏仁及粗糖等小型块状物的品种。

①辊印成型机结构。

辊印成型机成型部分由喂料槽辊、花纹辊和橡胶脱模辊三个辊组成,如图 2 - 3 - 5 所示。喂料辊上有用以供料的槽纹,以增加与面团的摩擦力。花纹棍又称型模辊,它的上面有均匀分布的凹模,转动时将面团辊印成饼坯。在花纹辊的下方有一橡胶辊,用于将饼坯脱出。

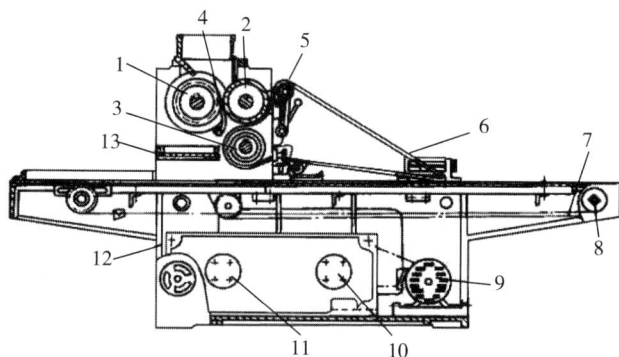

图 2 - 3 - 5 辊印成型机
1—喂料槽辊 2—花纹辊 3—橡胶脱模辊 4—刮刀 5—张紧辊 6—帆布脱模带
7—生坯输送带 8—输送带支撑 9—电机 10—减速器 11—无极调速器 12—机架
13—余料接盘

②辊印成型机工作原理。

辊印成型机工作原理如图 2 - 3 - 6 所示。面团由成型机加料斗底部开口落到一对直径相同的喂料槽辊和花纹辊中间,两辊做相对转动,面带在重力和两辊相对运动的压力下不断充填到花纹棍的型模中去,型模中的饼坯向下运动时,被紧贴在花纹棍的刮刀刮去多余面屑,即形成饼坯的地面。花纹棍下面有一个包着帆布的橡胶脱模辊与其相对转动,当花纹棍中的饼坯底面与橡胶辊上的帆布接触时,就会在重力和帆布带的黏合力作用下,从花纹棍的型模中脱出,然后由帆布输送带送到烘烤网带或钢带上进入烤炉。

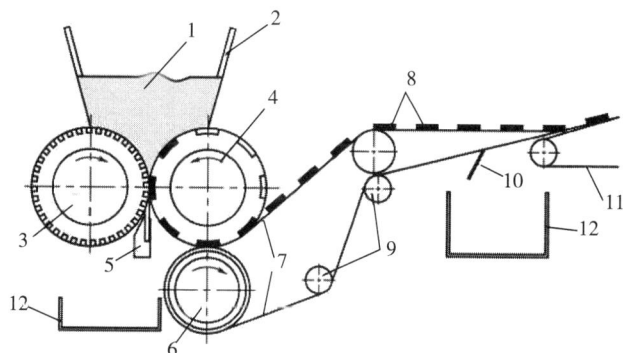

图 2 - 3 - 6 辊印成型机工作原理
1—面团 2—料斗 3—喂料辊 4—花纹辊 5—刮刀 6—橡胶脱模辊 7—脱模带
8—饼坯 9—张紧辊 10—刮刀 11—饼坯输送带 12—面屑斗

(3)辊切成型

辊切成型是综合冲印成型及辊印成型两者的优点,克服其缺点设计出来的新的饼干成型工艺。它的前部分用的是冲印成型的多道压延辊,成型部分由印花辊、切割辊及橡胶辊组成。面带经前几道辊压延成理想的厚度后,先经花纹辊压出花纹,再在前进中经切割辊切出饼坯,然后由斜帆布传送带送走边料。橡胶辊主要是印花及切割时作垫模用,如图2-3-7所示。这种成型方法由于它是先压成面片而后辊切成型,所以具有广泛的适应性,能生产韧性、酥性、甜酥性、苏打等多种类型的饼干,是目前较为理想的一种饼干成型工艺。

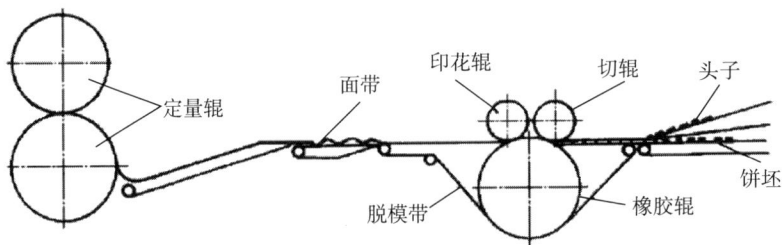

图2-3-7 辊切成型机成型部分工作原理示意图

(4)其他成型

除以上三种常用的成型方式外,还有钢丝切割成型、挤条成型、挤浆成型等成型方式。钢丝切割成型是利用挤压装置将面团从模孔中挤出,模孔有花瓣形和圆形多种,每挤出一定厚度,用钢丝切割成饼坯。挤条成型与钢丝切割成型原理相同,只是挤出模孔的形状不同。挤浆成型是用液体泵将糊状面团间歇挤出,挤出的面糊直接落在烤盘上。由于面糊是半流体,所以在一定程度上,因挤出模孔的形状不同或挤出头做 O 形或 S 形运动,就可得到不同形状的饼干。

5. 饼干烘烤

面团经成型后形成饼坯,制成的饼干坯进入烤炉后,在高温作用下,饼干内部所含的水分蒸发,淀粉受热后糊化,膨松剂分解使饼干坯体积增大,面筋蛋白质受热变性凝固,表皮上色,最后形成多孔性酥松,具有好的色、香、味的饼干。

(1)饼干烘烤传热方式

饼干坯在烘烤过程中主要通过三种方式获得热量以提高温度,使得饼干坯成型、成熟、上色。

①传导。

传导是相同物体或相接触物体的热量传递过程。饼干坯进入炉后,接受的传导热量来自载体,饼干内部的热量传递也主要是靠内部的热传导实现。因为饼干坯中心水分较多,温度升高较慢,烘烤时形成较大的温度梯度。

②对流。

对流传热是流体的一部分向另一部分以物理混合进行热传递的形式。在烤炉内,由于凉的饼干坯不断进入和进、出口空气的流通,会不断产生热的不平衡。于是,炉内的气体

（热空气、水蒸气、燃烧废气等）就会以对流的方式进行热交换。由于对流的存在，使得饼干的水分不断从饼干表面被气流带走，加快饼干的脱水。

③辐射。

热辐射是电磁辐射的一部分，因温度而引起的辐射成为热辐射。当物体受热升温后，在物体表面可发射不同波长电磁辐射波。这些辐射波一旦发射到制品表面，一部分被吸收而转化为热能。辐射与传导和对流不同，它不需要介质，因此可以直接把热量传到饼干坯表面。但辐射透过性很差，只能把热量传给表面很薄的一层。

（2）烘烤形式及炉温

饼干烤炉有多种形式，现在主要是钢带或网带式平炉，其热源有电气、煤气等。烘烤时炉内的温度及烘烤的不同阶段温度的调整，对饼干质量影响很大。对于隧道式平炉来说，各个阶段炉温的控制是指从入口到出口这一段炉膛中温度分布的控制，此外还需要控制平炉的面火和底火大小。

（3）饼干烘烤阶段

根据饼干在烤炉中的变化，可将饼干烘烤过程分为四个阶段。

①胀发阶段。

饼干的胀发主要依靠疏松剂受热分解，产生CO_2，随着温度的升高，饼干坯的体积迅速膨胀，厚度急剧增加。

②定型阶段。

在温度升高、体积胀发的同时，饼干坯内部淀粉糊化，形成黏稠的胶体，待冷却后可以形成坚实的凝胶体，蛋白质变性凝固形成饼干骨架。

③脱水阶段。

由于炉温很高，进炉后仅30 s，饼干坯表面的温度会很快达到100℃以上。而中心层的温度上升较慢，一般在2~3 min时才达到100℃。因此烘烤时炉温不宜过高。

④上色阶段。

在烘烤过程中，当饼干坯表面水分降到13%左右，温度上升到140℃时，饼干坯表面逐渐变为浅黄色。饼干的上色主要是焦糖化和美拉德反应的结果。

（4）不同类型饼干烘烤条件

①酥性饼干烘烤。

酥性饼干的烘烤一般采用高温短时间烘烤的方法。温度为300℃，时间为3.5~4.5 min。酥性饼干的配料中油脂、糖含量高，配方各不相同，块形大小不一，厚薄不均，因此烘烤条件也不同。对于配料较好的酥性饼干，饼干坯入炉后宜采用较高的面火、较低而逐渐升高的底火来烘烤。这种饼干含油大，面筋形成极差，若不尽快使其定型凝固，有可能由于油脂的流动性加大，加之化学膨松剂所形成气体的压力，使饼坯发生"油摊"现象，造成饼干形态不好和易于破碎。因此，这种饼干，在列入炉就要加大底火和面火，使表面和其他部分凝固。这种饼干含有大量油脂可以保证饼干的酥脆，因此不要求膨发过大，膨发过大反而会引起破碎的增加。在烤炉后半部,当饼干坯进入脱水上色阶段后,应采用较弱的温度,这样有利于色泽稳定。对于一般配料的品种,主要依靠烘烤来膨发体积,因此表面温度有着逐渐上升的梯度,前半部分有较高的底火,促使气体膨胀来膨发组织,一直到上色为止。如图2-3-8所示。

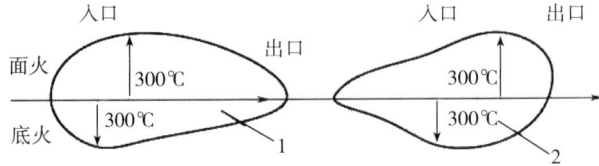

图2-3-8　不同酥性饼干烘烤热曲线图
1—配料较好的酥性饼干　2—配料一般的酥性饼干

②韧性饼干烘烤。

韧性饼干面团在调制时使用了比其他饼干较多的水,且因搅拌时间长,淀粉和蛋白质吸水比较充分,面筋的形成量较多,结合水多,所以在选择烘烤温度和时间时,原则上应采取较低的温度和较长的时间。在烘烤的最初阶段底火升高快一些,待底火上升至250℃以后,面火再开始逐渐上升至250℃。对于配料较好的产品,油糖比接近于一般酥性饼干,因此炉内温度与其相似,即要求入口底火大,面火小。不同配料韧性饼干烘烤时温度曲线如图2-3-9所示。

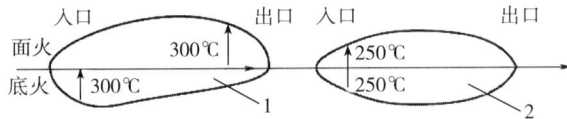

图2-3-9　不同韧性饼干烘烤热曲线图
1—配料较好的韧性饼干　2—配料一般的韧性饼干

③发酵饼干烘烤。

发酵饼干坯中还聚集了大量的二氧化碳,烘烤时,由于气体受热膨胀,使饼干坯在短时间内有较大程度膨胀,这就要求在入炉初期底火需旺盛,面火可以低一些;在烘烤的中间区域,要求面火渐增而底火渐减;最后阶段上色时的炉温度通常低于前面各区域,以防成品色泽过深。发酵饼干的烘烤温度一般底火选择在330℃,面火为250℃左右,烘烤时间为4~5 min。

发酵饼干的烘烤不能采用钢带和铁盘,应采用网带或铁丝烤盘,因为钢带和铁盘不容易使发酵饼干产生的 CO_2 在地面散失,若用钢丝带可避免此弊端。

6. 饼干冷却

(1)饼干冷却的目的

①使饼干达到规定水分含量,延长保质期。

饼干标准中要求水分含量应在6.5%以下,但刚出炉的饼干中心层的水分含量相当高,在冷却过程中,由于温度和水分梯度的存在,内部水分依然向外扩散,表层水分继续向环境蒸发。这样可防止包装后因水分过高而出现霉变、皮软等不良问题,延长保藏期。

②防止油脂的氧化、酸败。

温度过高的饼干一旦包装,饼干冷却速度就会变慢,导致饼干长时间处于较高温度,而加剧油脂的氧化、酸败。

③避免饼干的变形或裂纹。

由于刚出炉的饼干温度和水分都处于较高水平,除硬质饼干和苏打饼干外,其他饼干都比较软,特别是糖油量较高的甜酥饼干更软,只有在饼干中的水分蒸发,温度下降,油脂凝固以后,才能使其形态固定下来。包装过早将会使未定型的饼干弯曲变形,内部出现裂纹等不良后果。

(2)饼干冷却的条件

饼干冷却适宜的条件是温度为30～40℃,室内相对湿度为70%～80%。一般冷却带的长度宜为烤炉长度的1.5倍以上,若冷却带过长,既不经济,又占空间。如果在室温为25℃,相对湿度约为80%的条件下,进行饼干自然冷却,经过约5 min,其温度可降至45℃以下,水分含量也达到要求,基本上符合包装要求。如果是加速冷却,可以使用吹风,但空气的流速不宜超过2.5 m/s。

(3)饼干冷却的要求

①杜绝骤冷或强烈通风,避免饼干内部出现裂纹。

饼干不宜在强烈的冷风下冷却。如果饼干刚出炉立刻暴露在较低温下冷却,降温迅速,就会出现水分急剧蒸发,饼干内部产生较大内应力,在内应力的作用下,饼干外部出现变形,甚至内部出现裂缝。因此,饼干出炉后应避免骤然冷却或以强烈通风的方式使饼干快速冷却。

饼干出现裂缝当时很难发现,一般保持一段时间后才逐渐显现,裂缝大多数出现在饼干中心部位,而且每块裂缝的部位大同小异。在生产中如发现饼干出现裂缝,应立即采取措施,防止冷却过快或骤然冷却,避免大量破损饼干出现。

②采取适宜方法,满足冷却要求。

利用较长的烤炉,在烤炉的后区即停止加热。

7. 饼干包装

饼干冷却到要求的温度和水分含量后应立即包装。精致的包装不仅可以增加产品美观,吸引广大的消费者,而且能够避免饼干中水分的过度蒸发或吸潮;保持饼干卫生清洁,阻止饼干受到虫害或环境有毒、有害、有异味物质的污染;有效地降低饼干储运和销售过程中的破损;阻断饼干与空气中氧的接触,减缓因油脂氧化带来的饼干酸败变质等。

饼干的包装形式分为袋装、盒装、听装和箱装等不同小包装,包装材料、包装标签应符合相应的国家食品安全标准。各种包装应保持完整、紧密、无破损,且适应水、陆运输。

三、典型饼干加工

1. 酥性饼干加工

（1）配方

酥性饼干的基本配方见表 2 - 3 - 1。

表 2 - 3 - 1　酥性饼干配方

原辅料	质量/g	原辅料	质量/g	原辅料	质量/g
普通面粉	5000	全脂奶粉	150	柠檬酸	2
绵白糖	1500	小苏打	30	食盐	6
食用油（植物油或棕榈油）	1000	磷脂油	25	饼干疏松剂	3
淀粉	150	碳酸氢铵	30	抗氧剂 BHA	0.8
起酥油（热猪油）	250	鸡蛋	120	水	600

（2）工艺流程

酥性饼干加工工艺流程如图 2 - 3 - 10 所示。

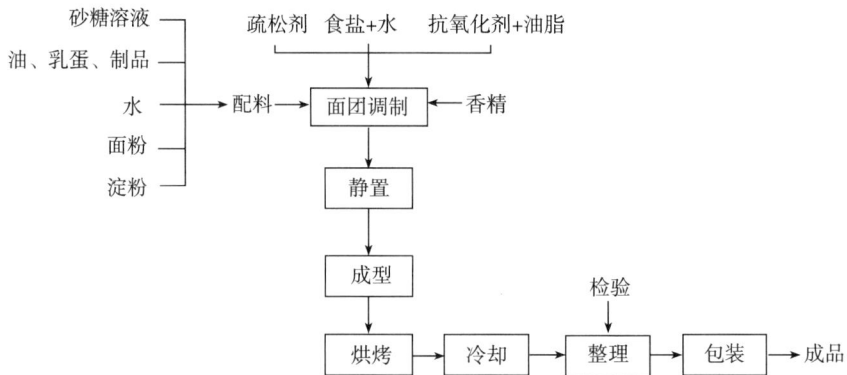

图 2 - 3 - 10　酥性饼干加工工艺流程

（3）工艺要点

①原料预处理。

将面粉过筛，结块的要压碎，称量好各种原辅料。

②面团调制。

按照配方将各种物料称量好，将绵白糖与水充分搅拌使糖溶化，再将油脂、盐、膨松剂等放入搅拌机中，搅拌均匀，最后加入混合均匀的小麦粉、奶粉、淀粉等，搅拌 3 ~ 5 min，搅匀为止，不宜多搅。

③辊印成型。

采取辊印成型。将搅好的面团放置 3 ~ 5 min 后，放入饼干成型机喂料斗，调整帆布松紧度，用辊印成型机辊印成一定形状的饼干坯。

将烤盘放入指定位置,调好前后位置,与帆布带上的饼干坯位置对应。开机,将饼干坯接入烤盘,也可将饼干坯重新移入大烤盘。饼干坯摆放不可太密,间距应均匀。

④烘烤。

将烤盘放入预热到 220~240℃的烤炉,烘烤 3~5 min,饼干表面呈金黄色为止。

⑤出炉、冷却。

戴上帆布手套,取出烤盘,振动后倒出饼干,防止饼干弯曲变形。冷却到 40℃以下。

⑥包装。

整理后包装,用塑料袋封口。

2.韧性饼干加工

（1）配方

韧性饼干的基本配方见表 2-3-2。

表 2-3-2　韧性饼干配方

原辅料	质量/g	原辅料	质量/g	原辅料	质量/g
标准粉	1000	淀粉	100	鸡蛋	60~80
食用油(植物油或棕榈油)	80	猪油	70	水	280~340
亚硫酸氢钠	0.4	全脂乳粉	40~60	饼干疏松剂	适量
磷脂油	15	糖粉	320	香精香料	适量
小苏打	30	食盐	0.5		
食用碳酸氢铵	7	柠檬酸	0.4		

（2）工艺流程

韧性饼干加工工艺流程如图 2-3-11 所示。

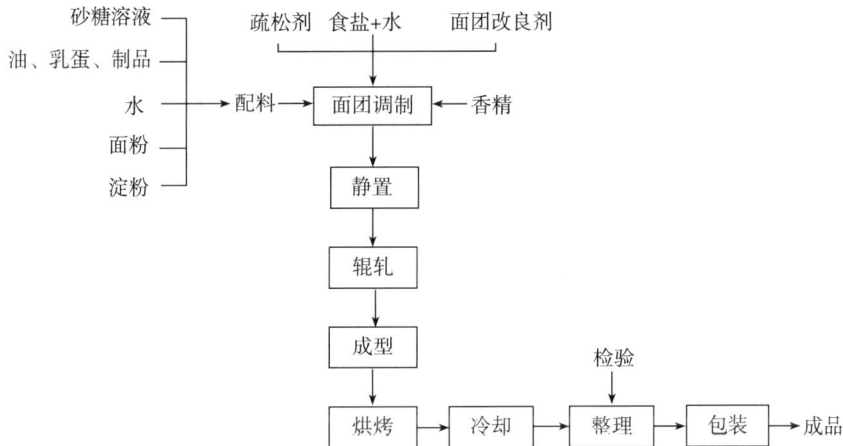

图 2-3-11　韧性饼干加工工艺流程

（3）工艺要点

①面团的调制。

将水和糖一起煮沸，使糖充分溶化，稍冷却，将油、盐、乳、蛋等混入，搅拌均匀，加入预先混合均匀的小麦粉、淀粉调制。如使用面团改良剂，则应在面团初步形成时（调制 10 min 后）加入，然后在调制过程中加入疏松剂、香精，继续调制，前后 25 min 以上，即可调制成韧性面团。

②静置。

韧性面团调制成熟后，必须静置 10～20 min，以保持面团性能稳定，才能进行辊轧操作。

③辊轧。

韧性面团辊轧次数一般需要 9～13 次，辊轧时多次折叠并旋转 90°。通过辊轧工序以后，面团被压制成 2 mm 左右、厚薄均匀、形态平整、表面光滑、质地细腻的面带。

④成型。

经辊轧工序轧成的面带，经冲印或辊切刀成型机制成各种形状的饼干坯，并在生坯上打好针孔。

⑤转盘。

要求生坯摆放尽量稍密，间距均匀。

⑥烘烤。

韧性饼干坯在炉温为 240～260℃，烘烤 3.5～5 min，达到成品含水率为 2%～4%。

⑦冷却。

冷却至 40℃以下，若室温 25℃，可自然冷却 5 min 左右即可。

任务 2.4　蛋糕加工技术

蛋糕是以蛋、糖、面粉或油脂为主要原料，通过机械的搅拌作用或膨松剂的化学作用，经过烘烤或汽蒸而使制品组织松发的一种疏松绵软、适口性好的烘焙食品。蛋糕因其绵软口感和甜美的味道深受大众喜爱。蛋糕品种繁多，现已成为人们生活中不可或缺的一种食品。

一、蛋糕的命名及分类

1.蛋糕的命名

蛋糕的命名方法很多，可以分为以下几种：

①按制作蛋糕的特殊原料命名，如香蕉蛋糕、胡萝卜蛋糕、南瓜蛋糕等。

②按蛋糕本身口味命名，如巧克力蛋糕、芒果蛋糕、草莓蛋糕等。

③按外表装饰材料命名，如酸奶蛋糕、椰蓉蛋糕等。

④按地名或人名命名,如瑞士蛋糕、加勒比风味蛋糕等。

2.蛋糕的分类

蛋糕的分类方法很多,这里主要介绍三种。

（1）乳沫类蛋糕

乳沫类蛋糕,又称清蛋糕。此类蛋糕主要依靠鸡蛋在搅拌过程中与空气融合,经过烘焙使空气受热膨胀而使蛋糕体积增大,因膨松剂使用量很少或不用,且不含固体油脂,所以又称为清蛋糕。根据鸡蛋使用的不同部分,可分为蛋白类蛋糕和海绵类蛋糕。蛋白类蛋糕如天使蛋糕使用蛋白制作,具有色泽洁白,外观清爽,不油腻的特点。海绵蛋糕使用全蛋制作,具有口感清香,结构绵软,有弹性的特点。

（2）面糊类蛋糕

面糊类蛋糕又称油蛋糕,其主要原料为鸡蛋、砂糖、小麦粉及黄油。面糊类蛋糕是通过油脂搅拌时融合空气,使面糊在烘烤时受热膨胀而制成的蛋糕。该产品具有油香浓厚,口感香、有回味,结构紧密,稍有弹性的特点。如日常常见的牛油戟、提子戟等。

（3）戚风蛋糕

戚风蛋糕是英文"Chiffon Cake"的音译,由乳沫类蛋糕和面糊类蛋糕改良综合而成。蛋白与糖及酸性材料按乳沫类打发,其余干性原料、流质原料与蛋黄按面糊类方法搅打,最后将两者混合。该产品具有质地较轻,组织蓬松,水分含量高,味道清淡不腻,口感滋润嫩爽的特点,是目前最受欢迎的蛋糕之一,常用来做生日蛋糕底坯。

二、蛋糕加工基本原理

1.膨松原理

（1）空气作用

蛋糕膨松充气的原料主要是蛋白（也称蛋清）和油脂。蛋白是黏稠的胶体,具有起泡性,经过机械搅拌,使空气充分混入蛋糕坯料中,蛋白液的气泡被均匀地包在蛋白膜内,经过烘烤加热,空气膨胀,坯料体积疏松而膨大。油脂在机械搅打过程中融入空气,使得产品膨松。

（2）疏松剂作用

除了利用空气膨松外,部分蛋糕加工中会加入化学疏松剂如泡打粉,这些疏松剂在加热时产生二氧化碳,使蛋糕体积膨大。

（3）水蒸气作用

蛋糕在烤炉中产生大量水蒸气,蒸汽与蛋糕中的空气和二氧化碳一起使得蛋糕体积增大。

2.熟制原理

（1）烘烤

在烘烤过程中,通过炉内高温作用,水分蒸发,气泡膨胀,淀粉糊化,膨松剂受热分解释放出二氧化碳,蛋糕体积增大,蛋糕内部组织形成多孔洞的瓜瓤状结构,蛋白质受热变性而凝固,使蛋糕松软而有一定弹性。面糊外表皮层在高温烘烤下,发生美拉德反应和焦糖化反应,形成悦目的棕黄色色泽和令人愉快的蛋糕香味。

（2）蒸制

利用蒸汽作用使得蛋糕中水分蒸发,淀粉糊化,蛋白质凝固变性,形成质地均一,体积蓬松的制品。

三、蛋糕制作常用工具及设备

1. 常用工具

（1）刀具

刀具是蛋糕加工中常用的工具,一般由不锈钢制成。按形状和用途分为西点刀、抹刀、锯刀等。

①西点刀。

又称长形锯齿刀,由不锈钢制成,多用来切割蛋糕或将蛋糕切割成数个薄层。

②抹刀。

由弹性较好的不锈钢制成,无锋刃,有各种大小长短不同的尺寸,主要用来装饰蛋糕时涂抹,抚平馅料或糖衣。

③刮刀。

是用来搅拌材料或刮除沾在容器边缘的材料。

（2）模具

蛋糕模具种类较多,常见的有专用蛋糕模具、裱花嘴等。

①蛋糕用模具一般分为不锈钢、铝制、铁弗龙、陶瓷或纸杯,外观有圆形、长方形、心形、中央空心等,主要用于蛋糕坯的成型。

②裱花嘴用不锈钢制成,形状和规格多,是制作装饰蛋糕、挤制各种图案花纹等必备的工具。

（3）其他工具

①擀面工具。

一般用木质材料制作,圆而光滑。常用的有通心槌、长短擀面杖等。主要用于清酥、混酥、面包的制作。

②蛋糕转台。

常见的蛋糕转台有铝合金、不锈钢及塑料三种材料,主要用于装饰蛋糕。

③裱花袋。

按材质分为帆布、塑胶、尼龙或纸制,多呈三角状,主要用途为装置霜饰用材料,挤饼干、泡芙等。

④打蛋器。

按材料所需可分为大、中、小三种规格,而依形状不同可分为螺旋形和直形两种。可用来搅拌蛋液、奶油、面糊等材料。

⑤蛋糕喷枪。

是蛋糕装饰的重要工具,主要用于制作装饰蛋糕时喷射各种色彩、图案,喷制的色彩、图案非常自然、均匀。

2. 常用设备

常用设备有搅拌机和烤箱。

四、蛋糕基本加工工艺

蛋糕基本加工工艺流程如图2-4-1所示:

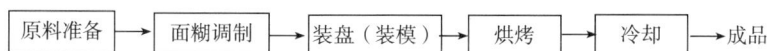

原料准备 → 面糊调制 → 装盘(装模) → 烘烤 → 冷却 → 成品

图2-4-1　蛋糕基本加工工艺流程

1. 原料准备

(1)原料配方平衡原则

焙烤食品原料按物理性质,可分为干性材料和湿性材料。干性材料的作用是吸收水分,如面粉、乳粉、可可粉、糖、膨松剂、奶粉等;湿性物料提供水分或保持产品湿度,如鸡蛋、牛奶、水、糖浆等。按在产品结构中的作用,可分为韧性原料(强性)和柔性原料(弱性)。韧性材料的作用是增强产品组织结构,如面粉、蛋白、奶粉、食盐等;柔性材料的作用是软化产品质地,如蛋黄、糖、油脂、膨松剂等。

在蛋糕加工中,要注意干性原料和湿性原料之间的平衡,韧性原料和柔性原料之间的平衡以及各原料内部之间的平衡。如果其中某一原料的量发生变化,则其他一种或多种原料的量也需做相应的调整,从而保证产品的质量。如配料中出现干湿物料失衡,对制品的体积、外观和口感都会产生影响。湿性物料太多会在蛋糕底部,形成一条"湿带",甚至使部分糕体随之坍塌,制品体积缩小;湿性物料不足,则会使制品出现外观紧缩,内部结构粗糙,质地硬而干的现象。

(2)原料选择

①面粉。

蛋糕加工要求选用面筋含量低,筋力较弱,弹性、韧性和延伸性均较低,可塑性好的小麦粉,湿面筋含量一般要求低于24%。

②蛋及蛋制品。

因鸭蛋、鹅蛋有异味,蛋糕加工中主要使用新鲜的鸡蛋及制品。

③糖。

糖和甜味剂是制作蛋糕的主要原料之一,对蛋糕的口感和质量起重要作用。蛋糕加工中常用的糖有蔗糖、蜂蜜、液体糖及其他甜味剂如木糖醇、山梨糖醇等。

④油脂。

蛋糕加工中的油脂需要有良好的融合性和乳化性。常用的油脂有起酥油、奶油、人造奶油及液体油。

⑤疏松剂。

主要使用化学疏松剂,如小苏打、碳酸氢铵、泡打粉。

⑥蛋糕油。

是蛋糕乳化剂或蛋糕起泡剂,主要用于海绵蛋糕制作。其作用为缩短打发时间,提高出品率,使成品组织细腻,口感松软。添加量为鸡蛋用量的 3% ~5%;添加方法:在面糊快速搅拌之前加入;注意事项:充分溶解,不易长时间搅拌。

⑦塔塔粉。

化学名酒石酸氢钾,是戚风蛋糕加工主要原材料之一。其作用为中和蛋白的碱性;帮助蛋白起发,使泡沫稳定、持久;增加制品的韧性,使产品更为光滑。添加量为全蛋用量的 0.6% ~1.5%。添加方法为与蛋清部分的白砂糖一起拌入。

⑧其他原料。

除以上主要原辅料外,在蛋糕加工中还常用乳制品、巧克力、胶冻剂、赋香剂、着色剂及果仁、果酱、果干等。

2.面糊调制

主要介绍三种方法:

(1)糖油拌和法

糖油拌和法是指糖和油在搅拌过程中充入大量空气,使烤出来的蛋糕体积较大,而组织松软。此类搅拌方法适于加工体积大、松软的蛋糕。其搅拌程序为:

①配方中所有的糖、盐和油脂倒入搅拌缸内用中速搅拌,直到所搅拌的糖和油蓬松呈绒毛状,将机器停止转动,把缸底未搅拌均匀的油用刮刀拌匀,再次搅拌。

②蛋分次或多次慢慢加入到第一步已拌发的糖油中,并把缸底未拌匀的原料拌匀,待最后一次加入拌至均匀细腻,不再有颗粒存在。

③奶粉溶于水,面粉与发粉拌和用筛子筛过,分作三次与牛乳交替加入以上混合物内,每次加入时应成线状慢慢地加入到搅拌物中间。用低速继续将加入的干性原料拌至均匀光泽,然后将搅拌机停止,将搅拌缸四周及底部未搅到的面糊用刮刀刮匀。再继续添加剩余的干性原料和牛乳,直到全部原料加入并拌至光滑均匀即可。但避免搅拌太久。

(2)粉油拌和法

与糖油拌和法相比,粉油拌和法加工的蛋糕更为松软,组织更为细密,不过使用该法时,油脂用量不能少于60%。其拌和的程序如下:

①发粉与面粉筛匀,与所有的油一起放入搅拌缸内,用桨状搅拌器先慢速拌打,后改用中速将面粉和油拌和均匀,在搅拌中途需将机器停止,把缸底未能拌到的原料用刮刀刮匀,然后拌至蓬发松大。

②将配方中糖和盐加入到已打松的面粉和油内,继续中速搅拌均匀,无须搅拌过久。

③改用慢速将配方内 3/4 的牛乳慢慢加入使全部面糊拌和均匀后,再改用中速将蛋分两次加入,每次加蛋时需将机器停止,刮缸底再把面糊拌匀。

④剩余 1/4 的水最后加入继续用中速搅拌,直到所有糖的颗粒全部溶解为止。

（3）糖蛋拌和法

本法主要用于乳沫类及戚风类蛋糕加工,主要起发途径是靠蛋液的打发。其搅拌步骤为:

①先将全部的糖、蛋放于洁净的搅拌缸内,先以慢速搅拌均匀,然后用高速将蛋液搅拌到呈乳黄色（必要时冬天可在缸下面盛放热水以加快蛋液起泡程度）,即用手勾起蛋液时,蛋液尖峰向下弯,呈鸡公尾状时,改用中速搅拌,加入过筛的面粉（或发粉）,慢速拌匀。

②最后把液态油或溶化的奶油加入拌匀即可。

3.装盘

蛋糊搅拌好后,必须装于烤盘内。但是,每种烤盘都必须经过预处理才能装载面糊。

（1）预处理

在使用前,烤盘均需经过如下预处理:

①扫油。

烤盘内壁涂上一层薄薄的油层,但戚风蛋糕不能涂油。

②垫纸或撒粉。

在涂过油的烤盘上垫上白纸,或撒上面粉（也可用生粉）,以便于出炉后脱膜。如图 2-4-2 长方形烤模垫纸方法。

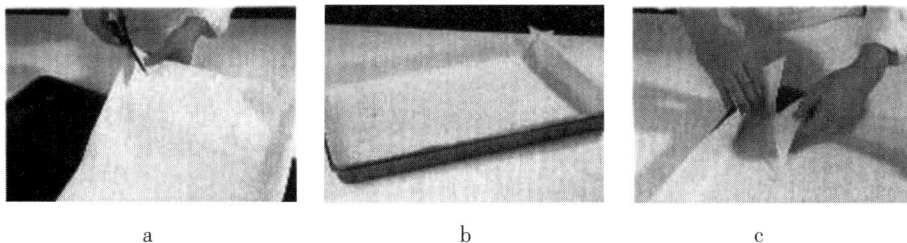

图 2-4-2　长方形烤模垫纸方法

a.在四个垂直角中间,分别切一道约 10 cm 的缺口　b.左右交叉塞入烤盘中

c.四个垂直角交叉完全,完整铺于烤盘

（2）面糊的装载

蛋糕面糊装载量,应与蛋糕烤盘大小相一致,过多或过少都会影响蛋糕的品质,同样的面糊使用不同比例的烤盘所做出来的蛋糕体积、颗粒都不相同,而且增加蛋糕的焙烤损耗。

蛋糕面糊因种类不同,配方不同,搅拌的方法不同,所以面糊装盘的数量也不相同,最标准的装盘数量要经过多次的烘焙试验,使用同一个标准的面糊及数个同样大小的烤盘,各分装不同重量的面糊,以比较各盘所烤的蛋糕组织和颗粒,看哪一个重量所做的蛋糕品质最为优良,即以此次面糊的重量作为该项蛋糕装盘的标准。

4.烘烤

蛋糕烘烤是一项技术性较强的工作,是制作蛋糕的关键因素之一。蛋糕面糊在调制好后,应尽可能很快地放到烤盘中,进炉烘烤。不立即烤的蛋糕面糊,在进入烤箱之前应连同烤盘一起冷藏,可降低面糊温度,从而减少膨发力引起的损失。

(1)烘烤前的准备

①必须了解将要烘烤的蛋糕的属性和性质,以及它所需的烘焙温度和时间。

②熟悉烤箱性能,正确掌握烤箱的使用方法。

③在混合配料前就需要把烤箱预热,这样在蛋糕放入烤箱时,已达到相应的烘烤温度。

④保证蛋糕的出炉、取出和存放的空间,以及相应的器具,保证后面的工作有条不紊地进行。

(2)蛋糕烤盘在烤箱中的排列

盛装蛋糕面糊的烤盘应尽可能地放在烤箱中心部位,烤盘各边不应与烤箱壁接触。若烤箱中同时放进2个或2个以上的烤盘,应摆放得使热气流能自由地沿每一烤盘循环流动,两烤盘彼此既不应接触,也不应接触烤箱壁,更不能把一个烤盘直接放于另一个烤盘之上。

(3)烘烤温度与时间控制

①一般认为油蛋糕比清蛋糕的温度要低,时间要长一些,此种蛋糕需要比其他蛋糕烘烤时间更长;而清蛋糕中,天使蛋糕比其他的海绵蛋糕烘烤温度要高一点,时间也较短。

②含糖量高的蛋糕,其烘烤温度要比用标准比例的蛋糕温度低,用糖蜜和蜂蜜等转化糖浆制作的蛋糕比用砂糖制作的温度要低,这类蛋糕在较低温度下就能烘烤上色。

③相同配料的蛋糕,其大小或厚薄也可影响烘烤温度和时间。例如,长方形蛋糕所需要的温度低于纸杯蛋糕或小模具蛋糕。

④烤盘的材料、形状和尺寸均对蛋糕的烘烤产生影响。例如,耐热玻璃烤盘盛装的蛋糕需要的温度略低一些。因为玻璃易于传递辐射热,烤制的产品外皮很容易上色;在浅烤盘中烤制的蛋糕比同样体积、边缘较高的烤盘烤出的蛋糕更大而柔软,外皮颜色更美观。

5.蛋糕成熟检验

蛋糕在炉中烤至该品种所需基本时间后,应检验蛋糕是否已经成熟,方法如下:

(1)手触法

测试蛋糕是否烘熟,可用手指在蛋糕中央顶部轻轻触试,如果感觉硬实,呈固体状,且用手指压下去的部分马上弹回,则表示蛋糕已经熟透。

(2)牙签插入法

用牙签或其他细棒在蛋糕中央插入,拔出时,若测试的牙签上不黏附湿黏的面糊,则表明已经烤熟,反之则未烤熟。

6. 冷却

不同种类蛋糕脱模方式不一样。乳沫类蛋糕需要先脱模后冷却,面糊类蛋糕先冷却后脱模。乳沫类蛋糕出炉后,应立即从烤盘中取出,并在蛋糕顶部刷一层食用油。食用油可以光滑滋润蛋糕表面,且可减少蛋糕内部水分的蒸发,起到保护层的作用。脱模后可将蛋糕放在冷却网上自然冷却。蛋糕脱模方法为:沿边缘往下压,再将烤模倾斜,使蛋糕易于脱离烤模,最后,一手固定烤模底盘,一手轻轻拖住蛋糕,使其剥离烤模。脱模方法如图2-4-3所示。

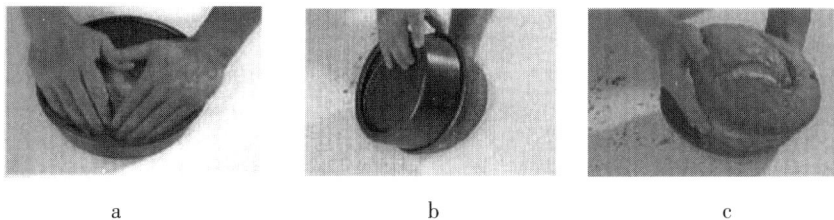

图2-4-3 蛋糕脱模

a.蛋糕出炉冷却后,沿边缘往下压 b.再将烤模倾斜,使蛋糕易于脱离烤模

c.最后,一手固定烤模底盘,一手轻轻拖住蛋糕,使其剥离烤模

五、典型蛋糕加工工艺

1. 乳沫类蛋糕加工

乳沫蛋糕是利用蛋白的起泡性能,使蛋液中充入大量的空气,加入面粉拌匀烘烤而成的一类蛋糕。主要原料有面粉、糖、盐和蛋四种。按配方中使用蛋白成分不同,分为蛋白类如天使蛋糕、全蛋液类如海绵蛋糕。

(1)天使蛋糕

天使蛋糕是以"蛋白泡沫"为基础材料,不加油脂而加工成的一类蛋糕。

①配方。

天使蛋糕配方见表2-4-1。

表2-4-1 天使蛋糕配方

原料	实际百分比/%	原料	实际百分比/%
低筋面粉	15~18	食盐	0.5~0.625
细砂糖	30~42	塔塔粉	0.5~1.375
蛋白	40~50		

②面糊调制。

天使蛋糕搅拌分为三个阶段:

配方中所有蛋白倒入不含油的搅拌缸中用网状搅拌器中速搅打至湿性发泡期,过度打发蛋白会丧失其扩展及膨胀蛋糕的能力。

因搅拌速度和时间长短,可分为起泡期、湿性发泡期、干性发泡期、棉花期四个阶段,如图2-4-4所示。起泡期,蛋白搅拌后呈泡沫液体状态,表面有很多不规则的气泡;湿性发泡期,蛋白经搅打后渐渐凝固,表面不规则的气泡消失,而变为许多细小气泡,蛋白洁白而具有光泽,用手指勾起时呈一细长尖峰,且尾巴有弯曲状;干性发泡期,无法看出发泡组织,颜色雪白而无光泽,用手指勾起时呈坚硬的尖峰,倒置也不会弯曲;棉花期,此阶段,蛋白已经完全呈球形凝固状,用手指无法勾起尖峰,形似棉花,此时表示蛋白搅打过度,已无法制作蛋糕。

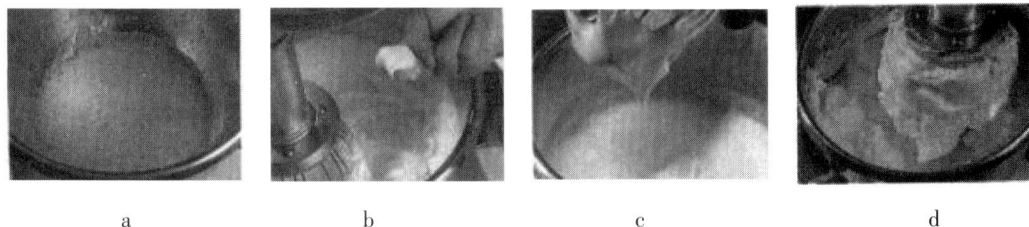

a   b   c   d

图2-4-4 蛋白搅打四个阶段

a.起泡期   b.湿性发泡期   c.干性发泡期   d.棉花期

将2/3的糖和盐、塔塔粉等一起倒入第一步已打至湿性发泡期的蛋白中,继续用中速打发至湿性发泡期。

面粉与配方中剩余的盐、糖全部筛匀,慢速倒入第二步打好的蛋白中,搅拌均匀即可,不可搅拌过久,以免面粉产生筋性,影响蛋糕品质。

③烘焙。

天使蛋糕的烘烤温度一般为205~218℃,具体烘烤温度应根据模具大小进行调整。

(2)海绵蛋糕

海绵蛋糕以低筋面粉、蛋、糖、植物油、乳粉、发粉及食盐等为主要原辅料。其做法有两种,一是全蛋做法,做法简单;二是分蛋做法,成品体积较大更松软可口。这里主要介绍全蛋法。

①配方。

海绵蛋糕配方如表2-4-2所示。

表2-4-2 海绵蛋糕配方

原料	烘焙百分比/%	原料	烘焙百分比/%
低筋面粉	100	鸡蛋	166
细砂糖	166	食盐	3
色拉油	20	牛乳	20

②面糊调制。

面糊调制采用糖蛋拌和法,分为4步,如图2-4-5所示。

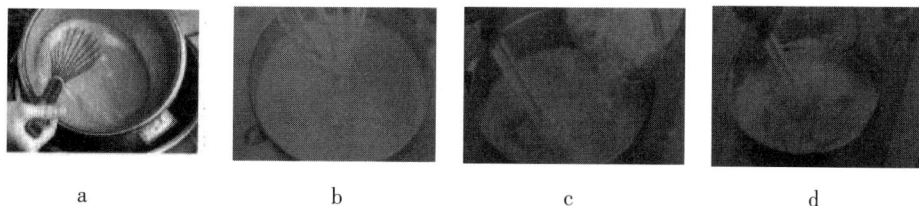

图 2 - 4 - 5　海绵蛋糕面糊调制

将配方中全部蛋、糖及盐放入无油的容器中,先加热至43℃,使糖、盐完全溶解,蛋和糖在加热过程中必须用打蛋器不断搅动,以保持温度均匀,避免边缘部分受热烫熟。

用打蛋机先中速搅打,再改用高速搅打约数分钟,至蛋沫呈浓稠松发状,且颜色呈乳白色,用手指勾起时不会很快从手指流下。

面粉筛匀(如使用可可粉或发粉须与面粉一起过筛),慢慢加入第2步蛋糊中,并搅拌均匀,注意不能长时间搅拌,以免面糊形成面筋,影响制品品质。

加入色拉油、奶水与香精搅拌均匀,但不能搅拌太久,否则会破坏面糊中的气泡,影响蛋糕的体积。

③烘烤。

海绵蛋糕因成品种类多,所以使用的烤盘大小形状也不一样,烘烤温度、时间也不同,一般根据烤盘形式来确定烘烤参数。

小椭圆形或橄榄形的小海绵蛋糕,烘烤温度为205℃,上火大,下火小,烘烤时间为12 ~ 15 min。

实心直径小于30 cm,高6.4 cm 的圆形或方形蛋糕,烘烤温度为205℃,下火大,上火小,烘烤时间为25 ~ 35 min,如果直径或高度增加,则使用下火大、上火小,烘烤温度为177℃,烘烤时间为35 ~45 min。

使用空心烤盘的面糊需下火大,上火小,烘烤温度约为177℃,烘烤时间为30 min。

使用平盘做果酱卷与奶油花式小蛋糕时,需上火大,下火小,烘烤温度为177℃,烘烤时间为20 ~25 min。

蜂蜜海绵蛋糕(又称长崎蛋糕)因较厚需较长时间的烘烤,上火大、下火小,烘烤温度为177℃,烘烤时间为45 min。

2. 面糊类蛋糕加工

面糊类蛋糕又称重油蛋糕,主要以面粉、油脂、糖、鸡蛋及牛奶等为基本原料加工而成。面糊类蛋糕油脂含量相对高,油脂在搅拌作用下,空气进入油脂形成气泡,使油脂膨松、体积增大。当蛋液加入到打发的油脂时,蛋液的水分和油脂即在搅拌下发生乳化,乳化越充分,制品的组织越均匀,口感越好。为了改善油脂的乳化性,在加蛋液的同时可加入适量的蛋糕油(鸡蛋量的3% ~5%)。

(1)配方

面糊类蛋糕配方见表2 - 4 - 3。

表 2 - 4 - 3　面糊类蛋糕配方

原料	烘焙百分比/%	原料	烘焙百分比/%
中筋面粉	100	鸡蛋	50 ~ 100
细砂糖	80 ~ 120	食盐	1 ~ 3
人造奶油	40 ~ 100	乳水	0 ~ 60
泡打粉	0 ~ 6		

（2）面糊调制

面糊类蛋糕面糊调制方法有粉油拌和法和糖油拌和法两种。不同组分的面糊类蛋糕采用不同的调制方法。传统的重油蛋糕采用粉油拌和法,过程为将配方中所有的面粉和油脂先放在搅拌缸中用中速搅拌,使面粉的每一组小颗粒均先吸收油脂,在后面的步骤里液体原料不会出筋,这样制作出的蛋糕组织较为松软,而且颗粒细,韧性较低。中等成分的配方采用粉油搅拌法和糖和拌和法,因为中等成分配方内所使用的膨大原料较少,为了增加面糊内膨大气体,采用糖油拌和法效果更佳。低成分配方因用油量太少,主要依靠发粉来膨胀,采用糖油拌和法为宜。糖油拌和法分为 4 步,如图 2 - 4 - 6 所示。

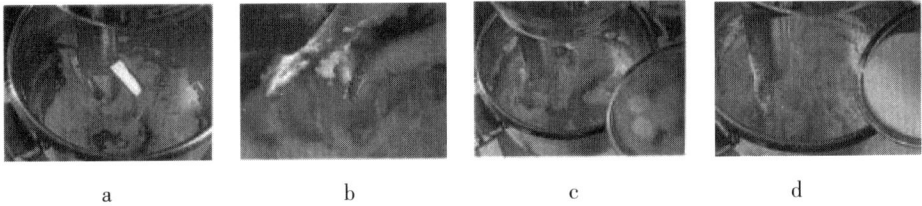

图 2 - 4 - 6　糖油拌和法

①将奶油或其他油脂(最佳温度为 21℃)置于搅拌缸中,用桨状搅拌器以低速慢慢将油脂搅拌为柔软的状态。

②加入糖、盐及其他调味料,以中速搅拌到呈松软且绒毛状。

③将蛋液分次加入,并以中速搅拌,每次加入蛋时,需先将蛋搅拌至完全,被过筛的面粉材料与液体材料交替加入步骤 d,并搅拌均匀。

（3）烘烤

多数重奶油蛋糕出炉后不做任何奶油装饰,保持原来本色出售,因此其四边应保持平滑和光整,不能让面糊粘烤盘或模具,并且要避免从烤盘取出时表皮受破损。防止表皮破损的方法有,一是在烤盘或模具四周和底部垫上一层油脂;二是在烤盘或模具底部涂上一层防粘油脂。重油蛋糕所含各种成分较高,且配方中总水量相比其他蛋糕少,因此面糊较干和坚韧,在烘烤时需要较长时间,为防止蛋糕内部水分在烘烤中损耗过多,避免烤焦,烘烤温度一般为 177 ~ 180℃,烘烤时间为 45 ~ 60 min。

3. 戚风蛋糕加工

戚风蛋糕是面糊类及乳沫类两者的混合,与天使蛋糕相比,都是以"蛋白泡沫"为基料,但搅打的最后不同,天使蛋糕是将干性材料拌入蛋白中;而戚风蛋糕是将含有面粉、蛋黄、油及水先调制成面糊再拌入蛋白中。戚风蛋糕主要原料为蛋、糖、色拉油、牛奶、面粉、发粉、塔塔粉等。

(1)配方

戚风蛋糕配方见表2-4-4。

表2-4-4　戚风蛋糕配方

蛋白部分		蛋黄部分			
原料	烘焙百分比/%	原料	烘焙百分比/%	原料	烘焙百分比/%
蛋白	100~200	低筋粉	100	液体油	40~60
细砂糖	60~80	细砂糖	40~60	乳水	40~60
塔塔粉	0.5~1	蛋黄	50~100	泡打粉	2.5~5
		食盐	1~3		

(2)面糊调制

戚风蛋糕面糊调制分为三个阶段,如图2-4-7所示。

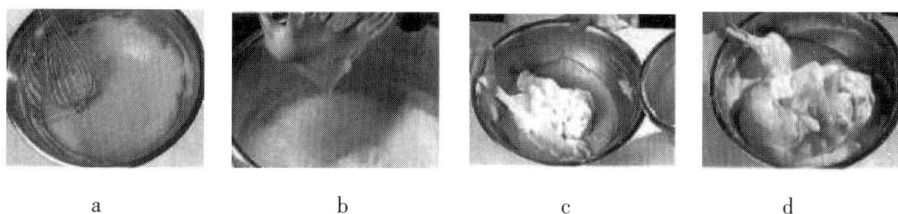

a　　　　　　　　b　　　　　　　　c　　　　　　　　d
图2-4-7　戚风蛋糕面糊调制

①蛋黄糊的搅拌。

首先把面粉与发粉过筛,再把糖、盐混合均匀,然后把液体油、蛋黄、牛乳或果汁等依照顺序加入,用桨状搅拌器中速搅拌均匀。蛋黄糊部分搅拌关键是原料的投放顺序,一定要先放液体油,再加入蛋黄和水,这样面粉不会结块。

②蛋白糊的搅拌。

蛋白糊部分搅拌,是戚风蛋糕制作的关键步骤。首先把搅拌缸、搅拌器清洁干净,确保无油、无水;然后加入蛋白、塔塔粉,用网状搅拌器中速搅打至湿性发泡期;再加入细砂糖,搅打至干性发泡期,即用手指勾起蛋白糊,蛋白糊在指尖形成一向上尖峰即可。

③蛋白糊和蛋黄糊的混合。

先取1/3打好的蛋白糊加入到蛋黄糊中,由上向下轻轻拌匀,动作要轻,切忌左右旋转、或用力过猛、或搅拌时间过长,避免蛋白部分受油脂影响而消泡,导致失败。拌好后,再将这部分混合糊加入到剩余的2/3的蛋白糊中,同样用从上向下拌匀。

(3)烘烤

戚风蛋糕烘烤时,烤盘或烤模不能涂油。装盘或装模时,面糊的添加量只需占到烤盘或模具的50%～60%,不可太多。这是因为戚风蛋糕内液体用量较多,有较多量的蛋白起发,又有发粉或小苏打等化学膨松剂,面糊在炉内烘烤时膨胀性较大。如装太满,多余的面糊会溢出烤盘或模具,或在蛋糕上形成一层厚实的组织,与整个蛋糕的松软性不相符。

在烘烤戚风蛋糕时,炉温要求上火大、下火小,在烘烤平烤盘装的用来做蛋糕卷的蛋糕坯时,上火为170～180℃,下火为130～150℃。

【项目小结】

本项目分为五个任务,首先介绍面粉、糖、油脂、乳、蛋、疏松剂等焙烤食品加工主要原辅材料的加工特性,在此基础上,介绍了面包加工技术、饼干加工技术、蛋糕加工技术。

【问题探究】

①决定面粉品质的主要因素有哪些?

②影响焙烤食品物料疏松的因素有哪些?

③面包面团调制过程中,为什么奶油要最后加入?

④为什么发酵成熟就是闻到比较强烈的酒香和酸味? 是发生了何种反应?

⑤酥性饼干、韧性饼干加工中投料顺序如何?

⑥为什么饼干要冷却后再包装?

⑦加工蛋糕时,应选用高筋粉还是低筋粉?

⑧戚风蛋糕加工中,加入塔塔粉的作用是什么?

【实验实训】

实验实训一 吐司面包加工

一、实验目的

①熟悉面包配料、设备使用。

②掌握面包加工原理、直接发酵法面包加工原理、面包面团调制、发酵工艺操作要领,能对成品进行质量评定。

二、实验设备用具

搅拌机、电子天平、醒发箱、烤炉、烤盘、吐司模具、刮板等。擦净并烘干烤盘及模具,并用黄油擦拭模具内部(与面包坯接触面)。提前准备好醒发箱,并调好温度和湿度。

三、配方

高筋粉1000 g,细砂糖180 g,酵母12 g,食盐8 g,鸡蛋120 g,黄油100 g,水560 mL,奶

粉 32 g,葡萄干少许。

四、实验步骤

1. 原料准备

选用高筋粉(或面包粉),使用前应进行过筛处理,以除去面团粉块,并混入新鲜空气。酵母用温水活化,白糖、食盐、奶粉溶于水。

2. 面团搅拌

将高筋粉、糖水、食盐水、活化酵母液、奶粉水、剩余水加入搅拌缸中,先慢速搅拌,等原辅料混合成团,改用中速搅拌成面团。当面团面筋已扩展,加入黄油搅拌至面团光滑,具有良好弹性、延伸性,拉膜呈透明状即搅拌成熟。

3. 面团发酵

将面团放置于醒发箱发酵,当面团体积膨胀为原来面团 2 倍左右,用手指按压面团,面团不会很快下沉,即发酵成熟。醒发箱温度为 28 ~ 30℃,相对湿度为 80%,发酵时间约 1 h。

4. 整形

(1)排气

取出发酵面团排气。

(2)分割

均匀分割面团,每个面团 190 g/个。

(3)搓圆、静置

搓圆至表面光滑,覆盖保鲜膜静置 10 min。

(4)整形

采用二次整形法,即将面团擀成长条状,可撒少许葡萄干,再卷成圆筒状,盖上保鲜膜松弛 10 ~ 15 min,第二次将面团卷成圆筒状,取 4 个面团,接口朝下,先将两个面团紧贴模具放两边,再放剩余两个,使面团均匀排列于模具中(不盖盖子)。

5. 最后醒发

将吐司烤模至于醒发箱醒发至体积膨胀到 90% 左右后取出,盖上盖。醒发箱温度为 35 ~ 40℃,相对湿度为 80%,醒发时间约 1 h。

6. 烘烤

将吐司模具放入烤炉烘烤,上火 190℃,下火 200℃,烘烤 25 ~ 30 min 后熄火,焖 10 min。

7. 出炉、冷却、脱模。

五、注意事项

1. 未烤制 35 min 时勿开盖看,若稍微推开盖子有压力冲出,则表示吐司还没热;若有稍离模代表熟了,烤制所需颜色即可出炉。

2. 发酵适当与否的判断:手指粘粉插入面团中,若不伸缩,则表示发酵不足;若凹洞表面塌陷,则表示发酵过度。

3.吐司模盖切记勿涂油,否则产品出炉易塌陷。

4.搓圆的要诀是利用手及大拇指使得面团底部滚动,进而使表面皮向下拉紧。

实验实训二　花式面包加工

一、实验目的

①熟悉面包配料、设备使用。

②掌握面包加工原理、加工工艺流程及工艺操作要领,能对成品进行质量评定。

二、实验设备用具

搅拌机、电子天平、醒发箱、烤炉、烤盘、吐司模具、刮板等。擦净并烘干烤盘及模具,并用黄油擦拭模具内部(与面包坯接触面)。提前准备好醒发箱,并调好温度和湿度。

三、配方

高筋粉 1000 g,细砂糖 200 g,即发活性酵母 16 g,食盐 12 g,鸡蛋 100 g,黄油 60 g,水 500 mL,奶粉 32 g。

四、实验步骤

1.原料准备

选用高筋粉(或面包粉),使用前应进行过筛处理,以除去面粉团块,并可混入新鲜空气,有利于面团的形成和酵母的生长繁殖。在过筛的同时,也可在筛中安置磁铁,以除去金属杂质。

2.面团搅拌

将高筋粉、即发活性干酵母、糖、奶粉称量好,搅拌均匀后,倒于搅拌机中,加入鸡蛋,再边搅拌边加入盐水,先用慢档搅拌均匀,再用快档搅拌至面筋形成。最后加入黄油,用慢档搅拌均匀后,再用快档搅拌至用手拉可呈半透明的薄膜为止。

3.面团发酵

将面团放入醒发箱发酵,发酵温度为 25～28 ℃,相对湿度为 80% 左右,直到发酵体积约原来 2 倍,发酵时间约 1 h。

4.称量切分

将发酵后的面团,用刮板切分,天平称量。本实验中每个小面团为 70 g/个,大小要一致(由于存在烘烤损失,因此烘烤后,面包质量在 60 g 左右)。

5.搓圆

切分后需要搓圆,可将断面捏合,使面团表面有一层光滑的表皮,以保留新产生的气体,使面团膨胀。同时,光滑的表皮有利于后续手工操作中不会被黏附,烘烤出的面包也光滑好看,内部组织均匀。

搓圆方法:用手掌一侧压住小面团偏向底部的一侧,使用一定力量,按同一方向滚动面团,直至面团形状较圆,表面光滑。

6.中间醒发

搓圆后,进行中间醒发(约 20 min),使面团充分松弛。用保鲜膜覆盖,保温保湿。

7. 成型

面团成型是将发酵好的面团做成一定形状的面包坯,如搓成圆形,加工圆包,或者用擀面杖擀成长条,再卷起来。当然,也可以做辫子包等造型。花式面包整形示意图如图2-7-1所示。

榄仁辫形面包整形示意图

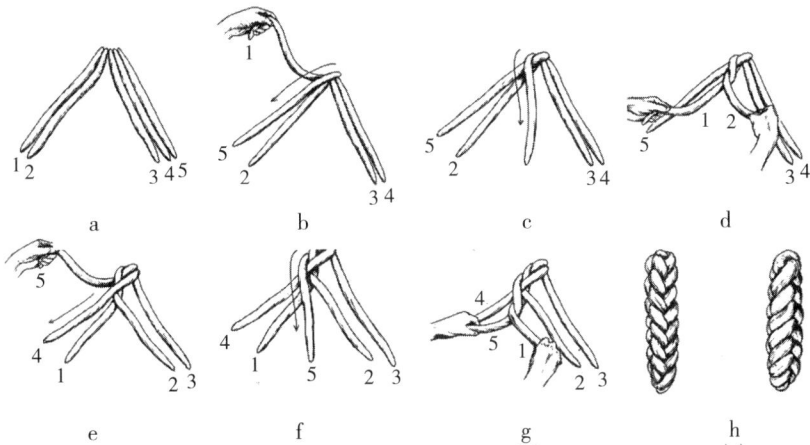

图2-7-1　5股辫子面包面包整形示意图

8. 醒发

把成型后的面包坯进行醒发。通过最后醒发,使酵母重新大量繁殖产气(CO_2),使面包坯体积膨胀,同时改善面包的内部结构,使其膨松多孔、柔软似海绵,并具有诱人风味。醒发温度为35℃,相对湿度为80%左右,时间约40 min。

9. 烘烤

烘烤前一般要刷鸡蛋液,使面包产生所需色泽。每组蛋液配方:2个蛋黄、1个蛋清,搅拌均匀,纱布过滤后,备用。蛋液使用鸡蛋,搅打均匀,提前将刷毛浸泡。将后醒发好的面包坯拿出后,要用刷子轻轻在其表面刷,要均匀,不能刷破,必要时可以刷两次。刷液应均匀分布在面包坯的上面,不要将鸡蛋液流到面包坯底部。烘烤条件:上火175℃,下火155℃,18 min 左右,其中9 min 转盘一次(即 180°转换烤盘方向,使面包受热均匀)。15 min后,需要每隔30 s观察一次。

10 冷却

将面包从烤炉取出,冷却。面包冷却后根据情况可适当进行简易包装,如塑料袋包装。

五、注意事项

①面团搅拌到面筋已经形成,面团开始充满弹性,轻轻伸开面团,可以得到比较粗糙的

膜,加入黄油。

②发酵适当与否的判断:手指粘粉插入面团中,若不伸缩,则表示发酵不足,若凹洞表面塌陷,则表示发酵过度。

③面团最后醒发增大一倍时,取出刷蛋液,进入烤炉烘烤。

实验实训三 酥性饼干加工

一、实验目的

①理解酥性饼干加工原理、工艺流程及操作要点。

②学会对酥性饼干成品进行质量评定。

二、实验原理

酥性饼干在调制面团时,砂糖和油脂的用量较多,而加水极少。在调制面团操作时搅拌时间较短,尽量不使面筋过多地形成,常用凸花无针孔印模成型,成品酥松。

三、实验设备用具

搅拌机、成型机、烤炉、烤盘、刮刀、塑料刮板等。

四、配方

低筋粉1000 g,淀粉30 g,细砂糖150 g,奶粉50 g,食盐5 g,碳酸氢铵5 g,泡打粉5 g,黄油100 g,水200 mL,食用油100 mL。

五、实验步骤

1. 原辅料准备

将糖、奶粉、食盐、碳酸氢钠、泡打粉加水溶解。

2. 面团调制

将辅料溶液、食用油倒入搅拌缸中搅拌,然后加入面粉,搅拌至面团手握柔软适中,表面光滑油润,有一定可塑性不粘手即可。

3. 辊印成型

将搅好的面团放置3~5 min后,用辊印成型机辊印成一定形状的饼坯;或用手工成型;或先用擀筒将面团擀成较厚的面片,然后用模具扣压成型。

4. 烘烤

将饼干放入刷奶油的烤盘中,温度为220~240℃,烤制金黄色为止。

5. 冷却

将烤熟的饼干从烤箱取出,自然冷却。

六、注意事项

①调制面团时,应注意投料顺序,面团的理想温度为25℃左右。调制好的酥性面团应干散,手握成团,具有良好的塑性,尤弹性、韧性和延伸性。

②当面团黏度过大,胀润度不足影响操作时,可静置10~15 min。

③由于酥性饼干易脱水上色,所以先用高温220℃烘烤定型,再用低温180℃烤熟。

实验实训四 海绵蛋糕加工

一、实验目的

①理解蛋糕面糊加工原理、工艺流程及操作要点。

②学会对蛋糕成品进行质量评定。

二、实验原理

海绵蛋糕属于乳沫类蛋糕的一种,制作过程中,蛋白通过高速搅拌,使之快速地拌入空气,形成泡沫。同时,由于表面张力的作用,蛋清泡沫收缩变成球形,加上蛋清胶体具有黏度和加入糖、食盐、面粉原料附在蛋清泡沫周围,使泡沫变得稳定,能保持住气体;加热过程中,泡沫内气体受热膨胀,使蛋糕成品疏松多孔并具有一定的弹性和韧性。

三、实验设备用具

搅拌机、烤炉、台秤、研钵、筛子、面盆、擀筒、模具、烤盘、帆布手套、刮刀、塑料袋、封口机。

四、配方

低筋粉1200 g,细砂糖800 g,鸡蛋400 g,色拉油300 g,食盐10 g,水300 mL。

五、实验步骤

1. 原料预处理

将面粉过筛,鸡蛋去壳。

2. 面糊调制

先将蛋液、糖、盐混匀,一起加入搅拌缸中,用网状搅拌器高速搅打至呈乳白色,勾起面糊呈钩状。其次,分次加入过筛面粉、泡打粉,搅拌均匀。最后将水与色拉油混合,再加入1/3 面糊中上下拌匀,最后与剩下2/3 面糊混匀。

3. 装模

将调好的蛋糕糊倒入刷好色拉油的模具中,注入量为模具的七到八成满,刮平。

4. 烘烤

采用先低温后高温的方法,炉温为180～220℃,烘烤时间根据模具大小而定。烘烤到一定时间,用干净牙签插入蛋糕内部,抽出观察,如光滑无黏着物,则为烤熟。

5. 出炉、冷却、脱模

烘烤后稍冷却,脱模,再继续冷却烘烤。

六、注意事项

①选用新鲜鸡蛋、低筋粉。

②用具要干净,无油、无水。

③面粉与泡打粉混匀,分次加入,上下拌匀,并避免产筋。

④烘烤温度。

不同类型模具,采用不同炉温。

a. 小型椭圆形、橄榄形:上火 205℃,下火 180℃,12～15 min;

b. 12 寸圆形或方形:下火高,上火低,205℃,30 min,模具再大,下火烤,上火低,180℃,35～45 min;

c. 平烤盘:上火大、下火小,炉温 200℃,15～20 min。

实验实训五 戚风蛋糕的加工

一、实验目的

①掌握戚风类蛋糕制作的基本原理、工艺流程及操作要点。

②学会对蛋糕成品进行质量评定。

二、实验原理

戚风类蛋糕是综合乳沫类和面糊类两种蛋糕的优点,把蛋白部分与糖一起按乳沫类蛋糕的搅拌方法打发,把蛋黄部分与其他原料按面糊类蛋糕的搅拌方法来搅拌,最后再混合起来制成。

三、实验设备用具

搅拌机、烤炉、台秤、研钵、筛子、面盆、擀筒、模具、烤盘、帆布手套、刮刀、塑料袋、封口机。

四、配方

低筋粉 850 g,细砂糖 900 g(蛋白糊 600 g,蛋黄糊 300 g),鸡蛋 2000 g,色拉油 400 mL,食盐 10 g,奶粉 50 g,水 350 mL,塔塔粉(白醋或柠檬汁)适量。

五、实验步骤

1. 原料预处理

将面粉过筛,鸡蛋去壳,分开蛋白和蛋黄各自称重备用。

2. 蛋黄糊调制

先加入蛋黄、糖、油、水搅拌均匀,再加入事先过筛的面粉、奶粉,快速搅打数分钟,再慢速搅拌 2～3 min,直至混匀为止。

3. 蛋白糊调制

加入蛋白快速搅打,直至搅拌到白沫状,再加入盐,搅拌数分钟,加入糖溶解后,继续搅拌至蛋白糊用手挑起呈鸡尾状停止搅拌。

4. 蛋白糊和蛋黄糊混合

先取 1/3 打好的蛋白糊加入蛋黄糊中,用手轻轻拌匀。拌时手掌向上,动作要轻,由上向下拌和,拌匀即可。切忌左右旋转,或用力过猛,更不可拌和过长时间,避免蛋白部分受油脂影响而消泡,导致失败。拌好后,再将这部分蛋黄糊加到剩余的 2/3 蛋白糊里面,同样用手轻轻拌匀,要求手掌向上。两部分面糊混合好后,其面糊性质应与高成分海绵蛋糕相似,呈浓稠状。

5. 注模

把混合均匀的蛋糊装入事先铺好油纸的模具中,装入六成满即可。

6. 烘烤

采用先低温后高温的方法，炉温为 $180 \sim 220℃$ ，烘烤时间根据模具大小而定，大的约 30 min，小的约 15 min。烘烤到一定时间，用干净的牙签插入蛋糕内部，抽出观察，如光滑无黏着物，则为烤熟。

7. 冷却包装

烘烤后稍微冷却，然后脱模，再继续冷却包装。

六、注意事项

①所用器具必须清洁，不宜染有油脂，也不宜用铝制器具。

②蛋白搅拌不可太久，以免影响烤好后的蛋糕组织和干燥，但也不可打发不够。可用手指把已打发的蛋液勾起，如蛋液凝在手指上形同尖峰状而不向下流，则表示搅拌太过；如蛋液在手指上能停留 2 s 左右，再缓缓地从手指上流落下来，即为恰到好处。

③先制备蛋黄糊，然后再制备蛋白糊，以免蛋白糊放置时间太长而使蛋白糊内气泡逸出。

项目3 乳制品加工技术

【知识目标】

1. 了解国内外乳制品加工现状。

2. 掌握原料乳的基础知识。

3. 掌握巴氏杀菌乳、UHT 灭菌乳、酸乳、冰激凌及乳粉的加工技术及质量控制措施。

【技能目标】

1. 掌握原料乳验收项目、指标要求及验收方法。

2. 掌握液态乳、酸乳、冰激凌、乳粉等加工工艺及操作要点。

3. 能够完成仪器设备的清洗消毒及日常维护。

4. 保持工作岗位的环境卫生。

预备知识

一、乳的概念

乳是雌性哺乳动物为哺育幼儿由乳腺分泌出来的一种白色或略带黄色的不透明液体食物,是一种复杂而具有胶体特性的生物学液体,是喂养该种动物幼崽最好的食品。

不同动物的乳,其成分有所差别。目前乳品工业生产常用的原料乳主要是牛(乳牛、水牛)、羊(山羊、绵羊)、马等家畜的乳,其中来自乳牛的乳是全球工业加工量最大的乳类。牛乳享有"白色液体""万食之王""养分仓库"等美誉,是一种全价食品、健康营养食品。本书所提到的乳类除了特殊说明外,一般指的是牛乳。

二、天然乳的分类

从加工原料的角度而言,天然乳可以分为常乳和异常乳两大类。

1. 常乳

常乳是指雌性哺乳动物产后 7 天以后所分泌的乳汁,也称作成熟乳,是通常用来加工乳制品的乳。通常,雌性哺乳动物要到产后 30 天左右乳成分才趋向稳定。作为原料乳的生鲜牛乳,国家标准已有了明确的规定,具体要求为:

①生鲜牛乳是由正常饲养的健康母牛挤出的新鲜乳,初乳和末乳不得作为原料乳使用,乳温应在 10℃以下。

②具有纯正的鲜奶所固有的清香味和滋味,不得有酸臭味、苦味、臭味、霉味、金属味等。

③外观呈乳白色或微黄色的均匀胶体状,呈浓稠、絮状凝块乳不得使用。

④不得有肉眼能见的草屑、牛粪、尘土等杂质,无沉淀物出现。

⑤酸度不超过20°T。

⑥乳的相对密度为1.028~1.032,含脂率不得低于3%,无脂乳固体物不低于8%。

⑦不得使用防腐剂、抗生素和其他任何有碍食品卫生的物质,同时严禁加入具有剧毒的甲醛等。

2. 异常乳

在泌乳期中,由于泌乳时期、生理、病理和其他因素的影响,乳的成分和性质发生变化,这种发生变化的乳称为异常乳。一般来说异常乳不能作为加工原料使用。异常乳可分为生理异常乳、化学异常乳、微生物污染乳和病理异常乳等几大类。

(1)生理异常乳

①营养不良乳。

由于饲料不足、营养不良导致奶牛所产的乳对皱胃酶几乎不凝固,所以这种乳不能制造干酪。当喂以充足的饲料,加强营养之后,牛乳即可恢复正常,对皱胃酶即可凝固。

②初乳。

产犊后一周之内所分泌的乳称为初乳,呈黄褐色(β-胡萝卜素),有异臭、苦味、咸味(Na$^+$,Cl$^-$),黏度大,特别是3天之内的初乳特征更为显著。其脂肪、蛋白质,特别是乳清蛋白质含量高,乳糖含量低,灰分含量高。初乳中含铁量为常乳的3~5倍,含铜量为常乳的6倍。初乳中含有初乳球,可能是脱落的上皮细胞,或白细胞吸附于脂肪球处而形成,在产犊后2~3周即可消失。初乳色黄、浓厚并有特殊气味,干物质含量高。随泌乳期延长,初乳相对密度呈规律性下降;pH值逐渐上升;酸度下降。初乳中过氧化氢酶和过氧化物酶的含量高(抑菌),乳清蛋白含量较高,乳清蛋白中的乳白蛋白、乳球蛋白、免疫球蛋白G、乳铁蛋白、牛血清白蛋白均呈热敏性,其变性温度在60~72℃。免疫球蛋白可以保护幼畜免受感染,直至幼畜的免疫系统建立。乳清蛋白的变性一方面导致初乳凝聚或形成沉淀,另一方面导致其生物活性丧失,使初乳无再开发利用价值。

我国规定产犊后7天内的初乳不得用于加工一般性乳制品,但可作为特殊乳制品原料使用。

③末乳。

是干奶期前两周所产的乳,也称老乳。其成分除脂肪外,均较常乳高,有苦而微咸的味道,含脂酶多,常有油脂氧化味。一般末乳pH值达到7.0左右,细菌数明显增加,每毫升乳中可达250万菌落形成单位,Cl$^-$浓度约为0.16%,所以,末乳也不能作为加工乳制品的原料。

(2)化学异常乳

化学异常乳包括酒精阳性乳、低成分乳、异物异常乳及风味异常乳,它们的成分或理化性质有了异常的变化。

①酒精阳性乳。

乳品厂检验原料乳时,一般先用68%或70%的酒精进行检验,凡产生絮状凝块的乳称为酒精阳性乳。又分以下几种:

高酸度酒精阳性乳:一般酸度在20°T以上,酒精试验为阳性,称高酸度酒精阳性乳。其原因是鲜乳中微生物繁殖使酸度升高。因此要注意挤乳时的卫生并将挤出鲜乳保存在适当的温度条件下,以免微生物污染繁殖。

低酸度酒精阳性乳:有的鲜乳滴定酸度在16°T以下,加70%等量酒精可产生细小凝块,所以称低酸度酒精阳性乳,除蛋白质外成分变化不大,但对热不稳定,不利于加工。其原因是包括环境(气温剧烈变化时易产生)、饲养管理(腐败饲料、喂量不足、长期单一饲料)和生理机能(发情激素、甲状腺激素、副肾上腺皮质激素以及盐类不平衡)。

冷冻乳:冬季因受气候和运输的影响,导致乳中一部分酪蛋白变性。同时,在处理时因温度和时间的影响,酸度相应升高,以至产生酒精阳性乳。但这种酒精阳性乳的耐热性比受其他原因而产生的酒精阳性乳高。

②低成分乳。

乳的成分明显低于常乳,主要受遗传和饲养管理的影响,此外也受季节和气温(发情激素)、饲养管理(粉末和颗粒状饲料使唾液分泌减少,瘤胃 pH 值下降,含脂率下降)等因素的影响。值得注意的是,由于人为加水导致的低成分乳严重影响了乳制品的质量,因此必须加强鲜奶的质量管理。

③异物异常乳。

异物异常乳是指在乳中混入原来不存在物质的乳。其中,有人为混入异常乳和因预防治疗、促进发育以及食品保存过程中使用抗生素和激素等进入乳中的异常乳。此外,还有因饲料和饮水等使农药进入乳中而造成异常乳中含有防腐剂、抗生素时,也不应用作生产加工。

④风味异常乳。

造成牛乳风味异常的因素很多,主要有通过机体转移或从空气中吸收而来的饲料味,由酶作用而产生的脂肪分解味,挤乳后从外界污染或吸收的牛体味或金属味等。

(3)微生物异常乳

鲜乳容易因乳酸菌产酸凝固、大肠杆菌产生气体、芽孢杆菌产生胨化和碱化而发生异常风味(腐败味)。低温菌也能使乳产生胨化和变黏。

在一般情况下,奶有三个主要的微生物性污染源:一是来自乳房内部;二是来自乳房外部,包括牛体和空气,挤乳前后污染乳汁;三是来自挤奶和贮存设备(不及时冷却和器具的洗涤杀菌不完全等)。第一股乳流中微生物的数量最多,随着挤乳的进行,乳中细菌含量逐渐减少,所以在挤乳时挤出的第一股乳应废弃。

(4)病理性异常乳

①乳房炎乳。

由于外伤或细菌感染,乳房发生炎症所分泌的乳。引起乳房炎的病原菌大约60%是葡萄球菌,20%为链球菌。乳房炎乳的成分和性质都发生变化,乳糖含量降低,氯含量增加及球蛋白含量升高,酪蛋白含量下降,且上皮细胞数量多,以致无脂肪,干物质含量较常乳少。造成乳房炎的原因主要是乳牛体表和牛舍环境卫生没达到要求,挤乳的凝乳张力下降,凝乳酶凝固的时间较长,这是乳蛋白异常所致。另外,乳房炎乳中维生素A、维生素C的影响不大,而维生素 B_1、维生素 B_2 含量减少。

②其他疾病的乳。

主要由患口蹄疫、布鲁氏菌病等的乳牛所产的乳,乳的质量变化大致与乳房炎乳相类似。另外,患酮病、肝机能障碍、繁殖障碍等的乳牛易分泌酒精阳性乳。

三、乳中各种成分的状态

乳是多种物质组成的混合物,乳中各物质相互组成分散体系,其中水作为分散剂(分散介质、分散媒),其他物质(乳糖、盐类、蛋白质、脂肪等)则为分散质(分散相),即分散在分散剂中的微粒。乳不是简单的分散体系,而是一种复杂的,具有胶体特性的生物学液体。

乳中的乳糖、水溶性盐类以及水溶性维生素等呈溶解状态,以分子或离子状态存在,形成真溶液。乳白蛋白和乳球蛋白呈大分子态,形成高分子溶液。酪蛋白在乳中与磷酸盐形成酪蛋白酸钙—磷酸钙复合体胶粒,处于一种过渡状态,组成胶体悬浮液。乳脂肪是以脂肪球形式存在的,形成乳浊液。乳是包括真溶液、胶体悬浮液、乳浊液和高分子溶液的,具有胶体特性的多级分散质,而水是分散剂。

任务 3.1 原料乳的组成及性质

一、乳的组成

乳由复杂的化学物质组成,主要成分有水、乳脂肪、蛋白质、乳糖、维生素和矿物质,以及一些其他活性物质(如酶、激素、微量元素、免疫体等)和其他气体等。

正常牛乳各种成分的含量大致是稳定的,但受到乳牛的品种、个体、泌乳期、饲料、季节、气温、挤奶情况以及健康状况等因素的影响而出现差异。其中变化最大的是脂肪,其次是蛋白质,乳糖及灰分的含量比较稳定,因此在收购鲜乳时往往用脂肪作为标准。同时一些乳制品的质量标准也往往突出脂肪含量。但牛乳的营养价值和质量的优劣,主要取决于总乳固体。

常见乳及乳制品的营养成分见表3-1-1。

表3-1-1 常见乳及乳制品营养成分(每100 g的含量)

品名	能量(kJ)	水分(g)	蛋白质(g)	脂肪(g)	碳水化合物(g)	灰分(g)	钙(mg)	磷(mg)	铁(mg)
牛奶	289.8	87.0	3.3	4.0	5.0	0.7	120	93	0.2
羊奶	289.8	86.9	3.8	4.1	4.3	0.9	140	106	0.1

品名	能量 （kJ）	水分 （g）	蛋白质 （g）	脂肪 （g）	碳水化合物 （g）	灰分 （g）	钙 （mg）	磷 （mg）	铁 （mg）
牛奶粉	2192.4	2.0	26.2	30.6	25.5	5.7	1030	883	0.8
奶油	865.2	73.0	2.9	20.0	3.5	0.9	140	106	0.1
代乳糕*	1806	5.0	18.8	13.6	58.1	3.6	661	419	5.6
糕干粉**	1621.2	7.6	5.1	5.6	79.0	0.6	508	540	1.7

*代乳糕这一制品以植物性原料为主,含有蛋黄粉,有促进动物和婴儿生长的效用,经试验其效用不低于人奶和牛奶粉。

**糕干粉是中国北方地区民间传统断奶食品,一种以糖类物质为主要原料的婴幼儿辅助食品。

二、牛乳的化学成分

1. 乳脂肪

乳脂肪是以小球或小液滴状分散在乳浆中,其球径范围为 0.1 ~ 20 μm,平均球径为 3 ~ 4 μm,在乳中的平均含量为 3% ~ 5%,是牛乳的主要成分之一。乳脂肪中 98% ~ 99% 是甘油三酯,还含有约 1% 的磷脂和少量的甾醇、游离脂肪酸以及脂溶性维生素等。牛乳脂肪为短链和中链脂肪酸,熔点低于人的体温,仅为 34.5℃,且脂肪球颗粒小,呈高度乳化状态,所以极易消化吸收。乳脂肪还含有人类必需的脂肪酸和磷脂,也是脂溶性维生素的重要来源,其中维生素 A 和胡萝卜素含量很高,因而乳脂肪是一种营养价值较高的脂肪。乳脂肪提供的热量约占牛乳总热量的一半,所含的卵磷脂能大幅提高大脑的工作效率。

在显微镜下观察乳脂肪球为圆球形或椭圆球形,表面被一层 5 ~ 10 nm 厚的膜所覆盖,称为脂肪球膜。脂肪球膜主要由蛋白质、磷脂、维生素 A、金属及一些酶类构成,同时还有盐类和少量结合水。由于脂肪球含有磷脂与蛋白质形成的脂蛋白配合物,使脂肪球能稳定地存在于乳中。磷脂是极性分子,其疏水基朝向脂肪球的中心,与甘油三酯结合形成膜的内层,磷脂的亲水基向外朝向乳浆,连着具有强大亲水基的蛋白质,构成了膜的外层。脂肪球膜的结构见图 3 - 1 - 1。脂肪球膜具有保持乳浊液稳定的作用,即使脂肪球上浮分层,仍能保持着脂肪球的分散状态。在机械搅拌或化学物质作用下,脂肪球膜遭到破坏后,脂肪球才会互相聚集在一起。因此,可以利用这一原理生产奶油和测定乳的含脂率。

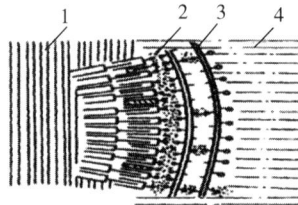

图 3 - 1 - 1 脂肪球膜的结构图
1—脂肪 2—结合水 3—蛋白质 4—乳浆

2. 乳蛋白质

乳蛋白质是乳中最有价值的部分,约占 3.4%,几乎含有全部的必需氨基酸,其消化率远比植物蛋白质高,可高达98% ~100% ,因而乳蛋白为全价蛋白质。乳中的蛋白质可分为酪蛋白和乳清蛋白两大类,还有少量的脂肪球膜蛋白质。

(1)酪蛋白

酪蛋白是在20℃调节脱脂乳的 pH 值降至4.6 时沉淀的一类蛋白质,大约占乳中蛋白质总量的80% ,又称干酪素、酪朊、乳酪素。

①酪蛋白的组成。

酪蛋白是以含磷蛋白质为主体的几种蛋白质的复合体。酪蛋白有 α - 酪蛋白、β - 酪蛋白、κ - 酪蛋白、γ - 酪蛋白。酪蛋白中 α - 酪蛋白含量最高,约占酪蛋白总量的40% ,κ - 酪蛋白约占酪蛋白总量的15% ,α - 酪蛋白含磷特别多,所以也可以称为磷蛋白。

②酪蛋白的特性。

纯酪蛋白呈白色,无味、无臭,不溶于水、醇及有机溶剂,而溶于碱液。乳中酪蛋白是个典型的磷蛋白,属于两性电解质,在溶液中既具有酸性也具有碱性。在蛋白酶的作用下酪蛋白可分解成胨、氨基酸。相对于乳清蛋白,酪蛋白热稳定性比较高。

酪蛋白的钙凝固:钙和磷含量直接影响酪蛋白微粒大小,大颗粒酪蛋白胶粒含钙、磷较多。正常乳中钙、磷存在着平衡关系,故复合体较稳定。当加入 $CaCl_2$ 后,破坏了平衡,加热即凝固。受热温度越高,则需要的 $CaCl_2$ 量愈少,且乳清蛋白也凝固。当温度在95℃时,每升乳加 1 ~ 1.25 g $CaCl_2$,则97% 的乳蛋白可被利用(低分子蛋白质,乳清蛋白均被利用)。该法蛋白质的利用率比酸凝固法高5% ,比皱胃酶高10% 以上。

酪蛋白的酸凝固:牛乳中加酸后 pH 值达5.2 时,磷酸钙先行分离,酪蛋白开始沉淀,继续加酸使 pH 值达到4.6 时,钙又从酪蛋白钙中分离,游离的酪蛋白完全沉淀。在酸凝固时,酸只和酪蛋白酸—钙磷酸钙作用。所以除了酪蛋白外,其对白蛋白、球蛋白都不起作用。在乳中加入盐酸、硫酸、醋酸、乳酸等,调节 pH 值,使加入的酸与酪蛋白酸钙—磷酸钙起作用,用于生产干酪素。但如果加酸不足或酪蛋白胶粒稳定性不好,则产生的干酪素不纯净,往往包含一部分的钙盐。在工业上,一般使用盐酸生产无灰干酪素。

酪蛋白的酶凝固:犊牛第四胃中所含的一种酶能使乳汁凝固,这种酶通常称为皱胃酶。牛乳在皱胃酶或其他凝乳酶的作用下,稳定体系被破坏而凝固成块。由于凝乳酶使酪蛋白凝胶胶粒表面κ - 酪蛋白层溶解,胶粒内部的 α - 酪蛋白和 β - 酪蛋白失去胶体保护作用,变为副酪蛋白,在钙的作用下形成不凝性凝块。工业上生产干酪素就是此种酪蛋白,含有较高的灰分。

(2)乳清蛋白

乳清是干酪生产中的一种天然副产品,由于酪蛋白不易被人体吸收利用,酪蛋白从牛乳中被分离出来,剩余的部分被称为乳清,乳清蛋白就存在于乳清之中。乳清蛋白质的营养价值比酪蛋白、大豆浓缩蛋白、鸡蛋蛋白等蛋白质更优越。乳清中主要的蛋白质成分有 α - 乳清蛋白、β - 乳球蛋白、α - 乳白蛋白、蛋白酶胨、血清白蛋白和免疫球蛋白,各具独特的生物活性。

①热不稳定的乳清蛋白。

调节乳清 pH 值至 4.6 时,煮沸 20 min,发生沉淀的一类蛋白质为热不稳定的乳清蛋白,约占乳清蛋白的 81%,包括乳白蛋白和乳球蛋白两类。

②对热稳定的乳清蛋白。

乳清液在 pH 值为 4.6~4.7 时,煮沸 20 min,不沉淀的蛋白质属于对热稳定的乳清蛋白,主要为蛋白胨,约占乳清蛋白的 19%。

乳清蛋白与酪蛋白不同,其粒子分散度高,水合力强,在乳中呈典型的高分子溶液状态,甚至在等电点时仍能保持其分散状态。

(3)脂肪球膜蛋白

脂肪球膜蛋白是吸附于脂肪球表面的蛋白质与酶的混合物,可以用洗涤的方法将其分离出。在细菌性酶的作用下,脂肪球膜蛋白可被分解,这是奶油在贮藏时风味变劣的原因之一。

3. 乳糖

乳糖是仅存在于哺乳动物乳汁中一种特有的糖类,也因此得名乳糖。乳糖是一种双糖,是由一分子葡萄糖和一分子半乳糖组成的,在牛奶中的平均含量为 4.6%~4.7%。乳糖是婴儿或者动物幼仔在哺乳期营养的主要来源,对于婴儿或者是这些动物幼仔的成长,起到了重要的作用。

一般动物在出生后消化道内分解乳糖的酶最多,其后趋于减少。乳糖在人体中不能直接吸收,需要在乳糖酶的作用下分解才能被吸收。一部分人随着年龄的增长,其体内消化道中呈现缺乏乳糖酶的现象。缺少乳糖分解酶的人群在摄入乳糖后,未被消化的乳糖直接进入大肠,刺激大肠蠕动加快,造成腹鸣、腹泻等症状称乳糖不耐受症。造成该症状的主要原因是乳糖在肠道不被分解直接进入大肠后,使大肠渗透升高,导致水进入肠道管腔,使得大肠中细菌繁殖,产生乳酸和二氧化碳,导致 pH 值下降,当 pH 值 < 6.5 时,刺激大肠引起腹痛等症状。

在乳品加工中,利用乳糖酶将乳中乳糖进行分解,或利用乳酸菌将乳糖转化为乳酸,可预防乳糖不耐症。

4. 乳中无机物

牛乳中的无机物含量为 0.35%~1.21%,平均为 0.7% 左右,含量随饲料、个体健康状态等条件而异。牛乳中的无机物大部分与有机酸或无机酸结合成盐类,其中钠、钾、氯大部分电离成离子,呈溶解状态存在。钙、镁小部分呈离子状态,大部分与酪蛋白、磷酸、柠檬酸结合成胶体状态。磷是酪蛋白、磷脂及有机磷酸酯的成分。

牛乳中无机盐含量虽然很少,但对乳品加工特别是对乳的热稳定性起着重要的作用,牛乳中的盐类平衡,特别是钙离子、镁离子等阳离子与磷酸根离子、柠檬酸根离子等阴离子之间的平衡,对牛乳的稳定性具有非常重要的意义。当受季节、饲料、生理或病理等因素的影响,牛乳发生不正常凝固时,往往是由于钙离子、镁离子过剩,盐类的平衡被打破的缘故。

牛乳中钙的含量较人乳多3~4倍,因此牛乳在婴儿胃内所形成的蛋白凝块相对于人乳而言比较坚硬,不易消化。牛乳中铁的含量为10~90 μg/mL,较人乳中少,故人工喂养幼儿时应补充铁。

5. 乳中维生素

牛乳中含有几乎所有已知的维生素,特别是维生素B_2的含量很丰富,但维生素D含量不高,若作为婴儿食品则应进行强化。

乳中维生素主要从乳牛的饲料中转移而来。因此,为了生产含维生素丰富的牛乳,必须喂维生素丰富的饲料。乳及乳制品中的维生素往往受到乳牛的饲养管理、杀菌及其他加工处理的影响。维生素D、维生素B_2、烟酸对热是稳定的,在热处理中不会受到损失,其他的维生素都有不同程度的损失。在生产发酵乳时由于微生物能合成维生素,一些维生素含量增高。例如在酸凝乳、牛乳酒等生产过程中,维生素A、维生素B_1、维生素B_2增加。

维生素B_1及维生素C在日光照射下会受到破坏,所以用褐色避光容器包装乳与乳制品,并避免在日光直射的条件下贮存,以减少维生素的损失。

6. 乳中的酶类

乳中存在着各种酶,这些酶在牛乳的加工处理,或乳制品的保存,以及对评定乳的品质方面都有重大影响。乳中的酶有两个来源:一是来自乳腺;二是来源于微生物的代谢产物。乳中的酶类主要为水解酶类和氧化还原酶类。

(1)水解酶类

①脂酶。

脂酶可催化甘油三酯的水解,产物为甘油及脂肪酸。牛乳中的脂酶有两种,一种是吸附于脂肪球膜间的膜脂酶,在末乳、乳房炎乳等异常乳中常出现。另一种是存在于脱脂乳中的大部分与酪蛋白结合的乳浆脂酶,通过均质、搅拌、加温等处理,乳浆脂酶被激活并为脂肪球所吸附,会促进脂肪分解。对常乳来说,影响较大的通常是乳浆脂酶,它除了来自乳腺外,微生物污染也是重要来源。

乳脂肪在脂酶的作用下分解产生游离脂肪酸,从而带来脂肪分解的酸败气味,因此在乳品加工中尽量使其灭活。该酶的稳定性为:71℃,18 s残留活性为15%,88℃,48 s,残留活性为2%。另外,加工过程也能使脂酶增加作用机会,故均质后应及时进行杀菌处理,要避免使用末乳、乳房炎乳等异常乳,并尽量减少微生物污染。

②磷酸酶。

磷酸酶能水解磷酸酯键,释放磷酸基团,是牛乳中原有的酶。牛乳中的磷酸酶主要是碱性磷酸酶,也有少量的酸性磷酸酶。碱性磷酸酶在62.8℃,30 min或72℃,15 s加热后钝化,可作为巴氏杀菌的指示酶。酸性磷酸酶比较耐热,巴氏杀菌一般不能将其灭活。

③蛋白酶。

牛乳中含有非细菌性的蛋白酶,其作用类似于胰蛋白酶,存在于脱脂乳部分。在等电点时与酪蛋白酶在贮藏中复活,对 β – 酪蛋白有特异作用。蛋白酶具有很强的耐热性,加热至 80℃,10 min 时被钝化。最适 pH 值为 8.0,能使蛋白质凝固。

(2)氧化还原酶类

①过氧化氢酶。

牛乳中加入 H_2O_2,则游离出分子态氧,这是过氧化氢酶作用的结果。乳中的过氧化氢酶主要来自白细胞的细胞成分,特别在初乳和乳房炎乳中含量较多。牛乳中该酶的活性与乳中体细胞数目有关,体细胞数目越多,其活性越强。所以,利用对过氧化氢酶的测定可判断牛乳是否为乳房炎乳和其他异常乳,此为过氧化氢酶试验。

②过氧化物酶。

过氧化物酶能促使过氧化氢分解产生活泼的新生态氧而使多元酚、芳香胺及某些无机化合物氧化。

乳中的过氧化物酶主要来自白细胞的细胞成分,其数量与细菌无关。过氧化物酶最适 pH 值为 6.8,最适温度为 25℃。该酶在 H_2O_2 和硫氰酸盐存在下,对革兰氏阳性菌和阴性菌均具有抑制作用。因此,向牛乳中加入足量的硫氰酸盐和产生的 H_2O_2 物质,可显著减少乳中细菌总数,使乳处于一段时间的抑菌状态。

③还原酶。

还原酶是微生物进入乳与乳制品中后,在乳中生存繁殖而分泌的一种具有还原作用的酶。还原酶不是固有的乳酶,可使甲基蓝还原为无色,它是微生物的代谢产物。随着乳中细菌数的增加,还原酶也增加,根据这种原理可判定牛乳的新鲜程度,称为还原酶试验。

7. 乳中其他物质

(1)有机酸

乳中的有机酸主要是柠檬酸,平均占 0.18%,此外还有微量的乳酸、丙酮酸及马尿酸等。柠檬酸对牛乳的盐类平衡、稳定性、奶油的芳香风味的形成、干酪的质量等方面都具有重要的作用。

(2)细胞成分

乳中所含细胞成分是白细胞、一些红细胞和上皮细胞。牛乳中的细胞数是乳房健康状况的一种标志,也是牛乳卫生品质的指标之一。1 mL 正常乳中细胞数一般不超过 20 万个,乳房炎时白细胞和上皮细胞大大增加。

(3)气体

生乳中存在的气体主要为 CO_2,其次是氮,氧最少。细菌繁殖后则其他气体如氢气、CH_4 等也都在乳中产生。牛乳处理时与空气接触后因空气中的氧气及氮气融入牛乳中,使氮、氧的含量增加而 CO_2 的量减少。

三、乳的物理性质

乳的物理特性包括乳的色泽、气味、比重、黏度、冰点、沸点、比热、表面张力、折射率、导电性等许多内容。这些性质不仅在辨别乳的质量方面是一些必要的因素,同时在弄清牛乳加工中所产生的变化和检查牛乳及乳制品的质量及掺杂方面(如加水、脱脂、掺混其他物质)也是一些必要的依据。现将常用的几项物理特性介绍如下。

1. 牛乳的色泽

新鲜的牛乳是一种白色呈稍带黄色的不透明液体,颜色决定于乳的成分,例如白色是由脂肪球、酪蛋白酸钙、磷酸钙等对光的反射和折射所产生,白色以外的颜色是由核黄素(乳清中)、叶黄素和胡萝卜素(乳脂肪中)所组成。酪蛋白酸钙在一般 pH 值下为白色,酪蛋白酸钾或钠为透明色。

胡萝卜素主要来源于青料中,它溶于脂肪而不溶于水,是牛乳带有微黄色的原因。乳分离出稀奶油或由稀奶油制成奶油时,胡萝卜素即随脂肪进入稀奶油或奶油中,这也是稀奶油带黄色的原因。冬季饲料中的胡萝卜素含量低,所以奶油的颜色也就较浅。牛乳中胡萝卜素含量的多少与牛的品种也有很大的关系。核黄素即维生素 B_2,是一种水溶性的色素,呈黄绿色。

2. 乳的滋味与气味

(1)气味

新鲜牛乳具有乳香味,这种香味随温度的升高而加强,乳经加热后香味强烈,冷却后减弱。牛乳气味的主要构成成分是乳中含有的挥发性脂肪酸及其他挥发性物质。乳中羰基化合物,如乙醛、丙酮、甲醛等均与牛乳风味有关。

牛乳除固有的香味之外,还很容易吸收外界的各种气味。所以,挤出的牛乳,如在牛舍中放置时间太久,会带有牛粪味或饲料味;储存器不良时则产生金属味;消毒温度过高则产生焦糖味。所以,每一个处理过程都必须保持周围环境的清洁,以避免各因素的影响。

(2)滋味

纯净新鲜乳滋味稍甜,这是由于乳中含有乳糖的缘故。乳中因含有氯离子而稍带咸味,常乳中的咸味因受乳糖、脂肪、蛋白质等所调和而不易觉察,但异常乳如乳房炎乳中氯的含量较高,故有浓厚的咸味。乳中的苦味来自 Mg^{2+}、Ca^{2+}。酸味则是由柠檬酸及磷酸所产生。

3. 酸度

(1)酸度的来源

①固有酸度(自然酸度)。

刚挤出的新鲜乳的酸度为 0.15% ~0.18%(乳酸度)或 16 ~18°T(吉尔涅尔度),这种酸度与贮存过程中因微生物繁殖所产生的乳酸无关,因此这种酸度被称为自然酸度或固有酸度。这种酸度主要由乳中的蛋白质、柠檬酸盐、磷酸盐及二氧化碳等酸性物质构成,其中来源于 CO_2 占 0.01% ~0.02%(2 ~3°T),乳蛋白占 0.05% ~0.08%(3 ~4°T),柠檬酸盐占

0.01%,磷酸盐占 0.06% ~ 0.08% (10 ~ 12°T)。

②发酵酸度。

乳在微生物的作用下乳糖发酵产生乳酸,导致乳的酸度逐渐升高,由于发酵产酸而升高的这部分酸度称为发酵酸度。

固有酸度和发酵酸度之和称为总酸度。一般条件下,乳品工业所测定的酸度就是总酸度。

(2)酸度的测定方法

乳品工业中酸度是指以标准碱液用滴定法测定的滴定酸度。

滴定酸度有多种测定方法和表示形式。我国滴定酸度用吉尔涅尔度(°T)或乳酸度(乳酸%)来表示。

①吉尔涅尔度(°T)。

吉尔涅尔度(°T)是指以酚酞为指示剂,中和 100 mL 牛乳所需消耗 0.1 mol/L 氢氧化钠的毫升数。测定时取 10 mL 牛乳,用 20 mL 蒸馏水稀释,加入 0.5% 的酚酞指示剂0.5 mL,以 0.1 mol/L 氢氧化钠溶液滴定,将所消耗的 NaOH 毫升数乘以 10,即为乳样的酸度数(°T)。

②乳酸度(乳酸%)。

用乳酸量表示酸度时,按上述方法测定后用下列公式计算:

$$乳酸(\%) = \frac{B \times F \times 0.009}{乳样毫升数 \times 乳的相对密度} \times 100\%$$

式中:B——中和乳样的酸所消耗的 0.1 mol/L 氢氧化钠溶液的体积,mL;

F——0.1 mol/L 氢氧化钠的校正系数;

0.009——乳酸换算系数,即 1 mL 0.1 mol/L 氢氧化钠能结合 0.009 g 乳酸。

③pH 值。

酸度可用氢离子浓度的负对数(pH 值)表示,正常新鲜牛乳的 pH 值为 6.5 ~ 6.7,一般酸败乳或初乳的 pH 值在 6.4 以下,乳房炎乳或低酸度乳 pH 值在 6.8 以上。

滴定酸度可以及时反映出乳酸产生的程度,而 pH 值反映的为乳的表观酸度,两者不呈现规律性的关系,因此生产中广泛地采用测定滴定酸度来间接掌握乳的新鲜度。

(3)酸度的意义

①乳的酸度与乳的热稳定性有关,乳酸度越高,乳对热的稳定性就越低。

②乳的酸度与乳的新鲜度有关,常根据乳的酸度判断牛乳的新鲜度。

4. 比重和密度

(1)牛乳的比重

比重是指某物质的质量与同温度同容积水的质量之比。乳的比重是指乳在 15℃ 时的质量与同温度下同体积水的质量之比。正常牛乳的比重为 1.028 ~ 1.032。

(2)牛乳的密度

①密度。

密度是指一定温度下单位容积的质量。乳的密度是指乳在 20℃ 时的质量与 4℃ 同体积水的质量之比。在同温度下乳的密度较比重小 0.0019,乳品生产中常以 0.002 的差数进行换算。

②影响乳密度的因素。

乳的比重和密度受多种因素的影响,如乳的温度、脂肪含量、无脂干物质含量、乳挤出的时间及是否掺假等。

温度:乳的比重/密度受乳温度的影响较大,温度升高则测定值下降,温度下降则测定值升高。在 10~30℃ 范围内,乳的温度每升高或降低 1℃,实测值减少或增加 0.002。因此,在乳比重/密度的测定中,必须同时测定乳的温度,并进行必要的校正。

乳脂肪及非脂干物质含量:乳脂肪的比重较低,约为 0.9250,所以乳脂肪越高则乳的比重/密度越低;与此相反,非脂干物质的比重较大,约为 1.6150,故非脂干物质含量越高则乳的比重/密度就越大。

乳挤出时间:乳的相对密度在挤乳后 1 h 内最低,其后逐渐上升,最后可升高 0.001 左右。乳密度随挤出时间延长而升高,这是由于气体的逸散、蛋白质的水合作用及脂肪的凝固使容积发生变化的结果,故不宜在挤乳后立即测试比重。

是否掺假:在乳中掺固形物,由于比重较大,往往使乳的比重提高,这也是一些掺假者的主要目的之一。在乳中掺水则乳的比重下降,通常每掺入 10% 的水,乳的比重/密度下降 3°(即 0.003)。因此,在乳的验收过程中通过测定乳的比重/密度可以判断原料乳是否掺水。

5. 热力学性质

(1)乳的冰点

牛乳的冰点一般为 -0.565~-0.525℃,平均为 -0.540℃。导致冰点下降的主要因素是牛乳中的乳糖和可溶性盐类。正常的牛乳其乳糖及盐类的含量变化很小,所以冰点很稳定。酸败牛乳的冰点会降低,所以测定冰点时要求牛乳的酸度必须在 20°T 以内。因此,通常可根据牛乳的冰点来检验乳的质量,并可以根据牛乳冰点的变动来推算牛乳中的掺水量。

(2)乳的沸点

牛乳的沸点在 101.33 kPa(1 个大气压)下为 100.17℃,其变化范围为 100~101℃。乳的沸点受其固形物含量的影响,总固形物含量高,沸点也会稍上升。

(3)乳的比热

牛乳的比热为其所含各成分之比热的总和。牛乳中主要成分的比热为(kJ/kg·K):乳蛋白 2.09,乳脂肪 2.09,乳糖 1.25,盐类 2.93,由此得到乳成分含量百分比计算的牛乳比热约为 3.89(kJ/kg·K)。

6. 黏度与表面张力

(1)黏度

牛乳大致可认为属于牛顿流体。正常乳的黏度为 0.0015~0.002 Pa·s,牛乳的黏度随温度升高而降低。在乳的成分中,脂肪及蛋白质对黏度的影响最显著,随着含脂率、乳固体的含量增高,黏度也增高。初乳、末乳、病牛乳的黏度都比正常乳高。在加工中,黏度受脱脂、杀菌、均质等操作的影响。

（2）表面张力

液体的表面张力就是使表面分子维持聚集的力量。牛乳的表面张力与牛乳的起泡性、乳浊状态、微生物的生长发育、热处理、均质作用及风味等有密切关系。测定表面张力的目的是鉴别乳中是否混有其他添加物。牛乳表面张力在20℃时为 0.046 ~ 0.0475 N/m。牛乳的表面张力随温度上升而降低,随含脂率下降而增大。乳经均质处理,脂肪球表面积增大,由于表面活性物质吸附于脂肪球界面处,从而增加了表面张力。但如果不先将脂酶加热处理使其钝化,均质处理会使脂肪酶活性增加,使乳脂水解生成游离脂肪酸,使表面张力降低。表面张力与乳的起泡性有关,加工冰激凌或搅打发泡稀奶油时希望有浓厚而稳定的泡沫形成,但运送乳、净化乳、稀奶油分离、杀菌时则不希望形成泡沫。

7. 乳的电学性质

（1）导电率

乳中因含有电解质而具有导电性。牛乳的导电率与其成分,特别是氯离子和乳糖的含量有关。正常牛乳在25℃时,导电率为 0.004 ~ 0.005 S/cm。乳房炎乳中 Na^+、Cl^- 等离子增多,导电率上升。一般导电率超过 0.006 S/cm 即可认为是患病牛乳,故可应用导电率的测定进行乳房炎乳的快速鉴定。

脱脂乳中由于妨碍离子运动的脂肪已被除去,因此导电率比全乳增加。将牛乳煮沸时,由于 CO_2 消失,且磷酸钙沉淀,导电率降低。乳在蒸发过程中,干物质含量在36% ~ 40% 以内时导电率增高,此后又逐渐降低。因此,在生产中可以利用导电率来检查乳的蒸发程度及调节真空蒸发器的运行。

（2）氧化还原电位

乳中含有很多具有氧化还原作用的物质,如维生素 B_2,维生素 C,维生素 E,酶类、溶解态氧、微生物代谢产物等,乳中进行氧化还原反应的方向和强度取决于这类物质的含量。氧化还原电位可反映乳中进行的氧化还原反应的趋势,一般牛乳的氧化还原电位（Eh）为 0.23 ~ 0.25 伏特（V）。乳经过加热产生还原性的产物而使 Eh 降低,Cu^{2+} 存在可使 Eh 增高。牛乳如果受到微生物污染,随着氧的消耗和还原性代谢产物的产生,可使其氧化还原电位降低;当与甲基蓝,刃天青等氧化还原指示剂共存时可使其褪色,此原理可应用于微生物污染程度的检验。

8. 折射率

由于有溶质的存在,牛乳的折射率比水的折射率大,但在全乳中因有脂肪球的不规则反射影响,不易正确测定。由脱脂乳测得的较准确,折射率为 $n_d^{20} = 1.334 ~ 1.348$,此值与乳固体的含量有比例关系,由此可判定牛乳是否掺水。

任务 3.2 原料乳的验收和预处理

原料乳送到工厂后,必须根据规定指标,及时进行质量检验,按质论价分别处理。

一、原料乳的质量标准

根据我国《食品安全国家标准》(GB 19301—2010)中对生乳感官指标、理化指标、微生物指标的明确规定。

1. 感官指标

正常牛乳呈乳白色或微黄色,具有乳固有的香味,无异味,组织状态呈均匀一致液体,无凝块、无沉淀、无正常视力可见异物。

2. 理化指标

理化指标见表 3 - 2 - 1。

表 3 - 2 - 1 生乳的理化指标

项目	指标	检测标准
冰点[a,b]/(℃)	- 0.500 ~ - 0.560	GB 5413.38
相对密度/(20℃/4℃)	≥1.027	GB 5009.2
蛋白质/(g/100g)	≥2.8	GB 5009.5
脂肪/(g/100g)	≥3.1	GB 5413.3
杂质度/(mg/kg)	≤4.0	GB 5413.30
非脂乳固体/(g/100g)	≥8.1	GB 5413.39
酸度/(°T)		
牛乳[b]	12 ~ 18	GB 5009.239
羊乳	6 ~ 13	

a 表示挤出 3 h 后检测,b 表示仅适用于荷斯坦奶牛。

3. 微生物指标

菌落总数≤2 × 10^6 CFU/g(mL)。

此外,许多乳品收购单位还规定有下述情况之一者不得收购:

①产犊前 15 天内的末乳和产犊后 7 天内的初乳。

②牛乳颜色有变化呈红色、绿色或显著黄色者。

③牛乳中有肉眼可见杂质者。

④牛乳中有凝块或絮状沉淀者。

⑤牛乳中有畜舍味、苦味、霉味、臭味、涩味、蒸煮味及其他异味者。

⑥用抗生素或其他对牛乳有影响的药物治疗期间,母牛所产的乳和停药后 3 天以内的乳。

⑦添加有防腐剂、抗生素和其他任何有碍食品卫生的乳;⑧酸度超过 20°T 的乳。

二、原料乳的验收

1.原料乳的收集与运输

牛乳是从奶牛场或奶站用奶桶或奶槽车送到乳品厂进行加工的。奶桶一般采用不锈钢或铝合金制造,容量为 40~50 L。要求桶身有足够的强度,耐酸碱,内壁光滑,便于清洗;桶盖与桶身结合紧密,保证运输途中无泄露。奶槽由不锈钢制成,其容量为 5~10 t,内外壁之间有保温材料,以避免运输途中乳温上升;奶泵室内有离心泵、流量计、输乳管等。在收乳时,奶槽车可开到贮乳间,将输乳管与牛乳冷却罐的出口阀相连,流量计和奶泵自动记录收乳的数量。

2.原料乳的检验

(1)鲜乳的取样

采集乳样是监测工作中非常重要的第一步,采取的乳样必须能代表整批乳的特点;否则,无论以后的样品处理及检测怎样严格、精确,也将毫无价值。采样前必须用搅拌器在乳中充分搅拌,使乳的组成均匀一致。因乳脂肪的比重较小,当乳静止时乳的上层比下层脂肪多。如果乳表面上形成了一层紧密的乳油时,应先将附着于容器上的脂肪刮入乳汁中,然后再搅拌。取样数量决定于检查的内容,一般只测定酸度和脂肪度时取 50 mL 即可,如做全乳分析应取乳 200~300 mL。采样时应采取两份平行乳样,并记录奶槽车押运员、罐号、时间,同时检查奶槽车的卫生。

(2)感官检验

鲜乳的感官检验主要进行嗅觉、味觉、外观、尘埃等鉴定。正常乳应为乳白色或略带黄色,具有特殊的乳香味,稍有甜味,不得有苦味、霉味、臭味、涩味、碱味、酸味、牛粪味、腥味和煮熟乳气味等其他任何异味,组织状态均匀一致的流体,无凝块和沉淀,不发滑。

(3)理化检验

①相对密度的测定。

牛乳的相对密度系指乳在 20℃时的质量与同容积水在 4℃时的质量比,我国很多乳品厂采用密度标准(即 20℃/4℃),常用牛乳密度计(乳稠计)来测定乳的相对密度。乳稠计有 15℃/15℃乳稠计和 20℃/4℃乳稠计两种规格。

②酒精试验。

新鲜牛乳对酒精表现出相对稳定;而不新鲜的牛乳,其中蛋白质胶粒呈不稳定状态,当受到酒精的脱水作用时,则加速其聚沉。此法可检验出鲜乳的酸度,以及盐类平衡不良乳、初乳、末乳及因细菌作用而产生凝乳酶的乳和乳房炎乳等。具体做法为:于试管内用等量中性酒精与牛乳混合(一般为 1~2 mL),振摇后观察是否有絮片出现,出现絮片的为酒精阳性乳,表示其酸度较高。不同浓度的酒精可检测出对应的牛乳酸度,见表 3-2-2。

表 3 - 2 - 2　酒精浓度和牛乳酸度对应表

酒精浓度(°)	不出现絮片的酸度(°T)
68	≤20
70	≤19
72	≤18
75	≤16

③滴定酸度。

正常牛乳的酸度随乳牛的品种、饲料、挤乳和泌乳期的不同而略有差异,但一般在16～18°T。如果牛乳挤出后放置时间过长,由于微生物的作用,会使乳的酸度升高;如果乳牛患乳房炎,可使牛乳酸度降低。因此,测定乳的酸度可判定乳的新鲜程度。

④煮沸试验。

牛乳的酸度越高,其稳定性越差。在加热的条件下高酸度易产生乳蛋白质的凝固。因此,用煮沸试验来验证原料乳中蛋白质的稳定性,判断其酸度高低,测定原料乳在超高温杀菌中的稳定性。

⑤乳成分的测定。

近年来随着分析仪器的发展,乳品检测方法出现了很多高效率的检验仪器,如采用光学法来测定乳脂肪、乳蛋白、乳糖及总干物质,并已开发使用各种微波仪器。

(4)微生物检验

我国原料乳的生产现场的检验以感官检验为主,辅以部分理化检验,一般不做微生物检验。一般在加工以前,或原料乳量大而对其质量有疑问者,可定量采样后,在实验室中进一步检验其理化指标及细菌总数和体细胞数,以确定原料乳的质量和等级,如果是加工发酵制品的原料乳必须做抗生素检查。

①细菌检查。

细菌检查方法很多,有美蓝还原实验、稀释倾注平板法、直接镜检法等方法。

美蓝还原实验:美蓝还原实验是用来判断原料乳新鲜程度的一种色素还原实验。新鲜乳加入美蓝后染为蓝色,如乳中污染有大量微生物,则产生还原酶使颜色逐渐变淡,直至无色。通过测定颜色变化速度,可以间接地推断出鲜奶中的细菌数。

稀释倾注平板法:平板培养计数是取样稀释后,接种于琼脂培养基上,培养24 h后计数测定样品的细菌总数。该法测定样品中的活菌数,需要时间较长。

直接镜检法(费里德法):利用显微镜直接观察确定鲜乳中微生物数量的一种方法。取定量的乳样,在载玻片上涂抹一定的面积,经过干燥、染色,镜检观察细菌数,根据显微镜视野面积,推断出鲜乳中的细菌总数,而非活菌数。直接镜检比平板培养法更能迅速判断结果,通过观察细菌的形态,还能推断细菌数增多的原因。

②细胞数检验。

正常乳中的体细胞,多数来源于上皮组织的单核细胞,如有明显的多核细胞出现,可判断为异常乳。常用的方法有直接镜检法(同细菌检验)或加利福尼亚细胞数测定法(GMT法)。

③抗生素残留量检验。

牧场用抗生素治疗乳牛的各种疾病,特别是乳房炎,有时用抗生素直接注射乳房部位进行治疗。经抗生素治疗过的乳牛,在一定时期内其乳中仍存在抗生素,对抗生素有过敏体质的人饮用该乳后,会发生过敏反应,也会使某些菌株对抗生素产生耐药性。我国规定乳牛最后一次使用抗生素后 5 天内的乳不得收购。

三、原料乳的净化、冷却与运输

1. 净化

原料乳净化的目的是机械除去杂质并减少微生物的数量,可采用过滤和离心的办法进行乳的净化。

(1)过滤

在奶牛场挤乳时,牛乳容易被大量粪屑、饲料、垫草、牛毛和蚊蝇所污染,因此挤下的牛乳必须及时进行过滤。简单的过滤可采用在收乳槽上装金属网加多层纱布进行粗滤,进而使用管道过滤器。中型乳品厂采用双筒牛乳过滤器。为加快过滤速度,含脂率大于 4% 时,须把牛乳温度提高到 40℃,但不能超过 70℃;含脂率小于 4% 时,采取 4~15℃ 的低温过滤,但要降低流速,不易加压过大。在正常操作情况下,过滤器进口与出口之间压力差应保持在 6.86×10^4 Pa(0.7 kg/cm^2)以内。

(2)净化

原料乳经过数次过滤后,虽然除去了大部分杂质,但乳中污染的很多极微小的细菌细胞和机械杂质、白细胞及红细胞等,不能用一般的过滤方法除去,需用离心式净乳机进一步净化。大型乳品厂也采用三用分离机(奶油分离、净乳、标准化)来净乳。三用机应设在粗滤之后,冷却之前。

2. 冷却

刚挤下的乳的温度约为 36℃,是微生物繁殖最适宜的温度,如不及时冷却,混入乳中的微生物就迅速繁殖,使乳的酸度增高,凝固变质,风味变差。故新挤出的乳,经净化后须迅速冷却到 4℃ 左右以抑制乳中微生物的繁殖。

冷却方法有水池冷却、浸没式冷却器冷却和板式热交换器冷却。目前许多乳品厂及奶站都用板式热交换器对乳进行冷却。用冷盐水作冷溶剂时,可使乳温迅速降到 4℃ 左右。

3. 运输

目前我国乳源分散的地方,多采用乳桶运输;乳源集中的地方,采用乳槽车运输。国外先进地区则采用地下管道运输。

无论采用哪种运输方式,都应注意以下几点:

①防止乳在途中升温,特别是在夏季,乳温在运输途中往往很快升高。因此,最好在夜间或早晨运输。

②运输时所采用的容器须保持清洁卫生,并加以严格杀菌。乳桶盖内应有橡皮衬垫,绝不能用碎布、油纸或碎纸等代替。

③夏季必须装满盖严,以防震荡;冬季不得装得太满,避免因冻结而使容器破裂。

④长距离运送乳时,最好采用乳槽车。利用乳槽车运乳的优点是单位体积表面小,乳的升温慢,特别是在乳槽车外加绝缘层后可以基本保持在运输中原料乳不升温。

四、原料乳的预处理

1. 原料乳的标准化

为了使产品符合规格要求,乳制品中脂肪、非脂乳固体含量要保持一定的比例,符合生产产品要求。但是,原料乳中的脂肪、非脂乳固体含量随乳牛的品种、地区、季节和饲养管理等因素不同有很大的差异,因此必须对原料乳进行标准化,调整原料乳脂肪和非脂乳固体的关系,使其比例符合制品的要求。我们引进瑞典利乐公司的现代化生产设备,稀奶油的标准化原料乳经分离机分离成稀奶油和脱脂乳之后,再按生产需要将稀奶油按比例与脱脂乳混合,制成要求脂肪和非脂乳固体含量的标准化乳。如果原料乳中脂肪含量不足时,应该加稀乳油或脱去部分脱脂乳;当原料乳中脂肪含量过高时,应添加脱脂乳或脱去部分稀奶油,标准化工作是在贮乳罐的原料乳中进行或者在标准化机中连续进行的。

（1）标准化的原理

乳制品中脂肪与无脂干物质间的比值取决于标准化后乳中脂肪与无脂干物质之间的比值,而标准化后乳中的脂肪与无脂干物质之间的比值取决于原料乳中脂肪与无脂干物质之间的比例。

若原料乳中脂肪与无脂干物质之间的比值不符合要求,则需对其进行调整,使其比值符合要求。

若设:

F 为原料乳中的含脂率,% ;SNF 为原料乳中无脂干物质含量,% ;F_1 为标准化后乳中的含脂率,% ;SNF_1 为标准化后乳中无脂干物质含量,% ;F_2 为乳制品中的含脂率,% ;SNF_2 为乳制品中无脂干物质含量,% 。

则:$F/SNF = F_1/SNF_1 = F_2/SNF_2$

（2）标准化的步骤

①正确称量原料乳的质量。

②正确测定原料乳脂肪、蛋白质、乳糖、灰分、柠檬酸的含量。

③计算原料乳应有的含脂率。

④确定标准化量。

在生产上通常用比较简便的皮尔逊法进行计算,其原理是:设原料中的含脂率为 F,脱脂乳或稀奶油的含脂率为 q，按比例混合后乳（标准化乳）的含脂率为 F_1，原料乳的数量为 X，脱脂乳或稀奶油量为 Y 时，对脂肪进行物料衡算，则形成下列关系式：

原料乳和稀奶油（或脱脂乳）的脂肪总量等于混合乳的脂肪总量。

（3）标准化的方法

①预标准化。

预标准化是在巴氏杀菌前把全脂乳分离成稀奶油和脱脂乳。如果标准化乳脂率高于原料乳，则需将稀奶油按计算比例与原料乳混合以达到要求的含脂率；如果标准化乳脂率低于原料乳，则需将脱脂乳按计算比例与原料乳在罐中混合达到稀释的目的。

②后标准化。

后标准化是在巴氏杀菌之后进行，方法同上，它与预标准化不同的是二次污染的可能性较大。

③直接标准化。

将牛奶加热至 $55\sim65℃$，然后按预先设定好的脂肪含量，分离出脱脂乳和稀奶油，并且根据最终产品的脂肪含量，由设备自动控制回流到脱脂乳中稀奶油的流量，多余的稀奶油会流向稀奶油巴氏杀菌机。其主要特点是：快速、稳定、精确，与分离机联合运作，单位时间内处理量最大。为达到工艺中要求的精确度，必须控制进乳含脂率的波动、流量的波动和预热温度的波动。

2. 原料乳的脱气

牛乳刚刚挤出后含 $5.5\%\sim7.0\%$ 的气体，经过贮存、运输和收购后，一般气体含量在 10% 以上。这些气体对牛乳加工后的破坏作用主要有：

①影响牛乳计量的准确度。

②使巴氏杀菌机中结垢增加。

③影响分离和分离效率。

④影响牛乳标准化的准确度。

⑤ 影响奶油的产量。

⑥促使脂肪球聚合。

因此，在牛乳处理的不同阶段进行脱气十分必要。首先，在奶槽车上安装脱气设备，以避免泵送牛奶时影响流量计的准确度。其次，在乳品厂收奶间流量计之前安装脱气设备。但上述两种方法对乳中细小分散气泡不起作用，在进一步处理牛乳的过程中，应使用真空脱气罐，以除去细小的分散气泡和溶解氧。

3. 牛乳的均质

乳脂肪球的直径为 $0.1\sim20~\mu m$，一般为 $2\sim5~\mu m$。由于脂肪球容易出现聚集和脂肪上浮等现象，严重影响乳制品的质量，因此，一般乳品加工中多采用均质处理。均质机是对黏度低于 $0.2~Pa\cdot s$，温度低于 $80℃$ 的液体物料（液—液相或液—固相）均质或乳化的一种设备。主要应用于食品或化工行业，如乳品、饮料、化妆品、药品等产品的生产过程中的均质、乳化工序。

乳制品加工中使用均质机把牛奶中的脂肪破碎地更加细小,从而使整个产品体系更加稳定,牛奶会看起来更加洁白。均质主要通过均质机来进行的,是食品、乳品、饮料行业的重要加工设备。

间歇式高剪切分散乳化均质机是通过转子高速平稳的旋转,形成高频、强烈的圆周切线速度、角向速度等综合动能效能;在定子的作用下,定、转子在狭窄的间隙中形成强烈、往复的剪切力、摩擦、离心挤压、液流碰撞等综合效应,物料在容器中循环往复以上工作过程,最终对样品进行处理。

均质前需要进行预热,使温度达到 $60 \sim 65℃$,均质方法一般采用二段式,即第一段均质使用较高的压力($16.7 \sim 20.6$ MPa),目的是破碎脂肪球;第二段均质使用低压($3.4 \sim 4.9$ MPa),目的是分散已破碎的小脂肪球,防止粘连。

4. 杀菌

(1)杀菌的定义

杀菌就是杀死所有微生物的生命体的过程,通常意义下的微生物主要是指细菌、霉菌、酵母菌和病毒。高温、高压、强电流、紫外线(UV)、离子辐射等会杀死这些微生物,防腐剂、抗感染试剂等化学试剂也能杀死微生物,目前常用的灭菌方法就是根据这些原理设计的。

评价杀菌效率的参数有灭菌安全水平(SAL)和 D 值,SAL 表示无菌产品中检出一个细菌的概率,如 $SAL = 10^{-3}$ 为产品中微生物检出率为 $1/1000$;D 值是微生物死亡90%所需的时间(单位:min),即微生物数量减少一个数量级所需时间。目前在牛奶和乳制品生产上使用的杀菌方法几乎都是热处理,热处理的目的主要包括:杀灭产品中的微生物、灭活酶或其他更多的化学变化。热处理的效果主要取决于温度、加热时间等热处理强度;而且热处理有可逆和不可逆之分,牛奶用于干酪凝乳,制备发酵剂等过程时所需要的热处理是可逆的。

热处理在保持产品品质的同时也会引起营养物质损失、色泽变深、引发蒸煮味等不利变化,还会破坏免疫球蛋白、乳铁蛋白、溶菌酶和过氧化物酶等生物活性物质,影响牛奶的凝乳能力。所以选择合适的热处理工艺主要应该考虑正反两方面的影响。

评价一种杀菌方法的优劣不能仅仅依靠单一的因素,设计一个合理的灭菌方法应该综合 SAL、杀菌介质特性、产品/包装特性、材料选择、员工操作、成本和环境因素等参数,应尽量使这些因素达到一种平衡。

(2)杀菌的目的

对牛奶进行杀菌的目的包括以下几个方面:

①确保产品安全。

热处理能杀死对热敏感的致病菌,杀死这些菌只需很温和的热处理就能实现。耐热的致病菌不会出现在牛奶中,或者在其他菌的协助下畸形生长,或者在牛奶中根本就不能生长,或者只有当它们达到一定数量条件下才具有致病性,其实这些菌均在达到这个数量前牛奶的自身物质就能将它们抑制。一些菌的代谢毒素也能用温和的热处理将其灭活。

②延长保质期。

热处理可杀死存在于牛奶的微生物或其芽孢,灭活牛奶本身的酶或微生物代谢酶产物;热处理还能抑制脂肪的自身氧化;灭活凝集素还能避免牛奶的快速稀奶油化。

③使产品获得特有的性状。

乳蒸发前加热可提高炼乳杀菌期间的凝固稳定性;使细菌的抑制剂——免疫球蛋白和乳过氧化氢酶系统失活,促进发酵剂菌种的生长;使酸奶具有一定的黏度;促进乳在酸化过程中乳清蛋白和酪蛋白凝集等。

(3)杀菌的分类

根据原理不同,杀菌可以分为以下几大类:

①热杀菌。

热杀菌可根据所用载体不同,分为蒸汽杀菌、干热杀菌。

②化学杀菌。

根据使用的化学试剂不同,化学杀菌可分为环氧乙烷杀菌、乙酸杀菌、臭氧杀菌(用于医药和饮料行业)、过氧化氢杀菌、二氧化氯杀菌等。

③超滤杀菌。

④辐射。

根据辐射波的波长,可以分为 γ 射线杀菌、X 射线杀菌、紫外线杀菌、微波杀菌。

⑤新式杀菌。

包括超高压杀菌(UHP)、电场杀菌(PEF)、电流杀菌(也称欧姆杀菌)、蒸汽和真空冷却杀菌。

任务 3.3　液态乳加工技术

一、液态乳的概述

1. 液态乳的概念

液态乳是指以生牛乳(或羊乳)、乳粉等为原料,添加或不添加辅料,经有效的加热杀菌方式处理后,制成分装出售的饮用液体牛乳。

2. 液态乳的分类

(1)按营养成分分类

多数乳品企业在生产液态乳产品的时候,是从其产品的原料和添加物的使用角度进行命名的。

①纯牛乳。

纯牛乳是以生鲜牛乳为原料,不添加任何其他食品原料,经标准化、均质、有效的加热杀菌方式处理后,分装出售的饮用液体牛乳。这种产品含乳脂肪在3.1%以上,蛋白质要求在2.9%以上,保持了牛乳固有的营养成分,是目前市面上最常见的液态乳。

②再制乳与复原乳。

再制乳是以乳粉、乳油等为原料,加水还原而制成的与鲜乳组成、特性相似的产品;复原乳是指用全脂乳粉和水勾兑成的与鲜乳组成、特性相似的乳产品。

③调制乳。

调制乳是指以不低于80%的生牛(羊)乳或复原乳为主要原料,添加其他原料或食品添加剂或营养强化剂,采用适当的杀菌或灭菌等工艺制成的液体产品。目前市面上常见的如高钙牛乳、铁锌钙奶、AD钙奶、富硒奶、营养舒化奶、早餐谷物奶等。

④含乳饮料。

含乳饮料是以新鲜乳为原料,经发酵或未经发酵,添加水和其他调味成分,经有效加工而制成的含乳量在30% ~ 80%的具有相应风味的液态产品。目前市面上常见的如营养快线、鲜果乳、酸酸乳等。

(2)按杀菌方式分类

按我国国标规定,根据加工过程中采用的杀菌工艺和灌装工艺的区别,液态乳分为巴氏杀菌乳和灭菌乳两大类,这种分类方法也是我国乳品企业常用的分类方法。

①巴氏杀菌乳。

巴氏杀菌乳是指以生鲜乳为原料,经巴氏杀菌工艺而制成的液体产品,又可称巴氏消毒乳(奶)、鲜牛乳(奶)、纯鲜牛乳(奶)。由于巴氏杀菌乳加工温度较低,产品货架期短,在运输过程中需要冷链系统,目前在我国很难推广,通常是当地企业采用送奶上户的销售方式供应当地居民,当天送到,当天饮用。

②灭菌乳。

灭菌乳是指以牛乳(或羊乳)或混合乳为原料,脱脂或不脱脂,添加或不添加辅料,经超高温瞬时灭菌、无菌灌装或保持灭菌而制成达到"商业无菌"要求的液态产品。

灭菌乳按照杀菌工艺又可以分为以下两类:

超高温灭菌乳:按照GB 25190—2010标准,超高温灭菌乳是指以生牛(羊)乳为原料,添加或不添加复原乳,在连续流动的状态下,加热到至少132℃并保持很短时间的灭菌,再经无菌灌装等工序制成的液体产品。

保持灭菌乳:保持灭菌乳是指以生牛(羊)乳为原料,添加或不添加复原乳,无论是否经过预热处理,在灌装并密封之后经灭菌等工序制成的液体产品。灭菌乳由于货架期长、无需冷藏,可以利用的销售渠道种类比较广泛,是我国目前市面上最常见的液态乳产品。

(3)按脂肪含量分类

为了满足不同消费者在营养方面的不同需求,在液态乳的加工中会对其脂肪的含量进行调整。我国根据产品中脂肪含量的不同,可以将液态乳分为三类:

①全脂乳。

全脂乳是指保持乳中的天然脂肪,且脂肪含量不低于3.5%的乳。

②部分脱脂乳。

根据不同消费者的营养需求对乳中的脂肪进行标准化处理,乳中脂肪含量按不同要求在 1.0% ~3.5% 的乳。

③脱脂乳。

将鲜牛乳中的脂肪脱去,脂肪含量低于 0.5% 的乳。

二、巴氏杀菌乳的加工工艺

1. 概念

巴氏杀菌乳是指以新鲜牛乳为原料,经过原料乳的验收、净乳、冷却、标准化、配料、均质、杀菌和冷却,以液体状态灌装,直接供给消费者饮用的商品乳。我国农业标准《巴氏杀菌乳和 UHT 灭菌乳中复原乳的鉴定》定义巴氏杀菌的概念如下:经低温长时间(62 ~65℃,保持30 min 或经高温短时间72 ~76℃,保持15 ~20 s)的处理方式。目标是杀灭致病性细菌和病毒,比如沙门氏杆菌、结核、口蹄疫病毒等,并保证产品在大约 7 d 的货架期内不变质。

2. 巴氏杀菌乳的加工工艺

巴氏杀菌乳的生产工艺流程:

原料乳验收→净乳→冷藏→标准化→过滤→预热→均质→巴氏杀菌→冷却→灌装→装箱→冷藏→检测→成品

(1)原料乳验收及预处理

原料乳验收是生产环节中的第一要素。原料乳的质量将直接影响到产品质量的好坏,所以必须严格控制原料乳的质量。优质的奶源是生产出优质产品的前提条件,企业应建立原料奶验收的标准,并严格按标准执行。

(2)预热均质

均质是杀菌乳生产中的重要工艺,采用板式热交换器将预热温度升至65 ~70℃,均质压力调至 16 ~18 MPa。通过均质可减小脂肪球直径,防止脂肪上浮,便于牛奶中营养成分的吸收。均质工序可能造成的危害因素有均质机清洗不彻底造成的微生物污染、均质机清洗剂的残留、均质机泄露造成的机油污染等。

均质可以是全部的,也可以是部分均质。许多乳品厂仅使用部分均质,主要原因是部分均质只需一台小型均质机,这从经济和操作方面来看都有利;牛奶全部均质后,通常不发生脂肪球絮凝现象,脂肪球相互之间完全分离。相反地,将稀奶油部分均质时。如果含脂率过高,就有可能发生脂肪球絮凝现象(黏滞化)。因此,在部分均质时稀奶油的含脂率不应超过 12%。

(3)巴氏杀菌

生产保鲜乳时,杀菌是非常重要的工序,此工序的优劣不仅影响保鲜乳的质量,而且影响其风味和色泽。为了维护公共卫生和消费者的健康,乳制品的生产必须进行灭菌或杀菌。生产中利用比较多、效果比较理想的灭菌方法就是加热处理(表3-3-1)。

表3-3-1 生产巴氏杀菌乳的主要热处理分类

工艺名称	温度	时间
初次杀菌	63~65℃	15 s
低温长时间巴氏杀菌(LTLT)	62.8~65.6℃	30 min
高温短时间巴氏杀菌(HTST)	72~75℃	15~20 s
超巴氏杀菌	125~138℃	2~4 s

①初次杀菌。

加热杀菌条件为63~65℃,15 s,杀死嗜冷菌。

②低温长时巴氏杀菌(LTLT)。

又称为保持式杀菌法。加热杀菌条件为62~65℃,30 min,该法主要杀死所有病原菌、酵母菌、霉菌,且无乳清蛋白变性,对维生素和其他营养素破坏较少。

③高温短时巴氏杀菌(HTST)。

杀菌条件为72~75℃,15~20 s 或者80~85℃,10~20s 。HTST 杀菌采用板式杀菌器。

HTST 杀菌与 LTLT 杀菌相比,有以下优点:处理量大;可以连续杀菌,处理过程几乎全部自动化;牛乳在全封闭的装置内流动,微生物污染机会少;对牛乳品质影响小。可采用就地清洗系统(CIP)进行清洗。

④超巴氏杀菌。

目的是延长保质期,其杀菌条件为125~138℃,2~4 s。

(4)冷却

杀菌后的牛乳应尽快冷却至4℃,冷却速度越快越好。其原因是牛乳中的磷酸酶对热敏感,不耐热,易钝化(63℃,20 min,即可钝化)。采用板式换热器杀菌的牛乳,在板式换热器的换热段,与输入的在10℃以下的原料乳进行热交换,再用冰水冷却到4℃。

(5)灌装

灌装的目的是便于分送和销售。

灌装工序应特别注意员工个人卫生,并严格控制车间环境卫生,灌装设备消毒要彻底,严防灌装过程的二次污染。严格密闭灌装间,车间空气严格消毒,工作人员坚持二次更衣消毒,穿戴整齐工作衣帽和口罩,头发不得外露,地面保持湿润。灌装间的空间细菌数控制在50个/平皿,灌装机采用 CIP 清洗消毒,灌装工每1 h用75%的酒精消毒,灌装间每30 min用酒精喷壶对周围空气进行消毒。

(6)包装、贮存、分销

①包装材料。

包装材料应具有以下特性:能保证产品的质量和营养价值;能保证产品的卫生及清洁,

对内容物无任何污染;避光、密封,有一定的抗压强度;便于运输;便于携带和开启;减少食品腐败;有一定的装饰作用。

②包装形式。

巴氏杀菌乳的包装形式主要有玻璃瓶、聚乙烯塑料瓶、塑料袋、复合塑纸袋和纸盒等。

在巴氏杀菌乳的包装过程中,要注意:避免二次污染,包括包装环境、包装材料及包装设备的污染;避免灌装时产品的升温;包装设备和包装材料的要求高。

必须保持冷链的连续性,尤其是出厂转运过程和产品的货架贮存过程是冷链的两个最薄弱环节。应注意:温度,避光,避免产品强烈震荡,远离具有强烈气味的物品。

三、超高温灭菌乳的加工工艺

1.概述

灭菌乳可分为保持灭菌乳和超高温灭菌乳,保持灭菌乳是指物料在密封容器内被加热到至少110℃,保持15~40 min,经冷却后制成的产品。为了进一步改善产品的感官质量,现采用二段式灭菌即二次灭菌方法生产保持灭菌乳。所谓二次灭菌,就是将牛乳先经过超高温瞬时处理之后再灌装、封合,然后在高压灭菌釜内进行保持灭菌。因为先进行了高温瞬时处理,保持灭菌的条件就可相对较温和,从而提高了产品的感官质量。超高温灭菌乳是指物料在连续流动的状态下通过热交换器加热,经135℃以上不少于1 s的超高温瞬时灭菌(以完全破坏其中可以生长的微生物和芽孢)以达到商业无菌水平,然后在无菌状态下灌装于无菌包装容器中的产品。超高温灭菌(UHT)的出现,大大改善了灭菌乳的特性,不仅使产品的色泽和风味得到了改善,而且提高了产品的营养价值。

灭菌乳并非指产品绝对无菌,而是指产品达到商业无菌状态,即不含危害公共健康的致病菌和毒素;不含任何在产品贮存运输及销售期间能繁殖的微生物;在产品有效期内保持质量稳定和良好的商业价值,不变质。

2. UHT 灭菌乳加工的工艺及控制要求

UHT 灭菌乳的生产工艺流程:

原料乳验收→预处理→超高温灭菌→无菌平衡贮罐→无菌灌装→灭菌乳

(1)原料乳的验收

乳蛋白的热稳定性对灭菌乳的加工相当重要,因为它直接影响到 UHT 系统的连续运转时间和灭菌情况。可通过酒精试验测定乳蛋白的热稳定性,一般具有良好热稳定性的牛乳至少要通过75%酒精试验。

(2)预处理

灭菌乳加工中的预处理,即净乳、冷却、贮乳、标准化等技术,要求同巴氏杀菌乳。

(3)超高温灭菌

UHT 乳加热方式,有直接加热式、板式间接加热式和管式间接加热式几种。

①板式加热系统。

超高温灭菌板式加热系统应能承受较高的内压,所以系统中的垫圈必须能耐高温和高压,其造价比低温板式换热系统昂贵。垫圈材料的选择要使其与不锈钢板的黏合性越小越好,这样能防止垫圈与板片之间发生黏合,从而便于拆卸和更换。

每片传热面上制造多个突起的接触点,起到板片中间的相互机械支撑作用,同时形成流体通道,增加流体的湍动性和整个片组的强度。防止热交接器系统内的高压导致不锈钢板片的变形和弯曲。

②管式热交换器。

超高温系统的管式热交换器包括两种类型,即中心套管式热交换器和壳管式热交换器。中心套管式热交换器是将2个或3个不锈钢管以同心的形式套在一起,管壁之间留有一定的空隙。通常情况下,套管以螺旋形式盘绕起来安装于圆柱形的筒内,这样有利于保持卫生和形成机械保护。生产时,产品在中心管内流动,加热或冷却介质在管间流动。在热量回收时,产品也在管间流动。

(4)无菌灌装

经过超高温灭菌及冷却后的灭菌乳,应立即进行无菌包装,无菌灌装系统是生产UHT产品所不可缺少的。无菌灌装是指用蒸汽、热风或化学试剂将包装材料灭菌后,再以蒸汽、热风或无菌空气等形成正压环境,在防止细菌污染的条件下进行的灭菌乳灌装。

高温灭菌工艺大致与巴氏杀菌工艺相近,主要区别如下:

①超高温灭菌前要对所有设备进行预灭菌,超高温灭菌热处理要求更严、强度更大。

②工艺流程中可使用无菌罐。

③最后采用无菌灌装。

无菌灌装系统形式多样。纸包装系统主要分为两种类型:包装过程中成型和预成型。包装所用的材料通常为内外覆以聚乙烯的纸板,它能有效阻挡液体的渗透,并能良好地进行内、外表面的封合。为了延长产品的保质期,包装材料中要增加一层氧气屏障,通常要复合一层很薄的铝箔。

①纸卷成型包装(利乐砖)系统。

是目前使用最广泛的包装系统。包装材料由纸卷连续供给包装机,经过一系列的成型过程进行流装、封合和切制。利乐3型无菌包装机是典型的敞开式无菌包装系统。此无菌包装环境的形成包括以下两步:

包装机的灭菌:在生产之前,包装机内与产品接触的表面必须用包装机本身产生的无菌热空气(280℃)灭菌,时间30 min。

包装纸的灭菌:纸包装系统应用双氧水灭菌。主要包括双氧水膜形成和加热灭菌(110~115℃)两个步骤。

②预成型纸包装(利乐屋顶包)系统。

这种系统中纸盒是经预先纵封的,每个纸盒上压有折痕线。纸盒一般平展叠放在箱子里,可直接装入包装机。若进行无菌操作,封合前要不断向盒内喷入乙烯气体进行预杀菌。

生产时,空盒被叠放入无菌灌装机中,单个的包装盒被吸入,打开并置于心轴上,底部首先成型并热封。然后盒子进入传送带上特定位置进行顶部成型,所有过程都是在有菌环境下进行的。之后空盒经传送带进入灌装机的无菌区域。

无菌区内的无菌性是无菌空气保证的,无菌空气由过滤器产生。预成型无菌灌装机的第一功能区域(无菌区)是对包装盒内表面进行灭菌。灭菌时,首先向包装盒内喷洒双氧水膜,再用170~200℃的无菌热空气对包装盒内表面进行干燥,时间一般为4~8 s。双氧水去除后,包装盒进入灌装区域(第二无菌区域)。灌装机上必须装有能排泡沫的系统。最后,灌装后的纸盒进入封合区(最终无菌区),在这里进行无菌空气顶部热封产品。

任务 3.4　酸乳加工技术

一、酸乳的概述

1.酸乳的概念

发酵乳制品是指乳在发酵剂(特定菌)的作用下发酵而成的乳制品,经微生物的代谢,产生 CO_2、醋酸、双乙酰、乙醛等物质,最终赋予产品独特的风味、质构和香气,在保质期内,大多数该类产品中的特定菌必须大量存在,并能继续存活且具有活性,它是一个综合名称,包括诸如:酸乳、开菲尔、马奶酒(koumiss)、发酵酪、奶油和干酪等产品,发酵乳的名称是由于牛乳中添加了发酵剂,使部分乳糖转化成乳酸而来的。

在所有发酵乳中,酸乳是人们最了解的,也是最受欢迎的。1977 年,联合国粮农组织(FAO)、世界卫生组织(WHO)与国际乳品联合会(IDF)对酸乳的定义是,酸乳是指在添加(或不添加)乳粉(或脱脂乳粉)的乳中(杀菌乳、浓缩乳),经保加利亚杆菌和嗜热链球菌进行乳酸发酵而制成的凝乳状产品,成品中必须含有大量的、相应的活性微生物。目前,因原料、菌种种类的变化,酸乳的概念也有了很大的变化。通常认为,酸乳(即酸奶)是以鲜乳(或乳粉)和白砂糖为主要原料,加入经特殊筛选的乳酸菌,在适宜温度下(30~40℃)发酵制成的含活性乳酸菌的乳产品。

2.酸乳的分类

目前全世界有 400 多种酸乳,其分类方法颇多。根据成品的组织状态、口味、原料乳的脂肪含量、生产工艺和菌种的组成,通常将酸乳分成不同的种类。

(1)按组织状态进行分类

①凝固型酸乳。

凝固型酸乳是在包装容器中进行发酵,从而形成凝乳状态。我国传统的玻璃瓶和瓷瓶装的酸奶即属于此类型。

②搅拌型酸乳。

搅拌型酸乳是先发酵后灌装而得到的成品,发酵后的凝乳在灌装前搅拌成黏稠状组织状态。

（2）按脂肪含量分类

可分为全脂酸乳、部分脱脂酸乳和脱脂酸乳。根据 FAO/WHO 规定,全脂酸乳脂肪含量为 3.0% 以上,部分脱脂酸乳为 0.5% ~3.0% ,脱脂酸乳为 0.5% 以下;酸乳非脂乳固体含量为 8.2% 。法国的"希腊酸乳"属于高脂酸乳,其脂肪含量在 7.5% 左右。

（3）按成品的风味分类

①天然纯酸乳。

产品只由原料乳和菌种发酵而成,不含任何辅料和添加剂。

②加糖酸乳。

产品由原料乳和糖加入菌种发酵而成。在我国市场上常见,糖的添加量较低,一般在 6% ~7% 。

③调味酸乳。

在天然乳和加糖酸乳中加入香料而成。酸乳容器的底部加有果酱的酸乳称为圣代酸乳。

④果料酸乳。

果料酸乳是由天然酸乳与糖、果料混合而成。

⑤复合型或营养健康型酸乳。

通常在酸乳中强化不同的营养素(维生素、食用纤维素等)或在酸乳中加入不同的辅料(如谷物、干果等)而成。这种酸乳在西方国家非常流行,人们常在早餐中食用。

⑥疗效酸乳。

包括低乳糖酸乳、低热量酸乳、维生素酸乳或蛋白质强化酸乳。

（4）按发酵后的加工工艺进行分类

①浓缩酸乳。

将正常酸乳中的部分乳清除去而得到的浓缩产品。因其除去乳清的方式与加工干酪方式类似,也有人称其酸乳干酪。

②冷冻酸乳。

在酸乳中加入果料、增稠剂或乳化剂,然后将其进行冷冻处理而得到的产品,又称为酸奶冰淇淋。

③充气酸乳。

发酵后在酸乳中加入稳定剂和起泡剂(通常是碳酸盐),经过均质处理即得到的产品。这类产品通常是以充 CO_2 气体的酸乳饮料形式存在。

④酸乳粉。

通常使用冷冻干燥法或喷雾干燥法将酸乳中 95% 的水分除去而制成酸乳粉。

（5）按菌种种类进行分类

①酸乳。

一般是指仅用保加利亚乳杆菌和嗜热链球菌发酵而得的产品。

②双歧杆菌酸乳。

酸乳菌种中含有双歧杆菌,如法国的"Bio"、日本的"Mil – Mil"。

③嗜酸乳杆菌酸乳。

酸乳菌种中含有嗜酸乳杆菌。

④干酪乳杆菌酸乳。

酸乳菌种中含有干酪乳杆菌。

3. 酸乳的营养价值与保健作用

(1)营养价值

①促进乳糖的消化吸收,克服乳糖不耐症。

乳中乳糖在乳酸菌细菌酶的作用下,先水解成半乳糖及葡萄糖,最终分解成乳酸。乳酸菌发酵消耗部分乳糖,一般有 20% ~30% 的乳糖能够被发酵,从而降低了乳糖的含量。

②促进乳中蛋白质、脂肪的消化。

乳的发酵是乳的几种成分的"预消化",乳酸菌产生蛋白水解酶,在发酵过程中把一部分蛋白质水解为易消化的肽和氨基酸。从而使酸乳中的蛋白质更易被机体所利用。另外,乳酸发酵中产生的乳酸等使酪蛋白凝结的凝乳块变得细小,其在肠道中释放速度慢、稳定。因而使蛋白质与消化酶的接触面积变大,使蛋白质分解酶在肠道中充分发挥作用。酸乳中有 1% 的蛋白质被水解为游离氨基酸,是牛奶的 5 倍。

酸乳在加工过程中,乳经过均质化处理,使牛乳脂肪球变得细小,乳中有部分脂肪水解成易于消化的脂肪酸。因此在发酵过程中不仅产生少量的游离脂肪酸,脂肪的结构也发生改变而易被消化,从而使酸乳的代谢效果比牛乳大幅提高。

③促进人体对钙的吸收。

乳品是钙的良好来源。发酵后原料乳中的钙被转化为水溶形式。除维生素 D 外,酸乳含有促进人体对钙吸收的因素——钙与磷的适宜比例、维生素 D、乳糖、赖氨酸等。所以酸乳是钙密度和可利用率最高的食品。

牛乳含有丰富的钙是众所周知的,除了高含量之外,和鱼类、肉骨类食品中钙的吸收率为 20% ~30% 相比,牛乳中钙的吸收率高达 70%,这是因为牛乳中酪蛋白及乳糖有助于人体钙吸收;另外一个重要因素是牛乳中磷的含量低于其他食品,和钙的比例接近 1∶1。在发酵乳制造过程中,牛乳中钙不仅没有受到破坏,还被转化为更易于人体吸收的可溶性乳酸钙。

④维生素含量增加。

在发酵过程中,乳酸菌可以合成维生素。如维生素 B_1、维生素 B_2、维生素 B_6、维生素 B_{12}、烟酸、叶酸等。其合成量因菌种而异,双歧杆菌产生的量最多。

(2)酸乳的保健作用

①改善肠内菌群。

肠道内主要菌群有厌氧性葡萄球菌、链球菌、产气荚膜梭菌、铜绿假单胞菌、大肠杆菌、乳酸杆菌、双歧杆菌等,且其变化与年龄有关。有害菌产生的肠毒素、细菌毒素,肠内菌群腐败等易引起病原性疾病,所以肠内菌群正常分布对保持人体健康、预防疾病具有十分的重要的作用。酸乳中乳酸菌发挥作用的先决条件是能够在肠内附着定居,这种附着作用是肠道内壁蛋白质(受体)与乳酸菌外壁(供体)成分多糖相互作用而引起。通过小肠上皮细胞与乳酸菌进行混合培养,观察其培养液细胞浓度,测定其吸附性结果,发现具有明显的作用。肠道检出乳酸菌主要有双歧杆菌属、幼儿双歧杆菌、短双歧杆菌、长双歧杆菌、青春双歧杆菌、嗜酸杆菌等,而且,这些乳酸菌对胆汁酸具有耐性。酸乳具有较强的抗菌活性,乳酸菌产生的抗生素和抗菌性物质对肉类、肉制品、蛋制品、乳品等的保存具有重要作用,而且酸度高的食品抗菌作用显著。

②具有整肠作用,预防肠道疾病。

肠道疾病中常见的鼓肠、腹鸣、下痢等与乳糖不适症有关,成年人乳糖酶活性低下,有些小儿也会产生乳糖不适症,如果小肠中乳糖酶活性低下,乳糖直接进入大肠,渗透压升高,水分吸收增加,加速肠蠕动,从而引起腹泻或肠道不适。另外有些乳酸菌在人的消化道内具有较强残存活性,这可为酸乳提供生理活性物质,使乳酸菌顺利进入肠道并发挥作用。

③降低血中胆固醇。

人们对乳酸菌降低胆固醇的作用及其机理做了广泛的研究,认为乳酸菌菌体成分或菌体外代谢有抗胆固醇因子,在乳酸菌产生的特殊酶系中有降低胆固醇的酶系,它们在体内可能抑制羟甲基戊二酰辅酶 A(HMG – CoA)和还原酶(胆固醇合成的限速酶),从而抑制胆固醇的合成。包惠燕等(2003)研究显示,嗜热链球菌和保加利亚乳杆菌单独和混合发酵均可以使乳中胆固醇量下降 10% 左右,嗜热链球菌比保加利亚乳杆菌的降胆固醇能力稍强。

④具有抗肿瘤效果。

肠道内的部分细菌分泌的一些酶类,如 β – 葡糖酶、β – 葡糖苷酸酶、硝基还原酶、偶氮还原酶、7α – 脱羟基酶等,在肠内可使前致癌物转化为致癌物。肠道菌中的乳酸菌(包括补充到肠道中的乳酸菌)可通过调整肠道菌群抑制这些细菌的活性,降低肿瘤发生的危险。乳酸菌抗癌的机理,可能是乳酸菌的某些代谢产物可促进肠胃蠕动,缩短致癌物质在肠内停留的时间,减少致癌物质与上皮细胞的接触;或者是乳酸菌的代谢产物在肠道内膜附植,形成不利于这些细菌酶作用的环境,抑制其活性,阻断肠内的前致癌物向致癌物的转化。

⑤预防衰老,延长寿命。

生物体衰老学说之一是自由基及其诱导的氧化反应引起生物膜损伤和交联键形成,使细胞损害,自由基活性强,细胞损伤作用越强,而发酵乳中的超氧化物歧化酶(SOD)、维生素 E、维生素 C 可协同起到抗氧化作用,这些物质会跟过氧化自由基反应,阻止老化发生。故在高龄化社会中,酸乳等发酵乳制品作为老年食品更具意义。

二、发酵剂的制备

1.发酵剂的概念及种类

（1）概念

发酵剂是指生产酸乳制品及乳酸菌制剂时所用的特定微生物培养物,内含一种或多种活性微生物,它的质量优劣与发酵乳产品质量关系密切。

（2）种类

通常用于乳酸菌发酵的发酵剂可按下列方式分类。

①按制备过程分类。

商品发酵剂:即一级菌种,又称乳酸菌纯培养物。实际上指从专业发酵剂公司或有关研究所购买的原始菌种。它一般多接种在脱脂乳、乳清、肉汁或其他培养基中,或者用冷冻升华法制成一种冻干菌粉。

母发酵剂:母发酵剂经一级菌种的扩大再培养,是商品发酵剂的初级活化产物,是生产发酵剂的基础,即在酸乳生产厂用商品发酵剂制得的发酵剂。

生产发酵剂:生产发酵剂即母发酵剂的扩大培养,也称工作发酵剂,是用于发酵乳实际生产的发酵剂。

②按发酵剂中微生物的种类分类。

混合发酵剂:含有两种或两种以上菌种的发酵剂按一定比例混合而成,如传统酸乳发酵剂就是由保加利亚乳杆菌和嗜热链球菌按1∶1或1∶2比例混合的酸乳发酵剂。日本有名的发酵乳"Yakult"生产所用发酵剂是由嗜酸乳杆菌、干酪乳杆菌和双歧杆菌组合而成。

单一发酵剂:只含有一种微生物的发酵剂。使用时,先单独活化,然后再与其他种类的菌种按比例混合使用。

单一发酵剂的优点有很多,一是容易继代,且便于保持、调整不同菌种的使用比例;二是在实际生产中便于更换菌株,特别是在引入新型菌株时非常方便;三是便于进行选择性继代,如在果味酸乳生产中,可以先接种球菌,一段时间后再接种杆菌;四是能减弱菌株之间的共生作用,从而减慢产酸的速度;五是单一菌种在冷藏条件下容易保持性状,液态母发酵剂甚至可以数周活化一次。

③按发酵剂产品形式分类。

可分为液态、粉状（或颗粒状）及冷冻状三种形式。

液态发酵剂:液态发酵剂中的母发酵剂、中间发酵剂一般由乳品厂化验室制备,而生产用的工作发酵剂由专门发酵剂室或酸乳车间生产,所用培养基为脱脂乳粉,干物质含量一般控制稍高,必要时可添加生长促进因子,工作发酵剂的培养基必要时也可使用原料乳。

但由于液态发酵剂价格比较便宜,品质不稳定且容易受污染,已经逐渐被大型酸乳厂家淘汰。

粉状（或颗粒状）发酵剂:粉状发酵剂是通过冷冻干燥培养到最大乳酸菌数的液态发酵剂

而制成的。冷冻干燥发酵剂是在真空下进行的,因此能最大限度减少对乳酸菌的破坏。

冷冻干燥发酵剂一般在使用前再接种制成母发酵剂。但使用浓缩冷冻干燥发酵剂时,可将其直接制备成工作发酵剂,不需进行中间扩培过程。与液态发酵剂相比,冷冻干燥发酵剂具有以下优点:良好的保存质量;定性更好和乳酸菌活力更强;因接种次数减少,降低了被污染的机会。

一次未用完的发酵剂,应在无菌条件下将开口密封好,以免污染。然后放入冷冻的冰柜中,并尽快用完。

冷冻发酵剂:冷冻发酵剂是通过冷冻浓缩乳酸菌生长活力最高点时的液态发酵剂而制成的,包装后放入液氮罐中。超浓缩冷冻发酵剂也属于冷冻发酵剂,是在乳培养基中添加了生长促进剂,由氨水不断中和产生的乳酸,最后用离心机来浓缩菌种。浓缩发酵剂单个滴在液氮罐中由于冷冻作用而形成片种,然后存于 $-196℃$ 液氮中。

一般来讲,一次性发酵剂来源稳定,在其价格能接受时,可以选择一次性发酵剂。若发酵剂来源不稳定,考虑到价格因素而又不仅仅依赖于一次性发酵剂,以不使用一次性发酵剂为好。

2. 菌种的选择

菌种的选择对发酵剂的质量起着重要作用,应根据生产目的不同选择适当的菌种。同时对菌种发育的最适温度、耐热性、产酸力以及是否产生黏性物质等尤其要特别注意。一般选用两种或两种以上的发酵剂菌种混合使用,相互产生共生作用。通常选用的基本菌种是嗜热链球菌和保加利亚杆菌,以及乳酸链球菌等。但根据目的不同可以追加其他乳酸菌,如:为了提高酸奶的保健作用,追加嗜酸乳杆菌和双歧杆菌等功能菌,增加这些菌在肠道的定殖能力;为了增加产品的营养和生理价值,可以添加能合成维生素的特殊菌,特别是合成 B 族的乳酸菌,如能合成维生素 B_{12} 的谢氏丙酸杆菌,能合成维生素 B_{12} 和维生素 B_2 的明串珠菌,能合成烟酸、维生素 C、维生素 B_{12} 的嗜酸乳杆菌等;为了改善产品的风味,可添加双乙酰乳链球菌或明串珠菌,属于产香菌;为了改善产品的硬度,可添加能产生黏性物质的乳链球菌变种;为增强对生长阻碍物质(特别是青霉素)的抗性,可添加乳酸片球菌。菌种配合时一般是嗜热链球菌和保加利亚杆菌按 1:1 比例配合,乳酸链球菌与保加利亚杆菌以 4:1 配合,常用作发酵乳的发酵剂菌种。

选择质量优良的发酵剂应从以下几方面考虑。

(1)产酸能力

不同的发酵剂产酸能力会有很大的不同。判断发酵剂产酸能力的方法有两种,即测定酸度和产酸曲线。产酸能力过强的发酵剂在发酵过程中容易导致产酸过度和后酸化过强,而产酸能力弱的发酵剂在生产中产酸过慢,发酵时间过长,容易导致杂菌污染,所以生产中一般选择具有适度产酸能力的发酵剂。

(2)后酸化

后酸化是指酸乳生产终止发酵后,发酵剂菌种在冷却和冷藏阶段仍能继续缓慢产酸,它包括三个阶段:从发酵终点(42℃)冷却到19℃或20℃时酸度的增加;从19℃或20℃冷却至10℃或12℃时酸度的增加;在冷库中冷藏阶段酸度的增加。酸乳生产中应选择后酸化尽可能弱的发酵剂,以便控制产品质量。

（3）产香性

一般酸乳发酵剂产生的芳香物质为乙醛、丁二酮、丙酮和挥发性酸。评价方法有:

①感官评价。

进行感官评价时应考虑样品的温度、酸度和存放时间对品评的影响。品尝时样品温度应为常温,因为低温对味觉有阻碍作用;酸度不能过高,酸度过高会将香味完全掩盖;样品要新鲜,用生产24～48 h内的酸乳进行品评为佳,因为这段时间是滋味、气味和芳香味的形成阶段。

②挥发性酸的量。

通过测定挥发性酸的量来判断芳香物质的产生量。挥发性酸含量越高就意味着产生的芳香物质含量越高。

③乙醛生成能力。

乙醛是形成酸乳的典型风味的主要因素之一,不同的菌株产生乙醛的能力不同,因此,乙醛生成能力是选择优良菌株的重要指标之一。

④黏性物质的产生。

发酵剂在发酵过程中产黏有助于改善酸乳的组织状态和黏稠度,特别是酸乳干物质含量不太高时显得尤为重要。但一般情况下产黏发酵剂往往对酸乳的发酵风味会有不良影响,因此选择这类菌株时最好和其他菌株混合使用。

⑤蛋白质的水解性。

乳酸菌的蛋白水解活性一般较弱,如嗜热链球菌在乳中只表现很弱的蛋白水解活性,保加利亚乳杆菌则可表现较高的蛋白水解活性,能将蛋白质水解,产生大量的游离氨基酸和肽类。

3. 发酵剂制备过程

普通酸乳发酵剂在制备时,需要在酸乳生产厂家单独设菌种生产车间,以完成以下工艺过程。

纯菌→活化→扩大培养→母发酵剂→中间发酵剂→工作发酵剂

（1）培养基的选择与制备

①培养基的选择。

培养基选择原则上应与产品原料相同或类似,乳制品发酵剂培养基原料通常选用优质、新鲜、无污染、无抗生素的脱脂乳、全乳或还原乳,干物质含量为10%～12%。

一般情况下,生产发酵剂(工作发酵剂)培养基可使用高质量无抗生素残留的脱脂乳粉或全脂乳制备;母发酵剂和中间发酵剂培养基最好不使用全脂乳,因为游离脂肪酸抑制发酵菌种的增殖,菌种活化应使用脱脂乳做培养基。

②培养基的制备。

用作菌种活化培养基的原料乳通常采用高压灭菌（121℃，15～20 min）或间歇灭菌（100℃，30 min 连续 3 d 灭菌）。母发酵剂和中间发酵剂培养基的原料乳一般采用105℃，15～20 min 杀菌，经无菌检验（30℃，2 d）合格方可使用。生产发酵剂（工作发酵剂）培养基一般采用95℃、60 mim 或100℃、30～60 min 杀菌，因为高温高压灭菌易使原料乳产生褐变和蒸煮不良气味。

（2）菌种的活化与扩大培养

菌种的活化与扩大培养工艺流程：

脱脂乳→灭菌→冷却→接种→恒温培养一冷却保存

无菌取出适量菌种，立即接入最适温度的培养基中。恒温下培养，待培养物各项指标（凝乳情况、酸度等）符合该菌种发酵指标，即可终止培养，冷却保存备用。菌种经反复移植活化和扩大培养，活力达到发酵需要，即可用于调制母发酵剂。

①乳酸菌纯培养物的活化。

商品发酵剂由于保存温度与保存时间的影响，在初次使用时应反复活化几次才能恢复活力。

②母发酵剂和中间发酵剂的制备。

母发酵剂和中间发酵剂的制备需在严格的卫生条件下操作，制作间最好有经过过滤的正压空气，操作前小环境要用400～800 mg/L 的次氯酸钠溶液喷雾，操作过程应尽量避免杂菌污染。每次接种时容器口端最好用200 mg/L 的次氯酸钠溶液浸湿的干净纱布擦拭，以防止噬菌体的污染。

母发酵剂一次制备后可置于0～ -6℃冰箱中保存。对于混合菌种，每周活化一次即可。考虑到母发酵剂在活化过程中可能会带来杂菌、酵母、霉菌或噬菌体的污染，为保证产品质量，应定期更换它，一般最长不超过 1 个月。

（3）工作发酵剂的制备工艺（图 3 - 4 - 1）

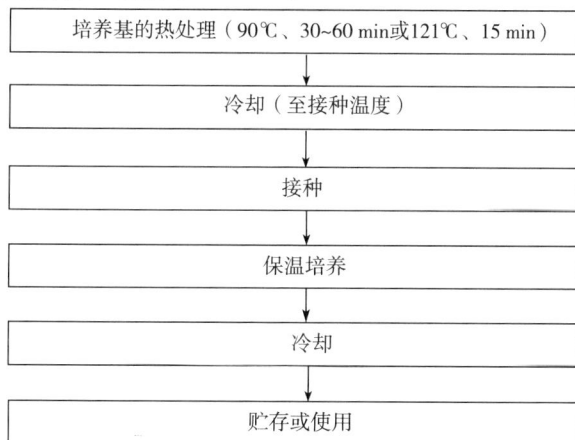

```
┌─────────────────────────────────────────────────┐
│ 培养基的热处理（90℃、30~60 min 或121℃、15 min） │
└─────────────────────────────────────────────────┘
                        ↓
┌─────────────────────────────────────────────────┐
│              冷却（至接种温度）                    │
└─────────────────────────────────────────────────┘
                        ↓
┌─────────────────────────────────────────────────┐
│                    接种                           │
└─────────────────────────────────────────────────┘
                        ↓
┌─────────────────────────────────────────────────┐
│                  保温培养                         │
└─────────────────────────────────────────────────┘
                        ↓
┌─────────────────────────────────────────────────┐
│                    冷却                           │
└─────────────────────────────────────────────────┘
                        ↓
┌─────────────────────────────────────────────────┐
│                贮存或使用                         │
└─────────────────────────────────────────────────┘
```

图 3 - 4 - 1　工作发酵剂的制备流程

发酵剂的制备是乳品厂中最困难也是最主要的工艺之一。因此,厂家必须慎重地选择发酵剂的生产工艺及设备。发酵剂的制备要求极高的卫生条件,要把可能传染的酵母菌、霉菌、噬菌体的污染风险降低到最低限度,母发酵剂应该在有正压和配备空气过滤器的单独房间中制备。对设备的清洗系统也必须仔细地设计,以防清洗剂和消毒剂的残留物与发酵剂接触而污染发酵剂。中间发酵剂和生产发酵剂可以在离生产近一点的地方或在制备母发酵剂的房间里制备,发酵剂的每一次转接最好在无菌条件下操作。

中间发酵剂和生产发酵剂的制备工艺与母发酵剂的制备工艺基本相同,主要包括以下几个步骤:

①培养基的热处理。

把培养基加热到 90~95℃,并在此温度下保持 30~45 min。

②冷却至接种温度。

将杀菌后的培养基冷却到接种温度,接种温度根据所使用的发酵剂类型确定。可以按照商品发酵剂生产推荐的温度,也可以根据经验决定最适温度。

③接种。

培养基冷却到所需温度后,就可以加入定量的菌种。接种量要根据实际生产进行确定,而且接种要在无菌条件下进行操作。接种量的不同也会影响产生乳酸和芳香物质的比例。

④保温培养。

当接种结束,发酵剂与培养基混合后,细菌就开始增殖,培养时间由发酵剂中微生物类型、接种量等决定,一般为 3~20 h,培养过程中要严格控制培养温度。发酵剂中球菌和杆菌的比例对培养温度有一定的影响,二者比例为 4:1 时温度要控制在 40℃ 左右,2:1 时是 45℃,1:1 时约为 43℃。菌种在这个阶段快速增殖,同时发酵乳糖产生乳酸;产香菌还会产生芳香物质,如丁二酮、乙醛等。乙醛是酸乳中风味物质的主要部分,保加利亚乳杆菌产生乙醛的能力比较强。嗜热链球菌和保加利亚乳杆菌的共生作用能影响乙醛的产生。一般酸乳的 pH 值达到 5 时才有明显的乙醛产生;pH 值为 4.2 时,乙醛含量最高。当乙醛含量为 23~41 mg/kg 及 pH 值在 4.4~4.0 时,酸乳的香味和风味最佳。因此,在酸乳生产中以 2.5%~3% 的接种量和 2~3 h 的培养时间,球菌:杆菌 =1:1 的比率,最适接种和培养温度为 43℃ 为宜。

⑤冷却。

当发酵剂达到预定酸度后要及时进行冷却,冷却可以阻止细菌继续生长,以保证发酵剂具有较高的活力。

当发酵剂能在接种的 6 h 之内使用,冷却到 10~20℃ 即可,否则需要冷却到 5℃ 以下。在实际生产中,尤其是大规模生产时,为了能用到活力较强的发酵剂,最好每隔 4 h 制备一次发酵剂,既有利于安排生产,也能保证酸乳成品的质量。

⑥贮存。

为了更好地保存发酵剂的活力,对贮存方法已经进行了大量的研究工作。用液氮冷冻

到 -160℃来保存发酵剂,效果很好,而且在适当的温度下还能保存很长时间,如浓缩发酵剂、深冻发酵剂、冻干发酵剂等。深冻发酵剂比冻干发酵剂需要更低的贮存温度,而且最好用装有干冰的绝热塑料盒包装运输,时间不能超过 12 h;而冻干发酵剂在 20℃条件下运输 10 d 也不会缩短保质期,但是,购买者收到货后最好在建议的温度下贮存。

4. 发酵剂的质量控制

(1)发酵剂的质量要求

乳酸菌发酵剂的质量,必须符合下列各项要求。

①凝块硬度适当,富有弹性,组织均匀一致,表面无变色、色裂、气泡及乳清分离现象。

②具有优良的酸味和风味,不得有腐败味、苦味、饲料味及酵母味等。

③凝块粉碎后,质地均匀,细腻滑润,略带黏性,不含块状物。活力测定时(酸度、感官、挥发酸、滋味)符合规定标准。

(2)发酵剂的质量检查

发酵剂的质量直接关系到成品质量,必须实行严格的检查制度。常用的检查方法如下:

①感官检查。

首先观察发酵剂的质地、组织状况、色泽及乳清析出情况;其次触摸凝乳的硬度、弹性及黏度;最后品尝酸味是否正常及有无异味。

②化学性质检查。

主要检查滴定酸度(°T),以 90 ~ 110°T 或 0.8% ~ 1%(乳酸度)为宜。如果滴定酸度达到 0.8% 以上,则可认为发酵剂活力良好。

③细菌检查。

包括测定总菌数、活菌数和杂菌总数、大肠菌群。

④发酵剂活力测定。

发酵剂的活力可以利用乳酸菌的繁殖产酸和色素还原等现象来评定,常用的活力测定方法如下:

酸度测定:向灭菌脱脂乳中加入 3% 的发酵剂,在 37.8℃ 的恒温箱中培养 3.5 h。然后测定其酸度,酸度达 0.8% 以上认为较好。

刃天青还原试验:在 9 mL 脱脂乳中加入 1 mL 的发酵剂和 0.005% 的刃天青溶液 1 mL,在 36.7℃ 的恒温箱中培养 35 min 以上,如完全褪色则表示活力良好。

三、凝固型酸乳的生产

乳中接种乳酸菌后分装在容器中,乳酸菌分解乳糖产生乳酸,乳的 pH 值随之下降,使酪蛋白在等电点附近形成沉淀凝聚物,在灌装的容器中成为凝胶状态,这种产品称为凝固型酸乳。在发酵培养及以后的运送、冷却、储藏过程中,必须使半成品或成品保持静置不受震动。

1. 工艺流程

凝固型酸乳的工艺流程及生产线如图 3 - 4 - 2 所示。

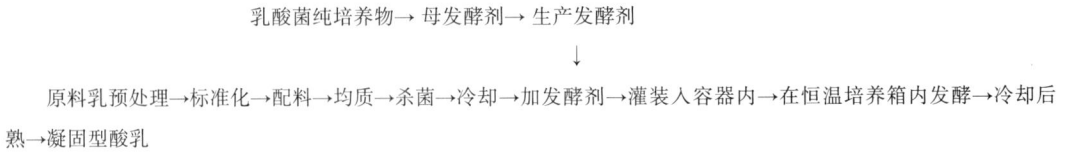

乳酸菌纯培养物→ 母发酵剂→ 生产发酵剂

↓

原料乳预处理→标准化→配料→均质→杀菌→冷却→加发酵剂→灌装入容器内→在恒温培养箱内发酵→冷却后熟→凝固型酸乳

图 3 - 4 - 2　凝固型酸乳的工艺流程

2. 工艺操作要点

（1）原料乳

用于制作发酵剂的乳和生产酸乳的原料必须是高质量的，要求酸度在 18°T 以下，杂菌数不高于 500000 CFU/mL，乳中全乳固体含量不低于 11.5%。

（2）均质

均质处理可使原料充分混匀，有利于提高酸乳的稳定性和稠度，并使酸乳质地细腻，口感良好。均质压力为 20 ~ 25 MPa。

（3）杀菌

目的在于杀灭原料乳中的杂菌，确保乳酸的正常生长和繁殖；钝化原料乳中对发酵菌有抑制作用的天然抑制物；使牛乳中的乳清蛋白变性，以达到改善组织状态，提高黏稠度和防止成品乳清析出的目的。杀菌条件为：90 ~ 95℃，5 min。

（4）接种

杀菌后的乳应立即降温至45℃左右，以便接种发酵剂。接种量按菌种活力、发酵方法、生产时间安排和混合菌种配比不同而定。一般生产发酵剂，产酸活力在 0.7% ~1% 之间，此时接种量应为2% ~4%，加入的发酵剂应事先在无菌操作条件下搅拌均匀，不应有大凝块，以免影响成品质量。

（5）灌装

凝固型酸乳灌装时，可据市场需要选择玻璃瓶或塑料杯，在装瓶前需对玻璃瓶进行蒸汽灭菌，一次性塑料杯可直接使用。搅拌型酸乳灌装时，注意对果料的杀菌，杀菌温度应控制在能抑制一些细菌的生长，而又不影响果料的风味和质地。

（6）发酵

用保加利亚乳杆菌与嗜热链球菌的混合发酵剂时，温度保持在 41 ~42℃，培养时间为 2.5 ~4.0 h(2% ~4% 的接种量)，达到凝固状态时即可终止发酵。发酵终点可依据如下条件来判断：

①滴定酸度达到80°T 以上。

②pH 值低于4.6。

③表面有少量水痕。

④乳变黏稠。

发酵应注意避免震动,否则会影响组织状态;发酵温度应恒定,避免忽高忽低;掌握好发酵时间,防止酸度不够或过度以及乳清析出。

(7)冷却

发酵好的凝固酸乳,应立即移入0~4℃的冷库中,迅速抑制乳酸菌的生长,以免继续发酵造成酸度过高。在冷藏期间,酸度仍会有上升,同时风味物质双乙酰含量也会增加。试验表明冷却24 h,双乙酰含量达到最高,超过24 h又会减少。因此,发酵凝固后需在0~4℃贮藏24 h再出售,该过程也称为后成熟。一般最大冷藏期为7~14 d。

(8)包装

酸乳在出售前,其包装物上应具有清晰的商标、标识、保质期限、产品名称、主要成分的含量、食用方法、贮藏条件以及生产商和生产日期。

目前,酸乳的包装多种多样,砖形的、杯状的、圆形的、袋状的、盒状的、家庭经济装等;其包装材质也种类繁多,复合纸的、PVC材质的、瓷罐的、玻璃等。不同的包装材料和包装形式,为消费者提供了多种的选择,以满足不同层次消费者的需求。但不论哪种形式和材质的包装物都必须无毒、无害,安全卫生,以保证消费者的健康。

四、搅拌型酸乳的生产

搅拌型酸乳是在凝固型酸乳基础上发展起来的一种发酵乳制品,又称为液体酸乳或软酸乳。其发酵过程是在发酵罐中进行的,当乳达到规定酸度后,将酸乳凝块搅碎,加入一定量的调味料(多为果料和香料)后,分装而成。这类制品同酸凝乳的最大区别是先发酵后灌装。产品经搅拌成粥糊状,黏度较大,多用软包装,保质期相对较长,携带方便,风味独特。制造这种酸乳的前段工序与凝固型酸乳基本一致。

1. 工艺流程(图3-4-3)

原料准备→预处理→均质→杀菌→冷却至接种温度→加入发酵剂→大罐发酵

破碎→凝乳→灌装→冷却→后熟→纯酸乳
调香→灌装→冷却→后熟→果味酸乳
果料混合→灌装→冷却→后熟→果料酸乳

图3-4-3　搅拌型酸乳的生产工艺流程

2. 工艺操作要点

①原料乳的验收、预处理、标准化、预热均质、杀菌、发酵、冷却与凝固型酸乳的要求一致。

②发酵。

接种了工作发酵剂的乳在发酵罐中保温培养,利用发酵罐周围夹层里热溶剂来维持一定的温度,热溶剂的温度可随培养的要求而变动。发酵罐装有温度计和pH值计来指示温度和酸度。当酸度达到一定数值后,pH值计可传出信号。在41~43℃进行培养,经2~

3 h,罐中形成凝乳。当发酵罐的凝乳 pH 值为 4.5～4.55 时,终止发酵。

③搅拌冷却。

当罐中酸乳达到发酵终点,应快速降温并且适度搅拌凝乳,用泵将酸乳送入冷却器,冷却温度根据需要而定。一般冷却到 20～30℃。冷却可采用片式冷却器、管式冷却器、表面刮板式热交换器、冷却缸(槽)等。搅拌是一个破坏凝乳的过程,原来凝胶中分散着水,搅拌之后,变成了水中分散着凝胶,使酸乳的黏度大大增加。搅拌的方式有机械搅拌和手工搅拌。机械搅拌可采用宽叶搅拌机、锚式搅拌机或涡轮搅拌机。宽叶搅拌机有大的表面积,每分钟缓慢地转动 1～2 次,搅动 4～8 min。操作可控制为低速短时间做缓慢的搅拌,也可采用具有一定时间间隔的搅拌方法以获得均匀的凝乳。在搅拌过程中可添加草莓、菠萝、橘子果酱或果料而制成相应的果料酸奶,或者添加香料制成调味酸奶。

④灌装。

果蔬、果酱和各类型的调香物质等可在酸乳自缓冲罐到包装机的输送过程中加入,通过一台变速的计量泵连续加入酸乳中。果蔬混合装置固定在生产线上,计量泵与给料泵同步运转,保证酸乳与果蔬混合均匀。

⑤冷藏后熟与凝固型酸乳要求一致。

五、酸乳的质量控制

酸乳生产中,由于各种原因,常会出现一些质量问题,为了保证每批同类产品质量一致,以下介绍酸乳质量问题发生的原因及控制措施。

1. 凝乳不良或不凝乳

其主要原因有:

(1)原料乳质量

乳中含有抗生素、防腐剂,会抑制乳酸菌生长,影响正常发酵,从而导致酸乳凝固性差;原料乳掺水,使乳的总干物质含量降低;原乳酸度较高,掺碱中和,经发酵也会造成凝乳不好。因此,必须把好原料验收关,杜绝使用含有抗生素、农药、防腐剂及掺碱、掺水牛乳生产酸乳。对干物质低的牛乳可添加脱脂乳粉得以提高。

(2)发酵温度与时间

发酵温度与时间低于乳酸菌的最适温度与时间,会使乳酸菌凝乳能力降低,从而导致酸乳凝固性降低,因此生产中要严格控制发酵温度与时间,并保持发酵温度恒定。

(3)发酵剂活力

发酵剂活力减弱或接种量太少会造成酸牛乳凝固性差。

(4)加糖量

加糖量过大,产生高渗透压,抑制了乳酸菌的生长繁殖,也会使酸乳不能很好凝固。

2. 砂状组织

酸牛乳在组织外观上有许多砂状颗粒存在,不细腻。砂状结构的产生有多种原因,可通过减少乳粉用量、避免在较高温度下搅拌改善砂状组织。

3. 乳清析出或分离

其主要原因有：

（1）原料乳热处理不当

热处理温度低或时间不够,不能使大量乳清蛋白变性,故生产凝固型酸牛乳会出现乳清析出。

（2）发酵时间

发酵时间过长或过短,对生产凝固型酸牛乳都会有乳清分离。发酵时间过长,酸度过大破坏了乳蛋白已形成的胶体结构,使乳清分离出来;发酵时间过短,胶体结构还未充分形成,也会造成乳清析出。

（3）冷却与搅拌

对搅拌型酸牛乳而言,冷却温度不适,搅拌速度过快,泵的输送形式不同,都会造成乳清分离。

（4）其他

如原料乳总干物质含量低、接种量过大等也会造成乳清析出。

4. 风味不良

由于菌种选择及操作工艺不当,会造成酸牛乳芳香味不足,酸甜不适口等风味缺陷。在生产过程中,由于卫生操作不到位,容易造成酵母菌和霉菌的污染,引起酸牛乳的变质和不良风味的产生。

5. 色泽异常

在搅拌型酸乳生产中因加入的果蔬处理不当而引起变色、褪色等现象时有发生。应根据果蔬的性质及加工特性与酸乳进行合理的搭配和制作。

6. 噬菌体污染

噬菌体污染是造成发酵缓慢、凝固不完全的原因之一。由于噬菌体对菌的选择作用,可采用经常更换发酵剂的方法加以控制。此外两种以上菌种混合使用也可减少噬菌体危害。

任务3.5　冰淇淋与雪糕加工技术

一、冰淇淋的概述

1. 概念

国家标准 GB/T 31114—2014《冷冻饮品　冰淇淋》中对冰淇淋的定义:以饮用水、乳和（或）乳制品、蛋制品、水果制品、豆制品、食糖、食用植物油等的一种或多种为原辅料,添加或不添加食品添加剂和（或）食品营养强化剂,经混合、灭菌、均质、冷却、老化、冻结和硬化等工艺制成的体积膨胀的冷冻饮品。

2. 分类

冰淇淋的种类很多,并且随着技术的发展,其种类会越来越多。冰淇淋的分类方法各异,现将几种常用分类方法简介如下:

(1)按含脂率高低分类

①高级奶油冰淇淋。

一般其脂肪含量为 14% ~ 16%,总固形物含量为 38% ~ 42%。按其成分不同又可分为香草、巧克力、草莓、核桃、鸡蛋、夹心等冰淇淋。

②奶油冰淇淋。

奶油冰淇淋脂肪含量在 10% ~ 12%,属于中脂冰淇淋,总固形物含量在 34% ~ 38%。按其成分不同又可分为香草、巧克力、草莓、果味、咖啡、夹心等冰淇淋。

③牛奶冰淇淋。

牛奶冰淇淋脂肪含量在 6% ~ 8%,为低脂冰淇淋,总固形物含量在 32% ~ 34%。按其成分不同又可分为香草、可可、草莓、果味、夹心、咖啡等冰淇淋。

(2)按冰淇淋的形态分类

可分为冰淇淋砖(冰砖)、杯状冰淇淋、锥状冰淇淋、异形冰淇淋、装饰冰淇淋等。

(3)按使用不同香料分类

分为香草冰淇淋、巧克力冰淇淋、咖啡冰淇淋和薄荷冰淇淋等。其中以香草冰淇淋最为普遍,巧克力冰淇淋其次。

(4)按所加的特色原料分类

分为果仁冰淇淋、水果冰淇淋、布丁冰淇淋、豆乳冰淇淋、酸味冰淇淋、糖果冰淇淋、蔬菜冰淇淋、巧克力脆皮冰淇淋、黑色冰淇淋、啤酒冰淇淋、果酒冰淇淋等。

(5)按冰淇淋的硬度分类

可分为软质冰淇淋、硬质冰淇淋。

(6)按冰淇淋的颜色分类

可分为单色冰淇淋、双色冰淇淋、三色冰淇淋。

3. 冰淇淋的营养价值

冰淇淋的营养价值取决于其组成物质的营养价值。它虽然含有乳中的物质,但在含量上却有很大的差别,其中脂肪含量是牛乳中的 3 ~ 4 倍,蛋白质含量比牛乳中高 12% ~ 16%。此外,还可以加入鸡蛋、水果、果仁等来提高冰淇淋的营养价值。冰淇淋的糖类含量比牛乳多达 4 倍,矿物质或维生素以及特定的无机元素含量也很丰富。

二、冰淇淋的组成与特性

1. 冰淇淋的组成成分

冰淇淋刚问世时,其主要是用稀奶油、鲜牛乳、鲜鸡蛋、糖类、稳定剂、香料等调配而成,它是一种营养丰富的高档乳制品。随着生产的发展,使用的原料品种扩大,开始采用淡炼乳、甜炼乳、脱脂鲜乳、乳粉、乳清粉、黄油等与蛋制品、糖类、稳定剂、乳化剂、香料和食用色素等作配料。

2. 冰淇淋的质构

冰淇淋的质构与冰淇淋的特性和冰淇淋产品质量有着密切的关联。典型冰淇淋的总固形物含量为34%～36%,脂肪含量为10%～12%,非脂乳固体含量为9%～12%,蔗糖及其他糖类添加剂含量为12%～16%,酸度(以乳酸计)≤0.20%,膨胀率≥90%,但不宜超过100%。

以上述成分配料制作的冰淇淋是符合当前国际上通用产品标准的。其从组织结构上讲是一种含有40%～50%的空气容量的半凝冻泡沫状混合物。它是由气相、液相与固相三相组成的,在气相中气泡包含着冰结晶均匀分散在冰淇淋的液相中。在液相中,固体的超细蛋白质颗粒和不溶性的盐类又均匀分布于混合液中。因此,我们可认为冰淇淋是一种含有脂肪液滴、乳固体、空气泡和冰晶等物质的凝胶。总之,冰淇淋是一种比较复杂的具有泡沫状的食品系统。冰淇淋的结构有些地方与搅打发泡的稀奶油相似。例如都含有空气泡和部分结块的脂肪球,但也有重要的区别,即冰淇淋含有大量的冰结晶和乳糖结晶,水相的黏度很高(因为含有高浓度的糖、亲水胶体)。冰淇淋泡沫的空气泡小,而且稳定性取决于固体粒子和黏度。

3. 冰淇淋的特性

(1)含水量

60%～67%。

(2)比热容

冰点以上为3267.3 J/(kg·℃),冰点以下为1884 J/(kg·℃)。

(3)冰点

一般在-2.7～-2.2℃。冰淇淋的冰点,取决于其可溶性成分的多少,并随着不同的组成成分而变化。

(4)相对密度

冰淇淋相对密度在1.0544～1.1232的范围内。

(5)冰淇淋混合料的黏度

冰淇淋混合料的黏度为(50～300)×10^{-3} Pa。影响冰淇淋混合料黏度的因素有:成分种类和性质、配料的加工工艺等。

(6)酸度

不同非脂乳固体含量的冰淇淋的酸度和pH值,见表3-5-1。

表 3 - 5 - 1　　不同非脂乳固体含量的冰淇淋的酸度和 pH 值

非脂乳固体含量/%	酸度近似值/%	pH 值的近似值
7	0.126	6.4
8	0.144	6.35
9	0.162	6.35
10	0.18	6.32
11	0.198	6.31
12	0.206	6.3
13	0.226	6.28

（7）表面张力

正常数值为 $48 \times 10^{-5} \sim 55 \times 10^{-5}$ N。

（8）搅打速度

冰淇淋的配料以间式凝冻机冻结时每隔 1 min 测定一次膨胀率，正常情况下凝冻后 3.5 min 开始冻结，且在 7 min 内其膨胀率达到 90%。需 8 min 以上搅打才能达到 90% 膨胀率，被视为低搅打速度。

（9）贮藏容量

$200 \sim 250$ kg/m^3，具体根据产品包装形式与大小而定。

（10）贮藏温度

$-30 \sim -20$℃，以 -25℃贮藏条件为最佳，并希望保持恒温。如有温差，应 <2℃。

（11）贮藏相对湿度

80% ~ 85%。

（12）贮藏期

15 ~ 90 d。

（13）耗冷量

每千克制品为 22.2 ~ 25.1 kJ/h。

（14）风味

冰淇淋除应具有一定的营养价值外，更重要的是应具有优良的风味。

各种香料及果汁的品质与用量多少，对于成品的风味有着重要的影响。不同香味香料的选用，必须配合产品品种的要求和消费者的爱好。产品中的脂肪含量，亦同样能影响冰淇淋的风味。一般脂肪含量高的较含量低的风味为好，而全乳脂冰淇淋比半乳脂冰淇淋的风味好，半乳脂冰淇淋比植脂冰淇淋的风味好。但所用乳脂肪必须无异味，且乳脂的酸度以 0.16% ~ 0.18% 为最适宜，若高于 0.3%，则不仅会产生较显著的酸味，且能产生不快的异味。

在冰淇淋与雪糕中加入少量的食盐，可增进其风味。也可加入各种浆果、果仁、鲜果汁、咖啡、可可和巧克力等。在同一产品中也可选用两种香料混合（但两者必须调和）以增加和改善风味。

(15)组织

冰淇淋的组织要求细致滑润。用牛乳制品(如鲜乳及炼乳)制冰淇淋,可以得到良好的组织。但用量过多时,会使组织紧密;用量较少时,则松软乏味。使用含25%脂肪的乳脂可以产生优良的组织。若乳脂肪量在18%以下,则制成的冰淇淋有呈柔软状的趋势。在冰淇淋内添加适量的明胶和植物性胶体也可以产生较优良的组织,且可以在常温下较持久不融。但用量过多时,则产品会有过黏的感觉。

(16)质地

质地是指产品的纹理细度或是结构粗细度,它取决于微粒的大小、形状和布局。乳脂含脂肪量越丰富,则冰淇淋质地也越轻滑;反之,则常产生有冰结晶的口感粗糙的冰淇淋。若冰淇淋凝冻缓慢,则其质地粗且易有冰结晶产生;如采用连续凝冻,可使其质地更为轻滑。若在凝冻时充分加以搅拌,使适量的空气混入冰淇淋中,则成品的质地轻、柔滑细腻而可口。冰淇淋凝冻操作适当,可使其中的水分冻结成极细小的结晶体,并与微小的空气泡混合均匀。当冰淇淋的容量中含有30%~40%空气时,比少含空气者更为柔润可口。冰淇淋贮存时间过久,其中的水分便形成冰针。如加入适量的稳定剂,即可阻止冰针的成长,并能保持质地的光滑柔润。

(17)膨胀率

冰淇淋混合原料经凝冻后,因为有空气混入,其容积增加。此外冷冻可使其体积稍有膨胀,混合原料黏度适中,则膨胀率较大。含脂量高的比含脂低的配料能使搅入的空气更持久。如混合料凝冻速度较快,则没有充分的时间可搅入适量的空气,会影响膨胀率。在常温时,乳脂和糖的混合物,虽搅拌亦不能保留多量的空气。但当冷却至1℃时,液体变得浓厚即能慢慢起泡;当冷却至-2℃左右时,其容积即增加。所以在冰淇淋凝冻操作时,开始不宜过快,至混合原料冷却而变浓厚时,方可增加搅拌速度。

(18)坚挺度

坚挺度是指产品能坚挺站立的特性。所以,它涉及稠度或结实度及冰淇淋的溶解性。理想的坚挺度是通过牛乳固形物(乳脂肪和非脂乳固体)的正确原料配比、恰当的膨胀率及适当的加工方法产生的。坚挺度和质地的各项特性密切相关,是影响冰淇淋是否受消费者欢迎的重要因素。影响坚挺度和质地的内部结构因素包括冰结晶粒子大小、形状和分布情况以及未冷冻物质的数量和分布情况等。

坚挺度和质地的一般缺陷来源于原料的配比、加工方法或是贮藏条件不适当。坚挺度的缺陷一般是酥松易碎、带冰碴或是软弱,而质地的缺陷一般是粗糙、有冰屑、蓬松、起砂以及乳脂肪结块等。

三、冰淇淋生产主要原辅料

生产冰淇淋的主要原料有:乳与乳制品、油脂、蛋与蛋制品、甜味剂、稳定剂、乳化剂、香料和着色剂等。冰淇淋产品要求具有色泽鲜艳、风味独特、滋味纯正及组织细腻、柔软、光滑、润口等特点。除了应具有完善的设备和制定一定的工艺操作规程外,其质量的优劣还与原料的质量要求及其作用有密切的关系。为此,必须对原辅料的质量要求及其作用有所了解。

1. 乳与乳制品

乳与乳制品是生产冰淇淋的主要原料之一,是冷饮中脂肪和非脂乳固体的主要来源。配制冷饮用的乳与乳制品,主要有鲜牛乳、脱脂乳、乳脂、稀奶油、炼乳、乳粉等。

冰淇淋用脂肪最好是鲜乳脂。若乳脂缺乏,则可用奶油或人造奶油代替。乳脂肪在冰淇淋中,一般用量为 6% ~12%,最高可达 16% 左右。其能增进风味,并使成品有柔软细腻的感觉。脂肪球经过均质处理后,比较大的脂肪球被破碎成许多细小的颗粒。由于这一作用,可使冰淇淋混合料的黏度增加,在凝冻搅拌时增加膨胀率。

冰淇淋中的非脂乳固体主要来源于全脂乳粉、脱脂乳粉、酪蛋白酸盐、干酪乳蛋白、浓缩乳清蛋白和乳替代品等。非脂乳固体是指脱脂牛乳中的总固体数,主要由蛋白质、乳糖和矿物质组成。其中蛋白质能促使冰淇淋质地更加紧密和口味润滑,从而防止冰淇淋质地的松软;乳糖对于糖类所产生的甜味有轻微的促进作用;而矿物质使冰淇淋增添隐约的成味,它们赋予产品显著的风味特征。在一定范围之内,非脂乳固体添加越多,冰淇淋的品质越好。但若过量,就会产生一种咸味或炼乳味,且乳脂肪所特有的奶油香味将会大幅削弱。

2. 植物油脂

植物脂肪是植脂冰淇淋配方的重要组成部分,它除了能给予人体以糖类 2 倍以上的热量外,还含有几种人体营养所必需的不饱和脂肪酸。它在冰淇淋中能改善其组织结构,给予可口的滋味。生产植脂冰淇淋要根据工艺的加工要求选择合适的专用脂肪。冰淇淋用脂肪一般有奶油、人造奶油、硬化油和其他植物脂肪,如棕油、椰子油等。

3. 蛋与蛋制品

蛋与蛋制品不仅能提高冷饮的营养价值,改善其结构、组织状态,而且还能产生良好的风味。由于鸡蛋富含卵磷脂,能使冰淇淋或雪糕形成永久性的乳化能力,也可起到稳定剂的作用,所以适量的蛋品使成品具有细腻的"质"和优良的"体",并有明显的牛奶蛋糕的香味。在冰淇淋中广泛地使用蛋黄粉来保持凝冻搅拌的质量,其用量一般为 0.3% ~0.5%,含量过高则有蛋腥味产生。鲜鸡蛋常用量为 1% ~2%。

4. 饮用水

冷饮一般含有 60% ~90% 的水,主要由饮用水提供。水质好坏直接影响冰淇淋的质量。因此,要求冰淇淋用水必须达到国家生活饮用水的卫生标准。

5. 甜味料

冰淇淋使用的甜味料有蔗糖、淀粉糖浆、葡萄糖、果糖及糖精、甜蜜素、阿斯巴甜、木糖醇、山梨糖醇、纽甜、三氯蔗糖等,不同的甜味料具有不同的甜味和功能特性,对产品的色泽、香气、滋味、形态、质构和保藏起着极其重要的作用。

蔗糖是最常用的甜味剂,一般用量为12%~16%,过少会使制品甜味不足,过多则缺乏清凉爽口的感觉,并使料液冰点降低(一般增加2%的蔗糖其冰点降低0.22℃),凝冻时膨胀率不易提高,易收缩,成品容易融化。蔗糖还能影响料液的黏度,控制冰晶的增大,较低葡萄糖当量(DE值)的淀粉糖浆能使乳品冷饮玻璃化转变温度提高,降低制品中冰晶的生成速率。鉴于淀粉糖浆的抗结晶作用,乳品冷饮生产厂家常以淀粉糖浆部分代替蔗糖,一般以代替糖的1/4为好,蔗糖与淀粉糖浆两者并用时,制品的组织、贮运性能将更好。

6.果品和果浆

冷饮中的果品以草莓、柑橘、酸橙、柠檬、香蕉、菠萝、杨桃、樱桃、葡萄、黑加仑、甜橙、荔枝、杨梅、椰子、山楂、西瓜、蜜瓜、苹果、芒果、杏仁、核桃和花生等较常见。果品能赋予冰淇淋天然果品香味,提高产品档次。

由于水果的种类、成熟度不同,果浆的黏度也不同。由此,一般将果浆分为三类:具有黏稠的组织结构的果浆,如草莓、芒果、树莓、苹果等果浆;具有流动的组织结构的果浆;具有酸的滋味的果浆,如柠檬等果浆。一般冰淇淋工业应选用深度冻结果浆、巴氏杀菌果浆或冷冻干燥粉。

7.酸味剂

常用的酸味剂有柠檬酸、苹果酸、酒石酸、乳酸,以柠檬酸较为常用。柠檬酸酸味柔和、爽口,入口后即达最高酸感,后味延续时间短,被广泛应用于各种冷饮;酒石酸的酸味具稍涩的收敛味,后味长,在冷饮中很少单独使用,常和柠檬酸一起使用增加冷却后味;苹果酸酸味柔和,一般用于果味冷饮及低热值冷饮;乳酸有微弱酸味和涩味,用于乳酸饮品。

8.稳定剂

(1)特性与作用

稳定剂具有亲水性,其作用是与冰淇淋中的自由水结合成为结合水,从而减少混合料液自由水的数量。加入稳定剂的目的可概括为:提高混合料的黏度和冰淇淋的膨胀率;防止或抑制冰晶的生成,提高冰淇淋抗融化性和保藏稳定性;改善冰淇淋的形体和组织结构。

(2)稳定剂的选用

稳定剂的种类很多,选用稳定剂的时候应考虑以下几点:应溶于水或混合料;能赋予混合料良好的黏性及起泡性;能赋予冰淇淋良好的组织和结构;能改善冰淇淋的保形性;具有防止冰晶扩大的效果。

(3)稳定剂的添加量

稳定剂的用量根据稳定剂的种类和对产品所产生的稳定效果而定,一般依据四个方面:配料的总固体含量、配料的脂肪含量、凝冻机的种类、稳定剂的用量范围。

常用的稳定剂有:

明胶:一种动物蛋白,口感比较好,但黏度比较低,需老化时间较长。

海藻酸钠:是海藻浸提物的钠盐,风味比较好,温度变化对形体影响小,外观圆滑、柔软,缺点是口溶性差、带糊状感。

瓜尔豆胶:黏度比较高,口感细腻,但抗溶性较差。

羧甲基纤维素钠(CMC):使冰淇淋组织状态良好、有嚼头,增加混合料的起泡能力。

卡拉胶:能提高冰淇淋的保形性,并能防止混合料中乳清析出,此点可弥补瓜尔豆胶与CMC 的不足。

黄原胶:具有各方面良好性能,且口感、风味好,只是价格高。

各类稳定剂在各方面的性能归纳如下:

抗酸性:耐酸 CMC > 果胶 > 黄原胶。

黏度:瓜尔豆胶 > 黄原胶 > 果胶 > 卡拉胶。

吸水性:瓜尔豆胶 > 黄原胶。

9. 乳化剂

(1)特性与作用

乳化剂是一种分子中具有亲水基和亲油基的物质,它可介于油和水的中间,使一方很好地分散于另一方的中间而形成稳定的乳化液。冰淇淋的成分复杂,其混合料中加入乳化剂的作用可归纳为:乳化,使脂肪球呈微细乳浊状态,并使之稳定化;分散,分散脂肪球以外的粒子并使之稳定化;起泡,在凝冻过程中能提高混合料的起泡力,并细化气泡使其稳定化;保形性的改善,增加室温下冰淇淋的耐热性;储藏性的改善,减少储藏中制品的变化;防止或控制粗大冰晶形成,使冰淇淋组织细腻。

(2)乳化剂的种类、添加量

冰淇淋中常用的乳化剂有单、双硬脂酸甘油酯(单甘酯)、蔗糖脂肪酸酯(糖酯)、聚山梨酸酯(吐温)、山梨糖醇脂肪酸酯(斯潘)、丙二醇脂肪酸酯(PG 酯)、卵磷脂等,其添加量与混合料中脂肪含量有关,一般随脂肪含量增加而增加。

10. 香精

香精在冷饮食品中是不可缺少的调香剂,差不多在各种冷饮中都添加香精,以使产品带有醇和的香味并保存该品种应有的天然风味,增进冷饮食品的食用价值。

要使冷饮食品得到清雅醇和的香味,除了注意香精本身的品质优劣以外,其用量及调配也是极其重要的环节。香精用量过多,致使消费者饮用时有触鼻的刺激感觉,而失去清雅醇和近似天然香味的感觉;用量过少,则造成香味不足,不能达到应有的增香效果。一般食用香精的使用量在饮品中为 0.025% ~ 0.150% ,但实际用量尚需根据食用香精的品质及工艺条件确定。香精和香料都有一定的挥发性,在老化后的物料中添加,以减少挥发损失。

11. 着色剂

冷饮食品一般需要配合其品种和香气口味进行着色。

(1)食用天然色素

食用天然色素有植物色素如胡萝卜素、叶绿素、姜黄素;微生物色素如核黄素、红曲色素;动物色素如幼虫胶色素。

（2）食用合成色素

食用合成色素有：苋菜红、胭脂红、柠檬黄、靛蓝等，为了满足冰淇淋加工生产着色的需要，可将不同的色素按不同的比例混合拼配。

（3）其他着色剂

在冰淇淋生产中，还使用其他着色剂，如熟化红豆、熟化绿豆、可可粉、速溶咖啡、血糯米等，不但体现天然植物的自然色泽，而且其制品独具风味。

12. 其他

在冷饮品的开发中，人们逐渐探索在冷饮品中加入咖啡、红茶绿茶、乌龙茶、芝麻、巧克力、豆类、芋头、黑糯米、薏米、玉米、蔬菜、果仁、蜜饯、饼干、面包屑等，制成各种不同花色的冰淇淋。

四、冰淇淋加工工艺

1. 冰淇淋生产工艺流程（图 3 - 5 - 1）

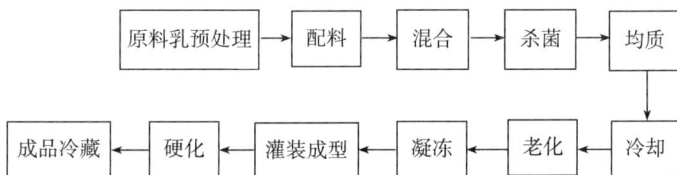

图 3 - 5 - 1 冰淇淋加工工艺流程图

2. 工艺技术及控制要求

（1）原辅料预处理

原辅料的种类很多，性状各异，在配料之前要根据它们的物理性质进行预处理。

①鲜牛乳。

使用之前，用120目尼龙或金属绸过滤除杂或进行离心分离。

②乳粉。

使用混料机或高速剪切缸，将乳粉加温水溶解，也可先均质使乳粉分散更均匀。

③奶油。

检查其表面有无杂质。若无杂质再用刀切成小块，加入杀菌缸。

④稳定剂、蔗糖。

稳定剂与其质量5~10倍的蔗糖混合，再溶解于80~90℃的软化水中。

⑤液体甜味剂。

先用5倍左右的水稀释、均匀，再经100目尼龙或金属绸过滤。

⑥蛋制品。

鲜蛋可与鲜乳一起混合，过滤后均质使用；冰蛋要加热融化后使用。

⑦果汁。

果汁在使用之前需搅匀或均质处理。

(2)原料的配比与计算

①配比原则。

先制定质量标准,充分考虑脂肪与非脂乳固体成分的比例、总乳固体含量、糖的种类和数量、乳化剂和稳定剂的选择与数量等。在冰淇淋混合料原料选择和配方计算时,还需考虑原料的成本对成品质量的影响。例如,为适当降低成本,在一般奶油或奶油冰淇淋中可以采用部分优质氢化植物油代替奶油。

②配方的计算。

冰淇淋配方成分见表3-5-2和表3-5-3,现要配100 kg混合料,求各种原料的需要量。

表3-5-2　配料成分

成分名称	含量%	成分名称	含量%
脂肪	14	糖	14
非脂乳固体	10	乳化稳定剂	0.5

先计算糖和乳化稳定剂的用量

$$14\% \times 100 = 14(kg)$$

$$0.5\% \times 100 = 0.5(kg)$$

表3-5-3　原料成分

原料名称	配方成分	含量%	原料名称	配方成分	含量%
稀奶油	脂肪	30	脱脂乳粉	总乳固体	96
	非脂乳固体	5.9	糖	蔗糖	100
脱脂乳	总乳固体	9.0	乳化稳定剂		100

再计算稀奶油的需要量

$$14\% \times 100 \div 30\% \approx 46.67(kg)$$

最后计算脱脂乳、脱脂乳粉的需要量

设脱脂乳、脱脂乳粉的需要量分别为A、B。

$$A + B + 46.67 + 14 + 0.5 = 100$$

$$0.059 \times 46.67 + 0.09A + 0.96B = 10$$

解上述二元一次方程得

脱脂乳需要量 A = 34.52(kg)

脱脂乳粉需要量 B = 4.31(kg)

（3）原料的混合

各种原料的配合比例确定后，即可进行混合。混合原料的配制可在杀菌缸内进行，杀菌缸具有杀菌、搅拌和冷却功能。一般使用夹层锅。

混合要求如下：

①混合顺序宜从浓度低的液体原料（如牛乳等）开始，其次为炼乳、稀奶油等液体原料，再次为砂糖、乳粉、乳化剂、稳定剂等固体原料，最后以水作容量调整。

②混合溶解的温度通常为 40~50℃。

③使用淀粉时，先用 8~10 倍的水或牛乳调匀，通过 100 目筛过滤，在搅拌条件下缓缓加入混合料中。

④使用鸡蛋时，可与 1:4 的水或牛乳搅拌混合。或者先将蛋白与蛋黄分开，蛋黄与少量牛乳混合后加入蔗糖，充分搅拌混合均匀，然后将充分起泡的蛋白加入，最后再将剩余的混合料加入，充分混合。使用鸡蛋时，杀菌温度需慢慢上升，最好采用 80℃，15 s 的杀菌温度。如温度上升过急，处理时间过久，易使蛋白凝成絮状。

⑤香料需在陈化（老化）过程结束后进行凝冻时加入。

⑥使用果汁时，需在凝冻操作中途加入，否则由于果汁中的有机酸易使酪蛋白凝固而使组织不良。

（4）杀菌

杀菌不仅可以杀灭有害微生物，还可使制品组织均匀。混合料的杀菌可在配料缸内进行，通常多采用 85~90℃，5 min；若使用板式换热器，杀菌条件为 90~95℃，20 s，杀菌时应将各种原料进行搅拌，充分混合。

（5）均质

混合原料经均质后，黏度增加，冻结搅拌时容易混入气泡使容积增大，使膨胀率增加，组织滑润，并能防止脂肪的分离。冰淇淋混合料一般采用二次高压均质，温度以 65~75℃ 最适宜，压力以第一段 13~17 MPa，第二段 3~4 MPa 为好。

（6）冷却与老化（成熟）

混合料均质后，通过板式换热器冷却至 0~4℃，并在此温度保持 4~24 h，这一操作即称老化。经过陈化（老化）可促进脂肪、蛋白质和稳定剂的水合作用。稳定剂充分吸收水分，料液黏度增加，有利于搅拌时膨胀率的提高。

（7）凝冻

凝冻是将混合料在凝冻机的强制搅拌下进行冷冻，使空气以极微小的气泡状态均匀分布于全部混合料中，一部分水成为冰的微结晶的过程。凝冻并非完全冻结（20%~40% 的水分冻结），而是呈半冻结状态，当搅拌器激烈搅拌时，混合料中即进入适当的空气，而使容积增加 1 倍左右。同时使混合料均匀，组织细腻，既获得适当的膨胀率又提高了稳定性。

凝冻机包括间歇式和连续式两种。间歇式凝冻机的凝冻时间为 5~20 min，冰淇淋的出料温度为 -5~-3℃。连续式凝冻机进出料是连续的，冰淇淋的出料温度为 -6~-4℃，其空气的混入是泵自行调节的,连续式凝冻机必须经常检查膨胀率,从而控制恰当的进出量以及混入的空气量。

冰淇淋的体积要比混合料大,体积的增加可用膨胀率来表示。膨胀率以80%～100%为宜,过低,冰淇淋风味过浓,在口中溶解不良,组织粗硬。过高则变成海绵状组织,气泡大,保形性和保存性不佳,在口中溶解很快,风味平淡。

(8)灌装、成型

①灌装凝冻后的冰淇淋,装入容器不经硬化者,称为软质冰淇淋。装入容器并经硬化者,称为硬质冰淇淋。

冰淇淋可包装于杯中、蛋卷或其他容器中,其中可填入不同风味的冰淇淋或用坚果、果料和巧克力等装饰的冰淇淋。离开机器之前包装被加盖,随后通过速冻隧道,在其最终冷冻到-20℃时进行硬化。冰淇淋的形状和包装类型多种多样,有盒装的、插棒的,还有蛋卷锥式的。

②成型冰淇淋为半流体状物质,其最终成型是在成型设备上完成的。成型大多在以最终冰淇淋产品的形状命名的灌装机中完成,如锥形冰淇淋灌装机、纸杯冰淇淋灌装机、双色(或三色)冰淇淋灌装机。成型分为浇模成型、挤压成型和灌装成型三大类。

(9)硬化

由凝冻机放出的冰淇淋呈半冻结状,组织柔软,有一定的流动性,将其灌入包装容器或模具中在-25～-40℃的条件下进行速冻,保持适当硬度,此过程称为硬化。速冻硬化的目的是固定冰淇淋的组织状态,完成冰淇淋中极细小冰结晶形成的过程,使组织保持适当的硬度,保证冰淇淋的质量,以便于销售和运输。

(10)贮藏

硬化后的冰淇淋,移于冷藏库中冷藏。冷藏温度以-20℃为宜。

五、雪糕的加工工艺

1. 雪糕概述

(1)雪糕的概念

雪糕是以饮用水、乳品、食糖、食用油脂等为主要原料,添加适量增稠剂、香料、着色剂等食品添加剂,经混合、灭菌、均质或轻度凝冻、注模、冻结等工艺制成的冷冻产品。

(2)雪糕的分类

①根据产品的组织状态分类。

分为清型雪糕、混合型雪糕和组合型雪糕。清型雪糕是不含颗粒或块状辅料的制品,如橘味雪糕;混合型雪糕是含有颗粒或块状辅料的制品,如葡萄干雪糕、菠萝雪糕等;组合型雪糕是指与其他冷冻饮品或巧克力等组合而成的制品,如白巧克力雪糕、果汁冰雪糕等。

②按雪糕中脂肪含量不同分类。

分为高脂型雪糕、中脂型雪糕和低脂型雪糕。

2. 雪糕的生产工艺流程(图 3 – 5 – 2)

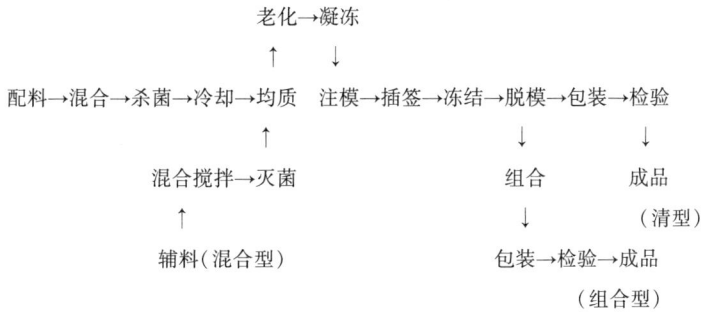

老化→凝冻

配料→混合→杀菌→冷却→均质　注模→插签→冻结→脱模→包装→检验

混合搅拌→灭菌　　　　　　组合　　成品

　　　　　　　　　　　　　　　　　　(清型)

辅料(混合型)　　　　包装→检验→成品

　　　　　　　　　　　(组合型)

图 3 – 5 – 2　冰淇淋加工工艺流程图

3. 工艺操作要点

(1)雪糕配方的一般比例

①甜味料。

白砂糖 12% ~ 16%;甜蜜素 0 ~ 0.1%;蛋白糖 0 ~ 0.1%;麦芽糖浆(或化学稀、果葡糖浆)0 ~ 30%。

②乳制品。

鲜牛乳 10% ~ 60%;乳粉 1% ~ 10%。

③油脂。

人造奶油 1% ~ 4%;或全脂棕榈油 4%。

④填充料。

玉米淀粉 0 ~ 3%;糯米粉 0 ~ 4%;麦芽糊精粉 0 ~ 6%。

⑤稳定剂。

酥脆型口感:酥脆稳定剂 0.4% ~ 0.5%。

软冰型口感:柔软稳定剂 0.5% ~ 0.6%。

软型口感:软稳定剂 0.4% ~ 0.5%;效粉 5%。

黏软果冻型口感:柔软稳定剂 0.2% ~ 0.3%;效粉 10% ~ 15%。

⑥乳化剂。

分子蒸馏单甘酯 0.1% ~ 0.2%;或鸡蛋 0 ~ 2%。

雪糕生产时,原料配制、杀菌、冷却、均质、老化等操作技术与冰淇淋基本相同,普通雪糕不需经过凝冻工序,直接经浇模、冻结、脱模、包装而成,膨化雪糕则需要进行凝冻工序。

(2)凝冻

首先对凝冻机进行清洗和消毒,而后加入料液。第一次约加入机体容量的 1/3,第二次则为 1/2 ~ 2/3。膨化雪糕要进行轻度凝冻,膨化率为 30% ~ 50%,所以要控制好凝冻时间以调节凝冻程度。出料温度一般控制在 – 3℃左右。

（3）浇模

从凝冻机内放出的料液直接放进雪糕模盘,浇模时模盘要前后左右晃动,以便混合料在模内分布均匀。然后盖上带有盖子的模盖,轻轻放入冻结槽内进行冻结,入模前要将模盘、模盖、扦子等进行彻底消毒,一般用沸水煮或用蒸汽喷射消毒 10 ~ 15 min。

（4）冻结

雪糕的冻结有直接冻结法和间接冻结法。直接冻结法就是直接将模盘浸入盐水槽内进行冻结,间接冻结法就是速冻库（管道半接触式冻结装置）和隧道式（强冷风冻结装置）速冻。进行直接速冻时,先将冷冻盐水放入冻结槽至规定高度,开启冷却系统,待盐水温度降到 −30 ~ −24℃时,放入模盘,10 ~ 12 min 后模盘内混合料液全部冻结即可取出模盘。冻结缸内的盐水要有专人负责,每天至少测 4 次盐水浓度和温度,并在生产前 0.5 h 测 1次,生产后每 2 h 测 1 次,做好原始记录。

（5）脱模

脱模就是使冻结硬化的雪糕经瞬时加热由模盘脱下的过程,脱模时在烫盘槽内注入加热用的盐水至规定高度后,开启蒸气阀将蒸汽通入蛇形管控制烫盘槽内水的温度在 48 ~54℃。将模盘置于烫盘槽中,轻轻晃动使其受热均匀,浸数秒钟后（以雪糕表面稍融为度）,立即脱模。然后,便可进行包装。

（6）包装

包纸、装盒、装箱、放入冷库。

任务3.6　乳粉加工技术

乳粉是一种干燥粉末状乳制品,具有耐保藏、使用方便的特点。生产乳粉的目的在于保留牛乳营养成分的同时,除去乳中大量水分,使牛乳由含水 88% 左右的液体状态转变成含水 2% ~5% 的粉末状态,既利于包装运输,又利于保藏使用,乳粉随时随地均可冲调饮用,非常便利。乳粉不仅是糖果、饼干、糕点、冷饮等食品工业的重要原料,而且是造纸、皮革、印染、化工、医药等工业的辅助材料。另外,还是某些工厂企业工人的保健食品,定期食用可增强工人体质,防止工业毒物（铅中毒）侵害。

一、乳粉的概述

1. 乳粉的定义

乳粉是以新鲜乳为原料,或以新鲜乳为主要原料,添加一定数量的植物或动物蛋白质、脂肪、维生素、矿物质等配料,经杀菌、浓缩、干燥等加工工艺除去乳中几乎所有的水分,干燥而制成的粉末。

2. 乳粉的种类

根据所用的原料、原料处理及加工方法不同,一般将乳粉分为如下几种。

全脂乳粉：用全脂鲜乳为原料，经过杀菌、浓缩、干燥而成。

脱脂乳粉：所用的原料为将鲜乳中的脂肪分离出去的脱脂乳。

加糖乳粉：在原料乳中加入一定量的糖或乳糖经干燥加工而制得。

调制乳粉：又叫强化乳粉，在原始乳中加入或补充人体需要的各种营养素加工而制得。

速溶乳粉：经过特殊的干燥工艺制成，溶解性非常好。

乳清粉：利用制造干酪或干酪素的副产品——乳清为原料，经浓缩、干燥制成。

酪乳粉：利用奶油加工的副产品——酪乳为原料，经浓缩、干燥制成。

乳油粉：在稀奶油中添加一部分鲜乳制成。

冰淇淋粉：在鲜乳中加入适量的脂肪、稳定剂、乳化剂和甜味剂、香料等加工制成。

麦乳精粉：在鲜乳中添加麦芽、可可、蛋类、饴糖、乳制品等经干燥制成。

近年来，随着乳品工业的发展和技术进步，不断涌现出各种类型的乳粉，如干酪粉、嗜酸菌乳粉及双歧杆菌乳粉、加锌乳粉等。总之，凡是最终制成干燥粉末状态的乳制品，都可归于乳粉类。

3. 乳粉的生产方法

在乳粉的生产过程中，一般都先将乳浓缩至干物质（固形物）含量达45%～50%，然后再进行干燥制成粉末状产品。乳粉的生产方法一般分为冷冻法与加热法两类。目前国内乳粉生产普遍采用加热法。由于加热的方式不同，分为平锅法、滚筒法和喷雾法三种。

（1）平锅法

即将乳在开口的平锅中浓缩成糊糊状，而后抹成片状，最后经干燥、粉碎、过筛而成。平锅法是一种比较古老和原始的方法，这种方法的产品质量不易保证，劳动强度大，难以大量生产，目前已被淘汰。

（2）滚筒法

又称为薄膜法。用经过浓缩或不浓缩的鲜乳，均匀地淌在蒸汽加热的滚筒上成薄膜状，滚筒转到一定位置，膜层被干燥，用刮刀刮下，最后粉碎，过筛成粉。滚筒法国内也很少使用，特别是真空滚筒法则更少。

（3）喷雾法

分为离心喷雾和压力喷雾两种。它是借助于离心力或压力的作用，使预先浓缩的浓奶在特制的干燥室内喷成雾滴，而后用热空气干燥成粉末。喷雾法的产品质量较好，便于连续化和自动化大量生产，我国各地的乳品加工厂大多采用此种方法。

另外，也可采用冷冻法生产乳粉。冷冻法生产乳粉又可以分为离心冷冻法和升华法两种。冷冻法制造乳粉因温度很低，牛乳中的全部营养成分能保留，同时也可避免因加热对产品色泽和风味带来的不良影响，冷冻法制造的乳粉，溶解度极高。现在国内外绝大多数工厂还是采用喷雾干燥，因为用喷雾法生产的乳粉，产品质量较好，具有较高的溶解度，又便于连续化和自动化生产。

二、乳粉的理化特性

1. 色泽与风味

正常乳粉的色泽为淡黄色,具有牛乳独特的乳香微甜风味。

2. 乳粉的密度

乳粉密度受板眼孔径、喷雾压力和浓缩乳的浓度等影响。一般浓度越高,乳粉的密度也越大。干燥温度提高时,因颗粒膨胀而中空,结果会使密度降低。乳粉密度通常有三种,它们分别说明了乳粉的品质特性。

（1）表观密度

单位体积中乳粉的质量(包括颗粒空隙中的空气)。

（2）容积密度

乳粉颗粒的密度(包括颗粒内的空气)。

（3）真密度

不包括空气的乳粉本身的密度。

3. 乳粉的成分及其状态

（1）乳粉的气泡

压力喷雾的全脂乳粉颗粒中含气量为7%～10%(体积分数),脱脂乳粉约13%;离心喷雾的全脂乳粉的含气量为16%～22%,脱脂乳粉约35%。含气泡多的乳粉浮力大,下沉性差,且易氧化变质。

（2）乳粉的脂肪

喷雾干燥的乳粉的脂肪呈微细球状,存在于乳粉颗粒内部。压力喷雾的乳粉脂肪球较小,1～2 μm,离心喷雾粉为1～3 μm,凝聚在乳粉颗粒边缘的游离脂肪(3%～14%)含量高时,乳粉极易氧化,不耐保存,冲调性差。

（3）乳粉的蛋白质

乳粉颗粒中蛋白质的状态,特别是酪蛋白的状态,决定了乳粉的复原性。

（4）乳粉的乳糖

乳糖是乳粉颗粒中的主要成分,全脂淡乳粉约含38%,脱脂乳粉约50%,乳清粉约70%。普通新生产的乳粉中乳糖呈非结晶的玻璃状态,玻璃态的乳糖极易吸潮,变成含一个分子结晶水的结晶乳糖。

（5）乳粉的水分

全脂乳粉在2%,脱脂乳粉在4%以下为宜,水分高低直接影响乳粉的质量及保藏性。但水分过低容易引起脂肪氧化,产生氧化臭味。

4. 乳粉的溶解度与复原性

溶解度是表示乳粉与水按鲜乳含水比例复原时,评价其复原性能的一个指标,影响溶解度的主要因素包括:原料乳的质量、加工方法、操作条件、成品含水量、成品包装及贮藏条件等。

5.乳粉颗粒的状态与冲调性

冲调性和溶解度都是乳粉复原性能指标,但溶解度表示乳粉的最终溶解程度,冲调性则表示乳粉的溶解速度。乳粉颗粒大小及其颗粒分布对冲调性能有直接影响。冲调性随乳粉颗粒平均直径的增大而提高。

三、全脂乳粉的加工技术

1.全脂乳粉的工艺流程

全脂乳粉可根据原料乳中加糖与否分为全脂甜乳粉和全脂淡乳粉两种,两种乳粉的加工工艺基本一致。全脂乳粉加工是乳粉加工中最简单且最具代表性的一种方法。工艺中应用了喷雾干燥技术,其他种类的乳粉加工都是在此基础上进行的。以全脂乳粉为例,其加工工艺见图3-6-1。

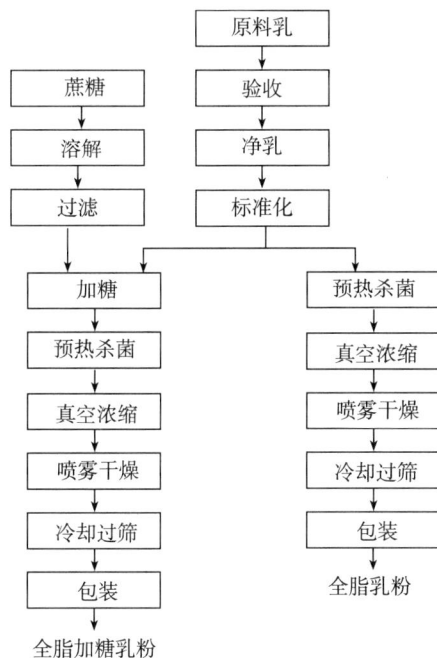

图3-6-1　全脂乳粉加工工艺流程图

2.全脂乳粉的加工操作要点

(1)原料乳的验收

原料乳进入工厂后应立即进行检验,将符合感官、理化、微生物标准的优质牛乳进入收乳工序。感官检验包括乳的滋气味、色泽和肉眼可见的机械杂质。理化检验包括乳的酸度、相对密度、乳的温度、脂肪含量和可疑的外来物质,而且必须严加控制对人体有害的物质(如硝酸盐、尿素等)。微生物检查项目中,主要是测定原料乳的细菌总数。国内多采用平板计数法,但作为日常检查,大多数采用美蓝实验和刃天青实验。

（2）原料乳的预处理

原料乳检验合格后,须经过处理方可储存或使用,具体工艺流程如下:

原料乳→粗滤→称量记录→离心净乳→冷却至4℃以下→注入储乳罐→取样做标准化→储存或使用

①原料乳的净化。

牛乳经过联式过滤只能除去较大的异物、杂质,而牛乳通过离心净乳后,则可把乳中不能由过滤方法除去的细小污物、脱落的乳房上皮组织、白细胞等分离除去,达到高度净乳的目的,极大地提高了产品的质量。所以采用净乳机净乳是各乳品厂不可缺少的一道工序。

②原料乳的标准化。

生产乳粉时,为了获得稳定组成成分的产品,每批产品所用原料乳必须经过标准化,确保原料乳乳脂肪与非脂乳固体之比等于成品中脂肪与非脂乳固体之比。

③均质。

生产全脂乳粉、全脂甜乳粉以及脱脂乳粉时,若配料中加入植物油或其他不易混匀的物料时,就需要进行均质操作。均质时的压力一般控制在14～21 MPa,温度控制在60℃。二级均质时,第一级均质压力为14～21 MPa,第二级均质压力为15 MPa左右。如果在浓缩前或在浓缩与喷雾干燥之间搅拌时不会混入大量空气,就不需要进行均质操作。

④杀菌。

用于生产全脂乳粉的牛乳大多采用80～85℃的巴氏杀菌,以钝化其中的脂肪分解酶,该酶在乳贮存过程中能促进脂肪分解,从而影响产品质量。一般认为,高温短时杀菌或超高温瞬时杀菌比低温长时杀菌效果好,乳的营养成分破坏程度小,乳粉的溶解度及保藏性良好,因此得到广泛的应用。

超高温瞬时杀菌不仅能使乳中微生物几乎全部杀死,还可以使乳蛋白质达到软凝块化,营养成分破坏程度小。研究证明,当乳加热到75℃以上时,蛋白质的构造发生变化,巯基(SH)被激活,热处理温度达到90℃时,会导致乳清蛋白中β-乳球蛋白的变化,产生大量的巯基,对脂肪有一定的抗氧化特性,提高乳粉的保藏性。

⑤真空浓缩。

牛乳浓缩的程度将直接影响到乳粉的质量。一般全脂乳浓缩到45%～50%总固形物(TS),若继续浓缩至更高的乳固体含量,可以进一步减少整个生产过程的能耗,但这样做会带来一系列的问题,如浓缩乳浓度越高黏度就越高,浓缩乳就越容易在蒸发器加热管内壁上结焦,影响传热效率和设备的清洗,而且黏度高的物料雾化困难,产品质量难以保证。所以,综合考虑各方面的因素,浓缩乳的固体含量以45%左右为宜。

蒸发一般采用多效薄膜蒸发。多效蒸发器可很大限度地利用热能,前一效的蒸汽可以作为下一效的加热介质。通过采用热蒸汽或蒸汽再压缩工艺,热效率可以进一步提高,一般在蒸发器上都安装有折射计或黏度计,以确定浓缩终点。除蒸发浓缩外,也可采用膜技术进行浓缩。超滤可将乳组分分离,反渗透和纳滤只除去了乳中的水,可对乳进行预浓缩,超滤不仅使受热程度减少,还可以进行标准化,调节产品中蛋白质和乳糖含量。

浓缩终点的确定:连续式蒸发器在稳定的操作条件下,可以正常连续出料,其浓度可通过检测而加以控制,间歇式浓缩锅需要逐锅测定浓缩终点。在浓缩到接近要求浓度时,浓缩乳黏度升高,沸腾状态滞缓,微细的气泡集中在中心,表面稍呈光泽。根据经验观察即可判定浓缩的终点,但为准确起见,可迅速取样,测定其相对密度、黏度或折射率来确定浓缩终点。一般要求原料乳浓缩至原体积的1/4,乳干物质达到45%左右。

(3)干燥

浓缩后的乳打入保温罐内,立即进行干燥。乳粉常用的干燥方法可以采用滚筒干燥法和喷雾干燥法。由于滚筒干燥生产的乳粉溶解度低,现已很少采用。现在国内外广泛采用喷雾干燥法。喷雾干燥法包括离心喷雾法和压力喷雾法。

①喷雾干燥的原理。

浓乳在高压或离心力的作用下,经过雾化器在干燥室内喷出,形成雾状,此刻的浓乳变成了无数微细的乳滴(直径为10~200 μm),大大增加了浓乳表面积。微细乳滴一经与鼓入的热风接触,其水分便在0.01~0.04 s的瞬间内蒸发完毕,雾滴被干燥成细小的球形颗粒,单个或数个粘连飘落到干燥室底部,而水蒸气被热风带走,从干燥室的排风口抽出。整个干燥过程包括预热、恒速干燥、降速干燥三个阶段,仅需15~30 s。

②喷雾干燥的特点。

与其他几种干燥方法比较,喷雾干燥方法具有许多优点,因而得以广泛采用并获得了迅速发展。

干燥速度快,物料受热时间短。由于浓乳被雾化成微细乳滴,具有很大的表面积。若按雾滴平均直径为50 μm计算,则每升乳喷雾时,可分散成146亿个微小雾滴,其总表面积约为54000 m^2。这些雾滴中的水分在150~200℃的热风中强烈而迅速地汽化,所以干燥速度快。

干燥温度低,乳粉质量好。在喷雾干燥过程中,雾滴从周围热空气中吸收大量热,而使周围空气温度迅速下降,同时也就保证了被干燥的雾滴本身温度大大低于周围热空气温度。干燥的粉末,即使其表面,一般也不超过干燥室气流的湿球温度(50~60℃)。这是由于雾滴在干燥时的温度接近于液体的绝热蒸发温度,这就是干燥的第一阶段(恒速干燥阶段)不会超过空气的湿球温度的缘故。所以,尽管干燥室内的热空气温度很高,但物料受热时间短、温度低、营养成分损失少。

工艺参数可调,容易控制质量。选择适当的雾化器,调节工艺条件可以控制乳粉颗粒状态、大小、容重,并使含水量均匀,成品冲调后具有良好的流动性、分散性和溶解性。

产品不易污染,卫生质量好。喷雾干燥过程是在密闭状态下进行,干燥室中保持100~400 Pa的负压,所以避免了粉尘的外溢,减少了浪费,保证了产品卫生。

产品呈松散状态,不必再粉碎。喷雾干燥后,乳粉呈粉末状,只要过筛,团块粉即可分散。

操作调节方便,机械化、自动化程度高,有利于连续化和自动化生产。操作人员少,劳动强度低,具有较高的生产效率。

(4)冷却与筛粉

①出粉、冷却。

喷雾干燥中形成的乳粉,尽快连续不断地排出干燥室外,以免受热时间长,特别对于全脂乳粉来说,会使游离脂肪酸含量增加,不但影响乳粉质量,而且在保藏中也容易引起氧化变质。

卧式干燥室采用螺旋输粉器出粉,而平底或锥底的立式圆塔干燥室则都采用气流输粉或流床式冷却床出粉。气流输粉方式,其输粉的优点是速度快,大约在 5 s 内就可将喷雾室内的乳粉送走,同时在输粉管中进行冷却。但因为气流速度快,约 20 m/s,乳粉在导管内易受摩擦而产生多量的微细尘,致使乳粉颗粒不均匀;筛粉筛出的微粉量也过多,不好处理;另外气流冷却的效率不高,使乳粉中的脂肪仍处于其熔点之上。如果先将空气冷却,则经济上又不合算。

目前采用流化床出粉冷却的方式较多,利用经冷却处理的空气的吹入,可将乳粉冷却到 18℃,微粉的生成量减少。同时流化床可将细粉分离,送入喷雾干燥塔,与刚雾化的乳滴接触,形成较大的粉粒。

无流化床设备时,可将乳粉收集于粉箱中,过夜冷却。冷却后,过 20~30 目筛后即可包装。

②贮粉的原因。

一是可以集中包装时间(安排 1 个班白天包装);二是可以适当提高乳粉表观密度,一般贮粉 24 h 后可提高 15%,有利于装罐。但是贮粉仓应有良好的条件,应防止吸潮、结块和二次污染。如果流化床冷却的乳粉达到了包装的要求,可进行包装。

(5)包装

全脂乳粉采用马口铁罐抽真空充氮包装,即将乳粉称量、装罐、预封后送入回转式自动真空充氮封罐机内,在 83.99~85.32 kPa 下,通入纯度为 99% 的氮气,达到 6.8~20.58 kPa 的压力后进行封罐。真空充氮包装的乳粉,保质期可达 3 年以上。短期内销售的产品,多采用聚乙烯塑料复合铝箔袋包装。基本上可避免光线、水分和气体的渗入。

包装规格大小不等,其中以 454 g 最多。食品加工原料用的乳粉,通常用马口铁罐12.5 kg 包装,或用聚乙烯薄膜袋包装后套三层牛皮纸的 25 kg 包装。

包装间最好配置空气调温调湿装置,使室温保持在 20~25℃,相对湿度保持在 75% 以下。

四、调制乳粉

调制乳粉的种类包括婴儿乳粉、中老年乳粉及其他特殊人群需要的乳粉。最初调制乳粉主要是针对婴儿营养需要,在乳中加入某些必要的营养成分经加工制成的。初期为加糖乳粉,后来发展成为模拟人乳的营养组成,通过添加或提取牛乳中的某些成分,使其组成在数量上和质量上都接近人乳,制成特殊调制乳粉,即所谓"母乳化"乳粉。母乳化乳粉又称婴儿乳粉。近年来,随着社会经济的发展和科学技术的进步,又涌现出许多具有生理调节功能和疗效作用的调制乳粉,即功能性乳粉。

1. 婴儿乳粉的特性

母乳是婴儿最好的营养品,牛乳被认为是人乳的最好代用品,但牛乳的营养组成与人乳有所不同,牛乳中蛋白质和灰分量比人乳多,而乳糖则较少。用牛乳喂养婴儿会发生种种营养障碍,很难满足婴儿的生长发育需要。因此,需要将牛乳中的各种成分进行调整,使之接近于母乳,并加工成方便食用的粉状产品。

2. 婴儿乳粉营养成分调整

(1)蛋白质的调整

牛乳蛋白质不仅含量比人乳高得多,而且组成与人乳差异也较大,对蛋白质加以调整的方法是添加脱盐的甜性乳清或乳清粉,使蛋白和乳清蛋白的比例接近人乳;或者添加酪蛋白的酸水解物,以提高酪蛋白的消化性。

(2)脂肪的调整

牛乳脂肪含量与人乳基本相同,但构成甘油酯的脂肪酸组成却不同,可采用不饱和脂肪酸含量高的植物油调整脂肪酸的组成。

(3)碳水化合物的调整

牛乳中的乳糖含量远低于人乳。因此,在婴儿乳粉中要多补加一些乳糖分解物。

(4)矿物质的调整

牛乳中矿物质含量相当于人乳的 3.5 倍,这会增加婴儿的肾脏负担,通常用大量添加脱盐乳清粉的办法加以稀释。但需要补加铁等微量元素,并且控制 $Ca/P=1.2\sim2.0$,K/Na 为 2.88 左右。

(5)维生素的调整

婴儿乳粉应充分强化维生素,特别是叶酸和维生素 C,它们对芳香族氨基酸的代谢起辅酶作用,婴儿乳粉一般添加的维生素为维生素 A、维生素 B_1、维生素 B_6、维生素 B_{12}、叶酸、维生素 C、维生素 D、维生素 E 等,维生素 E 的添加量以控制维生素 E 和多不饱和脂肪酸的比例大于或等于 0.8 为宜。

任务 3.7　干酪加工技术

一、干酪的定义及分类

1. 干酪的定义

干酪是指在乳中(也可以用脱脂乳或稀奶油等)加入适量的乳酸菌发酵剂和凝乳酶,

使乳蛋白质(主要是酪蛋白)凝固后,排除乳清,将凝块压成所需形状而制成的产品。

干酪的营养成分丰富,主要为蛋白质和脂肪,其脂肪和蛋白质含量相当于将原料乳中的蛋白质和脂肪浓缩了10倍。此外,所含的钙、磷等无机成分,除能满足人体的营养需要外,还具有重要的生理作用。干酪中的维生素主要是维生素A,其次是胡萝卜素、B族维生素和烟酸等。经过成熟发酵过程后,干酪中的蛋白质在凝乳酶和发酵剂微生物产生的蛋白酶的作用下而分解生成肽、氨基酸等可溶性物质,极易被人体消化吸收,干酪中蛋白质的消化率为96%～98%。

2. 干酪的种类

在所有乳制品中,干酪的种类最多。据美国农业部统计,世界上已命名的干酪种类达800余种,其中400余种比较著名。随着新产品的开发,干酪的种类仍不断增加。干酪主要依据原产地、制造方法、外观、理化性质和微生物学特性等进行命名和分类。

(1)根据水分含量分类

国际乳品联盟(IDF 1972)曾提出根据水分含量,将干酪分为硬质、半硬质、软质三大类。目前主要基于干酪的硬度及成熟特征进行分类。

(2)根据凝乳特征分类

根据凝乳特征将干酪分为酶凝干酪和酸凝干酪两种。在世界干酪总产量中,75%属于凝乳酶凝乳的干酪品种。不同品种之间仍存在很大差异,可以根据其成熟特性(如内部细菌和霉菌、表面细菌和霉菌等)和加工工艺进一步分类。酸凝干酪占干酪总产量的25%左右,主要品种有如农家干酪、夸克干酪和稀奶油干酪等。

(3)根据是否成熟分类

根据是否成熟可以将干酪分为新鲜干酪和成熟干酪。制成后未经发酵成熟的产品称为新鲜干酪,酸凝干酪多属于此类;经长时间发酵成熟制成的产品称为成熟干酪。国际上将这两种干酪统称为天然干酪。

二、干酪发酵剂

1. 干酪发酵剂的种类

干酪发酵剂是指在制造干酪的过程中使干酪发酵、成熟的特定微生物培养物,根据微生物的种类分为细菌发酵剂和霉菌发酵剂两大类。细菌发酵剂以乳酸菌为主,主要用于产生风味物质和产酸。霉菌发酵剂主要是指对脂肪分解能力强的卡门培尔干酪青霉、娄地青霉等。

在干酪生产中,发酵剂的作用主要表现为:代谢乳糖产生乳酸,创造良好的酸性环境以提高凝乳酶的活性,缩短凝乳时间;有利于凝乳以及凝块的脱水收缩、乳清排出;发酵剂在成熟过程中,利用本身的各种酶类促进干酪的成熟,形成干酪特有的风味,改进产品的组织状态;发酵产酸使干酪pH值降低,抑制杂菌的繁殖。某些发酵剂微生物可以产生相应的酶类以分解蛋白质、脂肪等物质,从而提高产品的消化吸收率和营养价值。

2. 干酪发酵剂的制备

在干酪生产中多采用混合菌种发酵剂,以便于达到产酸、产芳香物质和形成干酪特殊组织状态的目的。在实际生产过程中,发酵剂的添加量根据干酪品种、加工工艺、原料乳的质量和组成以及发酵剂菌株本身的酸化活力等因素确定,一般应该保证每升原料乳中含有 $10^8 \sim 10^9$ CFU/mL 的活菌数量。干酪生产中既可以使用厂内原有的生产发酵剂,也可以采用冷冻干燥的直投式发酵剂。

(1)乳酸菌发酵剂的制备

干酪乳酸菌发酵剂的制备与发酵乳发酵剂制备方法相似,当生产发酵剂的酸度达 0.75% ~0.80% 时冷却备用。

(2)霉菌发酵剂的制备

这种发酵剂的调制除使用的菌种及培养温度有差异外,基本方法与乳酸菌发酵剂的制备方法相似。将除去表皮后的面包切成小立方体,盛于三角瓶中,加适量蒸馏水并进行高压灭菌处理,添加少量乳酸效果更好。将霉菌悬浮于无菌水中,再喷洒于灭菌面包上。置于 21 ~25℃ 的恒温箱中经 8 ~12 d 培养,使霉菌孢子布满面包表面。从恒温箱中取出,在约30℃条件下干燥10 d,或在室温下进行真空干燥。最后研成粉末,经筛选后,盛于容器中保存。

三、凝乳酶

在干酪生产中,除农家干酪、夸克干酪等新鲜干酪是通过乳酸凝固外,其他品种干酪的生产都是在凝乳酶的作用下形成凝块。凝乳酶的主要作用是促进乳的凝结和利于乳清排出。凝乳酶相对分子质量约为35600,等电点约为4.65。从犊牛胃中提取的皱胃酶中含有凝乳酶和胃蛋白酶,两者比例约为4∶1,皱胃酶是最常用的凝乳酶。

1. 凝乳酶的凝乳原理

凝乳酶凝固酪蛋白可分为两个过程:

①酪蛋白在凝乳酶的作用下,形成副酪蛋白,此过程称为酶性变化。

②产生的副酪蛋白在游离钙的存在下,由于钙离子与负电荷结合而减少粒子间的静电相斥作用,在副酪蛋白分子间形成"钙桥",使副酪蛋白的微粒发生团聚作用而产生凝固胶体,此过程称为非酶变化。

当κ-酪蛋白被水解时,静电作用消失,酪蛋白胶粒稳定下降。当κ-酪蛋白被水解80%时,在高于20℃的温度条件以及一定钙离子的辅助作用下产生凝固现象。这两个过程的发生使酪蛋白的酶凝固与酸凝固不同,酶凝固时钙和碘酸盐并不从酪蛋白微球中游离出来。

2. 影响凝乳酶凝乳的因素

影响凝乳酶凝乳的因素可分为对凝乳酶的影响以及对乳凝固的影响两个方面。

(1)温度的影响

在 40 ~41℃ 时,凝乳酶的凝乳作用最快,低于20℃或高于50℃时不发生作用。温度不仅对副酪蛋白的形成有影响,更主要的是对副酪蛋白形成凝块过程也有影响。

(2)pH 值的影响

在低 pH 值条件下,皱胃酶活性增高,酪蛋白胶束的稳定性降低,使得凝乳酶的作用时间缩短,凝块较硬。

(3)钙离子的影响

钙离子不仅影响凝乳,而且影响副酪蛋白的形成。酪蛋白所含的胶质磷酸钙是凝块形成所必需的成分。提高乳中钙离子的浓度可以缩短凝乳酶的凝乳时间,并使凝块变硬。

(4)牛乳加热的影响

如果牛乳先加热至42℃以上,再冷却到凝乳所需的正常温度后添加皱胃酶,则凝乳时间延长,凝块变软,此种现象被称为滞后现象。主要是在42℃以上加热处理乳时,酪蛋白胶粒中磷酸盐和钙游离出来所导致。

3. 主要的代用凝乳酶

除皱胃酶外,许多蛋白分解酶也具有凝乳作用。由于皱胃酶来源于犊牛的第四胃,靠宰杀小牛而得,成本很高,所以开发、研制皱胃酶的代用酶受到普遍重视,并且很多代用凝乳酶已应用到干酪的生产中。代用酶按其来源可分为动物性凝乳酶、植物性凝乳酶、微生物凝乳酶及遗传工程凝乳酶等。

(1)动物性凝乳酶

动物性凝乳酶主要是胃蛋白酶,已经作为皱胃酶的代用品用于干酪生产,其很多性质与皱胃酶相似,如凝乳张力、非蛋白氮的生成、酪蛋白的电泳变化等。但是胃蛋白酶分解蛋白的能力强,使得制成的干酪成品略带苦味,如果单独使用,会使产品产生一定的缺陷。

(2)植物性凝乳酶

无花果蛋白酶、木瓜蛋白酶、凤梨蛋白酶等是最常用的植物源凝乳酶,其凝乳能力不错,但是分解蛋白的能力较强,使得制成的干酪带有一定的苦味,因而,其应用受到一定限制。

(3)微生物来源的凝乳酶

微生物凝乳酶可分为霉菌、细菌、担子菌三种来源。在生产中使用的主要是霉菌性凝乳酶,如从微小毛霉菌中分离出的凝乳酶,其分子量为29800,凝乳的最适温度为56℃。现在日本和美国等国将其制成粉末凝乳酶制剂而应用到干酪生产中。用微生物源凝乳酶生产干酪的主要缺陷是蛋白分解力比皱胃酶高,干酪的得率较皱胃酶生产的干酪低,成熟后产生苦味。另外,微生物凝乳酶的耐热性高,给乳清的利用带来不便。

(4)利用遗传工程技术生产凝乳酶

是指通过 DNA 重组的微生物生产凝乳酶。美国和日本等国利用工程技术,将犊牛皱胃酶合成的 DNA 分离出来,导入生物细胞内,利用微生物来合成皱胃酶获得成功,并得到美国食品医药局(FDA)的认定和批准。

四、干酪的加工工艺

1. 干酪加工工艺流程

原料乳→标准化→杀菌→冷却→添加发酵剂→调整酸度→加氯化钙→加色素→加凝乳剂→凝块切割→搅拌→加温→排出乳清→成型压榨→盐渍→成熟→上色挂蜡

2. 干酪加工工艺要点

（1）净乳

巴氏杀菌不能杀灭形成芽孢的细菌，后者对干酪的生产和成熟具有很大危害，如丁酸梭状芽孢杆菌在干酪的成熟过程中产生大量气体，破坏干酪的组织形态，且产生不良风味。用离心除菌机进行净乳处理，不仅可以除去乳中大量杂质，而且可以将乳中90%的细菌除去，尤其对相对密度较大的芽孢菌特别有效。

（2）标准化

为了保证每批干酪的质量均一，组成一致，在加工之前要对原料乳进行标准化处理。干酪产品的成分标准主要是由其中的水分以及脂肪含量决定的，生产中主要调整脂肪与蛋白质的比例。对干酪生产用原料乳的标准化包括脂肪标准化、酪蛋白/脂肪比例（C/F）标准化两个方面，一般要求 C/F = 0.7。标准化方法主要通过离心等方法除去部分乳脂肪，加入脱脂乳、稀奶油、脱脂奶粉等。

（3）原料乳的杀菌

天然干酪可分为新鲜干酪和成熟干酪，从理论上讲，生产不经成熟的新鲜干酪时必须将原料乳杀菌，而生产经过 1 个月以上时间成熟的干酪时，原料乳可不杀菌。但在实际生产时，一般都将杀菌作为干酪生产原料乳处理的必要工序。因此，在实际生产中多采用63℃、30 min 的低温长时杀菌，或 72 ~ 75℃、15 s 的高温短时杀菌。常采用的杀菌设备为保温杀菌罐或片式热交换杀菌机。

杀菌可以有效消灭原料乳中的致病菌，并可消灭部分有害微生物，保证产品质量安全，防止异常发酵；同时，对微生物的有效控制，可增加干酪的保存时间；对于加热杀菌处理的干酪产品而言，高温可使白蛋白凝固，使其保存在干酪产品中，从而增加产品的产出率。

（4）冷却

原料乳在杀菌之后温度较高，为了保证原料乳的质量，防止微生物的生长繁殖，并利于之后的凝乳操作，需将原料乳进行冷却处理，通常将原料乳冷却到30℃左右。

（5）添加发酵剂和预酸化

经杀菌后的原料乳直接打入干酪槽中，干酪槽为水平卧式长椭圆形不锈钢槽，且有保温（加热或冷却）夹层及搅拌器（手工操作时为干酪铲和干酪耙）。将干酪槽中的牛乳冷却至 30 ~ 32℃，添加 1% ~ 2% 的工作发酵剂，充分搅拌 3 ~ 5 min，然后进行乳酸发酵。经 10 ~ 15 min 的预酸化后，取样测定酸度，一般要求达到 20 ~ 24°T，这过程又叫预酸化。

（6）调整酸度及加入添加剂

①调整酸度。

经预酸化后牛乳的酸度很难控制到绝对统一。为使干酪成品质量一致，可用 1 mol/L 的盐酸调整酸度至 20～24°T。具体的酸度值应根据干酪的品种而定。

②加入氯化钙（$CaCl_2$）。

如果生产干酪的牛乳质量差，则凝块会很软，这会引起细小酪蛋白颗粒及脂肪的严重损失。为了改善凝固性能，提高干酪质量，可在 100 kg 原料乳中添加 5～20 g 的 $CaCl_2$（预先配成 10% 的溶液），以调节盐类平衡，促进凝块的形成。

③添加色素。

干酪的颜色取决于原料乳中脂肪的色泽，但脂肪的色泽受季节及饲料的影响。故为了使产品的色泽一致，需在原料乳中加胡萝卜素等色素物质，现多使用胭脂树橙的碳酸钠抽出液，通常每 1000 kg 原料乳中加 30～60 g。

④硝酸盐（$NaNO_3$ 或 KNO_3）。

如果干酪乳中含有丁酸菌或大肠菌时，会产生异常发酵，可以用硝酸盐来抑制这些细菌，但是其用量需根据牛乳的组成、生产工艺等进行精确确定。因为过量的硝酸盐也会抑制发酵剂中细菌的生长，影响干酪的成熟，甚至使成熟过程终止；硝酸盐还会使干酪脱色，引起红色条纹和不良的滋味。硝酸盐的最大允许用量为每 100 kg 乳中添加 30 g 硝石。

但由于硝酸盐的安全性一直受到质疑，在一些国家禁止使用硝酸盐。如果牛乳在预处理过程中经离心除菌或微滤处理，那么硝酸盐的需求量就可大大减少甚至不用。

（7）添加凝乳酶与凝乳的形成

加酶凝固是干酪生产中的一个重要工序，即生乳在凝乳酶的作用下形成凝块。酶的加入方法是：先用 1% 的食盐水（或灭菌水）将酶配制成 2% 的溶液，并在 28～32℃下保温 30 min，然后加到原料乳中，均匀搅拌 1～2 min 后，使原料乳静置凝固。在大型（10000～20000 L）密封的干酪槽或干酪罐中，为了使凝乳酶均匀分散，可采用自动计量系统通过分散喷嘴将稀释后的乳凝酶液喷洒在牛乳表面。一般在 28～33℃温度范围内，约 40 min 内凝结成半固态，凝块无气孔，摸触时有软的感觉，乳清透明即表明凝固状况良好。

添加各种添加物后，将原料乳在 32℃ 左右的温度下，静置 30 min 左右，即可使原料乳凝固，达到凝乳的要求。

（8）凝块切割

无论是酸凝乳还是酶凝乳的原料乳在经过凝乳工序后，都会形成凝固状态，当凝块达到适当的硬度时，用干酪刀将其切成 7～10 mm 的小立方体，切制后的小凝块容易粘在一起，因此需不停地搅拌，为防止凝块破碎，刚开始的搅拌要较慢，大约 15 min 后搅拌速度可逐渐加快，并在干酪槽的夹层中通入热水，使温度逐渐上升。加温的目的是调节凝乳颗粒的大小和酸度，同时也可以限制产酸菌的生长，调节乳酸的形成；此外，加热还能促进凝块的收缩和乳清的排除。

（9）排除乳清

乳清排除是指将乳清与凝乳颗粒分离的过程。排除乳清的时机可通过所需酸度或凝乳颗粒的硬度来掌握,乳清的排除可分几次进行,为了保证干酪槽中均匀地处理凝块,要求每次排除同样数量的乳清,一般为原料乳体积的35%~50%,排放乳清可在不停的搅拌下进行。

乳清的排除有多种方式,不同的排乳清方式会得到不同的乳酪组织结构,比较常用的方法有捞出式、吊袋式和堆积式。捞出式是指用滤框等工具将凝乳颗粒从乳清中捞出来,倒入带孔的模子中,完成排乳清的一种方式,捞出式可得到有不规则多孔结构也称为立纹质地的干酪;吊袋式是指用粗布将凝乳颗粒和乳清全部包住后,吊出干酪槽,使乳清滤除的方式,吊袋式可以得到具有特有的圆孔线的干酪;堆积式是指乳清通过滤筛从干酪槽中排除后,将凝乳颗粒在热的干酪槽中堆放一定时间,以排掉内部空隙的排乳清的方式,堆积式可得到结构致密的干酪。

（10）压榨成型

经过排除乳清工序后将进入压榨成型工序。可将压榨成型分为定型和压榨两个工序。

①定型。

在乳清排出后,将干酪颗粒堆在干酪槽的一端,用带孔的模板或不锈钢压5 min,使其成块,并继续压出乳清后将其切成砖状小块,装入模具,成型。

②压榨。

压榨是指对装在模中的凝乳颗粒施加一定的压力,压榨可进一步去掉乳清,使凝乳颗粒成块,并形成一定的形状,同时表面变硬,压榨可利用干酪自身的重量完成,也可使用专门的干酪压榨机来进行,利用自身重量完成的压榨耗时较长,利用干酪压榨机完成的压榨则耗时较短。

（11）加盐

加盐的目的在于:改进干酪的风味、组织和外观;排出内部乳清或水分,增加干酪硬度;限制乳酸菌的活力,调节乳酸生成和干酪的成熟;防止和抑制杂菌的繁殖。加盐按成品的含盐量确定,一般在1.5%~2.5%范围内。

依据干酪品种的不同,加盐方式也不同。加盐的方法有以下三种。

①干法加盐。

干法加盐指在定型压榨前,将所需的食盐撒布在干酪粒（块）或者将食盐涂布于生干酪表面（如法国浓味干酪）。

②湿法加盐。

湿法加盐指将压榨后的生干酪浸于盐水池中腌制,盐水浓度第1~2 d为17%~18%,以后保持20%~23%的浓度。为了防止干酪内部产生气体,盐水浓度应控制在15%~25%,浸盐时间为4~6 d（如荷兰圆形干酪,荷兰干酪）。

③混合法。

混合法是指在定型压榨后先涂布食盐,过一段时间后再浸入食盐水中的方法（如瑞士干酪,砖状干酪)。

（12）干酪的成熟

干酪成熟是指将新鲜干酪置于一定的温度和湿度下,经一定时间(一般 3 ~ 6 个月)存放,通过乳酸菌等有益微生物和凝乳酶的作用,使干酪发生一系列物理化学及生物学变化,并使新鲜的凝块转变成具有独特风味、组织状态和外观的干酪的过程。成熟的目的在于改善干酪的组织状态和营养价值,增加干酪的特有风味。干酪成熟的过程主要包括前期成熟、上色挂蜡、后期成熟和贮藏。

前期成熟是指将待成熟的新鲜干酪放入温度、湿度适宜的成熟库中,每天用洁净的棉布擦拭其表面以防止霉菌的繁殖。擦拭后要翻转放置以使表面的水分蒸发均匀。

上色挂蜡是指将前期成熟后的干酪清洗干净后,用食用色素染成红色(也有不染色的),待色素完全干燥后,在 160℃ 的石蜡中进行挂蜡。所选石蜡的熔点在 54 ~ 56℃ 为宜,因熔点高者挂蜡后易硬化脱落,近年来已逐渐采用合成树脂膜取代石蜡。为了食用方便和防止形成干酪皮,现多采用食用塑料膜进行热缩密封或真空包装。

后期成熟和贮藏是指将挂蜡后的干酪放在成熟库中继续成熟 2 ~ 6 个月,以使干酪完全成熟,并形成良好的口感、风味,成品干酪应放在温度为 5℃ 及相对湿度为 80% ~ 90% 条件下贮藏。

五、干酪的缺陷及其控制

1. 物理性缺陷及防止方法

（1）质地干燥

凝乳块切割过小,加温搅拌时温度过高,酸度过高,处理时间较长及原料含脂率低等都能使干酪中水分过度排出而引起制品干燥。对此除改进加工工艺外,也可利用表面挂石蜡、塑料袋真空包装及在高温条件下进行成熟来防止。

（2）组织疏松

即凝乳中存在裂隙。酸度不足,乳清残留于凝乳块中,压榨时间短或成熟前期温度过高等均能引起此种缺陷。防止方法是进行充分压榨并在低温下成熟。

（3）多脂性

指脂肪过量存在于凝乳块表面或其中。其原因大多是操作温度过高,凝块处理不当(如堆积过高)而使脂肪压出。可通过调整生产工艺来防止。

（4）斑纹

操作不当引起。特别在切割和热烫工艺中由于操作过于剧烈或过于缓慢引起。

（5）发汗

指成熟过程中干酪渗出液体。其可能的原因是干酪内部的游离液体多及内部压力过大,多见于酸度过高的干酪。所以除改进工艺外,控制酸度也十分必要。

2. 化学性缺陷及防止方法

（1）金属性黑变

由铁、铅等金属与干酪成分生成黑色硫化物，根据干酪质地的不同而呈绿色、灰色和褐色等颜色。操作时除考虑设备、模具本身外，还要注意外部污染。

（2）桃红或赤变

当使用色素（如安那妥）时，色素与干酪中的硝酸盐结合而形成更深的化合物。对此应认真选用色素并控制其添加量。

3. 微生物性缺陷及防止方法

（1）酸度过高

主要原因是微生物繁殖速度过快。防止方法：降低预发酵温度，并加入食盐以抑制乳酸菌繁殖；加大凝乳酶添加量；切割时切成微细凝乳粒；高温处理；迅速排除乳清以缩短制造时间。

（2）干酪液化

由于干酪中存在有液化酪蛋白的微生物而使干酪液化。此种现象多发生于干酪表面。引起液化的微生物一般在中性或微酸性条件下繁殖。

（3）发酵产气

通常在干酪成熟过程中能缓慢生成微量气体，但能自行在干酪中扩散，故不形成大量的气孔，而由微生物引起干酪产生大量气体则是干酪的缺陷之一。在成熟前期产气是由于大肠杆菌污染所致，后期产气则是由梭状芽孢杆菌、丙酸菌及酵母菌繁殖所致。防止的对策是可将原料乳离心除菌或使用产生乳酸链球菌素的乳酸菌作为发酵剂，也可添加硝酸盐，调整干酪水分和盐分。

（4）苦味

干酪的苦味是极为常见的质量缺陷，酵母或非发酵剂菌种都可引起干酪苦味。另外，乳高温杀菌，原料乳的酸度高以及成熟温度高均可能产生苦味。添加食盐量可降低苦味的强度。

（5）恶臭

干酪中如存在厌气性芽孢杆菌，会分解蛋白质生成硫化氢、硫醇、亚胺等，此类物质产生恶臭味。生产过程中要防止这类菌的污染。

（6）酸败

由污染微生物分解乳糖或脂肪等生成丁酸及其衍生物所引起。污染菌主要来自原料乳、牛粪及土壤等。

【项目小结】

本项目介绍了乳的基础知识，主要讲述液体乳、酸乳、冰淇淋、乳粉以及干酪的加工技术,使学生熟练掌握乳及乳制品的加工工艺、操作要点,培养学生的创新能力,为学生顶岗实习以及就业打下坚实的基础。

【问题探究】

①原料乳验收有哪些注意事项?

②乳的酸度有哪些? 如何测定? 有何意义?

③什么是原料乳的标准化?

④什么是酸乳? 酸乳有哪些生理功效?

⑤什么是真空浓缩? 有哪些特点?

⑥喷雾干燥的特点是什么?

⑦冰淇淋的冷冻、老化应注意哪些问题?

⑧影响冰淇淋收缩的因素有哪些?

⑨什么是预酸化? 预酸化对干酪加工起什么作用?

⑩加盐在干酪生产中起什么作用?

【实验实训】

实验实训一　原料乳的感官及理化检验

一、实验目的

①检验原料乳的质量。

②训练酸度滴定、乳稠计使用等技能。

二、用具及原料

用具:250 mL 量筒,乳稠计,三角瓶,碱式滴定管等。

原料:鲜牛乳。

三、试剂

①酚酞指示剂:称取 0.5 g 酚酞溶于 75 mL 体积分数为 95% 的乙醇中,并加入 20 mL 水,然后滴加氢氧化钠溶液至微粉色,再加入水定容至 100 mL。

②0.1 mol/L 氢氧化钠标准溶液:4 g 氢氧化钠溶于 1000 mL 蒸馏水中。

标定:称取 0.3 ~ 0.4 g(精确到 0.0001)邻苯二甲酸氢钾于 250 mL 锥形瓶中,加入 100 mL毫升蒸馏水,加三滴酚酞指示剂,用配制好的氢氧化钠(在天平上称取 4 g,用蒸馏水定容至 1 L)滴定至微红色。

按下式计算氢氧化钠的浓度:

$$C = m \times 1000 / (V \times 204.2)$$

式中:C——氢氧化钠标准溶液的浓度,mol/L;

　　m——基准物邻苯二甲酸氢钾的质量,g;

　　V——标定时所耗用氢氧化钠标准溶液的体积,mL;

204.2——邻苯二甲酸氢钾的摩尔质量,g/mol。

③72°及75°酒精:例如液体温度24℃,先找到最左侧 +24,往右走,找到与72 最为接近的值,往上走,找到对应的酒精计刻度。

四、实训步骤

1. 鲜乳的取样

采集乳样是监测工作中非常重要的一步。采取的乳样必须能代表整批乳的特点。否则,即使以后的样品处理及检测无论怎样严格、精确,也将毫无价值。

采样前必须用搅拌器在乳中充分搅拌,使乳的组成均匀一致。因乳脂肪的比重较小,当乳静止时乳的上层比下层脂肪多。如果乳表面上形成了紧密的一层乳油时,应先将附着于容器上的脂肪刮入乳汁中,然后再搅拌。

取样数量决定于检查的内容,一般只测定酸度和脂肪度时取 50 mL 即可。如做全分析应取乳 200 ~ 300 mL。采样时应采取两份平行乳样。

将采得的检样注入带有瓶塞的、干燥而清洁的玻璃瓶中,并在瓶上贴上标签,注明样品名称、编号等。

2. 感官检查

正常乳应为乳白色或略带黄色;具有特殊的乳香味,稍有甜味,不得有苦味、霉味、臭味、涩味、碱味、酸味、牛粪味、腥味和煮熟乳气味等其他任何异味。应为组织状态均匀一致的流体,无凝块和沉淀,不发滑。

评定方法:

①色泽检定:将少量乳倒入白瓷皿中观察其颜色。

②气味鉴定:将少量乳加热后,闻其气味。

③滋味鉴定:取少量乳用口尝之。

④组织状态鉴定:将少量乳倒入小烧杯内静置 1 h 左右后,再小心将其倒入另一小烧杯内,仔细观察第一个小烧杯内底部有无沉淀和絮状物。再取 1 滴乳于大拇指上,检查是否黏滑。

3. 理化检验

(1)牛乳新鲜度的测定

正常牛乳的酸度为 16 ~ 18°T,且蛋白质有一定的稳定性。当乳中微生物发生作用会分解乳糖导致酸度升高,蛋白质稳定性下降,当受到酒精脱水作用和加热时会出现絮状物,因此可以用下列方法来判断牛乳新鲜度。

①酸度测定。

取乳样 10 mL 于 250 mL 锥形瓶中,加 20 mL 新煮沸冷却至室温的水,混匀,再加入

2.0 mL酚酞指示液,混匀。用0.1 mol/L氢氧化钠标准溶液滴定至微红色,并在半分钟内不褪色为止,记录消耗氢氧化钠溶液的毫升数。测得的酸度有两种表示方法:

$$°T = V \times 10$$

$$乳酸(\%) = \frac{B \times F \times 0.009}{乳样毫升数 \times 乳的相对密度} \times 100\%$$

式中:B——中和乳样的酸所消耗的0.1 mol/L氢氧化钠溶液的体积,mL;

F——0.1 mol/L氢氧化钠的校正系数;

0.009——乳酸换算系数,即1 mL 0.1 mol/L氢氧化钠能结合0.009 g乳酸。

在重复性条件下获得的两次独立测定结果的算术平均值表示,结果保留三位有效数字。两次独立测定结果的绝对差值不得超过1.0 °T。

②酒精实验。

于试管内用等量中性酒精与牛乳混合(一般1~2 mL),振摇后观察是否有絮片出现,出现絮片的为酒精阳性乳,表示其酸度较高。不同浓度的酒精可检测出对应的牛乳酸度,见下表。

酒精浓度和牛乳酸度对应表

酒精浓度(°)	不出现絮片的酸度(°T)
68	≤20
70	≤19
72	≤18
75	≤16

③煮沸实验。

取牛乳10 mL放入试管中,在酒精灯上加热煮沸1 min或置于沸水浴中5 min,取出观察管壁有无絮片或发生凝固现象。产生絮片或发生凝固的表示牛乳已不新鲜,酸度大于26°T。

(2)牛乳相对密度的测定

牛乳的相对密度是指乳在20℃时的质量与同容积水在4℃时的质量比,我国很多乳品厂采用密度标准(即20℃/4℃)。

①仪器。

乳稠计:20℃/4℃或15℃/15℃。

玻璃圆桶(或200~250 mL量筒):圆桶高度应大于乳稠计的长度,其直径大小应使乳稠计沉入后,筒内壁与乳稠计的周边距离不少于5 mm。

②方法。

a.将10~25℃的乳样小心注入桶中,加到容积的3/4处,注意不要产生泡沫。

b.用手拿住乳稠计上部,小心地将它沉入相当标尺刻度30处,放下后使其在乳中自由浮动,但不与桶壁接触。

c.静止 1~2 min 后,眼睛水平对准桶内牛乳液面的高度,读出乳稠计与牛乳液面接触点的读数。

d.根据牛乳温度和乳稠计读数,从温度密度校正表中,将乳稠计读数换算成 20℃时的度数。

$$乳稠计刻度值 = (密度 - 1.000) \times 1000$$

乳稠计读数变为温度 20℃时的读数换算表

乳稠计刻度数	鲜乳温度/℃															
	10	11	12	13	14	15	16	17	18	19	20	21	22	23	24	25
25	23.3	23.5	23.6	23.7	23.9	24.0	24.2	24.4	24.6	24.8	25.0	25.2	25.4	25.5	25.8	26.0
26	24.2	24.4	24.5	24.7	24.9	25.0	25.2	25.4	25.6	25.8	26.0	26.2	26.4	26.6	26.8	27.0
27	25.1	25.3	25.4	25.6	25.7	25.9	26.1	26.3	26.5	26.8	27.0	27.2	27.5	27.7	27.9	28.1
28	26.0	26.1	26.3	26.5	26.6	26.8	27.0	27.3	27.5	27.8	28.0	28.2	28.5	28.7	29.0	29.2
29	26.9	27.1	27.3	27.5	27.6	27.8	28.0	28.3	28.5	28.8	29.0	29.2	29.5	29.7	30.0	30.2
30	27.9	28.1	28.3	28.5	28.6	28.8	29.0	29.3	29.5	29.8	30.0	30.2	30.5	30.7	31.0	31.2
31	28.8	29.0	29.2	29.4	29.6	29.8	30.0	30.3	30.5	30.8	31.0	31.2	31.5	31.7	32.0	32.2
32	29.8	30.0	30.2	30.4	30.6	30.7	31.0	31.2	31.5	31.8	32.0	32.3	32.5	32.8	33.0	33.3
33	30.7	30.8	31.1	31.3	31.5	31.7	32.0	32.2	32.5	32.8	33.0	33.3	33.5	33.8	34.1	34.3
34	31.7	31.9	32.1	32.3	32.5	32.7	33.0	33.2	33.5	33.8	34.0	34.3	34.4	34.8	35.1	35.3
35	32.6	32.8	33.1	33.3	33.5	33.7	34.0	34.2	34.5	34.7	35.0	35.3	35.5	35.8	36.1	36.3
36	33.5	33.8	34.0	34.3	34.5	34.7	34.9	35.2	35.5	35.7	36.0	36.2	36.7	36.7	37.0	37.3

注:也可用计算法加以校正。若温度比 20℃高出 1℃,则在相对密度上加上 0.0002;每低于 1℃,则从相对密度上减去 0.0002。

实验实训二　凝固型酸乳的制作

一、实验目的

熟悉凝固型酸乳的加工方法、工艺过程和加工原理,提高操作技能。

二、实验设备用具

1.材料

原料乳,白砂糖。

2.菌种

保加利亚乳杆菌,嗜热链球菌。

3.设备仪器

高压均质机,高压灭菌锅,酸度计,酸性 pH 值试纸,超净工作台,恒温培养箱等。

三、实验步骤

1.发酵剂的制备

(1)脱脂乳培养基制备

脱脂乳用三角瓶和试管分装,置于高压灭菌器中,121℃灭菌15 min。

（2）菌种活化与培养

用灭菌后的脱脂乳将粉状菌种溶解,用接种环接种于装有灭菌乳的三角瓶和试管中,42℃恒温培养直到凝固。取出后置于4℃下放置24 h(有助于风味物质的提高),再进行第二次、第三次接代培养,使保加利亚乳杆菌和嗜热链球菌的滴定酸度分别达110°T和90°T以上。

（3）发酵剂混合扩大培养

将已活化培养好的液体菌种以球菌和杆菌1∶1的比例混合,接种于灭菌脱脂乳中恒温培养,接种量为2%～6%,培养温度为42℃,时间为3.5～4.0 h,制备成母发酵剂备用。

2.酸乳的制作

（1）工艺流程

原料乳→加糖预热→均质→杀菌→冷却→接种→装瓶→培养→冷却→成品

（2）实训操作

加糖:原料中加入5%～7%的砂糖。

均质:均质前将原料乳预热至53℃,20～25 MPa下均质处理。

杀菌:均质后的原料乳杀菌温度为90℃,时间为15 min。

冷却:杀菌后迅速冷却至42℃左右。

接种:接种量为2%～6%,保加利亚乳杆菌和嗜热链球菌比例为1∶1。

培养:接种后分装于酸乳瓶中,置于42℃恒温箱中培养至凝固,3～4 h。

（3）质量评定

①感官指标。

组织状态:凝块均匀细腻,无气泡,允许有少量乳清析出。

滋味和气味:具有纯乳酸发酵剂制成的酸牛奶特有的滋味和气味,无酒精发酵味和其他外来的不良气味。

色泽:色泽均匀一致,呈乳白色或稍带微黄色。

②微生物指标。

大肠菌群数≤90 CFU/100 mL,不得有致病菌检出。

③理化指标。

脂肪含量≥3.0%(扣除砂糖计算),全乳固体含量≥11.5%,酸度70～110°T,砂糖含量≥5.0%,汞含量(以Hg计)≤0.01×10^{-6}。

四、注意事项

①加发酵剂后尽快分装完毕。

②实验过程中,应做到无菌操作,以免二次污染。

实验实训三 酸乳饮料的制作

一、实验目的

掌握酸乳饮料的制作原理;学习酸乳饮料的基本加工操作。

二、原辅料和仪器设备

原辅料及配比:酸乳30%~40%、糖11%、果胶0.4%、果汁6%、20%的乳酸0.23%、香精0.15%、水52%。

仪器设备:温箱、冰箱、电炉、电子秤、玻璃瓶、杀菌锅、温度计。

三、实验步骤

①牛乳经过滤、预热、均质、杀菌、冷却、接种与发酵、冷却制作酸乳制品。

②根据配方加入稳定剂、糖混匀后,溶解于50~60℃的软水中,待冷却到20℃后与一定量的酸乳混合并搅拌均匀,同时加入果汁。

③配制酸度为20%的乳酸溶液(乳酸:柠檬酸=1:2),在强烈搅拌下缓慢加入酸乳,直至pH值达到4.0~4.2,同时加入香精。

④将配好的酸乳预热到60~70℃,于20 MPa下进行均质。

⑤将酸乳饮料灌装于包装容器内,并于85~90℃下杀菌20~30 min。

⑥杀菌后将包装容器进行冷却。

四、注意事项

①加酸时应在高速搅拌下缓慢加入,防止局部酸度过高造成蛋白质变性。

②保证正确的均质温度和压力,使稳定剂发挥作用。

实验实训四 冰淇淋的制作

一、实验目的

通过实验初步掌握冰淇淋生产工艺。

二、原辅料和仪器设备

原辅料及配比:牛奶500 g、奶油25 g、白砂糖150 g、蛋黄100 g、香草香精适量。

仪器设备:杀菌锅、均质机、冰淇淋机、冷藏箱。

三、实验步骤

①把砂糖加入蛋黄中混合搅打均匀。

②将煮沸的牛奶渐渐倾入糖和蛋黄的混合液中,充分搅打均匀。

③微微加热使温度保持在70~75℃。

④用细目筛过滤。

⑤使用实验均质机均质,直至滑润并有一定稠度为止。

⑥放入冰淇淋机冻结。冻结后即可食用,或装入容器放在冰箱中硬化24 h。

项目4 软饮料加工技术

【知识目标】
1. 理解软饮料的概念和分类,熟悉软饮料常用的原辅料及其特性。
2. 掌握常见软饮料的加工技术。

【技能目标】
1. 运用所学知识,能够正确分析几种常见软饮料的质量问题并加以有效控制。
2. 能够从事几种常见软饮料的生产。

预备知识

一、软饮料的概念

一般认为不含酒精的饮料即为软饮料,又称为饮品。它的基本组成成分是水分、碳水化合物和各种风味物质,近年来,有些软饮料还含有维生素和矿物质等功能性物质。我国 GB/T 10789—2015《饮料通则》规定:经过定量包装的,供直接饮用或按一定比例用水冲调或冲泡饮用的,乙醇含量(质量分数)不超过 0.5% 的制品。也可为饮料浓浆或固体形态。其酒精含量是指用于溶解香精、香料、色素等有效成分的溶剂—乙醇,或者在饮料加工过程中的副产物。

二、软饮料的分类

根据我国 GB/T 10789—2015《饮料通则》,按原料或产品的性状进行分类,将软饮料分为以下 11 类。

1. 包装饮用水

以直接来源于地表、地下或公共供水系统的水为水源,经加工制成的密封于容器中可直接饮用的水。主要分为饮用天然矿泉水、饮用纯净水和其他类饮用水。

2. 果蔬汁类及其饮料

以水果和(或)蔬菜(包括可食的根、茎、叶、花、果实)等为原料,经加工或发酵制成的液体饮料。主要分为果蔬汁(浆)、浓缩果蔬汁(浆)、果蔬汁(浆)类饮料。

3. 蛋白饮料

以乳或乳制品,或其他动物来源的可食用蛋白,或含有一定蛋白质的植物果实、种子或种仁等为原料,添加或不添加其他食品原辅料和(或)食品添加剂,经加工或发酵制成的液体饮料。主要分为含乳饮料、植物蛋白饮料、复合蛋白饮料和其他蛋白饮料。

4. 碳酸饮料(汽水)

以食品原辅料和(或)食品添加剂为基础,经加工制成的,在一定条件下充入一定量二氧化碳气体的液体饮料,如果汁型碳酸饮料、果味型碳酸饮料、可乐型碳酸饮料、其他型碳酸饮料等,不包括由发酵自身产生二氧化碳气的饮料。

5. 特殊用途饮料

加入具有特定成分的适应所有或某些人群需要的液体饮料。主要分为运动饮料、营养素饮料、能量饮料、电解质饮料、其他特殊用途饮料。

6. 风味饮料

以糖(包括食糖和淀粉糖)和(或)甜味剂、酸度调节剂、食用香精(料)等的一种或者多种作为调整风味的主要手段,经加工或发酵制成的液体饮料,如茶味饮料、果味饮料、乳味饮料、咖啡味饮料、风味水饮料、其他风味饮料等。

7. 茶(类)饮料

以茶叶或茶叶的水提取液或其浓缩液、茶粉(包括速溶茶粉、研磨茶粉)或直接以茶的鲜叶为原料,添加或不添加食品原辅料和(或)食品添加剂,经加工制成的液体饮料,如原茶汁(茶汤)/纯茶饮料、茶浓缩液、茶饮料、果汁茶饮料、奶茶饮料、复(混)合茶饮料、其他茶饮料等。

8. 咖啡(类)饮料

以咖啡豆和(或)咖啡制品(研磨咖啡粉、咖啡的提取液或其浓缩液、速溶咖啡等)为原料,添加或不添加糖(食糖、淀粉糖)、乳和(或)乳制品、植脂末等食品原辅料和(或)食品添加剂,经加工制成的液体饮料,如浓咖啡饮料、咖啡饮料、低咖啡因咖啡饮料、低咖啡因浓咖啡饮料等。

9. 植物饮料

以植物或植物提取物为原料,添加或不添加其他食品原辅料和(或)食品添加剂,经加工或发酵制成的液体饮料,如可可饮料、谷物类饮料、草本(本草)饮料、食用菌饮料、藻类饮料、其他植物饮料,不包括果蔬汁类及其饮料、茶(类)饮料和咖啡(类)饮料。

10. 固体饮料

用食品原辅料、食品添加剂等加工制成的粉末状、颗粒状或块状等,供冲调或冲泡饮用的固态制品,如风味固体饮料、果蔬固体饮料、蛋白固体饮料、茶固体饮料、咖啡固体饮料、植物固体饮料、特殊用途固体饮料、其他固体饮料等。

11. 其他类饮料

除以上 10 种以外,经国家相关部门批准,可声称具有特定保健功能的制品为功能饮料。

任务 4.1　软饮料食品原辅料

软饮料中常用的原辅料主要有甜味剂、酸味剂、香料和香精、色素、防腐剂、抗氧化剂、稳定剂、二氧化碳等。

一、甜味剂

甜味剂是饮料生产不可或缺的辅料,它赋予饮料甜味,可以给予饮料一定的质感,帮助香气的传递与保持。

按来源分类,甜味剂可分为天然甜味剂和人工合成甜味剂。按营养价值分类,甜味剂可分为营养型甜味剂和非营养型甜味剂两类。营养型甜味剂的特点是本身含有热量,主要是碳水化合物。甜度与蔗糖相同的甜味剂,其热值为蔗糖热值的2%以上时为营养型甜味剂,包括蔗糖、果糖、葡萄糖等。非营养型甜味剂的热值为蔗糖的2%以下,又称低热量或无热量甜味剂,几乎不提供热量,在食品中也几乎不占有体积,如阿斯巴甜、三氯蔗糖等。

1. 蔗糖

蔗糖是指由葡萄糖和果糖所构成的一种双糖,易溶于水。就口感而言,10%浓度时蔗糖的甜度一般有快适感,20%浓度则成为不易消散的甜感,故一般果蔬饮料中其浓度控制在8%~14%为宜。蔗糖与葡萄糖混合使用有增效作用,其甜度感觉不会减低;在蔗糖中添加少量食盐可增加甜味感,在酸味或苦味较强的饮料中,增加蔗糖用量,可使酸味或苦味减弱。

2. 葡萄糖

葡萄糖的甜度为蔗糖的70%~75%,在蔗糖中混入10%左右的葡萄糖时,由于增效作用,其甜度比计算的结果要高。葡萄糖具有较高的渗透压,约为蔗糖的2倍。此外葡萄糖与氨基酸和蛋白质同时加热时发生美拉德反应,引起褐变,在不损害产品风味的前提下,获得适当的焦糖色。葡萄糖溶解于水时是吸热反应,这种情况下同时触及口腔、舌部时,则给人以清凉感觉。

3. 果葡糖浆

酶法糖化淀粉所得糖化液,再经葡萄糖异构酶作用,将42%的葡萄糖转化成果糖,制得糖分主要为果糖和葡萄糖的糖浆,称为果葡糖浆,也称为异构糖。其甜度高于蔗糖。在温度较低时,由于葡萄糖的溶解度相对较小,会有结晶析出。果葡糖浆的热稳定性较差,可与羰基化合物发生美拉德反应,在饮料中应注意恰当使用。

4. 木糖醇

甜度相当于蔗糖的70%~80%,有清凉甜味,能透过细胞膜缓慢地被人体吸收,并可提供能量但不经胰岛素作用,故用来作为糖尿病患者食用的甜味剂。

5. 山梨醇

山梨醇可由葡萄糖还原而制取。在梨、桃、苹果中广泛分布,含量为1%~2%。其甜度与葡萄糖大体相当,但能给人以浓厚感,在体内可被缓慢地吸收利用,但血糖值不增加。

6. 麦芽糖醇

麦芽糖醇是由麦芽糖还原而制得的一种双糖醇,其甜度为蔗糖的85%~95%,能

100% 溶于水,几乎不被人体吸收。其热值仅为蔗糖的 5%,是健康食品的一种较好的低热量甜味剂。麦芽糖醇不结晶、不发酵,150℃以下不发生分解,此外,麦芽糖醇具有良好的保湿性,可用来保湿及防止蔗糖结晶。

7. 三氯蔗糖

白色粉末状产品。耐高温、耐酸碱,适用于酸性至中性食品,对涩、苦等不愉快味道有掩盖效果。易溶于水,溶解时不容易产生起泡现象,适用于碳酸饮料的高速灌装生产线。甜度高,是蔗糖的 600~650 倍。

8. 天冬酰苯丙氨酸甲酯

天冬酰苯丙氨酸甲酯为白色结晶性粉末,易溶于水。pH 值为 3.0~3.5 时最稳定。干燥状态可长期保存。其甜度比蔗糖大 100~200 倍。本品味质好,极似砂糖,有清凉感,且几乎不增加热量,可作为糖尿病、肥胖症等疗效食品的甜味剂,可用于碳酸饮料、饮料、醋和咖啡饮料,使用量可按生产需要而定,或与其他甜味剂合用。

9. 糖精钠

糖精钠为无色至白色的结晶或结晶性粉末,无臭,易溶于水,稍有芳香味,在空气中可风化失去一半结晶水而成白色粉末,甜度是蔗糖的 300~500 倍,水溶液为中性,耐酸、耐碱性差,分解后失去甜味,产生苦味。

10. 环己基氨基磺酸钠

环己基氨基磺酸钠又名甜蜜素或糖蜜素。白色结晶粉末,无臭,易溶于水,其甜味比蔗糖大 40~50 倍。根据我国食品添加剂卫生标准,本品用于饮料类(包装饮用水除外)、冷冻饮品中,最大使用量为 0.65 g/kg。

二、酸味剂

酸味剂有增进食欲、促进消化吸收的作用。除去调酸味以外,兼有提高酸度,改善食品风味,抑制菌类(防腐),防褐变、缓冲和螯合等作用。

1. 柠檬酸

柠檬酸因存在于柠檬等水果中而得名,又名枸橼酸。此酸为无色透明晶体或白色结晶性粉末,易溶于水,酸感圆润爽快。在酸味剂中,柠檬酸的应用最为广泛。GB 2760—2014 规定,柠檬酸可用于各类食品,可根据生产需要适量使用。

2. 苹果酸

本品为无色至白色结晶性粉末,无臭,易溶于水及乙醇。酸感强度为柠檬酸的 1.2 倍左右,酸味是略带刺激性的收敛味。苹果酸可单独或与柠檬酸合并使用,因其酸味比柠檬酸刺激性强,因而对使用人工甜味剂的饮料具有掩蔽后味的效果。饮料中的参考用量为 2.5~5.5 g/kg。

3. 乳酸

乳酸由乳酸菌发酵而制得,为无色至浅黄色糖浆状液体,有吸湿性,味质是涩、软的收敛味。可与水、甘油、乙醇等任意混溶,不溶于二硫化碳。主要用于乳酸饮料,通常与其他酸味剂如柠檬酸等并用。

4. 酒石酸

本品为无色透明结晶或白色结晶性粉末,无臭。和柠檬酸相比,酒石酸具有稍涩的收敛味,酸感强度为柠檬酸的 1.2 ~ 1.3 倍,多在葡萄饮料中使用。饮料生产中常与柠檬酸、苹果酸等合用。

三、香精和香料

香精与香料统称香味料。香味料是以改善、增加和模仿食品的香气和香味为主要目的的食品添加剂。包括食用香精和食用香料。是食品饮料生产中不可或缺的重要原料。

食用香精就是以大自然的含香食物为模仿对象,用各种安全性高的香料及辅助剂调和而成,并用于食品的香味剂。食用香精按其性能和用途可分为水溶性香精、油溶性香精、乳化香精和粉末香精等。软饮料中使用水溶性香精、乳化香精和粉末香精。使用香精时需注意香精的用量、均匀性和温度等因素。

食用香料是指能赋予食品香气,同时赋予食品特殊滋味的食品添加剂,可以直接用于食品的香料,按照来源可分为天然香料和合成香料。天然香料是以天然植物为原料,经热榨、冷榨、蒸馏和有机溶剂浸出等方法制成芳香油,也可用乙醇制成面剂或浸膏。软饮料中使用较多的是甜橙油、橘子油、留兰香油和薄荷油等。合成香料用化学方法合成,仿照天然香气成分制成的香料。合成香料有天然等同香料和人造香料两种。天然等同香料是与天然香料成分化学结构完全相同的化合物,主要有留兰香、香叶醇、薄荷脑和洋茉莉醛等。人造香料是在天然产品中未发现的、人工化学合成的香料。

四、色素

色素是以给食品着色为主要目的的食品添加剂。食用色素按来源的不同可分为天然色素和人工合成色素两大类。天然色素主要是指由动植物组织中提取的色素,多为植物色素,包括微生物色素、动物色素和无机色素。人工合成色素的原料主要是化工产品。

1. 食用天然色素

天然色素是指来源于天然资源的食用色素,是多种不同成分的混合物。人们对于食用天然色素的安全感较高,所以食用天然色素近年来发展较快。一般来说,食用天然色素的性质不太稳定,耐光、耐热性均较差,并随溶液 pH 值不同而改变颜色。在使用天然色素时应当注意:在色素种类、使用范围和使用浓度方面,应当遵守有关规定;在为某一产品选择色素时,要考虑该色素在这一产品中的溶解性、稳定性和着色力;特殊颜色可以通过拼色来实现。

2. 食用合成色素

食用合成色素通常是指以煤焦油为原料制成的食用色素。一般食用合成色素较天然色素色彩鲜艳、稳定性好、着色力强,并且可以任意调色,使用比较方便,成本也比较低廉,目前已得到广泛使用。常见的合成色素主要有苋菜红、日落黄、新红、胭脂红、靛蓝、亮蓝等。

五、防腐剂

防腐剂是以保持食品原有品质和营养价值为目的的食品添加剂。防腐剂能抑制微生物的生长繁殖,防止食品腐败变质,延长保质期。

1. 苯甲酸和苯甲酸钠

苯甲酸为白色小叶状或针状结晶,难溶于水,易溶于乙醇,pH 值为 2.5~4.0 时杀菌效果是最好的,在此范围内完全抑菌的最小浓度为 0.05%~0.1%。

苯甲酸钠为白色颗粒或结晶性粉末,易溶于水,可溶于乙醇,pH 值为 3.5 时,0.05% 的浓度便可完全阻止酵母菌生长。1 g 苯甲酸钠相当于 0.847 g 苯甲酸。苯甲酸钠的使用方法为:先制成 20%~30% 的水溶液,一边搅拌一边徐徐加入果汁饮料中。若突然加入,或加入结晶的苯甲酸,则难溶的苯甲酸会析出沉淀而失去防腐作用,对浓缩果汁要在浓缩后添加,因苯甲酸在 100℃ 时开始升华。

GB 2760—2014 规定,苯甲酸和苯甲酸钠可在浓缩果蔬汁(浆)(仅限食品工业用)、果蔬汁(浆)类饮料、蛋白饮料、碳酸饮料、茶、咖啡、植物类饮料、特殊用途饮料等风味饮料中使用,其最大使用量分别为 2.0 g/kg、1.0 g/kg、1.0 g/kg、0.2 g/kg、1.0 g/kg、0.2 g/kg、1.0 g/kg(以苯甲酸计),苯甲酸和苯甲酸钠同时使用时,不得超过其最大使用量。

2. 山梨酸和山梨酸钾

山梨酸为无色针状结晶或白色结晶性粉末。难溶于水,因而要将其预先溶于酒精、丙二醇中使用。本品为酸性防腐剂,在 pH 值 8 以下防腐作用稳定,pH 值越低,抗菌作用越强,对霉菌、酵母菌、需氧菌有明显的抑制作用。山梨酸适用于酸性食品,宜在加热结束后添加,以免随水蒸气挥发。

山梨酸钾为白色至淡黄褐色鳞片状结晶、结晶性粉末或颗粒,无臭或有极微小的气味。与山梨酸相比,其最大优点在于它易溶于水,因此被广泛应用。

GB 2760—2014 规定,山梨酸和山梨酸钾可在饮料类(包装饮用水除外)、浓缩果蔬汁(浆)(仅限食品工业用)和乳酸菌饮料中使用,其最大使用量分别为 0.5 g/kg、1.0 g/kg、2.0 g/kg(以山梨酸计),山梨酸和山梨酸钾同时使用时,不得超过其最大使用量。

六、乳化剂

乳化剂指减少乳化体系中各构成相间表面张力,使互不相溶的油相和水相形成稳定乳浊液的表面活性物质。乳化剂具有乳化作用、湿润作用、清洗作用、消泡作用、增溶作用和抗菌作用等。乳化剂常分为水包油型、油包水型和多重型。W/O 型乳化剂表示油包水型乳化剂,类似于奶油;O/W 型乳化剂表示水包油型乳化剂;W/O/W 和 O/W/O 型乳化剂表示多重型。在实际应用中,应当注意选择合适的乳化剂,并与增稠剂等配合使用,以提高稳定作用。

饮料生产中常用的乳化剂有山梨醇脂肪酸酯、蔗糖脂肪酸酯和海藻酸丙二醇脂等。

1. 山梨醇脂肪酸酯

山梨醇脂肪酸酯为淡黄色或黄褐色的油状或蜡状,亲油性乳化剂,可用于制备 W/O 型乳状液,其乳化力优于其他乳化剂。但风味差,故常与其他乳化剂复配使用。

2. 蔗糖脂肪酸酯

蔗糖脂肪酸酯,又叫蔗糖酯,简称 SE。其由蔗糖与脂肪酸甲酯反应生成,通常为单酯和多酯的混合物。白色至黄色的粉末,或无色至微黄色的黏稠液体或软固体,无臭或稍有特殊的气味。易溶于乙醇、丙酮。蔗糖酯有良好的表面活性,乳化作用比其他乳化剂强些,无论含脂量在 10% 以下或 40% ~85% 以上,只要使用 1% ~5% 的蔗糖酯,就可获得理想的效果。GB 2760—2014 规定,SE 可用于肉制品、水果、冰淇淋、饮料等,其最大使用量为 1.5 g/kg。

3. 海藻酸丙二醇酯

海藻酸丙二醇酯是从天然海藻中提取的海藻酸深加工制备而得的,是一种白色或淡黄色粉末,水溶后成黏稠状胶体。常作为饮料产品的增稠剂、稳定剂和乳化剂使用。乳制品中最大使用量为 3.0 g/kg,风味发酵乳与含乳饮料中最大使用量为 4.0 g/kg,饮料类(包装饮用水除外)中最大使用量为 0.3 g/kg,果蔬汁(浆)类饮料中最大使用量为 3.0 g/kg,植物蛋白饮料中最大使用量为 5.0 g/kg,咖啡(类)饮料中最大使用量为 3.0 g/kg。

七、抗氧化剂

能够防止或延缓食品氧化,提高食品稳定性,延长食品贮藏期的食品添加剂叫抗氧化剂。软饮料中使用的抗氧化剂主要是水溶性的,在使用时常常使用金属离子螯合剂,以提高其抗氧化效果。主要有抗坏血酸及其钠盐、异抗坏血酸及其钠盐、亚硫酸及其盐、植酸等。其中亚硫酸及其盐只能在半成品中使用。

八、二氧化碳

常温下的二氧化碳是一种无色稍有刺激性气味的气体,与水混合可生成碳酸,这种弱酸对人舌头有轻微刺激作用,且易挥发。由于其挥发吸热,则给人以清凉的感觉。所以,二氧化碳是碳酸饮料的主要原料之一,主要用于饮料的碳酸化,在碳酸饮料中起着其他物质无法替代的作用。

目前国内饮料工业中使用的二氧化碳主要来源有发酵制酒的产品、煅烧石灰的副产品、天然气、燃烧焦炭或其他燃料、中和法生产的二氧化碳等。通过上述来源的二氧化碳,大多含有杂质,必须经过水洗、还原法、氧化法、活性炭吸附、碱洗等净化处理。

任务 4.2　软饮料用水及水处理

水是生产各种饮料最主要的原料,占 80% ～90%。水质的好坏直接影响着成品的质量。因此,全面了解水的各种性质,对于软饮料用水的处理工作显得尤为重要。

一、软饮料用水的水质要求

1. 水源

（1）地面水

地面水也称地表水,是指地球表面所存积的天然水,包括江水、河水、湖水、水库水、池塘水和浅井水等。水量丰富,其中含有各种有机物质及无机物质,污染严重,必须经过严格的水处理方能饮用。

（2）地下水

地下水主要是指井水、泉水和自流井水等,其中含有较多的矿物质,如铁、镁、钙、锰等,其硬度、碱度都比较高。这部分水由于经过地层的渗透和过滤,而溶入了各种可溶性矿物质,水质较澄清,水温较稳定,矿物质含量较高。

（3）自来水

自来水主要是指地表水经过适当的处理工艺,水质达到一定要求并贮藏在水塔中的水。由于饮料厂多数设在城市,以自来水为水源,故在此也可作为水源来考虑。其特点是水质好且稳定,符合生活饮用水标准。

2. 天然水中的杂质分类及特征

无论是地面水、地表水还是自来水,统称为天然水,即存在于自然界的水。天然水中含有许多杂质,按其微粒分散的程度,大致可分为三大类:悬浮物质、胶体物质、溶解物质,它们对水质有着严重的影响。

（1）悬浮物质

天然水中凡是粒度大于 200 nm 的杂质统称为悬浮物质,主要包括泥土、沙粒之类的无机物质,也有浮游生物(如蓝藻类、绿藻类、硅藻类等)及微生物。这类杂质使水质呈浑浊状态,大的肉眼可见,在静置时会自行沉降。

（2）胶体物质

胶状的大小大致为 1～200 nm,具有两个很重要的特性:一是光线照上去,被散射而成浑浊的丁达尔现象;二是具有胶体稳定性。胶体可分为无机胶体和有机胶体两种。无机胶体如硅酸胶体和黏土,是由许多离子和分子聚集而成,它们占水中胶体物质的大部分,是造成水浑浊的主要原因。有机胶体是一类分子质量很大的高分子物质,一般是植物残骸经过腐蚀分解的腐殖酸、腐殖质等,是造成水质带色的主要原因。

（3）溶解物质

这类杂质的微粒在 1 nm 以下,以分子或离子状态存在于水中。溶解物质主要为溶解盐类、溶解气体和其他有机物。

① 溶解盐类。

主要是 H^+、Na^+、NH_4^+、K^+,以及 Ca^{2+} 和 Mg^{2+} 等的碳酸盐、硝酸盐、氯化物等,它们构成水的硬度和碱度,能中和饮料中的酸味剂,使饮料的酸碱比失调,影响质量。

② 溶解气体。

天然水源中溶解气体主要是氧气和二氧化碳,此外是氮气、氯气和硫化氢等。这些气体的存在会影响碳酸饮料中二氧化碳的溶解量并产生异味,还会影响其他饮料的风味和色泽。

3. 软饮料用水的水质要求

软饮料用水的水质要求见表 4 - 2 - 1。

表 4 - 2 - 1　软饮料用水指标

项目	指标	项目	指标
浊度/度	<2	高锰酸钾消耗量/(mg/L)	<10
色度/度	<5	总碱度(以 $CaCO_3$ 计)/(mg/L)	<50
味及臭气	无味无臭	游离氯含量/(mg/L)	<0.1
总固形物含量/(mg/L)	<500	细菌总数/(CFU/mL)	<100
总硬度(以 $CaCO_3$ 计)/(mg/L)	<100	大肠杆菌群/(MPN/100 mL)	<3
铁(以 Fe 计)含量/(mg/L)	<0.1	霉菌含量/(CFU/mL)	≤1
锰(以 Mn 计)含量(mg/L)	<0.1	致病菌	不得检出

二、水处理

饮料用水处理是饮料加工中一个重要的组成部分,其主要目的是保持用水水质的稳定性和一致性;除去水中的悬浮物质和胶体物质;除去有机物、异臭、异味、脱色;将水的碱度降到标准以下;除去微生物,使微生物指标符合规定标准。此外,还要根据需要去除水中的铁、锰化合物和溶解于水中的气体。为达到水质要求,针对原水的水质,采取不同的水处理方法。

1. 水的净化处理

一般来说,水的净化处理包括澄清和过滤。澄清主要用于一些水质较差水源的预处理(如河水、湖水),它们含有多量细小悬浮物和胶体物质,水质混浊。而对一些水质较好的水源,其浊度较低,用过滤即可达到目的。水的净化处理,是将水中的不溶性杂质除去。这些杂质包括悬浮物、有机物和胶体,如泥沙、黏土、微生物、原生动物、藻类等,主要是 10 μm 以下的固体物质颗粒(其中 1 nm ~ 0.1 μm 的颗粒属于胶体粒),包括绝大多数的黏土颗粒(粒度上限为 4 μm)、大部分细菌(0.2 ~ 80 μm)、病毒(10 ~ 300 nm)和蛋白质(1 ~ 50 nm)

等。它们使水质混浊,产生异味和影响卫生,并极大地影响饮料质量。澄清净化的目的是去除水中的悬浮物、有机物和胶体,主要方法有澄清(凝聚沉淀)和过滤。

(1)澄清处理

凝聚沉淀是在原水中添加凝聚剂与助凝剂,水和水中胶体表面的电荷被破坏,胶体的稳定性丧失,使胶体颗粒发生凝聚并包裹悬浮颗粒而沉降,从而使水得以澄清的方法。水处理中大量使用的凝聚剂可分为铝盐和铁盐两类。铝盐凝聚剂有明矾、硫酸铝、碱式氯化铝等。铁盐凝聚剂主要有硫酸亚铁、硫酸铁和三氯化铁。用于调整水的 pH 值,促进凝聚的助凝剂有消石灰、氢氧化钠、藻酸钠、羧甲基纤维素钠(CMC – Na)、氢氧化淀粉等。硬度高的水广泛使用硫酸铝或硫酸亚铁的凝聚沉淀法。它们的作用是自身先溶解形成胶体,再与水中杂质作用,以中和或吸附的形式使杂质凝聚成大颗粒而沉淀。

(2)过滤

过滤是一种净化水的有效而重要的处理工艺过程,即使已达到饮用水要求的自来水,在作饮料用水的处理中,过滤仍是一种必不可少的处理过程。因为当今的过滤不再是仅仅除去水中的悬浮杂质和胶体物质。采用最新的过滤技术,还能除去水中的异味、颜色、铁、锰及微生物等物质,从而获得品质优良的水。原水通过滤料层时,其中一些悬浮物和胶体物被截留在空隙中或介质表面上,这种通过粒状介质层分离不溶性杂质的方法称为过滤。过滤方法和过滤材料不同,过滤效果也不同。细砂、无烟煤常在结合混凝、石灰软化和水消毒的综合水处理中作初级过滤材料;原水水质基本满足软饮料用水要求时,可采用砂滤棒过滤器;为了除去水中的色和味,可用活性炭过滤器;要达到过滤效果,可以采用微孔滤膜过滤器。在过滤的概念中,甚至可以将近年来发展起来的超滤、电渗析和反渗透列入。

2. 水的软化处理

硬度大的水(一般是地下水),未经处理不能作为饮料生产和冷却等的用水,不然会产生大量水垢,使清洁的玻璃瓶发暗,堵塞洗瓶机的喷嘴和降低换热器的传热效率等,因此使用前必须进行软化处理,使原水的硬度降低。水的软化常采用以下方法。

(1)石灰软化法

此法适应于碳酸盐硬度较高,非碳酸盐硬度较低,而且对水质要求不是很高的水处理。先将石灰(CaO)调成石灰乳,再用石灰乳先除去水中游离的二氧化碳,然后使反应顺利进行,产生大量的碳酸钙和氢氧化镁沉淀,从而达到软化的目的。

(2)离子交换软化法

离子交换软化法是利用离子交换树脂交换离子的能力,按水处理的要求将原水中所不需要的离子暂时占有,然后再将它释放到再生液中,使水得到软化的水处理方法。根据所能交换的离子的不同,将离子交换树脂分为阳离子交换树脂和阴离子交换树脂两大类,前者在水中以氢离子与水中的金属离子或其他阳离子发生交换,后者在水中以氢氧根离子与水中的阴离子发生交换。

离子交换法软化水的机理,主要在于水中的离子和离子交换树脂中游离的同型离子间的交换过程,通过这一过程达到水质软化。阳离子交换树脂可吸附钙、镁等离子,阴离子树脂可吸附氯离子、碳酸氢根离子、硫酸根离子、碳酸根离子等。

（3）反渗透法

反渗透技术是20世纪80年代发展起来的一项新型膜分离技术,它涉及流体力学、传质学、热学、高分子物理学、高分子材料等多门学科,膜分离技术包括电渗透、超过滤、反渗透、微孔过滤、自然渗透和热渗析等,以半透膜为介质,对被处理水的一侧施以压力,使水穿过半透膜,而达到除盐的目的。反渗透法可以通过实验加以说明。在容器中用一层半透膜把容器分成两部分,一边注入淡水,另一边注入盐水,并使两边液位相等,这时淡水会自然地透过半透膜至盐水一侧。盐水的液面达到某一高度后,产生一定压力,抑制了淡水进一步向盐水一侧渗透。此时的压力即为渗透压。如果在盐水一侧加上一个大于渗透压的压力,盐水中的水分就会从盐水一侧透过半透膜至淡水一侧,这一现象就称为反渗透。

（4）电渗析法

采用电渗析处理,可以脱除原水中的盐分和提高其纯度,从而降低水质硬度并可提高水的质量。电渗析技术常用于海水和咸水的淡化,或用自来水制备初级纯水。电渗析是通过具有选择通透性和良好导电性的离子交换膜在外加直流电场的作用下,根据异性相吸、同性排斥的原理,使原水中阴、阳离子分别通过阴离子交换膜和阳离子交换膜而达到净化作用的一项技术。

3. 水的消毒处理

原水经过以上各项处理后,水中大多数微生物已经除去。但是仍有部分微生物留在水中,为了确保产品质量和消费者健康,对水要进行严格消毒。水的消毒方法很多,多采用氯气消毒、臭氧消毒和紫外线消毒3种,尤其紫外线消毒最适用于软饮料用水的消毒。

（1）加氯消毒

水的加氯消毒,是当前世界各国最普遍使用的用水消毒法。由于此法操作简单,费用低,无须专用设备,适宜处理大容量水,而且杀菌能力很强,因此在生产实际中得到广泛的应用。氯气和水反应可以生成次氯酸,而次氯酸($HClO$)是一个中性分子,具有很强的穿透力,可以扩散到带负电荷的细菌表面,并迅速穿过细菌的细胞膜,进入细菌细胞内部,由于氯原子的氧化作用破坏了细菌体内的某些酶系统,使之失去酶的活力而致死。而次氯酸根离子(ClO^-)虽然也包含一个氯原子,但它带负电,不能靠近带负电的细菌,因此不能穿过细菌的细胞膜进入细菌内部,所以一般认为次氯酸具有主要的灭菌作用,而反应中生成的次氯酸根杀菌力较弱。常用的氯消毒剂有液氯（钢瓶装）、漂白粉、次氯酸钠、漂白精、氯胺等。

我国生活饮用水水质标准规定,在自来水的管网末端自由性余氯应保持在0.1～0.3 mg/L,小于0.1 mg/L时不安全,大于0.3 mg/L时水含有明显的氯臭味。为了使管网最远点的水中能保持0.1 mg/L的余氯量,一般总投氯量为0.5～2.0 mg/L。

（2）紫外线消毒

紫外线杀菌不像化学杀菌法会带来二次污染,其设备简单、操作方便,用于净水效率高。微生物经紫外线照射后,微生物细胞内的蛋白质和核酸的结构发生改变而导致死亡。紫外线对水有一定的穿透能力,故能杀灭水中的微生物,从而使水得到消毒。

目前使用的紫外线杀菌设备主要是紫外线饮水消毒器,它主要是靠紫外线灯发出的紫外线,将流经灯管外围水层中的细菌杀死。这种紫外线消毒器可直接与砂滤棒过滤器的出水管道相连通,经过砂滤棒过滤器的水流经紫外线灯管即可达到消毒的目的。应该注意的是,紫外线消毒器处理水的能力须大于实际生产用水量,一般以超出实际用水量的2～3倍为宜。

（3）臭氧消毒

臭氧(O_3)是一种很强的氧化剂,极不稳定,很容易离解出活泼的、氧化性极强的新生态原子氧,它对微生物细胞内的蛋白质和核酸分子有着很强的氧化破坏作用,可以最终导致微生物的死亡。由臭氧发生器通过高频高压电极放电产生臭氧,然后将臭氧按一定流量连续喷射入一定流量的水中,使臭氧与水充分接触,以达到消毒的目的。

任务4.3　瓶装饮用水加工技术

一、概述

19世纪后半叶,瓶装水成为一个新兴的行业。从20世纪30年代开始,瓶装水行业的发展更为迅速,一些国家和地区已形成饮用和制作瓶装水的热潮。近年来,瓶装水的生产与销售急剧增加,已具有广泛的世界性。瓶装水以其严格的生产工艺为人们提供了品质安全可靠,饮用方便,而且还含有大量常量元素和微量元素的高品质饮用水,满足了人们的需求,受到了人们的普遍欢迎。

1.瓶装饮用水的概念

瓶装饮用水是指密封于塑料瓶、玻璃瓶或其他容器中,不含任何添加剂,可直接饮用的水。

2.瓶装饮用水的分类

瓶装饮用水一般分为饮用天然矿泉水、饮用人工矿泉水和饮用纯净水三种。

（1）饮用天然矿泉水

我国国家标准（GB 8537—2018）对饮用天然矿泉水的定义是:"从地下深处自然涌出的或经钻井采集的,含有一定的矿物盐、微量元素或其他成分,在一定区域未受污染并采取预防措施避免污染的水。"在通常的情况下,其化学成分、流量、水温等在天然动态指标,在天然周期波动范围内相对稳定。根据产品中二氧化碳含量分为含气天然矿泉水、充气天然矿泉水、无气天然矿泉水和脱气天然矿泉水。

（2）饮用人工矿泉水

饮用人工矿泉水指的是用地下井、泉水或自来水经过人工矿化处理而制得的，与天然矿泉水水质相接近的，能饮用的水。

（3）饮用纯净水

饮用纯净水是以符合生活饮用水卫生标准的水为水源，采用蒸馏法、电渗析法、离子交换法、反渗透法及其他适当的加工方法，去除水中的矿物质、有机成分、有害物质及微生物等加工制成的水。

（4）其他饮用水

其他饮用水是由符合生活饮用水卫生标准的，采自地下形成流至地表的泉水，或高于自然水位的天然蓄水层喷出的泉水或深井水等为水源加工制得的水。

二、饮用天然矿泉水加工技术

1. 饮用天然矿泉水中有益元素

天然水中除含有大量的杂质外，同时含有多种有益于人体健康的元素和化学组分。常量元素（离子）有 K^+、Na^+、Ca^{2+}、Mg^{2+}、Cl^-、SO_4^{2-}、HCO_3^- 等，微量元素包括锶、偏硅酸、锌、硒、碘、锂、氟、铁等。

2. 水中各种杂质指标及处理方法

（1）浊度

浊度是指水中悬浮物杂质对光线透过时所产生的阻碍程度，1 mg SiO_2/L 为 1 度。形成浊度的物质主要是微生物、泥土、沙粒、原生生物等悬浮物质。可采取凝聚沉淀法、过滤法，或将二者联合的方法去除。

（2）色度

色度是指除去悬浮物后水样的颜色，每升水中含有 1 mg 铂的量为 1 度。形成色度的物质主要是腐殖质、腐殖酸，铁、锰等盐类及其他有色物质。可采用氧化法、活性炭吸附法处理。

（3）臭气和味

水中的臭气和味会影响制品的风味，往往也是产生沉淀的原因。臭气和味主要是由氯或其他有味的气体引起；铁、锰等金属离子所引起的金属味；微生物生长、繁殖及其代谢产物引起味道。由气体引起的可用脱气方法处理；由微生物引起的可用杀菌、超滤等方法处理；由金属离子引起的可用氧化、离子交换、电渗析、反渗透等方法处理。

（4）碱度

碱度指的是能与 H^+ 结合的氢氧根离子、碳酸氢根离子、碳酸根离子的含量，可采用离子交换、电渗析、反渗透等方法进行处理。

（5）硬度

硬度是指水中离子沉淀肥皂的能力。主要是由水中钙、镁离子所引起的。可用化学软化法、离子交换、电渗析、反渗透等方法处理。

（6）铁和锰

铁和锰在地下水中一般以二价的铁盐和锰盐存在。采用氧化法使亚铁离子转变为铁离子再转化成氢氧化铁,使锰离子转变为二氧化锰以沉淀形式存在。

（7）高锰酸钾耗用量

高锰酸钾耗用量是指水中所含有的还原性物质的总含量,主要是由水中所含有的还原性物质形成的。可采用氧化处理、活性炭吸附处理或除铁锰处理。

（8）余氯

余氯是指水质采用氯法消毒时所残留的游离氯。采用活性炭吸附处理即可。

（9）微生物

微生物包括水中存在或繁殖的藻类、细菌类、霉菌类和原生生物等。可采用杀菌、过滤等方法处理。

3. 饮用天然矿泉水工艺流程

饮用天然矿泉水有不含碳酸气体和含碳酸气体两种,生产工艺主要由引水、曝气、过滤、消毒、超滤、充气、灌装等组成。

（1）不含碳酸气体天然矿泉水的生产工艺流程

水源→抽水→贮存→沉淀→粗滤→精滤→灭菌→超滤→灌装→压盖→贴标→喷码→质检→包装→成品 　　　　　　　　　　　　↑

　　　　　　　　空瓶→洗涤→冲洗→灭菌

（2）含碳酸气体天然矿泉水的生产工艺流程

　　　　　　　　二氧化碳→净化→压缩→贮气

　　　　　　　　　　　　　　　　　　↓

水源→抽水→水气分离 →沉淀→粗滤→精滤→灭菌→超滤→水、气混合→灌装

　　　　　　　　　　　　　　　　　　　　　　　↑

　　　　　　　　空瓶→洗涤→冲洗→灭菌→

压盖→贴标→喷码→质检→包装→成品

4. 操作要点

（1）引水

引水过程一般分为地下和地表两个部分。地下部分主要是指由地下引矿泉水至天然露出口或地上出口,通过对矿泉水的封闭,避免地表水的混入。现一般采用打井引水法。地表部分是把矿泉水从最适当的深度引到最适当的地表,再进行后续加工。

（2）曝气

曝气是使矿泉水原水与经过净化了的空气充分接触,使它脱去其中的二氧化碳和硫化氢等气体,并发生氧化作用,通常包括脱气和氧化两个同时进行的过程。矿泉水中因含有

大量 CO_2 及 H_2S 等多种气体,呈酸性,所以可溶解大量金属离子。矿泉水露出后如果直接装瓶,由于压力降低,水与空气接触,释放出大量 CO_2,矿泉水由酸性变成碱性,同时由于氧化作用,原水中溶解的金属盐类(如低价的铁和锰离子)就会被氧化成高价的离子,产生氢氧化物絮状沉淀,矿泉水发生浑浊,从而影响产品的感官质量;同时水中 H_2S 气体的存在也会给产品带来臭味;而且铁、锰离子含量过高不仅影响产品的口感,也不符合饮用水质标准的要求。因此有必要对矿泉水进行曝气处理。通过曝气工艺处理,首先能脱掉多种气体,驱除不良气味,提高矿泉水的感官质量;其次能使矿泉水由原来的酸性变为碱性,使超过一定量的金属(如铁、锰)氧化沉淀,过滤除去,从而使矿泉水硬度下降,达到饮用水水质标准。

(3)过滤

过滤是矿泉水生产的关键工序,目的是除去水中的不溶性悬浮杂质及微生物,以使水质澄清、透明、清洁。矿泉水的过滤主要分为粗滤、精滤两步。

一般先采用砂滤罐进行粗滤,以去除水中的细沙、泥土、矿物盐等大颗粒杂质。用于粗滤的滤料主要有石英砂、天然锰砂及活性氧化铝等,每种滤料取出离子的功能各不相同,如石英砂具有良好的除铁效果,天然锰砂可除去水中的铁、锰离子,活性氧化铝可去除水中的氟。

粗滤后,将水转入砂滤棒过滤器中,进行精滤。精滤作业的过滤器中装有数根由骨粉和硅藻土混合烧制而成的砂滤棒,其上有微孔,在高压(150 kPa 左右)作用下,可滤除水中的一些微生物和有机物质。

(4)灭菌

矿泉水灭菌多采用紫外线灭菌和臭氧灭菌两种方式。

由于紫外线灭菌设备构造较简单,造价低廉,操作方便,杀菌速度快,且不影响矿泉水的理化性质,在国内外应用较为普遍。紫外线是一种穿透力差但表面灼烧性强的不可见光,当细菌细胞内的核酸吸收其能量,会引起核酸变性,导致细菌的死亡。紫外线的波长在 250～260 nm 时,杀菌力最强。

臭氧是强效氧化剂,能杀灭水中各种细菌、病毒及芽孢。臭氧灭菌是在臭氧反应塔中将臭氧与水逆流接触反应,杀灭矿泉水中的微生物,除去水中的有机物、硫化物、硝酸盐等色、臭、味物质,具有灭菌速度快,操作简单,无二次污染等优点。

(5)超滤

超滤是矿泉水生产的一个重要工艺过程,主要利用超滤膜过滤器或微孔膜过滤器进行过滤。超滤膜过滤器的外壳为不锈钢或有机玻璃的立式圆筒,内置数只滤芯。超滤时,应根据水质的情况选择适当孔径的滤膜,以保证水流畅通,滤除水中的大分子、细菌、霉菌、病毒等。除了可采取精滤、灭菌、超滤的工艺流程顺序外,也可在精滤后直接进行超滤作业,然后进行灭菌灌装。

(6)充气

充气是指向矿泉水中直接充入二氧化碳气体。目前国内外饮用天然矿泉水有充气和不充气两类。充气饮用矿泉水是指原水经过引水、曝气、过滤后再充入二氧化碳气体;不充气饮用天然矿泉水则在经过引水、曝气、过滤、灭菌后直接装瓶或因水质条件的特殊不经曝气而直接装瓶。充气的二氧化碳气体应符合食品卫生要求,可以是原水中所分离出的二氧化碳气体,也可以是市售的钢瓶装二氧化碳气体。充气一般是在气水混合机中进行的,为了提高矿泉水中的二氧化碳的溶解量,充气过程中需要尽量降低温度,增加二氧化碳的气体压力,并使气、水充分混合。

（7）罐装

灌装是将杀菌后的矿泉水装入已灭菌的包装容器的过程。在矿泉水厂,自动洗瓶机（自动完成洗瓶、杀菌和冲洗过程）与灌装工序相配合。灌装方式取决于矿泉水产品的类型,含气与不含气的矿泉水灌装方式略有不同。矿泉水的灌装卫生要求非常严格,对瓶要进行彻底的杀菌,装瓶各个环节都要防止污染。含气矿泉水一般采用等压灌装,不含气矿泉水一般采用负压灌装。

三、饮用人工矿泉水加工技术

天然矿泉水只是在特定的地质条件下才可能形成,并非普遍存在,其成分也不一定符合人们的要求,因此,可以考虑以优质泉水或地下水为原料进行人工矿化,制备与天然矿泉水相接近的人工矿泉水。人工矿泉水具有不受地域、规模、类型限制的优点。人工矿泉水的生产方法主要有两种:直接溶化法和二氧化碳浸蚀法两种。

1.直接溶化法

直接溶化法是指在天然水中加入碳酸氢钠、氯化钙、氯化镁等可溶性盐,而后再充入二氧化碳,制得的人工矿泉水。

（1）工艺流程

原水→氯杀菌→脱氯→调配→精滤→杀菌→灌装→压盖→冷却→贴标→喷码→质检→包装→成品

（2）操作要点

取天然矿泉水、井水或自来水作为原水,先用氯进行杀菌,再用活性炭脱去氯,按设计的配比将无机盐类放入调配罐进行调配,而后用无机膜陶瓷过滤器进行精滤,所得滤液引入中间罐,经紫外线或臭氧灭菌后进行灌装压盖即可。对于充气人工矿泉水生产中,则应调配后将水冷却,再充入二氧化碳气体,而后进行精滤、杀菌、灌装、封盖、包装等工序。

①调配所使用的原料,必须是经过药理检验可食用的无机盐类。

②调配后将水冷却至 $3 \sim 5 ℃$,再充入二氧化碳气体。充气、精滤后,应采取冷杀菌方式进行灭菌,可防止二氧化碳的挥发,该法较热杀菌更经济。

③直接溶化法难以生产出钙镁离子含量高的产品,但其生产出的矿泉水含大量的氯离子、硝酸根离子等阴离子,从营养角度来说,这些离子形成的盐类属于中性物质,即该法制得的矿泉水"碱性"较低,饮用后,在人体内不能起到良好地调节酸碱平衡的作用。

2.二氧化碳浸蚀法

（1）工艺流程

原水→矿化→过滤→杀菌→灌装→压盖→冷却→贴标 →喷码→质检→包装→成品

（2）操作要点

二氧化碳浸蚀法是在一定压力下,使含二氧化碳的原水直接作用于添加的粉状碳酸碱土金属盐,使其转化为碳酸氢盐而溶于水中,该法生产出的矿泉水中含大量的碳酸氢根离子,从营养角度来说属于"碱性饮料"。

①加工时,原水用柱塞泵打入,其压力应高于二氧化碳的压力,否则会造成液体不流动或倒流的现象。因此,该法难以制得成分稳定的矿泉水。

②碱土碳酸盐的粒径、结晶形态及矿化时的搅拌速度等均对矿化速度有影响。因此,矿化时,应使用粉末状的矿物质,并可在矿化器一侧装配超声波发生器,以促使矿物质的溶解。

③对于可溶性的矿物盐类,在矿化后直接加入即可。

四、纯净水加工技术

纯净水包括超纯水、蒸馏水、太空水等,因其生产采用的原水水质不同,生产厂家使用的设备各异,生产工艺流程也有所区别。但基本上可分为预处理、脱盐和灭菌三部分。预处理包括物理方法、化学方法和电化学等方法。物理方法有澄清、砂滤、脱气、膜过滤、活性炭过滤等,化学方法有混凝、加药杀菌、消毒、氧化还原、络合、离子交换等,电化学方法有电凝聚等。脱盐工序包括电渗析、反渗透、离子交换和蒸馏等。灭菌工序包括紫外杀菌、臭氧杀菌等。以下为几种纯净水的生产工艺流程。

1. 工艺流程

（1）一般纯净水工艺流程

原水→机械过滤→活性炭过滤→电渗析→反渗透→超滤→臭氧灭菌→灌装→质检→成品

（2）超纯水工艺流程

原水→砂滤→炭滤→精滤→超滤→反渗透→离子交换→脱气→离子交换→灭菌→灌装→检验→成品

（3）太空水工艺流程

原水→多介质过滤→活性炭过滤→精滤→反渗透→混合离子交换→臭氧灭菌→微孔过滤→灌装→质检→包装 →成品

（4）蒸馏水工艺流程

原水→多介质过滤→活性炭过滤→离子交换→蒸汽压缩蒸馏→臭氧灭菌→灌装→质检→包装→成品

2. 操作要点

（1）预处理

预处理主要先采用机械过滤或砂滤棒进行初滤，而后进行微孔过滤，从而达到降低水的色度和混浊度的目的。

机械过滤分为重力式和压力式两种过滤方式。通常采用压力式机械过滤，在一定的压力下，使水通过粒状滤料层，滤除水中的杂质。砂滤棒过滤外部为一铝合金或不锈钢密封圆筒，分上下两层，中间以隔板隔开，隔板上（或下）为待滤水，内置特制砂滤棒。在筒内，原水从砂滤棒外壁通过棒上的微孔进入棒的内部，滤出的水可达到基本无菌。容器内安装的砂滤棒数量随过滤器的型号而异。砂滤棒过滤器的过滤效果取决于操作压力、原水水质及砂滤棒的体积。

微孔过滤主要是利用过滤介质微孔将水中的杂质截留，从而使水净化。现多采用 PE 过滤管过滤器进行过滤作业。过滤时，水通过管外壁进入管内，杂质则被截留在管壁上，从而达到水净化的目的。

（2）脱盐

①离子交换法。

离子交换法主要利用离子交换剂将原水中人们不需要的离子暂时占有，而后再将之释放到再生液中，使水得到软化。离子交换剂通常是一种不溶性高分子化合物，如树脂，纤维素，葡聚糖等，它的分子中含有可解离的基团，这些基团在水溶液中能与溶液中的其他阳离子或阴离子起交换作用。水处理中常用的离子交换剂主要有离子交换树脂。离子交换树脂是一种球形网状固体的高分子共聚物，不溶于水、酸和碱，吸水后会膨胀。按所带功能基团的性质，离子交换树脂可分为阳离子交换树脂和阴离子交换树脂，通过离子交换树脂解离出的阳、阴离子交换水中的钙镁等阳离子和硫酸根、氯离子等阴离子，使原水通过树脂层时，水中的阴阳离子被吸附，离子交换树脂中的氢离子和氢氧根离子进入水中，达到水质软化的目的。

②反渗透法。

经预处理后的水进入反渗透脱盐系统进行脱盐，主要去除水体中的无机离子及小分子有机物。反渗透也称逆渗透（RO），是用足够大的压力把原水中的纯水通过反渗透膜（半透膜）分离出来，从而达到脱盐的目的，因与自然渗透方向相反，故称反渗透。根据各种物料的不同渗透压，就可以用大于渗透压的反渗透法达到分离、提取、纯化和浓缩的目的。反渗透器中装有由有机材料制成的反渗透膜，其孔径很小，水在一定压力下透过反渗透膜，方可去除水中微小颗粒、无机盐和分子量很小的有机物，如细菌、病毒等，而后进行灭菌即可。为了适应不同水质的要求，减少净化设备的投资，在实际生产中可将离子交换与反渗透结合起来进行纯净水的生产。

反渗透膜按材质的不同分为聚酰胺膜、聚砜膜、醋酸纤维膜、复合膜等，按其结构分为中空式和卷式等类型。在生产中，反渗透膜对于水质也有一定的要求（参见表 4-3-1）。

表 4 – 3 – 1　国产和进口卷式复合膜对于水质的要求

类别项目		污染指数	水温	pH 值	游离氯	浊度
卷式复合膜	国产	< 4	15 ~ 35℃	4 至 11	< 0.1 ppm	< 0.5
	进口	< 5	10 ~ 40℃	2 至 11	< 0.1 ppm	< 1

反渗透作业时,如果一次操作达不到浓缩和淡化的要求效果,可将其产品水送到另一个反渗透单元进行再次淡化。

③电渗析。

电渗析是根据同性相斥、异性相吸的原理,在外加直流电场的作用下,使水中的阴阳离子在阴、阳离子交换膜中定向移动,水中的一部分离子迁移到另一部分水中,排出浓度高的水,引出需要的淡水,即可达到水净化。渗析器中插入阴、阳离子交换膜各一个,由于离子交换膜具有选择透过性,即阳离子交换膜只允许阳离子自由通过,阴离子交换膜只允许阴离子通过,随着离子的定向迁移,离子迁移至靠近电极的阴、阳离子的浓缩室,使中间的淡化室内盐的浓度降低, 从而达到脱盐的目的。

如果原水中悬浮物较多,沉淀结垢会增加隔板中的阻力,降低流量,因此电渗析对原水的水质也有一定的要求(参见表 4 – 3 – 2)。

表 4 – 3 – 2　电渗析处理水时对原水的要求

项目	要求
浊度	<2 mg/L
色度	<20 度
含铁锰总量	<0.3 mg/L
有机物耗氧量	2 ~ 3 mg/L

④蒸馏法。

蒸馏是将原水加热蒸发,使其变成水蒸气,而后水蒸气冷却凝结,即可得到蒸馏水。瓶装饮用蒸馏水的核心工艺即蒸馏纯化。为保证产品水的纯度要求,至少采取两次的蒸馏处理,即二次蒸馏或三次蒸馏,可有效地除去水中残留的微粒杂质和溶解性无机物,同时对水也起到极好的杀菌作用。缺点是能耗大,成本高。

(3)灭菌

主要通过紫外线、臭氧来完成。

五、常见质量问题及其防止方法

1. 常见质量问题

由于纯净水和矿泉水一样都不允许添加任何防腐剂和抑菌剂,受污染的纯净水中微生物迅速增殖,造成产品中微生物含量严重超标,有的还出现肉眼可见的沉淀物(菌丝生长团),不但危害消费者的身体健康,也使企业受到重大的经济损失。

造成以上质量问题的因素是多方面的,但主要因素有如下三方面。

(1)技术因素

目前采用臭氧处理纯净水的基本原理是臭氧与水混合,并使其最终在水中浓度达到 0.5 mg/L 以满足杀菌要求,根据此参数,企业应根据生产时实际的用量来推算臭氧发生器的应产臭氧量。另外,还必须考虑实际生产时设备的实际可操作产量,如长时间使用后设备性能下降,应适当调节,并通过有效的测定;臭氧与水混合是否完全,最终是否能达到杀菌要求的剂量以及能维持的时间等,是能否达到杀灭强度的最基本因素。

(2)生产工艺、设施因素

目前采用的纯净水工艺流程,经臭氧杀菌后,水中含有残余臭氧,有利于将灌装工序中可能含有的少量微生物杀灭,包装后带入产品中,也可抑制产品中细菌、芽孢的生长,从而保证产品无菌。有些厂家由于设备不完善或经过臭氧消毒后不直接灌装,而是通过贮水罐停留一定时间后再灌装,造成检验发现有细菌的存在。此外,在灌装时,对于包装物或灌装室空气灭菌不彻底,残留有细菌,会使水再次污染,造成产品质量不合格。

(3)卫生因素

一是生产中各项规程和制度没有得到落实和实施。有的厂虽然具有现代化的厂房、先进的生产和空气净化以及消毒设备,但其生产的水产品质量不稳定,有时检验结果每毫升菌落总数为零,有时检出几个甚至几十个,调查发现其原因是停产两天后开始生产前,没有按规定严格消毒。二是水处理终端过滤器和灌装工人的手是瓶装矿泉水生产过程中微生物的关键污染环节。因此,在纯净水生产的流程中,各个环节都有可能污染微生物,应提高生产人员的卫生意识,严格执行各项操作规程。

2. 防止措施

①根据水源的特点,设计出合理的生产流程,且为了便于对产品卫生质量的控制,所设计的生产工艺流程应尽量简短,选择合理的预处理和脱盐方法(如反渗透法、蒸馏法等),而后根据流程设计配备适合的水处理和生产设备,选择符合水消毒的灭菌系统。目前,我国矿泉水和纯净水多使用的除菌和消毒杀菌方法是紫外线、超滤和臭氧。实践证明,前两种可靠性差,是造成产品不合格的主要因素,臭氧杀菌是目前最好的灭菌方法。

②定期做好生产全程的管道、容器和过滤器等有关设施的清理和消毒,做好瓶、盖和灌装间的消毒工作。灌装作业时,瓶和盖及灌装间一定要保证无菌,否则产品中一定有微生物存在。

③加强自身卫生管理,强化食品卫生质量意识,指定专人负责卫生工作,设立专职卫生检验机构,加强对水源、包装物、灌装间空气和产品检测,制定从水源管理、杀菌、灌装、包装到个人卫生各环节的卫生管理制度,加强食品卫生知识的培训学习,掌握消毒方法和明确微生物容易污染的关键环节。

任务4.4　果蔬汁饮料加工技术

一、概述

1. 果蔬汁及其饮料的概念

果蔬汁:新鲜果品和蔬菜经挑选、分级、洗涤、压榨取汁或浸提取汁,再经过滤、装瓶、杀菌等工序制成的汁液,也称为"液体水果或蔬菜"。

果蔬汁饮料:以果蔬汁为基料,添加糖、酸、香料和水等物料调配而成的汁液。

2. 果蔬汁及其饮料的分类

按照我国国家标准 GB/T 31121—2014《果蔬汁类及其饮料》中的规定,我国果蔬汁及其饮料产品主要分为以下几类:

(1)果蔬汁(浆)

以水果或蔬菜为原料,采用物理方法(机械方法、水浸提等)制成的可发酵但未发酵的汁液、浆液制品;或在浓缩果蔬汁(浆)中加入其加工过程中除去的等量水分复原制成的汁液、浆液制品。可使用糖(包括食糖和淀粉糖)或酸味剂或食盐调整果蔬汁(浆)的口感,但不得同时使用糖(包括食糖和淀粉糖)和酸味剂,调整果蔬汁(浆)的口感。

可回添香气物质和挥发性风味成分,但这些物质或成分的获取方式必须采用物理方法,且只能来源于同一种水果或蔬菜。

可添加通过物理方法从同一种水果和(或)蔬菜中获得的纤维、囊胞(来源于柑橘属水果)、果粒、蔬菜粒。

① 原榨果汁(非复原果汁)。

以水果为原料,采用机械方法直接制成的可发酵但未发酵的、未经浓缩的汁液制品。采用非热处理方式加工或巴氏杀菌制成的原榨果汁(非复原果汁)可称为鲜榨果汁。

②果汁(复原果汁)。

在浓缩果汁中加入其加工过程中除去的等量水分复原而成的制品。

③蔬菜汁。

以蔬菜为原料,采用物理方法制成的可发酵但未发酵的汁液制品,或在浓缩蔬菜汁中加入其加工过程中除去的等量水分复原而成的制品。

④果浆/蔬菜浆。

以水果或蔬菜为原料,采用物理方法制成的可发酵但未发酵的浆液制品,或在浓缩果浆或浓缩蔬菜浆中加入其加工过程中除去的等量水分复原而成的制品。

⑤复合果蔬汁(浆)。

含有不少于两种果汁(浆)或蔬菜汁(浆)的制品。

（2）浓缩果蔬汁（浆）

浓缩果蔬汁（浆）是以水果或蔬菜为原料，从采用物理方法制取的果汁（浆）或蔬菜汁（浆）中除去一定量的水分制成的，加入其加工过程中除去的等量水分复原后具有果汁（浆）或蔬菜汁（浆）应有特征的制品。

可回添香气物质和挥发性风味成分，但这些物质或成分的获取必须通过物理方法，且只能来源于同一种水果和（或）蔬菜。

可添加通过物理方法从同一种水果和（或蔬菜）中获得的纤维、囊胞（来源于柑橘属水果）、果粒、蔬菜粒。

含有不少于两种浓缩果汁（浆）或浓缩蔬菜汁（浆）的制品为浓缩复合果蔬汁（浆）。

（3）果蔬汁（浆）类饮料

果蔬汁（浆）、浓缩果蔬汁（浆）、水为原料，添加或不添加其他食品原辅料和（或）食品添加剂，经加工制成的制品。

可添加通过物理方法从水果和（或）蔬菜中获得的纤维、囊胞（来源于柑橘属水果）、果粒、蔬菜粒。

①果蔬汁饮料。

以果汁（浆）、浓缩果汁（浆）或蔬菜汁（浆）、浓缩蔬菜汁（浆）、水为原料，添加或不添加其他食品原辅料和（或）食品添加剂，经加工制成的制品。

②果肉（浆）饮料。

以果浆、浓缩果浆、水为原料，添加或不添加果汁、浓缩果汁、其他食品原辅料和（或）食品添加剂，经加工制成的制品。

③复合果蔬汁饮料。

以不少于两种果汁（浆）、浓缩果汁（浆）、蔬菜汁（浆）、浓缩蔬菜汁（浆）、水为原料，添加或不添加其他食品原辅料和（或）食品添加剂，经加工制成的制品。

④果蔬汁饮料浓浆。

以果汁（浆）、蔬菜汁（浆）、浓缩果汁（浆）或浓缩蔬菜汁（浆）中的一种或几种、水为原料，添加或不添加其他食品原辅料和（或）食品添加剂，经加工制成的，按一定比例用水稀释后方可饮用的制品。

⑤发酵果蔬汁饮料。

以水果（或蔬菜）、或果蔬汁（浆）、或浓缩果蔬汁（浆）经发酵后制成的汁液、水为原料，添加或不添加其他食品原辅料和（或）食品添加剂的制品。如苹果、橙子、山楂和枣等经发酵后制成的饮料。

⑥水果饮料。

以果汁（浆）、浓缩果汁（浆）、水为原料，添加或不添加其他食品原辅料和（或）食品添加剂，经加工制成的果汁含量较低的制品。

二、果蔬汁饮料加工技术

1. 工艺流程

世界各国生产的果蔬汁有柑橘汁、菠萝汁、苹果蔬汁、葡萄汁、番石榴汁等。果蔬汁生产的基本原理和过程大致相同。主要的生产过程都是原料选择、洗涤、取汁、粗滤、调配、杀菌、灌装等工序。同时,不同的果蔬汁品种需要增加特定的工序。比如澄清果汁需要澄清和过滤,浑浊果汁需要均质和脱气,果肉饮料需要预煮和打浆,浓缩饮料需要脱水、浓缩等。其生产的一般流程如下:

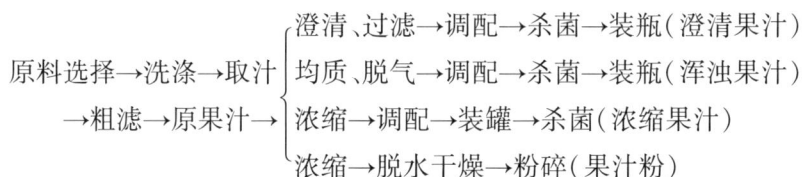

原料选择→洗涤→取汁→粗滤→原果汁→

- 澄清、过滤→调配→杀菌→装瓶(澄清果汁)
- 均质、脱气→调配→杀菌→装瓶(浑浊果汁)
- 浓缩→调配→装罐→杀菌(浓缩果汁)
- 浓缩→脱水干燥→粉碎(果汁粉)

2. 操作要点

(1)原料选择

大部分果品及部分蔬菜适合于制汁,如苹果、葡萄、菠萝、柑橘、柠檬、葡萄柚、杨梅、桃、山楂、番石榴、番茄、胡萝卜、芹菜、菠菜以及野生果品沙棘、刺梨、醋栗、酸枣、猕猴桃等均能用来制取果蔬汁。

一般要求原料具有较好的感官品质和营养价值,较高的出汁率;成熟度适中、糖酸比适宜、耐贮运及商品价值高;新鲜、无损伤、无病虫果、无腐烂霉变果。

(2)原料的洗涤

榨汁前原料首先要充分清洗干净,并除去腐烂发霉部分,洗涤一般采用浸泡洗涤、鼓泡清洗、喷水冲洗或化学溶液清洗。采用鼓泡清洗、喷水冲洗和化学溶液洗涤的方式,一般用0.5%~1.0%的稀酸溶液、0.5%~1.0%的稀碱溶液或0.1%~0.2%的洗涤剂处理后再用清水洗净,洗涤效果较佳。某些原料还需要用漂白粉或高锰酸钾等杀菌剂进行消毒处理。果实原料的洗涤方法,可根据原料的性质、形状来选择设备。

(3)取汁

果蔬的汁液被包含在果蔬的细胞结构中,只有破坏果蔬组织,才能使细胞结构中的汁液流出。为了提高出汁率和果蔬汁的质量,取汁前通常要进行破碎、加热和加酶等预处理。某些果蔬原料根据要求还要进行去梗、去核、去籽或去皮等工作。取汁方式通常使用压榨法取汁或浸提法取汁。

①原料的破碎。

除了柑橘类果汁和带肉果汁外,一般在取汁前都先进行破碎,以提高原料的出汁率。果蔬的破碎程度直接影响出汁率,要根据果蔬种类、取汁方式、设备、汁液的性质和要求选择合适的破碎度。破碎后的果块要大小均匀。果块过大,影响出汁率,果块过小,会造成榨汁时外层果汁被迅速榨出,剩余果渣形成一层厚皮,使内层果汁难以流出。不同果蔬原料品种和成熟度对破碎程度要求不同。对于压榨取汁的果蔬,例如苹果、梨、胡萝卜和菠萝等质地较坚硬的水果,破碎后果块以 3~4 mm 为宜;樱桃、草莓和番茄等破碎后果块在 3~5 mm。对于果汁含量较低的原料通常采用浸提取汁,如山楂等,浸提前也需要破碎,但不宜过度,否则细小果肉含量较高,增加过滤和分离困难。对于一些成熟度较高的原料,可直接破碎打浆取汁。果浆的破碎程度主要取决于打浆机筛孔,孔径一般 10~20 mm。

破碎方法可根据原料是否加热分为热破碎、冷破碎两种方法。热破碎是在破碎前用热水或蒸气将果蔬加热,然后进行破碎。目前的热破碎大多是在破碎后立即将破碎物或浆体加热。对于果蔬浆等的生产,为了保留较多果胶,使果胶浑浊汁或果肉汁保持一定的黏稠度,增加浑浊汁的稳定性,采用热破碎方式是比较理想的。冷破碎是在常温下进行的,由于果蔬中果胶酯酶和半乳糖醛酸酶等果胶分解酶的活性较强,在短时间内就能降解果胶,从而使果蔬汁稠度降低。对于澄清汁型的果蔬,采用冷破碎具有明显的优越性。由于果蔬汁的黏稠性较热破碎低,因此有利于榨汁,同时更有利于过滤、澄清等操作,可以降低果蔬汁澄清所需的酶制剂的用量。

②加热处理。

由于在破碎过程中和破碎以后果蔬中的酶被释放,活性大大增加,特别是多酚氧化酶会引起果蔬汁色泽的变化,对果蔬汁加工极为不利。加热可以抑制酶的活性,使果肉组织软化,使细胞原生质中的蛋白质凝固,改变细胞膜的半透性,使细胞中可溶解性物质容易向外扩散,有利于果蔬中可溶性固形物、色素的提取。适度加热可以降低果蔬汁黏度,提高出汁率。一般热处理条件为温度为 70~75℃,时间为 10~15 min。也可采用高温瞬时加热方式,加热温度为 80~90℃,时间为 1~2 min。

③加果胶酶处理。

在果蔬汁加工中,果胶不仅影响出汁率,还影响果汁稳定性。果胶含量较少的果蔬容易取汁,果胶含量较高的如苹果、樱桃、猕猴桃等果实黏度大,不易出汁,需要在榨汁前添加果胶酶处理。果胶酶可以有效地分解果肉组织中的果胶物质,使汁液黏度降低,容易榨汁过滤,缩短挤压时间,提高出汁率。因此在榨汁前有时需要在果浆中添加果胶酶,对果蔬浆进行酶解。酶解处理的效果取决于加酶量、酶解时间与温度。果胶酶制剂的添加量一般按果蔬浆质量的 0.01%~0.03% 加入,酶反应的最佳温度为 45~50℃,反应时间为 2~3 h。若酶量不足或时间过短则达不到目的,反之分解过度;保持作用时的温度不仅影响分解速度,而且影响产品质量。为了防止酶处理阶段的果蔬浆过度氧化,通常将热处理和酶解处理相结合,先将果浆在 90~95℃下杀菌,然后冷却至 45~50℃加酶酶解。

④压榨与浸提。

在预处理过程中通过破碎、加热等操作,破坏了原生质的生理功能,使果蔬细胞中的汁液及可溶性物质渗透到细胞外面。根据原料和产品形式的不同,主要的取汁方式分为压榨、浸提等。生产上对含果汁丰富的果实,大都采用压榨法提取果汁;含汁液较少的果实,如山楂等可采用浸提的方法提取汁液。

压榨是利用外部的机械挤压力,将果蔬汁从果蔬或果蔬浆中挤出的过程。大多数原料都可以通过压榨取汁。但是某些水果有一层厚皮如柑橘类水果,直接压榨会使果皮、囊皮、种子中包含的苦味物质进入果汁中,影响成品质量,因而需要逐个榨汁。同样具有厚皮的石榴,由于果皮中含有大量单宁物质,因而先去皮才可榨汁。果实的出汁率受原料种类、品种、质地、成熟度、新鲜程度、加工季节、榨汁机效能、挤压力、挤压速率、果蔬破碎程度和挤压料层厚度等多种要素影响。

浸提就是将破碎的果蔬原料浸泡在水中,由于原料中可溶性固形物含量与浸提溶剂之间存在着浓度差,可溶性固形物透过细胞进入浸提溶剂中。

与压榨法相比,用浸提法提取的果蔬可溶性物质更加充分,而且浸液中还含有色素、芳香性物质等,因而色泽较鲜艳,芳香性成分高,而且浸液中单宁含量高,便于澄清。热浸提溶解性氧降低,果蔬汁受氧化程度也降低,热处理还具有巴氏杀菌和灭酶作用。

(4)粗滤

粗滤或称筛滤。目的是去除果蔬汁中的粗大颗粒或悬浮粒。不同果蔬汁产品质量要求不同。对于澄清果汁,要求去除全部悬浮粒,因而粗滤后还需精滤或先行澄清再过滤;对于浑浊果汁要求保存色粒以获得色泽、风味和香气特性的前提下,除去分散在果汁中的粗大颗粒或悬浮颗粒。这些悬浮粒的存在会影响果汁的外观质量和风味,甚至会导致果汁变质,需要及时去除。柑橘类榨汁中的悬浮粒,含有苦味物质,可用低温沉淀法先行除去。

(5)澄清和过滤

其目的是要除去新鲜榨出汁液中的全部悬浮物和容易产生沉淀的胶粒。悬浮物包括发育未全的种子、果心、果皮等,主要成分是纤维素、半纤维素、酶、糖苷和苦味物质等,对果汁的质量和稳定性有较大影响,必须予以去除。果汁中的亲水胶体主要包括果胶质、树胶质、多糖和蛋白质等。这些亲水胶体带有电荷,电荷中和、加热、与酸作用或脱水时,都会引起胶体凝聚沉淀。去除这些物质需要用酶法处理和澄清剂澄清。常用酶制剂有果胶酶、淀粉酶等,澄清剂有明胶、单宁、皂土和硅藻土等。它们在果蔬汁中主要发挥三种作用:酶法分解果胶、淀粉的高分子成分;破坏胶体电荷平衡发生凝聚沉淀;吸附除去蛋白质、多酚物质和其他成分。澄清果汁生产中常用的澄清方法有:酶法澄清法、自然澄清法、明胶单宁澄清法、冷冻澄清法、热凝聚澄清法和超滤澄清法。从成品质量来看,超滤是一种理想的果汁澄清法。为了提高膜的效率,同时提高汁的透过率,增加汁的稳定性,目前普遍采用酶法脱胶和超滤澄清相结合的生产工艺。除超滤以外,其他澄清方法得到的果蔬汁都必须进行过滤。悬浮物的分离可借助重力、加压或真空而被除去。常用的方法有压滤、真空抽滤和离心分离等。

(6)均质与脱气

均质目的是使果蔬汁中的悬浮果肉颗粒进一步破碎细化,大小均匀,促进果肉细胞壁上的果胶溶出,使果胶均匀分布在果蔬汁中,形成均一稳定的分散体系。常用的均质设备有高压均质机、胶体磨和超声波均质机等。

脱气目的就是脱除果蔬汁中的氧、氮和 CO_2 等气体。脱气可防止或减轻果蔬汁中色素、维生素 C、香气成分和其他物质的氧化，防止品质变劣，去除附着于悬浮颗粒上的气体，减少或避免微粒上浮，以保持良好外观，防止或减少装罐和杀菌时产生泡沫，减少马口铁罐内壁的腐蚀。然而脱气过程可能造成挥发性芳香物的损失，为减少这种损失，必要时可进行芳香物质的回收，加到果蔬汁中，以保持原有风味。柑橘类果汁，则需除去不良气味的外皮精油，一般用减压法去油，同时脱除气体。脱气方法有真空脱气法、气体替换法、酶法脱气法和抗氧化剂法等。

（7）浓缩及芳香物质的回收

新鲜果蔬汁的可溶性固体物质含量一般在 5%～20%，通过脱水浓缩可以把果汁的固形物含量提高到 60%～75%，能克服果实采收期和品种所造成的成分上的差异，使产品质量达到一定的规格要求。目前浓缩多采用在较低的温度下进行真空浓缩。一般浓缩温度为 25～35℃，不宜超过 40℃，真空度约为 94.7 kPa。但是，在此温度下，很适合微生物的活动和酶的作用，因此，浓缩前应进行适当的瞬间杀菌。目前常用的浓缩方法有真空浓缩法、冷冻浓缩法和反渗透浓缩法等。

果蔬的芳香物质是指代表果蔬或果蔬汁典型特征的挥发性物质。各类果蔬的芳香物质是不同挥发成分的混合物。主要包括醇类、醛类、酮类、酯类、萜类及含硫化合物等。回收芳香物质，是果蔬汁浓缩过程中不可缺少的工艺环节，要使果汁具有原来的新鲜芳香，生产果汁时应在不损坏芳香物质的前提下，对它们进行分离提取，并以浓缩的形式保存，然后再回加到果蔬汁中，使之尽量接近果蔬在食用时所具有的香气。传统的分离方法有吸附法、蒸气蒸馏和溶剂提取等方法，但是这些方法存在一些会影响产品品质的问题，如提取剂和吸附剂在纯化、吸附过程中会造成污染，高温氧化作用会破坏芳香物质。膜分离技术应用于芳香物质的回收中可以克服这些问题，如采用反渗透法浓缩果汁时，芳香物质可保留 30%～60%，且脂溶性部分比水溶性部分保留更多。目前，膜分离技术回收芳香物质的应用主要有反渗透和超滤技术。

（8）成分调整与混合

果蔬汁成分的调整俗称调配，其目的是实现产品的标准化，提高产品的风味、色泽、口感、营养和稳定性等。如番茄汁含酸太多，有的果蔬汁香气不足等，可以通过增加糖和香料量加以调整。调整的原则，应使果蔬汁的风味接近新鲜果蔬，调整范围主要为糖酸比例的调整及香味物质、色素物质的添加。调整糖酸比及其他成分，通常在特殊工序如均质、浓缩、干燥、充气以前进行，但澄清果汁常在澄清过滤后调整，有时也可在特殊工序中间进行调整。调整的办法除在鲜果蔬汁中加入适量的砂糖和使用酸等物料以外，还可以采用不同品种原料混合制汁的混合法进行调配。

①糖酸比例的调整。

非浓缩果蔬汁的糖酸比例在（13～15）∶1 范围内，适宜于大多数人的口味。因此，果蔬汁饮料调配时,首先需要调整含糖量和含酸量。一般果蔬汁中含糖量在8% ~14%,有机酸的含量为0.1% ~0.5%。糖酸调整一般是将原果汁放入夹层锅内,然后先按要求用少量水或果蔬汁使糖或酸溶解,配成浓溶液并过滤,将溶化并经过滤的糖(酸)液,在搅拌的条件下加入果汁中,调和均匀后,测定其含糖(酸)度,如不符合产品规定,可再进行适当调整。

②其他成分的调配。

果蔬汁除调节糖酸含量之外,还需要对果蔬汁的色泽、风味、芳香物质、稳定性和营养性进行适当的调整,以符合产品的种类特征。如果肉饮料和浑浊汁中添加乳化稳定剂增加稳定性,添加维生素C防止果蔬汁氧化,添加防腐剂提高保藏性,强化膳食纤维、维生素和矿物质等。

许多果蔬虽然单独制汁有优良的品质,但与其他种类和品种进行混合则更好,可以起到取长补短的目的,制成品质良好的混合果汁,也可以得到具有与单一果蔬汁不同风味的果蔬汁饮料。如苹果、葡萄、柑橘、番茄、胡萝卜等,虽然能单独制得品质良好的果汁,但与其他种类的果实配合风味会更好。各类果品和蔬菜具有不同的糖度、酸度、色泽和风味,两种以上的果蔬汁混合时,首先要选择其风味、色泽等。

(9)杀菌和灌装

杀菌的目的:一是杀死果蔬汁中的微生物,二是钝化果蔬汁中酶的活性。由于热力杀菌对产品风味、色泽和营养成分等有较大影响,因此需要控制杀菌温度和时间。热力杀菌可分为巴氏杀菌和高温瞬时杀菌。巴氏杀菌采用80 ~85℃杀菌3 min 左右。缺点是加热时间长,对果蔬汁的色泽和风味有较大影响,尤其对浑浊果蔬。高温瞬时杀菌就是将果蔬汁迅速升温到(93 ± 2)℃维持15 ~30 s 或者采用120℃以上保持3 ~5 s。目前果汁几乎都采用高温瞬时杀菌工艺。除热力杀菌外,冷杀菌技术也应用到实践中。其缺点是不能完全钝化果蔬汁中酶的活性。

果蔬汁杀菌原则上安排在灌装前进行。果蔬汁杀菌后,要立即灌装密封。灌装方法可分为热灌装、冷灌装和无菌灌装。热灌装是在果蔬汁杀菌后,处于热状态时进行灌装,并立即密封。冷灌装是在果蔬汁杀菌后,通过热交换器立即冷却至5℃以下,然后进行灌装、密封。无菌灌装是指在食品无菌、包装材料无菌和包装环境无菌的情况下进行灌装。对于一些容易产生异味的果蔬浓缩汁灌装以后可以进行冷冻贮藏,如冷冻浓缩橙汁等。

三、生产中常见质量问题及防止方法

果蔬汁以色、香、味优于其他果蔬制品,深受消费者欢迎。但果蔬汁经常出现败坏、变味、变色、浑浊、沉淀、营养成分损失等质量问题,防止这些现象的产生是生产上比较突出的问题,也是提高果蔬汁饮料品质的关键。

1.果蔬汁的败坏变味

果蔬汁的风味是感官质量的重要指标,适宜的风味可以令人增加食欲。但加工的方法不当以及贮藏期间环境条件不适宜都会引起产品变味。原料不新鲜,绝对不可能生产风味良好的产品;加工时过度的热处理会明显降低果蔬汁饮料的风味,因为风味物质是热敏性成分,高温加热会使果蔬汁带有"焦味"或"煮熟味"。调配不当,不仅不能改变果蔬汁的风味,反而会使果蔬汁饮料风味下降;另外,在加工和储藏过程中的酶促和非酶反应的产物或微生物的污染都会使产品的风味发生改变。因此,防止果蔬汁变味,应从多方面采取措施,首先选择新鲜良好的原料,合理加热,合理调配;同时生产过程中尽量避免与金属接触,凡与果蔬汁接触的用具和设备,最好采用不锈钢材料,避免使用铜铁用具及设备。

2. 果蔬汁的变色

果蔬汁生产中一个常见的问题是变色。包括色素物质引起的变色和褐变引起的变色两种变化。

(1)色素物质引起的变色

果蔬汁中的天然色素按其化学结构的特性可分为卟啉色素(叶绿素)、类胡萝卜素和多酚类色素等。果蔬汁进行热处理时,叶绿素蛋白变性释放出叶绿素,同时细胞中的有机酸也释放出来,促使叶绿素脱镁而成为脱镁叶绿素,使果蔬汁的颜色消失。叶绿素受光辐射时可发生光敏氧化,从而裂解为无色的产物。叶绿素只有在常温下的弱碱中稳定,若用铜离子取代卟啉环中的镁离子,使叶绿素变成叶绿素铜钠,可形成稳定的绿色。类胡萝卜素是包含异戊二烯共轭双键的一类色素,按结构上的差异可分为胡萝卜素(结构特征为共轭多烯烃)和叶黄素(共轭多烯烃的含氧衍生物)两大类。类胡萝卜素为脂溶性色素,比较稳定,一般耐 pH 值变化,较耐热,在锌、铜、锡、铝、铁等金属存在时也不易破坏,只有强氧化剂才能使其破坏褪色,但光敏氧化作用极易使其褪色。因此,含类胡萝卜色素的果蔬汁饮料必须采用避光包装或避光贮存。多酚类色素包括花青素类、花黄素类、单宁物质类,均为水溶性色素。花青素色素是一类极不稳定的色素,其颜色随环境 pH 值的改变而改变,易被氧化剂氧化而褪色,对光和温度也极敏感,含花青素的果蔬汁饮料在光照下或稍高的温度下会很快变为褐色,二氧化硫可以使花青素褪色或变成微黄色。花青素还可以与铜、镁、锰、铁、铝等金属离子形成配合物而变色。生产中应严格避免与金属离子相接触,最好依据原料种类加入相应色泽的色素来稳定产品质量。花黄素主要是黄酮及其衍生物,颜色从浅黄至无色,很少为鲜明橙黄色,但遇碱会变成明显的黄色,遇铁离子可变成蓝绿色,如能控制果蔬汁饮料的铁离子含量,则花黄素对果蔬汁饮料色泽的影响较小。

(2)褐变引起的变色

果蔬汁发生非酶褐变产生黑色物质,使其颜色加深。非酶褐变对浅色果蔬汁饮料和浓缩果蔬汁色泽影响较大,因为褐变反应的速度随反应物浓度的增加而加快。影响非酶褐变的因素主要有温度和 pH 值,果蔬汁加工中应尽量降低受热程度,控制 pH 值在 3.2 或以下,避免与非不锈钢的器具接触。

果实在破碎、取汁、粗滤、泵输送等加工过程中接触空气,易发生酶促褐变。在金属离子作用下果蔬汁的酶促褐变速度更快。生产中除采用减少空气、避免金属离子作用以及低温、低 pH 值贮藏外,还可添加适量的抗坏血酸及苹果酸等抑制褐变。

3. 果蔬汁的浑浊与沉淀

果蔬汁按其透明与否可分为澄清果蔬汁和浑浊果蔬汁两种。澄清果蔬汁在加工和贮藏中很容易重新出现不溶性悬浮物或沉淀物,这种现象称后浑浊现象。后浑浊是检验产品稳定性能的主要指标。而浑浊果蔬汁在存放过程中容易发生分层及沉淀现象。澄清果蔬汁的后浑浊,浑浊果蔬汁的分层及沉淀是果蔬汁饮料生产中的主要质量问题。

(1)澄清果蔬汁的后浑浊现象

其主要原因是加工过程中澄清处理不当,杀菌不彻底或二次污染,由于微生物活动而导致浑浊沉淀;果蔬汁中的悬浮粒以及易沉淀的物质未充分去除,在贮藏期间会继续沉淀;加工用水未达标;金属离子与果蔬汁中的有关物质发生反应产生沉淀;糖和其他物质可能含有杂质;香精水溶性低或用量过大,从果蔬汁中分离出来引起沉淀等。在加工过程中严格澄清和杀菌操作是减轻果蔬汁浑浊和沉淀的重要保障。

(2)浑浊果蔬汁的分层及沉淀现象

其主要原因是果肉颗粒下沉。果肉的沉淀速度与颗粒直径、颗粒密度与流体密度之差成正比,与流体黏度成反比。防止果肉颗粒沉降应该做到以下几点:一是将汁液微粒化处理,减少果肉颗粒直径,二是通过排除气泡干扰,添加果胶等稳定剂增加汁液的浓度与黏度,缩小果肉颗粒和流体之间的密度差。

4. 果蔬汁营养成分的损失

果蔬汁在加工和贮藏中,原料中所含有的维生素、芳香成分和矿物质等营养成分都会有不同程度的损失。如维生素 C 容易发生氧化损失,浓缩过程中很容易造成芳香物质的损失等。为了减少营养成分的损失,一般采取以下措施:一是减少或避免果蔬汁与氧气的接触,这就要求加工作业尽量在封闭的无氧或缺氧环境下进行。如压榨、过滤、灌装等工序采用管式输送,并要求尽量缩短各工序作业时间。二是采用真空脱气。三是加强生产管理,应用酶技术、膜分离技术等食品加工高新技术。

任务 4.5 碳酸饮料加工技术

一、概述

1. 碳酸饮料的概念及特征

碳酸饮料即汽水,由水、甜味剂、酸味剂、香精香料、色素、二氧化碳及其他原辅料组成,不包括由发酵法自身产生二氧化碳的饮料。成品中二氧化碳的含量(20℃时体积分数)不低于 2.0 倍。其特征是含有碳酸气,能使人产生清凉爽口的感觉。

2. 碳酸饮料的分类

根据生产用料可以分为以下几种:

（1）果汁型碳酸饮料

含有2.5%以上的天然果汁的碳酸饮料。主要有橘汁碳酸饮料、菠萝碳酸饮料等。

此种碳酸饮料具有果品特有的色、香、味。不仅具有清凉消暑作用，还具有营养作用。一般含有可溶性固形物8%～10%，含酸0.2%～0.3%，含二氧化碳2～2.5倍。一般作为高档碳酸饮料，主要有浑浊型和澄清型。

（2）果味型碳酸饮料

含有2.5%以下天然果汁或以食用香精香料为主来增加香味的碳酸饮料。主要有柠檬碳酸饮料、橘汁碳酸饮料等。

此种碳酸饮料主要利用蔗糖、酸味剂、色素以及使用香味剂等配成各种果味型的产品，主要具有清凉消暑作用，一般含糖8%～10%，含酸0.1%～0.2%，含二氧化碳3～4倍。

（3）可乐型碳酸饮料

含有可乐果、古柯叶浸膏、白柠檬或带有其辛香型果香味的碳酸饮料。主要有可口可乐、百事可乐等。世界上碳酸饮料生产的主要产品之一，历史悠久，销量不衰，可分为辛香型、白柠檬香型两大类，是碳酸饮料中发展较快的品种。

（4）其他型碳酸饮料

除上述三种以外的碳酸饮料。主要有含盐碳酸饮料、苏打水等。此外还有特殊风味的姜味碳酸饮料、电解质碳酸饮料、矿泉水碳酸饮料等。

二、碳酸饮料加工工艺

碳酸饮料是由糖浆和碳酸水定量配制而成。可分为糖浆的配制、碳酸水的制备、洗瓶灌装封口三部分。目前，国内外生产碳酸饮料的方法有两种：一次灌装法和二次灌装法。

1. 一次灌装法

一次灌装法是将水、甜味料混合后制成糖液，向其中加入酸味料和香料，制成糖浆，然后把糖浆和水用定量混合机按一定比例进行连续混合，充入二氧化碳气，一次灌入瓶中（见图4－5－1）。

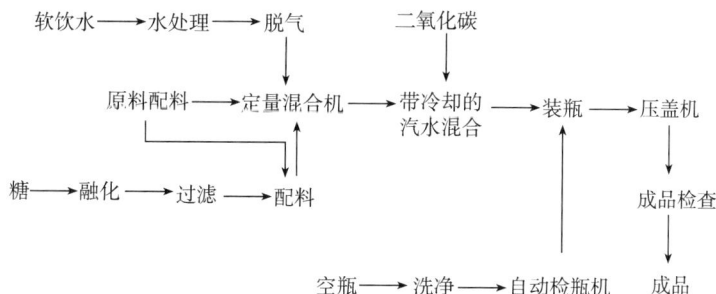

图4－5－1　一次灌装法

2. 二次灌装法

二次灌装法又称现调式灌装法,是将配好的糖浆液先灌入瓶中后,再用注水机将碳酸水注入瓶中。目前国内用的最普通的是二次灌装工艺(见图4-5-2)。

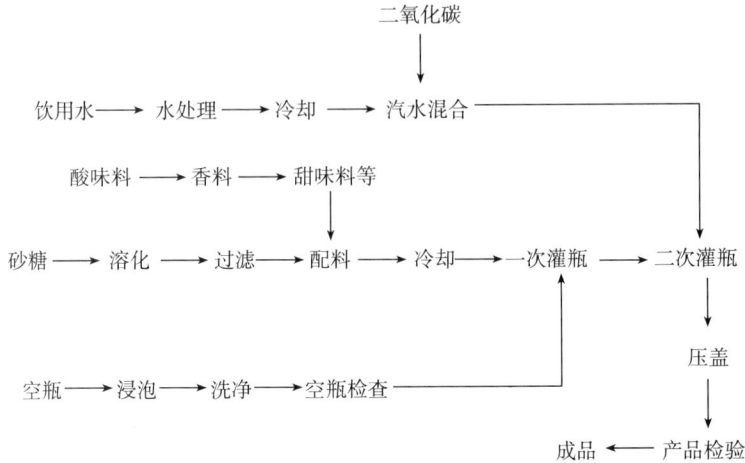

图4-5-2 二次灌装法

三、操作要点

1. 原糖浆的制备

将砂糖溶解在水中所得的浓度较高的糖水溶液称为原糖浆。

(1)原糖浆的制备

将砂糖溶解于一定量的水中,制成预计浓度的糖液,再经过滤澄清后备用。原糖浆的制备分为冷溶法和热溶法。

冷溶法是先将无菌水加入锅内,加入称量好的糖,常温下进行搅拌,待完全溶化后,过滤去杂,即得具有一定浓度(45~65°Bx)的糖液。此法设备较简单,节省能耗,而且口感好。缺点是溶糖时间较长,糖液易被污染。冷溶时,搅拌不宜过于强烈,砂糖完全溶化后应立即停止搅拌,防止混入过多空气而加速糖液变质。采用这种溶糖方法来生产糖浆,需有非常严格的卫生控制措施。

热溶法能杀灭糖液中细菌,糖溶解迅速,工厂多用此法。一般采用不锈钢夹层锅(双重锅)并备有搅拌器,锅底部有放料管。其生产过程是将糖和水按一定量配比,用蒸气加热至沸点,同时不断搅拌,在加热时,表面有凝固物浮出,需用筛子除去。否则会导致饮料变味,甚至会产生瓶头的环形物。将糖浆煮沸5 min,杀菌,其浓度一般为65°Bx。在溶解糖液时,糖液的溶解度与糖液温度关系是温度越高,溶解度越大(见表4-5-1)。

表4-5-1 糖液的溶解度与糖液温度关系

温度(℃)	溶解度(%)	温度(℃)	溶解度(%)
0	64.18	55	73.20
5	64.87	60	74.18
10	65.58	65	75.18
15	66.23	70	76.22
20	67.09	75	77.27
25	67.89	80	78.36
30	68.70	85	79.46
35	69.55	90	80.61
40	70.42	95	81.77
45	71.32	100	82.97
50	72.25		

（2）糖浆浓度的测定

我国饮料行业所用的糖浆浓度单位有三种,即相对密度、白利度和波美度。

相对密度,即单位体积物质的质量,可用密度计测定糖溶液浓度。密度计测定糖液浓度,操作简单、快速、准确率较高。其测定方法:将糖液盛放于玻璃量筒中,使密度计浮于糖液上(注意不要使密度计与容器壁接触),糖液面在密度计上所显示出的读数即为糖浆浓度(相对密度)。如测定碳酸饮料中糖的浓度,必须使饮料中的二氧化碳完全逸出,然后再进行测定。在读数时,检验人员的视线要与液面在同一平面上,读出半月形最低点的刻度。

白利度(也称糖锤度,°Bx),是指含糖量的质量分数,即质量百分比浓度。如白利度55°Bx,说明100 g糖液中含糖55 g。白利度随温度而变化,在配制糖浆时一般以20℃来计算。

波美度(即°Be),也是表示糖溶液浓度的一种方法。它与白利度的换算关系为:波美度×1.8≈白利度。

（3）原糖浆的配制

根据糖浆的浓度和体积,可求出糖和水的量,从而配制出所需浓度的原糖浆。

（4）原糖浆的过滤

配制的原糖浆必须进行过滤,除去糖液中许多的微细杂质,过滤方法常采用不锈钢板框压滤或硅藻土过滤机过滤。为保证过滤质量和过滤速度,用板框压滤机过滤糖液时,需加入硅藻土或纸浆作助滤剂;硅藻土过滤机性能稳定,适应性强,过滤效率高,可获得很高的滤速和理想的澄清度。

2. 调味糖浆的配制

原糖浆中再加入其他甜味剂、酸味剂、色素、防腐剂等,充分混合均匀后,得到浓稠状的糖浆,称为调味糖浆。在配制调味糖浆时,应根据配方的要求,正确计量每次配料所需的原糖浆、香料、色素和水等。各种物料溶于水后分别加入原糖浆中,注意加料顺序。添加顺序如下:原糖浆→25%苯甲酸钠→50%糖精钠溶液→50%柠檬酸溶液→果汁溶性香精→色素(热水溶化)→定容(加水)。要在不断搅拌下逐一投入,顺序不能颠倒。苯甲酸钠易溶于水,使用方便,但若直接与酸性糖浆相接触,苯甲酸钠容易转化成难溶于水的苯甲酸,可沉淀于容器底部(絮状物)。

3. 碳酸化

碳酸化是在一定气体压力和温度下,在一定时间内二氧化碳和水的混合。碳酸化的程度会直接影响碳酸饮料的质量和品味,是饮料生产中的重要工艺之一。碳酸化的过程是一个化学过程,CO_2 与当量的水作用,化合成碳酸。碳酸是一种弱酸,其酸度仅在舌头产生碳酸化饮料的轻微刺激。

(1)清凉作用

喝汽水实际上是喝一定浓度的碳酸,碳酸在腹中由于温度升高、压力降低,进行分解。这个分解反应是吸热反应,当 CO_2 从体内排放出来时,就把体内的热量带走,起到清凉作用。

(2)突出香味

CO_2 从汽水中逸出时,能带出香味,增强风味。

(3)有舒服的刹口感

CO_2 配合汽水中其他成分,产生一种特殊的风味,不同品种需要不同的刹口感,有的要强烈,有的要柔和,所以各个品种都具有特有的含气量。

(4)阻碍微生物的生长,延长汽水的货架寿命

CO_2 能致死嗜氧微生物,由于汽水中的压力能抑制微生物的生长。国际上认为 $3.5 \sim 4$ 倍含气量是汽水的安全区。

4. 灌装系统

灌装是碳酸饮料生产的主要工序之一。灌装方式主要有两种,即一次灌装法和二次灌装法。所谓灌装系统是指灌糖浆、灌碳酸水和封盖等操作组合而成的体系。灌装方式不同,灌装系统也是不同的。例如,一次灌装系统在加糖浆工序中,配比器放在混合机之前,灌装系统由同一个动力机构驱动的灌装机和压盖机组成;两次灌装系统由灌浆机(又称糖浆机或定量机)、灌水机和压盖机组成。大规模生产均采用一次灌装法。碳酸饮料由于是含气饮料,通常是在 $0.3 \sim 0.4$ MPa 压力下灌装的。如果在常温下灌装高碳酸化度的产品,灌装压力有时可达 0.6 MPa。

四、生产中常见问题及防止方法

1. 浑浊、沉淀

碳酸饮料可能会出现白色絮状沉淀,使饮料浑浊不透明,有时在瓶底生成白色或其他颜色沉淀。引起此现象的原因是多方面的,主要是由于原料处理过程中产生物理、化学变化及微生物的繁殖造成的。为了保证产品质量,应采取以下措施:一是保证足够的二氧化碳的含量,防止空气混入。二是减少生产各环节的污染,水处理、配料、瓶子清洗、灌装、压盖等工序都必须严格执行卫生标准。三是加强原料的管理,尤其是砂糖、水质的检测,砂糖

应做絮凝试验,不合格原料不能用于生产。四是加强过滤介质的消毒灭菌工作。五是生产饮料用水一定要符合标准要求,不要用硬度过高的水。六是配料工序要合理,注意加入防腐剂和酸味剂的次序。

2. 杂质

汽水中杂质指肉眼可见,有一定形状的非化学反应产物。杂质一般不影响口味,但影响产品的商品价值。一般可区分为:不明显杂质,较明显杂质和明显杂质。不明显杂质往往是原料里带入的,主要是一些体积较小不易看出的尘粒、小砂粒、小黑点等。较明显杂质就是体积较大的尘粒、小玻璃,容易看出来。明显杂质是指刷毛、大纸屑、锈铁屑片等。产生这些杂质的主要原因是瓶子或瓶盖没有洗净,饮料用水硬度不符合要求或原料中含有杂质,机件碎屑或管道有沉积物等。为此,应当采取以下措施:

①加强洗瓶刷瓶工序的管理。

②提高过滤质量,对贮料缸、灌装设备及管路等设备要定期清洗。

③及时更换混合机、灌装机易损部件(如橡胶、麻线、石棉等衬垫)及锈蚀的管道。

3. 含气量不足

碳酸饮料含气量不足,一般是指"没劲"或"没气",主要是由于二氧化碳的含量不足所致。由于二氧化碳溶于水后呈微酸性,有一定的灭菌作用,且其代替氧存在时,可抑制需氧微生物的生长与繁殖,有一定的防止变质的作用。所以二氧化碳含量低,还可造成一些汽水后来的变质,因此,必须认真对待。造成二氧化碳含量不足的原因主要有以下几个方面:一是二氧化碳不纯,特别是酒厂液体发酵回收的,未经分离净化,杂质较多。二是碳酸化时水温过高,混合的效果不好,或有空气混入。三是混合机有漏隙或管路漏气。四是压盖不严、不及时或瓶口和盖的大小不配套。一旦二氧化碳含量不足时,应查明原因,及时找出解决的办法。一般采取以下措施:选用纯净的二氧化碳,降低水温,保证混合效果,根据所用水温高低不同确定混合压力,注意自动控制系统的变化,经常检查管路、阀门、随坏随修,保证密封;严格执行操作规程;注意管路阀门是否漏气,注意灌装时的严密性,同时,注意混合机排空气阀的使用;灌装后的饮料要及时压盖,不要积压数量过多,保持压盖机运行正常,发现问题及时解决。

4. 产生糊状物

有时生产出的汽水放置几天后,变成了乳白色胶体状态,形成糊状物。主要原因有:

①原料中糖的质量差,含有较多的蛋白质和胶体物质。

②二氧化碳含量不足或空气混入过多,使一些好氧微生物生长繁殖。

③瓶子清洗不彻底,有细菌残留,使细菌利用饮料中的营养繁殖而形成的糊状物。

为防止这种现象,生产时应选用优质的白砂糖,洗瓶要彻底,充入的二氧化碳量要充足。

5. 有辣味

有的碳酸饮料甜味、香味不足,辣味有余,喝下去之后很快返气(打嗝)。主要是由于此饮料中原料的添加量不足或减少糖浆的用量造成的。辣味主要是二氧化碳的酸辣味。由于少料、无料,致使饮料的黏度低,二氧化碳向外逸出的阻力小,遇热分解的快,饮用后二氧化碳很快便从体内逸出,使人感觉有辣味。解决的方法是注意添加足量的糖浆。

6. 变味

变味是指饮料放一段时间生成很难闻的气味。一般是由于配料时所用容器设备没有洗净,造成微生物生长繁殖,产生酸败味或双乙酰味;或是二氧化碳不纯,里面掺杂过多的其他气体,如硫化氢、二氧化硫等;或是瓶子没有清洗干净造成的。解决的方法是:严格控制水处理、配料、洗瓶、灌装、压盖等工序的卫生,按操作规程操作。

任务4.6　茶饮料加工技术

一、概述

在我国茶作为一种古老而文明的饮料已有数千年的历史。茶叶中含有丰富的活性物质,目前鉴定出的化学成分已有500多种。现代研究表明,茶叶中含有咖啡碱、可可碱、茶叶碱、游离的儿茶素、儿茶酚及多种维生素、矿物质、蛋白质和糖类等化学物质。茶叶中不同的芳香物质以不同的浓度组合构成了茶叶的独特风味和色泽,也决定了茶具有生津止渴、提神、利尿、助消化、降血压、降血糖、防癌、抗衰老等保健功能。我国作为产茶大国,有着悠久的文化历史,而且茶以无糖、低热量、低钠的特性,及其清爽、甘醇的口感,符合现代饮料的潮流,必将成为饮料市场上最具潜力的产品。

1. 茶叶中的主要化学成分

(1)茶多酚

茶多酚又名茶单宁、茶鞣质,是茶叶中多酚类物质及其衍生物的总称,其含量为20%~30%。茶叶中75%左右的茶多酚是游离儿茶素和酯型儿茶素,此外还包括黄酮、花色苷和酚酸类。茶多酚含有较多的酚羟基,故具有显著的抗氧化特性,茶多酚对活性氧自由基有很强的清除作用,其清除能力比维生素E和维生素C强得多。而且其体外抗氧化能力也高于人工合成的抗氧化剂丁基羟基茴香醚(BHA)和二丁基羟基甲苯(BHT)。

(2)生物碱

茶叶中的生物碱主要是咖啡碱、可可碱、茶叶碱。其中咖啡碱的含量最高,占茶叶干重的2%~5%,在热浸提过程中约有80%溶出。咖啡碱及其代谢产物在人体内不积累,而是以甲尿酸形式排出体外。

(3)矿物质

茶中含有30多种矿物质,其中不仅包含了钾、钙、磷、镁、铁、锌等人体必需的矿物质,还包括了矾、硅、硒、镍等微量元素,是自然界中矿物质含量较全面的植物,茶叶中矿物质含量达4%~7%,其中50%~60%可溶于热水,能够被人们所利用。

（4）蛋白质和氨基酸

茶叶中的蛋白质含量一般为20%左右,但是茶叶中的蛋白质在加热浸提时不易溶出,因此,不能为人类所利用。茶叶中氨基酸的含量很低,但氨基酸种类多,其中包含了人体所必需的8种氨基酸。

（5）芳香物质

芳香物质是一种具有挥发性的混合物。研究发现,绿茶中的芳香物质达100多种;红茶由于经过发酵,产生一些新的芳香物质,因而其中的芳香物质多达300多种。芳香物质主要是一些醇、酚、醛、酸、酯、含氮化合物、碳氢化合物、氧化物、硫化物、酚酸类化合物。芳香物质的主要作用是呈现茶饮料特有的风味。

（6）碳水化合物

茶叶中碳水化合物的含量为30%左右,主要包括茶多糖、淀粉、果胶及小分子多糖等物质,但能被热水浸提出来的碳水化合物的量不到5%。因此,茶饮料也被视为低热能的饮料。

（7）维生素

茶叶中富含多种维生素,这包括了维生素 A、维生素 D、维生素 E、维生素 K 等脂溶性维生素和维生素 C、维生素 B_1、维生素 B_2、维生素 B_3、维生素 B_5、维生素 B_{11}、维生素 H 等水溶性维生素。除了维生素 C、由于加工方式的不同,因而在不同品种的茶叶中含量差异较大,其他成分在不同品种的茶叶中含量基本相同。此外,在热浸提时,茶中的可溶性维生素几乎可以全部溶出,能够为人类所利用。

（8）茶叶色素

茶叶中含有叶绿素、胡萝卜素、叶黄素、黄酮醇和花色素等色素物质。叶绿素、胡萝卜素和叶黄素属多烯色素,都不溶于水,但在热或酶促氧化时,能转化为内酯或酮类物质,是茶叶香气的重要来源。黄酮醇是茶叶中可溶于水的一类黄色素,对绿茶茶汤的颜色有一定影响。

（9）脂多糖

脂多糖是类脂和多糖结合在一起的大分子复合物,它是构成茶叶细胞壁的重要成分,茶叶中脂多糖的含量一般约为3%。

2. 茶饮料的定义及其分类

茶饮料是指用水浸泡茶叶,经抽提、过滤、澄清等工艺制成的茶汤或茶汤中加入水、糖液、酸味剂、食用香精、果汁或植（谷）物抽提液等调制加工而成的制品。

茶饮料种类繁多,按原料茶叶的类型可分为红茶饮料、绿茶饮料、乌龙茶饮料和花茶饮料;按国家标准 GB/T 21733—2008 将茶饮料按照风味分为四大类:茶饮料（茶汤）、调味茶饮料、复（混）合茶饮料、茶浓缩液。

（1）茶饮料（茶汤）

以茶叶的水提取液或其浓缩液、茶粉为原料,经加工制成的,保持原茶汁应有风味的液体饮料,可添加少量的食糖和（或）甜味剂。茶饮料（茶汤）又分为五类:红茶饮料、绿茶饮料、乌龙茶饮料、花茶饮料、其他茶饮料。

（2）调味茶饮料

调味茶饮料分为：果汁茶饮料和果味茶饮料、奶茶饮料和奶味茶饮料、碳酸茶饮料、其他调味茶饮料。

①果汁茶饮料和果味茶饮料。

以茶叶的水提取液或其浓缩液、茶粉为原料，加入果汁、食糖和（或）甜味剂、食用果味香精等的一种或几种调制而成的液体饮料。

②奶茶饮料和奶味茶饮料。

以茶叶的水提取液或其浓缩液、茶粉为原料，加入乳或乳制品、食糖和（或）甜味剂、食用奶味香精等的一种或几种调制而成的液体饮料。

③碳酸茶饮料。

以茶叶的水提取液或其浓缩液、茶粉为原料，加入二氧化碳气体、食糖和（或）甜味剂、食用香精等调制而成的液体饮料。

④其他调味茶饮料。

以茶叶的水提取液或其浓缩液、茶粉为原料，加入除果汁和乳之外其他可食用的配料、食糖和（或）甜味剂、食用酸味剂，食用香精等的一种成几种调制而成的液体饮料。

（3）复（混）合茶饮料

以茶叶和植谷物的水提取液或其浓缩液、干燥粉为原料，加工制成的，具有茶与植谷物混合风味的液体饮料。

（4）茶浓缩液

采用物理方法从茶叶水提取液中除去一定比例的水分经加工制成，加水复原后具有茶汁应有风味的液态制品。

二、罐装茶饮料的一般生产工艺

茶饮料的生产工艺流程基本相同，根据各类型的茶饮料的不同的风味品质和包装容器其工艺流程稍有差别。

1. 几种典型的茶饮料加工工艺流程

（1）茶抽提液生产工艺流程

水→水处理→去离子水→茶叶→热浸提→过滤→冷却→调配→过滤→加热灌装→密封→杀菌→冷却→检验

（2）PET瓶装茶饮料工艺流程

去离子水→茶叶→热浸提→茶抽提液→过滤→加热→UHT杀菌→冷却→无菌灌装（无菌PET瓶）→封口（无菌瓶盖）→冷却→贴标→检验→装箱→成品

（3）易拉罐纯茶饮料生产工艺流程

去离子水→茶叶→热浸提→冷却→过滤→调配→加热→灌装→封口→杀菌→冷却→

检验→装箱→成品

（4）罐装绿茶饮料生产工艺流程

绿茶→热浸提→过滤→维生素 C 和碳酸氢钠调和→加热（90～95℃）→灌装→充氮→封口→杀菌→冷却→包装→检验→装箱→成品

（5）罐装红茶饮料生产工艺流程

红茶→热浸提→过滤→调和→加热一灌装→密封→杀菌→冷却→包装→检验→装箱→成品

（6）罐装乌龙茶饮料生产工艺流程

茶叶→焙火→浸提→过滤→调配→加热→灌装→密封→杀菌→冷却→包装→检验→装箱→成品

2．操作要点

（1）茶叶选择及处理

茶叶品种和品质直接影响茶饮料的质量。茶饮料的原料主要是红茶、乌龙茶和绿茶，必须采用当年加工的新茶，无污染，色、香、味品质正常，茶叶主要成分保存完好。为了提高浸提效率，浸提前应将茶叶切细，一般将茶叶的粒径控制在 40～60 目即可。若茶叶的粒径过大，则茶中的活性成分不易溶出；若粒径过小，则给后续的过滤工艺增加难度。

（2）茶饮料用水的处理

由于茶叶中含有茶多酚类物质，茶饮料用水要含有较少的金属元素，最好是全部去除。水中含有钙、镁、铁、氯等离子时，茶汤的色泽和滋味会受到影响。当水中的钙、镁离子达到 3 mg/L 这一临界值时，茶饮料浑浊沉淀现象十分明显；当水中的铁离子含量大于 5 mg/L 时，茶汤显黑色，并带有苦涩味道；当水中的氯离子含量过高时，茶汤会带有腐臭味。使用蒸馏水浸提茶叶时会使茶汤具有较强的苦涩味；使用自来水不仅影响茶汤色泽滋味，还会使茶饮料产生茶乳；因而，使用去离子水加工茶饮料品质较佳。一般茶饮料用水的简单处理步骤如下：

①混凝。

在水中加入铝盐或铁盐，生成的氢氧化铝和氢氧化铁可吸附水中有色成分和悬浮物质，从而达到水质澄清的目的。

②过滤。

可采用砂床过滤器、砂滤棒过滤器、微孔过滤器及活性炭过滤器等过滤设备滤除水中的悬浮物和胶体物质。

③软化。

采用石灰、反渗透、离子交换等方法进行水的软化，以去除水中的离子。

④消毒。

为达到软饮料用水的微生物指标的要求，需要对经化学处理的水进行消毒。消毒的方法有氯消毒、紫外线消毒和臭氧消毒等。其中臭氧消毒的效果较好，常用在瓶装水的消毒处理上。

（3）浸提

浸提是将热水加入茶叶中,使茶叶中的各种可溶性成分溶出,使茶叶中可溶物与不可溶物的分离过程,也称之茶汁萃取。经浸提后含有各种茶叶可溶性化学成分的溶液,称之为浸出液,也称茶汁或茶汤,是茶饮料生产的基础。

一般采用带搅拌和大型茶袋上下浸渍的浸提装置,可减少茶叶颗粒表面质量传递阻力,提高萃取率。此外,也可采用加压热水喷射浸提或逆流浸提的浸提装置。浸提时,一般茶水比为1∶100时最适合消费者,但实际生产中,常常按照1∶（8～20）的比例生产浓缩液,在配制茶饮料时再稀释。茶叶颗粒越小,与浸提水的接触面积越大,茶叶可溶物浸出速度越快。浸提温度一般为80～95℃,时间不超过20 min。浸提对茶的香味和有效成分的浓度有直接影响,因此其具体采用的温度、时间等条件,应依据茶的品种、产品类型来确定具体的浸提条件。

（4）过滤

为了节约过滤成本和取得较好的过滤效果,通常采用多级过滤的方式逐步去除茶汁中的固体物质。

①首先采用以80～200目的不锈钢筛网或尼龙、无纺布等作为过滤介质的双联过滤器或板框过滤器进行粗滤,该步骤主要为了滤除茶汁中肉眼可见的悬浮物。

②然后采用以1～70 μm的澄清滤板、滤纸、微孔滤膜、醋酸纤维孔膜或硅藻土作为过滤介质的管式微孔器或板框过滤进行精滤,该步骤主要可滤除茶汁中粒径大于0.05 μm的微小颗粒。

（5）调配

调配茶饮料讲究具有原茶香味,汤色忌浑浊、乌暗。在制红、绿茶饮料时,注意选择无"冷后浑"的茶叶。应多样化原料,多产地原料拼配,以保持其品质相对均衡。调配主要是将精滤后的茶汁调至适当的浓度、pH值,并按照品质类型的要求加入糖、香精等必要的香味品质改良剂。在实际生产中,浸提后的茶汁为浓缩汁,需要对其浓度进行调整。在茶饮料中,咖啡碱和可溶性固形物含量相对较小,因而通常以茶多酚含量作为主要指标。根据茶汁中茶多酚的量来计算需加水的量,配成小样,再测定pH值和可溶性固形物含量,评价其感官品质,而后按小样的配比进行具体操作。最后根据茶汁稀释的总体积,加入抗坏血酸0.03%～0.07%,再用碳酸氢钠调整pH值至5.0～7.5（最佳pH值范围为6～6.5）。加入的抗坏血酸可防止杀菌破坏茶饮料的香味。

（6）灌装

根据包装方式的不同将茶饮料的灌装分为两种方式:热灌装和常温灌装。

①热灌装。

是利用板式热交换器或UHT将茶汁加热至90℃以上,随后将茶汁立即灌装到易拉罐或耐热PET瓶等包装容器中,随即送至封口机进行密封。热灌装减少茶汁中的含氧量,可更好地保持茶汁的品质,是茶汁灌装常用的方法。

②常温灌装。

是利用板式热交换器或 UHT 将茶汁加热进行灭菌,然后冷却至 25℃左右的常温,在无菌条件下进行灌装。通常该法用于利乐包装等无菌纸包装茶饮料的生产。常温灌装下茶汁受热时间较短,可使茶汁保持新鲜。

(7)杀菌

采用不同包装的茶饮料其灭菌操作有差别。用 PET 瓶或纸包装的产品,采用先灭菌后灌装封口的工艺流程;用易拉罐包装的产品,采用先灌装封口再灭菌的工艺流程。

三、生产中常见问题及防止方法

1. 浑浊沉淀

茶的浸出液冷却后,会出现絮状浑浊,该现象称为"冷后浑",其中形成的沉淀物称为茶乳。产生该现象的原因主要是由于在一定条件下,茶多酚与咖啡碱形成络合物。茶饮料沉淀物的主要成分是茶多酚、氨基酸、咖啡碱、蛋白质、果胶、矿物质等,这些物质在水溶液中发生一系列变化,主要是分子间的氢键、盐键、疏水作用、溶解特性、电解质、电场等的变化,从而导致茶汤沉淀。

为了防止茶饮料在贮藏和销售的过程中出现浑浊和沉淀现象,可以通过采取一些理化方法来解决。一是在茶汁中加入一定的碱性物质,使茶多酚与咖啡碱之间的氢键断裂,并同茶多酚及其氧化物生成稳定的水溶性更强的盐,避免茶多酚及其氧化物再次同咖啡碱络合,从而溶于冷水中。二是在茶汁中加入聚酰胺、聚乙烯吡咯烷酮、阿拉伯胶、海藻酸钠、丙二醇、三聚磷酸钠、维生素 C 等物质,这些物质可与茶汁中的部分茶多酚或咖啡碱形成沉淀,静置后用滤纸或硅藻土过滤,从而除去茶汁中一定量的咖啡碱、茶多酚。三是应用酶技术,主要有单宁酶、果胶酶、纤维素酶、木瓜蛋白酶等。其中单宁酶可切断茶乳酪中的酯键,从而消除或减少茶乳酪的产生。果胶酶及纤维素酶可促进果胶及纤维素水解,有利于提高萃取率及缩短萃取时间。四是将茶汁中的沉淀用氧化剂(如过氧化氢、臭氧、氧气等)处理,将其转化为可溶性成分,再次溶解于茶汤之中。此法提高了茶汁中有效成分的含量,节约了原料。

2. 茶汤褐变

在 pH 值、氧气、金属离子等因素的影响下,茶浸出液中的叶绿素、黄酮类物质、儿茶素等物质发生一定理化变化,颜色变深。

防止茶汤褐变的措施主要有:一是改变茶汁的 pH 值。无色的儿茶素在氧化或强酸强碱下可转化为茶褐素,影响茶汁的色泽。故可在调整 pH 值的茶汁中加入缓冲剂以维持茶汁 pH 值的稳定。二是添加抗氧化剂维生素 C。维生素 C 可防止氧气等物质使茶汁氧化变色,一般添加量为 400~600 mg/kg。三是冷浸提。如在较低温度下对茶叶进行浸提,则可避免高温浸提时茶汁色泽会加深的缺陷。低温浸提时,加入果胶酶或纤维素酶等物质不仅可以提高浸提的效率,而且可以保护色泽。

3. 茶汁风味变化

茶汁风味主要取决于风味物质(茶多酚、氨基酸、咖啡碱等)的组成及含量。实际生产中,茶叶本身的品质和贮存条件,浸提时采用的温度、时间等条件,茶汁的 pH 值及茶汁的澄清方法等因素均会影响到茶饮料的风味。防止茶汁风味变化的措施有:

(1)分子包埋法

在实际生产中通常采用 β – CD 来包埋茶汁中的叶绿素、儿茶素等物质。当人们饮用之时,这种由 β – CD 包埋的叶绿素、儿茶素等物质又会被释放出来。这种方法既保持了茶饮料中有效成分的含量,又起到了包埋儿茶素等具有苦涩味道的物质,使茶饮料的味道易于为消费者所接受。

(2)改变茶汁中呈味物质的组成及比例

①茶汁中各种氨基酸类物质(如天冬氨酸、谷氨酸、精氨酸、天冬酰胺和茶氨酸等),具有使茶汁呈现鲜爽味,缓解茶的苦涩味的作用。

②茶汁中的多酚类物质(如儿茶酚、茶黄素等)和生物碱(主要是咖啡碱),具有使茶汁呈现苦涩味、收敛味和刺激性的作用。因此,对于含咖啡碱、茶多酚较多而氨基酸含量较少的茶汁,可采取脱除部分咖啡碱等物质并适当添加某些氨基酸,调整茶汁中呈味物质的组成及比例,改进茶叶饮料的风味,使之易于为消费者所接受。

4. 香气成分的劣变

茶叶中含有的芳香物质稳定性较差,经热加工处理后芳香物质的组分含量减少并会产生一些其他芳香物质,从而影响了茶饮料的香气品质。

防止香气成分劣变的措施:一是原料烘焙应尽量选择新鲜的茶叶作为原料,并在低温无氧等条件下贮存。对于久置陈化的茶叶,可通过高温复火的方法,减轻或消除其异味物质,但其香气成分也略有减少,因此可在烘焙过程中添加芳香物质,增加茶叶的香气。复火后的茶叶应摊放至冷却后再进行包装,否则会产生"煳味"。二是采用分子包埋法。β – CD 也可用来包埋茶汁中的芳香物质,从而减少加热造成的损害,同时还可以掩蔽不良味道。三是进行香气回收。芳香物质在加工过程中极易分解变化。可采用超临界二氧化碳萃取法或分馏法对茶叶中的芳香成分进行回收,在最后的工序将其包埋加入茶汁中。四是进行调香。实际生产中,将高档茶叶中的芳香成分用超临界萃取法提取出来,并进行定性定量地分析萃取成分,而后交由调香师进行调香。茶饮料的最终品质取决于原料茶叶品质,萃取成分分析的精确性,调香师的经验等。

任务4.7 蛋白饮料加工技术

一、概述

蛋白饮料是指以乳或乳制品、或含有一定蛋白质含量的植物的果实、种子或种仁等为原料,添加或不添加其他食品原辅料和(或)食品添加剂,经加工或发酵制成的一类饮料。包括含乳饮料和植物蛋白饮料两大类。

西方发达国家膳食以动物性食物为主,动物蛋白食用过多,导致文明病泛滥,如肥胖、高血压、高血脂、心脑血管病、糖尿病等的发生。这一倾向在我国发达地区也有明显表现。因此,寻找低脂肪、无胆固醇的植物蛋白是时代的需要。

1. 含乳饮料的定义与分类

(1)含乳饮料的定义

含乳饮料是以鲜乳或乳制品为主要原料,经过发酵或不发酵,在其中加入甜味剂、着色剂、香料等混合而成的液状或糊状制品,其成品非脂乳固形物含量(质量分数)不低于3%。

(2)含乳饮料的分类

①配制型含乳饮料。

以乳或乳制品为原料,加入水,以及食糖和(或)甜味剂、酸味剂、果汁、茶、咖啡、植物提取液等的一种或几种调制而成的饮料。其中蛋白质含量不低于1.0%的称为乳饮料,蛋白质含量不低于0.7%的称为乳酸饮料。

②发酵型含乳饮料。

以乳或乳制品为原料,经乳酸菌等有益菌培养发酵制得的乳液中加入水,以及食糖和(或)甜味剂、酸味剂、果汁、茶、咖啡、植物提取液等的一种或几种调制而成的饮料,如乳酸菌乳饮料,根据其是否经过杀菌处理分为杀菌(非活菌)型和未杀菌(活菌)型。

2. 植物蛋白饮料的定义与分类

(1)植物蛋白饮料的定义

植物蛋白饮料是指用蛋白质含量较高的植物果实、种子或核果类、坚果类的果仁等为主要原料,经加工制成的制品。植物蛋白饮料包括豆类、谷物、核果以及坚果蛋白饮料等。

(2)植物蛋白饮料的分类

按照加工原料的不同,植物蛋白饮料可以分为四大类:豆乳类、椰子乳(汁)、杏仁乳(露)和其他植物蛋白饮料。

①豆乳类饮料。

以大豆为主要原料,经磨碎、提浆、脱腥等工艺制得的浆液中加入水、糖液等调制而成的制品,如纯豆乳、调制豆乳、豆乳饮料。

②椰子乳(汁)饮料。

以新鲜、成熟适度的椰子为原料,经加工制得的果肉,再经压榨制成椰子浆,经加入适量水、糖类等配料调制等工序后,再经高压杀菌或无菌包装而成的乳浊状制品。

③杏仁乳(露)饮料。

以杏仁为原料,经浸泡、磨碎、提浆等加工工序后,经加入适量水、糖类等配料调制后,再经高压杀菌或无菌包装而成的乳浊植物蛋白饮料。

④其他植物蛋白饮料。

桃仁、花生、银杏、南瓜籽、葵花籽等经与水按一定比例混合、磨碎、提浆等加工工序后,加入糖类等配料调制而成的制品。如核桃乳、花生乳等。

3. 植物蛋白饮料的营养效用

植物蛋白饮料属于中高档蛋白饮料,营养丰富,口感细腻似牛奶。其主要原料为植物核果类籽及植物的种子。这些籽仁含有大量脂肪、蛋白质、维生素、矿物质等,是人体生命活动中不可缺少的营养物质。植物蛋白及其制品不含胆固醇,不含乳糖,而含有大量的亚油酸和亚麻酸,长期食用,对血管壁上沉降的胆固醇有溶解作用,因而可以防止因动物蛋白摄入量过高而导致的"文明病"(心血管病、脑血管病、糖尿病、老年褐斑等)。另外,植物籽仁中含有较多的维生素 E,可防止不饱和脂肪的氧化,去除过剩的胆固醇,防止血管硬化,减少褐斑,有预防老年病的作用。与动物蛋白饮料相比,植物蛋白饮料不含乳糖,不会引起"乳糖不耐症"。植物蛋白饮料还富含钙、锌、铁等多种物质和微量元素,为碱性食品,可以缓冲肉类、鱼、蛋、家禽、谷物等酸性食品的不良作用。又由于其原料广泛,产量大,价格低廉,故植物蛋白饮料必将成为我国产量最大的保健饮料。对于蛋白质消费量远少于联合国营养标准的发展中国家,发展植物蛋白,特别是大豆蛋白、花生蛋白是一条行之有效的途径。但是植物蛋白质因有纤维薄膜的包裹而难以消化,故动物蛋白质比植物蛋白质更易消化和吸收,因此要注意平衡膳食。

4. 植物蛋白饮料的发展前景

随着人们生活水平和健康意识的提高,对饮料的要求趋于营养、保健、安全、卫生,回归绿色天然。植物蛋白饮料处在一个发展的最佳时期,具有很大的发展空间。目前我国植物蛋白饮料已经成为饮料市场不可或缺的一员,豆制饮品、椰汁、杏仁露、核桃露等各种植物蛋白饮料不断涌现。植物蛋白饮料营养丰富,成分组成合理,具特殊的色、香、味,适合我国广大消费者的口味,是一种物美价廉的营养保健饮料。

5. 植物蛋白饮料一般加工工艺及操作要点

(1)植物蛋白饮料一般加工工艺

原料→预处理→浸泡、磨浆→浆渣分离→加热调配→真空脱臭→均质→灌装封口→灭菌、冷却→成品

(2)操作要点

①原料选择及预处理。

植物蛋白原料的质量直接影响到饮料的品质,通常生产植物蛋白饮料宜选择新鲜、籽

粒饱满均匀、无虫蛀、无霉烂变质、成熟度较高的植物籽仁。植物籽仁的成熟度影响其蛋白质、脂肪、糖类的含量。大豆、花生、芝麻等植物籽仁由于富含蛋白质、脂肪,在贮藏过程中极易被黄曲霉菌侵蚀。因此,应该选择新鲜、无霉烂变质、成熟度较高的原料。有些植物蛋白饮料的加工对原料的选择提出一些特殊的要求,主要是根据饮料的品质确定的。

原料的预处理通常包括清洗、浸泡、脱皮、脱苦、脱酶等。不同的植物蛋白饮料,应针对其原料性质采用适当的预处理措施。

大部分原料都有外衣及外壳,例如:椰子、杏仁、花生、大豆等,必须进行脱皮处理。新鲜的椰子,要先除去椰衣及外硬壳,有时还要同时削去椰肉外表棕红色的外衣,才可得到加工椰子汁用的椰肉。杏仁应除去仁外衣,通常用温水浸泡杏仁,用橡胶板或橡胶棍对搓而除去外衣;花生用于加工花生奶时,要脱去外硬壳及内红衣。脱花生仁红衣有干法脱皮和湿法脱皮两种。大豆在加工之前一般也应脱皮,主要采用干法脱皮。

脱皮处理要考虑脱皮率、仁中含皮率和皮中含仁率三个指标,分为干法脱皮和湿法脱皮两种。实践表明,干法脱皮时要控制含水量在13%以下,以提高脱皮效果,如大豆水分含量较高,则应将其先在105～110℃的热空气中进行干燥处理,冷却后再进行脱皮。湿法脱皮时植物籽仁要吸足水分,脱皮效果才能提高。需要注意,生产植物蛋白饮料,对水质的要求很高。硬度高的水,易导致油脂上浮和蛋白沉淀现象。若硬度太高,会导致刚杀菌出来的产品就产生严重的蛋白变性,呈现豆腐花状。因此,用于生产植物蛋白饮料的生产用水必须经过严格的处理,最好使用纯净水来生产。

②浸泡、磨浆。

浸泡可以使植物籽仁细胞结构软化、组织疏松,降低磨浆时的能耗与设备磨损,提高胶体分散程度和悬浮性,增加蛋白质的提取率。浸泡时根据季节确定水温,一般不宜用开水,以免蛋白质变性。浸泡时间过短会影响蛋白质的提取率;时间过长会影响成品的风味和稳定性,甚至由于微生物的生长繁殖或蛋白质及糖类物质的发酵分解产生酸味。通常夏季浸泡温度稍低,浸泡时间稍短,冬季浸泡水温稍高,浸泡时间适当延长。浸泡不充分(时间短、水温低),蛋白质等营养物质提取率低;浸泡时间过长,蛋白质已经变性,有的甚至出现异味。杏仁除去外衣前,通常采用温水浸泡杏仁,然后再用橡胶板或橡胶棍对搓除去外衣;杏仁浸泡时对水的温度、pH值有较严格的要求。

为保证原料的提取率,原料泡好后应一次性加足水量,进行磨浆。加水量为配料水量的50%～70%,先经过粗磨,再经过胶体磨细磨,使其组织内蛋白质及油脂充分析出,有利于提高原料的利用率。

③浆渣分离。

原料经过磨浆后,采用离心分离机得到汁液,作为生产植物蛋白饮料的主要基料。这些植物蛋白品种的提取液由于油脂含量较高,部分生产厂家采用高速离心分离的方法,将其中部分油脂分离(如椰子、杏仁、花生等),但是,许多植物蛋白饮料良好的香味主要来自其油脂,如天然杏仁汁香味主要来自杏仁油,天然椰子汁香味来自椰油。另外,植物油脂中还含有大量不饱和脂肪酸,并有人体不能合成的必需脂肪酸。因此,在加工工艺上,尽量将其油脂保留在饮料中,以提高产品的本色香味。合理选择具有高乳化稳定效果的乳化剂与稳定剂,可以得到品质稳定均匀的优良产品。

④加热调配。

加热调配是生产各种植物蛋白饮料关键工序之一,调配的目的是生产各种风味的产品,同时有助于改善产品的稳定性和质量。通常可添加乳化剂、甜味剂、增稠剂等,这些物质用余下的30% ~50%水量来溶解。若不使用乳化稳定剂,很难生产出经长期保存而始终保持均匀一致、无油层、无沉淀的植物蛋白饮料。因为经过榨汁(或打浆)的植物蛋白液不像牛乳那样稳定,而是十分不稳定的体系,需要外加其他物质来帮助形成稳定体系。植物蛋白饮料的乳化稳定剂一般都是由乳化剂、增稠剂及一些盐类物质组成的。为了使乳化剂、增稠剂溶解均匀,可用砂糖作为分散介质,加水调匀。将乳化剂、增稠剂与分离汁液混合均匀。混合设备可采用胶体磨,以增加饮料的口感、细感。然后通过列管式或板式热交换器加热升温到所需的温度。不同的品种采用不同的乳化剂与增稠稳定剂及添加量。应严格控制加热温度、加热时间,以防止蛋白质变性。为使其与分离汁液混合均匀以及改善饮料的口感,可采用胶体磨磨制。操作中要严格控制加热温度、时间、饮料的 pH 值,避开蛋白质的等电点(pH 值 =4.0 ~5.5),以防止蛋白质变性。

⑤真空脱臭。

植物蛋白饮料由于其原料的特性以及加工特性,极易产生青草臭和加热臭等异臭。脱臭可以使得料液中的大量带有异味的挥发性物质在低温下抽出。将加热的植物蛋白饮料于高温下喷入真空脱臭罐中,部分水分瞬间蒸发,同时带出挥发性的不良风味成分,由真空泵抽出,脱臭效果显著。真空脱臭罐的真空度一般控制在 26. 6 ~ 39. 9 kPa(200 ~ 300 mmHg),如果太高,可能导致气泡冲出。

⑥均质。

生产植物蛋白饮料,均质是必需的步骤,因为植物蛋白饮料一般都含有大量的油脂,若不均质,油脂难以乳化分散,而会聚集上浮。均质可以防止脂肪上浮,能使吸附于脂肪球表面的蛋白质量增加,缓和变稠现象。均质还可以大大提高乳化剂的乳化效果,使整个体系形成均匀稳定的状态。均质后的产品在稳定性、乳白度、光泽度、口感、消化性等方面更加优化。

均质工序由均质机来完成。均质机主要由高压往复柱塞泵和均质器组成。均质加工是在均质阀中进行的。物料在高压下进入可调节的间隙,使物料获得极高的流速,从而在均质阀里形成一个巨大的压力差,产生空穴效应,湍流和剪切力的作用,将原先粗糙的植物蛋白加工成极微细的颗粒,从而得到细微而均匀的液—液乳化及固—液分散体系,提高了植物蛋白饮料的稳定性。均质时的压力、温度越高,效果越好,但受机械设备性能限制;必须控制相应的温度和压力。要达到较好的均质效果,可以采用温度在75℃以上(一般为75 ~85℃),压力在 25 MPa(一般为 25 ~40 MPa)。增加均质次数也可提高效果,如采用二次均质,对产品的稳定性有更大的帮助。

植物蛋白饮料生产中采用两次均质,一次均质压力为 20 ~ 25 MPa,二次均质压力为 25 ~ 36 MPa,均质温度为 75 ~ 80℃。植物蛋白饮料通过高压均质可减小颗粒直径,从而减慢沉降速度,达到产品稳定、不易沉淀及分层的目的。其次,加入稳定剂以后增加溶液黏度有利于降低颗粒沉降速度,而使饮料保持更好的均匀稳定性。均质工序可放在杀菌前,也可放在杀菌后。

⑦灌装杀菌。

植物蛋白饮料富含蛋白质、脂肪,很容易变质,若是当日饮用可采用巴氏杀菌(30 min/60℃),以减少设备投资和能耗;而市场零售可采用高压杀菌器杀菌,杀菌条件因种类不同而异,但普遍采用高压杀菌。若杀菌采用 121℃下保温 15 min 的杀菌规程,冷却阶段必须加反压,否则会因杀菌器中压力降低,容器内外压差增加,将瓶盖冲掉或使薄膜袋爆破。杀菌后的成品可在常温下长期存放。此方法设备费用低,但费时、费力,产品质量不太理想,有时还会出现脂肪析出、产生沉淀、蛋白质变性等问题。而采用超高温瞬时连续杀菌和无菌包装则可大大避免以上问题的出现,目前应用很广。具体操作是将产品在 130℃以上的高温下保持几秒钟的时间,然后迅速冷却下来,这样既可以显著提高产品色、香、味等感官质量,又能较好地保持植物蛋白饮料中的一些不稳定的营养成分。同时结合无菌包装,可显著提高产品质量,在常温下,货架期可以达到数月之久,包装材料轻巧,一次性消费无须回收,但是设备费用高。

二、典型植物蛋白饮料的加工

1. 豆乳饮料加工工艺

大豆蛋白饮料历史悠久,早在公元前 200 年,我国就发明了豆浆和豆腐。日本和美国等国家在我国豆浆生产方法的基础上开发了豆乳饮料。它的特点是无豆腥味、苦涩味、焦糊味,无对人体有害的因子。豆乳饮料在感官上接近牛乳,口感细腻,不沉淀、不分层,可以长期保存,现代豆乳饮料又有了新的发展。

(1)豆乳饮料的分类

按照 GB/T 30885—2014,豆奶按照工艺分为原浆豆奶(豆乳)、浓浆豆奶(豆乳)、调制豆奶(豆乳)、发酵原浆豆奶(豆乳)、发酵调制豆奶(豆乳)。豆奶(豆乳)饮料按照工艺分为调制豆奶(豆乳)饮料、发酵豆奶(豆乳)饮料。

①原浆豆奶(豆乳)。

以大豆为主要原料,不添加食品辅料和食品添加剂,经加工制成的产品,也可称为豆浆。

②浓浆豆奶(豆乳)。

以大豆为主要原料,不添加食品辅料和食品添加剂,经加工制成、大豆固形物含量较高的产品,也可称为浓豆浆。

③调制豆奶(豆乳)。

以大豆为主要原料,可添加营养强化剂、食品添加剂、其他食品辅料,经加工制成的产品。

④发酵原浆豆奶(豆乳)

以大豆为主要原料,可添加食糖,不添加其他食品辅料和食品添加剂,经发酵制成的产品,也可称为酸豆奶或酸豆乳。

⑤发酵调制豆奶(豆乳)。

以大豆为主要原料,可添加营养强化剂、食品添加剂、其他食品辅料,经发酵制成的产品,也可称为调制酸豆奶或调制酸豆乳。

⑥调制豆奶(豆乳)。

以大豆、豆粉、大豆蛋白为主要原料,可添加营养强化剂、食品添加剂、其他食品辅料,经加工制成的、大豆固形物含量较低的产品。

⑦发酵豆奶(豆乳)饮料。

以大豆、豆粉、大豆蛋白为主要原料,可添加食糖、营养强化剂、食品添加剂、其他食品辅料,经发酵制成的、大豆固形物含量较低的产品。

(2)工艺流程

以豆乳饮料生产工艺路线为例,说明大豆蛋白饮料的生产工艺。

大豆→脱皮→酶钝化→磨碎→分离→调制→杀菌脱臭→均质→冷却→包装→成品

(3)操作要点

①脱皮。

一般采用干法脱皮,由脱皮机和辅助脱皮机共同完成,可以除去豆皮和胚芽。大豆的含水量要求在12%,脱皮率控制在90%以上,脱皮损失率控制在15%以下。

②酶钝化。

向灭酶器中通入蒸汽加热,大豆在螺旋输送器的推动下,经40 s左右完成灭酶操作。

③制浆。

灭酶后的大豆进入磨浆机中,同时注入相当于大豆质量8倍的80℃热水,也可以注入0.25% ~ 0.5%的$NaHCO_3$溶液,以增进磨碎效果。经粗磨后的浆体再泵入超微磨中,使95%的固形物可以通过150目筛。然后用沉降式卧式离心分离机使浆渣分离,生产过程连续进行,豆渣的水分控制在80%左右。

④调制。

需要调制的豆乳还要在调配罐中进行调制。将有关配料按照一定操作程序加入调配罐中,混合均匀并经均质机处理后,定量泵入调配罐中与纯豆乳混合,调配成不同品种的豆乳。

⑤杀菌与脱臭。

采用杀菌脱臭装置,高温杀菌和真空脱臭紧密相连。即将调制后的豆乳连续泵入杀菌脱臭装置中,经蒸气瞬间加热到131℃左右,经约20 s保温,再喷入真空罐中,罐内保持26.7 kPa的真空度,喷入的高温豆乳会瞬时蒸发出部分水分,豆乳温度立即下降到80℃左右。

⑥均质。

采用杀菌均质工艺,均质2次,均质压力为15~20 MPa。

⑦冷却与包装。

均质后的豆乳经板式换热器冷却至10℃以下,送入贮存罐中,进行无菌包装。

2.花生乳饮料加工工艺

花生果又称为长生果或落花果,原产于南美亚马逊河流域,明代传入中国,得到迅速发展。花生营养丰富,是世界上最重要的油料作物之一,又是人们喜爱的一种干果,同时也是非常宝贵的植物蛋白质资源。

(1)工艺流程

原料选择→烘烤脱衣→浸泡→磨浆→离心分离→调配→均质→杀菌→灌装→密封→二次杀菌→冷却→检验→成品

(2)操作要点

①原料选择。

选择保存期不超过一年,含蛋白质高、风味浓的品种为宜。生产时须剔除霉烂变质、虫蛀、出芽及瘦小的种仁和砂石、铁屑等杂质。

②烘烤脱衣。

烘烤除了有助于脱红衣外,还可以钝化脂氧化酶和胰蛋白酶抑制素等,而且增强花生的风味,花生中有20多种羰基化合物,其中乙醛是花生"生青"味和"豆腥"味的来源,花生烘烤既可避免产生这种生青味和豆腥味,又可产生醇类及烯类物质,增加乳香味。烘烤温度为110~130℃,时间为10~20 min,花生干燥时,烘烤温度相对低,时间宜长。烘烤以产生香味而不太熟为宜。

③浸泡。

首先将脱皮花生加温水进行浸泡,水温控制在30~40℃,浸泡3 h,析出后再加热水,水温要在90℃左右,浸泡2 h,使花生仁达到完全吸水膨胀,这样可提高磨浆效果。

④磨浆。

磨浆时所用的热水,温度可在20~40℃,并加入适量的$NaHCO_3$,这时要注意pH值调整在7.5~8.0,以防止蛋白质絮凝。花生仁与磨浆水的配比控制在1:(8~10),使花生浆液中的蛋白质达到较好的萃取效果。采用精钢磨和胶体磨两次磨浆,然后用100~120目的离心机分离得浆液。

⑤调配。

为了改善花生浆液的口感效果,防止涩味出现,应将花生浆液的pH值调整在6.8~7.2。在调配的过程中,花生的蛋白质很容易产生变性而沉淀。为此,可加入适量的磷酸盐,它能够结合花生浆中的钙、镁离子,以达到减少浆液中的蛋白质变性沉淀的目的。

⑥均质。

高压均质机进行均质,花生乳的均质温度以 70℃ 左右为宜,均质压力应在 30 MPa 左右,有时采用二次均质,使产品充分乳化,提高乳化稳定性。

⑦杀菌及灌装。

若要进行二次杀菌,均质后可进行巴氏杀菌,杀菌温度要控制在 85 ~ 90℃,然后进行热灌装。灌装温度一般为 70 ~ 80℃。

⑧二次杀菌与冷却灌装。

密封后进行二次杀菌,因花生乳的 pH 值接近中性,属低酸性食品,因此必须采用高温杀菌方式,杀菌公式一般为 10 min – 20 min – 10 min/121℃(250 g 马口铁罐装),杀菌后冷却至 37℃ 左右。擦罐后进行保温检验,在 37℃ 条件下保温 5 ~ 7 d 或进行商业无菌检验,检验合格后装箱保存。

3. 咖啡乳饮料加工工艺

咖啡乳饮料是指以乳(包括全脂乳、脱脂乳、全脂或脱脂奶粉的复原乳)、糖和咖啡为主要原料,另加香料和焦糖色素等制成的饮料。

(1)工艺流程

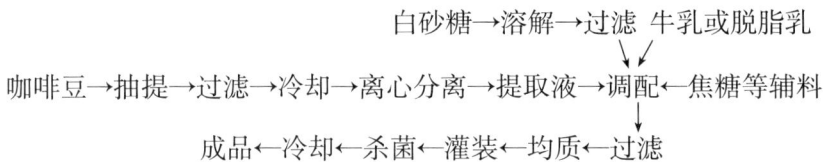

(2)操作要点

①原辅料选择及处理。

原料乳:使用鲜牛乳的乳固形物含量 >8.5%,使用脱脂乳及其制品时,添加一些乳脂肪则会使产品风味变得更好。使用炼乳或乳粉时,其速溶性要好。

咖啡:一般以温和风味的巴西品种为主体,再配以 1 ~ 3 个其他品种。

甜味剂:通常使用白砂糖,也可使用葡萄糖、果糖以及果葡糖浆等。

香料和焦糖:通常用 1.8% ~ 5.0% 焙炒咖啡豆。为使产品具有足够的风味,就需要用香料、菊苣和焦糖来补充。要防止因菊苣和焦糖过量而造成加热杀菌时生成过量的酸。

稳定剂:由于明胶易溶方便,应用广泛,其用量为 0.05% ~ 0.20%。黄原胶为0.05% ~ 0.1%,藻酸丙二醇酯 0.01% ~ 0.03%,羧甲基纤维素钠(普通型)0.05% ~ 0.1%。

其他原料及其作用:碳酸氢钠、磷酸氢二钠用作调整 pH 值;焦糖用作着色剂;食盐、植物油用作改善风味;蔗糖酯用作防止生成豆腐状凝集物;食用硅酮树脂制剂用作消泡。

②配方。

咖啡乳饮料的配方取决于饮料的种类。在咖啡乳饮料中可以用蛋白质含量、乳固形物含量等反映乳的添加量,衡量咖啡含量的指标是咖啡因。糖或其他甜味剂和辅料的使用要通过市场调查,根据市场需求来设计。

③调配。

将砂糖和乳原料预先溶解,并将咖啡原料制成咖啡提取液后,按下列顺序进行调和,以防止咖啡提取液和乳液在混合罐直接混合后产生蛋白质凝固现象。第一步先将砂糖加入配料槽;第二步将碳酸氢钠、食盐溶于少量水后加入配料槽;第三步若加稳定剂应同蔗糖酯同时溶于热水后,再加入配料槽;第四步边搅拌糖液边加入乳液于配料槽中,搅拌时若有泡沫,可加入硅酮树脂消泡;第五步加入咖啡抽提液、焦糖混匀;最后加入香料,充分混合均匀。

④过滤、均质。

均质压力为 18 ~ 20 MPa,温度为 60 ~ 70℃。

⑤灌装。

物料均质后通过板式热交换器加热到 85 ~ 95℃,进行灌装和密封。因本制品易于起泡,故不应装填过满,制品应保持 33.9 ~ 53.3 kPa 的真空度。

⑥杀菌和冷却。

咖啡乳饮料 pH 值一般在 6.5 左右,通常要使其中心温度达到 120℃后维持 20 min。若生产卫生条件控制较好,可采用巴氏消毒即温度为 85℃,时间为 30 min。

三、植物蛋白饮料常见的质量问题及其防止方法

植物蛋白饮料如豆奶、椰奶、花生奶、核桃奶、杏仁露等奶饮品的营养价值早已被世人所知,但许多厂家在生产中存在这样或那样的问题,如絮凝、沉淀、浮油、水析、色泽较深、香味不够或带有生青味或豆腥味等等。

1. 腐败变质

植物蛋白饮料富含蛋白质、脂肪,很容易发生胀罐、胀袋、酸败等变质现象,其产生的原因主要有原料选取不当,杀菌方式选择不正确,杀菌过程控制不当以及设备、管道的消洗与消毒不彻底等。因此一般采取以下控制措施:

(1)原料选择

选择新鲜、无霉变、成熟度较高的植物籽仁进行植物蛋白饮料的生产。

(2)杀菌方式选择

欲达到室温下长期存放产品的效果,有两种杀菌方式可以选择,一种是先灌装,然后经过 121℃,保温 15 ~ 20 min 的高压杀菌方式;另一种就是采用超高温瞬时杀菌(即 UHT 法)和无菌灌装。

(3)杀菌过程控制

在高压杀菌过程中,产品在进入杀菌罐之前要分层放置,不能过多、过挤,以防止引起杀菌不彻底的现象;对 UHT 无菌灌装方式,按规定对 UHT 杀菌机进行有效的 CIP 清洗,使

UHT 杀菌机处于正常工作状态,温度显示准确。对于包材必须经过双氧水杀菌,不能有遗漏之处。无菌灌装区域在工作期间应始终处于无菌状态,严格检查封口质量。

(4)设备、管道的消洗与消毒

严格按照管道的消洗程序进行操作,先用清水冲洗 10~15 min,再用生产温度下的热碱性洗涤剂循环 10~15 min(加浓度为 2%~2.5% 的氢氧化钠溶液),然后用清水冲洗至中性。另外需定期(如每周)用 65~70℃ 的酸性洗涤剂循环 15~20 min。对于 UHT 杀菌方式,除按照规定进行有效的 CIP 清洗外,对 UHT 杀菌机与无菌灌装机之间的所有管路和无菌罐在进料前,用高温热水循环 40 min,杀菌前应仔细检查管路活节处有无渗漏现象,检查活节处的密封垫是否完好。

2. 脂肪上浮与蛋白质聚集、絮凝、凝结、沉淀等

在生产工艺、设备控制相对较好的前提下,产品在货架期内出现的主要问题为产品的稳定性问题(即脂肪上浮与蛋白质聚集、絮凝、凝结、沉淀等)。这些问题产生的原因及控制措施如下:

(1)水质不符合软饮料用水要求

水的硬度对植物蛋白饮料的影响不但会降低蛋白质的提取率(即降低蛋白质的溶解度),而且会引起蛋白质一定程度的变性,从而造成饮料分层及沉淀量增加。所以用水一定要符合软饮料用水要求,特别是水的硬度。

(2)原料的预处理不当

对于该类产品,原料的预处理是十分关键的。这不但会影响产品的口感和风味,而且对产品的稳定性影响较大。如花生奶,如果花生烘烤过度,会引起蛋白质部分变性,沉淀量增多。一般花生的烘烤温度为 120~130℃,时间为 20~25 min 最好。

(3)均质条件的选择不合适

均质的压力、温度和均质次数是保证均质效果的重要工艺参数。如果均质压力、温度较低,则脂肪、蛋白粒子的直径较大,容易引起颗粒聚集,从而引起脂肪上浮和沉淀。在生产中建议采用两次均质,一次均质压力为 20~25 MPa,二次均质压力为 30~40 MPa,均质温度为 75℃ 左右,均质效果较好,颗粒直径可达到 1~2 μm。

(4)杀菌强度的控制不当

在杀菌过程中,高温对植物蛋白饮料稳定性的影响主要表现在对蛋白质变性作用的影响。高温使分子之间产生剧烈的运动,易于打断稳定的蛋白质的二、三级结构的键,蛋白质的疏水基团暴露,使蛋白质和水分子之间的作用减弱,导致溶解度下降,从而稳定性降低。所以杀菌时在满足生产工艺的条件下,应该尽量缩短加热时间,杀菌后应该迅速冷却,尽量采用 UHT 法,不但可以显著提高产品的稳定性,而且能较好保持产品的色、香、味等感官质量及营养成分。

(5)乳化稳定剂的选择与使用不当

乳化稳定剂一般由乳化剂、增稠剂、盐类以及其他一些助剂构成。乳化剂是植物蛋白饮料中最重要的一类食品添加剂,它不但具有典型的表面活性作用,使界面张力明显降低,防止脂肪上浮,而且还能与食品中的碳水化合物、蛋白质、脂类等发生特殊的相互作用。常用的乳化剂有分子蒸馏单甘酯、亲水性单甘酯、三聚甘油酯、蔗糖酯等。针对这几种乳化剂,其选择与合理搭配有两个原则:一是所选乳化剂的值与体系(产品)HLB 值相近;二是不同 HLB 值的乳化剂互相搭配使用,效果较好。

增稠剂的主要成分是多糖类或蛋白质。增稠剂的增稠作用,是蛋白饮料保持稳定的重要因素,并且由于黏度增加,使饮料组织稳定化,限制金属离子的活动。此外,一些增稠剂通过其所带的电荷可以与蛋白质作用,从而起到保护蛋白质的稳定作用。在植物蛋白饮料中常用的增稠剂有瓜尔豆胶、黄原胶、魔芋胶、羟甲基纤维素钠等,并且通过增稠剂的协同作用,可以发挥单一食品胶的互补作用,使其以最少的用量达到最好的使用效果。大量的实验证明,通过瓜尔豆胶、魔芋胶、黄原胶的协同作用,总用量在 0.05% ~ 0.1%,可以对植物蛋白饮料的稳定性起到很好的作用。选用复配乳化稳定剂,可以充分发挥每种单体乳化剂和亲水胶体的有效功能;使乳化剂之间、增稠剂之间及乳化剂与增稠剂之间的协同效应充分发挥;可以提高生产的精确性和良好的经济性。

3.产品带有生青味或豆腥味

产生生青味或豆腥味一般是因为灭酶强度不够或操作不当。对于花生,采用烘烤灭酶,烘烤温度为 130 ~ 140℃,时间为 30 ~ 40 min(时间长短与花生的干燥程度有关),也不能烤得不够,否则可能产生絮凝,一般烤到花生皮转色较好。对于大豆,则采用热烫灭酶快速使大豆中的脂肪氧化失活,以免产生豆腥味;采用热水磨浆,同时选用好的香精增强奶的香味。花生奶中添加加香乙基麦芽酚(乳饮专用)和花生香精可以很好地掩盖生花生味。

总之,植物蛋白饮料的质量影响因素很多,有物理原因、化学原因、微生物原因,这些原因包括原辅料的影响、设备的影响、生产工艺的影响、管理方面的影响等。这些因素都不是孤立存在的,而是互相之间有紧密的联系。所以生产植物蛋白饮料时,采用先进的加工工艺、加工机械,选用适当的高效复配乳化稳定剂,才能生产出口感好且稳定性好的产品。

【项目小结】

通过本模块内容的学习,学生应当了解软饮料的含义及种类,了解软饮料常用的原辅料,熟悉软饮料用水的水质要求及其处理方法,掌握常见软饮料的加工工艺、操作要点、常见质量问题及防止方法,以及常见软饮料的质量标准,能够进行常见软饮料的生产操作。

【问题探究】

①软饮料生产中常用的甜味剂和酸味剂有哪些?
②软饮料生产用水如何处理?

③什么是天然矿泉水?

④天然矿泉水和纯净水的生产工艺有什么异同?

⑤简述果蔬汁生产的一般工艺流程。

⑥如何预防果蔬汁的褐变?

⑦简述碳酸饮料生产的一次灌装生产工艺、两次灌装生产工艺流程。

⑧碳酸饮料生产中影响碳酸化的主要因素有哪些?

⑨什么是茶饮料? 茶饮料的种类有哪些?

⑩茶饮料生产中常见的质量问题有哪些,如何防止?

⑪什么是植物蛋白饮料? 植物蛋白饮料有哪些种类?

⑫植物蛋白饮料常见的质量问题有哪些? 如何解决这些问题?

【实验实训】

实验实训一　纯净水的加工

一、实验目的

①了解瓶装纯净水所选用的主要原料的性质和成分。

②掌握纯净水的生产工艺流程。

二、实验设备用具

原水、原水泵、微孔过滤器、贮水罐、电渗析设备、活性炭过滤器、中间罐、反渗透装置、增压泵、臭氧旋流混合器、臭氧发生器、洗瓶灌装封口机。

三、工艺流程

原水→精滤→电渗析→活性炭过滤→反渗透→臭氧灭菌→灌装→质检→包装→成品

四、操作要点

1.原水选择

可选择自来水。

2.精滤

打开原水泵,将水泵入微孔过滤器中进行精滤,使水的浊度和色度达到优化。

3.电渗析

电渗析器是利用离子交换膜的选择透过性进行工作,最终达到一部分水脱盐,一部分水被浓缩的目的,所得滤液引入中间罐。

4.活性炭过滤

电渗析后使水缓慢通过活性炭过滤器,该设备能去除水中的余氯,异味及金属物质,高分子有机化合物,降低水中浓度、色度。

5.反渗透

采用反渗透技术进行脱盐处理,去除钙、镁、铅、汞等对人体有害的重金属物质及其他杂质,降低水的硬度,脱盐率达98%以上,生产出达到国家标准的纯净水。反渗透作业时,如果一次操作达不到浓缩和淡化的要求效果,可将其产品水送到另一个反渗透单元进行再次淡化。

6.灭菌

通过增压泵将水泵入臭氧机进行灭菌处理。促使臭氧与水充分混合,并将浓度调整到最佳比,控制臭氧量,使出口臭氧水浓度达到国家规定的0.4 mg/L标准。

7.灌装

臭氧灭菌后,使用洗瓶灌装封口机进行灌装。

五、产品质量标准

生产出的饮用纯净水应符合GB 19298—2014包装饮用水卫生标准。

实验实训二　柑橘浑浊汁饮料的加工

一、实验目的

①了解果蔬汁饮料的制作原理。

②掌握调配的方法。

③掌握果蔬汁饮料的制作工艺。

二、原辅料和仪器设备

原辅料:柑橘、白砂糖、柠檬酸。

仪器设备:榨汁机、过滤机、高压均质机、真空脱气机、夹层锅、灭菌锅、饮料玻璃瓶、灌装机、压盖机。

三、工艺流程

原料→清洗→榨汁→过滤→调配→脱气、去油→均质→杀菌→灌装→冷却→成品

四、操作要点

1.原料

选择皮薄、汁多、出汁率高的柑橘。

2.清洗

用0.1%高锰酸钾溶液浸泡3~5 min后,用水清洗干净。

3.榨汁

采取逐个锥汁法及柑橘全果榨汁机取汁,或手动去皮后,将果肉剥切成片。用1.0%盐酸溶液浸润20~25 min后以清水洗净、控干,再以0.5%~0.8%的氢氧化钠溶液浸润,温度为42℃,时间为5 min。轻轻搅拌处理,待绝大部分果衣脱落后,以清水漂洗30 min以上,漂净残余的碱液,并用1%柠檬酸溶液中和后,破碎榨汁。

4. 过滤

榨出的果汁中含有果皮的碎片和囊衣,粗的果肉浆等。用筛孔直径为 0.3 mm 左右的过滤机过滤,使过滤后的果汁含果肉浆 3% ~ 5%。果肉浆含量过多会使果汁黏稠化。且在贮藏过程中易形成沉淀,浓缩过程中易焦糊变味;果肉浆含量过少;果汁的色泽和浊度不足,味道也会变淡。

5. 调整

过滤后的果汁送入带搅拌器的不锈钢容器内,测定原汁的可溶性固形物含量和含酸量,进行糖、酸及其他成分的调整。调和后的果汁可溶性固形物含量为 13% ~ 17%,总酸含量为 0.8% ~ 1.2%。

6. 脱气与脱油

采用热力脱气或真空脱气机进行脱气去油。柑橘汁经过脱气后应保持精油含量在 0.15% ~ 0.25%。

7. 均质

使用高压均质机在 14 ~ 21 MPa 的压力下将柑橘汁均质,迫使悬浮颗粒分裂成细小的微粒,均匀而稳定地分散在柑橘汁中。

8. 杀菌、灌装

采用巴氏杀菌,在 15 ~ 20 s 内升温至 93 ~ 95℃,保持 15 ~ 20 s,降温至 90℃,趁热保温在 85℃ 以上灌装于消毒的饮料瓶中,密封。装瓶后的产品快速冷却至 38℃。

实验实训三 苹果汁碳酸饮料加工

一、实验目的

①了解碳酸饮料加工工艺流程,特别是碳酸化的方法。

②掌握果味碳酸饮料的调配技术及控制饮料成品质量的措施。

二、原辅料和仪器设备

原辅料:苹果汁、蔗糖、蛋白糖、柠檬酸、苹果香精、苯甲酸钠、二氧化碳。

仪器设备:榨汁机、过滤机、均质机、混合机、不锈钢锅、灌装机、压盖机。

三、工艺流程

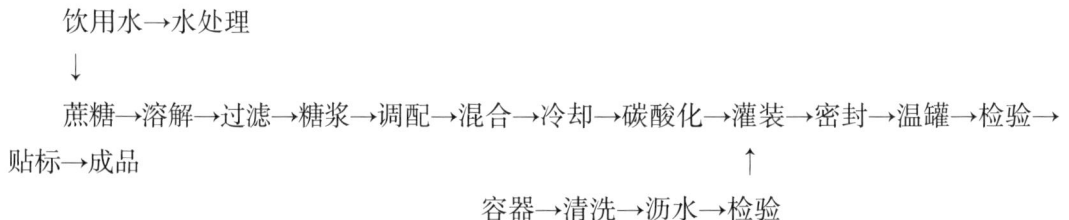

饮用水→水处理
↓
蔗糖→溶解→过滤→糖浆→调配→混合→冷却→碳酸化→灌装→密封→温罐→检验→
贴标→成品　　　　　　　　　　　　　　　　　　　　↑
　　　　　　　　　　　容器→清洗→沥水→检验

四、操作要点

1. 调味糖浆的配制

碳酸饮料的主要原料是调味糖浆、二氧化碳和水。调味糖浆由糖浆(甜味剂)、酸味剂、香料、色素及防腐剂等调配而成。首先正确计量每次配料时所需原糖浆、酸味剂、香料、色素、水等,其次将各种配料分别用水溶解并搅拌均匀(有的需要过滤)。然后将溶解好的配料按顺序分别加入原糖浆中,并搅拌均匀。调配顺序如下:

①原糖浆(糖的溶解有热溶法和冷溶法,溶解后须过滤、杀菌并测糖度)。

②防腐剂(加量<0.02%,25%苯甲酸钠液,苯甲酸温水溶解、过滤)。

③酸味剂(加量0.1%~0.2%,配成50%柠檬酸液,或温水溶解过滤)。

④果汁(清汁或浑汁、浓缩果汁均需过滤后添加)。

⑤香精(常用水溶性香精,粉末香精配成5%的溶液并过滤)。

⑥色素(5%的水溶液,现配现用)。

⑦水。

调配时注意:一是各原料分别溶解、分别添加,添加时不宜过度搅拌,以免混入过多空气。二是先加防腐剂,后加酸味剂,防止防腐剂局部浓度过高而产生沉淀。三是调配好的调味糖浆应与碳酸水配成成品小样,观色、品味应与标样相符。四是调好的调味糖浆应尽快使用,以免分层、污染。

2.混合

将调味糖浆与处理后的饮料用水按比例混合,并搅拌均匀。配方如下:

蔗糖100 kg,蛋白糖(50倍)0.3 kg,苹果清汁55 kg,柠檬酸2.5 kg,苹果香精900 mL,苯甲酸钠60 g,加水至1000 kg。

3.冷却、碳酸化

将调配好的半成品饮料经冷却器冷却到4℃或4℃以下,通过混合机进行碳酸化,使二氧化碳的倍数达到2.5~3倍。

4.灌装、密封

用洗净的饮料瓶进行等压灌装,灌装好后立即封盖。灌装的质量要求:达到预期的碳酸化水平;保证糖浆和水的正确比例;保持合理和一致的灌装高度;容器顶隙应保持最低的空气量;密封严密有效;保持产品的稳定性。

5.温罐(洗瓶)

将罐装好的饮料罐或饮料瓶通过温罐机,用70℃左右的热水洗去罐或瓶壁上附着的糖浆,同时起到巴氏杀菌的作用。温罐时间一般为5~10 min。

6.贴标、检验

若是饮料瓶灌装,需贴上标签,通过液位检测器检测液面高低是否符合要求,挑出次品,经检验合格的产品喷码后包装入库。

7.质量指标

按GB 10792—2008执行。

实验实训四　蜂蜜柠檬红茶饮料的加工

一、实验目的

①了解茶饮料的基本生产工艺流程和制作方法。

②掌握茶饮料生产中所用机械设备的使用与维护方法。

二、原辅料与仪器设备

原辅料:蜂蜜、白砂糖、蛋白糖、柠檬酸、柠檬酸钠、红茶、柠檬、柠檬香精、红茶香精。

仪器设备:榨汁机、水浴锅、离心机、电炉、手持折光仪、酸度计。

三、配方

茶汁7:柠檬汁:蜂蜜 = 7:2:1,加糖量7.5%,调 pH 值为5.0。

四、工艺流程

浸茶→溶解砂糖→加入配料→加入蜂蜜→调整糖度和酸度→加入香精→过滤→高温杀菌→灌装

五、操作要点

1. 茶汁的提取

选择品质较好、色泽鲜艳、杂质少的红茶。先将茶叶研磨,按茶:水 = 1:150 的比例浸提 1~4 h,然后用200 目尼龙布进行过滤,除去茶粉。

2. 柠檬汁制备

选择新鲜色泽、品质优良的柠檬去皮、切块,用榨汁机粉碎得到柠檬汁,尼龙布过滤。

3. 原料混合

将过滤好的茶汁和柠檬汁按一定比例迅速混合,以防止褐变。

4. 调糖度

将混合汁煮至50～ 60℃,加入白砂糖、蛋白糖少许,进行糖度调整。

5. 调酸度

用柠檬酸和柠檬酸钠来调 pH 值,使糖酸比例适当。

6. 调配

向调糖、酸后的饮料中加入少量的香精,再加入一定比例的蜂蜜。

7. 过滤

用细目尼龙布过滤 2~3 次,得到澄清的蜂蜜柠檬红茶。

8. 杀菌

采用高温灭菌法杀菌。

实验实训五　豆乳饮料加工

一、实验目的

①了解豆乳饮料加工工艺流程。

②掌握豆乳饮料的调配技术及控制饮料成品质量的措施。

二、原辅料和仪器设备

原辅料:大豆、水、蔗糖、柠檬酸、氯化钠、琼脂。

仪器设备:磨浆机、均质机、离心机、不锈钢锅、灌装机、压盖机。

三、工艺流程

糖、氯化钠、柠檬酸、琼脂及复合稳定剂等
↓

大豆去杂→脱皮→浸泡→钝化酶、磨浆提取→分离过滤→消泡→调配→杀菌→真空脱臭、均质→包装→恒温检验→成品

1. 去杂、脱皮和浸泡

选取新鲜、饱满的大豆,清洗干净,加水浸泡。浸泡的水量一般为豆子的 3~4 倍,掌握好浸泡时间。当水温为 10℃ 以下时,浸泡时间一般为 10~12 h,当水温为 10~25℃ 时,浸泡时间一般为 6~10 h。水温高则浸泡时间短,但是最高不要超过 90℃。浸泡水中加入 $NaHCO_3$ 或柠檬酸可缩短浸泡时间并较好地去除大豆中的色素,提高均质效果,改善豆奶风味。

2. 钝化酶、磨浆

钝化酶可采用热磨浆或磨浆前热烫的方法。若采用热烫,温度应控制为 95~100℃,即将浸泡后的大豆均匀经过沸水或蒸气,时间为 2~3 min。也可把磨好的豆浆经超高温瞬时处理,然后加入适量水直接磨成浆体,注意豆浆的体积不要超过 5 L。可用头遍浆回头重复磨渣 2~3 遍,以提高大豆的出浆率。磨浆后必须调整豆浆的 pH 值至6.5~6.8。

3. 分离过滤

浆体通过离心操作进行浆渣分离,得到纯豆乳。这步操作对蛋白质和固形物回收影响很大。以热浆进行分离,可降低浆体黏度,有助于分离。离心分离操作,可用篮式离心机分批进行。

4. 调配

将配方中的辅料适当处理后加入豆浆中,混合均匀。配方如下:大豆 1 kg、水 8 kg、蔗糖 0.6353 kg、柠檬酸 0.0032 kg、氯化钠 0.0106 kg、琼脂 0.0021 kg。蔗糖为非还原性糖,不易发生美拉德反应,所以可以防止发生褐变。另外,有时为了使豆乳接近牛乳,往往在豆乳中加入新鲜牛乳或牛乳粉,加鲜乳量一般为 20%,加乳粉则为 3%,同时还可加入香兰素或乙基麦芽酚以增加奶香味。香料应在均质时加入,否则效果不佳。还可以适量添加 0.1% 经均质处理过的 $CaCO_3$,过量加入 $CaCO_3$ 会造成沉淀。豆奶中还可以加入油脂以提高口感和改善色泽。

5. 加热杀菌

调制好的豆乳应进行热处理灭菌、消毒。一般的工艺参数为 110~120℃,10~15 s 瞬时灭菌。

6. 真空脱臭、均质

豆奶加热之后,应立即进入真空脱臭罐中进行脱臭处理,然后进行均质处理。

7. 包装

豆乳常用的包装形式有玻璃瓶包装、复合袋包装及无菌包装等。如果采用瓶装,需进行二次杀菌。

8. 恒温检验

加工好的成品置(35±2)℃恒温库中存放 12 h,或夏季室温 20℃以上存放 48 h。检查无分层及胀气等变质现象即可装箱。

产品特点色泽洁白,口感香甜、细腻,无豆腥味,营养丰富。

项目5　果蔬加工技术

【知识目标】

1. 理解果蔬罐制品、干制品、糖制品、腌制品的加工原理及技术。
2. 掌握果蔬罐制品、干制品、糖制品、腌制品的加工工艺流程及工艺要点。
3. 掌握不同果蔬制品加工过程中常见的质量问题及预防措施。

【技能目标】

1. 能够运用所学知识制作果蔬罐制品、干制品、糖制品、腌制品等。
2. 会解决果蔬罐制品、干制品、糖制品、腌制品等加工中常见的问题。
3. 熟练掌握果蔬罐制品、干制品、糖制品、腌制品的加工技术。

预备知识

一、我国果蔬加工的现状和发展趋势

1. 我国果蔬加工的现状

果蔬加工业是涵盖第一、第二、第三产业的全局性和战略性产业,是衔接工业、农业与服务业的关键产业,也是我国农产品加工业中具有明显优势和国际竞争力的行业。近年来,我国的果蔬加工业取得了巨大的成就。

(1)果蔬加工区域布局日趋合理

我国的脱水果蔬加工主要分布在东南沿海省份及宁夏、甘肃等西北地区,而果蔬罐头、速冻果蔬加工主要分布在东南沿海地区。在浓缩汁、浓缩浆和果浆加工方面,我国的浓缩苹果汁、番茄酱、浓缩菠萝汁和桃浆的加工占有明显的优势,建立了以环渤海地区(山东、辽宁、河北)和西北黄土高原(陕西、山西、河南)两大浓缩苹果汁加工基地;以西北地区(新疆、宁夏和内蒙古)为主的番茄酱加工基地和以华北地区为主的桃浆加工基地;而直饮型果蔬及其饮料加工则形成了以北京、上海、浙江、天津和广州等省市为主的加工基地。

(2)食品高新技术得到逐步应用

果蔬罐头领域:低温连续杀菌技术和连续化去囊衣技术在酸性罐头(如橘子罐头)中得到了广泛应用;纯乳酸菌的接种使泡菜的传统生产工艺发生了变革,推动了泡菜工业的发展。

脱水果蔬领域:尽管常压热风干燥是蔬菜脱水最常用的方法,但我国能打入国际市场的高档脱水蔬菜大都采用真空冷冻干燥技术生产。另外,微波干燥和远红外干燥技术也在少数企业中得到应用。我国研制的真空冷冻干燥技术设备取得了可喜的进步。

（3）装备水平明显提高

果蔬汁加工领域：高效榨汁技术、高温短时杀菌技术、无菌包装技术、酶液化与澄清技术、膜分离技术等在生产中得到了广泛应用。在直饮型果蔬汁的加工方面，中国的大企业集成了国际上最先进的技术装备，如从瑞士、德国、意大利等著名的专业设备生产商，引进利乐、康美包、PET 瓶无菌灌装等生产线，具备了国际先进水平。

（4）果蔬产品的标准体系与质量控制体系逐渐建立

我国已在果蔬汁产品标准方面制定了近 60 个国家标准与行业标准，这些标准的制定以及 GMP 与 HACCP 的实施，为果蔬汁产品提供了质量保障；在果蔬罐头方面，已经制定了 83 个果蔬罐头产品标准，而对于出口罐头企业则强制性规定必须进行 HACCP 认证，从而有效保证了我国果蔬罐头产品的质量；在脱水蔬菜方面，我国已制定《无公害食品脱水蔬菜》等标准，以保证脱水蔬菜产品的安全卫生；在果蔬物流方面，与蔬菜有关的标准目前已制定了 269 项，其中蔬菜产品标准 53 项，农药残留标准 52 项，有关贮运技术的标准 10 项。

（5）果蔬副产物综合利用进入产业化阶段

随着果蔬加工业的发展，解决果蔬副产物的综合利用，实现节能减排是迫在眉睫的任务。近几年，国内果蔬加工企业已着手皮渣的综合利用及产业化开发，并取得了一些可喜成果。

2. 我国果蔬加工存在的问题

（1）专用加工品种缺乏和原料基地不足

近年来，我国在果蔬加工原料的选育方面取得了一定的进步，但是适合加工的果蔬品种仍然很少，制约了果蔬加工业的良性发展。国外果蔬加工品种所占的比例为 70% ～ 80%，而我国仅为 10% ～30%。

（2）加工装备的国产化水平低

在果蔬汁加工领域，关键加工设备的国产化能力较差、水平较低，特别是在榨汁机、膜过滤设备、蒸发器、PET 瓶和纸盒无菌灌装系统等关键设备的国产化方面，国内难以生产能够在设备性能方面与国外相似的加工设备。

（3）标准体系还不够完善

与发达国家及国际性标准组织如 CAE、ISO 的标准体系相比，我国缺乏一些重要果蔬加工原料的质量标准和分级标准，无法实现对产品的质量认证及优质优价；贮藏运输、包装标识标准不能满足果蔬贮藏流通的需要；产品品质检验标准不全面，例如没有胡萝卜素、抗坏血酸、柑橘制品精油含量的测定标准；卫生标准及相应的检验标准不够全面，例如缺乏干制、冷冻果蔬卫生标准。保障全过程食品安全的标准不够完善，没有控制果蔬微生物污染的 GAP，保证工厂设施、雇员及环境卫生的 GMP 不完善，加工企业 HACCP 管理体系不健全。

（4）高附加值产品少，综合利用的整体水平仍有待提高

中国已发展成为世界果蔬和加工品的最大出口国，但很多是以半成品的形式出口，到

国外后仍要进行深加工或灌装,产品附加值较低。高附加值产品少,特别是对原料的综合利用程度低,皮渣中果蔬天然香精、色素、籽油等精深加工产品的产业化核心技术没有突破。

(5)企业规模小,研发与创新能力有待加强

近年来,果蔬加工企业规模在不断扩大,行业集中度日益增高,产生了一批农业产业化龙头企业。但依然处于企业的加工规模小、抗风险能力差、产品较单一、产品销路不畅、竞争力差的发展阶段。更重要的是,中国果蔬加工企业的研发与创新能力薄弱,核心竞争力实质只是所谓的"低价格优势"。在国外,绝大部分企业都设有企业的研发部门或研发中心,进行新产品的开发,企业的研发费用占销售收入2%~3%。但是,国内的大部分加工企业不重视产品的研发和科技投入,不注重人才培养与引进,造成企业研发人才和研发设施缺乏,从而导致企业加工业研发与创新能力差,技术水平落后,产品难以满足市场需求。

3. 我国果蔬加工的发展趋势

(1)果蔬罐头优势地位进一步增强

果蔬罐头是中国果蔬加工的主导产品,也是我国果蔬产业在国际市场上最具竞争力的产品。随着节水工艺改造和生物酶法去皮脱囊衣等新技术在果蔬罐头工业中的产业化应用,产品品质不断提高,将进一步提升国内果蔬罐头加工产品的国际市场竞争力。

(2)果蔬汁市场空间不断增长

浓缩果蔬汁(浆)以出口为主,主要有苹果浓缩汁和番茄酱。苹果浓缩汁出口量已经达到100万吨,居世界第一位;番茄酱产量位居世界第三,生产能力居世界第二;而直饮型果蔬汁以国内市场为主。

(3)果蔬粉、脱水蔬菜需求旺盛

果蔬粉的加工朝着低温超微粉碎的方向发展。果蔬干燥后再经过超微粉碎后,颗粒可以达到微米级大小。颗粒的超微细化使使用更方便;营养成分更容易消化,口感更好;能实现果蔬的全效利用,没有皮渣的产生。

(4)利用现代高新技术改造传统果蔬加工业

近年来,利用高新技术改造传统产业并实现产业升级,是世界果蔬加工发展的必由之路,我国也不例外。综合运用无菌生产、高效榨汁、巴氏灭菌、精密调配、无菌灌装、冷链贮运等新技术,生产高品质的鲜冷橙汁(NFC);利用膜分离、酶解、微波杀菌和生物被膜剂技术,进行果蔬罐头的开发,用高压杀菌技术逐渐代替超高温瞬时杀菌技术,对维生素等热敏性营养物质几乎不产生损耗。

(5)果蔬副产物综合利用将进一步提高

今后果蔬加工副产物的综合利用程度会进一步提高,达到清洁生产。对原料实行全果利用,对加工产生的副产物进行深度开发与利用,提高果蔬资源的利用率。使果蔬加工处理率在目前的20%~30%的水平上进一步提高,采后损失率从目前的25%~30%进一步降低,逐步接近发达国家水平。

二、果蔬加工产品分类

1. 果蔬罐制品

果蔬罐制品是果蔬加工中的一项主要产品,由果品蔬菜原料经预处理后,装入能密闭的容器内,加(或不加)罐液、排气(或抽气)、密封、杀菌、冷却、检验而成。这类产品携带和食用方便、安全卫生,能较好地保存原有风味和营养价值,能很好地调节市场和淡旺季节,因此,备受世界各国消费者的青睐。

2. 果蔬糖制品

果蔬原料经预处理后,添加食糖煮制或蜜制而成的果脯、蜜饯类产品,或在加工过程中将果蔬组织破碎成浆状或榨汁,加糖酸等熬煮、浓缩,成为果酱类产品,果蔬糖制品具有高糖(果脯蜜饯类)或高糖高酸(果酱类)的特点,利用食糖的高渗透作用,有良好的保藏性和储运性。糖制品加工是果蔬原料综合利用的重要途径之一,其制作工艺多沿用传统糖制品加工技术。

3. 蔬菜腌制品

凡是将新鲜蔬菜经预处理后,再经部分脱水或不经过脱水,利用食盐渗入蔬菜组织内部,以降低其水分活度,有选择地控制微生物发酵,蛋白质的分解作用以及其他一系列的生物化学作用,抑制有害微生物的活动,保持其食用品质而制得的产品称为蔬菜腌制品。

4. 果蔬汁

果蔬汁是指用未添加任何外来物质,直接从新鲜水果或蔬菜中用压榨或其他方法取得的汁液。以果汁或蔬菜汁为基料,添加水、糖、酸或香料等调配而成的果汁产品称为果蔬汁饮料。果汁分为澄清汁、浑浊汁、浓缩汁等。目前,浓缩果汁已成为我国果蔬加工品出口的主要产品。

5. 脱水果蔬制品

果蔬经预处理后,在自然条件下或人工控制条件下进行干制、脱水,当水分含量减少到一定程度(一般果品为 20% ~ 25%,蔬菜为 8% ~ 10%),其产品水分活度达到可以长期保存要求,再经包装等处理而成。果干可直接食用,脱水蔬菜须经复水后进行烹调或直接作调味料食用。干制品质量轻、体积小、易于包装、运输和保藏。

6. 速冻果蔬制品

果品蔬菜原料经预处理后,在低温条件下快速冻结而成的产品。它能较好地保持其色泽、风味和营养物质。果品速冻品有蓝莓、荔枝、葡萄粒等,蔬菜速冻品有马铃薯、菠菜、甜玉米、青刀豆等。

7. 果酒和果醋制品

果品制成果汁后,利用有益微生物,经发酵工艺(酒精发酵、乳酸发酵、醋酸发酵等)陈酿、澄清、调配、灌装而成。主要有葡萄酒、苹果酒、葡萄醋、苹果醋、梨醋等,风味芳香,营养丰富。

8.鲜切果蔬加工

鲜切果蔬又称切割果蔬、调理果蔬,是指新鲜果蔬原料经清洗、去皮、修整、切分和包装等加工处理,再经冷藏运输而进入市场销售的即食果蔬制品。鲜切果蔬具有新鲜、方便、可食率100%的特点。目前,国内外工业化生产的切割果蔬品种主要有胡萝卜、生菜、圆白菜、芹菜、土豆、苹果、梨、桃、菠萝、草莓等。

9.果蔬其他产品和综合利用

果蔬加工过程中,往往有大量废弃物产生,后者可进行综合利用,提取一些有益物质和成分,变废为宝。常见的有香精油、果胶、天然食用色素、蛋白酶、糖苷、种子油、活性炭、有机酸等;无废弃开发,已成为国际果蔬加工业新的热点。

任务 5.1　果蔬罐制品加工技术

果蔬罐藏法是果蔬加工的一种主要方法,它是将果蔬装入容器中密封,再经高温处理,杀死能引起食品腐败、产毒及致病的微生物,同时破坏食品原料的酶活性,维持密封状态,防止微生物入侵,并能在室温下长期保存的方法。罐头食品又称罐头,是将食品原料预处理后装入能封闭的容器,添加或不添加罐液,经排气(或抽气)、密封、杀菌和冷却等工序制作而成的一类别具风味的产品。

罐头食品可以直接食用,它的食味基本上能保持原有的风味和营养,并且有些罐头风味胜过鲜果,如菠萝罐头、板栗罐头等。加工良好的罐头可在常温下保存 1~2 年不坏,是军需、旅游、航空和野外工作的方便食品,且常年供应市场,不受季节影响。同时,罐头食品具有美观大方,无须冷藏,随时供应的优点。

一、罐藏原理

杀菌是罐头生产中的重要环节,是决定罐藏食品保存期限的关键。罐藏食品的原料大多来自农副产品,不可避免会污染许多微生物,这些微生物有的能使食品成分分解变质,有的能使人体中毒,故原料在经过预处理、装罐、排气密封后必须进行杀菌。

罐头的杀菌是杀灭食品中的致病菌,和能在罐内环境中生长而引起食品变质的腐败菌,这种杀菌称为"商业杀菌"。罐头食品在密封容器内与外界隔绝,外界微生物不能进入罐内,从而保证罐内食品长期保存。罐头在进行热杀菌的同时也破坏了食品中酶的活性,从而保证罐内食品在规定的保存期内不变质。此外,罐头的加热处理还具有一定的烹调作用,能够增进风味,软化组织。

1.微生物与罐头食品的败坏

在正常的罐藏条件下,霉菌和酵母菌不能耐罐藏的处理和在密封条件下活动。导致罐头食品败坏的微生物主要是细菌,细菌对氧的需要有很大的差异,在罐头食品中,好氧菌由于罐头的排气密封而受到限制,而厌氧菌仍能存在活动,如果在加热杀菌时没有被杀死,则会造成罐头食品的败坏。

2. 杀菌的理论依据

生产上总是选择最常见的、耐热性最强、并有代表性的腐败菌或引起食品中毒的细菌作为主要的杀菌对象。一般认为,如果热力杀菌足以消灭耐热性最强的腐败菌时,则耐热性较低的腐败菌是很难残留下来的。芽孢的耐热性比营养体强,若有芽孢菌存在时,则应以芽孢菌作为主要的杀菌对象。

二、果蔬罐藏容器

食品罐藏的目的是使食品能经久保存,并且保持一定的色、香、味,具有较高的营养价值。罐藏容器对于罐头食品的长期保存起很重要的作用,而容器的材料又是很关键的。目前国内外普遍采用的罐藏容器有马口铁、玻璃罐、铝合金及软包装等。

1. 罐藏容器具备的条件

①对人体无毒害,安全卫生,长期贮存而不会腐败变质。

②具有良好的密封性能,保证罐内食品与外界隔绝,防止微生物污染,从而保证食品能长期贮存而不会腐败变质。

③具有良好的防腐蚀性能,化学性质稳定。

④适合工业化生产。

⑤具有良好的耐热性及抗压性。

⑥具有方便性和美观性。

⑦容器在生产过程中能承受必要的机械加工,能适合工厂机械化、自动化生产要求。有一定的机械强度,能保持原来的形状和结构,在贮藏运输过程中不受损坏,同时要求容器体积小,质量轻,开启容易。

2. 罐头容器种类

(1)马口铁罐

马口铁罐是指两面镀有锡的低碳薄钢板,由钢基层、锡合金层、锡层、氧化膜和油膜五部分组成。

镀锡板有光亮的外观,良好的耐腐蚀性能,易于焊接,适于涂料和印贴商标。其外层的镀锡层呈银白色,在常温下有良好的延展性,在大气中不变色,能形成良好的氧化锡膜层,化学性质稳定,因此一直是罐藏容器的主要材料。

罐内壁涂料多是由高分子树脂和溶剂,以及少量添加物按一定比例制成的有机化合物,品种很多,但目前还没有一种万能的涂料能满足各种特殊要求。各种涂料具有其各自的组成、特殊性和适用性,因此需要根据不同种类食品的要求来选择相应的涂料。水果蔬菜罐头常用抗硫抗酸两用涂料,肉类罐头常用抗硫和防黏涂料。

马口铁罐的优点是安全无毒,具有良好的抗腐蚀性,耐高温高压,加工方便,适合工业化生产,一般外销产品时使用。其缺点是封罐后看不到内容物,重复使用性差。

（2）玻璃罐

玻璃罐在罐头工业中应用也较广，它是石英砂、纯碱和石灰石等原料按一定比例配合后，在1000℃以上的高温熔融，再缓慢冷却成型铸成的。

玻璃罐的优点：能够重复使用，成本低，透明，便于消费者选择；化学性质稳定，不与食品起化学反应。缺点：玻璃抗冷、热变化差，抗机械冲击力差，质量大，运输困难。

（3）铝合金罐

铝合金罐质量轻，携带方便，容易开启，也是目前罐藏制品普遍采用的罐型之一。但是铝合金本身质软，抗压力弱，不宜作大型罐，在真空度高或搬运过程中容易变形。

（4）软包装

软包装也称为蒸煮袋，是由一种能耐高温杀菌的复合塑料薄膜制成的袋状的罐藏包装容器，俗称软罐头。目前将蒸煮袋分为透明普通型、透明隔绝型、铝箔隔绝型和高温杀菌袋四种类型。软包装具有质量轻，体积小，携带方便，取食容易，密封简便牢固，传热快，耐高温，化学稳定性好，耐贮存等特点。并且软包装不透气、水、光，内容物几乎不可能发生化学变化，能较好地保持食品的色、香、味，可在常温下贮藏，质量稳定。能印刷各种图案及文字说明，外形美观等优点。缺点是包装材料不易腐烂和销毁，容易造成环境污染。

三、果蔬罐制品加工工艺及工艺要点

1. 工艺流程（图5－1－1）

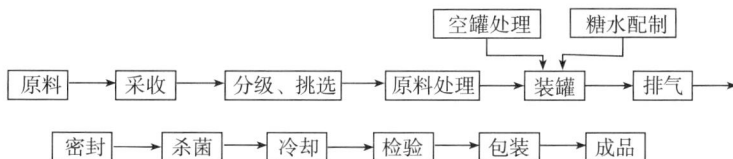

图5－1－1　糖水水果罐头加工工艺流程

2. 工艺要点

（1）原料选择

生产罐头的果蔬原料应该新鲜，大小均匀一致，七八成熟，无病虫害，无机械损伤，具有一定的色、香、味，组织致密，耐热加工。其他原料要求如下：

①白砂糖。

白色、松软、干燥、溶于水为清澈溶液，甜味纯正，无不良气味。

②水。

符合国家饮用水标准。

③其他添加剂。

为食品级。

原料在进入生产之前，必须严格挑选和分级，剔除不合格的原料，同时根据质量、新鲜度、色泽、大小等分为若干等级,以利于加工工艺条件的确定。

（2）原料处理

原料处理包括洗涤、分级、去皮、去核、切分等处理。

（3）热烫

热烫又称为漂烫或预煮,其主要目的是破坏果蔬中酶的活性,防止变色,还有软化组织、便于装罐等作用。

热烫的方法有热水和蒸汽热烫两种。热烫的标准以烫透而不过度为准。含酸量较低的水果可以在热烫水中添加适量酸(浓度为0.15%的柠檬酸)。热烫后需立即冷却。

（4）抽空处理

果蔬组织内含有一定量的空气,某些果实含气量较高,如苹果含气量为12.2% ~ 29.7%(体积分数)。这些空气的存在不利于罐头的加工,影响制品的质量,如变色,组织松软,装罐困难,从而造成开罐后固形物不足,加速罐内壁腐蚀速度,降低罐头真空度等。因此含气量高的水果还需进行抽空处理。

抽空处理是及时利用真空泵等机械造成真空状态,使水果的空气释放出来,代之以抽空液。抽空液可以是盐水、糖水和护色液。根据被抽空果实确定抽空液的种类和浓度。

抽空的方法有干抽和湿抽两种。干抽是将处理好的果块装入容器中,置于具有一定真空度的抽空锅内抽空,抽去果块组内部的空气,然后吸入抽空液,使抽空液淹没表层果内5 cm以上,并保持一定时间,此时要防止抽空锅内的真空度下降。湿抽是将处理好的果块淹没于抽空液中进行抽空,在抽去果块组织中的空气的同时渗入抽空液。抽空温度控制在50℃以下,真空度在90 kPa以上,抽空液与果块之比一般为1:1.2,抽空时间视抽空液的种类、浓度、受抽果块的面积以及抽空设备的性能等而异。对于以糖水为抽空液的,抽空后可以浸泡几分钟,以便使糖水更好的渗入果肉。抽空液浓度应及时调节,使用几次后应彻底更换,以确保果肉色泽鲜艳和确保抽空效果。

经抽空后,果肉中的空气被抽出而代之以抽空液,使肉质紧密,减少热膨胀,防止加热时煮融,减轻果肉的变色,使制成品的感官质量明显提高,同时有利于保证罐头的真空度和固形物含量,减轻罐内壁的腐蚀。

（5）装罐

①空罐准备。

食品在装罐前,首先要根据食品种类、物性、加工方法、产品要求及有关规定选择合适的罐藏容器。由于容器上附有灰尘、微生物、油脂等污物,有碍卫生,为此在装罐前必须进行洗涤和消毒。清洗可采用手工或机械的方法。目前,大中型企业均采用机械方法,通过喷射蒸汽或热水来清洗。

马口铁罐的洗涤与消毒:在小型企业中,多采用人工操作,即将空罐放在水中浸泡0.5 ~ 1.0 min,取出后倒置沥干水分。在大型企业中,一般采用洗罐机洗罐和消毒。

玻璃罐的洗涤和消毒:一般都采用热水浸泡或冲洗,这样可使附着在玻璃罐上的许多物质膨胀而容易脱落;对于回收的旧玻璃罐,由于罐壁上常附着有油脂、食品碎屑等污物,则需用 40~50℃ 的 2%~8% 的氢氧化钠溶液洗涤。然后用漂白粉或高锰酸钾溶液消毒。

罐藏容器消毒后,每只空罐的微生物残留量应低于几百个。消毒后,应将容器沥干并立即装罐,以防止再次污染。

②填充液配制。

水果罐头一般加注糖液,而蔬菜罐头一般加注盐水。加填充液的作用是增进风味,提高初温,促进对流传热,提高杀菌效果,排除罐内部分空气等作用。糖液的配制方法有直接法和稀释法两种。

直接配制法是根据装罐需要的糖水浓度,直接称取白砂糖和水在溶糖锅中加热搅拌溶解煮沸 5~10 min,以驱除砂糖中残留的 SO_2,并杀灭部分微生物,然后过滤。例如配制 30% 的糖液,可直接称取 30 kg 的白砂糖,70 kg 水于溶糖锅内加热煮沸,过滤后调整浓度即可。

稀释法就是先配制高浓度的糖液,也称为母液,一般浓度在 65% 以上,装罐时再根据所需浓度用水或稀糖液稀释。

我国目前生产的水果罐头要求外销产品的开罐浓度为 14%~18%,内销产品糖液浓度为 12%~16%。果蔬罐头所需糖液的浓度,根据原料的可溶性固形物含量,产品质量标准而定。糖水罐头要用柠檬酸调整 pH 值为 3.0~4.0。每罐实际的糖液量,按下式计算:

$$Y = \frac{W_3 Z - W_1 X}{W_2}$$

式中:W_1——每罐装入果肉的质量,g;

　　　W_2——每罐装入糖液的质量,g;

　　　W_3——每罐净含量,g;

　　　X——装罐前果肉的可溶性固形物含量,%;

　　　Z——装罐用糖水的浓度,%;

　　　Y——要求产品开罐后达到的糖液浓度,%。

③装罐注意事项

装罐应迅速及时,不应时间过长以防污染;装罐量应符合要求,保证产品质量;罐上部应留一定的顶隙,一般装罐时食品表面与翻边相距 4~8 mm,待封罐后顶隙高度为 3~5 mm;原料要合理搭配,均匀一致,排列整齐;装罐后应及时擦拭,除去细小碎块及外溢的糖液。

(6)预封

预封是食品装罐后进入加热排气之前,用封罐机初步将盖钩卷入到罐身翻边下,进行相互钩连的操作。钩连的松紧程度以能允许罐盖沿罐身自由旋转而不脱开为准,以便在排气时,罐内空气、水蒸气及其他气体能自由地从罐内溢出。

预封的目的是预防因固体食品膨胀而出现汁液外溢;避免排气箱冷凝水滴入罐内而污

染食品;防止罐头从排气到封罐过程中顶隙温度降低和外界冷空气侵入,以保持罐头在较高温度下进行封罐,从而提高罐头的真空度。

(7)排气

排气是在装罐或预封后,将罐内顶隙间和原料组织中残留的空气排出罐外的技术措施,从而使密封后罐头食品的顶隙内形成部分真空度的过程。罐头真空度是指罐外大气压与罐内气压的差值,一般要求在 26.7 ~ 40 kPa。

①排气的目的。

防止或减轻因加热杀菌时内容物的膨胀,而使容器变形或破损,影响金属罐卷边和缝线的密封性,防止玻璃罐跳盖;防止罐内好气性细菌和霉菌的生长繁殖;控制或减轻罐藏食品在储藏过程中出现的马口铁罐的内壁腐蚀;避免维生素等营养物的损失。

②排气的方法。

加热排气法:这是最经典的、最基本的排气方法。其基本原理是将预封后的罐头通过蒸汽或热水进行加热,或将加热后的食品趁热装罐,利用空气、水蒸气和食品受热膨胀的原理,使罐内空气排除掉。经过一定时间,使罐内中心温度达到 70 ~ 90℃,然后立即进行封罐。

加热排气法能较好地排除食品组织内部的空气,获得较好的真空度,某种程度还能起脱臭和杀菌作用。但是加热排气法对食品的色、香、味有不良影响,对于某些水果罐头有不利的软化作用,且热量利用率低。

真空封罐排气法:该法是在封罐过程中,利用真空泵将密封室内的空气抽出,形成一定的真空度,当罐头进入封罐机的密封室时,罐内部分空气在真空条件下立即被抽出,随即封罐。真空封罐排气法可达到较高的真空度,因此生产效率很高,有的每分钟可达到 500 罐以上;能适应各种罐头食品的排气,尤其适用于不易加热的食品;真空封罐机体积小、占地少,但这种排气方法不能很好地将食品组织内部和罐头中下部空隙处的空气加以排除;封罐时易产生暴溢现象造成净重不足,有时还会造成瘪罐现象。

蒸汽喷射排气法:该法是向罐头顶隙喷射蒸汽,赶走顶隙内的空气后立即封罐,依靠顶隙内蒸汽的冷凝来获得罐头的真空度。蒸汽喷射时间较短,除表层食品外,罐内食品并未受到加热。即使是表层食品,受到加热程度也极轻微。因此,这种方法难以将食品内部的空气及罐内食品间隙中的空气排除掉。蒸汽喷射排气法适用于大多数加糖水或盐水的罐头食品和大多数固态食品等,但不适用于干装食品。

(8)杀菌

杀菌是罐藏工艺过程中最重要的一步,直接关系到罐头的保藏性及其品质的好坏。罐头杀菌的目的主要是使罐头内容物不致受微生物等的破坏,从而达到商业无菌的要求。杀菌的传热介质一般为热水和蒸汽,以蒸汽应用较多。杀菌加热介质向罐外壁的传热主要靠对流和传导两种方式进行,由罐外壁到罐内壁是靠传导,而由罐内壁到内容物中心最冷点的传热方式取决于内容物的性质和装罐情况。

①杀菌工艺条件。

罐头食品加热杀菌的工艺条件主要由温度、时间、压力三个因素组合而成,常用杀菌式表示。依照果蔬原料的性质不同,果蔬罐头杀菌方法分为常压杀菌和加压杀菌两种。其过程包括升温、保温和降温三个阶段,可用下列杀菌式表示:

$$杀菌过程 = \frac{t_1 - t_2 - t_3}{T}$$

式中:t_1——升温至杀菌温度所需时间,min;

　　　t_2——保温杀菌温度不变的时间,min;

　　　t_3——从杀菌温度降至常温的时间,min;

　　　T——杀菌锅的杀菌温度,℃。

热杀菌工艺条件的确定,即确定必要的杀菌温度、时间。工艺条件制定的原则是在保证罐藏食品安全性的基础上,尽可能地缩短加热杀菌的时间,以减少热力对食品品质的影响。正确合理的杀菌条件是既能杀灭罐内的致病菌,也能杀灭在罐内环境中生长繁殖引起食品变质的腐败菌,使酶失活,又能最大限度地保持食品原有的品质。

②杀菌方法。

果蔬罐头的杀菌方法通常有常压杀菌法和加压杀菌法。一般果品罐头采用常压杀菌,蔬菜罐头多采用加压杀菌。

常压杀菌法是指常压100℃或100℃以下介质中进行杀菌的方法。也有将常压100℃以下介质中的杀菌称为巴氏杀菌。常压杀菌可以在立式杀菌器内或长方形水槽内进行,水煮沸后立即放入装满罐头的铁笼或铁篮,但应注意玻璃瓶入水时温差不可超过60℃,否则玻璃瓶会发生破裂。杀菌时罐头应保持在水面以下10~15 cm,杀菌温度应保持不变,达到规定时间以后取出冷却。

加压杀菌是指在100℃以上的加热介质中进行杀菌的方法。其加热介质是蒸汽或水。不管采用哪种介质,高压是获得高温的必要条件,因此又称高压杀菌。加压杀菌有高压蒸汽杀菌和加压水杀菌两种形式。金属罐一般采用高压蒸汽杀菌,而玻璃罐多采用加压水杀菌。高压蒸汽杀菌法是将罐头放入密封的杀菌器内,通入一定压力的蒸汽,排除杀菌器内的空气及冷凝水后,使杀菌器内温度升至预定的加热温度,保持一定时间达到杀菌的目的。其杀菌度由杀菌锅内的压力反映出来,因此在排气升温时必须保证将空气彻底排除,使压力和温度一致。

加压水杀菌法是将罐头放在水中进行加压杀菌,水在常压下的沸点为100℃,而加压后水的沸点可达到100℃以上。因此,我们可以根据罐头杀菌的要求,通过增加杀菌器的压力,使水温达到所要求的温度。

软包装食品在100℃以上加热杀菌时,由于袋内残留空气、水蒸气和食品膨胀的结果,在包装袋内产生巨大的压力,当袋内外压差达到98 kPa 时就会导致软包装破裂。为了防止薄膜破裂,封口时袋内残留气体应尽可能减少,在杀菌和冷却过程中还必须用空气加压,一般升温至 70~95℃ 时开始加压,加压量随食品温度、热量、软包装的大小、空气残存量等而异。

(9)冷却

罐头杀菌完毕后应立即冷却。如果冷却不够或拖延冷却时间,会使内溶物的色泽、风味、组织结构受到破坏,促进嗜热微生物生长,加速罐内壁腐蚀。冷却的最终温度一般认为以 38~43℃ 为宜,此时罐内压力也已降至正常,罐头尚有一部分余热有利于罐头表面水分的蒸发。否则冷却温度太低,表面水分不易蒸发而使罐头生锈,影响外观。冷却介质有空气和水,由于空气的导热系数很小,冷却速度缓慢,故在罐头生产中很少被采用。冷水冷却速度快,效果好,容易控制,生产上被广泛应用。

冷却方法一般有常压冷却和反压冷却两种。常压杀菌的罐头可采用常压冷却,对金属罐可直接用冷水进行冷却,而玻璃罐则必须分别在 80℃、60℃、40℃ 几种不同温度的水中进行分段冷却,否则会引起罐头破裂。

加压杀菌的罐头,一般要进行反压冷却。金属的反压冷却操作方法是在杀菌结束后停止进蒸汽,将所有阀门关闭,让压缩空气进入杀菌器内,使杀菌器内压力提高到比杀菌温度相应的饱和蒸气压还高 20~30 kPa,然后缓慢地放冷水。冷却初期,保证杀菌器内压力不低于杀菌时的压力,待蒸汽全部冷凝后,停止进压缩空气。

(10)包装、运输和贮存

①包装。

罐头标签、包装标志按国家的规定执行。外包装纸箱,内加衬垫材料,封箱带按国家的规定执行。包装有如下要求:

马口铁罐头表面需清洁、无锈、封口完整、卷边处无铁舌、不漏气、不胖听、无变形;罐头标签采用外贴商标纸(或用印铁商标),商标纸需清洁,完整、牢固而整齐地贴在罐外;商标纸与罐身内高相等,其公差不得超过 3 mm;箱内罐头排列整齐不松动。

②运输。

运输工具必须清洁干燥,不得与有毒物品混装、混运。长途运输的车船必须遮盖,运输温度在 0~38℃,避免骤然升降温;一般搬运不得在雨天进行,如遇特殊情况,必须用不透水的防雨布严密遮盖;搬运中必须轻拿轻放,不得使用有损纸箱的工具,不得抛摔。

③贮存。

贮存仓库应有防潮措施,远离火源,保持清洁;贮存仓库温度以 20℃ 为宜,避免温度骤然升降。仓库内保持良好通风,相对湿度一般不超过 75%,在雨季应做好罐头的防潮、防锈、防霉工作;罐头成品箱不得露天堆放或与潮湿地面直接接触。底层仓库内堆放罐头成品时要用垫板垫起,地板与地面间距离在 150 mm 以上,箱与墙壁之间距离 500 mm 以上。罐头成品在贮存过程中,不得接触和依靠潮湿、有腐蚀性或易于发潮的货物,不得与有毒化学药品和有害物质放在一起。

（11）果蔬罐头质量标准

①感官指标。

外观：容器密封完好，无泄漏、胖听现象存在。

色泽：具有该品种罐头应有的色泽。

滋味及气味：具有该品种应有的滋味和气味，无异味。

组织形态：具有该品种应有的组织形态。

杂质：不允许外来杂质存在。

②理化指标。

净含量因各个品种不同而定，同批产品所抽的样品平均净含量不低于标签标示的净含量；可溶性固形物含量（％，以折光法计）、固形物含量（％）、酸含量（％，以柠檬酸计）、氢化钠含量（％）等指标因各品种不同而异；锡（Sn）含量 ≤ 200 mg/kg；铜（Cu）含量 ≤ 5.0 mg/kg；铅（Pb）含量≤1.0 mg/kg，砷（As）含量≤0.5 mg/kg。

③微生物指标。

符合罐头食品商业无菌的要求。

（12）保质期

由各具体品种而定，一般常温保质期为 1 年。

四、果蔬罐制品加工中常见的问题及预防措施

1.罐头的败坏

（1）胀罐败坏

胀罐也称胖听，是指罐头一端或两端向外凸出的现象。这种败坏是罐头食品中常出现的败坏现象之一。

①罐头胀罐类型。

隐胀：罐头外形正常，振动或施加压力时一端就会凸起，故也称为撞胀。

初胀：罐头的一端向外凸出，如果手按凸出的一端，则可恢复正常，而相反的一端则向外凸出，叫单面胖听。

软胀：罐头两端向外凸起，用手按压两端可恢复，但手离开时又重新凸出，也称假胖听。

硬胀：这种胀罐程度最严重，内部压力很大，两端均向外凸出，手按压不能恢复原形，如果内压继续增大，就可导致罐身裂缝处爆裂。

②引起胀罐的原因及预防措施。

物理因素：

A.胀罐原因：主要是罐头内食品装量太多、太紧，以致无顶隙，在杀菌后冷却时罐头收缩不好而胀罐。其二是排气不足，杀菌后降温速度太快，使罐内外压力突然改变，内压大大超过外压，从而造成"凸角"。此外，罐头本身排气不足，当外界条件发生变化时，也会引起胀罐。如冷凉地区生产的罐头运至热带地区销售，有可能出现胀罐；又如上海生产的罐头

运至西藏高原,气压下降,也可能发生胀罐。

B.预防措施:物理胀罐可通过控制装罐量,提高装罐和排气温度,注意罐盖膨胀圈的抗压强度及控制适宜的贮藏温度来防止。

化学因素:

A.胀罐原因:多发生在酸性食品中。由于内容物的有机酸与金属作用产生氢气,积累至一定量时就会发生胀罐,故也称"氢胀"。如镀锡薄板有漏铁点或涂料铁涂布不均匀、孔隙多,都会产生集中腐蚀,放出氢气。

B.预防措施:只要使用无漏铁点或涂层完好的材料,就能抑制化学性胀罐的发生。

微生物因素:

A.胀罐原因:首先是杀菌不充分引起。如杀菌操作不当或杀菌温度和时间不够,以致幸存的腐败菌在条件适宜时再次活动产气。其次是原料在生产过程中大量微生物污染,杀菌前已经开始变质,因而在同样杀菌条件下,不能将有害微生物全部杀灭。微生物引起的胀罐,使内容物发生败坏,完全失去食用价值,严重者会发生爆裂现象。

B.防止措施:加强杀菌操作,确保将产毒菌、腐败菌完全杀灭;严格密封,防止泄漏;迅速冷却,冷却水要清洁卫生;采用新鲜原料,在干净卫生条件下操作加工,以免原料和半成品受到严重污染。

(2)非胀罐败坏

①变色。

A.变色原因:变色是果蔬罐头在加工和贮运销售过程中常见的问题,如糖水梨的褐变或变红,樱桃、紫色葡萄变紫蓝色,蘑菇色泽变褐、变红或暗灰,马铃薯的褐变或变红,绿色蔬菜罐头的失绿等。造成上述变色的主要原因是酶促褐变与非酶促褐变。

B.预防措施:选择成熟度高,氧化酶活性低,花青素及单宁含量低的品种;加工过程中注意工序间的护色,避免原料与铁、铜等金属接触;尽量缩短杀菌时间,使罐头迅速冷却等。

②变味。

A.变味原因:原料在加工处理中,如果车间卫生条件差,或过分拖延时间,促使微生物大量繁殖,造成罐头原料腐败变味;未被钝化的酶类会导致罐头贮藏异味;容器处理不当也会给罐头造成松木味、金属味、油味等。

B.预防措施:采用新鲜原料在清洁卫生的条件下加工,彻底钝化酶的活性,并盛装于干净、无明显气味的容器中,才能使变味得到控制。

③酸败。

A.酸败原因:导致酸败的微生物是产酸菌。对低酸食品来说主要是脂肪芽孢杆菌,对酸性食品来说主要是凝结芽孢杆菌。这类细菌在自然界中分布极广,是一类兼厌氧性嗜温菌,它能分解碳水化合物产酸,但不产生气体。这种败坏的原因可能是原料在加工过程中严重污染,卫生条件差以及杀菌不足引起的。从外表上很难判断其败坏与否,但打开罐头后,内容物变酸、汁液浑浊,不能食用。

B.预防措施:采用合适的杀菌条件,杀菌后使产品及时冷却;凡与食品原料接触的加工设备,需经常刷洗和消毒,防止嗜温菌的滋生;原料进厂应及时加工,避免积压和污染。

2. 罐壁腐蚀

罐壁腐蚀主要指的是马口铁罐,可分为罐内壁的腐蚀和罐外壁的锈蚀。罐内壁的腐蚀情况比较复杂,主要可分为均匀腐蚀、集中腐蚀、局部腐蚀、异常脱锡腐蚀、硫化腐蚀等。罐外壁锈蚀主要是由于贮藏环境中湿度过高而引起铁与空气中的水分、氧气发生作用而形成黄色锈斑,严重时既会影响商品外观,还会促使罐壁腐蚀穿孔导致食品变质和腐败。

(1)罐壁腐蚀原因

①氧气:氧气是金属的强氧化剂,罐制品内残存氧的含量,对罐藏容器的内壁腐蚀起决定性作用,氧气含量越多,腐蚀越强。

②酸:含酸量越多,腐蚀性越强。

③硫及含硫化合物:当硫及硫化物混入罐制品中,易引起硫化斑。

④环境相对湿度:贮藏环境相对湿度过大,易造成罐外壁生锈、腐蚀等。

⑤食品原料(有机酸、低甲氧基果胶、脱氢抗坏血酸、花色素类色素、硝酸盐、硫和硫化物、食盐等)。

(2)预防罐壁腐蚀的措施

①对采前喷过农药的果实,加强清洗及消毒,可用浓度0.1%盐酸浸泡5～6 min,再冲洗,以脱去农药。

②对含空气较多的果实,最好采取抽空处理,尽量减少原料组织中空气(氧)的含量,进而降低罐内氧的浓度。

③加热排气要充分,适当提高罐内真空度。

④对于含酸或含硫高的内容物,容器内壁一定要采用抗酸或抗硫涂料。环境的相对湿度为70%～75%。

⑤要在罐外壁涂防锈漆。

3. 玻璃罐头杀菌冷却过程中的跳盖现象以及破损率高

(1)跳盖及破损率高原因

罐头排气不足,罐头内真空度不够,杀菌时降温、降压速度快;罐头内容物装太多,顶隙太小,玻璃罐本身的质量差,尤其是耐温性差。

(2)预防措施

罐头排气要充分,保证罐内的真空度;杀菌冷却时,降温降压速度不要太快,进行常压冷却时,禁止冷水直接喷淋到罐体上;罐头内容物装的不能太多,保证留有一定空隙;定做玻璃罐时,必须保证玻璃罐具有一定的耐温性;利用回收的玻璃罐时,装罐前必须认真检查罐头容器,剔除所有不合格的玻璃罐。

4.罐内汁液的浑浊与沉淀

（1）浑浊与沉淀原因

加工用水中钙、镁等离子含量过高，水的硬度大；原料成熟度过高，热处理过度；贮藏不当造成内容物冻结，解冻后内容物松散、破碎；杀菌不彻底或密封不严，微生物生长繁殖等。

（2）预防措施

加工用水进行软化处理；控制温度不能过低；严格控制加工过程中的杀菌、密封等工艺条件；保证原料适宜的成熟度等。

任务5.2　果蔬干制品加工技术

果蔬干制是将果蔬中的大部分水分去除使制品达到一定干燥程度的加工方法。果蔬干制品加工通常不添加辅料，故制品风味纯正。干制品水含量低，微生物难以生存，酶活性也受到抑制，再结合密封包装，在常温下可长期保存。果蔬的干燥过程是果蔬中水分蒸发的过程，水分的蒸发是依靠水分外扩散和内扩散完成的。内扩散是指水分由果蔬内层向外层转移的过程；外扩散是指水分由果蔬表面向周围介质中蒸发的过程。

一、果蔬干制品的基本原理

1.干制品的保藏机理

（1）干制对微生物的影响

在自然干制过程中，果蔬原料受到日光中紫外线及红外线的作用，造成污染原料的微生物死亡。在果蔬脱水的时候，其所污染的微生物也同时脱水，干制后，微生物长期处于休眠状态。干制品的水分活度值为0.80~0.85，在1~2周内，可以被霉菌等微生物利用引起变质而败坏。若水分活度值为0.70时就可较长期防止微生物的生长。生物耐低水分环境的能力常随菌种及其不同生长期而异。干燥状态的细菌芽孢、菌核、厚膜孢子、分生孢子可存活1年以上；有实验表明，霉菌孢子的耐热性随水分活度的降低而呈增大的倾向。显然，降低水分活度可有效地抑制微生物的生长，但同时，微生物的耐热性也增大。所以，尽管在干制品贮存过程中生物总数逐渐缓慢地减少，但干制并不能将微生物全部杀死，只能抑制微生物的活动。干制品复水后，残留的微生物仍能复苏并再次生长。

（2）干制对酶活性的影响

酶是引起食品变质的主要因素之一。酶的活性与很多条件有关，如温度、水分活度、pH值、底物浓度等，其中水分活度的影响非常显著。水分活度影响酶促反应主要通过以下途径：水作为运动介质促进扩散作用（底物与酶靠近）；稳定酶的结构和构象；水是水解反应的底物；通过水化作用使酶和底物活化。由于活性中心的反应速率大于底物或产物的扩散速率，因此运动性是限制酶促反应的主要因素。

酶对湿热环境很敏感，在较高的水分活度环境中更容易发生热失活。而在干热环境中对热不敏感,如在干燥状态下,即使用204℃热处理,对酶活性的影响也极微。这说明干制食品中的酶并未完全失活,在低水分干制品中,特别是它吸湿后,酶仍会缓慢地活动,从而可能降低制品的品质。

2. 果蔬的干制过程

果蔬的干制过程是果蔬中水分蒸发的过程,水分的蒸发是依靠水分外扩散作用和内扩散作用共同完成的。果蔬干制时所需除去的水分,是游离水和部分结合水。目前常规的加热干制是以空气为干燥介质。当果蔬原料与热空气接触后,果蔬表面的水分受热变成水蒸气而大量蒸发,称为水分外扩散。一部分水分由表面蒸发后,表层组织内容物含量提高,水分的含量比内层组织低,使原料内外层水分失去平衡,水分即由内层向外层移动,以求各部分水分平衡,这种内层水分向外层转移的现象,称为内扩散。在果蔬干制过程中,水分的外、内扩散是同时进行的,两者相互促进,不断打破旧的平衡,建立新的平衡。由于水分不断蒸发,而使原料内容物的含量逐渐增加,水分向外转移的速度也逐渐缓慢,蒸发速度渐渐减弱,直至原料温度与干燥介质温度相等,水分即停止蒸发,这时干制过程结束。

在干制过程中,如果外扩散速度远大于内扩散,即造成内部水分来不及转移到表面,原料表面会因过度干燥而形成硬底壳(称"结壳"现象),阻碍水分继续蒸发,甚至出现表面焦化和干裂,降低产品质量。因此,在干制过程中,要合理控制干制介质的条件,使内外扩散相对平衡,促使水分均匀快速蒸发,避免一些不良现象的发生,这是干制技术的重要环节。

3. 果蔬在干制过程中的变化

(1)重量和体积的变化

果蔬干制后由于脱除了大部分的水分,体积和重量明显变小。一般体积为鲜果蔬菜的20%～35%,重量为原重的6%～20%。体积和重量的变小,使得运输方便、携带容易。

(2)透明度的改变

在干制过程中,果蔬组织及细胞间隙的空气也同时被排除,使干制品呈半透明状态。这不仅使制品具有良好的外观,而且由于果蔬组织及细胞间隙的空气含量降低,增强了制品的保藏性。

(3)干缩和干裂

干缩和干裂是物料失去弹性时出现的一种变化,也是果蔬干制时最常见最显著的变化之一。

(4)表面硬化

表面硬化是物料表面收缩和封闭的一种特殊现象。如物料表面温度过高,就会因为内部水分未能及时转移至物料表面,使表面迅速形成一层干燥膜或干硬膜。这层干燥膜或干硬膜的渗透性极低,以致将大部分残留水分保留在食品内,使干燥速率下降。这种现象在一些含有高含量糖分和可溶性物质的物料中容易出现。

(5)物料内多孔性的形成

快速干制时物料表面硬化及其内部水分蒸发区的迅速建立,会促使物料成为多孔性制品。

（6）颜色变化

果蔬在干制过程中或干制品在贮存中，常会变成黄色、褐色或黑色等，一般统称为褐变。根据褐变发生的原因不同，又可将之分为酶促褐变和非酶促褐变。通常的干制温度不足以钝化酶的活性，因此在果蔬干制前进行热烫或加化学抑制剂处理，能有效抑制酶促褐变。非酶促褐变的发生与干制温度、果蔬种类及水含量变化有关，原料中还原糖或氨基酸含量高，高温的工艺操作均易发生此褐变。

（7）营养成分的变化

①糖分的变化。

干制过程中，干制速度越慢，干制时间越长，糖分损失越多，干制品的质量越差，重量也相应降低；另外，过高的温度会使糖分焦化呈深褐色甚至黑色，且味道变苦。

②维生素的变化。

维生素C既不耐高温又容易氧化，在常规的干制过程和干制品保存中很容易被破坏，其损失程度除与干制环境中的氧含量和温度有关外，还与抗坏血酸的活性和含量有关。此外，光照和碱性环境也易加速其破坏。因此，干制前对原料进行的热烫、硫处理，都是减少维生素C损失的有效措施。

（8）风味的变化

新鲜果蔬加工成干制品后，无论如何，在其复水后与新鲜的原料相比，在口感上、组织结构上、滋味上会有不同程度的降低。在热风干燥过程中，水分蒸发的同时，一些芳香物质要随之挥发而损失。在正常情况下，果蔬原料切分处理得越细，挥发表面越大，风味损失就越大。

二、果蔬干制方法和设备

1. 自然干制

自然干制是指在自然条件下，利用太阳能辐射、热风等使果蔬产品干燥的方法。自然干制方法简便，设备简单。但自然干制受气候条件影响大，如在干制季节，阴雨连绵，会延长干制时间，降低制品质量，甚至会霉烂变质。自然干制方法可分为两种。

（1）太阳辐射干燥

太阳辐射干燥作用是利用太阳的辐射热作为热源，使水分蒸发的一种干燥作用。太阳光的干燥能力和果蔬原料水分蒸发的速度，主要取决于太阳辐射的强度和果蔬表面接受的辐射强度。太阳辐射的强度，因地区的纬度和季节而异，纬度低的地区较纬度高的地区强，夏季较冬季强。为了有效地利用太阳辐射进行晒干，在干制过程中，应提高晒干品表面所受到的太阳辐射强度。

（2）空气的干燥

空气的干燥作用在我国南方诸省，虽然气温较高，但一般空气相对湿度平均在75%

以上。潮湿的空气,对于果蔬干燥不利。但是,晒干和风干是在白天进行的,白天的气温较高,相对湿度远低于一天中的平均湿度,仍然可以起到一定的干燥作用。我国西北属干旱、半干旱地区,气候十分干燥,空气相对湿度低,平均在 60% 左右,有利于果蔬干制,如新疆吐鲁番一带干制葡萄采用此法。风速的大小与干燥作用关系很大,特别是在空气温度高、湿度低的情况下,如果有较大的风速,即使在多云或者天阴时,也能起到一定的干燥效果。

2. 人工干制

（1）烘制

①烘灶干制。

烘灶是我国农村、山区所应用的一种最简单的干制设施,其构造是在地面砌灶或地下挖坑,上架木檩、铺席箔,原料堆在席箔上,在灶坑生火,通过火力大小控制干制所需的温度,达到干制目的。

②烘房干制。

多采用砖木结构,设备费用低,操作管理简单,干燥速度快,适合大量生产,是我国农村乡镇企业采用较多的一种干燥设施,常用于果脯、菜干、果干的生产。烘房的形式很多,但结构基本相同,主要有烘房主体建筑、加热升温设备、通风排湿设备和装载设施组成。

（2）热风干燥

①隧道式干燥机。

这种干燥机的干燥室为狭长的隧道形,地面铺铁轨,装好原料的载车,沿铁轨经隧道完成干燥,然后从隧道另一端推出,下一车原料又沿铁轨再推入。干燥室一般长 12～18 m、宽 1.8 m、高 1.8～2 m。隧道式干燥机可根据被干燥的产品和干燥介质的运动方向分为逆流式、顺流式和混合式（又称复式或对流式）三种形式。

逆流式干燥机:指载车前进的方面与干热空气流动的方向相反。原料由隧道低温高湿的一端进入,由高温低湿的一端完成干燥过程出来。桃、杏、李、葡萄等含糖量高,汁液黏厚的果实适合于这种干燥机干制。

顺流式干燥机:指载车的前进方向和空气流动的方向相同。原料从高温低湿的热风一端进入。适于干制水含量高的蔬菜。

对流式干燥机:又称混合式干燥机。该干燥机综合了上述两种干燥机的优点,克服了它们的缺点。原料补载车首先进入顺流式隧道,用较高的温度和较大的热风吹向原料,加快原料水分的蒸发。随着载车向前推进,温度逐渐下降,湿度也逐渐增大,水分蒸发趋于缓慢,有利于水分的内扩散,不致发生硬壳现象,待原料大部分水分蒸发以后,载车又进入逆流隧道,从而使原料干燥比较彻底。对流式干燥机具有能连续生产,温湿度易控制,生产效率较高,产品质量好等优点。目前,果蔬产品干制大多采用对流式。

②带式干燥机。

带式干燥机是在用帆布带、橡胶带、涂胶布带、钢带和钢丝带等制作的传送上放置原料,利用装在每层传送带中间的暖管提供热源的一种干制机械。如图 5 - 2 - 1 所示。

如图 5 - 2 - 1 所示为四层传送带式干燥机,能连续转动。物料从上层带子加入,随着带子的移动,依次落入下一根带子,最后干物料从下部卸出。热空气从下方引入,由下而上进到带子上方,湿热空气由上部排气口排出。当物料向下层落下时,就自然翻动一次,因而在干燥过程中不用人工翻动物料,而且物料干燥程度也极其均匀,最后成品由末端卸出。带式干燥机适应于单品种、整季节的大规模生产。苹果、胡萝卜、马铃薯、甘薯、洋葱等都可用此干燥机干燥。

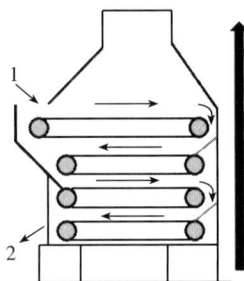

图 5 - 2 - 1　带式干燥机
1—原料进口;2—原料出口
(引自《果蔬加工学》,方宗涵,1993)

③滚筒干燥机。

由一只或两只中空的金属圆筒组成。圆筒随水平轴转动,圆筒内部由汽、热水或其他加热剂加热。这样,圆筒壁就成为被干燥产品接触的传热壁。当滚筒的一部分浸没在稠厚的浆料中,或者将稠厚的浆料喷洒到滚筒的表面上时,因滚筒的慢旋转使物料呈层状附着在滚筒外表面进行干燥。当滚筒旋转 3/4 ~ 7/8 周时,物料已干燥到预期的程度,用刀将其刮下。滚筒的转速根据具体情况而定,一般为 2 ~ 8 r/min。滚筒上的薄层厚度为 0.1 ~ 1.0 m。滚筒干燥机主要用于果蔬粉和糊化淀粉的干燥。

(3)微波干燥

微波一般是指 300 ~ 300000 MHz 的电磁波,波长为 0.001 ~ 1.0 mm。微波的穿透能力比红外线更强,水又是吸波良好的介质,另外,微波加热不是由外部热源加进去的,而是在加热物体内部直接生产的。微波干燥具有加热均匀、干燥时间短(不到常规加热时间的 1/100 ~ 1/10)、热效率高和反应灵敏等优点,是一种较理想的干燥方法。

(4)真空干燥

真空干燥又称减压干燥。它是使用真空干燥机,将物料于真空条件下进行加热干燥的一种方式。真空干燥机主要由密闭箱体(干燥室)、真空泵、加热系统、冷凝器四部分组成。干燥时,用真空泵进行抽气抽湿,使干燥室内抽成真空状态,利用蒸汽(或热水、热油)通入加热板(管)对物料进行加热,物料中的水分在真空状态下易被蒸发,蒸发出的水蒸气被吸入冷凝器经冷凝后排出。

(5)冷冻升华干燥

冷冻升华干燥又称冷冻真空干燥、冷冻干燥、冻结干燥,简称冻干。这是目前最先进的干燥技术。冷冻升华干燥是在 -40 ~ -30℃下将物料快速冻结到冰点以下,使原料中的水分冻结成细小冰晶,然后送入真空干燥室,在高真空度(通常不超过 100 Pa)和较低温度(一般不超过 50℃)的条件下,使原料中的冰晶不经液态而直接升华为气态被除去,从而达到干燥的目的。

此方法加工出的成品能基本上保持产品的色、香、味和营养价值,蛋白质不易变性,且复水容易,复水后产品接近新鲜产品,因此,比加热烘干要优越得多。不过,这种干燥方法成本比较高,目前仅适用于高价值和高品质的果蔬干制品(如功能性食品、高档脱水果蔬、高档调味品等)和生化制品的干燥。

(6)真空油炸脱水干燥

此法是利用减压条件下,产品中水分汽化温度降低的特性,在低温条件下,在短时间内使产品通过油炸脱水达到干燥的目的。热的油脂作为产品的脱水供热介质,还能起到膨化及改进产品风味的作用。

真空油炸的技术关键在于原料的前处理及油炸时真空度和温度的控制,原料前处理除常规的清洗、切分、护色外,对有些产品还需进行渗糖和冷冻处理。渗糖含量为 30% ~ 40%,冷冻要求在 -18℃ 左右的低温冷冻 16 ~ 20 h,油炸时真空度一般控制在 92.0 ~ 98.7 kPa之间,油温控制在 100℃ 以下。目前国内外市场出售的真空油炸果蔬有:苹果、猕猴桃、柿子、草莓、香蕉、胡萝卜、南瓜、番茄、四季豆、甘薯、马铃薯、大蒜、青椒、洋葱等。

(7)喷雾干燥

喷雾干燥机由空气加热器、送风机、喷雾器、干燥室等部分组成。干燥时,是将浆料喷成微细的雾状液滴(直径为 10 ~ 100 pm)进入干燥间与 150 ~ 200℃ 的热空气接触进行热交换,于是分散悬浮的微小液滴立即干燥成粉粒,收集落在加热器下方的收集器内。此法具有干燥速度快、制品分散性好、物料热损害少等特点,尤其适合干燥果蔬粉、酵母粉、蛋粉、奶粉等。

三、果蔬干制品加工工艺

1. 工艺流程(图 5 - 2 - 2)

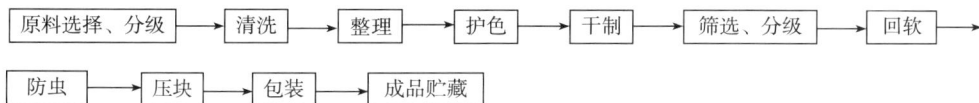

原料选择、分级 → 清洗 → 整理 → 护色 → 干制 → 筛选、分级 → 回软 →

防虫 → 压块 → 包装 → 成品贮藏

图 5 - 2 - 2　果蔬干制品加工工艺流程图

2. 工艺要点

(1)原料选择

果品原料要求干物质含量高,风味色泽好,肉质致密,果心小,果皮薄,肉质厚,粗纤维少,成熟度适宜。对蔬菜原料的要求是干物质含量高,风味好,菜心及粗叶等废弃部分少,皮薄肉厚,组织致密,粗纤维少。

(2)清洗

原料干制前要进行洗涤,以除去表面污物、微生物和泥沙。这对于保持制品清洁,改善外观和提高制品品质均很重要。采用的方法有人工清洗和机械清洗。

洗涤原料最好使用软水。水温一般用常温,有时为增加洗涤效果,洗前可用水浸泡,污物易洗去,同时更有利于残留在果蔬表面的农药浸出。如果原料上残留的农药较多,有时还可以用化学药剂洗涤。

(3)整理

按产品要求去除根、老叶、蜡质、皮、亮、核等不可食部分和伤、斑等不合格部分。有的原料须切成片、条、丝或颗粒状,以加快水分的蒸发。原料去蜡质可用碱液来处理,如葡萄可用 1.5% ~4% 浓度的氢氧化钠处理 15 s,薄皮品种也可用 5% 的碳酸钠或碳酸钠与氢氧化钠的混合液处理 3~6 s,然后立即用清水冲洗干净。去皮和去蜡质同样可加快干燥过程。

(4)护色

果蔬干制前的护色主要采用热烫和硫处理。蔬菜以热烫为主,水果以硫处理为主。

①热烫。

热烫是果蔬干制时的一个重要工序,原料经过热烫后,钝化氧化酶,减少氧化变色和营养物质损失;其次使细胞透性增强,有利于水分蒸发,缩短干制时间。此外热烫排除组织中的空气,使干制品呈透明状,外观品质得到提高。

热烫可采用热水或蒸汽,一般情况下热烫水温为 80~100℃,时间为 2~8 min,热烫的程度可根据产品品种和原料情况而定。热烫不足或过度都会影响产品的最终品质。可用愈创木酚或联苯胺反应来检查热烫是否达到要求,其方法是将以上化学药品的任何一种用酒精溶解,配成 0.1% 的溶液,取已烫过的原料横切,随即浸入药液中,然后取出,在横切面上滴 0.3% 双氧水,数分钟后,如愈创木酚变成褐色或联苯胺变成蓝色,说明酶未被破坏,热烫不足;如果不变色,则表示热烫完全。

②硫处理。

硫处理是许多果蔬干制的一种常见的预处理方法。如金针菜、竹笋、甘蓝、马铃薯、苹果、梨、杏等,经过切片热烫后,一般都要进行硫处理。但有些蔬菜,如青豌豆,干制时则不需要硫处理,否则会破坏它所含的维生素。硫处理可采用熏硫法,也可采用浸硫法。

熏硫处理时,可将装果蔬的果盘送入熏硫室中,燃烧硫磺粉进行熏蒸。二氧化硫的含量(体积分数)一般为 1.5% ~2.0%,有的可达 3%。

浸硫法常用亚硫酸进行处理,原因是亚硫酸对果蔬干制品品质提高具有如下作用。

强烈的护色作用:因为它对氧化酶的活性有很强的抑制或破坏作用,故可防止酶促褐变。

硫酸具有抗氧化作用:这是因为它具有强烈的还原性,它能消耗组织中的氧,抑制氧化酶活性,对防止果品蔬菜中维生素 C 的氧化破坏很有效。

硫酸有防腐作用:因为它能消耗组织中的氧气,能抑制好气性微生物的活动,并能抑制某些微生物活动所需酶的活性。

亚硫酸还具有促进水分蒸发的作用:这是因为它能增大细胞膜的渗透性,因此不仅缩短了干燥脱水时间,而且还使干制品具有良好的复水性能。

亚硫酸具有漂白作用:它与许多有色化合物结合而变成无色的衍生物。二氧化硫解离后,有色化合物又恢复原来的色泽。

（5）干制

入炉烘制的过程实际就是果蔬在干燥设备中脱水干燥的过程。整个脱水过程主要包括升温和通风排湿两个操作工序。

①升温。

温度高低直接影响产品质量,不同的产品要求不同的烤制温度和升温方式。升温有三种方式。

在干制期间,干燥初期为低温,为55~60℃;中期为高温,为70~75℃;后期为低温,温度逐步降至50℃左右,直到干燥结束。这种升温方式适宜于可溶性固形物含量高的果蔬或不切分整果干制的红枣、柿饼等。操作较易掌握,能量耗费少,生产成本较低,干制质量较好。

在干制初期急剧升高温度,最高可达95~100℃,当物料进入干燥室后吸收大量的热能,温度可降低至30℃,此时应继续加热使干燥室内温度升到70℃左右,维持一段时间后,视产品干燥状态,逐步降温至干燥结束。此法适宜于可溶性固形物含量较低的果蔬,或切成薄片细丝的果蔬。这种方法,干燥时间短,产品质量好,但技术较难掌握,能量耗费多,生产成本较大。

升温方式介于以上两者之间。即在整个干制期间,温度在55~60℃的恒定状态,直至干燥临近结束时再逐步降温,此法操作技术容易掌握,成品质量好。因为在干燥过程中长时间维持较均衡的温度,耗能比第一种高,生产成本也相应高一些。这种升温适宜于大多数果蔬的干制加工。

②通风排湿。

果蔬水含量较高,在干制中由于水分的大量蒸发,使得干燥室内的相对湿度急剧升高,甚至会达到饱和程度,因此,在果蔬干制过程中应十分注意通风排湿工作,否则会延长干制时间,降低干制品质量。

一般当干燥室内相对湿度达70%以上时,应进行通风排湿操作。在进行通风排湿时,一般还应掌握干制的前期相对湿度应适当高些,这一方面有利于传热,另一方面可以避免物料因水分蒸发过快出现"结壳"现象;在干制的后期相对湿度应低些,可促使水分蒸发,使干制品的水含量符合质量要求。

③倒换烘盘。

利用烤架、烤盘的干燥设备,由于盘位于干燥室上下不同的位置,往往会使其受热程度不同,使之干燥不均匀。因此,为了避免物料干湿不均匀,需进行倒盘,在倒盘的同时翻动盘内的物料,促使物料受热均匀,干燥程度一致。

（6）筛选、分级

为了使产品符合规定标准,便于包装,贯彻优质优价原则,对干制后的产品要求进行筛选、分级。干制品常用振动筛等分级设备进行筛选分级,剔除块、片和颗粒大小不合标准的产品。另对有些叶菜类或丝、条、片状蔬菜干制品,应在回软后进行挑选、分级。可较好防止碎裂,有利于剔除产品中的杂质、褐变品、异形品和水含量不合格品。

(7)回软

回软又称均温发汗或水分平衡,目的是通过干制品内部与外部水分转移,使各部分的含水量均衡,呈适宜的柔软状态,以便产品处理和包装运输。回软方法是待干燥后的产品稍微冷却,即可装入大塑料袋或铁桶中密封,一般菜干 1~3 d,果干 2~5 d,待质地略软后便于后续操作。

(8)防虫

果蔬制品常有虫卵混杂其间,特别是自然干制的产品最易受害。害虫在果蔬干制期间或干制品贮存期间侵入产卵,以后再发育为成虫危害,有时会造成大量损失。所以,防止干制品遭受虫害是不容忽视的重要问题。防治方法如下:

①低温杀虫。

采用低温杀虫最有效的温度必须在 -15℃ 以下。

②热力杀虫。

即在不损害成品品质的适宜高温下杀死干制品中隐藏的害虫。耐热性的叶菜类干制品可采用 65℃ 热空气处理 1 h。根类和果菜类干制品可用 75~80℃ 热空气处理 10~15 min。

③熏蒸剂杀虫。

烟熏是控制干制品中昆虫和虫卵常用的方法,晒干的制品最好在离开晒场前进行烟熏。干制水果贮藏过程中还要定期烟熏以防止害虫发生。甲基溴是近年来使用最多的一种有效熏蒸剂,用量为 16~24 g/m²,密闭室处理时间在 24 h 以上。此外,SO_2、CS_2、氯化苦也可用于熏蒸。

(9)压块

蔬菜干制后,体积蓬松,容积很大,不利于包装和运输,因此在包装前,需要经过压缩,一般称为压块。用约 70 kg/cm² 的压力,脱水蔬菜的体积缩小 3~7 倍。脱水蔬菜的压块必须同时使用水、热与压力,方能获得好的结果。

一般脱水蔬菜在脱水的最后阶段,温度为 60~65℃,如在脱水后,不等它冷却,立即压块时,可不再重新加温。否则,为了减少破碎起见,压块之前,须喷热蒸汽,但喷过后必须立即压块,若放置稍久,将变脆而易碎。若压块后的脱水蔬菜水分含量在 6% 左右时,可与等质量的生石灰贮存在一起,经过 2~7 d,水分可降低至 5% 以下。

(10)包装

①普通包装。

多采用纸盒、纸箱或普通 PE 袋包装,先在容器内衬防潮纸或涂防潮涂料,然后将制品按要求装入,上盖防潮纸,扎封。多用于自然干制和热风干制品的包装。

②不透气包装。

采用不透气的铝箔复合膜袋包装。其内也可放入脱氧剂,将脱氧剂包装成小包与干制品同时密封于不透气的袋内,提高耐藏性。适用于真空干燥、真空油炸、真空冻结干燥、喷雾干燥制品的包装。

③充气包装。

采用 PE 袋或铝箔复合薄膜袋包装,将干制品按要求装入容器后,充入二氧化碳、氮气等气体,抑制微生物和酶的活性。适用于真空干燥、真空油炸、真空冻结干燥制品的包装。

④真空包装。

将制品装入容器后,用真空泵抽出容器内的空气,使袋内形成真空环境,提高制品的保存性。多用于含水量较高的干制品的包装。

(11)贮藏

果蔬干制品贮藏效果首先取决于制品质量优劣,优质制品贮藏性好,另一重要条件是制品水含量,水含量越低,贮藏性越好。

①温度。

低温有利于抑制害虫和微生物的活动,干制品适宜贮藏温度为 0 ~ 2℃,最好不超10 ~ 12℃。

②湿度。

干制品贮藏环境的相对湿度,以不超过 65% 为宜,湿度较大,制品易吸湿返潮,尤其是含糖量较高的制品。

③光照、空气。

光照和氧气能促进色素分解,引起变色,破坏维生素,降低二氧化硫的保藏效果,因此,干制品宜于避光和密闭条件保藏。

④贮藏期的管理。

果蔬脱水后,虽然在一定程度上抑制了微生物的活动,但因富含营养物质,易遭虫害和霉变,故在包装前应做好灭虫处理。要做好贮藏库的清洁卫生和通风换气工作,做好防鼠、防潮工作,定期检查质量,发现问题,及时解决。

四、果蔬干制品加工中常见问题及预防措施

1. 制品干缩

(1)干缩的原因

果蔬在干制时,因水分被除去而导致体积缩小,细胞组织的弹性部分或全部丧失的现象称为干缩。一般情况下,水含量多,组织脆嫩者干缩程度大,水含量少,纤维多的果蔬干缩程度轻。果蔬干缩严重会出现干裂或破碎等现象。干缩有两种情形,即均匀干缩和非均匀干缩。有充分弹性的细胞组织在均匀而缓慢地失水时,就产生了均匀干缩,否则,会发生非均匀干缩。非均匀干缩还会使制品造成奇形怪状的翘曲,进而影响产品的外观。

（2）干缩预防措施

适当降低干制温度,缓慢干制;采用冷冻升华干燥可减轻制品干缩现象。

2. 表面硬化（结壳）

（1）硬化原因

表面硬化是指干制品外表干燥而内部仍然软湿的现象。有两种原因造成表面硬化。其一是果蔬干制时,内部的溶质随水分不断向表面迁移和积累而在表面形成结晶造成的;其二是由于果蔬干燥过于强烈,内部水分向表面迁移的速度滞后于表面水分汽化速度,从而使表面形成一层干硬膜造成的。

（2）表面硬化预防措施

采用真空干燥、真空油炸、冷冻升华干燥等方法来降低干燥温度,提高相对湿度或减少风速,用以减轻表面硬化现象。

3. 制品褐变

（1）褐变原因

果蔬在干制过程中或干制后的贮藏中,类胡萝卜素、花青素、叶绿素等均受影响或流失,造成品质下降。酶促褐变和非酶褐变反应是促使干制品褐变的原因。

（2）预防措施

干制前,进行热烫处理、硫处理、酸处理,对抑制酶促褐变有一定的作用。避免高温干燥可防止糖的焦化变色,用一定含量的碳酸氢钠浸泡原料有一定的护绿作用。

4. 营养损失

果蔬中的营养成分有糖类、维生素、矿物质、蛋白质等,在干制过程中会发生不同程度的损失,主要是糖类、维生素的损失。预防措施是缩短干制时间,降低干制温度和空气压力有利于减少营养成分的损失。

5. 风味变化

失去挥发性风味成分是干制时常见的一种化学变化。迄今为止,要完全阻止风味物质损失,几乎不可能。为防止风味损失,常采用干燥设备中回收或冷凝外逸的蒸汽再回加到干制品中,以尽可能保存它的原有风味。

6. 干制品保质期短

（1）保质期短原因

主要是微生物侵染和害虫。

（2）预防措施

干制品水分含量要低,密闭保藏,防止吸潮;低温杀虫,热力杀虫,熏蒸剂杀虫;避光、隔氧防止不良变化。

7. 干燥率低

（1）干燥率低原因

原料固形物含量低;干制过程中呼吸消耗;原料成熟度不够。

（2）预防措施

选择固形物含量高的原料；干制前进行漂烫处理；选择成熟度适宜的原料。

任务 5.3　果蔬糖制品加工技术

一、果蔬糖制品的分类

果蔬糖制是以果蔬为原料，经用糖或蜂蜜腌制的加工方法。果蔬糖制品具有高糖、高酸等特点，这不仅提高了产品的贮藏性能，而且改善了果蔬的食用品质，赋予产品良好的风味和色泽。糖制品除了可以延长保藏期，还可以增加糖类营养素和调味作用。

在形态和习惯上，南方主要称蜜饯，北方则称为果脯。蜜饯偏湿，果脯偏干。南方以湿态制品为主，北方则以干态制品居多，因此俗称"北脯南蜜"。一般按加工方法和产品形态，可分为果脯蜜饯和果酱两大类。

1. 果脯蜜饯类

（1）按产品含糖量及水含量分类

①蜜饯。

蜜饯是以鲜果经糖渍煮制，含糖量较低（一般在 60% 以下），含水量较高（一般在 25% 以上），不经烘干或半干性制品称为蜜饯。

②果脯。

果坯经糖渍煮制、烘干（或晒干）后，含糖量较高（一般在 65% 以上），水含量较少（一般在 20% 以下）的干制品则称为果脯。

（2）按产品形态及风味分类

①湿态蜜饯。

果蔬原料糖制后，按罐藏原理保存于高含量的糖液中，果形完整饱满，质地细软，味美，呈半透明。如蜜饯海棠、蜜饯樱桃、蜜金橘等。

②干态蜜饯。

糖制后晾干或烘干，不黏手，外干内湿，呈半透明，有些产品表面裹一层半透明糖衣或结晶糖粉。如橘饼、蜜李子、蜜桃片、冬瓜条等。

③凉果。

指用咸果坯为主原料的甘草制品。果品经盐腌、脱盐、晒干、加配调料蜜制晒干而成。制品含糖量不超过 35%，属低糖制品，外观保持原果形，表面干燥，皱缩，有的品种表面有盐霜，成品具有甜、酸、咸等风味，如陈皮梅、话梅等。

2. 果酱类

果酱类制品的特点是不保持果蔬原来的形态，含糖量大多在 40% ~ 65%，含酸量约在 1% 以上，属于高糖高酸食品。

（1）果酱

果酱是果肉加糖煮制成一定稠度的酱状产品，酱体中仍能见到不完整的肉质片、块。酸甜可口，口感细腻。如草莓酱、蓝莓酱、杏酱等。

（2）果泥

果泥是经筛滤后的果浆加糖制成稠度较大，且质地细腻均匀的半固态制品，呈浆糊状，糖酸含量略低于果酱，口感细腻，如制成具有一定稠度，且质地均匀一致的酱体时，则通常称之为"沙司"。如枣泥、胡萝卜泥、苹果泥等。

（3）果丹皮

果丹皮是由果泥进一步干燥脱水而制成呈柔软薄片的制品。如山楂果丹皮。

（4）果冻

果冻是果汁加糖浓缩，冷却后呈半透明的凝胶状制品。如橘子果冻、苹果果冻等。在制果冻的原料中再加入少量的橙皮条浓缩，冷却后这些条片较均匀地分散在果浆中的制品通常称为"马茉兰"。

（5）果糕

果糕是将果实煮烂后除去粗硬部分，将果肉与糖、酸、果胶浓缩，倒入容器中冷却成型或烘干制成松软而多孔的制品。如山楂糕、南瓜枣糕等。

二、果蔬糖制品的加工原理

糖制品是以食糖的保藏方法为基础的加工保藏法。食糖的保藏作用在于其强大渗透压，微生物在高渗透环境中会发生生理干燥直至质壁分离，因而生命活动受到了抑制。食糖的种类、性质、浓度及原料中果胶含量和特性对制品的质量、保藏性都有较大的影响。

1.食糖的保藏作用

食糖是糖制品中的主要辅料，食糖的种类和性质以及其在产品中的含量对制品的质量和保存性都有很大的影响。在果蔬糖制加工中，利用一定浓度的糖溶液所产生的扩散和渗透作用，使原料本身脱水，酶受抑制，微生物处于生理干旱状态，迫使其处于假死或休眠状态，可使产品保持不坏。一旦产品所含糖量下降，微生物得以活动，产品就会败坏变质。

（1）高渗透压

糖溶液都具有一定的渗透压，而且浓度越高，渗透压越大，糖制品一般含60%~70%的糖，其糖液的渗透压远远大于微生物的渗透压。当微生物处于高浓度糖液中，其细胞里的水分就会通过细胞膜向外流出，形成反渗透现象，微生物则会因缺水而出现生理干燥，失水严重时可出现质壁分离现象，从而抑制了微生物的生长。

（2）降低水分活度

食品的水分活度表示食品中游离水的数量。大部分微生物适宜生长的水分活度在0.9以上。糖浓度越高，水分活度越小，即Aw值降低，微生物就会因游离水的减少而受到抑制。新鲜果蔬的Aw值一般在0.98~0.99，加工成糖制品后，Aw值降低，微生物能利用的游离水大为降低,微生物活动受阻。但少数真菌在高渗透压和低水分活性时尚能生长,因此对于长期保存的糖制品,宜采用杀菌或加酸降低 pH 值以及真空包装等有效措施来防止产品的变质。

（3）抗氧化作用

由于 O_2 在糖液中的溶解度小于在 H_2O 中的溶解度,糖浓度越高,O_2 溶解度越低。如浓度为60%的蔗糖溶液,在20℃时,O_2 的溶解度仅为纯 H_2O 含 O_2 量的 1/6。由于糖液中 O_2 含量降低,有利于抑制好氧型微生物的活动,也有利于制品的色泽、风味和维生素的保存。因此高糖制品可以减少氧化程度。

（4）加速糖制原料脱水吸糖

高浓度糖液的强大渗透压,亦加速原料的脱水和糖分的渗入,缩短糖渍和糖煮时间,有利于改善制品的质量。然而,糖制的初期若糖浓度过高,也会使原料因脱水过多而收缩,降低成品率。

2.食糖的种类

（1）白砂糖

白砂糖是加工糖制品的主要用糖,蔗糖含量在99%,蔗糖的吸湿性最小,可以保证有较长的保存期。糖制时,要求白砂糖的色值低,不溶于水的杂质少,没有影响制品的特殊味道,所以选用优质白砂糖和一级白砂糖为宜。

（2）饴糖（又称麦芽糖浆）

用谷物作原料,经淀粉酶或大麦芽的作用淀粉水解为糊精、麦芽糖及少量葡萄糖得到的产品。饴糖在糖制时一般不单独使用,常与白砂糖结合使用。使用饴糖可减少白砂糖的用量,降低生产成本。饴糖可起到防止糖品晶析的作用。

（3）淀粉糖浆（又称葡萄糖浆）

它是由淀粉加酸或酶水解制成,主要成分为葡萄糖、麦芽糖和糊精,甜度是蔗糖的50%～80%,可起到防止晶析的作用。

（4）蜂蜜

蜂蜜主要成分是果糖和葡萄糖,两者占总量的60%～77%,甜度与糖相近,由于其价格昂贵,只在特种制品中使用。吸湿性很强,易使制品发黏。

3.果胶的作用

果品在糖制时,常利用果胶的胶凝作用和保脆作用来保证糖制品的质量。果胶是一种多类物质,以原果胶、果胶和果胶酸三种形式存在于果蔬组织中。通常当果胶分子中甲氧基量高于7%时,称这种果胶为高甲氧基果胶;当果胶分子中甲氧基量低于7%时,称这种果胶为低甲氧基果胶。这两种果胶形成凝胶的条件及机理各不相同。

（1）胶凝作用

①高甲氧基果胶凝胶。

高甲氧基果胶凝胶有一定比例的糖、有机酸、果胶存在,在适宜的温度下,才能形成凝胶。因为果胶是一种亲水胶体,糖作为脱水剂;而有机酸则起到消除果胶分子负电荷作用。使果酸分子接近电中性,其溶解度降至最小。经试验得到:在糖度 65% ~ 70% ,pH 值为 2.8 ~ 3.3,果酸、果胶1% 左右,温度 30℃ 以下时,能形成很好的凝胶。

②低甲氧基果胶凝胶。

低甲氧基果胶为离子结合型果胶,在用糖量较少的情况下,加入二价或三价金属离子,如 Ca^{2+} 和 Al^{3+} ,亦能形成凝胶。

低甲氧基果胶凝胶条件是:低甲氧基果胶1% ,pH 值为 2.5 ~ 6.5 时,每 1 g 低甲氧基果胶加入钙离子 25 mg,在 0 ~ 30℃ 下即可形成正常的凝胶。食糖量多少对凝胶的形成影响不大,利用这一特性,制作低糖制品。

(2)保脆作用

果胶能与钙、铝等金属离子结合,生成不溶性的果胶酸盐,使果蔬细胞相互黏结、增硬,可防止糖煮过程中组织软烂,制品保持一定形状和脆度,并有利于糖制品的"返砂",提高糖制品的质量。果蔬糖制品中常用的保脆剂有石灰、氯化钙、明矾,使用时应注意用量及作用的时间。

三、果蔬糖制品的加工工艺

1. 蜜饯类加工工艺流程

(1)蜜饯类加工工艺流程(图 5 - 3 - 1)

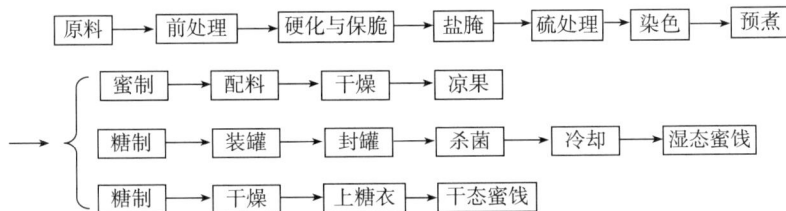

图 5 - 3 - 1　蜜饯类加工工艺流程

(2)工艺要点。

①原料选择。

青梅类制品:原料宜选鲜绿质脆、果形完整、果大核小的品种,于绿熟时采收。

蜜枣类制品:宜选果大核小、含糖量高、耐煮性强的品种。果实由绿转白时采收,转红时不宜加工,全绿时容易褐变严重。

杨梅类制品:选果大核小、色红、肉饱满的品种。

其他果脯蜜饯类:苹果脯可选用国光、青香蕉等品种;梨脯可选用石细胞少、含水分较少的鸭梨、莱阳梨等。

蔬菜制品:胡萝卜可选用橙红色品种,直径 3 ~ 3.5 cm 为宜,过粗过细均影响外观和品质;生姜可选用肉质肥厚、结实少筋、块茎较大的新鲜嫩姜。

②果蔬原料前处理。

分级:根据糖制品对原料的要求,及时剔除病果、烂果、成熟度过低或过高的不合格果。同时原料进行分级,以便在同一工艺条件下加工,使产品质量一致。

皮层处理:皮层处理有针刺、擦皮、去皮等方法。针刺是为了在糖制时有利于盐分和糖分的渗入,对皮层组织紧密或有蜡质的小果,如李、金柑、枣等原料,所采用的一种划缝方法,针刺常用手工制作的排针和针刺机。擦皮有两种方法:一是只要把外皮擦伤,盐或粗砂相混摩擦;二是把皮层擦去一薄层,例如:擦去柑橘表皮的细胞层,或擦去马铃薯表皮等,可采用抛滚式擦皮机。对于形状规则的圆形果,如梨、苹果等,常用手工剥皮或电动水果削皮机去皮;对于皮层易剥离的水果,如柑橘、香蕉、荔枝等,常用手工剥皮;对于桃、杏、猕猴桃及橄榄、胡萝卜等原料,常用一定浓度氢氧化钠溶液处理除去果皮。去皮时,要求去果皮,但以不损及果肉为度。如过度去皮,则只会增加原料的损耗,并不能提高产品质量。

切分、去心、去核:对于体积较大的果蔬原料,在糖制时需要适当切分。根据产品质量要求,常切成片状、块状、条状、丝状或划缝等形态。切分要大小均匀,充分利用原料。少量原料的切分常用手工切分,大批量生产则需用机械完成。原料的去心去核也是糖制前必不可少的一道工序(除小果外)。

③硬化与保脆。

为使原料在糖煮过程保持一定块形,增加耐煮性,防止软烂,对质地疏松、水含量较高的果蔬原料在糖煮前将原料浸入溶有硬化剂的溶液中。常用的硬化剂有石灰、明矾、亚硫酸氢钙、氯化钙等。一般含果酸物质较多的原料用0.1%~0.5%石灰溶液浸渍;含纤维素较多的原料用0.5%左右亚硫酸氢钙溶液浸渍为宜。浸泡时间通常为10~16 h,以原料的中心部位被浸透为止,浸泡后立即用清水漂净。

④盐腌。

用食盐处理新鲜原料,把原料中部分水分脱除,使果肉组织更致密;改变果肉组织的透性,以利于糖分渗入。盐坯腌渍包括盐腌、暴晒、回软、复晒四个过程。用盐量为10%~24%,腌渍时间7~20 d,腌好后,再行晒干保存,以延长加工期。

⑤硫处理。

为了使糖制品色泽明亮,制作果脯的原料,通常要进行硫处理,既可防止制品氧化变色,又能促进原料对糖液的渗透。方法有两种:即熏硫和浸硫处理。熏硫处理是在熏硫室或熏硫箱中进行。按1 t原料需硫磺2~2.5 kg的用量熏蒸8~24 h。浸硫处理应先配制好0.1%~0.2%的亚硫酸或亚硫酸氢钠溶液,然后将原料置于该溶液中浸泡10~30 min。硫处理后的果实,在糖煮前应充分漂洗,去除残硫,使SO_2含量降到20 mg/kg以下。

⑥染色。

果蔬原料含有的天然色素在加工中容易被破坏。为恢复应有的色泽,可用人工染色法。目前,天然红色素有玫瑰茄色素,黄色的有姜黄色素,绿色的有叶绿素;人工合成色素;有柠檬黄、胭脂红、苋菜红和靛蓝等。人工合成色素的使用量不能超过0.005%~0.01%;

天然色素也应掌握一定用量。

⑦预煮。

制蜜饯的原料一般要经预煮,可抑制微生物活动,防止原料变质;同时能钝化酶的活性,防止氧化变色;还能排除组织中部分空气,使组织软化,有利于糖分渗透;能除去原料中的苦涩味,改善风味。

预煮方法是将原料投入温度不低于90℃的预煮水中,不断搅拌,时间为8~15 min。捞起后立即放在冷水中冷却。

⑧糖制。

制蜜饯时主要采用糖煮和糖渍两种方法。这也是糖制工艺中的关键性操作。

糖渍(也称冷浸法糖制):是将经预处理后的果蔬原料分次加入干燥白糖,不加热,在室温下进行一定时间的浸糖。此方法适用于水含量高、不耐煮的原料,除糖渍外,还可结合日晒,使糖液浓度逐步上升。也可采用浓糖趁热加在原料上,使糖液热、原料冷,造成较大的温差,促进糖分的渗透。由于渗糖,使原料失水,当原料体积缩减至原来一半左右时,渗糖速度降低。这时沥干表面糖液,即为成品。糖渍时间约为1周。

冷浸法由于不进行糖煮,制品能较好地保持原有的色、香、味、形态和质地,维生素C的损失也较少。适用于果肉组织比较疏松而不耐煮的原料,如青梅、杨梅、樱桃等均采用此法。

糖煮(也称加热煮制法):糖煮法加工迅速,但其色、香、味及营养物质有所损失。此法适用于果肉组织较致密,比较耐煮的原料。糖煮可分一次煮成法、多次煮成法和减压渗糖法等。煮制分为常压煮制和减压煮制两种。常压煮制又分为一次煮制、多次煮制和快速煮制三种。减压煮制分为减压煮制和扩散煮制两种。

A.一次煮制法:适合于水含量较低、细胞间隙较大、组织结构疏松易渗透的原料。经预处理好的原料,在加糖后一次性煮制而成,如苹果脯、蜜枣等。先配好40%的糖液入锅,倒入处理好的果实,加大火使糖液沸腾,注意不断搅动,随时将粘在锅壁的糖浆刮入糖液中,以避免焦化,果实内水分外渗,糖液浓度变稀,然后分次加糖,使糖浓度缓慢增高至60%~65%停火。此法快速省工,但持续加热时间长,原料易煮烂,色、香、味、差,维生素破坏严重,糖分难以达到内外平衡,易出现干缩现象,影响产品品质。

B.多次煮制法:此法适用于水含量较高,细胞壁较厚,组织结构较致密,易煮烂的原料。糖煮可分3~5次进行。先将处理后的原料置于40%浓度的糖液中,煮沸2~3 min,使果肉变软,然后连同糖液一起倒入缸内浸泡8~24 h;以后每次煮制时均增加10%糖度,煮沸2~3 min,再连同糖浸渍8~12 h,如此反复4~5次,最后一次把糖液浓度提高到70%,待含糖量达到成品要求时,便可沥干糖液,整形后即为成品。这种方法的缺点是加工周期长,煮制不能连续化,费时费工。

C.快速煮制法:将原料在糖液中交替进行加热和放冷糖渍,使果蔬内部水气压迅速消除,糖分快速渗入而达到平衡。此法可连续进行,时间短,产品质量高,但需备有足够的冷糖液。

D. 减压煮制法(又称真空煮制法):原料在真空和较低温度下煮沸,因煮制中无大量空气,糖分能迅速达到平衡。温度低,时间短,制品色香都比常压煮制优。

E. 扩散煮制法:它是在真空糖制的基础上进行的一种连续化糖制方法。机械化程度高,糖制效果好。先将原料密封在真空扩散器内排除原料组织中的空气,而后加入95℃热糖液,待糖分扩散渗透后,将糖液迅速转入另一扩散器内,再在原来的扩散器内加入较高浓度的热糖液,如此连续进行几次,制品即达到要求的糖浓度。

F. 减压渗透法(又称真空煮制法):将原料置于加热煮沸的糖液中浸渍,利用果实内外压力差,促进糖液渗入果肉。如此反复进行数次,最后烘干,即可制得质量较高的产品。因为它避免了长时间的加热煮制,基本上保持了新鲜颗粒原有的色、香、味,维生素C的保存率很高。

G. 微波速煮法:通过箱式微波加热器对原料进行加热,利用微波加热速度快,热效率高的特点,提高原料渗糖效果,缩短生产周期。由于高功率长时间的微波处理容易使果蔬组织变形、软烂,因此,原料可先采用高功率微波处理,煮沸后改用低功率微波加热;微波处理后再进行常温糖渍。

⑨各类蜜饯制作上的特有工序。

干燥(干态蜜饯):经糖煮制后,沥去多余糖液,然后铺于竹屉上送入烘房。烘烤温度掌握在50~60℃范围内,也可采用晒干的方法。成品要求糖分含量为72%,水分含量不超过18%~20%,外表不皱缩、不结晶,质地紧密而不粗糙。

上糖衣(糖衣蜜饯):如制作糖衣蜜饯,还需在干燥后再上糖衣。所谓糖衣,就是用过饱和糖液处理干态蜜饯,使其表面形成一层透明状的糖质薄膜,糖衣蜜饯外观美,保藏性强,可减少贮存期间的吸湿、黏结和返砂等不良现象。上糖衣用的过饱和糖液,常以3份蔗糖、1份淀粉和2份水混合,煮沸到113~114℃,冷却至93℃。然后将干燥的蜜饯浸入上述糖液中约1 min,立即取出,于50℃下晾干即成。另外,也可将干燥的蜜饯浸于1.5%的食用明胶和5%的蔗糖溶液中,温度保持在90℃,并在35℃下干燥,也能形成一层透明的胶质薄膜。

加辅料:凉果类制品在糖渍过程中,还需加入甜、酸、咸、香等各种风味的调味料。除糖和少量食盐外,还用甘草、桂花、陈皮、厚朴、玫瑰、丁香、豆蔻、肉桂、茴香等进行适当调配,形成各种特殊风味的凉果,最后干燥,除去部分水分即为成品。

⑩整理与包装。

干态蜜饯由于在煮制和干燥过程中的收缩、破碎等,失去应有的形状;同时往往制品表面糖衣厚薄不一,糖衣太厚时会使制品不透明,口感太甜,所以在成品包装前要加以整理。整理包括分级、整形和搓去过多糖分等操作。分级时按大小、完整度、色泽深浅等分成若干级别;整形时要根据产品要求,如橘饼、苹果等要压成饼状。

果脯蜜饯的包装以防潮防霉为主。根据制品种类不同,采用不同方法。如糖渍蜜饯,往往装入罐装容器中,装罐后于90℃下杀菌20~40 min,如糖度超过65%,则制品不用杀菌也可,成品用纸箱包装。对于干态蜜饯,通常用塑料盒装,每盒0.25~0.5 kg,然后包上塑料薄膜袋,再装箱。凉果的包装与水果糖粒的包装相仿,分三层包装,内层为白纸,外层为蜡纸。包好后装入复合薄膜袋中,每袋0.25~0.5 kg。

贮存蜜饯的库房要清洁、干燥、通风。库房地面要有隔湿材料铺垫。库房温度最好保持在12~15℃,避免温度低于10℃而引起蔗糖晶析。

2. 果酱类加工工艺

果酱是用果肉加糖、调酸煮制而成的中等稠度无须保持果块原有形状的制品,要求制品具有较好的凝胶状态,更突出果的芳香和风味。

(1)果酱类加工工艺流程(图5-3-2)

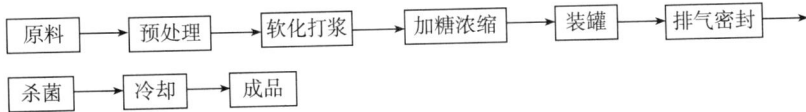

图5-3-2　果酱类加工工艺流程

(2)工艺要点

①原料预处理。

包括清洗、去皮、切分、破碎等工序,原料选择时要剔除霉烂变质、病虫害严重的不合格果。生产果酱要求原料含果胶和酸量较多,香气浓郁,成熟度适宜,若原料含果胶和酸较少,则需另外加入或与富含该成分的其他果蔬混合。

②软化打浆。

原料在打浆前要进行预煮,以便其软化便于打浆,同时也可以减弱酶活性,防止变色和果胶水解等,果块软化后要及时打浆。预煮时加入原料重的10%~20%的水进行软化,也可以用蒸汽软化,软化时间一般为10~20 min。软化后用打浆机打浆或为使果肉组织更加细腻,还可以再过一遍胶体磨。但果肉肉质柔软的原料可直接进行煮制,如草莓等果实。

③配料及准备。

果酱的配方按原料种类及成品标准要求而定,一般果肉(汁)占配料量的40%~50%,砂糖占45%~60%(其中可用淀粉糖浆代替20%的砂糖)。当原料的果胶和果酸含量不足时,应添加适量的柠檬酸、果胶或琼脂,使成品的含酸量达到0.5%~1%,果胶含量达到0.4%~0.9%。

所有固体配料使用前都应配成浓溶液后过滤备用。砂糖:配成70%~75%的溶液。柠檬酸:配成50%的溶液。果胶粉:果胶粉不易溶于水,可先与果胶粉质量的4~5倍的砂糖充分混合均匀,再以10~15倍的水在搅拌下加热溶解。琼脂:用50℃左右的水浸软化,洗净杂质,加热溶解后过滤,加水量为琼脂的20倍。

果肉加热软化后,在浓缩时分次加入浓糖液,临近终点时,依次加入果胶液或琼脂液、柠檬酸,充分搅拌均匀。

④加糖浓缩。

浓缩是制作果酱类制品最关键的工艺,是果蔬原料及糖液中水分蒸发的过程。常用的浓缩法有常压浓缩法和减压浓缩法。

常压浓缩:是将原料置于夹层锅内,在常压下加热浓缩。浓缩过程中糖液应分次加入并不断搅拌,保持物料超过加热面,防止发生焦糖化和美拉德反应,浓缩时间过短会造成转化糖生成量不足。

真空浓缩(又称减压浓缩):工作时先通入蒸汽于锅内赶走空气,打开离心泵,加热蒸汽,压力保持在 98.0 ~ 147.1 kPa,温度在 50 ~ 60℃,当浓缩至接近终点时,关闭真空泵开关,破坏锅内真空,在搅拌下将果酱加热升温至 90 ~ 95℃,然后迅速关闭进气阀出锅。

浓缩终点的判断方法:

折光仪测定:当可溶性固形物达 65% 白利度左右时即为终点。

温度计测定:常压浓缩用温度计,当溶液的温度达 104 ~ 105℃时熬煮结束。

经验控制:用匙取酱少许,20 cm 高处倾泻时果酱落下速度慢,滴入酱中有堆起现象即为终点。

⑤装罐密封。

装瓶前要先对容器进行消毒。果酱类大多用玻璃或防酸涂料铁皮罐为包装容器,也可用塑料盒小包装;一般要求每锅酱体分装完毕不超过 30 min,密封时的酱体温度不低于 80℃,封罐后应立即杀菌、冷却。

⑥加热杀菌。

加热浓缩过程中,酱体中的微生物绝大部分被杀死。而且由于果酱是高糖高酸制品,一般装罐密封后残留的微生物是不易繁殖的。

在生产卫生条件好的情况下,果酱密封后,只要倒罐数分钟,进行罐盖消毒即可。但也发现一些果酱有生霉和发酵现象出现。为安全起见,果酱密封后,进行杀菌是必要的。一般 100℃下杀菌 5 ~ 10 min。杀菌后冷却至 30 ~ 40℃,擦干罐体表面水分,贴标装箱。

四、果蔬糖制品加工中常见的问题及预防措施

1. 返砂与流汤

(1)产生原因

果蔬糖制品出现的返砂和流汤现象,主要是由于成品中蔗糖和转化糖之间的比例不合适造成的。转化糖越少,返砂越重;相反,若转化糖越多,蔗糖越少,流汤越重。当转化糖含量达 40% ~ 50%,即占总糖含量的 60% 以上时,在低温、低湿条件下保藏,一般不返砂。

(2)预防措施

防止糖制品返砂和流汤,最有效的办法是控制原料在糖制时蔗糖与转化糖之间的比例。影响转化的因素是糖液的 pH 值及温度。pH 值在 2.0 ~ 2.5 加热时就可以促使蔗糖转

化。对于含酸量较少的苹果、梨,为防止制品返砂,目前生产上多采用加柠檬酸或盐酸来调节糖液的 pH 值,调整糖液的 pH 值为 2.0~2.5。

2. 煮烂与皱缩

（1）煮烂产生原因及预防措施

果脯加工中,由于果实种类选择不当,预处理方法不正确以及浸提数量不足,会引起煮烂和干缩现象。原料质地较软的果品常发生煮烂现象,采用成熟度适当的果实为原料,是保证果脯质量的前提。此外,采用经过前处理的果实,不立即用浓糖液煮制,先放入煮沸的清水或 1% 的食盐溶液中热烫几分钟,再按工艺煮制,也可在煮制时用 $CaCl_2$ 溶液浸泡果实,均有一定的作用。煮制温度过高或煮制时间过长也是导致蜜饯类产品煮烂的一个重要原因。

预防措施:糖制时应延长浸糖的时间,缩短煮制时间和降低煮制温度,对于易煮烂的产品,最好采用真空渗糖或多次煮制等方法。

（2）皱缩产生原因及预防措施

果脯皱缩主要是"吃糖"不足,干燥后容易出现皱缩干瘪。若糖制,开始煮制的糖液浓度过高,会造成果肉外部组织极度失水收缩,降低糖液向果肉内渗透的速度,破坏了扩散平衡。另外煮制后浸渍时间不够,也会出现"吃糖"不足的问题。

预防措施:在糖制过程中分次加糖,使糖液浓度逐渐提高,延长浸渍时间。真空渗透糖液是最重要的措施之一。

3. 褐变产生原因及预防措施

果蔬糖制品颜色褐变的原因是果蔬在糖制过程中发生非酶褐变和酶促反应,导致成品色泽加深。非酶褐变包括羰氨反应和焦糖化反应,另外还有少量维生素 C 的热褐变。这些反应主要发生在糖制品的煮制和烘烤过程中,尤其是在高温条件下,最易致使产品色泽加深,温度越高,变色越深。

预防措施:适当降低温度,缩短时间,可有效阻止非酶褐变。酶促褐变主要是果蔬组织中的酚类物质,在多酚氧化酶的作用下氧化褐变,一般发生在加热糖制前。可通过热烫和护色等方法抑制引起酶变的酶活力,从而抑制酶变反应。原料去皮后快速浸泡于盐水或亚硫酸盐溶液中,加工过程中尽量减少与空气接触的时间,防止氧化。果脯类在贮存期间控制较低的温度,如 12~15℃,对于容易褐变的糖制品最好采用真空包装。销售时避免阳光曝晒。

4. 霉变

（1）产生原因

糖制品发生霉变的首要原因是微生物。糖制品中微生物的来源有原料或工具,由于没有彻底灭菌,制作后重新污染。

（2）预防措施

①增加糖的浓度。

一般糖的浓度在 50% 以上时,能抑制微生物的生长。但在长期保存中,由于糖制品的吸潮作用使其表面发黏,严重时会造成融化流糖,使制品糖度降低,减轻了对微生物的抑制作用,使它们又生长起来。特别是在含酸量较低的糖制品中更是如此。因此,防止发生霉变最简单的方法是保证糖制品的浓度在70%以上。

②控制水分含量。

在成品入库前,如发现水分含量高于指标,要重新送入烘房进行复烤。在保存中如发现溶化流糖,不可日晒,否则溶化流糖更严重,只可放入烘房复烤,降低水含量,提高糖的浓度。

③添加防霉剂。

在食品制作过程中,将防霉剂添加到原料中去,能抑制微生物生长发育。如在食品中添加0.1%～0.2%的丙酸钠或0.05%～0.1%的山梨酸钾可延长食品的生霉时限。

(3)进行表面杀菌

用紫外线间断照射无包装糖制品的表面以达到杀菌的目的。例如,用80 mW/cm²的紫外光照射4 min,便可使食品维持2～3 d。这种方法对于高温、高湿天气下的食品防霉效果尤为显著。

任务5.4　蔬菜腌制品加工技术

蔬菜腌制品也称之为酱腌菜,是新鲜蔬菜为主要原料(包括部分海藻和坚果仁),采用不同腌渍工艺制作而成的各种蔬菜制品的总称。

一、蔬菜腌制品的分类

1.发酵性腌制品

发酵性腌制品腌渍时食盐用量较低,在腌制过程中有显著的乳酸发酵现象,利用发酵产物乳酸、食盐和香辛料等的综合作用,来保藏蔬菜并增进其风味。根据腌渍方法和产品状态可分为干态发酵腌渍品和湿态发酵腌渍品。

(1)干态发酵腌渍品

腌制过程不加水,先将菜体经风干或人工脱去部分水分,然后进行盐腌,自然发酵后熟而成,如榨菜、酸白菜等。

(2)湿态发酵腌渍品

用低浓度的食盐溶液浸泡蔬菜或用清水发酵而成的一种带酸味的蔬菜腌制品,如泡菜、酸黄瓜等。

2.非发酵性腌制品

非发酵性腌制品腌渍时食盐用量较高,产品发酵作用不明显,主要利用高浓度的食盐和香辛料等的综合作用来保藏蔬菜并增进其风味。非发酵性腌制品可分为以下四种。

盐渍品:用较高浓度的盐溶液腌渍而成。

酱渍品:通过制酱、盐腌、脱盐、酱渍过程而制成。

糖醋渍品:将蔬菜浸渍在糖醋液内制成,如糖醋蒜。

酒糟渍品:将蔬菜浸渍在黄酒酒糟内制成,如糟菜。

二、蔬菜腌制品的加工原理

蔬菜的腌制主要是利用食盐的渗透作用,微生物的发酵作用,蛋白质的分解作用以及其他一系列的生物化学作用,抑制有害微生物的活动,并增加产品的色、香、味。

1.食盐在腌制过程中的作用

食盐在腌制过程中所起的作用概括起来可分为高渗透压作用、抗氧化作用、降低水分活度作用。

(1)食盐的高渗压作用

食盐溶液具有高渗透压。一般细菌细胞液的渗透压仅有 350 ~ 1670 kPa。浓度 1% 的食盐溶液可以产生 610 kPa 的渗透压,浓度 15% ~20% 的食盐溶液可以产生 9 ~ 12 MPa 的渗透压。通常蔬菜用的盐水浓度为 4% ~15%(2470 ~9270 kPa)。当食盐溶液渗透压大于微生物细胞渗透压时,微生物细胞内水分外渗而使其脱水,最后导致原生质和细胞壁发生质壁分离,从而使微生物活动受到抑制,甚至会由于生理干燥而死亡。另外食盐溶液中的一些 Na^+、K^+、Ca^{2+}、Mg^{2+} 等离子在浓度较高时也会对微生物发生生理毒害作用。

高浓度的食盐虽然对抑制各种菌类的活动有利,但若过高会使蛋白质的分解作用减慢,使制品的后熟期相应地延长,同时味道太影响口感和风味。一般腌制品中食盐浓度在 10% 左右,12% 以上就会显著延缓蛋白质的分解速度。

(2)食盐的抗氧化作用

在食盐溶液中,由于氧的溶解度大大降低而形成的缺氧环境,对需氧型微生物产生一定的抑制作用。同时在食盐的作用下蔬菜腌制品中的水分渗出,可溶性固形物含量增加,使蔬菜组织中的含氧量降低,有效抑制了蔬菜组织中化学成分的氧化。

(3)食盐的降低水分活度作用

食盐溶液浓度越高,水分活度就越小。其原理是食盐溶于水中,其中的 Na^+ 与水发生水合作用,减少了溶液中自由水的含量。水分活度越小,就意味着溶液(食品)中的水分可以被微生物利用的程度少,微生物的活动就受到抑制。

2.腌制过程中微生物的发酵作用

(1)乳酸发酵

乳酸发酵是蔬菜腌制过程中最重要的生化反应,是在乳酸菌的作用下将糖(单糖、双糖)分解生成乳酸、酒精、CO_2等产物的过程。

根据发酵机制和发酵产物的不同,乳酸发酵可分为同型乳酸发酵和异型乳酸发酵。同型乳酸发酵是指在发酵过程中只生成乳酸,产酸量高,能积累乳酸 1.4% 以上,常见的能进行同型乳酸发酵的菌种有植物乳杆菌、乳链球菌等。异型乳酸发酵除生成乳酸外,还有其他产物的生成,如酒精、醋酸、CO_2等,参与异型乳酸发酵的菌种有肠膜明串球菌、短乳杆菌、戊糖醋酸乳杆菌等。

乳酸发酵是蔬菜发酵性制品中的主要变化过程,其发酵过程进行的好与坏与制品的品质优劣有密切的关系。影响乳酸发酵的因素有食盐浓度、发酵温度、发酵酸度、空气、含糖量等。

(2)酒精发酵

蔬菜腌制过程中的酒精发酵很微弱。酒精发酵是由于蔬菜上附着的酵母菌,如鲁氏酵母、圆酵母等将糖分解为乙醇而引起的。同时蔬菜原料在腌制初期被盐水淹没时所引起的无氧呼吸也可生成微量的乙醇。少量乙醇的产生,对腌菜并无不良影响,反面有助于提高制品的品质风味,在酸性条件下,乙醇与有机酸发生酯化反应,产生酯香味,这些酯香味对产品的风味影响是很大的。

(3)醋酸发酵

在蔬菜腌制过程中还有微量醋酸形成。醋酸发酵是指乳酸菌在有氧条件下氧化乙醇而生成乙酸。蔬菜腌制中极少量的醋酸不但无损于产品的品质,反而对产品的保藏是有利的。但含量过多时,会使产品具有酸的刺激味,使腌制品质量下降。醋酸菌是好气性微生物,由于过多的酸会影响腌制品的质量,生产上应注意保持腌制环境的厌氧条件,以防止过量醋酸的产生。蔬菜腌制过程中微生物的发酵作用,乳酸发酵是主体,其次为酒精发酵,醋酸发酵极微量。

3.蛋白质的分解作用

在蔬菜腌制过程及制品后熟期,其所含的蛋白质在微生物和蔬菜本身所含蛋白质水解酶的作用下逐渐分解为氨基酸,这一变化是腌制品产生一定色泽、香气和风味的主要原因,这是十分重要的生物化学变化。

(1)色素的变化与色泽的形成

蛋白质水解后生成氨基酸如酪氨酸,在有氧的前提下,在过氧化物酶的作用下生成黑色素;在高温条件下,氨基酸中的氨基与还原糖中的羰基产生美拉德反应,属于非酶促褐变,最终产物为黄褐色物质,反应过程中的中间产物还可赋予腌制品一定的香气。

此外,在蔬菜腌制时酸性菜水会破坏叶绿素,叶绿素脱镁生成脱镁叶绿素而变成黄褐色,影响外观品质。尤其是咸菜在后熟中制品要发生色泽变化,最后生成黄褐、黑褐色。外来色素对蔬菜腌制品的色泽也会产生一定影响,这是由于物理的吸附作用引起的,加入适量的色素有利于提高产品的品质,但若使用大量的化学合成色素对人体健康是有害的。

(2)香气与滋味的变化

①鲜味的形成。

蔬菜原料中蛋白质在酶的作用下分解生成各种氨基酸。一般的氨基酸都具有一定的鲜味,各种蔬菜的氨基酸含量经腌制后都有不同程度的提高。腌制品中鲜味的主要来源是谷氨酸与食盐作用生成谷氨酸钠。蔬菜腌制品中不只含有谷氨酸,据资料统计,榨菜中所含氨基酸达 17 种之多,这些氨基酸又可生成相应的钠盐,因此腌制品鲜味超过单纯谷氨酸钠。

②香味的形成。

酯类物质香气:原料中的有机酸或氨基酸与发酵产生的酒精进行酯化反应,能产生乳酸乙酯、醋酸乙酯、氨基丙酸乙酯等芳香性物质。

烯醛类芳香物质:氨基酸与戊糖或甲基戊糖的还原产物 4—羟基戊烯醛作用,生成含有氨基醛类香味物质。

双乙酰、丁二酮香气:乳酸菌发酵产生乳酸的同时,也生成具有芳香风味的双乙酰,发酵产生的乳酸及其他酸类在微生物作用下也可生成具有芳香的丁二酮。

芥菜子苷香气:芥菜是腌制品的主要原料,芥菜中含有芥菜子苷,具有一定的香气。当原料在腌制时搓揉或挤压使细胞破裂,则黑芥子苷在黑芥子苷酶的作用下分解,产生一种气味芳香而又带有刺激性气味的芥子油。

此外,在腌制品中加入各种不同的香料及调味品,也可带来各种不同香质,增加香味。

(3)脆性的变化

脆性是腌制品的重要质量指标之一。制作良好的腌菜一般都保持较好的脆性。蔬菜的脆性主要与细胞的膨压和细胞壁中的原果胶成分的变化有关。只有当果胶以原果胶或与金属离子结合成不溶性的果胶酸盐的形式存在时,蔬菜才能保持较好的脆性。

4. 蔬菜腌制与亚硝酸铵

N - 亚硝基化合物是指含有亚硝基的化合物,是一类致癌性很强的化合物。一些蔬菜如萝卜、大白菜、芹菜、菠菜中含有大量硝酸盐,它可经酶或细菌作用还原成亚硝酸盐,提供了合成亚硝基化合物关键的前体物质。

据分析,硝酸盐含量在各类蔬菜中是不同的。叶菜类大于根菜类,根菜类大于果菜类。新菜制成咸菜后,其硝酸盐的含量下降,而亚硝酸盐的含量上升。新鲜蔬菜亚硝酸盐含量一般在 0.7 mg/kg,而咸菜、酸菜的亚硝酸盐含量可上升至 13 ~ 75 mg/kg,这是腌制中必须重视的问题。

据研究,在蔬菜腌制中,亚硝酸盐含量随着食盐浓度不同而有所差异。通常在 5% ~ 10% 食盐溶液中腌制,会形成较多的亚硝酸盐。腌制过程中温度状况会明显影响亚硝基化合物峰值(可称亚硝峰)出现的时间、峰值的水平及全程含量。在较低温度下腌制,亚硝峰形成慢,但是峰值高,亚硝酸盐含量主要聚集在高峰持续期。研究还发现亚硝酸盐含量与蔬菜腌制时的含糖量呈负相关。

三、蔬菜腌制品的加工工艺

1. 泡菜的制作

(1)工艺流程(图 5 - 4 - 1)

图 5-4-1　泡菜制作的工艺流程

（2）工艺要点

①泡菜容器。

泡菜通常用的容器有陶瓷容器、玻璃容器、木桶等，其中陶瓷容器应用最广。陶瓷容器俗称泡菜坛子，该容器口小肚大，在距坛口边沿 6～16 cm 处设有一圈水槽，槽檐稍低于坛口。坛口上放一小碟作为假盖以防生水侵入坛内。坛子规格大小不一，形式多样。最小的只可容纳几千克，最大的则可容纳 10 kg 之多。

腌制过程中，水槽内盛满清水，坛盖盖在水槽内，这样可有效地防止外界空气及有害微生物进入坛内，造成嫌气环境，有利于乳酸发酵，同时可使坛内发酵过程中产生的气体逸散至坛外，而且便于连续腌制，随时取食。

②原料选择。

选择质地致密、质地脆嫩，泡制后不软化的菜品种作为泡菜的原料。如白菜、萝卜、小萝卜、茄子、黄瓜、辣椒、生菜、芸豆、豇豆、蒜头、芹菜等。

③原料处理。

新鲜原料经处理洗涤后，将不适用的部分去掉。一般不进行切分，但体形过大者以适当切分成小块为宜。沥干水分后立即入坛泡制。如能将原料适当晾干后再入坛泡制，其品质更好。

④泡菜盐水配制。

泡菜盐水的质量，直接影响泡菜的品质，也是泡菜成功与否的关键。井水和泉水是含矿物较多的硬水，效果最好，因其能保持泡菜成品的脆性。自来水硬度较大，也可使用。有时为增加泡菜的脆性，在配制盐水时，加入浓度为 0.05% 钙盐，如 $CaCl_2$、$CaCO_3$ 等，配成溶液浸泡原料。

泡菜盐水的盐含量以 6%～8% 为宜。为增进泡菜的品质，可在盐水中按比例加入白酒 2.5%、黄酒 2.5%、甜醪糟 15%、红糖 2% 及干辣椒粉 3%，并加入各种香料，即每 100 g 盐水中加入草果 0.05 kg、八角茴香 0.1 kg、花椒 0.05 kg、胡椒 0.08 kg 及少量陈皮。此外，各种香类蔬菜如芹菜的种子可酌量加入。为使所腌制的蔬菜原料发酵以缩短成熟时间，可在所配制的盐水中，人工接种乳酸菌或加入品质良好的陈泡菜水及酒曲。含糖量较少的原料，为加快乳酸发酵可加入少量的葡萄糖。

⑤入坛发酵（泡制）。

坛子使用前洗涤干净，也可用沸水烫洗，以减少杂菌污染。而后将准备好的原料装入坛内，装至半坛时将香料包放入，再装原料至距坛 6～7 cm 为止，用竹片将原料卡压住，以免加水时蔬菜浮于盐水面上。注入所配制的泡渍液,使盐水将蔬菜淹没。将坛口小碟盖上后即将坛盖覆盖,并在水槽中加注冷开水或盐水,形成水槽封口。将坛置于阴凉处任其自然发酵。1~2 d后由于食盐的渗透作用,坛内原料的体积缩小,盐水下落,此时宜适当添加原料和盐水,装至坛口下 3 cm 为止。

泡菜的成熟期随所用蔬菜种类及当时的气温而异。一般新配盐水在夏天泡制时需5~7 d 成熟,冬天需 12~16 d 成熟。叶菜类如甘蓝需时较短,根菜类及茎菜类需时较长。直接用陈泡菜水泡制时,其成熟期可缩短。陈泡菜水使用的次数越多,所泡制的泡菜品质越好。

⑥泡制期管理。

首先注意水槽,在发酵初期会有大量气体由坛内经水槽逸出,使坛内逐渐形成无氧条件,利于乳酸菌的活动。有时因气温的突然改变影响大气压力的改变时,水槽内的水就会被吸入坛内影响产品质量,要特别注意水槽中注入的水应是盐水或冷开水。必要时要更换水槽中的水以保持水槽的清洁卫生。

在取食后先添原料,再泡时除按比例占原料的5%~6%适当补充食盐水外,其他的如白酒、红糖等也应适当添加,以保证泡菜质量。

为保持制品质量长期不坏,要经常进行检查,最好在成熟后及时取食。如泡菜量大,一时食用不完,则宜增加食盐量并装满,严封水槽,不再取食,即可长期保存。但如贮存时间太久泡菜酸度不断增加,组织变软,会影响泡菜的品质。因此,只有质地紧密者才适宜长期保存。

在泡制和取食过程中切忌带入油脂类物质,因油脂相对密度小,浮于盐水表面,易被腐败性微生物所分解而使泡菜变臭。

⑦包装。

根据销售需要,可用聚乙烯薄膜袋包装或用瓦坛包装。

2. 酱菜的制作

酱菜是用酱油、豆瓣酱、甜面酱渍制的制品。其主要工序是将新鲜蔬菜原料进行腌制、加工成半成品的咸坯贮存,加工时将咸坯切成型,漂洗去盐,压榨脱水,进行酱制,使酱液的鲜味、芳香、色泽及营养物质渗入蔬菜中,增加风味。这种经过酱渍的蔬菜即为酱菜。酱菜生产包括制酱、盐腌和酱渍三个部分,也有直接用新鲜蔬菜进行酱制的,其风味和品质均比用咸坯制作的好。

酱渍的方法有袋装酱渍、散装酱渍、面酱和原料混合酱渍、酱油浸泡、真空渗酱等多种。袋装酱渍多用于体积较小的什锦菜、宝塔菜、生姜、乳黄瓜等;散装酱渍多用于体积较大的品种;酱油浸泡不受原料体积大小的限制,将菜坯直接浸于酱缸内进行酱渍;真空渗酱是在真空条件下,使酱汁迅速渗入菜坯组织内,此法较传统加工工艺具有快速、省力、卫生的特点。

(1)工艺流程(图5-4-2)

(2)工艺要点

原料选择 → 原料预处理 → 腌制 → 脱盐 → 压榨脱水 → 酱渍 → 成品

图 5 - 4 - 2　酱菜制作的工艺流程

①原料选择。

除叶片极薄的菠菜、芥菜外,凡肉质肥厚、质地脆嫩的叶菜类、根菜类、瓜菜类以及香辛菜类均可用作酱菜的原料。

②原料预处理。

将原料冲洗干净,剔去老皮、粗筋、根须、黑斑烂点,对切为两半或切为条形、片状、颗粒状,也可不切分,如小黄瓜、大蒜等。

③腌制。

腌制方法有干腌法和湿腌法。干腌法是将原料与盐在大缸或池内层层相间放置,用盐量为原料重的 14% ~ 16%,这种方法适用于水含量多的原料。湿腌法是将原料在 25% 的盐水中腌制。两种方法的泡制时间随蔬菜的种类不同而有差异,一般为 10 ~ 20 d。

④脱盐。

将腌制的咸菜坯在清水或流动的水中浸泡脱盐,夏天 2 ~ 4 h,冬天 6 ~ 7 h,脱盐至口尝能感到少许咸味即可。

⑤酱渍。

酱渍是酱菜的重要工艺,酱菜的质量决定于酱料好坏,酱料的色、香、味通过扩散与渗透作用进入菜坯,使酱菜具有酱料的特有色、香、味。酱渍的方法有三种。

直接将处理好的菜坯浸没在豆酱或甜面酱的酱缸内;

在缸内先放一层菜坯,再放一层酱,层层相间进行酱渍;

将原料如草食蚕、嫩姜等先装入布袋内然后用酱覆盖。酱的用量一般与菜坯的重量相等,也不得低于 3∶7,为了缩短酱渍时间,可配合真空酱渍。

为增加酱料的风味与花色,可以在酱料中加入各种调味料酱制成花色品种,如加入花椒、香料、料酒等制成五香酱菜;加入辣椒酱制成辣酱菜;将多种菜坯按比例混合酱渍,或酱渍好的多种酱菜按比例搭配包装制成八宝菜、什锦菜。

⑥成品酱菜。

成品酱菜应具有与酱同样鲜美的风味、色泽与芳香,保持原有蔬菜的形态和质地嫩脆的特点,呈半透明状。

(3)酱菜质量标准(NY/T 437—2012)

①感官标准

色泽:黄色或棕黄色。

滋味和气味:具有酱香味,咸甜适口无异味,无霉变。

杂质:无肉眼可见外来杂质。

②微生物指标。

大肠杆菌,MPN/100 g < 30 个;致病菌不得检出。

3. 糖醋菜的制作

糖醋菜就是蔬菜经过整理和处理后,用糖醋液浸泡而成的一种甜酸适度、质地嫩脆、清香爽口的制品。一般含酸1%以上,含糖量适度,并含有一定量的食用香料,甜酸可口、爽脆,作餐前小菜或闲时零食,助消化、增食欲。

(1)工艺流程(图5-4-3)

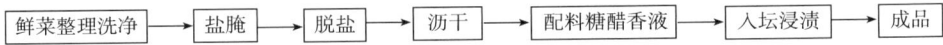

鲜菜整理洗净 → 盐腌 → 脱盐 → 沥干 → 配料糖醋香液 → 入坛浸渍 → 成品

图5-4-3 糖醋菜制作工艺流程

(2)工艺要点

①原料选择。

适宜糖醋菜加工的原料有葱头、蒜头、黄瓜、嫩姜、莴笋、萝卜、藕、芥菜、蒜薹等。原料要清洗干净,按需要去皮或去根、去核等,再按食用习惯切分。

②辅料。

主要有食醋、糖、香料(如桂皮、八角、丁香、胡椒)、调味料(如干红辣椒、生姜、蒜头)。

③盐渍处理。

整理好的原料用8%左右食盐腌制几天,至原料呈半透明为止。盐渍的作用主要是排除原料中不良风味,增强原料组织细胞膜的渗透性,使其呈半透明状,以利于糖醋液渗透。如果以半成品保存原料,则需补加食盐至15%~20%,并注意隔绝空气,防止原料露空,这样可大量处理新鲜原料。

④糖醋液配制。

糖醋液与制品品质密切相关,要求甜酸适中,一般要求含糖30%~40%,选用白砂糖;含酸2%左右,可用食醋或与柠檬酸混合使用。为增加风味,可适当加一些调味品,如加入0.5%白酒、0.3%的辣椒、0.05%~0.1%的香料或香精。香料要先用水熬煮过滤后备用。砂糖加热溶解过滤后煮沸,依次加入其他配料,待温度降至80℃时,加入食醋、白酒和香精,另加入0.1%的氢化钙保脆。

⑤糖醋渍。

将腌制好的原料浸泡在清水中脱盐至稍有咸味捞起,并沥去水分,随即将脱盐沥干后的菜坯与糖醋香液按6∶4的比例装罐或装缸,密封保存,25~30 d便可后熟取食。

⑥杀菌包装。

如要较长期保存,需进行罐藏。包装容器可用玻璃瓶、塑料瓶或复合薄膜袋,进行热灌装包装或抽真空包装,如密封温度≥75℃,不再进行杀菌也可以长期保存。也可包装后进行杀菌处理,在70~80℃热水中杀菌10 min。热灌装密封后或杀菌后都要迅速冷却,否则制品容易软化。

⑦质量标准。

糖菜的质量要求符合 SB/T 10439—2007 酱腌菜标准要求。一般色泽金黄或红褐色,有光泽,具有应有的香气,无不良气味,无异味,具有该产品特有的脆嫩质地,盐含量≤6%。

四、蔬菜腌制品加工中容易出现的问题及预防措施

1. 腌制品常见的劣变现象及其原因

（1）生物败坏

蔬菜腌制品败坏的主要原因是有害微生物的生长繁殖,主要是好气菌和耐盐性菌的作用,同时空气的存在又会促使进一步氧化,因此,不论酱腌菜贮藏期长短都必须对微生物的活动密切关注。环境中的微生物无孔不入,一旦有机会就会大量繁殖,致使酱腌菜败坏,表面出现生花、酸败、发酵、软化、膨胀、产气、腐臭和变色等现象。

（2）物理败坏

光线和温度是造成物理败坏的主要因素。太阳光能促使成品中所含物质水解,引起变色、变味和维生素的损失,如变黑或变红主要是由于酱腌菜未被盐水淹没并与空气接触,而导致红酸母菌繁殖。不适宜的温度对酱腌菜的贮藏也是不利的,贮温过高会引起各种化学和生物变化,增加挥发性风味物质的损失;贮温低至足以形成冰冻的温度,则会使酱腌菜的质地发生变化。

（3）化学败坏

各种化学性的变化如氧化、还原、分解、合成、溶解、晶析、沉淀、化合等都能使酱腌菜发生不同程度的败坏。这类败坏,一是由于食品内部本身的化学物质改变,二是由于化学成分与氧气接触发生的作用。若在贮藏期间与空气接触时间过长,就会使酱腌菜变黑,温度过高时则会引起蛋白质的分解。

2. 预防措施

（1）利用食盐和食糖

目前,已广泛地利用食盐和食糖的高渗透压使微生物达到生理干燥的方法来贮藏酱腌菜。当食盐质量分数为 10% 时,可以使各种腐败杆菌完全停止活动,质量分数达到 15% 时就可使腐败球菌停止发育。我国的盐渍菜食盐的含量一般为 8% 以上,从而可防止一部分微生物的侵害,在腌制菜中加入一定质量分数的食糖不但可以调味,也可以进行乳酸发酵,还能抑制微生物的生长繁殖,一般加入 3% 的食糖可有效延长酱腌菜的保存期。

（2）利用食用酸

欧美国家及日本等都在食品中大量添加各种食用酸,且把减盐增酸作为今后酱腌菜发展的方向。因为氢离子对微生物具有一定的毒害作用,在低 pH 值时游离的 H^+ 可使细胞原生质发生凝固,酸味料能降低腌渍液的 pH 值,抑制微生物的生长繁殖,对酱腌菜的贮藏极为有利。在腌渍液中添加食醋及柠檬酸等都能使腌渍液的 pH 值下降,从而达到抑制微生物生长繁殖的目的;但每种微生物均有其不同的 pH 值最适范围,如细菌在 pH 值为 7 时的中性介质中生长最旺盛,偏于酸性则生长受阻,但酵母菌在酸性介质中生长良好,加酸难

以抑制,霉菌也能在酸性环境内生长,pH 值小于 3.0 时其仍能生长,所以加酸贮藏主要是控制细菌的生长繁殖。在加酸贮藏时也要注意,加酸的种类不同对抑菌效果的影响也不同,同样的 pH 值条件下,无机酸的效果比有机酸要好。

(3)利用微生物

酱腌菜在腌制贮藏时都会发生不同程度的有益微生物的发酵过程,特别是泡菜、酸菜等就是利用乳酸菌和酵母菌的发酵作用产生一定量的乳酸、乙醇和酯类,不仅增进了腌制菜的风味,而且可以抑制有害微生物的繁殖,有利于酱腌菜的贮存。利用乳酸菌和酵母菌来抑制其他微生物的生长繁殖,是因为这两种菌和其他有害微生物有拮抗关系,即它们的生长代谢可以改变有害微生物的生长环境并干扰其代谢作用;但对于大肠杆菌、丁酸菌、酵母及霉菌等有害菌要严格加以控制,可以采用绝氧或加酸低温等方式进行腌制。乳酸菌虽起杀菌防腐作用,但抗酸性较强的酒花酵母还能直接分解泡菜,作为其生理来源而使泡菜中的乳酸含量降低,最后使产品败坏。然而这类菌均为好气性的,因此,泡菜只要能做到严格隔绝空气就可长期贮藏。

(4)利用植物抗生素

蔬菜中含有一定的植物抗生素,如葱蒜中的蒜辣素、姜中的姜酮、绿色菜中的花青素、辣椒中的辣椒素、茴香中的挥发油等都是具有杀菌防腐的植物抗生素,把这些含有植物抗生素的香辛料或调味品加入酱腌菜中,不仅可以增香,而且还能抑制有害微生物的生长繁殖;然而它们对乳酸菌的生长繁殖几乎没有影响,如在泡菜的制作中加入一些香料或中药材,可以起到杀菌作用,对防止长膜生花和延长保存期都有一定的效果。

(5)利用真空包装灭菌

真空包装灭菌是防止食品杂菌污染和长久贮藏的有效办法,随着酱腌菜低盐化技术的发展,可以用真空包装灭菌来达到长期贮存的目的,如瓶装或罐装以及复合薄膜袋的包装,除高盐和半干菜外,一般均需在封口前采用巴氏杀菌法进行灭菌。

(6)利用低温

低温是防止有害微生物生长繁殖的有效方法之一,酱腌菜的贮藏温度为 0 ~ −10℃,一般不能低于 0℃,温度太低会使之结冰,从而影响产品品质。

(7)利用防腐剂

防腐剂可抑制微生物活动,有利于延长食品贮藏期。由于微生物的种类繁多,且腌制过程基本为开放式,仅靠食盐来抑制有害微生物的活动就需使用较高浓度的食盐。如今,低糖、低盐、低脂肪的三低趋势已成为食品发展的主流,为了弥补低盐腌制带来的自然防腐不足,在集约化生产中常使用一些食品防腐剂以保证产品的卫生安全。我国允许在菜中使用的食品防腐剂主要有山梨酸钾、苯甲酸钠、脱氢乙酸钠等,制作酱腌菜制品时的使用量一般为 0.05% ~ 0.30%,也可以加入维生素 C。

(8)腌制前的准备

使用新鲜原料,清洗干净;使用的容器、器具必须适宜、清洁,便于封闭以隔离空气,洗涤,杀菌消毒,常用的容器为陶质的缸、坛和水泥池等。由于乳酸和水泥易发生作用,靠近水泥的部分菜容易变坏,所以使用水泥池腌制时,应在池壁和池底加一层不为乳酸所影响的隔离物,如涂上一层抗酸涂料等;搞好环境卫生防治污染物传播;腌制用水必须符合国家生活饮用水的卫生标准,亚硝酸盐的含量不要过高;注意腌制用盐,腌制菜所用的各种基本调味料的品质和用量。

【项目小结】

本项目主要讲解了果蔬罐制品、果蔬干制品、果蔬糖制品、蔬菜腌制品的加工技术,包括加工原理、加工工艺、工艺要点和加工过程中容易出现的问题及预防措施。上述四大类果蔬制品形态风味各异,生产工艺也有很大的区别。通过本项目的学习,使学生基本学会果蔬罐制品、果蔬干制品、果蔬糖制品、蔬菜腌制品的制作工艺,掌握影响产品质量的关键控制点和加工中常见的问题及解决途径。

【问题探究】

①果蔬罐头杀菌的影响因素有哪些?

②果蔬的干制方法有哪些?

③分析糖制品出现流汤、返砂现象的原因和防止方法。

④简述蔬菜腌制过程中常见的质量问题及预防措施。

⑤简述漂烫处理的作用。

⑥简述蔬菜腌制品加工的原理。

⑦影响果蔬干制的因素有哪些?

⑧果胶在果蔬糖制品中起到了哪些作用?

【实验实训】

实验实训一 糖水橘子罐头的制作

一、实验目的

通过实训,使学生熟悉糖水水果罐头的加工工艺,掌握果蔬罐头的基本操作技能。

二、实验原理

将果蔬原料经过预处理和调味后,装入特制的密封容器中,再经加热、排气、密封、杀菌等工序,使罐内微生物死亡或失去活力以达到商业无菌的状态,使原料本身所含的各种酶类失去活性以防止各种氧化作用的进行,使灭菌后的果蔬与外界隔绝以防止微生物再污染和氧气等因子引起的物理化学变化,从而使制品得以长期保存。

三、实验设备用具

橘子、白砂糖、精盐、柠檬酸、灭菌锅等。

四、加工工艺

1. 工艺流程

原料选择→分级→洗涤→漂烫→剥皮→去络、分瓣→酸碱处理→漂洗→整理分选→装罐→排气→密封→杀菌→冷却→入库

2. 工艺要点

(1)操作要点、分级

选择肉质致密,色泽鲜艳,香味浓郁,含糖量高,糖酸比适度的原料。选择皮薄、无核的果实,并按大小分级。

(2)洗涤

用清水洗涤,洗净果面的尘土及污物。

(3)漂烫

一般用95~100℃的热水浸烫,使外皮与果肉松离,易于剥皮。热烫时间为 1 min 左右。

(4)剥皮、去络、分瓣

经漂烫后的橘子趁热剥皮,剥皮有机械及手工去皮两种。去皮后的橘果用人工方法去络,然后按橘瓣大小,分开放置。

酸碱混合处理法:将橘瓣先放入0.9~1.2 g/L的盐酸溶液中浸泡,温度约20℃,浸泡时间为15~20 min。取出漂洗2~3次,接着再放入碱液中浸泡,氢氧化钠浓度为0.7~0.9 g/L,温度为35~40℃,时间为3~6 min,除去橘瓣囊衣,以能见砂囊为度。将处理后的橘瓣用流动的清水漂洗3~5次,从而除去碱液。

(5)整理、分选

将橘瓣放入清水盆中,除去残留的囊衣、橘络、橘核,剔除软烂的缺角的橘瓣。

(6)装罐

橘瓣称重后装罐,原料约占总重的60%。糖液浓度为24%~25%。为了调节糖酸比,改善风味,装罐时常在糖液中加入适量的柠檬酸,调整 pH 值为3.5左右。

(7)排气、密封

将装罐后的罐头送入排气箱,排气箱内蒸汽温度控制在95℃左右,排气时间为7~8 min,使罐头中心温度达70℃以上,取出迅速用封罐机密封。

(8)杀菌、冷却

可采用常压杀菌。加热至93~100℃,保持15 min,分段冷却到40℃。玻璃罐需要分段冷却,每次冷却所用的冷却水的温度与罐头的温度之差不能大于30℃,否则会引起玻璃瓶破裂。

（9）检验、入库

将罐头置于 25～28℃ 的恒温箱中放置 5～7 d，观察有无胖听和漏罐现象，并抽样进行感官检验、理化检验和微生物检验。

实验实训二　苹果干的制作

一、实验目的

通过实训，了解苹果干加工的基本原理，明确苹果干的生产工艺条件，熟悉工艺操作要点及成品质量要求，掌握苹果干的生产方法。

二、实验原理

采用加热干燥（也叫热风干燥），以空气为干燥介质，利用太阳能、电能、燃煤等将空气加热，热空气和物料进行热交换，促使物料中的水分蒸发，从而达到干制的目的。

三、原辅料和仪器设备

原辅料：苹果、盐酸、硫磺、亚硫酸氢钠、PE 包装袋等。

仪器设备：烘盘、晒盘、熏硫室（箱）、台秤、鼓风干燥箱、真空包装机等。

四、加工工艺

1. 工艺流程

苹果→清洗→去皮、切片→护色处理→干制→整理回软→包装→成品

2. 工艺要点

（1）选料、清洗

选择肉质致密，含糖量高，单宁含量少的成熟苹果，如小国光、红玉等中晚熟品种。用 0.5%～1% 的稀盐酸溶液浸泡 3～5 min，以除去果实表面的农药，再用清水冲洗干净。

（2）去皮、切片

用不锈钢果刀去皮、去心，将果实横切成 5～7 mm 的环状果片。投入 1% 的食盐水中，以防变色。

（3）护色

每 10 kg 原料用 20～30 g 硫磺，熏硫 15～30 min，防止果块氧化变色，或配制 0.5% 的亚硫酸氢钠溶液，将切好的苹果片投入浸泡 10 min。另取一部分苹果不经硫处理对照。

（4）干制

采用人工干制，装载量为 4～5 kg/m²，干制初期温度为 80～85℃，以后逐渐降至 50～60℃，干燥 5～6 h，以用手紧握再松手互不黏着而富有弹性为宜。干燥率为 60%～80%。

（5）包装

干燥后将成品堆积密闭，回软 1～2 d 使水分平衡，最后挑选分级，用 PE 袋包装。

（6）成品

片型完整，片厚及大小基本均匀，无杂质；呈淡黄色，色泽一致；具有苹果特有的风味，

无异味;水含量为18% ~22%;致病菌不得检出,产品保质期半年以上。

实验实训三　山楂酱的制作

一、实验目的

理解果酱制作的基本原理,掌握果酱制作的基本工艺流程和工艺要点。

二、实验原理

果酱是果肉加糖和酸煮制成的具有较好的凝胶态,不需要保持果实或果块原来形状的糖制品。其制作原理是利用果实中亲水性的果胶物质,在一定条件下与糖和酸结合,形成"果胶—糖—酸"凝胶。凝胶的强度与糖含量、酸含量以及果胶物质的形态和含量等有关。

三、原辅料和仪器设备

原辅料:山楂2000 g、水1000 g、白砂糖3000 g。

仪器设备:手持糖量计、打浆机、不锈钢电热夹层锅、电磁炉、过滤器等。

四、加工工艺

1. 工艺流程

山楂→清洗→软化→打浆→浓缩→装瓶→封口→杀菌→冷却

2. 工艺要点

(1)原料

选用充分成熟、色泽好、无病虫的果实。一些残次山楂果实,罐头生产中的破碎果块以及山楂汁生产中的果渣(应搭配部分新鲜山楂果实)等均可用于生产山楂酱。

(2)清洗

对果实用清水漂洗干净,并除去果实中夹带的杂物。

(3)软化、打浆

将山楂果实和水置于锅中加热至沸,然后保持微沸状态8 ~10 mim,将果肉煮软而易于打浆为止。果实软化后,趁热用打浆机进行打浆1 ~2次,除去果梗、核、皮等杂质,即得山楂泥。

(4)加糖浓缩

按山楂泥:白砂糖 =1∶1的比例配料。先将白砂糖配成75%的糖液并过滤,然后糖液与山楂泥混合入锅。浓缩中要不断地搅拌,防止焦糊。浓缩终点可以根据以下情况判断:浓缩至果酱的可溶性固形物含量达65%以上,或用木板挑起果酱呈片状下落时,或果酱中心温度达105 ~106℃时即可出锅。如果酱酸度不够时,可在临出锅前加些柠檬酸进行调整。

(5)装瓶、密封

要热装瓶,保持酱体温度在85℃以上,装瓶不可过满,所留顶隙度以3 mm左右为宜。装瓶后立即封口,并检查封口是否严密,瓶口若黏附有山楂酱,应用干净的布擦净,避免贮存期间瓶口发霉。

（6）杀菌、冷却

5 min 内升温至 100℃,保温 20 min,杀菌后分别在 65℃、45℃ 和凉水中逐步冷却至 37℃ 以下,尽快降低酱温。冷却后擦干瓶外水珠。

（7）成品

酱体呈红色或红褐色;组织状态均匀一致,酱体呈胶黏状,不流散,不分泌汁液,无糖晶析;具有山楂酱应有的酸甜风味,无异味,无杂质。

实验实训四　苹果脯的制作

一、实验目的

通过实验操作,进一步理解果脯蜜饯的糖制原理,掌握果脯蜜饯加工技术。

二、实验原理

果脯是一种果蔬的糖制品,是以新鲜的果蔬为主要原料,经过预处理、糖煮、糖渍和烘干等工序加工而成的制品,其加工的基本原理是:在糖煮和糖渍过程中,果蔬中的水分和气泡被糖分取代,使得产品一方面具有高的渗透压和较低的水分活度,抑制微生物的腐败,延长贮藏期,另一方面赋予产品特有的晶莹剔透、饱满的外形和特有的香气及滋味。

三、原辅料和仪器设备

原辅料:苹果、柠檬酸、白糖、亚硫酸钠、氯化钙、氢氧化钠。

仪器设备:pH 计,手持糖度计,热风干燥箱,不锈钢锅,电炉(煤气灶、电磁炉、电饭锅),挖核器,不锈钢刀,台秤,天平等。

四、实验内容

1.工艺流程

原料选择、分级→清洗→去皮→切分、去核→护色、硬化、硫处理→糖煮、糖渍→烘干→整形→包装→成品

2.操作要点

（1）原料选择

首先选用适宜加工的苹果品种,要求果心小,果实含水量较少固形物含量较高,酸分偏多,褐变不显著,耐煮,果实颜色美观,肉质细嫩并具有韧性的品种,如红玉、国光等品种。其次选用新鲜饱满,成熟度为九成熟,无病虫害和腐烂的苹果。

（2）分级

按果实横径的大小分级,其中 75 mm 以上为一级,65 ~ 74 mm 为二级,64 mm 以下为三级。分级后的果品要分别进行加工处理。

（3）清洗、去皮

先用1%的稀盐酸或1%的碳酸钠稀溶液浸洗,除去附在表面的农药。然后用手工去皮、去皮机去皮或碱液去皮,去皮厚度不得超过 1.2 mm。碱液去皮时碱液(氢氧化钠)的浓

度为 12% ~15%,方法是将苹果浸入煮沸碱液中 1~2 min,迅速捞出放入冷水中冲洗,擦去表面残留皮层。去皮后马上浸入 1% ~2% 的盐水中护色。

（4）切分、去核

二级、三级果纵切为 2 瓣,一级果纵切为 3 瓣,分别放置,用挖核器挖净籽巢与梗蒂,修去残留果皮,用清水洗涤 1~2 次。

（5）护色、硬化、硫处理

将切分好的苹果浸入质量分数为 0.1% 的氯化钙（或质量分数为 1.5% 的石灰液）和质量分数为 0.3% 的亚硫酸氢钠溶液中,进行硬化与护色处理,时间为 20~25 min,肉质坚硬的苹果可不做硬化处理。经过处理的果瓣,要充分漂洗,脱除残留的化合物。

（6）糖煮、糖渍

用水和白砂糖配制成质量分数为 45% 的糖液,经煮沸后,将已处理好的果块投入煮沸的糖液中。将果块煮沸数分钟后,开始逐次撒入白砂糖,加糖次数为 2~3 次,直到糖液中的可溶性固形物含量达到 65% 以上,糖煮结束加入 10% 转化糖浆。全部糖煮过程需要 30 min 左右,待果块被糖液所浸透呈透明状时,立即出锅,捞入缸中,尽快降低糖液温度到 70℃ 以下。将糖液和果块浸泡 24~48 h。再将果块及糖液回锅加热到 80~90℃ 后,捞出果块摆放在烤盘上,沥干水分。

（7）烘烤

温度为 65~70℃,期间翻盘、整形 2 次,烘至果块含水量为 18% ~20%,总糖为 65% ~70%,即为终点。

（8）包装

挑出焦片、碎块等不合格产品,根据苹果质量标准进行分级、包装。

（9）成品

苹果脯呈浅黄、橙黄或黄绿色,基本一致,有透明感;块形完整,组织饱满,质地柔软、有韧性,不定糖、不流糖;酸甜可口,具有原果味,无异味;不允许有外来杂质。

实验实训五　酱菜的制作

一、实验目的

通过实验操作,掌握酱菜加工的基本原理,了解酱菜的加工技术。

二、实验原理

酱菜加工包括盐腌（原料预处理）和酱渍两个步骤,是以盐腌加工制备的咸菜坯,经过去咸排卤后,再进行酱渍加工而成的一种非发酵型蔬菜腌制品。其加工的基本原理是:新鲜的蔬菜在收获季节先采用大量的食盐制备成含盐量高达 20% ~22% 的咸菜坯,延长保质期,然后经过脱盐工艺,使得含盐量降低到 10% 左右,添加豆酱或甜面酱等酱料进行酱渍,使得料中的各种营养成分、风味成分和色素,通过渗透、吸附作用进入蔬菜组织内,从而形成滋味鲜甜、质地脆嫩的酱菜。

酱菜加工利用了食盐的防腐保藏作用、微生物的发酵作用、蛋白质的分解作用以及其他生物化学作用,抑制有害微生物活动和增加产品的色、香、味。

三、原辅料和仪器设备

原辅料:新鲜蔬菜、食盐、稀甜酱。

仪器设备:恒温鼓风干燥箱、台秤、陶瓷缸(搪瓷缸或不锈钢缸)、不锈钢刀、菜板、手持糖度计。

四、加工工艺

1. 工艺流程

原料选择→盐渍→曝晒→初酱→复酱→成品

2. 操作要点

(1)原料选择

制作酱菜的蔬菜品种有 40 余种,多以不怕压、挤,含水量较少,肉质坚实的萝卜、芥菜头等为原料。若以萝卜为原料,需挑选圆形、色白、皮薄、大小均匀、组织致密、质地脆嫩的新鲜小萝卜,每千克 50 个以上,将鲜萝卜分为大、中、小 3 级,分别洗净加工。

(2)盐渍

按照每 100 kg 蔬菜用盐 7~9 kg,一层菜一层盐,下少上多的方式盐渍,缸满为止。以后每隔 12 h 转缸一次,并将原盐水淋浇在菜面上。如此进行 4 次后出缸。

(3)烘干(曝晒)

将起缸的成坯置入烘箱,在 50~60℃烘烤,或者摊开暴晒 5~7 d,至表皮呈现皱纹,收得率 35% 左右,即可堆放在室内避阳处密封贮藏备用。

(4)初酱

选用腌制好的咸坯,剔除空心,削净头尾及根须,用水洗净后进行初酱。将咸萝卜坯装入布袋,按照 100 kg 新鲜蔬菜用甜面酱 100 kg 进行复酱,每天开袋翻缸一次,2~3 d 后出缸,沥干盐水。

(5)复酱

将初酱过的蔬菜按照每 100 kg 新鲜蔬菜用甜面酱 100 kg 进行复酱,每日开袋翻缸 1 次,酱渍 15 d 左右即为成品。

(6)成品

具有酱腌菜固有的色、香、味,无杂质,无其他不良气味,不得有霉斑白膜。

实验实训六　糖醋蒜的制作

一、实验目的

了解糖醋蒜制作工艺,掌握腌制基本操作过程,了解糖醋液的配制。

二、实验原理

糖醋菜就是蔬菜经过整理和处理后,用糖醋液浸泡而成的一种酸甜适度、质地脆嫩、清香爽口的加工制品。糖醋菜主要靠酸防腐保存,其醋酸含量在1%以上,食盐、糖及其他香料和调味料主要起调味作用。

三、原辅料和仪器设备

原辅料:鲜蒜头、食盐、(红、白)糖、生香辛料、食醋等。

仪器设备:瓷坛、不锈钢锅、砧板、刀、盆等。

四、加工工艺

1. 工艺流程

原料处理→腌制→晾晒→配制糖醋液→糖醋液浸泡→成品

2. 工艺要点

(1)原料处理

挑选整齐、肥大、皮色洁白、新鲜的蒜头,去掉须根、老外皮,洗净,沥干。

(2)腌制

每1000 g鲜蒜头用盐100 g,在缸内一层层装好,装到半坛即可。另外准备同样大小的坛,每天早晚各换坛1次,腌制15 d即成咸蒜头。

(3)晾晒

捞出蒜头,在晒席上晾晒,每天翻动1次,晒至原重量的70%为宜。发现松皮的需剥皮。

(4)配制糖液

糖液的配方为食醋700 g、糖适量、五香粉少许。先将食醋加热到80℃,再加糖液,最后加入五香粉。

(5)糖醋液浸泡

将咸蒜头装坛,轻轻压紧,待装到坛容量的3/4时,将已配好的糖醋液注入,然后在坛口横放几根竹片,以免蒜头上浮,最后用塑料薄膜将坛口扎紧,经2个月即为成品。

项目6 发酵食品加工技术

【知识目标】

1. 知道白酒、啤酒、葡萄酒、酱油、醋、腐乳的分类及特点。

2. 知道生产白酒、啤酒、葡萄酒、酱油、醋、腐乳的常用原辅料及微生物。

3. 掌握并能陈述白酒、啤酒、葡萄酒、酱油、醋、腐乳的发酵原理及生产过程中的物质转化。

4. 能陈述白酒、啤酒、葡萄酒、酱油、醋、腐乳的生产工艺流程及操作要点。

5. 能陈述白酒、啤酒、葡萄酒的后处理方法。

【技能目标】

1. 能够完成白酒、啤酒、葡萄酒、酱油、醋、腐乳生产各个操作环节并进行工艺控制。

2. 能够操作白酒、啤酒、葡萄酒、酱油、醋、腐乳生产中的常见设备。

3. 能够进行白酒、啤酒、葡萄酒、酱油、醋、腐乳质量的基本检验与鉴定(包括感官、理化、微生物检验)。

4. 能够运用相关知识解决白酒、啤酒、葡萄酒、酱油、醋、腐乳酿造中的质量问题。

5. 能够制定白酒、啤酒、葡萄酒、酱油、醋、腐乳酿造的操作规范并整理改进措施。

预备知识

人类利用微生物进行发酵生产已有数千年的历史,传统发酵与酿造技术即是人类利用微生物进行发酵生产的结晶。随着人类文明的逐步发展,科学技术的不断进步,食品发酵与酿造技术在近几个世纪得到了迅速发展,尤其是以基因工程为核心,包括细胞工程、酶工程、发酵工程和生化工程在内的生物技术突飞猛进的发展,大大推动了发酵技术、酶工程技术和生化技术的发展,而这些工程技术又强有力地推动了食品工业的发展。与食品工业不可分割的微生物发酵成了现代生物工程不可缺少的重要组成部分,同时也是现代生物技术产业化,服务于国民经济所必需的环节。世界各国都把现代发酵与酿造技术作为农产品与食品加工的重要手段之一,并且认为食品领域在 21 世纪是最有可能获得突破性进展的一个分支。总之,食品发酵与酿造技术具有巨大的发展潜力,它将为解决世界所面临的粮食、蛋白质、能源短缺等问题提供美好的前景。

一、发酵与发酵食品

工业意义上的发酵泛指利用微生物的某种特定功能,通过现代工程技术手段生产有用物质的过程。或者说,发酵是利用特定的微生物,控制适宜的工艺条件,生产人们所需的产品或达到某些特定目的的过程。它既包括厌氧培养的生产过程,也包括有氧培养的生产过程。

在工业上,发酵既包括传统的发酵(有时称酿造),也包括近代的发酵工业。在我国,人们常常把由复杂成分构成的,并有较高风味要求的发酵食品,如啤酒、白酒、黄酒、葡萄酒以及酱油、食醋、酱、豆豉、腐乳等佐餐调味品的生产称为酿造工业,把经过纯种培养、提炼精制获得的成分单纯、无风味要求的酒精、抗生素、柠檬酸、谷氨酸、酶制剂、单细胞蛋白等的生产叫作发酵工业。

发酵技术是指人们利用微生物的发酵作用,运用一些技术手段控制发酵过程,生产发酵产品的技术。

发酵工艺是指通过微生物群体的生命活动来加工或制作产品所对应的加工或制作过程。

发酵食品是人们利用有益微生物经过一段时间的发酵加工而制成的一种风味独特的食品。

在我国发酵食品已经经历了几千年的历史,而且由于我国广阔的地域、丰富多样的民族文化,发酵食品的种类也非常多,如酸奶、奶酪、食醋、面酱、豆豉、腐乳、纳豆、泡菜、米酒、啤酒、葡萄酒等。如今,发酵食品已成为人们餐桌上必不可少的饮食之一。近年来,随着生活水平的提高和一些慢性病的出现,人们已不再仅仅满足于填饱肚子,而是开始越来越多地关注饮食健康问题。发酵食品通过天然发酵而制得,具有良好的营养成分和保健功能,在日本发酵食品又被称为长寿食品,因此,发酵食品受到了人们的广泛喜爱。

二、发酵食品的分类

发酵食品是通过微生物的发酵作用而制得的,同一底物经过不同的微生物发酵作用,其产品的风味特色往往不同。生产发酵食品最常用的微生物主要有:酵母菌、曲霉以及细菌中的乳酸菌、黄短杆菌、醋酸菌、棒状杆菌与双歧杆菌等。通过这些不同微生物的发酵加工制得的发酵食品通常有五大类:发酵乳制品,如酸奶、奶油、马奶酒和干酪等;发酵酒精饮料,如白酒、果酒、黄酒和啤酒等;发酵蔬菜,如泡菜、酸菜等;发酵豆制品,如豆腐乳、豆豉和纳豆等;调味品,如食醋、酱油、面酱、味精等。

三、发酵食品的特点

1. 有利于保藏食品

发酵保藏是食品保藏的方法之一,食品经过发酵后由于改变了食品的渗透压、酸度等,抑制了腐败微生物的生长,有利于延长食品保存的时间。

2. 经过发酵的食品营养价值有所提高

某些食品经发酵后可以提高其营养成分蛋白质等的含量,并可提高其吸收率。有些食品通过微生物的发酵作用,可产生维生素 B_1、维生素 B_2、维生素 B_{12},其营养价值可大大提高。

3. 易于消化吸收

某些食品经发酵后其营养成分(蛋白质、碳水化合物、脂肪)可以降解为氨基酸、有机酸、单糖等小分子物质,一些不能被人体利用的物质(如乳糖、棉籽糖、水苏糖等)经发酵后转变成能被人体利用的形式,更易于消化吸收。

4. 提高食品的安全性

某些食品(如薯类)含有对人体有害的氰基化合物,经发酵后使其转化成安全无毒的物质,提高了食品的食用安全性。

5. 改善食品的风味和结构

如木薯经发酵产生甘露醇和双乙酰而改善风味;酸奶发酵生成乙醛、双乙酰和3－羟基丁酮等,得到愉快的口感;蛋白酶水解酪蛋白使奶酪具有理想的柔软结构等。

6. 保健作用

某些食品经发酵后,不仅能产生酸类和醇类等,还可产生抗生素(如嗜酸乳菌素、乳酸杀菌素等),对于一般致病菌有抑制作用。某些发酵食品具有防治心血管疾病、整肠、改善便秘、降低胆固醇、提高免疫力和抗癌等作用。

任务6.1　白酒加工技术

在日常生活中,常见的酒类有啤酒、中国白酒、葡萄酒和白兰地等,不过十几种。事实上,酒的种类不计其数,各国家、各民族、各地区均有自己的传统美酒和酒文化,在分类上无法全面统一。目前,在酒的家族中只是针对商业化、国际化的酒类进行了分类。但无论是何种酒,在生产上都必须经过"发酵"这一过程,酿酒原料不过两大类:一类是富含糖分的原料(水果或植物);另一类是富含淀粉质的原料(谷物)。含糖分的原料可以直接发酵成酒,而含淀粉质的原料首先要经过糖化酶将淀粉转化成糖,之后才能进行发酵。也就是说,能够造糖的原料都可以用来酿酒,糖在酵母菌的分解下形成酒精。

世界各地的酒类品种繁多,数不胜数,酒的分类方法也不尽相同。传统上,大多以原材料或原产地进行分类,酒的名字非常丰富,不但涉及酿酒原料、颜色和工艺,还有产地和历史典故等。为了便于消费者记忆,酒类行业习惯按生产工艺划分,主要有三大类:酿造酒、蒸馏酒和混配酒,又称之为"三大酒系"。如图6－1－1酒的分类示意图所示。

图6－1－1

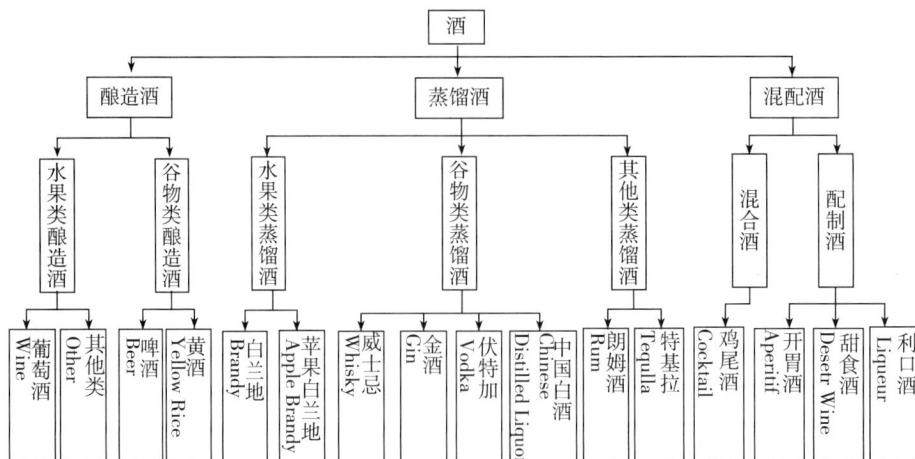

```
                                    酒
        ┌───────────────────────────┼───────────────────────────┐
      酿造酒                        蒸馏酒                       混配酒
    ┌────┴────┐          ┌───────────┼───────────┐          ┌────┴────┐
 水果类    谷物类     水果类      谷物类      其他类        混合酒    配制酒
 酿造酒    酿造酒     蒸馏酒      蒸馏酒      蒸馏酒
  ┌┴┐      ┌┴┐       ┌┴┐     ┌──┬──┬──┐     ┌┴┐         │      ┌──┬──┐
 葡  其   啤  黄    白   苹   威  金 伏  中   朗  特       鸡    开  甜  利
 萄  他   酒  酒    兰   果   士  酒 特  国   姆  基       尾    胃  食  口
 酒  类             地   白   忌     加  白   酒  拉       酒    酒  酒  酒
 Wine Other Beer Yellow Brandy Apple Whisky Gin Vodka Chinese Rum Tequila Cocktail Aperitif Desert Liqueur
            Rice        Brandy                Distilled                          Wine
                                              Liquor
```

图 6-1-1　酒的分类示意图

白酒是我国传统的酒种,它是以酒曲、酒母等为糖化发酵剂,用粮谷或其他代用原料经蒸煮、糖化发酵、蒸馏、贮存、勾兑而成的蒸馏酒,因能点燃又名烧酒。白酒和威士忌、白兰地、朗姆酒、金酒、伏特加并列为世界六大蒸馏酒,但白酒所用的制曲和制酒的原料、微生物体系、各种工艺、勾兑调味的复杂性,是其他蒸馏酒无法比拟的。

白酒的种类繁多,分类方法也不完全统一,常见的分类方法有以下几种。

一、白酒的分类

1. 按白酒香型分类

（1）酱香型（茅香型）白酒

以茅台酒为代表。采用超高温制曲、晾堂堆积、清蒸回酒等工艺,用石壁泥底窖发酵。其酒的主要特征是:酱香突出,幽雅细腻,酒体丰满醇厚,回味悠长。另外还有一个显著的特点是:隔夜尚香,饮后空杯香犹存,以"低而不淡、香而不艳"而著称。酒体颜色允许微黄。

（2）浓香型（泸香型）白酒

以泸州老窖、五粮液为代表。指以粮谷为原料,经传统固态发酵、蒸馏、陈酿、勾兑而成的,未添加食用酒精及非白酒发酵产生的呈香呈味物质,以乙酸乙酯为主体复合香的白酒。采用混蒸续糟等工艺,陈年老窖或人工老窖发酵,其酒的主要特征是:窖香浓郁,绵甜甘洌,香味谐调,尾净余长香要浓郁,入口要甜并有回甜（有"无甜不成泸"的说法）。

（3）清香型（汾香型）白酒

以山西汾酒为代表。采用清蒸清渣等工艺及地缸发酵。其主要特征是:清香纯正,醇甜柔和,诸味谐调,余味爽净,可以概括为"清字当头,一净到底"。

（4）米香型（蜜香型）白酒

以桂林三花酒为代表。以大米为原料,小曲为糖化发酵剂。其酒的主要特征是:蜜香清雅,入口柔绵,落口爽净,回味怡畅。

（5）其他香型酒

凡不属上述四类香型的白酒（兼有两种香型或两种以上香型的酒）均可归于此类。亦称兼香型、复香型、混合香型。如西凤酒、董酒、白云边、江苏四特酒等。它们大多采用上述四种香型白酒的某些工艺或其他特殊工艺酿制而成。

2. 按白酒用曲种类分类

（1）大曲酒

以小麦、大麦、豌豆等为原料制成的大曲为糖化发酵剂，一般酒质较好，但淀粉出酒率低，成本高，发酵周期较长。

（2）小曲酒

以大米等为原料制成球形或块状的小曲为糖化发酵剂。大多采用半固态发酵法，淀粉出酒率较高，发酵周期较短。

（3）麸曲酒

以纯粹培养的曲霉菌及酵母制成的麸曲和酒母为糖化发酵剂。发酵时间短，淀粉出酒率高。

此外，尚有大小曲混用的方式，但不普遍。

3. 按生产方法分类

（1）固态法白酒

发酵、蒸馏为固态工艺，一般醅含水分为60%左右，是我国白酒的传统工艺。大曲酒、一般麸曲酒和部分小曲酒均采用此类生产方法。

（2）半固态法白酒

原料在固体状态下先糖化和前酵，然后加水成醪，在半固态的条件下发酵蒸馏。我国大部分小曲酒采用半固态法生产。

（3）液态法白酒

按"淀粉质原料制酒精"方法生产酒基，但在工艺上吸取了白酒的一些传统操作特点。

4. 按酒度高低分类

（1）高度白酒

酒度为41%～65%（V/V），多数指55%（V/V）的酒。

（2）低度白酒

酒度一般为40%以下（V/V），多数指38%（V/V）的酒。

二、酿造白酒的原、辅料

白酒生产的原料包括酿酒、制曲、制酒母的原料。从酿造理论和工艺来说，任何含可发酵性糖或含可转化为可发酵性糖的物质，都可以用来酿酒。但白酒发酵不是单纯的酒精发酵，其原料除应富含淀粉或可发酵性糖外，还必须含适量的蛋白质、矿物质、维生素等，以供微生物生长繁殖和形成白酒各种微量香气成分。并要求所用原料新鲜、无霉变、夹杂物少、颗粒饱满、来源丰富、运输方便。同时原料自身不含或少含影响白酒质量的不愉快气味和有害成分。目前,我国白酒行业一般将生产原料分为主要原料和辅助原料。

1. **主要原料**

（1）粮谷类原料

高粱、玉米、大米、小麦、大麦等。

（2）薯类原料

甘薯、马铃薯、木薯等。

（3）糖制原料

白酒工业常用的糖质原料是甘蔗糖蜜和甜菜糖蜜,其一般含有 50% 左右的糖,价格低廉,又不需要进行蒸煮糖化,只要经过稀释处理、添加酵母就可直接发酵,因此工艺和设备均简单,生产周期也短。

2. **辅助原料**

（1）麸皮

麸皮比较疏松,麸皮之间保持有一定的空隙,有利于菌丝的良好生长。此外,麸皮中还含有一定数量的淀粉酶、氧化酶、过氧化酶等。麸皮是制曲最好的原料之一。

（2）填充料

白酒酿造过程中,为了调节酒醅的淀粉浓度和酸度,吸收酒精成分,保持一定的浆水,维持酒醅的疏松程度,保证发酵和蒸馏的顺利进行,需要加入一定数量的填充料。常用的填充料有稻壳、高粱壳、谷糠、玉米芯、酒糟等。

3. **酿酒用水**

俗话说:"佳酿,必有良泉。"例如,泸州老窖酒就是用著名的龙泉井水配制的。水是白酒工业的血液,水质的优劣对白酒的质量有至关重要的作用。一般根据白酒生产过程中水的功用不同,可以把水分成工艺用水、锅炉用水、冷却用水三种。

（1）工艺用水

白酒生产中,原料浸泡、糊化,制曲的拌料,微生物的培养,糖蜜的稀释,白酒的加浆及有关设备和工具的清洗用水,都与成品或半成品直接接触,参与白酒的酿制过程,一般称为工艺用水。工艺用水的标准为:无色透明,无邪杂味、腥味、臭味等,不苦、不涩、无异味,淡爽可口,主要指标应该基本符合国家规定的生活用水标准。

（2）锅炉用水

锅炉用水一般要求无任何固形悬浮物,总硬度低,pH 值在 25℃ 时均大于 7。含油量、溶解物等越低越好。

（3）冷却用水

白酒生产过程中,蒸煮醪和糖化醪的冷却,发酵温度的控制,蒸馏时酒精蒸气的冷凝等,都需要大量的冷水起交换作用,这部分用水称作冷却用水。

三、白酒酒曲的制备

酒曲是我国酿酒技术的重大发明,它是世界上最早的一种多种微生物的复合酶制剂。

1. 大曲的制备

大曲也称麦曲,因其曲块较大,故名大曲,每块重 2 ~ 3 kg,大曲多呈砖状,也称砖曲,是酿制大曲酒的糖化发酵剂,是一种具有糖化力、液化力、蛋白质分解力和发酵力的微生物与酶的载体。

大曲按制曲温度不同可分为:高温曲,制曲品温在 60 ~ 65℃,基本用于酿制酱香型酒;中温曲,制曲品温在 45 ~ 59℃,用于酿制清香型和浓香型酒,但一般清香型大曲酒的制曲温度比浓香型的要低,多控制在 45 ~ 48℃,不超过 50℃,所以也把这一种曲称为次中温曲;低温曲,制曲品温在 40℃以下,是多数小曲的制作温度,大曲多不相承。

(1)高温曲的生产工艺流程(酱香型酒用曲)

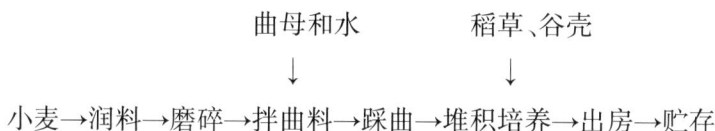

$$
\begin{array}{cc}
\text{曲母和水} & \text{稻草、谷壳} \\
\downarrow & \downarrow
\end{array}
$$

小麦→润料→磨碎→拌曲料→踩曲→堆积培养→出房→贮存

(2)中温曲的生产工艺流程(浓香型酒用曲)

小麦→发水→翻拌→堆积→粉碎→加水拌和→装箱→踩曲→晾汗→入室安曲→保温培菌→翻曲→打拢→出曲→入库贮存

(3)次中温曲的生产工艺流程(清香型酒用曲)

60%大麦 +40%豌豆→混合粉碎→加水翻拌→踩曲→入曲房培养→长霉阶段→晾霉阶段→起潮火阶段→大火阶段→后火阶段→养曲阶段→出曲房→贮存→成品曲

2. 小曲的制备

小曲一般是以米粉或米糠为原料,添加或不添加中草药,接种曲或接种纯根霉和酵母培养而成,外形比大曲小得多,所以叫"小曲",又名"酒药""白药""酒饼"等。

由于产地、原料、用途的不同,小曲的种类和名称很多。按主要原料可分为粮曲(全部为米粉)与糠曲(全部为米糠或多量米糠、少量米粉);按是否添加中草药可分为药小曲与无药小曲;按地区可分为四川邛崃米曲、汕头糠曲、桂林酒曲丸、厦门白曲等;按形状可分为酒曲丸、酒曲饼及散曲;按用途可分为甜酒曲与白酒曲。

桂林酒曲丸是一种单一药小曲,它是用生米粉添加一种香药草粉,接种曲母培养而成。桂林酒曲丸制备的工艺流程如下:

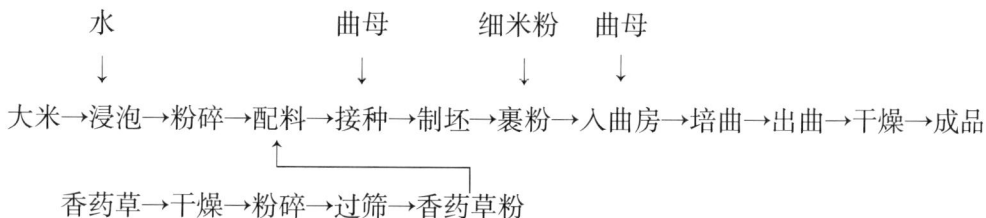

$$
\begin{array}{cccc}
\text{水} & \text{曲母} & \text{细米粉} & \text{曲母} \\
\downarrow & \downarrow & \downarrow & \downarrow
\end{array}
$$

大米→浸泡→粉碎→配料→接种→制坯→裹粉→入曲房→培曲→出曲→干燥→成品

香药草→干燥→粉碎→过筛→香药草粉

原料配比:①大米粉,总用量为 20 kg,其中酒药坯用米粉 15 kg,裹粉用细米粉 5 kg。②香药草粉,用量为 13%(以酒药坯的米粉重量计)。香药草是桂林特产的草药,茎细小,稍有色,香味好,干燥后磨粉即成香药草粉。③曲母,指上次制药小曲时保留下来的一小部分酒药,将其为种,用量为酒药坯的 2%,裹粉的 4%(以米粉的重量计)。④水,60% 左右(以酒药坯的米粉重量计)。

四、白酒的生产

1.大曲白酒的生产技术

大曲酒采用大曲作为糖化发酵剂,以含淀粉物质为原料,经固态发酵和蒸馏而成。大曲白酒生产分为清渣和续渣两种方法,清香型酒大多采用清渣法,而浓香型酒和酱香型酒则采用续渣法生产。在大曲酒生产中一般将原料蒸煮称为"蒸";将酒醅的蒸馏称为"烧";粉碎的生原料一般称为"渣",茅台酒生产中称为"沙",汾酒生产中称为"楂"。酒醅,是指经固态发酵后,含有一定量酒精的固体醅子。根据生产中原料蒸煮和酒醅蒸馏时的配料不同,又可分为清蒸清渣、清蒸续渣、混蒸续渣等工艺,这些工艺方法的选用,则要根据所生产产品的香型和风格来决定。

(1)酱香型大曲酒的生产

酱香型大曲酒以贵州仁怀县茅台镇所产的茅台酒为代表,采用续渣法生产工艺,与浓香型酒比较,最大区别在于:酿酒用高温曲,糙沙、对接、回沙、多轮次发酵,用曲量大,周期长。

①工艺流程。

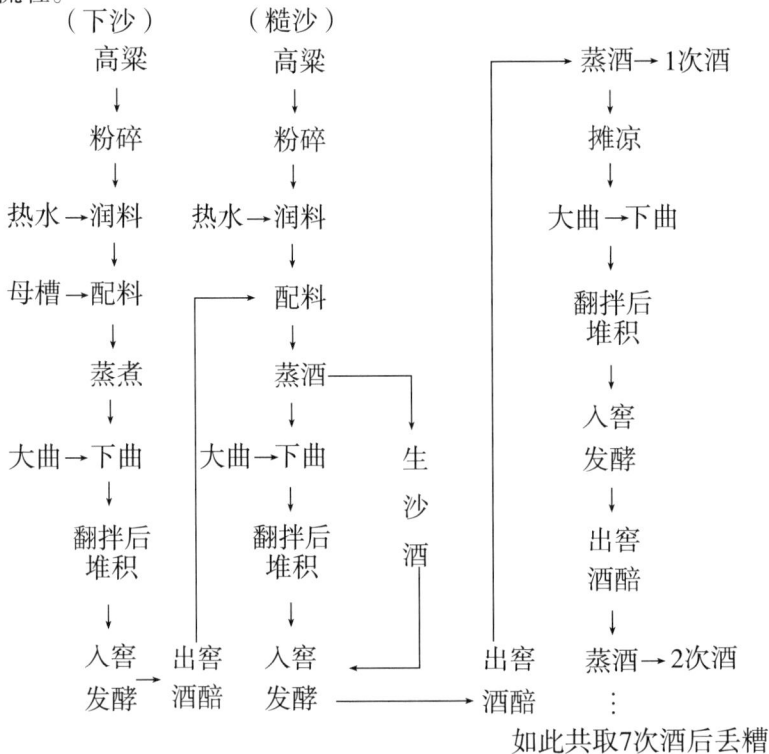

②工艺要点。

投料:茅台酒生产中称原料高粱为沙,在每年的大生产周期中,分两次投料,第一次投料称为下沙,第二次投料称为糙沙。第一次投料占总料量的50%,要求整粒高粱与破碎粒高粱之比为8∶2,第二次投料为剩下的50%,要求整粒与破碎粒之比为7∶3。

下沙时先将粉碎后的高粱泼上原料量50%～52%的90℃以上的热水(称发粮水),泼水时边泼边拌,使原料吸水均匀,然后加入5%～7%的母糟拌匀,装甑进行混蒸。

蒸粮、摊晾、补水、加酒尾、加曲粉:先在甑箅上撒一层稻壳,上甑采用见汽撒料,在1 h内完成上甑任务,圆汽后蒸料2～3 h,约70%的原料蒸熟即可出甑。出甑后在晾堂上摊晾,泼85℃的热水(称量水),水量为原料量的12%。发粮水和称量水的总用量为投料量的56%～60%,当品温降到32℃左右时,加入酒度为30%(V/V)的尾酒,约为投料量的2%,拌匀。加大曲粉,量为投料量的10%左右,加入曲粉时应低撒扬匀,拌和后收堆进行堆积发酵。

堆积、入窖发酵、蒸酒:堆积发酵是为入窖发酵做好准备,堆积时间一般为4～5 d,当品温上升到45～50℃时,可用手插入堆内取出酒醅,若其具有香甜味,即可入窖发酵。发酵时间一般为30～33 d,发酵品温变化在35～48℃之间。以上即为下沙操作。

将糙沙高粱经粉碎、润料,加入等量的上述下沙酒醅进行混蒸,这种首次蒸得的酒叫生沙酒,不作原酒入库,而是全部泼回醅内再加曲入窖发酵,也叫"以酒养窖"。然后摊晾、加尾酒和曲粉,拌匀再堆积,再入窖发酵1个月。将糙沙酒醅取出蒸酒,量质接酒即得第一次原酒,入库贮存,此酒称为1次酒或糙沙酒,甜味好,但味冲,生涩味和酸味重。酒尾仍泼回醅子入窖发酵,这叫"回沙"。糙沙酒醅蒸酒后经摊晾,加大曲粉,拌匀堆积,再入窖发酵1个月,从此不再添加新料了。发酵后取出蒸酒即得第二次原酒,入库贮存,此酒叫2次酒或回沙酒,比1次酒香、醇和,略有涩味。

以后的几个轮次操作同2次酒的操作一样,仅在加曲量上有所不同,各轮次的加曲量应视气温、淀粉含量以及酒质情况而定,一般1、2轮次多加,3、4、5、6轮次适当多加,7、8轮次酌情减少。各轮次总加曲量与总投料量之比约为1∶1。3,4,5次酒的香味浓,味醇厚,酒体丰满,没有什么邪杂味,出酒率也高,统称为大回酒。6次原酒的特点是:醇和、糊香好,味长,也常称为小回酒。7次原酒醇和,有糊香,但味苦,糟味较大,因是最后一次取酒,故也称为丢糟酒。经8次发酵取7次原酒,其酒糟可作饲料或再次综合利用。

分型、分等、入库:7次酒分别入库贮存,再进行勾兑调配。

(2)浓香型大曲酒的生产

浓香型大曲酒以四川泸州的泸州老窖酒为代表,其工艺特点是:清蒸混烧、泥土老窖发酵、万年糟。将入窖前加高粱粉后的母糟称为粮糟,出窖时叫母糟;没有加高粱粉的母糟入窖发酵时叫红糟,出窖时叫面糟;多次循环发酵的母糟称为万年糟。

①工艺流程。

②工艺要点。

高粱 → 粉碎 → 高粱粉 ┐
母糟 ┐→ 拌和 → 上甑 → 蒸酒 ┬ 成品 → 贮存 → 勾兑 → 包装
清蒸稻壳 ┘→ 润料　　　　　├ 酒头 → 贮存 → 备用
　　　　　　　　　　蒸粮　　├ 酒尾 → 重蒸
　　　　　　　　　　　　└ 粮糟 → 打量水 → 摊晾

大曲 → 打碎 → 碾细 → 过筛 → 大曲粉 → 撒曲
母糟 ┐
　　├ 拌和 → 上甑 → 蒸馏 → 出甑 → 红糟 → 摊晾 → 撒曲 → 入窖发酵
清蒸稻壳 ┘
　　　　　　　红糟酒 → 贮存 → 勾兑 → 出厂　　　　　出窖
面糟 ┐
　　├ 蒸馏 → 丢糟黄水酒 → 稀释 → 分层回窖　　　滴窖 → 出窖堆放
黄水 ┘└ 出甑 → 丢糟 → 饲料

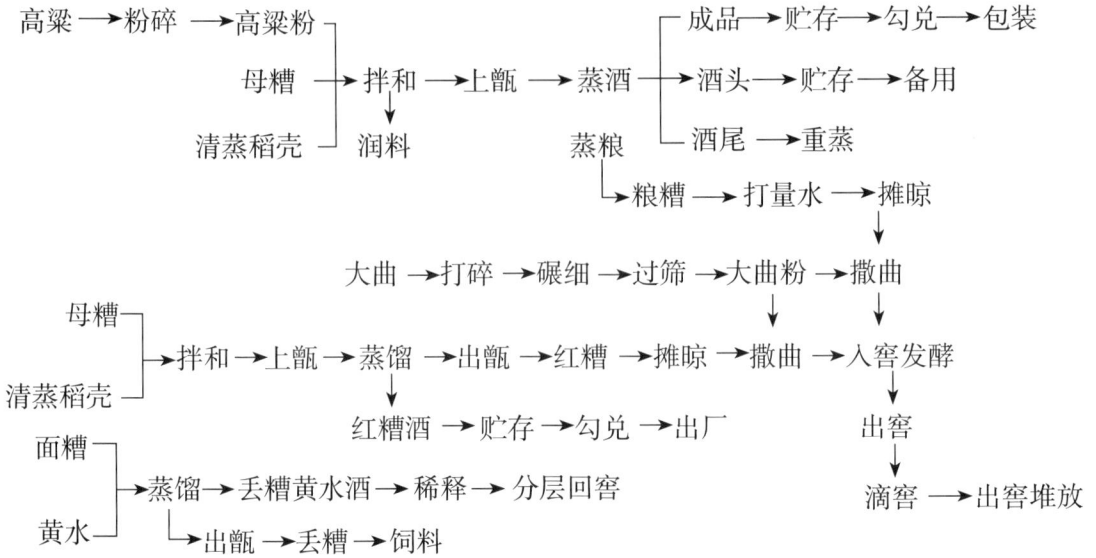

A. 原辅料处理:生产所用的原料主要是高粱,以糯高粱为好。原料高粱要先进行粉碎,破坏淀粉结构,这样有利于糊化,同时增加淀粉酶对淀粉粒的接触面,使之糖化充分,提高出酒率。但不宜磨得过细,以通过20目筛的量占85%左右为宜。稻壳是优良的填充剂,在蒸酒、蒸粮时可避免踏气,在发酵时可起适当的疏松作用,以免糟子发黏。但稻壳含有较多的果胶质、多缩戊糖等,在蒸酒时可能产生糠醛、甲醛等而影响酒质,因此,工艺上用熟糠拌料,即利用蒸粮余气将稻壳蒸熟,然后晾冷、晾干备用。

B. 开窖:包括剥窖皮、取酒醅、滴窖。

剥窖皮。将封窖的塑料薄膜去掉,用镰刀将窖皮划分为方块,尽量少粘糟子,同时也不要留下窖皮泥混入糟中。取下的窖皮泥堆积在窖皮泥池中,可加少量黄水,以备下一排封窖用。

取酒醅。先将面糟取出,运到堆糟坝(或晾堂上)堆成圆堆,拍紧,撒上一层稻壳,以减少酒精挥发,单独蒸酒后作丢糟处理。面糟取完后接着取红糟,另起一堆,拍紧,撒稻壳少许,此糟蒸酒后只加曲,不加新料,入窖发酵即为新的面糟。其余母糟同样取到堆糟坝一角,分开堆积,当取到出现黄水时即停止,并将已出窖的母糟刮平,拍紧撒上一层稻壳。

滴窖。停止取母糟后,即在窖中央或窖边挖一坑,深至窖底,随即将坑内黄水舀净。黄水是窖内糟醅渗透到窖底的水,因呈黄色而得名。它是由于酒醅在发酵过程中,淀粉由糖变酒,同时产生二氧化碳从吹口跑出,单位酒醅重量相对减少,结晶水游离出来,原料中的单宁、色素、可溶性淀粉、酵母自溶物、醋酸、还原糖等溶于水中沉下窖底而形成。它含有丰富的有机酸、酒精、淀粉、糖分、微生物菌体及活细胞等,故是人工培窖的好材料。亦可将黄水集中蒸馏取得黄水酒。

滴窖就是将母糟中的黄水尽量滴出,以降低母糟中的水分和酸度,以有利于本排产酒和下排发酵。生产中,要做到"滴窖勤舀",同时要注意通风排气工作。

C.配料拌和:在蒸酒上甑前 40 ~ 45 min,用耙梳在堆糟坝耙出约够一甑的母糟并刮平,倒入粮粉,随即拌和一次。拌毕再倒入稻壳,并连续拌两次。要求低翻快拌、拌散、拌匀、无疙瘩灰包。配料时,不可将粮粉与稻壳同时拌和,以免粮粉装入稻壳内,不利于糊化。翻拌次数不可太少,时间不可太长,以尽量减少酒精的挥发。拌和时间也不可过早或过晚,过早会使酒精挥发损失大,过晚则粮食吸水不够,不利于糊化。拌好后堆置 30 ~ 35 min,此堆积过程称为"润料"。

通过配料可控制入窖淀粉、水分、酸度,以维持正常发酵。

母糟一定要适量,其作用有:a.调节入窖酸度,保证发酵所需的酸度,抑制杂菌繁殖;b.调节淀粉含量,进而调节温度,使酵母在一定的酒精量和适宜的温度下生长;c.提高淀粉利用率;d.带入大量具有大曲酒香味的一些前体物质,有利于提高大曲酒的质量。

D.蒸粮蒸酒、打量水。

装甑。装甑时不仅要做到轻、松、匀、探气上甑、轻倒匀撒,还要掌握蒸汽量,做到不压气、不跑气、穿气均匀。在装甑时要求边高中低,装甑时间一般为 35 ~ 45 min。

蒸酒蒸粮。先截去酒头约 0.5 kg。酒头中含低沸点物质较多,香浓冲辣,可存放用来调香或回窖发酵。断花时摘酒尾,酒尾可用于下一甑复蒸。蒸酒时蒸汽要匀、先小后大,控制流酒温度在 25℃ 左右,不超过 30℃,流酒速度一般在 3 kg/min 左右,流酒时间为 15 ~ 20 min。流酒温度过低,会让乙醛等低沸点物质过多地进入酒内;流酒温度过高,酒精和香气成分损失增加。断尾后加大火力蒸粮约 20 min,以促进原料淀粉糊化并达到冲酸的目的,蒸粮要求原料柔熟不腻、内无生心、外无粘连。

打量水。粮糟出甑后,立即拉平,加 80℃ 以上的热水,这一操作称为打量水,也叫热水泼浆或热浆泼量。打量水要撒开泼匀,不能冲在一起。打量水的方法不尽相同,有的打平水,即同一窖中各层粮糟加水量相同;也有打梯度水的,即上层加水多,下层加水少,这样的打法有调匀水分的作用,可防止产生淋浆。除装六、七甑的小窖外,一般窖底的一甑粮糟不打量水。量水的多少,以控制入窖水分在 53% ~ 55% 之间为好。

E.摊晾下曲:摊晾也称扬冷,是使出甑的粮糟迅速降低品温,挥发部分酸和表面水分,吸收新鲜空气,为入窖发酵创造条件。传统的摊晾操作是将打完量水的糟子撒在晾堂上,撒匀铺平,厚为 3 ~ 4 cm,进行人工翻拌,吹风冷却,整个操作要求迅速、细致,尽量避免杂菌污染,防止淀粉老化。一般夏季需要 40 ~ 60 min,冬季需要 20 min 左右。目前不少厂已改用晾糟机。将糟置于晾糟机上,均匀摊平,利用风机通风降温至下曲温度。

摊晾后的粮糟加入原料量 18% ~ 20% 的大曲粉,红糟应不加新料,用曲量可减少1/3 ~ 1/2,同时根据季节调整用量,一般夏季少而冬季多。撒曲温度略高于入窖温度,冬季高出 3 ~ 4℃,其他季节可与入窖温度持平。撒曲后翻拌均匀,入窖发酵。

F.入窖发酵:当糟子品温达到入窖要求时即可入窖。入窖时先在窖底撒大曲粉 1 ~ 1.5 kg,促进生香。粮糟入窖后,适当踩紧、刮平,创造厌氧条件。粮糟入窖完成后,撒上一层稻壳,再入面糟,扒平踩紧即可封窖发酵。入窖时,注意窖内粮糟不得高出地面,加入面糟后形成的窖帽也不得高出地面 50 cm 以上,并要严格控制入窖条件,包括入窖温度、酸度、水分和淀粉浓度。发酵期为 30 d、45 d、60 d、90 d 不等。表 6-1-1 为不同季节的原料配比及入窖条件。

表 6-1-1 不同季节的原料配比及入窖条件

<table>
<tr><td rowspan="2">项目</td><td colspan="3">季节</td></tr>
<tr><td>旺季(1、2、3、4、5、12 月)</td><td>淡季(7、8、9 月)</td><td>平季(6、10、11 月)</td></tr>
<tr><td colspan="2">地温</td><td>12℃以下</td><td>26℃以上</td><td>20~25℃</td></tr>
<tr><td colspan="2">加稻壳(%)</td><td>20~22</td><td>17~19</td><td>19~21</td></tr>
<tr><td colspan="2">打量水(%)</td><td>60~68</td><td>65~75</td><td>65~70</td></tr>
<tr><td colspan="2">配母糟(%)</td><td>480</td><td>580</td><td>560</td></tr>
<tr><td rowspan="4">入窖</td><td>温度(℃)</td><td>13℃或高于室温 1~2℃</td><td>低于地温 1~3℃</td><td>平地温或高于地温1℃</td></tr>
<tr><td>酸度</td><td>1.0~1.4</td><td>1.5~1.7</td><td>1.3~1.6</td></tr>
<tr><td>淀粉(%)</td><td>16~17</td><td>15~16</td><td>15~17</td></tr>
<tr><td>水分(%)</td><td>53~54</td><td>54~55</td><td>53~55</td></tr>
<tr><td rowspan="3">出窖</td><td>酸度</td><td>2.5~2.8</td><td>3.0~3.2</td><td>2.6~3.0</td></tr>
<tr><td>淀粉(%)</td><td>6.0~7.5</td><td>7.5~9.0</td><td>7.0~8.5</td></tr>
<tr><td>水分(%)</td><td>57.6~60.0</td><td>59~60</td><td>59~60</td></tr>
</table>

(3)清香型大曲酒的生产

清香型大曲酒的生产工艺以山西的汾酒为代表,即采用"固态地缸分离发酵,清蒸二次清"的传统酿造方法和手工技艺。

①工艺流程。

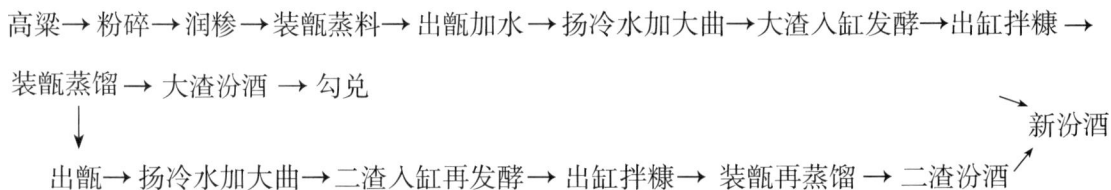

高粱 → 粉碎 → 润糁 → 装甑蒸料 → 出甑加水 → 扬冷水加大曲 → 大渣入缸发酵 → 出缸拌糠 → 装甑蒸馏 → 大渣汾酒 → 勾兑

出甑 → 扬冷水加大曲 → 二渣入缸再发酵 → 出缸拌糠 → 装甑再蒸馏 → 二渣汾酒 / 新汾酒

②工艺要点。

原料粉碎:将高粱粉碎成 4~8 瓣/粒,细粉不得超过 20%。大曲的破碎度,第一次发酵用大曲,要求破碎成绿豆到豌豆般大小,能通过 1.2 mm 筛孔的细粉不超过 55%;第二次发酵用大曲,要求破碎到小米粒到绿豆般大小,能通过 1.2 mm 筛孔的细粉为 70%~75%,夏天粉碎细度应粗些,防止发酵时升温过快,冬季可以细些。

润糁:粉碎后的高粱称红糁,在蒸料前用热水进行润糁,称高温润糁。高温润糁有利于原料吸收糊化,促进果胶酶分解果胶形成甲醇,排除或降低成品酒中的甲醇含量,提高产品质量。高温润糁是将粉碎后的高粱加入原料重量55%～62%的热水。夏季水温为75～80℃,冬季为80～90℃。拌匀后,进行堆积润料18～20 h,并在面层进行覆盖。在堆积过程中,翻拌2～3次,使品温控制在冬季42～45℃,夏季47～52℃。如糁皮干燥,应补加原料量2%～3%的水分。润糁后的质量要求为:润透、不淋浆、无异味、无疙瘩、手搓成面。

蒸料:用清蒸的方法可以使酒味更加纯正清香。蒸料时使用活甑桶,先将底锅水煮沸,然后将500 kg润料后的红糁均匀撒入,边上气边上料,待蒸汽上匀后,再用60℃的热水15 kg泼在表面上以促进糊化。在蒸煮初期,品温为98～99℃,加盖芦席,加大蒸汽,温度逐渐上升,到出甑时品温可达105℃,整个蒸煮时间(装完甑算起)需蒸足80 min。红糁蒸煮后质量要求达到熟而不黏,内无生心,有高粱糁香味,无异杂味的标准。

加水和晾渣:蒸熟后趁热取出红糁,堆成长方体,泼加原料量28%～30%的冷水立即翻拌,使红糁充分吸水,再进行通风晾渣,冬季要求降温至20～30℃,夏季降至室温。

入缸发酵:用陶瓷缸装酒醅发酵。缸埋在地下,口与地面平,缸间距离为10～24 cm,缸直径为0.88～0.90 m,高为1.55～1.60 m。也有的工厂用水泥发酵池,但需要以瓷砖或陶砖贴面,或以水泥磨光打蜡。大渣入缸温度一般为10～16℃,夏季越低越好,应做到比自然气温低1～2℃。入缸水分控制在52%～53%。酒醅入缸后缸顶用石板盖严,用经过清蒸的稻壳或小米壳封缸口,再加上稻壳保温。

大渣入缸后,即进入发酵阶段。要求做到前期升温缓慢,中期保持一定高温,后期缓慢降温。

前期发酵:低温入缸是保证前期升温缓慢的前提。入缸温度过高,前期发酵升温迅速;入缸温度过低,前期发酵过长。入缸3～4 d酒醅呈甜味正常,若7 d后仍有甜味,乃是缸温偏低,表面在进行糖化,酒化进行不畅所致。应控制品温缓慢上升到20～30℃,这时微生物生长繁殖、霉菌糖化较迅速,淀粉含量急剧下降,还原糖含量迅速增加,酒精开始形成,酸度也增加较快。发酵前缓期为6～7 d。

中期发酵:一般入缸后第7～17 d是中期发酵,为主发酵阶段,微生物生长繁殖以及发酵作用均极旺盛,淀粉含量急剧下降,酒精含量显著增加,最高达12°P左右。酒醅由甜味变成微苦,最后变成苦涩,是发酵的良好标志。酵母菌发酵旺盛抑制产酸菌活动,酸度缓慢增加。这个时期一定要保持一定的高温阶段。若发酵品温过早、过快下降则会使发酵不完全,或者酒醅发暗、发硬、发粉,出酒率低,酒质较差。

后期发酵:指出缸前发酵的最后阶段,为11～12 d,称后发酵期。这一阶段主要是生成酒的香味物质。若此阶段品温下降过快,酵母发酵过早停止,将会不利于酯化反应;若品温不下降,则酒精挥发损失过多,且有害杂菌继续繁殖生酸,便会产生各种有害物质。故后发酵期应控制温度缓落。随着发酵的进行,酒醅逐渐下沉,下沉愈多产酒量愈高,一般可下沉至全缸深度的1/4。

出缸蒸馏:发酵完毕取出酒醅,加入原料量22%～25%的辅料——糠(其中,稻壳与小米壳的比例为3∶1),拌均匀装甑蒸馏。流酒温度一般控制在25～30℃,每甑截酒头1 kg,流酒至酒度 30°P 以下为尾酒。蒸尾酒时加大蒸汽量,以追尽酒醅的尾酒,酒头可回缸发酵;酒尾下次蒸馏时,回入甑的底锅重新蒸馏。

入缸再发酵:大渣再发酵为二渣,二渣的整个酿酒操作原则上和大渣相同。首先将蒸完酒的醅视干湿情况泼加 35℃ 温水 25～30 kg,即所谓的"蒙头浆"。然后出甑,迅速扬冷到 30～38℃,加入大渣投料量 10% 的大曲。翻拌均匀,待品温降到规定温度即可入缸发酵。二渣发酵期亦为 28 d。二渣酒醅出缸后,加少量的小米壳,即可按大渣酒醅一样操作进行蒸馏。蒸出来的酒叫二渣汾酒,二渣酒糟则作饲料用。

2. 小曲白酒的生产技术

小曲酒是我国主要的蒸馏酒品种之一,尤其在我国南部、西南地区较为普遍。根据所用原料和生产工艺的不同,大致有两类:一类是在四川、云南、贵州等省份盛行的以高粱、玉米等为原料,小曲箱式固态培菌、配醅发酵、固态蒸馏生产的小曲酒;一类是在广东、广西、福建等省份较为盛行的以大米为原料,采用小曲固态培菌糖化、半固态发酵、液态蒸馏生产的小曲酒。半固态发酵法又可分为先培菌糖化后发酵和边糖化边发酵两种传统工艺。

(1)先培菌糖化后投水发酵生产小曲酒工艺

广西桂林三花酒是这种生产工艺的典型代表,它的特点是以药小曲为糖化发酵剂,前期固态糖化,后期半固态发酵,再用液态蒸馏。发酵周期约 7 d。此法具有用曲量少、品质纯正、出酒率高的优点。

①工艺流程。

大米→加水浸泡→蒸饭→摊晾→拌料→下缸培菌糖化→拌水发酵→蒸馏→陈酿→成品

②工艺要点。

蒸饭:原料大米用 50～60℃ 温水浸泡 1 h,晾干后倒入甑内,扒平盖好进行加热蒸饭,蒸饭约 20 min,揭盖、搅松、扒平,再盖盖蒸煮,圆汽后蒸约 20 min,至饭粒变色,开盖搅松,泼第一次水,水量为大米量的 60%。盖好继续蒸 15～20 min,至饭粒熟后再泼第二次水,再搅松蒸至饭粒熟透为止。蒸熟的饭粒饱满,含水量为 62%～63%。

拌料加曲:将蒸熟的米饭倒入拌料机中,将饭团搅散扬凉,再鼓风摊冷,至品温降至 32～37℃,加入原料量 0.8%～1.0% 的小曲拌匀。

下缸培菌糖化:拌匀后的饭料倒入饭缸内,传统每缸装料 15～20 kg,饭厚 10～13 cm,冬厚夏薄。饭料中央挖一空洞,以便有足够的空气进行培菌和糖化。缸口盖上簸箕,培菌糖化。随着培菌时间的延长,根霉、酵母等微生物开始生长,代谢产生热量,品温逐渐上升,一般以培菌 20～22 h,品温在 37℃ 为最宜,并做好保温和降温工作,使品温超过 42℃。

半固态发酵:下缸糖化总时间为 22～24 h,糖化率达 70%～80% 即可,结合品温和室温投入原料量 120%～125% 的水,拌匀,使品温约为 36℃(冬天可拌加温水)。加水醅的含糖量应在 9%～11% 之间,总酸小于 0.7,酒精含量为 2%～3%(容量)。加水拌匀后把醅转入醅缸,每个饭缸分装两个醅缸,用塑料布封口,并做好保温或降温工作,发酵 6～7 d。成熟酒醅的酒度为 11% ~12% ,总酸为 0.8 ~1.2,残糖在 0.5% 以下。

蒸馏:成熟酒醅转入蒸馏锅或蒸馏釜,间隙蒸馏,掐头去尾。

陈酿:蒸出的酒经鉴定,其色、香、味和理化指标合格后入库陈酿。传统的三花酒陈酿于冬暖夏凉、四季温度恒定的象鼻山岩洞中,容器是容量为 500 kg 的瓦缸,用石灰拌纸筋封好缸口后贮存一年以上,再化验勾兑出厂。

（2）边糖化边发酵生产小曲酒工艺

豉味玉冰烧酒是这种生产工艺的典型代表,它的特点是:糖化与发酵是在同一瓦埕内、同一条件下同时进行,用曲量较大,用米酒浸泡肥猪肉的最后一道工序是形成典型香味的关键,其蒸馏后的混合酒度为 31% ~32% ,是我国白酒中酒度最低的。

①工艺流程。

大米→蒸饭→摊晾→入埕发酵→蒸馏→肉埕陈酿→沉淀→压滤→包装→成品

②工艺要点。

蒸饭:蒸饭采用水泥锅。每锅先加清水 110 ~115 kg,装大米 100 kg,加盖蒸煮,煮沸时即进行翻拌,并关掉蒸汽,使米饭吸水饱满,开小量蒸汽焖 20 min 便可出饭。蒸饭要求饭粒熟透疏松、无白心。也可用连续蒸饭机连续蒸饭,效果更好。

摊晾拌料:蒸熟的饭装入松饭机,打松后摊于饭床或用传送带鼓风摊晾冷却,使品温夏天降至 35℃ 以下,冬天降至 40℃ 左右后拌入曲粉,曲粉用量为大米用量的 18% ~22% ,拌匀入埕发酵。

入埕发酵:入埕前先将埕洗净,每埕装清水 6.5 ~7 kg,然后将拌了曲的米饭装入埕,每埕 5 kg（以大米量计）,封闭埕口,入发酵房发酵。控制室温在 26 ~36℃ ,注意品温的变化,尤其是发酵前期 3 d 的品温,控制在 30℃ 以下,不得超过 40℃ 。夏季发酵 15 d,冬季发酵 20 d。

蒸馏:发酵完毕,将酒醅转入蒸馏甑中蒸馏,掐头去尾,保证初馏酒的醇和,酒头酒尾入下一锅进行复蒸。

肉埕陈酿:将初馏酒装埕,每埕装酒 20 kg,肥猪肉 2 kg,浸泡 3 个月,把酒倒入大缸或大池中,自然沉淀 20 d 以上。埕中剩余肥猪肉可加新酒再浸。

压滤包装:带缸或池中酒液澄清后,取样化验及勾兑。认定合格时,除去液面油脂,将中间部分的澄清酒液泵入压滤机过滤后包装即为成品。

3.液态法白酒的生产

液态法白酒是指原料的糊化、糖化、发酵、蒸馏等工艺全部在液相状态下制成的一种白酒。其制备工艺具有生产周期短,出酒率高,劳动生产率高,对原料适应性强,除制曲外基本上不用辅料,便于实现机械化、连续化作业的优点。尤其是通过总结出"液态除杂、固态增香、增己降乳、调香勾兑"等经验提高了液态法白酒的质量之后,液态法白酒产量大增。

液态法白酒生产工艺是在总结我国某些名牌白酒生产经验的基础上,将酒精生产的优点和白酒传统发酵的特点有机地结合起来后提出来的,其工艺主要有全液态法、液固结合法、调香法三种类型,后两者应用得较多。

（1）全液态法

全液态法俗称"一步法"，有时也称液体发酵法。该法从原料蒸煮、糖化、发酵直至蒸馏，基本上采用酒精生产的设备，大体上与酒精生产方法相近，但又不完全相同，其在工艺上吸取了白酒的传统操作特点。用该法酿造的成品酒，酸和酯含量低，种类少，一般酯类在数量上仅为固态法白酒的 1/3 左右，总酸量仅为固态法白酒的 1/10 左右，而杂醇油含量高，一般为固态法白酒的两倍多，使醇酸比和醇酯比等微量成分之间比例失调，导致酒质较差。目前大多以高粱、玉米为原料采用液态法生产白酒。

（2）液固结合法

液固结合法是近年来白酒生产推广的一项重要技术措施，它是指以液态发酵法生产的质量较好的酒精作为酒基，再采用固态发酵法制成的香醅进行串蒸或浸蒸，制得成品白酒。因此，良好的酒基及相应的香醅是以该法制白酒的基础。

（3）调香法

向食用酒精中加入具有白酒香气的天然香料或纯正化学药品，稀释至白酒所需的酒精度的产品的方法，称为调香法。调香白酒的质量首先取决于酒基的质量，根据国家规定，酒基必须是食用酒精。所用香料必须符合食用标准，不得含有对人体有害的成分。

调香法白酒的香源主要有三方面：

①利用生香酵母制备的香味白酒。

②利用优质白酒的酒头、酒尾等做香源。

固态酒醅蒸酒时都要"截头去尾"，而酒头中的低级脂肪酸酯、醛、高级醇含量较高，所以酒头香，但暴辣味大，酒尾中的高级醇含量也较高，总酸、总酯含量则更高，特别是乳酸、乳酸乙酯等，即在优质白酒中所具有的各种香味成分，在酒尾、酒头中或多或少都有存在，故可以作为调香白酒的香味物质。

③白酒香料。

白酒香味成分十分复杂，少则几十种，多则上百种。从调香原理上讲，香料品种以多样为好，一般不少于 20 种，只有香料品种齐全、质量好，才能勾兑出好酒来。但所使用的香料数量不宜过多，也不宜过少。多数酒厂使用的调香料是酯类、酸类、高级醇类及羰基化合物等单体香料，这样可以自己设计配方，调配出好的白酒，并能不断研究，改善配方，提高酒质。也有的酒厂使用酒用香精，它们是由各香精厂将各种单体香料按不同配方调配而成的。酒用香精直接调入酒基即可配出调香白酒，但由于各厂所用酒基质量差异很大，同时采用酒用香精往往会使产品风格千篇一律，没有特色，无法确立自己的风格，所以不如用单体香料好。

调香白酒的配制是一项细致的工作，配方设计通常是以某名优白酒主要香味成分的界限值及量比关系、各单体香料的香味特征以及成品酒卫生指标为依据的，也可根据饮用者的习惯，设计风格新颖的产品。

五、白酒的贮存与勾兑调味

1.白酒的贮存

（1）白酒贮存的目的

新蒸馏出来的新白酒，一般都有暴辣、冲鼻、刺激性大等缺点。经过一段时间的贮存后，酒体会变得醇香、绵软，口味比较协调，这个变化过程称为自然老熟，也叫贮存或陈酿。

（2）白酒老熟的机理

①物理作用。

白酒中的乙醇与水都是强极性分子，在液态时通过氢键作用以不同的缔合结构存在。例如，将无水乙醇53.94 mL与水49.83 mL混合，若乙醇分子与水分子之间无作用，则混合后应该是103.77 mL，但实际结果为100 mL，表明收缩了3.77 mL，这是缔合作用所造成的。贮存过程中，通过这种缔合作用可以使酒的口感变得柔和。

新酒中的一些低沸点物质，如硫化氢（具有臭鸡蛋味）、硫醇（具有臭萝卜味）、乙醛和丙烯醛（能刺眼、刺舌，具有刺激性辣味）以及游离氨等，在贮存过程中得以自然挥发，排除了白酒的邪杂味，从而使香味突出，起到了去杂增香的作用。

②化学变化。

白酒中存在大量可氧化或可还原的成分，在贮存过程中，进行着一系列的氧化还原反应。如醇可氧化为相应的醛或酸，使白酒中酒精的含量下降，而醛、酸增加。贮存中氧化还原电位的增高，也说明白酒老熟是一个氧化过程。生产中常采用添加氧化剂以及超声波、X射线、微波等人工催熟的方法，也都是为了促进氧化作用。

白酒贮存中，乙醛能与乙醇分子缩合形成乙缩醛，乙缩醛具有花果香，有令人愉快的清香感，可减轻白酒的辛辣味。同时乙缩醛还能在白酒中起到提香的作用，即将白酒中的气体香味物质烘托出来，增加白酒的香气香味。

白酒贮存中，最重要的化学变化是酯化反应。白酒中所含的酯类物质是白酒的主要香味成分，酯除了在发酵过程中由微生物的作用而生成外，在贮存过程中也能通过缓慢的酯化反应形成。各种醇与酸酯化成相应的酯，使总酯含量增加，白酒变得更香。

（3）白酒贮存的容器

白酒贮存的容器有多种，常见的有陶器、血料容器、金属容器、石料、钢筋水泥池等。它们都有各自的优点和缺点，在保证白酒贮存过程中不变质、投资少、损耗低的原则下，根据有利于白酒质量的具体情况和需要，可因地制宜选择使用。

（4）白酒的贮存管理

白酒贮存应视为白酒制备工艺过程中一道重要的工序，在贮存过程中，应从以下几方面加强管理：

①做好新酒的分级、分型入库。

要想有质量好的成品酒,首先要做好新酒,若新酒质量不符合规定的要求,在贮存中也难变好。新酒的风味与老熟酒的风味是大不相同的,若用出厂酒的标准来品尝新酒,往往会对新酒在贮存中的变化估计失当。例如,初评时认为异味大而不合格的酒,经贮存后可能会变成香醇的好酒,也有初评认为好的新酒,经贮存后酒味变得寡淡。因此,做好新酒,并严格把好新酒入库分级、分型关,是贮酒的首要工作。

②合理考虑贮存条件。

白酒的贮存,同时要考虑酒库温度、湿度、通风状况、光线、贮存量,以及不同贮存容器和容量等因素。

③确定合理的贮存期。

首先,不同香型的白酒有不同的贮存期。一般茅香型白酒的贮存期为3年,泸香型白酒为1年,清香型白酒也在1年以上。其次,即使是同一企业的同一产品,等级不同,贮存期也不同,一般名优白酒的贮存期为3年,优质白酒为1年,一般白酒为10天。最后,即使是同一甑酒醅蒸出的酒,因馏分不同,其贮存期也应不同,如用作勾兑的酒头的贮存期,通常比中馏酒长得多。

④注意酒库的安全管理。

白酒中的酒精含量高,酒精具有易挥发、易燃、易爆的特点,而酒库又是酒的集中地,因此,做好酒库的安全管理以及防火、防爆工作尤为重要。

2. 白酒的勾兑调味

(1)勾兑调味的目的

白酒生产有"七分技术,三分艺术"之说,这三分艺术指的就是白酒的勾兑调味,也有人说白酒"生香靠发酵,提香靠蒸馏,成型靠勾兑",这都说明了勾兑调味在白酒生产中的重要性。

在白酒的生产过程中,由于生产周期长,受各种客观因素的影响,不同季节、不同班组、不同窖池蒸馏出的白酒,其香味及特点各有不同,质量上也参差不齐。因此,白酒必须经过精心的勾兑调味,取长补短,缩小差异,稳定酒质,统一标准,协调香味,突出风格。

(2)勾兑调味的原理

白酒的勾兑调味包括勾兑基础酒和调味两个基本的过程。白酒中的主要成分是醇类物质,同时还有酸、酯、醛、酮、酚等微量成分,它们之间的量比关系决定着产品的风格。勾兑,主要是将酒中的各种微量成分以不同的比例兑加在一起,使其分子重新排布和缔合,进行协调平衡,烘托出基础酒的香气、口味和风格特点。调味,就是对基础酒进行最后一道精加工或艺术加工,通过这项非常精细而又微妙的工作,用极少量的调味酒,弥补基础酒在香气和口味上的欠缺,使其优雅细腻,完全符合质量要求。所以勾兑是调味的基础,也有人把勾兑比喻为"画龙",把调味比喻为"点睛"。

①勾兑基础酒。

所谓基础酒,就是指勾兑好的酒,质量上要基本达到同等级酒的水平。在勾兑时要注意研究和应用各种酒的配比关系。

各种糟酒之间的配比:各种糟酒有各自的特点,如粮糟酒甜味重、香味淡,红糟酒香味较好但不长久、醇甜差、酒尾燥辣。从微量成分来看,各种糟酒也有明显的区别,因此,将它们按合理的比例混合才能使酒质全面、风格完善、酒体完美。如泸州特曲勾兑的比例为:双轮底酒10%、粮糟酒65%、红糟酒20%、丢糟黄水酒5%。

老酒与一般酒的比例:一般说来,贮存1年以上的酒称为老酒,具有醇甜、清爽、陈味好的特点,但香味不浓;一般酒香味较浓,带燥辣。因此在勾兑基础酒时,一般要添加一定数量的老酒,取长补短。

不同季节所产酒的配比:一年中因气温的变化,入窖粮糟温度不一致,以及发酵条件不同,所产的酒也存在差异,尤其是热季和冷季所产的酒,各有各的特点和缺陷。在勾兑时,应注意它们的配合比例,研究它们之间的关系。

老窖酒与新窖酒的配比:老窖酒香味正,新窖酒寡淡、味短。若以老窖酒为基础,适量加新窖酒,既可提高产量,也可稳定质量。

不同发酵期所产酒的配比:发酵期长的酒相对于发酵期短的酒,味浓醇,但香气差,挥发性香味少。勾兑时,在发酵期长的酒中适量兑加部分发酵期短的酒,对提高酒的香气和喷头,突出酒的风格是十分有益的。

好酒与差酒的配比:好酒和差酒勾兑酒质可能变好,差酒与差酒勾兑有时酒质会变好,好酒和好酒勾兑酒质可能会变坏,因此,在勾兑中需要注意各种酒的配比关系。

②白酒的调味。

基础酒经过具有特殊风味的调味酒调味后,才算定型,而所谓调味酒,就是采用独特工艺生产的具有各种特点的精华酒,在香气和口味上表现为特香、特甜、特醇、特暴辣等特点的特殊酒。常用的调味酒有:

陈酒:在酒的贮存过程中,可适当延长一些香味的、酒体纯正的酒的贮存期,使其有充分的时间进行酯化、氧化,令酒味柔和醇厚,有特殊风味。

窖边香糟酒及双轮底酒:其特点是窖香浓,味醇甜,进口喷香,暴辣,带涩,丰满有劲,回味长,提高酒的芳香程度,是窖香浓郁的重要保证。

酒头:酒头中低沸点的香味物质多,在勾兑中可以提高白酒的芳香效果。

酒尾:酒尾中含有较多的高沸点香味物质,酯含量高,特别是高级醇和高级脂肪酸含量也高,能改善白酒的后味,使酒回味长且醇厚。

调味酒的种类和制备方法很多,各企业可根据具体情况和独特的风格选用和创新。

(3)白酒勾兑调味的方法

每个白酒企业都有自己的勾兑调味方法,即使是在同一个企业,对于不同的勾兑调味师,其勾兑调味方法的差异也较大。但一般勾兑调味的方法主要有以下几步:

①新酒分级入库。

勾兑前,先验收合格酒,即符合质量标准的等级酒,然后分级入库贮存。

②合并同类型酒。

在贮存期,对香味特征、风格比较接近,入库时间接近的酒进行适当合并,并混合搅拌均匀。

③勾兑小样。

④正式勾兑。

按小样勾兑的比例及先后顺序放大,进行大样正式勾兑。先勾好基础酒,再勾调味酒,搅拌均匀,与标准酒对照品尝。

近年来,很多大型企业将微机技术运用到勾兑调味工作中来。其原理一般是先用气相色谱仪对成品酒的香味成分进行分析,找出规律,建立模型输入计算机。然后将酒库中的酒分析数据输入微机,由微机得出各种不同微量成分的酒的配比数据,按此数据进行勾兑。其优点是减少了人为的误差,基础酒质量相对较稳定,易实现自动化,并可提高优质酒的百分率,但目前还不能完全代替人工。

任务6.2　啤酒加工技术

啤酒是以发芽的大麦或小麦为主要原料,以大米或其他谷物为辅助原料,经麦芽汁的制备、加酒花煮沸,并经酵母发酵酿制而成的,含有二氧化碳的低酒精度(2.5% ~7%)的酒饮料。

啤酒是一种营养丰富的低酒精度的饮料酒,其化学成分比较复杂,随原料配比、酒花用量、麦芽汁浓度、糖化条件、酵母菌种、发酵条件以及糖化用水等诸多因素的变化而变化。以 12°P 啤酒为例:实际浓度为 4.0% ~4.5%。其中,80% 为糖类物质,8% ~10% 为含氮物质,3% ~4% 为矿物质,还含有 12 种维生素(尤其是维生素 B_1、B_2 等 B 族维生素含量较多)以及有机酸、酒花油、苦味物质和 CO_2 等,含有 17 种氨基酸(其中 8 种必需氨基酸分别为亮氨酸、异亮氨酸、苯丙氨酸、缬氨酸、苏氨酸、赖氨酸、蛋氨酸和色氨酸),还含有钙、磷、钾、钠、镁等无机盐和各种微量元素以及各种风味物质。1 L 12°P 啤酒产生的热量达 1779 kJ,与 250 g 面包,或 5 ~6 个鸡蛋,或 500 g 马铃薯,或 0.75 L 牛奶产生的热量相当,故有"液体面包"的美称。

适量饮用啤酒,可引起兴奋,使皮肤血管扩张,产生温暖感。但若经常过量饮用啤酒,会使人腹部发胖,出现俗称的"啤酒肚";过量饮用啤酒还会使血液中的液体量增多,加大心脏负担。因此,高血压、冠心病患者应忌饮啤酒,肥胖病和糖尿病患者可少量饮用干啤酒。

一、啤酒的分类

啤酒品种很多,一般可根据生产方式、产品浓度、啤酒的色泽、啤酒的消费对象、啤酒的包装容器、啤酒发酵所用的酵母品种进行分类。

1.按原麦芽汁浓度分类

(1)低浓度啤酒

低浓度啤酒的原麦芽汁浓度为2.5~8°P,乙醇含量为0.8%~2.2%。

(2)中浓度啤酒

中浓度啤酒的原麦芽汁浓度为9~12°P,乙醇含量为2.5%~3.5%。淡色啤酒几乎均属此类。

(3)高浓度啤酒

高浓度啤酒的原麦芽汁浓度为13~22°P,乙醇含量为3.6%~5.5%。多为浓色或黑色啤酒。

2.按啤酒色泽分类

(1)淡色啤酒

淡色啤酒的色度在3~14 EBC单位。色度在7 EBC单位以下的为淡黄色啤酒;色度在7~10 EBC单位的为金黄色啤酒;色度在10 EBC单位以上的为棕黄色啤酒。其口感特点是:酒花香味突出,口味爽快、醇和。

(2)浓色啤酒

浓色啤酒的色度在15~40 EBC单位。颜色呈红棕色或红褐色。色度在15~25 EBC单位的为棕色啤酒;色度在25~35 EBC单位的为红棕色啤酒;色度在35~40 EBC单位的为红褐色啤酒。其口感特点是:麦芽香味突出,口味醇厚,苦味较轻。

(3)黑啤酒

黑啤酒的色度大于40 EBC单位。一般在50~130 EBC单位之间,颜色呈红褐色至黑褐色。其特点是:原麦芽汁浓度较高,焦糖香味突出,口味醇厚,泡沫细腻,苦味较重。

3.按所用的酵母品种分类

(1)上面发酵啤酒

上面发酵啤酒是以上面酵母进行发酵的啤酒。例如,英国的爱尔啤酒、斯陶特黑啤酒以及波特黑啤酒。

(2)下面发酵啤酒

下面发酵啤酒是以下面酵母进行发酵的啤酒。发酵结束时酵母沉积于发酵容器的底部,形成紧密的酵母沉淀。捷克的比尔森啤酒、德国的慕尼黑啤酒以及我国的青岛啤酒均属此类。

4.按生产方式分类

(1)鲜啤酒

啤酒包装后,不经过巴氏灭菌或瞬时高温灭菌的新鲜啤酒为鲜啤酒。因其未经灭菌,故保存期较短,一般可存放7 d左右。包装形式多为桶装,也有瓶装的。

(2)纯生啤酒

啤酒包装后,不经过巴氏灭菌或瞬时高温灭菌,而采用物理方法进行无菌过滤(微孔薄膜过滤)及无菌灌装,从而达到一定生物、非生物和风味稳定性的啤酒称为纯生啤酒。此种啤酒口味新鲜、淡爽、纯正。啤酒的稳定性好,保质期可达半年以上。目前已成为国际市场上最有竞争力、最受欢迎的啤酒品种。包装形式多为瓶装,也有听装的。

(3)熟啤酒

啤酒包装后,经过巴氏灭菌或瞬时高温灭菌的啤酒为熟啤酒。此种啤酒保质期较长可达 6 个月左右。包装形式多为瓶装或听装。

5.新的啤酒品种

(1)低(无)醇啤酒

酒精含量为 0.6% ~ 2.5%(V/V)的淡色(或浓色、黑色)啤酒即为低醇啤酒,酒精含量少于 0.5%(V/V)的为无醇啤酒。适宜于司机或不会饮酒的人饮用。

(2)干啤酒

干啤酒指啤酒的真正发酵度为 72% 以上的淡色啤酒。此啤酒残糖低,CO_2 含量高,故具有口味干爽、杀口力强的特点。由于糖的含量低,属于低糖、低热量啤酒。适宜于糖尿病患者饮用。

(3)冰啤酒

冰啤酒是将滤酒前的啤酒经过专门的冷冻设备进行超冷冻处理(冷冻至冰点以下),使啤酒出现微小冰晶,然后经过过滤,特大冰晶过滤掉。解决了啤酒冷浑浊和氧化浑浊问题,酒液更加清亮、新鲜、柔和、醇厚。

(4)稀释啤酒

稀释啤酒是"高浓度麦芽汁酿造后稀释啤酒"的简称,即制备高浓度麦芽汁(15°P 以上),进行高浓度麦芽汁发酵,然后再稀释成传统的 8 ~ 12°P 的啤酒。

(5)头道麦芽汁啤酒

头道麦芽汁啤酒即利用过滤所得的麦芽汁直接进行发酵,而不掺入冲洗残糖的二道麦芽汁。具有口味醇爽、后味干净的特点。

(6)果味啤酒

果味啤酒是在后酵中加入菠萝或葡萄或沙棘等提取液,使啤酒有酸甜感,富含多种维生素、氨基酸,酒液清亮,泡沫洁白细腻,属于天然果汁饮料型啤酒,适于妇女、老年人饮用。

(7)暖啤酒

暖啤酒属于啤酒的后调味。后酵中加入了姜汁或枸杞,有预防感冒和胃寒的作用。暖啤酒的其他指标应符合淡色(或浓色、黑色)啤酒的技术要求。

(8)浑浊啤酒

这种啤酒在成品中含有一定量的活酵母菌或显示特殊风味的胶体物质,浊度为 2.0 ~ 5.0 EBC 单位。这种啤酒具有新鲜感或附加的特殊风味。

(9)绿啤酒

绿啤酒是在啤酒中加入天然螺旋藻提取液,富含氨基酸和微量元素,啤酒呈绿色,属于啤酒的后修饰产品。

二、啤酒酿造的原辅料

1.啤酒酿造的原料——大麦

大麦是酿造啤酒的主要原料。大麦适于酿造啤酒的原因有:大麦便于发芽,并产生大量的水解酶类;大麦种植遍及全球;大麦的化学成分适合酿造啤酒;大麦非人类食用主粮。大麦的化学成分与质量直接影响啤酒的质量,必须对大麦进行选择、处理,以利于啤酒质量的提高。

根据大麦籽粒生长的形态,可将大麦分为六棱大麦、四棱大麦和二棱大麦。其中,二棱大麦的麦穗上只有两行籽,籽粒皮薄、大小均匀、饱满整齐,淀粉含量较高,蛋白质含量适当,是啤酒生产的最好原料。

淀粉是大麦中主要的化学成分,贮藏在胚乳细胞中。大麦的淀粉含量占其干物质质量的58%~65%。大麦淀粉中,直链淀粉一般占大麦淀粉含量的17%~24%,支链淀粉占大麦淀粉含量的76%~83%。糖化时直链淀粉经水解几乎全部转化为葡萄糖和麦芽糖,支链淀粉被淀粉酶分解时,除了生成麦芽糖和葡萄糖外,还产生相当数量的糊精和异麦芽糖,而糊精和异麦芽糖在发酵时较难被酵母利用。

大麦中蛋白质含量的高低,对大麦发芽、糖化、发酵以及成品酒的泡沫、风味、稳定性都有很大影响。啤酒酿造用大麦一般要求蛋白质含量为9%~12%。

2.啤酒酿造的辅助原料

生产啤酒时添加一定比例的辅助原料,可在降低生产成本的同时,改善麦芽汁的组成及增强啤酒的泡持性。原则上凡富含淀粉的谷物都可以作为辅料,但添加辅料后不应造成过滤困难,不影响酵母的发酵和产品卫生指标,不能带入异味,不影响啤酒的风味。谷类辅助原料用量一般控制在10%~50%,常用的比例为30%~50%;糖类或糖浆辅助原料用量为10%左右。常用的辅助原料有大米、玉米、小麦、糖类或淀粉水解糖浆。

3.啤酒花及其制品

啤酒花作为啤酒的香料,能赋予啤酒特有的酒花香味、爽口的苦味,提高啤酒的防腐能力,同时也增强了泡持性,啤酒花的质量也是影响啤酒质量的重要因素。酒花的成分有酒花油、酒花苦味物质、多酚类物质、单糖、果胶、蛋白质、脂和蜡等。其中,前三者是对酿酒有用的成分,它们赋予啤酒特有的苦味和香味,酒花苦味物质还有防腐作用,多酚类物质则具有澄清麦芽汁和赋予啤酒以醇厚酒体的作用。

新鲜酒花干燥后制成的全酒花,具有不易保管、不便运输、有效成分利用率不高等缺陷。而酒花制品则普遍受到欢迎。常用的酒花制品有颗粒酒花、酒花浸膏、酒花油等。

4.啤酒酿造用水

品质优良的啤酒与优良的水质分不开,酿造啤酒时必须知道其对水质的要求及处理方法。啤酒生产用水包括糖化用水、制麦用水、洗涤用水、灭菌用水、冷却用水和锅炉用水等,其中糖化用水和洗涤麦糟用水直接用于酿造,直接影响啤酒质量,称为酿造用水。

啤酒生产中对酿造用水的要求比较严格,它除应基本符合生活饮用水标准外,还要符合啤酒专业上的一些要求。每个企业都会有一个酿造用水标准。若水中杂质超过要求,应对酿造用水作适当改良和处理。

水处理方法有机械过滤、活性炭过滤、砂滤、加酸法、煮沸法、添加石膏法、离子交换法、电渗析法、反渗透法、紫外线消毒法等。

三、啤酒的生产工艺

1. 麦芽的制备

由原料大麦制成麦芽,称为制麦。制麦过程大体可分为精选分级、浸麦、发芽、干燥、除根等过程。制麦的目的在于使大麦发芽,产生多种水解酶,以便通过后续糖化使淀粉和蛋白质得以分解;绿麦芽在烘干过程中还能产生必要的色、香和风味成分;麦芽经过除根,可使麦芽的成分稳定,便于长期贮存。

(1)工艺流程

大麦→精选→分级→浸麦→发芽→干燥→除根→冷却→贮存

(2)工艺要点

①精选。

精选的第一道工序是粗选,粗选的目的是除去糠灰、各种杂质和铁屑。大麦粗选设备包括去杂、集尘、除铁、除芒等机械。精选的第二道工序是精选,目的是除掉与麦粒腹径大小相同的杂质。可用专门的精选机将不同长度的大麦杂质除去。

②分级。

将麦粒按腹径大小的不同进行分级,可分为三个等级。分级的目的是得到颗粒整齐的麦芽,为浸渍均匀、发芽整齐以及获得粗细均匀的麦芽创造条件,并可提高麦芽的浸出率。

③浸麦。

浸麦的目的:提高大麦的含水量,使大麦吸水充足,达到发芽的要求。麦粒含水 25% ~ 35%,即可均匀发芽。但酿造用麦芽,要求胚乳充分溶解,含水必须达到 43% ~ 48%。通过洗涤,除去麦粒表面的灰尘、杂质和微生物。在浸麦水中适当添加石灰乳、Na_2CO_3、$NaOH$、KOH、甲醛中的任何一种化学药品,可以加速麦皮中有害物质(如酚类、谷皮酸等)的浸出,提高发芽速度和缩短制表周期,还可适当提高浸出物,降低麦芽的色泽。

影响浸麦的因素:温度;麦粒大小;麦粒性质;通风量。

浸麦方法及设备:浸麦方法很多,常用的方法有间歇浸麦法、喷淋浸麦法、温水浸麦法、快速浸麦法、长断水浸麦法等。常用的浸麦设备有传统的柱体锥底浸麦槽、新型平底浸麦槽等。

④发芽。

发芽的目的是使麦粒生成大量的各种酶类,并使麦粒中的 部分非活化酶得到活化增长。随着酶系统的形成,胚乳中的淀粉、蛋白质、半纤维素等高分子物质逐步分解,可溶性的低分子糖类和含氮物质不断增加,整个胚乳结构由坚韧变为疏松,使麦粒达到适当的溶解度,满足糖化的需要。

影响发芽的因素:温度:通常将浸麦和发芽温度合并称为浸麦温度。发芽温度有低温、高温、先低后高、先高后低几种,根据大麦品种和麦芽类型来确定。水分:浸麦度同样影响麦芽的质量,通常制浅色麦芽用45% ~46%的浸麦度,深色麦芽的浸麦度高达48%,原因是高浸麦度能提高淀粉和蛋白质的溶解度,有利于形成色素。通风量:发芽前期及时通风供氧、排 CO_2,有利于酶的形成;发芽后期应适当减少通风量。发芽周期:取决于其他条件的配合,若发芽温度低,则必须适当延长发芽时间。它直接影响发芽设备和浸麦槽的周转率和设备台数。赤霉酸 GA_3 和溴酸的应用:可缩短制麦周期。浸麦水中加碱:可溶出谷皮中部分多酚物质,还有杀菌功效。

发芽方法与设备:发芽方法主要有地板式发芽和通风式发芽两种。发芽设备有间歇式和连续式等多种不同的形式。通风式发芽是厚层发芽,以机械通风的方式强制向麦层通入调温、调湿的空气,以控制发芽的温度、湿度、氧气与二氧化碳的比例,达到发芽的目的。下面介绍几种常用的设备:

萨拉丁发芽箱:是应用最早、最广泛而且至今仍然使用的经典箱式发芽设备。

麦堆移动式发芽体系:是一种半连续式生产设备,若要求产量增加,可增加机台数。

劳斯曼转移箱式制麦体系:与麦堆移动式发芽体系实属一种类型,都是麦层移动,箱体分室。

发芽、干燥两用箱:我国起用于20世纪70年代,设置发芽和干燥两套通风装置,设于箱体两端。

⑤绿麦芽的干燥。

绿麦芽用热空气强制通风进行干燥和焙焦的过程即为干燥。目前,普遍采用的麦芽干燥设备是间接加热的单层高效干燥炉,水平式(单层、双层)干燥炉及垂直式干燥炉等。

干燥的目的:除去绿麦芽中多余的水分,使麦芽水分降低到5%以下;终止绿麦芽的生长和酶的分解作用,并最大限度地保持酶的活力;经过加热可改善啤酒的风味;除去绿麦芽的生腥味,经过焙焦使麦芽产生特有的色、香、味;干燥后易于除去麦根,麦根吸湿性强,不利于麦芽贮存,有苦涩味并且容易使啤酒浑浊,所以不能将麦根中的成分带入啤酒中。

麦芽干燥工艺控制:当麦芽水分从43% ~46%降至23%的过程中,空气温度可控制在45~60℃,并增大通风量,调节空气使排放空气的相对湿度稳定在90% ~95%。此阶段,翻拌不要过勤,约每4 h翻拌一次。

在麦芽水分由23%降至12%的过程中,麦粒水分排放的速度下降,此时应降低空气流量和适当提高干燥温度。

当麦芽水分降至12%以内时,要加速干燥,空气的温度要进一步提高,而空气流量应进一步降低,并可以考虑利用一部分相对湿度低的回风。此阶段每2 h翻拌一次。

当麦根能用手搓掉时(此时麦芽水分已降至 5% ~8%),开始升温焙焦。此时的空气温度要进一步提升;对浅色麦芽,要保持麦层品温为 80 ~85℃;对深色麦芽,麦层品温为 95 ~105℃。同时约有 75% 的排放空气可以考虑回收利用。此时的翻拌要连续进行。

⑥除根。

出炉麦芽中大多还带有 3% ~4% 的根芽,麦根中含有 43% 左右的蛋白质,具有不良苦味,而且色泽很深,如带入啤酒,会影响啤酒的口味、色泽以及非生物稳定性,必须除去,此过程称为除根。

出炉麦芽的麦根吸湿性很强,应在 24 h 内完成除根操作,否则,麦根将很容易吸水,难以除去。除根设备常用除根机,除根机有一个缓慢转动的带筛孔的金属圆筒,内装搅刀,滚筒转速以 20 r/min 为宜,搅刀转速为 160 ~240 r/min,与滚筒转动方向相同。麦根靠麦粒间的相互碰撞和麦粒与滚筒壁的撞击作用而脱落。除根后的麦芽应再经一次风选,除去灰尘及轻微杂物,并将麦芽冷却至室温(20℃左右),入库贮藏。

⑦麦芽的冷却。

干燥后的麦芽仍有 80℃ 左右的温度,尚不能进行贮藏,因而要进行冷却。

⑧干燥麦芽的贮存。

除根后的麦芽,一般都经过 6 ~8 周(最短 1 个月,最长为半年)的贮存后,再投入使用。

2. 麦芽汁的制备

麦芽汁制备(也叫糖化)就是将干麦芽粉碎后,依靠麦芽自身含有的各种酶类,以水为溶剂,将麦芽中的淀粉、蛋白质等大分子物质分解成可溶性的小分子糊精、低聚糖、麦芽糖和肽、胨、氨基酸,制成营养丰富、适合于酵母生长和发酵的麦芽汁。

(1)工艺流程

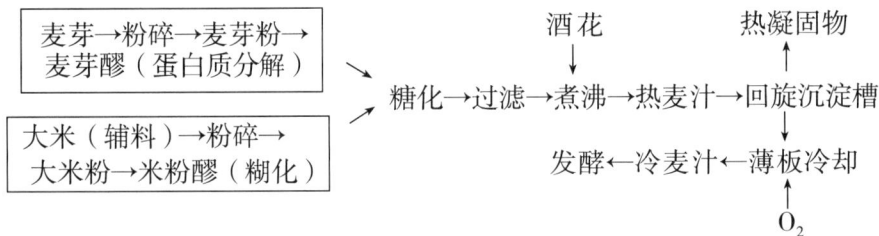

(2)工艺要点

①原料粉碎。

麦芽和辅助原料的粉碎,是制备麦芽汁的第一步,其粉碎的程度对糖化工艺操作、麦芽汁组成比例以及原料利用率的高低都有很大影响。麦芽皮壳应破而不碎,如果过碎,麦皮中含有的苦味物质、色素、单宁等会过多地进入麦芽汁中,使啤酒色泽加深,口味变差;还会造成过滤困难,影响麦芽汁的得率。胚乳粉粒则应细而均匀。辅助原料(如大米)粉碎得越细越好,以增加浸出物的收得率。

麦芽粉碎有干法粉碎、湿法粉碎和回潮粉碎三种方法。干法粉碎是传统的粉碎方法,要求麦芽水分在6%～8%,其缺点是粉尘较大、麦皮易碎。湿法粉碎是先将麦芽用50℃水浸泡15～20 min,使麦芽的含水质量分数达25%～30%之后,再用湿式粉碎机粉碎,并立即加入30～40℃水调浆,泵入糖化锅。其优点是麦皮较完整,对溶解不良的麦芽,可提高浸出率1%～2%;缺点是动力消耗大。回潮粉碎又叫增湿粉碎。可用0.05 MPa蒸汽处理30～40 s,增湿1%左右。也可用水雾在增湿装置中向麦芽喷雾90～120 s,增湿1%～2%,可达到麦皮破而不碎的目的。蒸汽增湿时,应控制麦芽品温在50℃以下,以免引起酶的失活。

麦芽粉碎常用辊式及湿式粉碎设备。辊式设备根据辊的数量又可分为对辊式、四辊式、五辊式、六辊式等。锤式粉碎机极少使用。

②糖化。

糖化的目的就是要将原料(包括麦芽和辅助原料)中的可溶性物质尽可能多地萃取出来,并且创造有利于各种酶作用的条件,使很多不溶性物质在酶的作用下变成可溶性物质而溶解出来,制成符合要求的麦芽汁,得到较高的麦芽汁得率。

糖化方法主要有煮出糖化法和浸出糖化法两种基本方法,其他一些方法均由这两类方法演变而来。

煮出糖化法:此法是将糖化醪液的一部分分批地加热到沸点,然后与其余未煮沸的醪液混合,使全部醪液温度分阶段地升高到不同酶分解底物所要求的温度,最后达到糖化终了温度。煮出糖化法根据部分醪液煮沸的次数,分为一次、二次和三次煮出糖化法。

浸出糖化法:浸出糖化法的全部糖化醪液自始至终不经煮沸,它是纯粹利用酶的作用进行糖化的方法。其特点是将全部醪液从一定的温度开始,缓慢分阶段升温到糖化终了温度。

浸出糖化法常采用二段式糖化。第一段在63～65℃糖化20～40 min,然后升温至76～78℃进行第二段糖化。

双醪糖化法(复式糖化法):为了节省麦芽,降低成本并改进质量,很多国家采用部分未发芽谷类原料作为麦芽的辅助原料,由此衍生出双醪糖化法,又称复式糖化法。

双醪糖化法的特点是将麦芽和谷类辅料分别在糖化锅和糊化锅中进行处理,然后并醪。并醪以后按煮出糖化法操作进行糖化的,即为双醪煮出糖化法;而按浸出糖化法进行糖化的,即为双醪浸出糖化法。

双醪煮出糖化法适合于各类原料制造浅色麦芽汁,常用于酿制比尔森型啤酒。双醪浸出糖化法常用于酿制淡爽型啤酒和干啤酒。

③麦芽汁的过滤。

糖化工序结束后,应在最短的时间内将糖化醪中从原料溶出的物质与不溶性的麦糟分离,以得到澄清的麦芽汁,并获得良好的浸出物得率。

目前在生产上运用的麦芽汁过滤方法有过滤槽法、压滤机法和快速渗出槽法。前两种是传统的麦芽汁过滤方法。近年来在设备结构、材质和过滤机理方面已有显著的改进,大大提高了工作效率。过滤应趁热(75～78℃)进行,最早滤出的麦芽汁中含有较多的不溶性颗粒,应让其回流 5~10 min,待麦芽汁清亮时再放入储存槽或流入麦芽汁煮沸锅。

④麦芽汁的煮沸。

糖化后的麦芽汁必须经过 1~2 h 的强烈煮沸,并加入酒花制品,成为符合啤酒质量要求的定型麦芽汁。

麦芽汁煮沸的目的:蒸发多余水分,使混合麦芽汁浓缩到规定的浓度;破坏全部酶的活性,稳定麦芽汁的组成成分;通过煮沸,消灭各种有害微生物,保证最终产品的质量;浸出酒花中的有效成分,赋予麦芽汁独特的苦味和香味,提高麦芽汁的生物和非生物稳定性;使高分子蛋白质变性并凝固析出,提高啤酒的非生物稳定性;降低麦芽汁的 pH 值;形成还原物质:在煮沸过程中,麦芽汁色泽逐步加深,形成了一些成分复杂的还原物质,如类黑素等,它们对啤酒的泡沫性能以及啤酒的风味稳定性和非生物稳定性的提高有利;挥发出不良气味,提高麦芽汁的质量。

添加酒花要掌握"先次后好,先陈后新,先苦后香,先少后多"的原则,目的是促进蛋白质凝固,增加苦味和酒花清香味。酒花的添加一般采用多次添加的方法。

二次添加法:初沸 5~10 min 后加酒花总量的 60%,煮沸结束前 30 min 左右加酒花总量的 40%。

三次添加法:第一次加酒花在初沸 5~10 min 后,加入总量的 20% 左右,压泡,使麦芽汁多酚和蛋白质充分作用,第二次加酒花在煮沸 40 min 左右,加总量的 50%~60%,萃取 α-酸,促进异构化;第三次加酒花在煮沸结束前 5~10 min,加剩余量,最好是香型花,萃取酒花油。

四次添加法:一般在麦芽汁初沸 5~10 min 后加酒花总量的 5%~10%;沸腾 30~40 min 后,加酒花总量的 30% 左右;煮沸 60~70 min 后,加酒花总量的 30%~35%,煮沸结束前 5~10 min 加剩余的酒花。

⑤麦芽汁的处理。

麦芽汁煮沸定型后,在进入发酵以前还需要进行一系列处理,包括热凝固物的分离、冷凝固物的分离、麦芽汁的冷却与充氧等。由于发酵技术不同,成品啤酒质量要求不同,处理方法也有较大差异。最主要的差别是冷凝固物是否进行分离。

热凝固物的分离:热凝固物又称煮沸凝固物或粗凝固物。麦芽汁冷却开始后,在 60℃ 以上的范围内,热凝固物仍继续析出。大量的热凝固物如带入发酵麦芽汁中,会影响酵母的正常发酵以及色泽、口味和稳定性等。麦芽汁中的热凝固物可采用回旋沉淀槽法、离心分离法或硅藻土过滤机法等方法进行分离。

冷凝固物的分离:冷凝固物又称冷浑浊物或细凝固物,是指麦芽汁在 60℃ 以下冷却时凝固析出的浑浊物质,在 25~35℃ 时析出最多。冷凝固物如保留在麦芽汁中,也会给啤酒发酵带来不良的影响。冷凝固物的分离方法有酵母繁殖罐(槽)法、锥形发酵罐分离法、浮选法、离心分离法和麦芽汁过滤法(可靠的凝固物分离方法)。通常采用锥形发酵罐分离法和浮选法。

麦芽汁的充氧:麦芽汁中适度的溶解氧有利于酵母的生长和繁殖。麦芽汁充氧大多选用文丘里管或气流混合器。麦芽汁流动中,一小段麦芽汁管道变窄可使麦芽汁流速提高,可将除菌过滤后的压缩空气吸入麦芽汁。一般使麦芽汁含氧达到 8～12 mg/L 即可。

麦芽汁的冷却:麦芽汁冷却现均采用密闭法。首先利用回旋沉淀槽分离出热凝固物,然后用薄板冷却器进行冷却。目前,我国啤酒行业多采用一段冷却法。即先将酿造水冷至 1～2℃作为冷媒,与热麦芽汁在板式换热器中进行热交换,将 95～98℃麦芽汁冷却至 6～8℃去发酵,1～2℃酿造水升温至 80～88℃,进入热水箱,作糖化用水。其优点是可节约能耗 30%左右,冷却水可回收使用,节省能源。

3.啤酒的发酵

啤酒酵母是啤酒生产的核心,啤酒酵母的种类和质量将影响啤酒的发酵和成品啤酒的质量。啤酒生产中主要利用纯培养的啤酒酵母。

啤酒的发酵是在啤酒酵母体内所含的一系列酶类的作用下,以麦芽汁所含的可发酵性营养物质为底物进行的一系列生物化学反应。通过新陈代谢最终得到一定量的酵母菌体和乙醇、CO_2,以及少量的代谢副产物如高级醇、酯类、连二酮类、醛类、酸类和含硫化合物等发酵产物。这些发酵产物影响到啤酒的风味、泡沫性能、色泽、非生物稳定性等理化指标,并形成了啤酒的特点。啤酒发酵分主发酵(旺盛发酵)和后发酵两个阶段。在主发酵阶段,进行酵母的适当繁殖和大部分可发酵性糖的分解,同时形成主要的代谢产物乙醇和高级醇、醛类、双乙酰等。主发酵为期 5～10 d,起发温度为 5～7℃,最高升至 8～10℃,最终降为 3.5～5℃,外观糖度从 12%降到 3.5%～5.5%。

后发酵阶段主要进行双乙酰的还原,使酒成熟,完成残糖的继续发酵和 CO_2 的饱和,使啤酒口味清爽,并促进啤酒的澄清。下酒后控制初期室温为 2.8～3.2℃,若是外销酒,1 个月后将温度逐渐降至 0～1℃。一般传统工艺 12°P 啤酒,外销储酒时间为 60～90 d,内销为 35～40 d。

采用大容量发酵罐生产啤酒是啤酒工业的发展趋势。圆柱锥底发酵罐是大型啤酒发酵罐的一种,目前国内新建的啤酒厂几乎全部采用圆柱锥底罐的发酵方法。圆柱锥底发酵罐一罐法发酵工艺,一罐法发酵是指主、后发酵和贮酒成熟全部生产过程在一个罐内完成。

(1)酵母添加

锥形罐容量较大,麦芽汁一般需分几次陆续追加满罐。满罐时间一般为 12～24 h,最好在 20 h 以内。酵母的添加可采用在前一半批次的麦芽汁中添加酵母,以后批次的麦芽汁中不再加酵母的方法,也有一次性添加酵母的。酵母接种量要比传统发酵法大些,接种温度一般控制在满罐时较拟定的主发酵温度低 2～3℃。添加到发酵罐的酵母应很快与麦芽汁混合均匀,一般采用边加麦芽汁边加酵母的方法。

(2)通风供氧

冷麦芽汁溶解氧的控制可根据酵母添加量和酵母繁殖情况而定,一般要求混合冷麦芽汁的溶解氧不低于 8 mg/L 即可。

（3）主发酵温度

各厂采用的主发酵温度是不一样的。多数厂采用低温（6~7℃）接种，前低温（9~10℃）后升温（12~13℃）的发酵工艺，主要是为了既不形成过多的代谢产物，又有利于加速双乙酰的还原。为了加速发酵，缩短酒龄，国际上有提高发酵温度的倾向。

（4）双乙酰还原

双乙酰还原是啤酒成熟和缩短酒龄的关键。酵母在接近完成主发酵时（外观发酵度达60%~65%），其代谢过程已接近尾声，此时提高发酵温度一段时间，不会影响啤酒正常风味物质的含量，而有利于双乙酰的还原。双乙酰还原温度的确定各厂控制不一，一般控制在 10~14℃，使连二酮浓度降至 0.08 mg/L 以下时，即开始降温。

（5）冷却降温

当双乙酰还原到要求指标时，酒液开始冷却降温。降至 5~6℃时，保持 24~48 h，减压回收酵母。最后再降温至 0~ -1℃，贮酒 7~14 d。

回收的酵母如作为下一次发酵用的种子，则需进行处理。回收的酵母吸附了较多的苦味物质、单宁、色素等，回收后应通入无菌空气，以排除酵母泥中的 CO_2，再以无菌水洗涤数次。回收的酵母在低温无菌水中只能保存 2~3 d。也可在 2~4℃下低温缓慢发酵，以保存酵母。

（6）罐压控制

发酵开始，采用无压发酵；CO_2 回收时，采用微压（0.01~0.02 MPa）发酵；至发酵后期，外观发酵度在 70% 以上时，封罐，逐渐升压至 0.07~0.08 MPa，避免出现由于升温所造成的代谢副产物过多的现象，有利于双乙酰的还原，并使 CO_2 逐渐饱和。

4. 啤酒的过滤、分离与灌装

（1）啤酒的过滤与分离

啤酒发酵结束，需要经过机械过滤或离心分离，以去除啤酒中的少量酵母、微小的浑浊物质粒子、蛋白质等大分子物质以及细菌等，使啤酒澄清，改善啤酒的生物和非生物稳定性。

啤酒过滤的原理是通过过滤介质的筛分作用、深层效应和吸附作用等使啤酒中的悬浮微粒等大颗粒固形物被分离出来。常用的过滤介质有硅藻土、滤纸板、微孔薄膜和陶瓷芯等。

啤酒经过滤会发生以下变化：色度降低，苦味物质减少，CO_2 含量下降，含氧量增加，浓度也会有些许变化，对啤酒的质量有一定影响。

（2）啤酒的灌装

啤酒灌装是啤酒生产的最后一道工序，对啤酒质量和外观有直接影响。过滤好的啤酒从清酒罐分别装入瓶、罐或桶中，经过压盖、生物稳定处理、贴标、装箱，成为成品啤酒。

啤酒灌装应符合以下要求：

①灌装过程中应尽量避免与空气接触，防止因氧化作用而影响啤酒的风味稳定性和非生物稳定性。

②灌装中应尽量减少酒中 CO_2 的损失，以保证啤酒的口味和泡沫性能。

③严格无菌操作，防止啤酒污染，确保啤酒符合卫生标准。

对灌装容器的要求有:

①能承受一定的压力,灌装熟啤酒的容器应能承受 1.76 MPa 以上的压力,灌装生啤酒的容器应能承受 0.294 MPa 以上的压力。

②便于密封。

③能耐一定的酸度,不能含有能与啤酒发生反应的碱性物质。

④应具有较强的遮光性,避免光对啤酒质量的影响,一般选择绿色、棕色玻璃瓶或塑料容器,或采用金属容器。

①瓶装熟啤酒包装工艺流程。

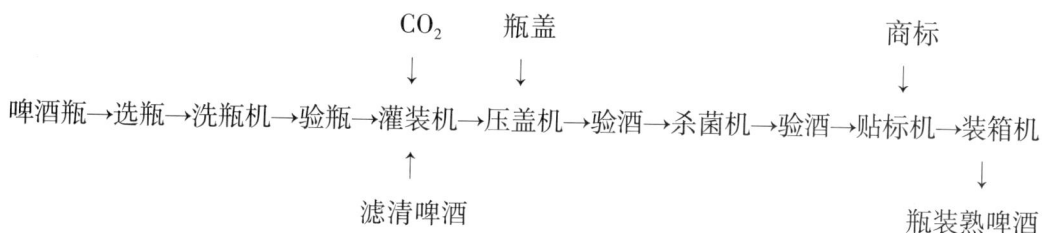

$$CO_2 \quad 瓶盖 \qquad\qquad 商标$$
$$\downarrow \qquad \downarrow \qquad\qquad\qquad \downarrow$$

啤酒瓶→选瓶→洗瓶机→验瓶→灌装机→压盖机→验酒→杀菌机→验酒→贴标机→装箱机

$$\uparrow \qquad\qquad\qquad\qquad\qquad\qquad\qquad\qquad\qquad \downarrow$$

滤清啤酒　　　　　　　　　　　　　　　　瓶装熟啤酒

②罐装啤酒包装工艺流程。

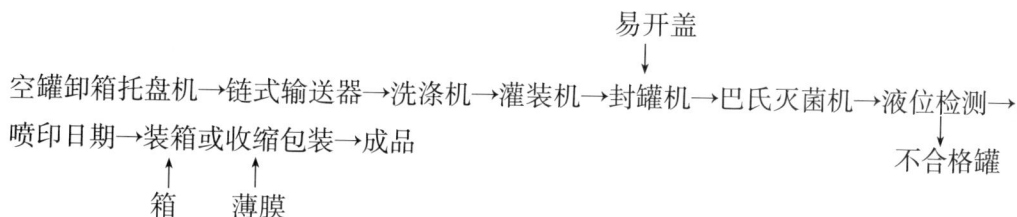

$$易开盖$$
$$\downarrow$$

空罐卸箱托盘机→链式输送器→洗涤机→灌装机→封罐机→巴氏灭菌机→液位检测→

$$\downarrow$$
$$不合格罐$$

喷印日期→装箱或收缩包装→成品

$$\uparrow \quad \uparrow$$
$$箱 \quad 薄膜$$

四、啤酒的品质改善

1.色泽

啤酒的色泽分淡色、浓色和黑色三种,每种色泽又有程度深浅之分。淡色啤酒的色泽主要取决于原料麦芽和生产工艺;深色啤酒的色泽来源于麦芽,另外也需要部分着色麦芽和糖色;黑色啤酒的色泽主要依靠焦香麦芽、黑麦芽或糖色所形成。

浅色啤酒的颜色为金黄色或琥珀色,若色泽呈黄棕色或黄褐色,则说明啤酒质量差;浓色啤酒呈红棕色或红褐色;黑色啤酒呈红褐色或黑色。

良好的啤酒色泽,不论深浅,均应光洁醒目。至于光洁醒目,除去色泽本身的因素外,还需要啤酒有良好的透明度,如果啤酒发生浑浊现象,其色泽的特点也就呈现不出来。

2.口味

优良的啤酒应口味纯正、柔和,并具有特有的耐人寻味的芳香,使人饮后有清爽舒适的感觉。

啤酒在生产过程中由于原料、工艺、设备、操作等原因,会使啤酒口味出现一些缺陷,特别是在啤酒灌装之后、贮存过程中,由于受到环境条件的影响,口味逐渐向变差的方向发展。随着异 α-酸的析出,啤酒苦味下降,同时,啤酒中一些呈味物质因为氧化改变了原有的呈味性能,产生了综合不良气味—老化味(也称为氧化味)。

3.二氧化碳及泡沫

啤酒中含有饱和溶解的CO_2,这些CO_2是发酵过程产生的,部分是通过人工填充的,有利于啤酒的起泡性,饮用后能赋予人一种舒适的刺激感,即所谓的"杀口"。现在,一般成品啤酒的CO_2质量分数为$0.4\% \sim 0.65\%$。

啤酒区别于其他饮料的最大的特征是倒入杯中具有长久不消的、洁白细腻的泡沫,啤酒泡沫被誉为"啤酒之花"。啤酒泡沫的成分有蛋白质(发泡蛋白)、苦味物质和多糖类,CO_2是啤酒泡沫产生的重要条件,CO_2含量充足可以使啤酒有良好的杀口力和丰富持久的泡沫。CO_2在过饱和状态下溶于啤酒,当开启啤酒瓶盖时,由于瓶内压力的降低,溶于啤酒中的CO_2就会缓慢地释放出来,伴随着产生一定量的泡沫,在表面活性物质(蛋白质、苦味物质和多糖等)存在的情况下,泡沫维持一定时间,优质啤酒的泡持性在$200\ s$以上。

4.饮用温度

啤酒的饮用温度很有讲究,在适宜的温度下饮用,很多成分的作用可以互相协调平均,给人一种舒适的感觉。啤酒适宜在较低的温度下饮用,以$10\sim15℃$比较合适。淡色啤酒适宜于在较低温度饮用,浓色啤酒和黑色啤酒适合于在稍高温度饮用。太高的饮用温度,易使酒中的CO_2不足,缺乏杀口力。酒味就显得苦重而平淡,一些细致的酒味缺点也就容易暴露出来。当然,过低的饮用温度会使人的感觉迟钝,一些挥发性香味成分的作用就不易呈现出来。

任务6.3 葡萄酒加工技术

葡萄酒是用新鲜的葡萄或葡萄汁经发酵酿成的一种饮料酒。是世界上最古老的饮料酒之一,由于葡萄酒酒精含量低、营养价值高,是最健康、最卫生的饮料,所以它也是饮料酒中优先发展的品种之一。

葡萄酒是由葡萄汁(浆)经发酵酿制的饮料酒,它除了含有葡萄果实的营养外,还有发酵过程中产生的有益成分。研究证明,葡萄酒中含有200多种对人体有益的营养成分,其中包括糖、有机酸、氨基酸、维生素、多酚、无机盐等,这些成分都是人体所必需的,对于维持人体的正常生长、代谢是必不可少的。特别是葡萄酒中所含的酚类物质——白藜芦醇,是近几年来研究的热点,它具有抗氧化、防衰老、预防冠心病、防癌抗癌的作用。

一、葡萄酒的分类

葡萄酒的种类很多,一般因葡萄的栽培、葡萄酒生产工艺条件的不同,产品风格不同,酒的颜色、含糖量的多少、含不含二氧化碳及采用的酿造方法等来分类。

1. 按酒的颜色分类

（1）白葡萄酒

用白葡萄或皮红肉白的葡萄分离发酵制成。酒的颜色微黄带绿，近似无色或浅黄、禾秆黄、金黄等。

（2）红葡萄酒

采用皮红肉白或皮肉皆红的葡萄经葡萄皮和汁混合发酵而成。酒色呈自然深宝石红、宝石红、紫红或石榴红等。

（3）桃红葡萄酒

用带色的红葡萄带皮发酵或分离发酵制成。酒色为淡红、桃红、橘红或玫瑰色。颜色介于红、白葡萄酒之间。

2. 按含糖量分类

（1）干葡萄酒

含糖量低于 4 g/L，品尝不出甜味，具有洁净、幽雅、香气和谐的果香和酒香。

（2）半干葡萄酒

含糖量在 4 ~ 12 g/L，微具甜感，酒的口味洁净、幽雅、味觉圆润，具有和谐愉悦的果香和酒香。

（3）半甜葡萄酒

含糖量在 12 ~ 45 g/L，具有甘甜、爽顺、舒愉的果香和酒香。

（4）甜葡萄酒

含糖量大于 45 g/L，具有甘甜、醇厚、舒适、爽顺的口味，具有和谐的果香和酒香。

3. 按是否含二氧化碳分类

（1）静态葡萄酒

不含有自身发酵或人工添加 CO_2 的葡萄酒，也叫静酒。

（2）起泡酒和汽酒

是含有一定量 CO_2 气体的葡萄酒。

起泡酒：所含 CO_2 是用葡萄酒加糖再发酵产生的。在法国香槟地区生产的起泡酒叫香槟酒，在世界上享有盛名。其他地区生产的同类型产品按国际惯例不得叫香槟酒，一般叫起泡酒。

汽酒：用人工的方法将 CO_2 添加到葡萄酒中叫汽酒。

4. 按酿造方法

（1）天然葡萄酒

完全采用葡萄原料进行发酵，发酵过程中不添加糖分和酒精，选用提高原料含糖量的方法来提高成品酒精含量及控制残余糖量。

（2）加强葡萄酒

发酵成原酒后用添加白兰地或脱臭酒精的方法来提高酒精含量，叫加强干葡萄酒。既加白兰地或酒精,又加糖以提高酒精含量和糖度的叫加强甜葡萄酒,我国叫浓甜葡萄酒。

（3）加香葡萄酒

采用葡萄原酒浸泡芳香植物,再经调配制成,属于开胃型葡萄酒,如味美思、丁香葡萄酒、桂花陈酒;或采用葡萄原酒浸泡药材,精心调配而成,属于滋补型葡萄酒,如人参葡萄酒。

（4）葡萄蒸馏酒

采用优良品种葡萄原酒蒸馏,或发酵后经压榨的葡萄皮渣蒸馏,或由葡萄浆经葡萄汁分离机分离的皮渣加糖水发酵后蒸馏而得。一般再经细心调配的叫白兰地,不经调配的叫葡萄烧酒。

二、葡萄酒生产的原料

1. 葡萄

葡萄由果梗和果实两部分组成,每一部分对最终酿成的葡萄酒都起到了自己的作用。

（1）果梗

果梗占一串葡萄总重量的4%至6%。它们富含木质素、单宁等化学物质,可以使葡萄酒带有一种苦味。大多数葡萄酒在发酵前都把葡萄梗去掉,但是,有些酒还是把梗留下来,以提高单宁的含量,从而使口味更加丰富。

（2）果实

葡萄果实包括果皮、果核和果肉三部分。

果皮:大约占葡萄总重量的8%。葡萄成熟时,葡萄皮上会覆盖一层天然霉菌,有时用它来发酵。葡萄皮和葡萄皮下面的那层果肉包含了葡萄中大多数味道和香质成分。它们还含有单宁。两种单宁有所不同:葡萄皮中所含的单宁要比葡萄梗和葡萄核中所含的柔和一些。单宁是陈酿红葡萄酒的基本元素。

果肉:占葡萄总重量的绝大部分,果肉里含有丰富的果汁。果汁由比例变化不定的水分、糖分和有机酸等组成。

果核:含有害葡萄酒风味的物质,如带入发酵醪会严重影响品质,所以,在葡萄破碎时必须尽量避免将核压破。

酿造红葡萄酒的优良品种有:赤霞珠、品丽珠、佳丽酿、黑品乐、梅鹿辄等;酿造白葡萄酒的优良品种有:雷司令、白羽、贵人香等。

2. 其他原材料

（1）酿造用水

水质要求清澈透明,无色无异味,有促进糖化发酵的无机盐类,具有一定的硬度,pH值要求在中性附近。

（2）二氧化硫

二氧化硫的添加是目前葡萄酒酿造过程中一项不可缺少的基本技术。其在澄清、护色、抗氧化、抑制微生物及影响葡萄酒感官质量等方面有着重要的作用。

（3）酵母

葡萄酒的酿造主要是在酵母的作用下通过酒精发酵将葡萄变成了葡萄酒,葡萄酒的质量特性取决于所选的酵母,应该选择透过葡萄酒能展露出种植土壤、品种特性、品种香和酒香的酵母。

三、葡萄酒的生产工艺

1. 红葡萄酒的发酵工艺

红葡萄酒酿造,是将红葡萄原料破碎后,使皮渣和葡萄汁混合发酵。在红葡萄酒的发酵过程中,将葡萄糖转化为酒精的发酵过程和固体物质的浸取过程同时进行。通过红葡萄酒的发酵过程,将红葡萄果浆变成红葡萄酒,并将葡萄果粒中的有机酸、维生素、微量元素及单宁、色素等多酚类化合物,转移到葡萄原酒中。红葡萄原酒经过贮藏、澄清处理和稳定处理,即成为精美的红葡萄酒。

（1）生产红葡萄酒的工艺流程

红葡萄→分选、清洗→破碎、去梗→调整糖酸度→SO_2处理→前发酵→压榨→后发酵

$$\downarrow$$

成品←装瓶 ←冷冻、过滤 ←调配、澄清←陈酿

（2）生产红葡萄酒的工艺要点

①采摘、分选。

酿制红葡萄酒的葡萄原料,在采摘时即刻分选,避免染上腐败病,并且葡萄原料也不适宜长途运输。要择去干瘪、腐败的颗粒,因为腐烂的葡萄,含氮物质比正常的葡萄多,有利于杂菌繁殖,尤其有利于引起葡萄酒浑浊的乳酸菌的繁殖。生产红葡萄酒时,一般要求原料糖分在21%以上,最好达到23% ~24%,糖、色素含量高而酸含量不太低时采收。

分选的目的是提高葡萄的平均含糖量,减轻或消除成酒的异味,增加酒的香味,减少杂菌,保证发酵与储酒的正常进行,以达到酒味醇正、少生病害的要求。最好在采收时就分品种、分质量存放。

②清洗。

将新鲜成熟的红皮葡萄洗净晾干。在冲洗葡萄时,不要用力揉搓,只要把灰尘冲掉即可。千万不要把果粒上的"白霜"洗去,这层"白霜"含有大量葡萄酒酵母,它在红葡萄酒发酵的过程中起到至关重要的作用。把冲洗净的葡萄,从大果穗上剪下,摊放到清洁的桌面上,阴干。

③破碎、除梗。

将葡萄挤破,要求每粒葡萄都要破碎,籽粒不能压破,梗不能压碎,皮不能压扁,同时在破碎过程中,葡萄及汁不得与铁铜等金属接触。然后去除果梗。新式葡萄破碎机都附有除梗设置,有先破碎后除梗或先除梗后破碎两种形式。

④调整糖酸度。

糖的调整:常用纯度为98.0% ~99.5%的结晶白砂糖来调整甜度,糖分调整要以发酵后的乙醇含量作为主要依据。操作时要准确计算葡萄汁体积,葡萄汁将糖溶解成糖浆,加糖后要充分搅拌使其完全溶解,并记录溶解后的体积,最好在乙醇发酵刚开始时一次加入所需的糖。

加糖的原因是什么?

理论上,17 g/L的糖可发酵生成1度酒精。一般葡萄汁的含糖量为14 ~20 g/100 mL,只能生成8.0% ~11.7%(体积分数)的乙醇。而成品葡萄酒的乙醇浓度多要求为12% ~13%(体积分数),甚至为16% ~18%(体积分数),故生产中采用补加糖使其生产足量的酒精。

生产中加糖量最简便的计算方法是:

$$蔗糖添加量(kg) = \frac{17 \times (要达到的酒度 - 葡萄汁预计可产酒度) \times 葡萄汁体积}{1000 - 0.625 \times 要达到的酒度 \times 17}$$

式中:17——1 L葡萄汁生成1度酒精需添加的蔗糖量,单位为g;

0.625——1 kg蔗糖溶解后的体积,单位为L。

酸的调整:葡萄酒发酵时,其酸度在0.8 ~1.2 g/100 mL时最适宜。若酸度低于0.5 g/100 mL,则需要加入适量酒石酸、柠檬酸或酸度较高的果汁进行调整,一般用酒石酸进行增酸效果较好。加酸时先用葡萄汁与酸混合,缓慢均匀地加入葡萄汁中,并搅拌均匀。操作中不可使用铁质容器。一般在发酵前将葡萄汁的酸度调整到6 g/L,pH值为3.3 ~3.5。

⑤SO_2处理。

发酵醪中的SO_2含量一般要求达到30 ~150 mg/L。葡萄酒酿造时,为了操作方便一般添加固体亚硫酸盐作为SO_2的来源。将固体偏重亚硫酸钾($K_2S_2O_5$)先溶于水中,配成10%的溶液,然后按工艺要求添加。切勿将固体直接混入果汁中。

二氧化硫形式及使用方法见表6 - 3 - 1。

表6 - 3 - 1　二氧化硫添加参考量及使用方法

名称	二氧化硫含量(%)	应用程序	使用方法
偏重亚硫酸钾	以50计	前处理	用10倍软化水溶解,立即加入
亚硫酸	6 ~8	前处理、容器杀菌、调硫	直接加入
液体二氧化硫	100	二氧化硫调整	用二氧化硫添加器直接加入
硫磺片		容器杀菌	在不锈钢杀菌器中点燃进入容器

SO_2的作用是什么?

杀菌防腐作用:SO_2是一种杀菌剂,能抑制各种微生物的活动,若浓度足够高,可杀死微生物。葡萄酒酵母抗SO_2能力较强(250 mg/L),适量加入SO_2,可达到抑制杂菌生长且不影响葡萄酒酵母正常生长和发酵的目的。

抗氧化作用:SO_2能防止酒的氧化,抑制葡萄中的多酚氧化酶活性,减少单宁、色素的氧化,阻止氧化浑浊、颜色褪化,防止葡萄汁过早褐变。

增酸作用:SO_2的添加还起到了增酸作用,这是因为SO_2阻止了分解苹果酸与酒石酸的细菌活动,生成的亚硫酸氧化成硫酸,与苹果酸和酒石酸的钾、钙等盐类作用,使酸游离,增加了不挥发酸的含量。

澄清作用:在葡萄汁中添加适量的SO_2,可延缓葡萄汁的发酵,使葡萄汁获得充分的澄清。这种澄清作用对白葡萄酒、淡红葡萄酒以及葡萄汁的杀菌都有很大益处。若要使葡萄汁在较长时间内不发酵,添加的SO_2量还要加大。

溶解作用:将SO_2添加到葡萄汁中,SO_2与水化合会立刻生成亚硫酸,有利于果皮上某些成分的溶解,这些成分包括色素、酒石酸、无机盐等。这种溶解作用对葡萄汁和葡萄酒的色泽有很好的保护作用。

⑥前发酵。

前发酵也称主发酵,是乙醇发酵的主要阶段。前发酵除产生大量的乙醇外,还有色素物质和芳香物质的浸提作用,而浸提效果决定酒的颜色、耐储性、酒体及特征香气。

将SO_2处理过后的葡萄浆放入已消毒的发酵缸中,充满容积的80%(不能装满,防止发酵旺盛时汁液溢出容器)。接入活化后的活性葡萄酒酵母,在26~30℃温度下,前发酵经过一周左右就能基本完成。前发酵期间,每天用木棍搅拌四次(白天两次,晚上两次),用木棍将酒帽压下,保证各部分发酵均匀。

如何确定发酵期?

一般当酒液残糖量降至0.5%左右,发酵液面只有少量二氧化碳气泡,酒帽已经下沉,液面较平静,发酵温度接近室温,并且有明显酒香,此时表明前发酵结束。一般前发酵时间为4~5 d。发酵后的酒液质量要求为:呈深红色或淡红色;浑浊而含悬浮酵母;有酒精、二氧化碳和酵母味,但不得有霉、臭、酸味,乙醇含量为9%~11%(体积分数),残糖≤0.5%,挥发酸≤0.04%。

⑦压榨。

通常在酒液相对密度降为1.020时进行皮渣分离。实验室条件下可采取虹吸法将酒抽入后发酵缸中,最好用纱布将皮渣中的酒榨出,合并酒液进行发酵。企业生产红葡萄酒时,会在前发酵完毕后,出发酵池时先将自流酒由排汁口放出,放净后打开入孔,清理皮渣,将含有葡萄酒的皮渣取出,进行压榨,使酒液和皮渣分开得到压榨酒。压榨酒和自流酒的体积比一般为1:7。压榨酒含单宁较多,味涩、色深,与自流酒成分差异较大,若生产高档名贵葡萄酒则不能使用压榨酒。压榨后的残渣可用于蒸馏酒或果醋的制作。

⑧后发酵。

后发酵缸中装酒量为有效体积的95%左右,仍用偏重亚硫酸钾补充添加SO_2,添加量为30~50 mg/L,发酵温度控制在18~25℃,发酵时间为5~10 d,当相对密度下降至0.993~0.998时,发酵基本停止,糖分已全部转化,可结束后发酵。

后发酵的目的是什么?

前发酵结束后,原酒中还残留有 3 ~ 5 g/L 的糖分,通过后发酵可降低残糖量至 0.2 g/L 以下;在低温缓慢的后发酵中,前发酵原酒中残留的部分酵母及其他果肉纤维等悬浮物逐渐沉降,形成酒泥,使酒逐步澄清;排放溶解的二氧化碳;氧化还原及酯化作用;苹果酸—乳酸发酵的降酸作用。

⑨陈酿。

将后发酵结束的原酒用虹吸管转入专用储酒容器(如橡木桶)中密封储藏,进行陈酿。在陈酿期间,酿酒后第 1 年的酒称为新酒,2 ~ 3 年的酒称为陈酒,优质红葡萄酒陈酿期一般为 2 ~ 4 年。在陈酿期间,要注意倒酒(也称换桶)。一般在酿酒的第一个冬天进行第一次倒酒,第二年春、夏、秋,冬各倒一次。

陈酿的目的是什么?

促进酒液的澄清和提高酒的稳定性:在发酵结束后,酒中尚存在一些不稳定的物质,如过剩的酒石酸盐、单宁、蛋白质和一些胶体物质,还带有少量的酵母及其他微生物,影响葡萄酒的澄清,并危害葡萄酒的稳定性。葡萄酒在保藏过程中,由于普通原酒中的物理化学及生物特性均发生变化,蛋白质、单宁、酒石酸、酵母等沉淀析出,可结合添桶、换桶、下胶、过滤等工艺操作达到澄清。

促进酒的成熟:在陈酿过程中,在有空气或氧化剂存在的情况下,经过氧化还原作用、酯化作用以及聚合沉淀等作用,葡萄酒中的不良风味物质减少,芳香物质得到增加和突出,蛋白质、聚合度大的单宁、果胶质、酒石酸等沉淀析出,从而改善了酒的风味,使葡萄酒澄清透明、口味醇正。对于红葡萄酒,陈酿的第一效果是色泽的变化,其色泽由深浓逐渐转为清淡,由紫色变为砖红色。同时,酒的气味和口味也有很大变化,幼龄酒的浓香味逐渐消失,而形成更为愉快和细腻的香味。经过一段时间的陈酿,幼龄酒中的各种风味物质(特别是单宁)之间达到和谐平衡,酒体变得和谐、柔顺、细腻、醇厚,并表现出各种酒的典型风格。

⑩澄清。

葡萄酒的澄清分为自然澄清和人工澄清。自然澄清时间长,实验室中的人工澄清可采用添加蛋白的方法,每 100 L 酒添加 2 ~ 3 个蛋白,先将蛋白打成沫状,再加少量酒拌匀后加入果酒中,充分搅拌均匀,静置 8 ~ 10 d 即可。

葡萄酒人工澄清的方法有哪些?

下胶:下胶就是往葡萄酒中加入亲水胶体,使之与葡萄酒中的胶体物质和以分子形式团聚的单宁、色素、蛋白质、金属复合物等发生絮凝反应,并将这些不稳定因素除去,使葡萄酒澄清稳定。通常采用的蛋白质类下胶剂有酪蛋白、清蛋白、明胶、鱼胶等。

过滤:葡萄酒工业广泛采用的过滤设备有硅藻土过滤机、板框过滤机、膜式过滤机。

离心:离心可除去葡萄酒中悬浮微粒的沉淀,从而达到葡萄酒澄清的目的。离心在红葡萄酒生产中应用不多。

⑪调配。

按照产品质量标准的要求,对酒精含量、糖分、酸度、颜色等加以调整,为了协调酒的风味,还可用其他品种或不同的干红葡萄酒进行勾兑。

⑫装瓶、杀菌。

将封盖的酒瓶放入水浴锅中,逐渐升温进行巴氏杀菌,使瓶子中心温度达到65~68℃,保持时间为30 min。以木塞封口的,杀菌锅的水液面应在瓶口下4.5 mm左右。若采用皇冠盖,则水面可淹没瓶口。

2. 白葡萄酒的发酵工艺

白葡萄酒既可以用白葡萄来酿造,也可以用红皮白肉的红葡萄来酿造。葡萄采摘后,经分选去梗后进行破碎压榨,将果汁与葡萄皮分离,澄清,然后经低温发酵、贮存、陈酿及后期加工处理,最终酿制成白葡萄酒。

(1)生产白葡萄酒的工艺流程

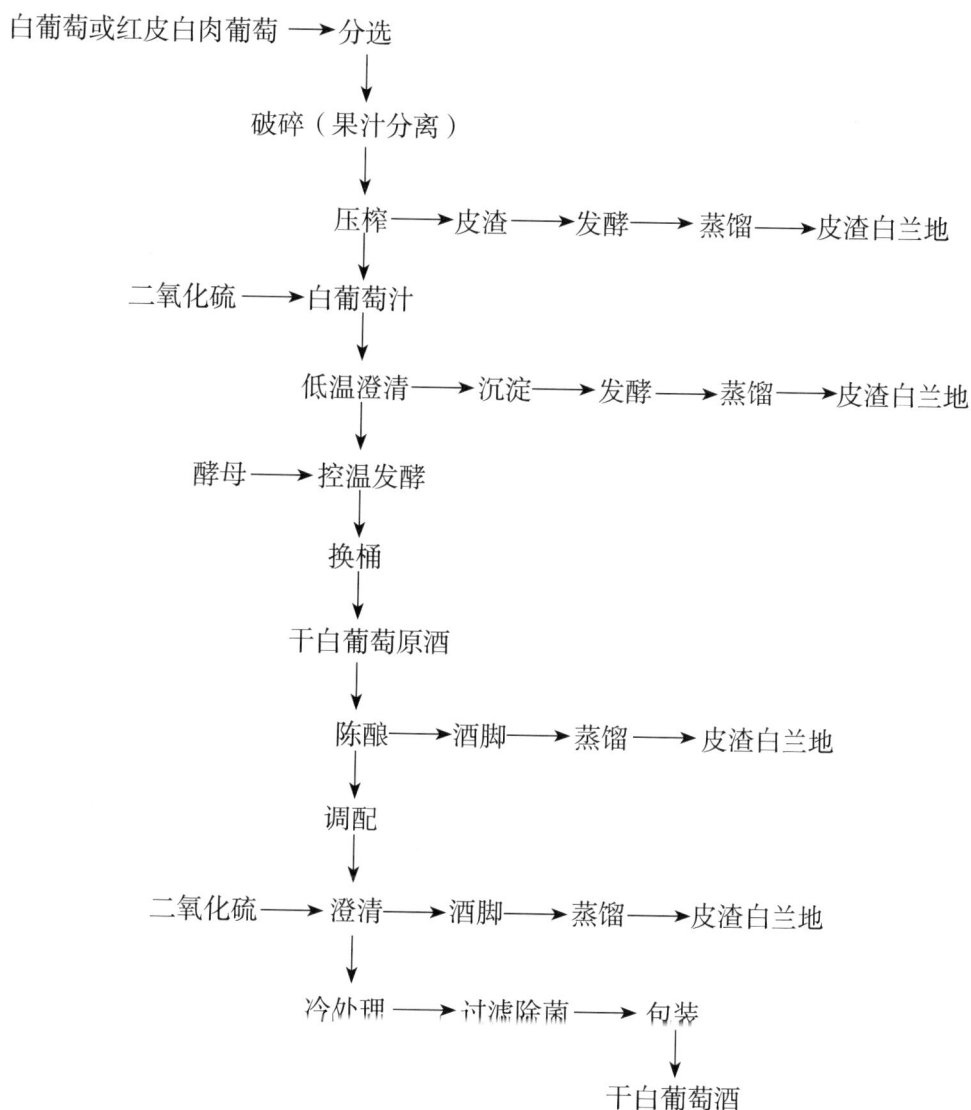

白葡萄或红皮白肉葡萄 ⟶ 分选

破碎(果汁分离)

压榨 ⟶ 皮渣 ⟶ 发酵 ⟶ 蒸馏 ⟶ 皮渣白兰地

二氧化硫 ⟶ 白葡萄汁

低温澄清 ⟶ 沉淀 ⟶ 发酵 ⟶ 蒸馏 ⟶ 皮渣白兰地

酵母 ⟶ 控温发酵

换桶

干白葡萄原酒

陈酿 ⟶ 酒脚 ⟶ 蒸馏 ⟶ 皮渣白兰地

调配

二氧化硫 ⟶ 澄清 ⟶ 酒脚 ⟶ 蒸馏 ⟶ 皮渣白兰地

冷处理 ⟶ 过滤除菌 ⟶ 包装

干白葡萄酒

（2）生产白葡萄酒的工艺要点

①果汁分离。

白葡萄酒与红葡萄酒的前加工工艺不同。白葡萄酒加工采用先压榨后发酵，而红葡萄酒加工要先发酵后压榨。白葡萄经破碎（压榨）或果汁分离，果汁单独进行发酵。果汁分离是白葡萄酒的重要工艺，其分离方法有如下几种：螺旋式连续压榨机分离果汁，气囊式压榨机分离果汁，果汁分离机分离果汁，双压板（单压板）压榨机分离果汁。葡萄破碎后经淋汁取得自流汁，即从榨汁机里流出的第一批葡萄汁，味道最醇美，香气最纯正。再经压榨取得压榨汁，为了提高果汁质量，一般采用二次压榨分级取汁，取汁量如表6-3-2。自流汁和压榨汁质量不同，应分别存放，用途也不同。

表6-3-2 葡萄汁取汁量

汁 别	按总出汁量100%	按压榨出汁率为75%	用 途
自流汁	60~70	45~52	酿制高级葡萄酒
一次榨汁	25~35	18~26	单独发酵或自流汁混合
二次榨汁	5~10	4~7	发酵后作调配用

②果汁澄清。

果汁澄清的目的是在发酵前将果汁中的杂质尽量减少到最低含量，以避免葡萄汁中的杂质因参与发酵而产生不良成分，给酒带来异杂味。为了获得洁净、澄清的葡萄汁，可以采用静置、加澄清剂、果胶酶、硅藻土澄清等方法。

静置澄清：静置一般与二氧化硫处理同时进行。当果汁温度在20~25℃时，加入二氧化硫150~200 mg，随着温度的下降，适当减少二氧化硫添加量。然后换桶分离，在24 h内可以得到澄清的果汁。

加澄清剂：在果汁中加入明胶或蛋白。澄清后换桶分离。明胶用量一般为每升加0.1~0.15 g。蛋白用量为每百升加1~2个。要求做小样实验再确定用量。

采用硅藻土过滤机：硅藻土过滤机过滤能得到澄清的果汁。

果胶酶澄清：葡萄果汁中的果胶影响酒的风味和澄清，也不易过滤。有效的办法是在果汁中添加果胶酶，其加入量一般为每升果汁中加入0.1~0.15 g。

皂土澄清：皂土是以二氧化硅、三氧化二铝为主要成分，为白色粉末，具有极强的吸附力，与蛋白质形成胶状沉淀物，是白葡萄酒良好的澄清剂。一般用量为1.5 g/L左右，可以通过小样实验得到准确用量。

③白葡萄汁的发酵。

葡萄汁经澄清后，根据具体情况决定是否进行改良处理，之后再进行发酵。白葡萄酒发酵多采用添加人工培育的优良酵母（或固体活性酵母）进行发酵。酵母的选择除具有酿酒风味好这一重要条件外，还应具备能适应低温发酵、保持发酵平稳、有后劲、发酵彻底、不留较多的残糖、抗二氧化硫能力强等条件。发酵结束后，酵母还应易凝聚，并能较快沉入发酵容器底部,从而使其易澄清。

白葡萄酒的发酵通常采用控温发酵,发酵温度一般控制在 16～22℃ 为宜,最佳温度为 18～22℃,主发酵期一般为 15 d 左右。发酵温度对白葡萄酒的质量有很大影响,低温发酵有利于保持葡萄中原有果香的挥发性化合物和芳香物。如果超过工艺规定范围,会造成以下主要危害:易于氧化,减少原葡萄品种的果香;低沸点芳香物质易于挥发,减低酒的香气;酵母菌活力减弱,易感染杂菌或造成细菌性病害。因此,控制发酵温度是白葡萄酒发酵管理的一项重要工作。为达到此目的,发酵容器常附带冷却装置。

主发酵结束后残糖降低到 5 g/L 以下,即可转入后发酵。后发酵温度一般控制在 15℃ 以下。在缓慢的后发酵中,葡萄酒香的形成更为完善,残糖继续下降到 2 g/L 以下。后发酵约持续一个月。

由于主发酵结束后,二氧化碳排出缓慢,发酵罐内酒液减少,为防止氧化,尽量减少原酒与空气的接触面积,做到每周添罐一次,添罐时要以优质的同品种(或同质量)的原酒添补,或补充少量的二氧化硫。罐孔注意密封。严格控制发酵设备及发酵间的工艺卫生。

④白葡萄酒的防氧化。

白葡萄酒中含有一些酚类化合物,如花色素苷、单宁、芳香物质等,这些物质有较强的嗜氧性,在与空气接触过程中易被氧化生成棕色聚合物,使白葡萄酒的颜色变深,酒的新鲜果香味降低,甚至造成酒的氧化,从而影响葡萄酒的质量和外观的不良变化。因此,白葡萄酒中的防氧化处理极为重要。

白葡萄酒氧化现象存在于生产过程的每一个工序,如何掌握和控制氧化是十分重要的。形成氧化现象需要三个因素:有可以氧化的物质如颜色、芳香物质等;与氧接触;氧化催化剂如氧化酶、铁、铜等的存在。凡能控制这些因素的都是防氧化行之有效的方法,目前国内在白葡萄酒生产中采用的防氧措施见表6-3-3。

表6-3-3　白葡萄酒生产中采用的防氧措施

防氧措施	内　容
选择最佳采收期	选择最佳葡萄成熟期进行采收,防止过熟霉变
原料低温处理	葡萄原料先进行低温处理(10℃以下),然后再压榨分离果汁
快速分离	快速压榨分离果汁,减少果汁与空气接触时间
低温澄清处理	将果汁进行低温处理(5～10℃),加二氧化硫,进行低温澄清或采用离心澄清
控温发酵	果汁转入发酵罐内,将品温控制在 16～20℃,进行低温发酵
皂土澄清	应用皂土澄清果汁(或原酒),减少氧化物质和氧化酶的活性
避免与金属接触	凡与酒(汁)接触的铁、铜等金属器具均需有防腐蚀涂料
添加二氧化硫	在酿造白葡萄酒的全部过程中,适量添加二氧化碳
充加惰性气体	在发酵前后,应充加氮气或二氧化碳气体密封容器
添加抗氧剂	白葡萄酒装瓶前,添加适量的抗氧化剂如二氧化碳、维生素 C 等

⑤原酒储藏管理。

为使所酿干白葡萄酒更加丰满协调、芳香柔和,需将发酵后的干白葡萄原酒转入橡木桶中进行陈酿。储酒室温度为 8 ~ 11℃,湿度为 85% ~ 90%,有通风设施,保持室内空气新鲜、卫生及清洁。因干白葡萄酒主要体现其果香和酿造香气,陈酿时间不宜过长,6 ~ 10 个月即可。

隔绝空气、防止氧化:方法可采用罐内充惰性气体和补加 SO_2。

添桶:为了防止葡萄酒氧化和被外界的细菌污染,必须随时保持贮酒桶内的葡萄酒处于满装状态。而由于气温、蒸发、逸出等原因,桶中会出现酒液不满或溢出的现象,故需添加同质同量的酒液或排出少量酒液,这一操作称为添桶。

添桶的时间及次数依实际情况和效果而定。酒精体积分数在 16% 以上的甜葡萄酒,可抵御杂菌在酒液表面生长,不必添桶,而且能使酒中某些成分氧化,以形成特有的风味。用大型不锈钢罐贮酒,可在空隙部分充入惰性气体,保压贮存。

换桶:换桶是将酒从一个容器换入另一个容器,同时采取各种措施以保证酒液以最佳方式与其沉淀分离的操作。换桶绝非简单的转移,而是一种沉析过程,分离出来的沉渣称为酒泥(或酒脚)。

换桶的目的是:调整酒内溶解氧含量,逸出饱和的 CO_2;分离酒脚,使桶(池)中澄清的酒和底部的酵母、酒石酸等沉淀物质分离;调整 SO_2 的含量。SO_2 的补加量,视酒龄、成分、氧化程度、病害状况等因素而定,但一般不超过 100 mg/L。换桶的次数,因酒的质量和酒龄及品种等因素而异。酒质粗糙、浸出物含量高、澄清状况差的酒,倒桶次数可多些。贮存前期倒桶次数多些,随着贮存期的延长,换桶次数逐渐减少。干白葡萄酒的倒桶,必须采用密闭的方式,以防止氧化,保持酒的原有果香。

⑥葡萄酒的热处理、冷处理及过滤。

热处理和冷处理均有助于提高葡萄酒的风味,并能提高其生物和非生物稳定性。通常采用先热处理再冷处理的工艺,效果较好。

热处理:通常在密闭容器内,将葡萄酒间接加热至 67℃,保持 10 min;或加热到 70℃,保持 15 min。有人认为,无论是干型葡萄酒还是甜型葡萄酒,均以 50 ~ 55℃ 热处理 25 d 的效果最为理想;也有人试验证明,甜红葡萄酒的热处理温度以 55℃ 为最好。

冷处理:冷却至葡萄酒的温度高于其冰点 0.5 ~ 1℃,效果最好。葡萄酒的冰点与酒度和浸出物含量等有关。可根据经验数据查找出相对应的冰点。通常酒精体积分数在 13% 以下的酒,其冰点温度值约为酒度值的 1/2。如酒度为 11%,可假定其冰点为 −5.5℃,则冷处理温度应为 −4.5℃。通常在 −7 ~ −4℃ 下冷处理 5 ~ 6 d,效果较好。

冷处理对高档葡萄酒或桶贮期短又须在瓶内长期存放的酒,是完全必要的。

过滤葡萄酒:过滤有粗滤和精滤之分,通常须在不同阶段进行如下三次过滤。第一次过滤,在下胶澄清或调配后,采用硅藻土过滤机进行粗滤;第二次过滤,葡萄酒经冷处理后,在低温下趁冷利用棉饼过滤机或硅藻土过滤机过滤;第三次过滤,采用纸板过滤或超滤膜过滤,这是精滤,通常在葡萄酒装瓶前进行。但超滤膜过滤法的耗电量较高,而流量太小,一般酒厂难以应用。

任务6.4　酱油加工技术

酱油是一种传统的发酵调味品,主要是以大豆、豆粕等植物蛋白为主要原料,辅以面粉、小麦等淀粉质原料,利用微生物(如曲霉、酵母菌、乳酸菌等)的发酵作用,水解生成多种氨基酸、肽、有机酸及糖类,并以这些物质为基础,经过复杂的生物化学变化,形成具有特殊色泽、香气、滋味和状态的调味液。酱油的生产历史悠久,起源于我国周朝时期,我国是酱油的主要生产和消费大国,目前世界酱油产量约1000多万吨,其中中国大陆为600万吨,日本为120万吨,其他亚洲国家和地区为260万吨。现如今酱油更是传入世界各地,不仅东亚、东南亚等传统酱油消费国,欧美等国家的酱油消费量也逐年增加,酱油在食品加工、烹调或佐餐时赋予食品良好的色、香、味,引发人的食欲,已经成为世界性的大众调味品。此外有研究表明,酿造酱油中不仅含有丰富的营养物质,而且含有多种具有生理活性的物质,如呋喃酮、异黄酮、类黑精等,具有抗氧化、抗癌、抗菌、抗凝血、降血压、提高免疫等保健功能。

一、酱油的分类

1. 按生产方法分类

（1）酿造酱油

酿造酱油是以大豆或脱脂大豆、小麦或麸皮为原料,经微生物发酵制成的具有特殊色、香、味的液体调味品,可供调味用。酿造酱油按发酵工艺可分为高盐发酵酱油、低盐发酵酱油和无盐发酵酱油三类。

①高盐发酵酱油。

指原料经蒸煮、曲霉菌制曲后与盐水混合成稀醪,再经发酵制成的酱油。分为高盐发酵酱油、高盐固稀发酵酱油和高盐稀态发酵酱油三种。

②低盐发酵酱油。

以脱脂大豆及麦麸为原料,经蒸煮、曲霉菌制曲后与盐水混合成稀醪,再经发酵制成的酱油。分为低盐固态发酵酱油和低盐固稀发酵酱油两种。

③无盐发酵酱油。

指原料在生产过程中不添加食盐,采用固态发酵工艺进行酿制而成的调味汁液。

（2）配制酱油

配制酱油是以酿造酱油为主体,添加其他调味品或辅助原料进行加工再制的产品。其体态有液态和固态两种,均供调味用。

①液态再制酱油。

指各种酿造型调味汁液的直接配制品或经简易再加工的复制品。

375

②固态再制酱油。

指以酿造酱油为基料,经加热或以其他方式浓缩并加入适量填充料制成的产品。可分为酱油膏、酱油粉、酱油块。

2. 按滋味、色泽分类

(1)生抽酱油

生抽酱油是以大豆、面粉为主要原料,人工接入种曲,经天然露晒,发酵成熟后提取而成。其产品色泽红润,滋味鲜美协调,豉味浓郁,体态清澈透明,风味独特,多用于色泽要求较浅的菜肴。

(2)老抽酱油

老抽酱油是在生抽酱油的基础上加焦糖色,经过加热、搅拌、冷却、澄清而制成的浓色酱油。因长时间晒制,水分大量蒸发,使酱油的盐分和各种溶于水的固溶物浓度增加。适用于色泽要求较深的菜肴。

(3)花色酱油

花色酱油是添加了各种风味调料的酿造酱油或配制酱油,如海鲜酱油、鲜虾酱油、香菇酱油等。

二、酱油生产的原料

酿造酱油所需要的原料有蛋白质原料、淀粉质原料、食盐、水及一些辅助原料(如增色剂、助鲜剂、防腐剂等)。

1. 蛋白质原料

酱油酿造过程中,利用微生物产生的蛋白酶,将原料中的蛋白质水解成多肽、氨基酸,形成酱油的营养成分及鲜味,同时部分氨基酸进一步反应生成酱油的香气和色素,因此,蛋白质原料对酱油色、香、味、体的形成有重要作用。

(1)大豆

大豆是黄豆、青豆、黑豆的统称。大豆是酱油生产的主要原料,酱油中的含氮成分(如氨基酸,肽等)主要来自大豆,酿造酱油使用的大豆,要求颗粒饱满、干燥、杂质少、皮薄新鲜、蛋白质含量高。大豆用于酿造酱油,脂肪未得到合理利用,目前只有一些高档酱油仍用大豆作为原料。

(2)脱脂大豆

脱脂大豆按生产方法的不同分为豆粕和豆饼两种。

①豆粕。

豆粕又称豆片,是大豆先经过适当的热处理(一般低于100℃),再经轧坯机压扁,然后加入有机溶剂浸提出油脂后的副产物,一般呈片状颗粒。豆粕中蛋白质含量高,脂肪含量低,水分含量低,容易破碎,因而适合作为酱油的生产原料。

②豆饼。

豆饼是大豆用压榨法提取油脂后的副产物。按加热程度不同分为冷榨豆饼和热榨豆饼两大类。冷榨豆饼压榨前未经高温处理，故出油率低，但蛋白质基本没有任何变性，这种豆饼可用来制作豆制品；热榨豆饼是经较高温度处理（炒熟）后，再经压榨而得到的豆饼，此法制得的豆饼含水分较少，蛋白质含量高，质地疏松，易于粉碎，适合酿制酱油。

（3）其他蛋白质原料

蛋白质含量高，脂肪含量少，无异味，不含有毒成分的物质均可用来酿造酱油，如蚕豆、豌豆、绿豆、花生饼、菜籽饼、芝麻饼等。

2.淀粉质原料

淀粉在酱油酿造过程中除提供微生物生长所需的碳源外，还是构成酱油香气和色素的主要原料。

（1）小麦

小麦含有丰富的淀粉，是生成酱油色、香、味的主要成分，此外，小麦中还含有一定量的蛋白质。小麦蛋白质分解所产生的谷氨酸是酱油鲜味的主要组成成分。

（2）麸皮

麸皮又称麦麸或麦皮，是小麦制面粉的副产品，也是目前酱油生产的主要淀粉质原料。麸皮质地疏松，表面积大，并含有多种维生素以及钙、铁、磷等无机盐，适合促进米曲霉的生长和产酶，有利于制曲，也有利于酱醅淋油。麸皮中的戊聚糖对增加酱油色泽有促进作用，但麸皮中淀粉含量较低，影响酱油香气和甜味成分的生成。

（3）其他淀粉质原料

含有淀粉较多而又无毒、无异味的物质，如甘薯、碎米、玉米、大麦、小米等均可作为酿造酱油的淀粉质原料。

3.食盐

食盐是生产酱油的重要原料之一，它使酱油具有适当的咸味，并与氨基酸共同呈鲜味，增加酱油的风味。酱醅发酵时，食盐可抑制杂菌污染，防止成品腐败。

生产酱油的食盐宜选用氯化钠含量高、颜色白、水分及杂质少、卤汁（氯化钾、氯化镁、硫酸钠等的混合物）少的。食盐含卤汁过多，会给酱油带来苦味，使品质下降。

4.水

酱油酿造用水量很大，但要求不是很严格，凡是符合卫生标准能供饮用的水，如自来水、深井水和清洁的江水、河水、湖水等均可使用。

三、酱油酿造中的微生物

酱油酿造过程中，微生物的参与引起一系列的生物化学反应，形成了酱油独特的色、香、味，主要体现在制曲和酱醅两个阶段，在制曲过程中，米曲霉分泌和积累的酶对酱醅发酵的快慢、成品颜色的浓淡和鲜味成分的生成量以及原料的利用率等都有直接关系。在发酵阶段，酵母菌、乳酸菌的发酵产物对酱油风味的形成有重要作用。

1. 曲霉菌

酱油酿造中应用的曲霉菌是米曲霉和酱油曲霉。

米曲霉有复杂的酶系统,主要产生蛋白质水解酶,分解原料中的蛋白质;谷氨酰胺酶分解大豆蛋白质中的谷氨酰胺生成谷氨酸,增加酱油的鲜味;淀粉酶分解原料中的淀粉生成糊精和葡萄糖;米曲霉还分泌果胶酶、半纤维素酶和酯酶等。米曲霉酶系的强弱,决定着原料的利用率、酱醪发酵成熟的时间以及成品的味道和色泽。

酱油曲霉是日本学者从酱油中分离出来的,用于酱油生产。酱油曲霉分生孢子表面有小突起,孢子柄表面平滑,与米曲霉在形态、酶的生产能力和酿造特性上均有差异。

2. 酵母菌

酵母菌在酱油酿造中,与乙醇发酵作用、酸类发酵作用及酯化作用等有直接或间接的关系,对酱油的香气影响最大。在主发酵期,与酱油质量关系最密切的是鲁氏酵母,它的作用是发酵葡萄糖生成乙醇、甘油等,乙醇是构成酱油香气的重要组分;在后发酵期,球拟酵母的出现促进了酱醪的成熟,生成烷基苯酚类的香味物质。

3. 乳酸菌

乳酸菌、酱油四联球菌和嗜盐足球菌与酱油发酵密切相关,它们是形成酱油良好风味的主要因素。乳酸菌的作用是利用糖产生乳酸,乳酸和乙醇反应生成的乳酸乙酯,具有浓郁的香气。当发酵酱醪 pH 值降至 5 左右时,会促进鲁氏酵母的繁殖,乳酸菌和酵母菌联合作用,赋予酱油特殊的香味。一般酱油中乳酸含量为 1.5 mg/mL 时,酱油质量较好,乳酸含量在 0.5 mg/mL 时,酱油质量则较差。

四、酱油的生产工艺

1. 种曲的制备

种曲的制备是酱油生产中一个重要的环节。制种曲的目的是要获得大量纯菌种,种曲是在适当的条件下得到大量繁殖力强的曲子。优良的种曲能使曲菌充分繁殖,这不仅影响酱油曲的质量,而且影响酱油的成熟速度和成品的质量。因此,对种曲制备的要求十分严格,以保证曲菌纯粹且具有良好的性能。

（1）制种曲的工艺流程

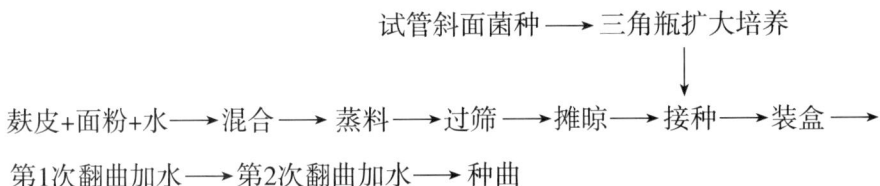

试管斜面菌种 ⟶ 三角瓶扩大培养
⟶
麸皮+面粉+水 ⟶ 混合 ⟶ 蒸料 ⟶ 过筛 ⟶ 摊晾 ⟶ 接种 ⟶ 装盒 ⟶

第1次翻曲加水 ⟶ 第2次翻曲加水 ⟶ 种曲

（2）工艺要点

①原料要求。

制种曲原料必须适应曲霉菌旺盛繁殖的需要。曲霉菌繁殖时需要大量糖分作为热源,而豆粕含淀粉较少,因此原料配比上豆饼占少量,麸皮占多量,同时还要加入适当的饴糖,以满足曲霉菌的需要。

②种曲原料的各种配比(水分占原料总量的百分比)。

麸皮80%,面粉20%,水占前两者90%左右。

麸皮85%,豆饼粉15%,水占前两者70%左右。

麸皮80%,豆饼粉20%,水占前两者100%~110%。

麸皮100%,水占95%左右。

麸皮85%,豆粕10%,饴糖5%,水占前三者120%。

③原料处理方法。

豆粕加水浸泡,水温85℃以上,浸泡时间为30 min以上,搅拌要均匀一致。然后加入麸皮搅拌均匀,入蒸料锅蒸熟,达到灭菌、蛋白质适度变性和淀粉吸水膨胀而糊化的目的。出锅后过筛,同时迅速摊开冷却,要求熟料水分为52%~55%,以品温35~40℃接种为宜。种曲制造必须尽量防止杂菌污染,因此,曲室及一切工具在使用前需经洗刷后灭菌。

④接种及培养。

接种:夏天接种温度为38℃,冬天为42℃左右,接种量为0.1%~0.5%不等。

装盒入室培养:在制曲过程中,自接种后11~12 h,品温上升迅速,此时曲料由于米曲霉生长菌丝而结块,通风阻力随着生长时间的延长而逐渐增加,品温出现下低面高的现象,温差也逐渐增大,虽已通风数小时,而品温仍有超过35℃的趋势,此时,应立即用翻曲机进行第一次翻曲,使曲料疏松,减少通风阻力,保持正常温度。以后再隔4~5 h,根据品温上升情况及曲料收缩裂缝等现象,进行第二次翻曲,翻松曲料,消除裂缝,以防漏风。以后继续保持品温在35℃左右。若两次翻曲后由于曲料再次收缩产生裂缝,风从裂缝漏出,品温相差悬殊,则可采用铲曲措施。培养18 h后孢子已开始产生,至22~26 h曲已着生淡黄绿色孢子,即可出曲。

2.制曲

制曲是酿造酱油的主要工序。制曲过程实质是创造米曲霉生长最适宜的条件,长期以来,制曲采用帘子、竹匾、木盘等简单设备,操作繁重,成曲质量不稳定,劳动效率低。近几年来,随着科学技术的发展,经过酿造科研人员的共同努力,成功采用了厚层通风制曲工艺,再加上菌种的选育,使制曲时间由原来的2~3 d,缩短为24~28 h。制曲工艺流程如下。

$$种曲$$
$$\downarrow$$

熟料 → 冷却 → 接种 → 入池培养 → 第一次翻曲 → 第二次翻曲、铲曲 → 成曲

厚层通风制曲就是将接种后的曲料置于曲池内,厚度一般为25~30 cm,是以培养微生物米曲霉和积累代谢产物酶等为主要目的。利用通风机供给空气,调节温湿度,促使米曲霉在较厚的曲料上生长繁殖和积累代谢产物,完成制曲过程。现除使用通用的简易曲池

外,尚有链箱式机械通风制曲机及旋转圆盘式自动制曲机进行厚层通风制曲。厚层通风制曲的主要设备有曲室、曲池、空调箱、风机、翻曲机。

3. 酱油发酵

将成曲拌入多量盐水,成为浓稠的半流动状态的混合物,俗称酱醪;如将成曲拌入少量盐水,成为不流动状态的混合物,则称酱醅。将酱醪或酱醅装入发酵容器内,采用保温或者不保温方式,利用曲中的酶和微生物的发酵作用,将酱醅中的物料分解、转化,形成酱油独有的色、香、味、体成分,这一过程,就是酱油生产中的发酵。

酱油发酵的方法很多,根据发酵的加水量不同,可分为稀醪发酵法、固态发酵法及固稀发酵法;根据加盐量的不同,可以分为有盐发酵法、低盐发酵法及无盐发酵法。目前普遍采用的方法为固态低盐发酵法。

(1)固态低盐发酵法的工艺流程

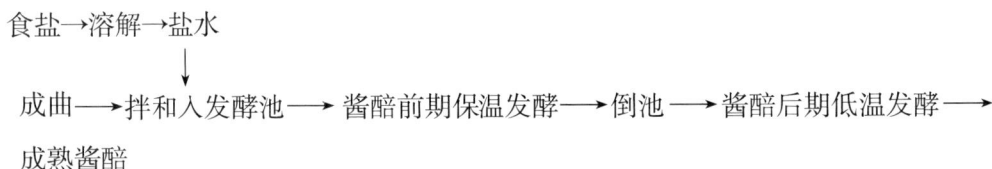

食盐→溶解→盐水

成曲──→拌和入发酵池──→酱醅前期保温发酵──→倒池──→酱醅后期低温发酵──→

成熟酱醅

(2)工艺要点

①盐水调制。

食盐溶解后,以波美计测定其浓度,并根据当时的温度调整到规定的浓度。一般在100 kg水中加1.5 kg盐得到的盐水浓度为1 °Bé,盐水的浓度一般要求在11~13 °Bé(氯化物含量在11%~13%),pH值在7左右。

②拌曲盐水温度。

一般来说,夏季盐水温度在45~50℃,冬季在50~55℃。入池后,酱醅品温应控制在42~46℃。盐水的温度如果过高会使成曲酶活性钝化以致失活。

③拌曲盐水量。

一般要求将拌盐水量控制在制曲原料总质量的65%左右,连同成曲含水量相当于原料质量的95%左右,此时酱醅水分在50%~53%。

④保温发酵和管理。

在发酵过程中,不同发酵时期的目的不同,发酵温度的控制也有所区别。

前期保温发酵:发酵前期目的是使原料中蛋白质在蛋白水解酶的作用下水解成氨基酸,因此发酵前期的发酵温度应当控制在蛋白水解酶作用的温度。蛋白酶最适温度是40~45℃,若超过45℃,蛋白酶失活程度就会增加。但是在低盐固态发酵过程中,由于发酵基质浓度较大,蛋白酶在较浓基质情况下,对温度的耐受性会有所提高,但发酵温度最好也不要超过50℃。因此,发酵温度前期以44~50℃为宜,在此温度下维持10余天,水解即可完成。

后期降温发酵:后期降温发酵阶段主要是形成酱油的色、香、味、体等物质。后期酱醅品温可控制在 40~43℃。在这样的温度下,某些耐高温的有益微生物仍可繁殖,经过 10 余天的后期发酵,酱油风味可有所改善。

⑤倒池。

可以使酱醅各部分的温度、盐分、水分以及酶的浓度趋向均匀;倒池还可以排除酱醅内部因生物化学反应而产生的有害气体、有害挥发性物质,增加酱醅的氧含量,防止厌氧菌生长以促进有益微生物繁殖和色素生成等作用。倒池的次数,常依具体发酵情况而定。一般发酵周期为 20 d 左右时只需在第 9~10 d 倒池一次。如发酵周期在 25~30 d 可倒池两次。适当的倒池次数可以提高酱油质量和全氮利用率。

4. 酱油的浸出

酱醅成熟后,利用浸出法将其可溶性物质最大限度地溶出,从而提高全氮利用率和获得良好的成品质量。浸出操作包括浸泡和滤油两个工序。

(1)浸出的工艺流程

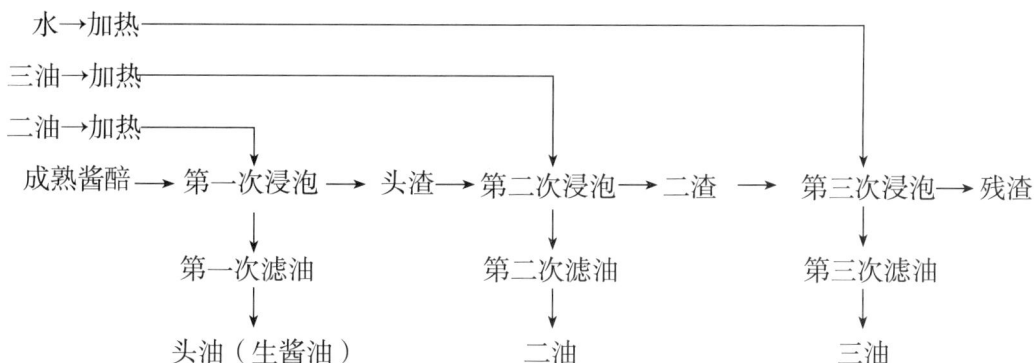

水→加热 ─────────────────────────────
三油→加热 ──────────────────────
二油→加热 ─────────
成熟酱醅 ── 第一次浸泡 ── 头渣 ── 第二次浸泡 ── 二渣 ── 第三次浸泡 ── 残渣
　　　　　　　第一次滤油　　　　　　第二次滤油　　　　　　第三次滤油
　　　　　　　头油(生酱油)　　　　　二油　　　　　　　　三油

(2)浸出的工艺要点

①浸泡。

酱醅成熟后,即可加入二油。二油应先加热至 70~80℃ 加入,加入完毕后,发酵容器仍须盖紧,以防止散热。经过 2 h,酱醅慢慢地上浮,然后逐步散开,此属于正常现象。浸泡时间一般在 20 h 左右。浸泡期间,品温不宜低于 55℃,一般在 60℃以上。温度适当提高与浸泡时间的延长,对酱油色泽的加深有着显著作用。

②滤油。

浸泡时间达到后,生头油可由发酵容器的底部放出,流入酱油池中。待头油放完后(不宜放得太干),关闭阀门,再加入 70~80℃ 的三油,浸泡 8~12 h,滤出二油(可作下批浸泡备用)。再加入热水(为防止出渣时太热,也可加入自来水),浸泡 2 h 左右,滤出三油,作为下批套二油之用。

在滤油过程中,头油是产品,二油套头油,三油套二油,热水浸三油,如此循环使用,这种循环生产的方法称为"三套循环淋油法"。若头油数量不足,则应在滤二油时补充。从头油到放完三油总共需时间仅 8 h 左右。

一般头油滤出速度最快,二油、三油逐步缓慢。特别是连续滤油法,如头油滤得过干,对二油、三油的过滤速度有着较明显的影响。因为当头油滤干时,酱渣颗粒之间紧缩结实又没有适当时间的浸泡,会给再次滤油造成困难。

③出渣。

滤油结束,发酵容器内存剩余的酱渣,用人工或机械出渣,输送至酱渣场上贮放,作饲料。机械出渣一般用平胶带输送机,也有仿照挖泥机进行机械出渣的,但只适用于发酵容器较大的发酵池。出渣完毕,清洗发酵容器,检查竹帘或篾席是否有损坏,四壁是否有漏缝,以防止酱醅漏入发酵容器底部堵塞滤油管道而影响滤油。

5.酱油的后处理

(1)工艺流程

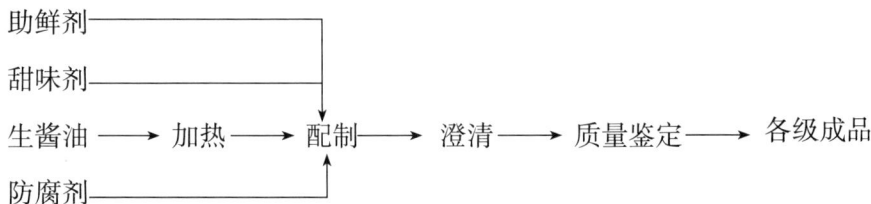

(2)工艺要点

①加热处理。

生酱油含有大量微生物,风味色泽较差,且浑浊。通过加热处理,可起到杀菌灭酶、调和风味、增进色泽、促进澄清、提高稳定性的作用。一般情况下,生酱油的加热温度为 65 ~ 70℃,时间为 30 min,不超过 1 h。如用连续杀菌器,以 80℃ 为宜,时间不超过 10 min。

②产品的调配。

给酱油加入添加剂和把不同批次质量有差异的酱油适当拼配,调配出不同品种规格酱油的操作称为配制。经过调配可以使成品酱油的各项理化指标符合标准。同时,根据消费者喜好可适当添加调味剂。例如,甜味剂有砂糖、饴糖、甘草等,鲜味剂有味精、鸟苷酸、肌苷酸等,着色剂有焦糖色素、酱色等,防腐剂有苯甲酸及苯甲酸钠、山梨酸及山梨酸钾、维生素 K 等。

③产品的澄清。

杀菌后的酱油应迅速冷却,在无菌条件下自然放置 4 ~ 7 d,使热凝固物沉淀并凝聚,沉降到下层,从而获得上清液。也可采用过滤器进行过滤澄清。

④酱油的贮存。

已经配制合格的酱油,在未包装以前,要有一定的贮存期,对于改善风味和体态有一定作用。一般把酱油存放于室内地下贮池中或露天密闭的大罐中(有夹层不受外界影响,夹层内能降温),这种静置可使微细的悬浮物质缓慢下降,酱油可以被进一步澄清,包装以后不再出现沉淀物。静置的同时还能调和风味,酱油中的挥发性成分在低温静置期间,能进行自然调剂,各种香气成分在自然条件下其部分保留,对酱油起到调熟作用,使滋味适口、香气柔和。

⑤成品包装和保管。

酱油包装也是生产中的一个重要组成部分。包装前要做好准备,明确产品等级,测定相对密度,检查注油器或流量计,使计量准确。包装好的产品应做到清洁卫生,计量准确,标签整齐,并标明包装日期。包装好的成品在库房内,应分级分批分别存放,排列要有次序,便于保管和提取。要本着"推陈出新"的原则进行发货,防止错乱。成品库要保持干燥清洁,包装好的成品不应露天堆放,避免日光直接照射或雨淋。

任务6.5　食醋加工技术

食醋是人们生活中不可缺少的生活用品,是一种国际性的酸性调味品。食醋以酸味纯正、香味浓郁、色泽鲜明者为佳。食醋中除了含有醋酸以外,还含有对身体有益的其他一些营养成分,如乳酸、葡萄糖酸、琥珀酸、氨基酸、糖、钙、磷、铁、维生素 B_2 等。酿造醋含有丰富的营养成分,具有独特的药理作用。

食醋具有相当强大的杀菌、抑菌能力。食醋对食源性致病菌有抑菌和杀菌作用,可作为生凉菜的食用消毒剂;食醋能抑制血糖浓度的快速变化,可控制餐后的高血糖;食醋能促进体内钠的排泄,改善钠的代谢异常,从而抑制体内盐分过剩所引起的血压升高。此外,食醋还具有预防骨质疏松症、抗疲劳、促进食物消化等作用。

我国食醋的品种有很多,生产工艺在世界上独树一帜,其名优产品有山西老陈醋,镇江香醋、四川麸曲醋、浙江米醋等。这些食醋风味各异,行销国内外,颇受消费者欢迎。

一、食醋的种类

食醋由于酿制原料和工艺条件不同,风味各异,分类方法较多。现将主要分类方法介绍如下:

1.按生产方式分类

(1)酿造食醋

以粮食、果实、酒精等含有淀粉、糖类、酒精的原料单独或混合使用,经过微生物酿造而成的一种酸性调味品。

(2)配制食醋

以酿造食醋为主体,与冰乙酸(食品级)、食品添加剂等混合配制而成的调味食醋。

2.按原料分类

生产食醋的原料有大米、小麦、高粱、小米、麸皮、含糖分的果类、野生植物及中药材等代用原料等。

(1)谷物醋

我国和日本生庐的食醋多以谷物为原料:如用高粱做原料的山西老陈醋;用麸皮做原料的四川麸醋;用糯米做原料的镇江香醋;用大米为原料的浙江玫瑰米醋、天津独流醋;以大麦、小麦为原料的正阳伏陈醋;以香糟为原料的糟醋;以发芽米的提取物为原料的米芽醋;以小麦种子中胚芽为原料的小麦胚芽醋;以麦芽为原料的麦芽醋;以薏苡仁为原料的薏苡仁醋等。

（2）果醋

果醋主要有苹果醋、葡萄醋、凤梨醋、柑橘果醋、山楂醋、沙棘醋、桑葚醋、猕猴桃醋、银杏醋等。

（3）酒醋

事实上各国的食醋生产都主要以各种农产品生产的初级酒精为原料。所以食醋的生产也可直接以这些含有初级酒精的物质为原料,主要有蒸馏白醋、葡萄酒醋、啤酒醋、酒糟醋等。

凡是淀粉、糖质、酒类或含有这三类成分的物质,均可作为酿醋原料,经糖化、酒化、醋化,最终制得食醋产品。

3. 根据酿造用曲分类

（1）麸曲醋

以麸曲和谷糠为原料,人工培养纯粹曲霉菌制成麸曲作糖化剂,以纯培养的酒精酵母作发酵剂酿造的食醋称为麸曲醋。

（2）老法曲醋

以大麦、小麦、豌豆为原料,以野生菌自然培养获取菌种而制成的糖化曲酿制的食醋称为老法曲醋。

4. 按风味分类

（1）陈醋

陈醋为酿成后存放较久的醋,醋味醇厚,酯香味较浓。

（2）熏醋

以高粱为主料,麸皮、谷糠为辅料,采用固体发酵工艺生产,利用烟道余热将陶瓷缸中成熟醋醅保温熏醅而制得的食醋。

（3）甜醋

食醋中人工添加食糖等甜味剂后为甜醋。

5. 按原料处理方法分类

按粮食原料的处理方法不同可分为生料醋和熟料醋。粮食原料不经过蒸煮糊化处理,直接用来制醋,所得的为生料醋;经过蒸煮糊化处理的原料酿制的食醋为熟料醋。

此外,食醋按发酵方式分为固态发酵醋、液态发酵醋、固稀发酵醋三类;按用途分为烹调醋、佐餐醋、保健醋和饮料醋;按颜色分为浓色醋、淡色醋和白醋;按产品形态分为液态醋和粉末醋等。

二、原辅料及其处理

1. 食醋原料的选择原则

原料的选择应遵循以下原则:

①原料价格低廉,可降低生产成本。

②原料内碳水化合物含量多,蛋白质含量适当,且适合微生物的需要和吸收利用。

③资源丰富,容易收集,原料产地离工厂要近,便于运输和节省费用。

④容易贮藏,并且最好选择经干燥的含水分极少的原料。

⑤无霉烂变质,符合卫生标准。

2.常用的酿醋原料

(1)主料

主料指能作为醋酸发酵的原料。它包括含淀粉、含糖、含酒精的三类物质,如粮食、薯类、果蔬、糖蜜、酒类及野生植物等。含有碳水化合物比较丰富的农产品、加工副产物均可作为酿醋原料,包括:高产粮食,如玉米、甘薯、马铃薯;粮食下脚料,如麸皮、米糠、淘米水、淀粉渣等;含淀粉的野生植物,如野果、酸枣、桑葚;以及果蔬类,如梨、柿、苹果、菠萝、荔枝等。长江以南一般采用大米和糯米为酿醋原料;长江以北多用高粱、小米为酿醋原料。

(2)辅料

辅料可以提供微生物活动所需的营养物质,形成食醋的色、香、味成分。它们含有大量的碳水化合物、蛋白质和矿物质,常用的有细谷糠、麸皮、豆粕等。

(3)填充料

固态发酵制醋及速酿法制醋都需要填充料。填充料主要起着疏松醋醅,使空气流通,以利醋酸菌好氧发酵的作用。常用的有粗谷糠、小米壳、高粱壳、玉米秸、玉米芯等。

(4)添加剂

酿制食醋所用的添加剂有以下几种。

①食盐。

醋醅发酵成熟后加入食盐能抑制醋酸菌的活动,同时调和食醋风味。

②砂糖。

可增加食醋的甜味。

③增色剂。

常用的增色剂有炒米色、酱色。炒米色主要用于镇江香醋,起增加色泽和风味的作用。酱色用于多数食醋,起增色和改善体态的作用。

④香辛料。

赋予食醋特殊的风味,常用的有芝麻、茴香、桂皮、生姜等。

此外,酿造用水与食醋质量有一定的关系,对酿造用水,如酸碱度、硬度、卫生指标等的选择要求是符合国家卫生指标的饮用水。

3.原料的处理

(1)处理的目的

酿醋原料在收割、采集和贮运过程中,会混入泥土、石沙、金属等杂物,如不去除干净,将损坏机械设备、堵塞管道。带皮壳的原料,在原料粉碎之前应将皮壳除去。原料进厂前要经严格检验,霉烂变质等不合格的原料不能用于生产。

(2)常用的处理方法

①去除泥沙杂质。

在投产前,谷物原料用分选机,将原料中的尘土和轻质杂物吹出,并用筛网把谷粒筛选出来;鲜薯类原料一般用搅拌式洗涤机洗去表面附着的沙土。

②粉碎与水磨。

为了扩大原料与曲的接触面积,充分利用有效成分,原料应先粉碎,再进行蒸煮、糖化。酶法液化通风回流制醋,可用水磨法粉碎原料,淀粉更易被酶水解,并能避免粉尘飞扬。磨浆时,先浸泡原料,再加水,加水比例为(1:1.5)~2 为宜。

③原料蒸煮。

原料粉碎经润水后在高温条件下蒸煮,使植物组织和细胞彻底破裂。淀粉糊化后,颗粒吸水膨胀,有利于糖化时水解酶的作用,同时通过高温高压蒸煮,杀死原料表面附着的微生物。

原料蒸煮的要求:原料淀粉颗粒充分糊化;可发酵物质损失尽可能少;能耗少;蒸煮过程中产生的有害物质少。蒸煮方法一般分为煮料发酵法和蒸料发酵法两种,蒸料发酵法是固态发酵酿醋中应用最广的一种方法,为便于糖化发酵,必须进行润料,即在原料中加入定量的水,并搅拌均匀,然后再蒸料。润料所用水量视原料种类而定。许多大型生产厂一般采用旋转加压蒸锅,使料受热既均匀又不至于焦化。

三、食醋酿造的基本原理与相关微生物

1. 食醋酿造的基本原理

食醋酿造是一个复杂的生化过程,包括淀粉糖化、酒精发酵、醋酸发酵三个阶段。

(1)淀粉糖化

糖化是指淀粉在酸或淀粉酶的水解下,生成葡萄糖、麦芽糖和糊精的过程。淀粉是一种高分子化合物,只有经过润水、蒸煮糊化及酶的液化成为溶解状态,才能被微生物利用。

(2)酒精发酵

酒精发酵是指成熟酵母在无氧条件下,把葡萄糖等可发酵性糖类在水解酶和酒化酶酶系作用下,分解为乙醇和 CO_2 的过程。

(3)醋酸发酵

醋酸发酵是指酒精在醋酸菌氧化酶的作用下氧化生成醋酸的过程。

2. 食醋酿造的相关微生物

(1)曲霉菌

曲霉菌含有多种活化的强大酶系,因此常用于制糖化曲。该菌属可分为黑曲霉群和黄曲霉群两大类。从它们的酶系种类活力而言,以黑曲霉更适合酿醋工业的制曲。常用的优良菌株为黑曲霉 AS3.4309,菌丛黑褐色,发育适温为 37~38℃,最适 pH 值为 4.5~5.0。其特点是酶系纯,糖化酶活力很强,耐酸,但液化力不高,适用于固体和液体法制曲。

（2）酵母菌

在食醋酿造过程中，淀粉质原料经糖化产生葡萄糖,葡萄糖在酵母菌酒化酶系的作用下进行酒精发酵生成酒精和 CO_2 转化酶等。酵母菌培养和发酵的最适温度为 $25 \sim 30℃$。酿醋用的酵母菌因原料而有差别,常用的有南阳混合酵母（1308 酵母）、K 氏酵母、AS2.1189。

（3）醋酸菌

醋酸菌是指氧化乙醇生成醋酸的一群细菌的总称。按照醋酸菌的生理生化特性,可将醋酸菌分为葡萄糖氧化杆菌属和醋酸杆菌属两大类。醋酸菌具有较强的氧化能力,能将乙醇氧化为醋酸,可用于食醋的生产。常用的醋酸菌有 AS1.41 醋酸菌和沪酿 1.01 醋酸菌。

四、固态法食醋的生产

我国的传统食醋大多采用固态法生产,即醋酸发酵时物料呈固态的酿醋工艺。以粮食为原料,加入小曲、块曲、麸曲、酒母等为发酵剂,再加入稻壳为疏松剂酿造食醋。

采用固态发酵工艺酿制的食醋,色、香、味、体俱佳,通常呈琥珀色或红棕色,具有浓郁的醇香和酯香,酸味柔和,回味醇厚,体浓澄清。总酸、不挥发酸和还原糖等主要理化指标优异。还因含有多种氨基酸所具有的缓冲、调和作用,以及菌体自溶后产生的各种风味物质的作用,使产品醋酸含量虽高,却无尖锐刺激感,给人以柔和、醇厚、绵长和协调的舒适感,其优良品质远非其他工艺所能及。

固态发酵食醋由于其工艺的可变动性,只需稍经调整、变更或延伸,就可派生出无数的独特创新工艺,如各具特色的大曲、小曲、麸曲、糖化剂和百余种中草药制备的药曲等。工艺的创新造就了丰富多彩的优秀食醋品牌,目前国内知名品牌的食醋多采用此种工艺酿制而得,如镇江香醋、山西老陈醋、四川保宁麸醋和福建红曲醋等。

1.大曲醋的生产

大曲醋是以高粱为原料,大曲为糖化发酵剂,现在我国几种主要名醋的生产仍多采用大曲,由于原料、生产工艺等不同,使不同品牌具有不同特色。现以山西老陈醋为例,介绍大曲醋的生产。

（1）原料及配比

大曲醋的原料及其配比如表6-5-1。

表6-5-1 大曲醋的原料及其配比

原料名称	高粱	大曲	麸皮	谷糠	食盐	水			香辛料
						润料	闷料	后水	
数量(kg)	100	62.5	70	100	8	60	210	60	0.15

注:香辛料包括花椒、大料、桂皮、丁香、生姜等。

（2）生产工艺流程

高粱

精选除杂 → 入缸，酒精发酵

粉碎成四六瓣 → 出缸，拌入麸皮和谷糠 → 露晒陈酿

水 → 润料 → 醋酸发酵 → 过滤

糊化 → 食盐 → 成熟醋醅陈酿 → 灭菌

出甑开水闷料 　熏醋醅40%~50% → 包装

冷却 　白醋醅50%~60% → 成品

拌曲 　水、淡醋液 → 浸泡　浸泡

　香辛料 → 加热　淋醋

　新醋

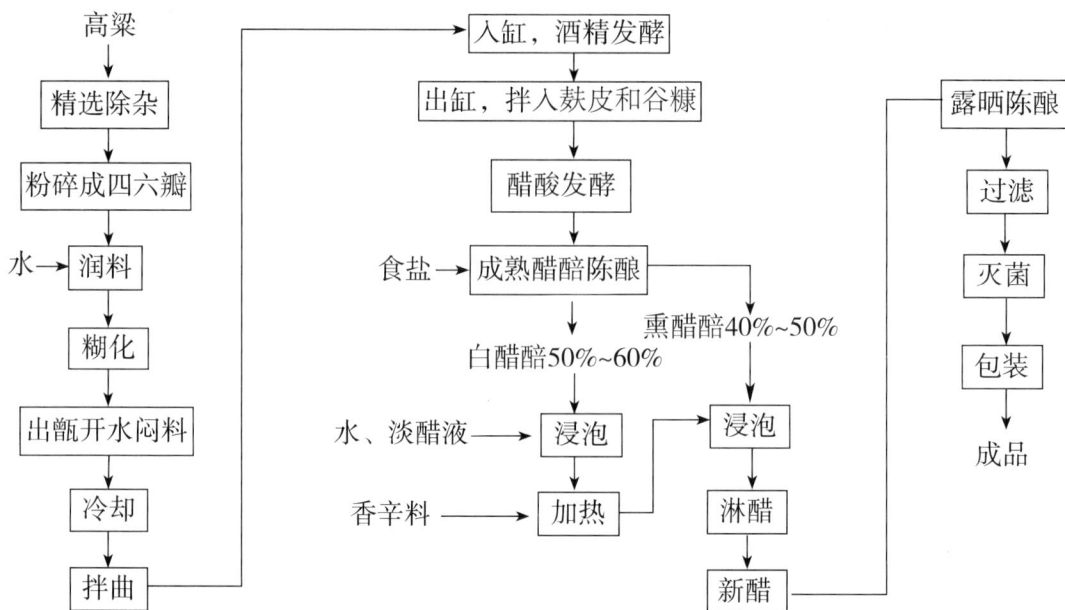

（3）生产工艺操作要点

①原料处理。

选料：除去有霉坏、变质、有邪杂味的原料，并测定原料的淀粉、水分含量。

原料粉碎：高粱粉碎成四六瓣，细粉不超过 1/4，最好不要带面粉。

润料：加高粱重量 50%～60% 的水进行润料，冬天最好用 80℃ 以上的水润料。把原料铺在凉场上，先把原料挖成边沿高、中间凹状，然后把备好的润料水洒入其中，再用木锨从内圈向四周把高粱糁和润料水慢慢混合，翻拌均匀，放入木槽内或缸中，静止润料 8～12 h。做到夏季不要发热，冬季不能受冻，让原料充分润透，含水在 60%～65%，手捻高粱糁为粉状，无硬心和白心。

蒸煮糊化：蒸料前检查甑桶是否清理干净，甑锅内的水是否加足，把甑箅放好放平，铺上笼布，再铺一层谷糠。开始火要烧旺，待锅沸腾后开始上料。从润料池内或缸内取出高粱糁翻拌均匀（打碎块状物），先在甑底轻轻地撒上一层，待上气后往冒气处轻轻洒料，一层一层上料，要保持料平、均匀。待料上完，盖上麻袋开始计时，蒸 2 h，停火再闷 30 min。气压保持在 1.5～2.5 MPa.

闷料：将蒸好的高粱糁趁热取出，直接放入闷料槽内或缸中，按高粱糁和开水比为 1∶1.5（质量比）的比例混合搅拌，均匀打碎。静置，闷料 20 min，高粱糁充分吸水膨胀后，进行冷却。

冷却：把闷好的高粱糁摊到凉场上，越薄越好，在冷却过程中要不停地用木锨翻拌，并随时打碎块状物，要求冷却的速度越快越好，防止细菌感染，影响整个发酵。

②拌曲。

大曲的制备，见白酒生产技术中大曲酒加工技术中大曲的制备。

提前 2 h 按大曲和水比为 1∶1(质量比)的比例闷上,翻拌均匀备用。待高粱糁冷却到 28～30℃时开始拌曲,将曲均匀地撒到冷却好的高粱上,先把曲料收成丘形,再翻拌 2 次打碎块状物,使曲和蒸熟的原料充分混匀。

③酒精发酵。

将拌好曲的料送到酒精发酵室内的酒精缸中。先在酒精缸中加水 40 kg,再加入主料 50 kg。发酵室温度控制在 20～25℃,料温在 28～32℃,原料入缸后第 2 天开始打把,每天上下午各打把 1 次,块状物需打碎,开口发酵 3 d 后搅拌均匀并擦净缸口和缸边,用塑料布扎紧缸口,再静止发酵 15 d。

④醋酸发酵。

拌醋醅:把发酵好的酒精缸打开。先把麸皮和谷糠放于搅拌槽内,翻拌均匀后再把酒精液倒在其上翻拌均匀,不准有块状物(酒精液、麸皮、谷糠的比例为 13∶6∶7)。然后移入醋酸发酵缸内,每缸放 2 批料,把缸里的料收成锅底形备用。

拌好醋醅的质量要求:水分为 60%～64%;酒精体积分数为 4.5%～5%。

接火:取已发酵的、醅温达到 38～45℃的醅子 10% 作为火种接到拌好的醋醅缸内,用手将火醅和新拌的醋醅翻拌几下,同时把四周的凉醋醅盖在上边,收成丘形,盖上草盖,保温发酵。待 12～14 h 后,料温上升到 38～43℃时要进行抽醅,再和凉醅酌情抽搅一次,如发现有的缸料温高,有的缸料温低时要进行调醅,使当天的醋酸发酵缸在 24 h 内都能有适宜的温度,而且各处温度比较均匀,为给下批接火打下基础。

移火:接火经 24 h 培养后称为火醅,醅温达到 38～42℃就可以移火,取火醅 10% 按上法给下批醅子进行接火。移走火的醅子,根据温度高低进行抽醅,如温度高则抽得深一些,温度低抽得浅一些,尽量采取一些措施使缸内的醋醅升温快且均匀。

翻醅:翻醅时要做到有虚有实,虚实并举,注意调醅。争取 3 d 内 90% 的醋醅都能达到 38～45℃。根据醅温情况,灵活的掌握翻醅方法。即料温高的翻重一些,料温低的翻轻一些,醅温高的要和醅温低的互相调整一下,争取所有的发酵醋醅温度均匀一致,以免有的成熟快,有的成熟慢,影响成熟醋醅的质量和风味。

接火后第 3～4 d 醋酸发酵进入旺盛期,料温可超过 45℃,而且 80%～90% 的醅子都能有适宜温度,当醋酸发酵 9～10 d 时料温自然下降,说明酒精氧化成醋酸已基本完成。

成熟醋醅的陈酿:把成熟的醋醅移到大缸内装满踩实,表面少盖些细面盐用塑料布封严,密闭陈酿 10～15 d 后再转入下道工序。

成熟醋醅的质量要求:水分为 62%～64%;酸度为(4.5～5)g/100 g(以醋酸计);残糖为 0.2% 以下;基本上无酒精残留。

⑤熏醅。

把陈酿好的醋醅 40% 入熏缸熏制,每天按顺序翻 1 次,熏火要均匀,所熏的醅子闻不到焦煳味,而且色泽又黑又亮。熏醅可以增加醋的色泽和醋的熏香味,这是山西老陈醋色、香、味的主要来源。

熏醅的质量要求:水分为 55% ~60%;酸度:(5 ~5.5)g/100 g(以醋酸计)。

⑥淋醋。

把成熟陈酿后的白醋醅和熏醋醅按规定的比例分别装入白淋池和熏淋池。

⑦老陈醋半成品陈酿。

把淋出的半成品老陈醋,打入陈酿缸内,经夏日晒、冬捞冰及半年以上陈酿的时间,使半成品醋的挥发酸挥发、水分蒸发,即为成品醋,其浓度、酸度、香气等方面都会有大幅度提高。

2.新型醋的生产

我国目前新型制醋工艺,有酶法液化通风回流制醋、液态深层发酵制醋和新固态发酵法制醋,在这些制醋工艺中为了稳定风味,改善产品质量,提高原料出品率,已经开始不同程度应用酶制剂。在这些原料的工艺处理中已采用 α - 淀粉酶来液化淀粉质原料、用纯粹曲霉菌来培养糖化曲,并采用技术措施来提高糖化酶、酸性蛋白酶等酶的含量等。下面主要介绍酶法液化通风回流固态制醋法。

(1)酶法液化通风回流固态制醋生产工艺

酶法液化通风回流固态制醋新工艺,是利用自然通风和醋汁回流代替倒醅,在发酵池靠近底层处设假底,并开设通风洞,让空气自然进入,运用固态醋醅的疏松度使全部醋醅都能均匀发酵。该工艺利用醋汁与醋醅的温度差,调节发酵温度,保证发酵正常进行,同时运用酶法将原料液化处理,以提高原料利用率。工艺流程如下:

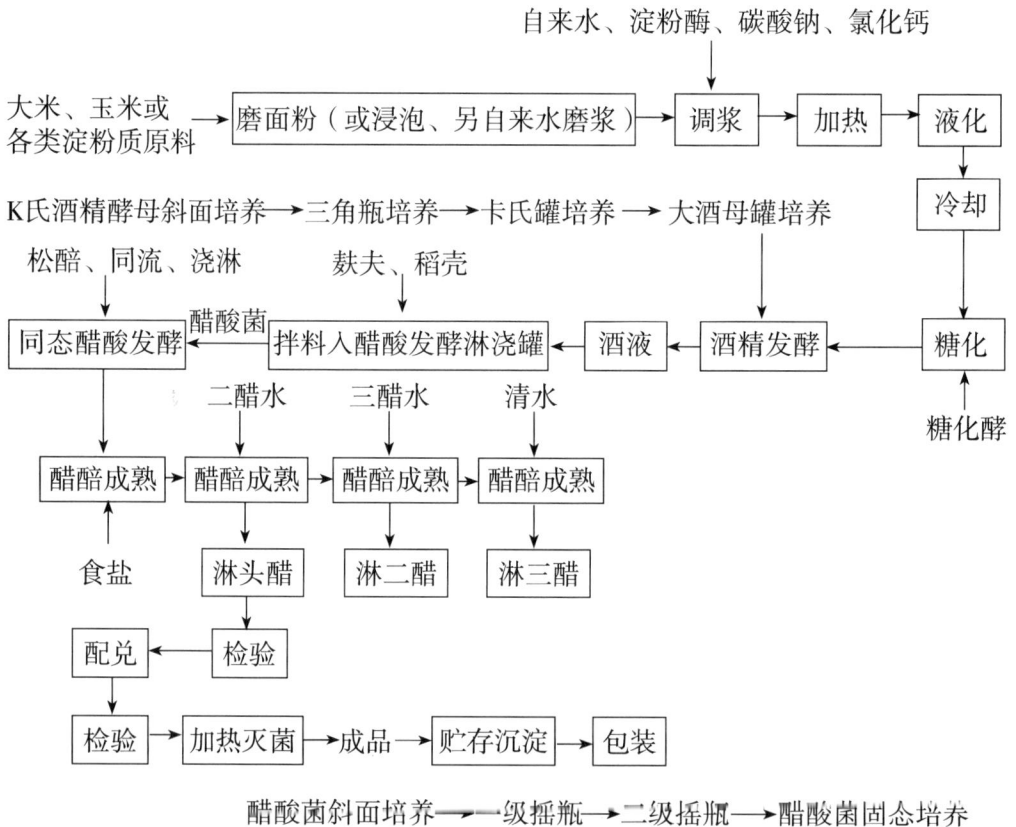

（2）工艺操作要点

与传统工艺相比，此法主要工艺操作特色介绍如下：

①添加酶制剂。

在淀粉液化、糖化中添加淀粉酶。在淀粉液化时，添加主料质量 0.3‰ 的 α - 淀粉酶。淀粉液化后，需再添加一定量的糖化剂——糖化酶，将液化产物糊精进一步水解为 $C_6H_{12}O_6$ 等可发酵性糖类。

②回流淋浇。

在醋酸发酵过程中，松醅后醋醅发酵升温达 40℃ 时，要及时回流，即由缸底放出汁液淋浇在醅面上，使品温降至 36 ~ 38℃。因为醋酸菌生长能产生热量，使品温不断上升，这时回流可降低品温，若品温上升过高，则可加大回流量或回流次数，使品温不超过 40℃。发酵后期品温可以控制在 35 ~ 37℃。回流淋浇应根据季节变化和料温升降情况而定，每天淋浇 6 ~ 7 次。每罐醋醅回流 150 ~ 170 次即可成熟，时间在 25 d 左右。

（3）酶法液化通风回流固态制醋工艺的特点

①与旧工艺相比，具有降低劳动强度、减少工序、节约能源、改善卫生条件等优点。

②用酶量小，省工省时，节约了大量的麸皮，可直接降低生产成本，淀粉利用率明显提高，产品质量稳定。

③采用酶法制醋工艺，废除了技术较严的制曲工艺，可避免因成曲的质量不稳定造成的损失。

任务6.6　腐乳加工技术

豆腐乳是我国传统发酵制品，豆腐乳是一类以霉菌为主要菌种的大豆发酵食品，是我国著名的具有民族特色的发酵调味品之一，它起源于民间，植根于民间，并以其独特的工艺、细腻的品质、丰富的营养和鲜香可口的风味而深受广大群众的喜爱。腐乳的营养价值很高，其主要营养成分为蛋白质在微生物酶的作用下产生的多种氨基酸及低分子蛋白质，人体必需的 8 种氨基酸含量较为丰富。腐乳含蛋白质 14% 以上，脂肪 5% 以上，碳水化合物 6% 以上，每 100 g 热量为 544 kJ，并含有较多的 B 族维生素，尤其是维生素 B_{12}，红腐乳每 100 g 含 0.7 mg，青腐乳每 10 g 含 1.88 ~ 9.8 mg。

一、豆腐乳的种类

我国腐乳生产种类繁多，各地腐乳因色泽、风味、规格的不同而独具特色。腐乳分类方式主要有如下几种，按出产地不同可分为北京王致和腐乳、浙江绍兴腐乳、桂林腐乳、杭州太方腐乳、广州白腐乳等；按其色泽、风味可分为红腐乳、白腐乳、青腐乳、黄腐乳及各种花色腐乳；根据豆腐坯是否有微生物繁殖而分为腌制型腐乳和发霉型腐乳，发霉型腐乳又分为自然接种发酵腐乳和纯种接种发酵腐乳两类；根据豆腐坯上菌种的类型又可分为毛霉型腐乳、根霉型腐乳以及细菌型腐乳等类型。

二、腐乳生产的原辅料

1. 蛋白质原料

用于生产豆腐乳的主要蛋白质原料是大豆,其中青豆、黄豆、黑豆皆可作为原料。腐乳的质量首先取决于大豆的品质,选取优质的大豆是生产腐乳的最基本条件,所以要求大豆蛋白质含量高,干燥,无霉烂变质,相对密度大,颗粒均匀无皱皮,皮薄,富有光泽,无泥沙,杂质少。大豆中蛋白质含量一般为30%～40%,粗脂肪为15%～20%,无氮浸出物为25%～35%,灰分为5%左右。

黄豆的豆性柔糯,生产成本相对低廉,成品腐乳易于保存,所以多数采用黄豆作为原料。

2. 水

软水和中性水能提高蛋白质的利用率,因此制作腐乳对水的质量有一定的要求:一是要符合饮用水的质量标准;二是要求水的硬度越小越好。

3. 凝固剂

(1)盐卤

历来豆腐点花大多应用盐卤,一般认为用盐卤做的豆腐香气和口味好。盐卤主要成分为氯化镁,约占29%,还有硫酸镁、氯化钠、溴化钾等,有苦味,又称为苦卤。原卤的浓度为25～28°Bé,使用时要适当稀释。新黄豆可用20°Bé的盐卤,使用量为黄豆的5%～7%。

(2)石膏

石膏是一种矿产品,主要成分是硫酸钙。由于结晶水含量的不同,有生石膏($CaSO_4 \cdot 2H_2O$)、半熟石膏($CaSO_4 \cdot H_2O$)、熟石膏($CaSO_4 \cdot 1/2H_2O$)及过熟石膏($CaSO_4$)之分。对豆浆的凝固作用以生石膏为快,熟石膏较慢,而过熟石膏几乎不起作用。用石膏做凝固剂,须先将石膏炒熔,再磨成细粉,粒度越细则其凝固效果越好。在使用时,还要将石膏粉加水制成悬浮液。

(3)葡萄糖酸内酯

葡萄糖酸内酯是一种新的凝固剂,它的特性是不易沉淀,容易和豆浆混合。它溶在豆浆中会慢慢转变为葡萄糖酸,使蛋白质酸化凝固,而且保水性好,产品质地细嫩而有弹性,产率也高。

4. 食盐

腌坯时需要多放食盐,它使产品具有适当的咸味,同时与氨基酸结合增加鲜味。而且由于其能降低产品的水分活度,具有防腐作用。对食盐的质量要求是干燥且含杂质少,以免影响产品质量。

5. 调味料

调味料的主要作用是改变豆腐乳的风味,增加花色品种。

（1）黄酒

黄酒具有酒度低、性醇和、香味浓的特点。因此,在豆腐乳酿造过程中加入适量的黄酒,可增加香气成分和特殊风味,提高豆腐乳的档次。

（2）红曲

红曲是红曲霉菌在米粒上繁殖而成的曲米。我国福建一带很早就开始使用红曲色素,如添加红曲色素制成的红腐乳、红酒、红肉、红肠衣、红糕点、红糖果、红蜜饯、红花生等。红曲色素由红曲霉红素和红曲霉黄素组成。酿造豆腐乳时,添加红曲色素（能溶于酒精中）可把豆腐乳坯表面染成鲜红色。

（3）面曲

面曲即面糕曲,是制面酱的半成品。在做豆腐乳时,面曲要经过晒干,以减少水分。豆腐乳酿造时使用面曲是给后期发酵增加酶源,使成品中糖分含量增加。

（4）糟米

糟米也称酒酿糟,是制糟方的主要辅料。其制造方法与甜酒酿的制造方法基本相同。所不同的是发酵一天后,酒酿醪不到半坛时即加烧酒,抑制发酵,并使其冷却。一般每 100 kg糟米加酒精体积分数为50%的烧酒40～50 kg。糟方豆腐乳外形美观、饱满,风味别致,糟香扑鼻,可促进食欲。

（5）甜味剂

腐乳中使用的甜味剂主要有蔗糖、葡萄糖和果糖等,它们的甜度以蔗糖为标准,其甜度为 1：0.75：（1.14～1.75）。

还有一类,它们不是糖类,但具有甜味,可作甜味剂,常用的有糖精钠、甘草、甜叶菊苷、天门冬酰苯丙氨酸甲酯（APM）等。

（6）其他辅料

其他外加辅料品种很多,主要是香辛料,使用最广的有胡椒、花椒、八角、茴香、小茴香、甘草、陈皮、丁香、桂皮、高良姜、五香粉、咖喱料、辣椒、姜等。使用香辛料,主要是利用香辛料中所含的芳香油和辛辣成分,目的是抑制和矫正食物的不良气味,提高腐乳的风味,并增进食欲,促进消化,具有防腐杀菌和抗氧化作用。

三、腐乳的生产

1. 豆腐坯的制备

豆腐乳的品种虽然繁多,但都是由豆腐坯制成,豆腐坯的大小、含水量等虽有差异,但制备方法却基本相同。豆腐坯的制备原料是大豆,通过浸泡、磨浆、滤浆,使原料中的蛋白质溶解到最大程度,然后将豆浆加热,并添加适当的中性盐类,把豆浆中蛋白质的溶解度降低到最低限度,形成蛋白质网络结构凝固下来,再经压榨成为豆腐。豆腐经过划块就成了豆腐坯。

（1）豆腐坯的制备工艺流程

```
       水                盐卤、石膏粉
       ↓                   ↓
大豆→浸泡→磨浆→滤浆→煮浆→点花→压榨→划块→豆腐坯
           ↓                   ↓
         豆渣               黄浆水
```

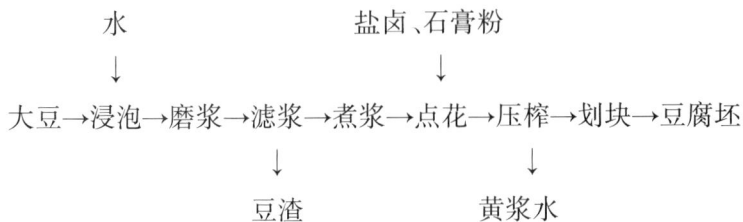

（2）工艺操作要点

①浸泡。

应选用优质黄豆。黄豆在浸泡前应进行除杂处理，将豆中的草根、树皮、泥沙、石块、金属等杂物去除，以保证豆腐的质量，防止磨浆设备受损。选料方法：干选，用筛子把杂物分离；水选，洗涤黄豆，使轻物漂浮水面而捞出，泥土随水放走，重物下沉弃去。

干黄豆水分含量在12%左右，大部分蛋白质是凝胶状态，生理活性也较弱。因此，浸泡直接关系到磨浆、豆腐质量和豆腐坯出品率。黄豆经浸泡充分吸水膨胀，种皮由硬变软，子叶组织内部物质细胞喷润，容积增大，浸泡后容易磨浆，豆腐坯得率高。

浸泡时，黄豆与水的质量比为1∶（3.5～4），以黄豆充分膨胀后不露出水面为宜，在生产中黄豆浸泡时可以加入0.2%～0.3%的碳酸钠，以提高黄豆中碱溶蛋白质的溶解度和中和泡豆中产生的酸。浸泡的条件：一般冬季水温在0～5℃，时间控制在14～18 h；春、秋季水温通常在10～15℃，浸泡时间控制在8～12 h；夏季水温通常在18℃左右，浸泡时间控制在8～10 h。浸泡程度的感官检查标准是：掰开豆粒，两片子叶内侧呈平板状，豆片柔软，且泡豆水面无泡沫。

②水洗。

水洗是原料浸泡后的清杂工序，同样采用洗料机和绞龙式洗豆机进行。清洗工序的作用有：洗净黄豆，除去漂浮的豆皮和杂质；降低泡豆的酸度，除净带有酸性的泡豆水；从生产的第一工艺环节，提高产品的卫生和品质质量，这一工序不可缺少，对提高产品质量有极大作用。

③磨浆。

磨浆是提取大豆蛋白的一道工序，即将浸泡好的大豆磨细成糊的过程。将浸泡好的黄豆，连同适量的水均匀地送入钢磨、砂轮磨和冷轧粉碎棒式针磨等磨浆设备中，黄豆组织细胞在摩擦、剪切等机械力的破坏作用下，其蛋白质随水充分溶出形成溶胶状态豆乳，磨浆的加水量一般为1∶6（干料∶水）或1∶（2.7～3），磨浆的粒度在生产中一般为8～10 μm，影响粒度的因素很多，磨浆中定量给料、定量给水是工艺的关键。

磨成的豆糊应洁白、细腻、面有光泽，形呈片状，稀稠合适，前后均匀。

④滤浆。

滤浆是使黄豆蛋白质等可溶物和滤渣分离的过程，一般采用足式离心机进行浆渣分离。具体做法是：从豆渣分离出来的是头浆，头浆分离的豆渣有条件要复磨一次。每次加水80 kg左右（第一次水温为80～90℃），稀释过滤，以后每次加水的水温为60～70℃，第

二、三、四次洗涤分离的豆浆依次称为二浆、三浆、四浆,然后套用,分离出的豆浆经过浓度测定、调节后,符合要求的则直接送到下道点浆工序。滤浆时如果泡沫较多,会影响过滤,可以加入少许油脚,使泡沫散失。豆浆的浓度应控制在 5.5 ~ 6.0 °Bé,制作小块形腐乳的豆浆浓度控制在 8 °Bé,豆渣的水分含量为 90% 左右,蛋白质为 1.5% 左右,脂肪为 0.4% 左右。分离机一般用 95 ~ 100 目分离网比较适合,使用时应先粗后细。在洗涤豆渣时,要控制用水量,并且加水后应充分搅拌,使蛋白质充分溶解,以有利于分离和提取蛋白质。

⑤煮浆。

煮浆的目的是使豆浆中的蛋白质适度变性,为蛋白质由溶胶变成凝胶做好准备;同时,加热可以消除或破坏对人体有不良影响的生物活性成分胰蛋白酶抑制素、血球凝集素、皂角素等物质;提高蛋白质的消化率,除去或减少黄豆蛋白质的豆腥味和微苦味,增进豆香味;以及杀灭豆浆本身存在的以蛋白酶为首的各种酶系,达到保护黄豆蛋白质并灭菌的效果。

分离后的豆浆要迅速煮沸,使黄豆蛋白质适度变性以达到凝固效果,一般采用常压煮浆,设备有敞磨式常压煮浆锅、封闭式高压煮浆锅、阶梯式密闭溢流煮浆罐。要求快速煮沸到 100℃,豆浆加热温度控制在 96 ~ 100℃,保持 5 min。

生浆煮沸要注意煮透和受热均匀,煮浆时应快速升温。煮沸温度低,蛋白质未彻底变性,会影响蛋白质的凝固,使豆腐坯内部变质,出水发黏,成品风味不好,有异味;煮沸温度过高,蛋白质过度变性,不溶性物质增多,水溶性物质减少,使豆浆发红,豆腐坯粗糙发脆。豆浆不能反复烧煮,以免降低豆浆稠度,影响蛋白质凝固。煮浆时会产生大量的泡沫,形成"假沸"现象,点浆时影响凝固剂的分散,应予以防止。生产上常采用加入有机硅消泡剂 0.005% 或用量为豆浆 1% 的脂肪酸甘油酯,降低豆浆表面张力而消泡。但消泡剂对豆腐品质有不良影响,应严格控制用量。而油脚因为杂质含量高、毒性大、色泽深、危害健康,油脚膏含有酸败油脂,对身体有害,在腐乳中被禁止使用。

⑥点浆。

点浆是通过加入适量凝固剂使煮熟的豆浆中的蛋白质从溶胶状态变为凝固状态而形成豆脑的过程,这是制作豆腐的关键工序之一。

在点浆操作中最关键的是保证凝固剂与豆浆的混合接触,一般多采用手工点浆操作方法。具体方法是:待品温达到 85 ~ 90℃ 时,先搅拌,使豆浆在缸内上下翻动起来后,再将盐卤细流缓缓滴入热浆中,同时轻而有力地划动缸内豆浆,不断使豆浆上翻,盐卤下降,滴入的盐卤与豆浆混合均匀,卤水量先大后小,搅拌也要先快后慢,并注意观察豆花凝聚状态。缸内出现脑花量达 50% 时,搅拌的速度要减慢,卤水流量相应减少。脑花量达 80% 时,结束下卤,当脑花游动缓慢并且开始下沉时停止搅拌。

点浆时应注意的问题:

豆浆的浓度必须控制在 4 ~ 5 °Bé,浓度高,下卤后形成大块豆脑,上下翻动不均匀,影响出品率;浓度低,形成的豆脑块小,保水性差,产品坚硬,出品率低。

盐卤浓度取决于豆浆的浓度,一般豆浆浓度在 4～5 °Bé 时,盐卤浓度应掌握在14～18 °Bé。

点浆温度控制在80～85℃较为适宜,点浆的温度高,豆腐坯由于脱水强烈、凝固过快导致颜色发红、松脆;温度过低,蛋白质凝固缓慢,凝固不完全,豆腐坯易碎,蛋白质流失过多,影响出品率和蛋白质利用率。

点浆时,酸性蛋白质和碱性蛋白质的凝固受 pH 值影响很大,一般要控制 pH 值在 6.6～6.8。目的是尽可能多地使蛋白质凝固。pH 值偏高,用酸浆水调节;pH 值偏低,用1%的氢氧化钠溶液调节。

手工点浆主要应掌握豆浆翻动速度和加卤水的流量。翻动速度快,则加卤水的量要大;反之则要小。搅拌过程中,动作一定要缓慢,避免剧烈的搅拌,以免使已经形成的豆脑凝胶被破坏。此外还要注意,豆浆未翻起来时不加卤水,豆脑基本形成时加卤水。

⑦蹲脑。

点浆结束后,蛋白质凝胶网状结构尚不牢固,必须有一段充足的静置时间,称为"蹲脑"(养花)。蹲脑时间应视豆浆凝固效果和产品类型而定。一般小块形腐乳需 10～15 min,特大块形腐乳为 7～9 min,也有 20～30 min。

蹲脑时间过短,凝固不完善,外形不完整,豆腐组织软嫩,弹性不好,蛋白质组织容易破裂,制成的豆腐坯质地粗糙,容易出现白浆;蹲脑时间过长,凝固的豆脑析水多,豆脑组织紧密,保水性差,使质量和出品率低,而且还会使豆脑温度降低,豆腐坯成型困难。所以,蹲脑要掌握适当的时间,防止外界振动,保持豆脑温度,豆腐坯结构才会细腻,保水性好。

⑧压榨。

压榨也称制坯。点浆完毕,待豆腐脑组织全部下沉后,即可上厢压榨。压榨是使豆腐脑内部分散的蛋白质凝胶更好地接近及黏合,使制品内部组织紧密,同时排出豆腐脑内部水分的过程。

目前压榨设备有传统的杠杆式木制压榨床、电动液压制坯机以及履带式制坯机。

一般的压榨过程和要求是:当在预放有四方布的厢内盛足豆腐脑时,将厢外多余的包布向内折叠,将四周包住,包布应松紧一致,每次豆腐脑数量要相等并根据豆腐坯厚度而定,以便达到每板厚度均匀一致。上厢完毕,在其上放榨板一块,并缓慢加压,由轻慢慢加重,此时应防止榨厢倒斜。榨出适量黄泔水后,持续加大压榨力度,直到厢内黄泔水基本不往外流淌为止。一般豆腐坯的水分含量应控制在春秋季为 70%～72%,冬季为 71%～73%。压成的豆腐坯要厚薄均匀,四角方正,软而有弹性,色泽正常,无气泡及麻皮现象。压榨完毕的豆腐坯品温一般在 60～70℃,要求杂菌数在 500 CFU/g 以下,然后及时进行划块工序。

⑨划块。

压榨出来的整板豆腐,品温尚有 60～70℃,在较高的温度下,黄豆蛋白质凝胶的可塑性很强,形状不稳定,必须经过冷却之后切块,才能保持住豆腐坯的块形,否则会失去原有正规的形状。切块时将缺角、发泡、水分高、厚度不符合标准的次品剔出,按豆腐坯块型规格切块,小红方的块型规格为 4.1 cm × 4.1 cm × 1.6 cm。豆腐坯制成后,立即送入培养室进行接种。

2.豆腐乳的发酵

豆腐乳发酵包括前期培菌(发酵)和后期发酵两个阶段。前期培菌是在白坯上培养毛霉或根霉,让菌丝生长繁殖,分泌酶系,形成韧而细的皮膜;后期发酵时先将毛坯盐腌,再根据不同品种的要求,予以配料、装坛、贮藏,形成色、味俱佳的豆腐乳成品。

(1)豆腐乳发酵工艺流程

毛霉或根霉扩大培养→菌液配制

　　　　　　　　　　　↓

豆腐坯→入笼格→接种→培养→调温→养花→凉花→搓毛→腌坯→装坛→后熟→成品

　　　　　　　　　　　　　　　　　　　　　　　　　↑　　↑

　　　　　　　　　　　　　　　　　　　　　　　　　盐　各种配料

(2)工艺操作要点

①前期培菌。

菌种的准备:菌种的好坏是前期培菌的关键。在传统的自然接种(在立冬以后立春前后)发酵生产中,腐乳中的微生物主要是毛霉,另外还有米曲霉、青霉、根霉及少量的酵母和细菌。目前腐乳生产已采用毛霉纯种培养人工接种。用于制作腐乳的菌种很多,如江浙地区使用的腐乳毛霉、江苏的鲁氏毛霉、四川的五通桥毛霉、米根霉、华根霉等。在夏季高温时,人们采用较耐高温的根霉,这样就解决了全年生产的问题。但由于毛霉的菌落高,能包住豆腐块以保持豆腐坯的形状,所以大多使用毛霉,这些菌种不产生毒素,菌丝茂密,呈柔软棉絮状,具有繁殖快,抗杂菌能力强,生长温度范围大,能分泌大量的蛋白酶和一些脂肪酶等优点。

菌悬液配制:取培养好的克氏瓶种子,瓶口及接种者手指均以 75% 酒精消毒,加入无菌冷水 800 ~ 1000 mL,用灭菌竹筷捣碎菌丝团,摇匀,通过灭菌滤布,并用无菌水冲洗布中滤渣两次,收集滤液,即成菌种(孢子)悬浮液。通常 50 kg 黄豆制成的豆腐坯需用一个种子瓶做成的菌悬液 1000 mL,菌悬液随用随配,不宜久放。选用接种喷雾器作为接种工具。

摆坯与接种:先用蒸汽对木框竹底盘的笼格灭菌,灭菌结束,采用自然冷凉或者强制通风降温(前者最佳)使品温降至 30℃(根霉菌 35℃)时,将划好的豆腐白坯放在蒸笼格,侧面竖立,均匀排列,每块四周留有 2 ~ 2.5 cm 的空隙,然后用接种工具喷洒菌液,要求菌液使白坯五面均匀喷到。接种完毕,将笼格堆叠成柱形,即先于底层垫一只空格,再堆叠接种好的笼格,可叠放 10 ~ 12 层。于中间和顶层各放一只空格,盖双层灭菌纱布块以利于培养中品温、水分的调节和防尘。

培养:摆好的豆腐坯培养笼格要立即送到培养室进行培养(又称发花),培养所需时间受室温、品温、含水量、接种量以及装笼、堆笼的影响。培养室温度要控制在 20 ~ 25℃,最高不能超过30℃,培养室内相对湿度为95%。接种后8～10 h孢子开始发芽,14 h开始生长,22 h生长旺盛,当白坯表面已可以看到散点式的霉花,品温开始上升,此时需翻笼一次,以调节上下温差和补充空气,促使毛霉继续繁殖,将温度控制在30℃以内。到28 h时进入生长旺盛期,品温上升很快,这时需要第二次翻笼。36 h左右,菌丝生长大部分成熟,白色菌丝已包围住豆腐坯,这时应搭格养花,以促使毛坯的水分挥发和降低品温,毛霉自然散热排湿,散发毛霉气味,同时使毛霉菌充分分泌蛋白酶,延缓菌丝老化。一般在48 h左右,毛霉菌丝完全成熟,菌丝开始发黄,生长成熟的菌丝如棉絮状,长度为6～10 mm,这时可打开培菌室门窗(俗称晾花),通风排湿降温,待毛坯温度冷却到20℃以下即可搓毛腌制。

在前期培菌阶段,对温度和湿度有何要求?

对于温度要求,在前期培菌阶段,如果采用毛霉菌,品温不要超过30℃;如果使用根霉菌,品温不能超过35℃。毛霉菌不耐高温,品温过高会影响霉菌的生长及蛋白酶的分泌,最终会影响腐乳的质量。对于湿度也必须严格控制,因为毛霉菌的气生菌丝是十分娇嫩的,只有湿度达到95%以上,毛霉菌丝才能正常生长。还有在培菌期间,注意检查菌丝生长情况,如出现起黏、有异味等现象,必须立即采取通风降温措施。

晾花时间的早晚对毛霉菌的生长有何影响?培养室中容易出现哪些杂菌的污染?

晾花时间过早、过晚都会影响菌丝成熟,降低酶的作用,应该在菌种全面生长情况下进行,过早会影响菌的生长繁殖,过晚会因温度升高而影响质量。晾花时的菌丝应丰满,外形酷似白兔毛,分布均匀,不黏、不臭、不发红。青腐乳坯可偏老化(灰黄色为老化),红腐乳坯宜嫩不宜老。

在培养过程中,要求培养室的卫生及操作管理必须到位,否则,在毛霉菌生长初期可能污染杂菌,使前培养失败。常见的污染现象有:若细菌黏膜呈黄色并伴有氨臭,此为球菌、芽孢杆菌污染所致;若呈现红色黏液状,则是沙雷菌类污染所致,也与接种温度较高有关,应注意防止。

搓毛:人工将每块连接在一起的菌丝搓断,并黏附在豆腐坯表面,形成一层较韧的薄膜,将豆腐坯包裹起来,以保持腐乳块形整齐。搓毛后的豆腐坯称为毛坯,要求毛坯六个面都长好菌丝并包住豆腐坯,保证毛坯正常,不黏,不臭。

搓毛工序要紧紧配合晾花过程,绝不可定时搓毛,而要视晾花程度进行。毛霉一般要求呈微黄色或淡黄色即可,搓毛过早会影响腐乳的鲜度及光泽。毛霉凉透(低于20℃)之后方可搓毛。

②后期发酵。

腌制:毛坯经搓毛之后,即可加盐进行腌制,制成腌坯。一般用大缸或大池作腌制容器,大缸腌制方法主要是:在离缸底部18～20 cm处铺一块中间带孔的木板,把毛坯逐块放在木板上排列成圆形,由缸周向中心排放,每圈相互排紧,不留空隙。分层加盐,即排一层撒一层盐,用盐量逐渐增大,最后到缸面时撒盐应稍厚,因为腌制过程中食盐被溶化后会流向下层,致使下层盐量增大,因而会导致下层盐坯含盐高而上层含盐低。余下的食盐可全部撒在上层作封缸盐。根据毛坯的量来计算用盐量,毛坯100 kg,用盐量为18~20 kg。腌坯时间冬季约为7 d,春秋季约为5 d,夏季约为2 d。腌坯要求 NaCl 含量为12%~14%,腌坯3~4 d 后要压坯,即再加入食盐水,腌过坯面,然后在上层放一张圆形或长形竹垫子,用石头平稳压住,其作用是防止坯子在卤汁里浮起而影响盐分渗透。腌渍时间为3~4 d,以使上层达到咸度要求。腌坯结束后,打开缸底通口,放出盐水,放置过夜,使腌坯干燥收缩,利于配料。

腌坯的目的:一是利用盐分的渗透压作用使豆腐坯内的水分排出毛坯,降低豆腐坯中的水分,毛坯变得硬挺,防止后发酵期间散烂,并使霉菌菌丝及豆腐坯发生收缩,菌丝在豆腐坯外面形成了一层皮膜,保证后期发酵不会松散;二是食盐具有一定的防腐功能,可防止后发酵期间的杂菌感染;三是利用高浓度的食盐对蛋白酶活力的抑制作用,缓解由蛋白酶控制的各种水解作用的速率,保持成品的外形;四是提供咸味及与氨基酸作用产生鲜味物质。腌坯时,用盐量及腌制时间必须严格控制。

装坛(瓶)与配料:腌坯干燥收缩后从缸内取出,腌坯每块分开,点数装入完好、洗净、干燥的坛内,装时不能过紧,过紧易使发酵不完全,中间有夹心,腌坯依次排列,用手压平,并根据不同品种给予不同配料,小红豆腐乳的配料及制作方法如下:

每万块(规格为4.1 cm×4.1 cm×1.6 cm)的用酒总量为95~100 kg(酒精度为15%~16%),面曲1.8 kg,红曲4.5 kg,糖精15 g。每坛为280块,每万块可装36坛。

首先进行染坯,染坯用红曲卤的配方为:红曲1.5 kg,面曲0.6 kg,黄酒6.25 kg。将配料浸泡2~3 d,磨细成浆后再加入黄酒18 kg,搅匀备用。将腌坯放入染色盘中的红卤汤,块块搓开,要求六面均染上色,不留白点。染好后装入坛内。然后用红曲3 kg,面曲1.2 kg,黄酒12.5 kg,浸泡2~3 d,磨细成浆,再加入黄酒57.8 kg,糖精15 g(热开水溶化),搅匀配制成装坛用红曲卤,灌入坛内,一般超出腐乳1 cm。每坛再按顺序加入面曲150 g,荷叶1~2张,封面食盐150 g,最后加封面烧150 g。

封口:腐乳按品种配料装入坛后,擦净坛口,选好合适的坛盖,加盖封口,如纸板盖在坛口后,再用食品级塑料布盖严,或用猪血拌石灰粉,搅拌成糊状,刷纸盖一层,最后在上面用竹壳扎坛口,在常温下储藏,一般需3个月以上才会达到腐乳应有的品质。

【项目小结】

我国传统发酵食品历史悠久,曾影响着日本、朝鲜等国家。本项目在六个任务中分别按照以介绍白酒、啤酒、葡萄酒、酱油、醋、腐乳的定义、种类及营养价值为学习线索,逐步探究,了解基本知识后,进一步讲解每一种发酵食品的生产工艺及工艺操作要点。在学习生产工艺的过程中,介绍每一种发酵食品参与酿造的微生物以及发酵过程中的物质变化。

通过本项目的学习,学生在知道我国发酵工业发展现状的基础上,能够运用白酒、啤酒、葡萄酒、酱油、醋、腐乳生产的新技术、新工艺和新方法,为今后的发酵食品生产实际工作打下良好的基础。

【问题探究】

①白酒按香型可分为哪几类？代表酒是哪些？

②酿制白酒的主要原料有哪些？各主要原料酿制的酒有什么特点？

③续渣法大曲酒和清渣法大曲酒生产的异同点是什么？

④白酒为什么要进行贮存和勾兑调味？

⑤酒花的主要成分有哪些？这些成分在啤酒酿造中的作用是什么？

⑥大麦发芽的目的是什么？影响发芽的因素有哪些？

⑦啤酒的主要质量指标有哪些？

⑧二氧化硫在葡萄酒酿造过程中有哪些作用？

⑨红葡萄酒的基本生产工艺是什么？

⑩白葡萄酒的基本生产工艺是什么？

⑪酱油生产的主要原料有哪些？

⑫固态低盐发酵的关键技术有哪些？

⑬酿造食醋的原料有哪些？参与几个关键的生物化学反应的微生物是什么？

【实验实训】

实验实训一　酒酿的制作

一、实验目的

理解酒酿制作的原理,掌握酒酿制作的生产工艺流程。

二、实验原理

大米中含有70%左右的淀粉,在根霉菌的作用下能够发酵生成可发酵糖及乙醇和二氧化碳,同时产生热量,也可产生少量有机酸(乳酸、延胡索酸等)及酯类。

淀粉→可发酵性糖 + 乙醇 + 有机酸 + 酯类 + CO_2 + 热量

根霉菌具有很强的糖化能力,制成的酒酿较甜。

三、原辅料和仪器设备

大米、电子秤、高压锅、甜酒曲、保鲜膜、恒温培养箱等。

四、实验步骤

①用清水将大米淘洗干净后,进行蒸饭,大约半小时,蒸得的饭粒应当松而不硬。

②冷却至温热(约35℃)

③加入甜酒曲,拌匀,添加量为 4 g/kg 原料,放入容器,将物料堆成喇叭形窝,并压平压

实表面,加盖盖好

④在 28~30℃,保温 24~36 小时,有酒香飘出即可。

五、注意事项

①发酵所用的容器一定要清洗干净,不得有油污,否则容易引起发酵失败。

②容器可用不锈钢或陶瓷制品,应避免易生锈的铁器或铜器。

实验实训二　啤酒生产

一、实验目的

通过到啤酒生产厂实地实训,了解啤酒的生产方法,了解生产用原辅料的组成配方,了解设备的构成及工作原理,尽可能掌握关键的生产技术、生产工艺流程。

二、实验内容

啤酒生产的原料、辅料和酒花等组成配方,生产工艺流程,关键的生产技术,设备的构成状况。

三、实验材料

麦芽、大米、酒花、活性干酵母、啤酒生产线、糖度计及 pH 计等。

四、实验操作

根据啤酒生产厂生产的实际情况,参与生产过程的部分操作实训。

五、注意事项

注意生产中的安全与卫生。

实验实训三　葡萄酒的制作

一、实验目的

通过实验,了解红葡萄酒酿造的基本原理和酿造工艺条件,熟悉酿造过程中主要工艺环节的实际操作,掌握红葡萄酒酿造方法。

二、实验原理

葡萄汁经过发酵后形成葡萄酒。其原理是在葡萄酵母菌作用下将果汁中的葡萄糖发酵生成酒精并且产生二氧化碳,同时产生甘油、乙醛、醋酸、乳酸和高级醇等副产物,再经陈酿澄清过程中的酯化、氧化、沉淀等作用,赋予红葡萄酒特殊风味。

三、原辅料和仪器设备

原辅料:

红色品种葡萄、蔗糖、酒石酸、膨润土、明胶、偏重亚硫酸钾、碳酸钙、斜面培养酵母。

仪器设备:

糖度计、pH 计、温度计、密度计、破碎机、榨汁机、发酵罐、贮酒瓶等。

四、操作步骤

①取成熟度良好的干红葡萄品种,含糖量 >170 g/L,去除病虫、畸形、生青果实,并对

葡萄进行彻底清洗。

②用破碎机和榨汁机对葡萄进行破碎除梗榨汁,要求破碎勿压破种子和果梗。破碎时随时观察破碎程度,防止过度破碎。

③取汁测定含糖量、含酸量、相对密度、温度。若需要加糖,最好在发酵开始前根据计算量按照工艺操作加入;需要加酸,可采用将酒石酸用水配成50%溶液后添加;若需降酸,采用化学降酸法,用碳酸钙中和过量的有机酸,每克碳酸钙可降 1 g/L 硫酸。

④发酵前葡萄酒发酵醪中一般要求 SO_2 含量达到 30～100 mg/L,添加不能过量。操作时加入 10% 偏重亚硫酸钾溶液,添加量为每升葡萄汁含有 0.1～0.15 g 偏重亚硫酸钾。

⑤将发酵罐或桶、管道等辅助设备用 SO_2 消毒,装入有效体积80%～85%的发酵醪,加入活化好的酵母进行发酵,控制发酵温度为 18～20℃,发酵时间为 2～3 d。

⑥每天两次测定发酵醪含糖量和密度,并做好记录,绘制发酵曲线。当发酵液相对密度达到 1.01～1.02 时,结束主发酵。

⑦主发酵结束后,及时进行酒渣分离,分离温度控制在30℃以下,将新酒装入后发酵罐中,装量为有效体积的95%左右。补充添加 SO_2,添加量为 30～50 mg/L,进行后发酵,温度控制在 18～25℃,发酵时间为 5～10 d。每天测定发酵醪密度和温度,并做好记录。相对密度下降至 0.993～0.998 时,发酵基本停止,可结束后发酵。

⑧测定酒的糖、酒、酸、pH 值、挥发酸、总 SO_2、游离 SO_2,调整酒液的游离 SO_2 至 30～40 mg/L,满瓶贮藏,贮藏温度要求在 12～15℃。

实验实训四　发霉型腐乳的制作

一、实验目的

通过发霉型腐乳的制作,使学生理解腐乳生产的原理,熟练掌握操作过程,提高对微生物应用于食品加工的认识,掌握毛霉菌、根霉菌生长繁殖的特性。

二、实验原理

利用霉菌(主要是毛霉属)分泌的蛋白酶、淀粉酶、脂肪酶等多种酶系及后发酵中其他微生物产生的酶类,酶解原料并发生复杂的生化反应,从而形成多种氨基酸、糖、醇类及芳香酯等化合物,使腐乳营养丰富,质地细腻柔糯,风味独特。

三、原辅料和仪器设备

原辅料:

豆腐坯、洁净的稻草、食盐、花椒粉、60° Bé 白酒、辣椒粉(可根据实际情况调整产品风味配方),豆腐坯要求大豆磨制的豆腐,结构均匀紧密,洁白富有弹性,厚薄均匀,表面平整,切口光滑无蜂窝状,含水量为 70%～82%。

仪器设备:

大肚泡菜坛、笼屉。

四、操作步骤

1. 工艺流程

豆腐坯→摆坯→自然发霉→搓毛→腌坯装坛后发酵→成品

2. 操作要点

（1）豆腐坯

采购豆腐切成 2 cm 见方的豆腐坯。

（2）摆坯

将接种后的白坯放在铺有润湿洁净稻草的笼屉内，侧面竖立，每块四周留有一定空隙，以利通风和调节温度。

（3）自然发霉

屋内温度为 20～25℃，不大于 28℃，培养 10 天左右，菌丝旺盛生长至 6～8 mm，棉絮状，其后菌丝开始发黄衰老，停止发霉。

（4）搓毛

发霉好的毛坯即刻进行搓毛。将毛霉或根霉的菌丝用手抹倒，搓断菌丝体，分开豆腐坯，呈外衣状包裹豆腐坯，决定成品的外形。

（5）腌坯装坛后发酵

搓毛后的豆腐坯在 60° Bé 白酒中浸湿，再包裹由食盐、花椒粉、辣椒粉等组成的调味料，层层装入泡菜坛，一层豆腐坯一层盐，上层覆盖一层食盐，封坛，在坛沿中加水隔绝空气发酵 40 天左右即可食用。腌坯食盐用量在 16%，装坛量要达到 80%。这是四川典型农家风味腐乳。也可根据食用口味的不同调配汤料灌注，灌注汤料无需一层豆腐坯一层盐，但上层仍需覆盖一层食盐，封坛后发酵。

五、注意事项

产品属于自然发酵，发酵条件适合毛霉菌和根霉菌生长的数量多，可抑制其他杂菌的生长。后发酵的用盐量要求足量，以防止腐败发生。发酵时间根据自然温度的高低而定。注意实验过程中的安全与卫生。

实验实训五　食醋生产

一、实验目的

通过到食醋生产厂实地实训，了解食醋的生产方法，了解生产用原料、辅料和填充料等组成配方，了解设备的构成及工作原理，尽可能掌握关键的生产技术、生产工艺流程。

二、实验内容

食醋生产的原料、辅料和填充料等组成配方，生产工艺流程，关键的生产技术，设备的构成状况。

三、原辅料和仪器设备

原辅料：

①主料:酒精、糖蜜、谷物、薯类、果蔬、酒糟以及野生植物等。

②辅料:谷糠、麸皮或豆粕等。

③填充料:木炭、瓷料、木刨花、玉米芯等。

④调味料:食盐、砂糖和香辛料等。

仪器设备:

制菌设备、发酵设备、淋醋设备、陈酿设备和杀菌设备等。

四、实训操作

根据食醋生产厂生产的实际情况,参与生产过程的部分操作实训。

五、注意事项

注意生产中的安全与卫生。

实验实训六　泡菜的制作

一、实验目的

通过学习泡菜的生产工艺,了解产品配方中的基本原料和成品的独特风味,掌握泡菜的生产工艺及主要操作规程。

二、实验原理

利用微生物的发酵作用,分解有机物,生成大量的乳酸等有机酸,同时生成酮类、醇类等物质,使泡菜芳香脆嫩、风味独特。

三、原辅料和仪器设备

原辅料:各种新鲜蔬菜、调味料、香辛料、食盐等。

仪器设备:泡菜坛、天平、台秤、温度计、白瓷盘、各种刀具、石头、竹片等。

四、操作步骤

1. 工艺流程

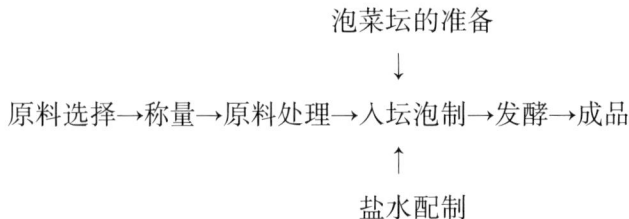

泡菜坛的准备

↓

原料选择→称量→原料处理→入坛泡制→发酵→成品

↑

盐水配制

2. 配方

各种新鲜蔬菜 10 kg,食盐 2.5 kg,白酒、料酒等各 100 g,花椒、红糖等各 200 g,干红辣椒 500 g,八角、花椒、白果等各 10 g。

3. 原料选择

凡是组织紧密、质地脆嫩、肉质肥厚且在腌制过程中不易软化的新鲜蔬菜均可作为泡菜的原料。例如大头菜、球茎甘蓝、萝卜、甘蓝、嫩黄瓜等均可作为泡菜原料,但菠菜、苋菜、小白菜等由于质地柔软,泡制过程中容易软化,所以不宜作为泡菜原料。

泡菜的原料要新鲜,无腐烂,无农药污染。白菜、蒜末及青椒等品种以稍老为好;刀豆、子姜及黄瓜等品种选用较嫩的原料。

香辛料等辅料要干净,无杂质。

4. 称量

按步骤中的配方准确称量原辅材料。

5. 原料处理

新鲜原料充分洗涤后,将不宜食用的部分(粗皮、粗筋、须根、老叶以及霉斑烂点)剔除,根据原料的体积大小决定是否切分,块型大且质地致密的蔬菜应适当切分,特别是大块的球茎类蔬菜应适当切分。清洗、切分的原料沥干表面水分后备用。

将洗干净的菜坯放在阳光下晒至萎蔫后再进行腌制,可使泡菜质脆味美。对于白菜等不宜日晒,采用晾干方法使其失水后再腌制就可以保持其本味和颜色。

6. 盐水的配制

盐水是泡菜腌制过程中微生物生长繁殖与发酵的介质,盐水对产品的质量有很大的影响,所以对配制盐水所用水和盐都有一定的要求,井水、泉水或硬度较大的自来水均可用于配制泡菜用的盐水,因为硬水有利于保持泡菜成品的脆性。经处理的软水用于配制泡菜用的盐水时,需加入占原料重 0.05% 的钙盐。池塘水、湖水与田间水不宜用于配制泡菜用盐水。应选用苦味物质($MgSO_4$ 与 $NaSO_4$)含量少,且氯化钠含量在 99% 以上的精盐。

盐水的含盐量为 6% ~8%,为了提高泡菜的品质,还可在盐水中加入 2% 的红糖、3% 的红辣椒以及其他香辛料,香辛料应用纱布包盛装后置于盐水中。将水和各种配料一起放入锅内煮沸,冷却后备用。冷盐水中也可以加 2.5% 的白酒与 2.5% 的黄酒。

7. 泡菜坛及其准备

泡菜坛用陶土烧制而成,抗酸、抗碱、耐盐。其口小肚大,距坛口 6 ~15 cm 处有一水槽,槽缘略低于坛口,坛口上有盖,坛盖扣在水槽上。泡菜坛的大小规格不一,小的泡菜坛可容纳 1 ~2 kg 菜,大的可容纳几十千克菜。这种结构的泡菜容器能有效地将容器内外隔离,又能自动排气,而且在发酵过程中可形成厌氧环境。这样不仅有利于乳酸发酵,而且可以防止外界杂菌的侵染。

泡菜坛在使用前必须清洗干净,如果泡菜坛内壁粘有油污,应用去污剂清洗干净,然后再用清水冲洗 2 ~3 次,倒置沥干坛内壁的水后备用。

8. 入坛泡制

将准备就绪的蔬菜装入泡菜坛内,装至半坛时,将香辛料包放入,再装原料至坛口 6 cm处即可。用竹片将菜压住,以防腌渍的原料浮于盐水面上。随后注入配制好的冷盐水,要求盐水将原料淹没。首次腌制时,为了使发酵迅速,并缩短成熟时间,将新配制的冷盐水在注入泡菜坛前进行人工接入乳酸菌,或加入品质优良的陈泡菜汤。将假盖盖在坛口,坛盖扣在水槽上,并在水槽内注入清水或食盐溶液。

9. 发酵

发酵室干燥、通风、光线明亮;门安装防蝇、防尘设备;发酵室内温度一般为 20~25℃。

泡菜的成熟期与原料种类、泡制时的气温有关,对于新配制的盐水进行泡菜制作时,夏天需 5~7 d,冬天需 7~10 d,叶菜类的成熟期较短,块根、块茎类菜的成熟期较长。

10. 保存

成品在室温下保存,最好有水封。

项目7 食品加工新技术

预备知识

新时期,随着高新技术逐步应用到食品加工行业,食品加工呈现出迅猛发展的势头,技术研究和创新也成为食品加工专业人员追求的最高目标。技术化的食品加工产业,一方面,会节约成本,提高效率;另一方面,会提升食品的口感和质量,加快新产品的研究速度。借助高新技术去研制开发出高端食品不仅是全球食品专家的任务和使命,也是未来食品加工行业势不可挡的潮流。食品加工领域常用的高新技术有:食品超高压技术、食品微胶囊技术、生物工程技术、食品分离技术、包装技术等。

任务7.1 食品超高压技术

迄今为止,造成食品损耗的最主要原因仍然是微生物的危害,细菌性食物中毒发生起数和人数在整个食物中毒案例中也占第一位。因此,控制食品中的微生物是控制食品质量和人体健康的重要保证。传统的食品领域控制微生物的方法原理主要有利用温度来控制微生物的生长繁殖(巴氏杀菌、超高温瞬时杀菌、湿热灭菌、电阻加热杀菌、冷藏等),改变食品的水分活度(干燥、浓缩等),利用波的能量(辐照杀菌、磁力杀菌、微波杀菌、超声波灭菌等),还有利用化学试剂(臭氧、次氯酸钠等),直接接触微生物而将其杀死的方法。但通过升高温度来控制微生物的方法不适用于对热敏感的食品,会对食品中对热敏感的营养物质的保持非常不利,会造成营养物质的流失并产生不良的风味变化;改变水分活度的方法应用范围非常有限;利用波的能量的方法,会对人体健康产生威胁;化学杀菌容易造成化学杀菌剂物质残留。于是,能够找到一种更先进的杀菌方法很有必要,食品超高压杀菌技术具有可以保持食品原有风味和营养的优点,还可以促进人体对食品营养物质的吸收。灭菌均匀,杀菌效果稳定,因此是一种值得深入研究的技术。此外,超高压技术在食品冷冻、解冻和物质提取等方面也有应用,而且相对于传统方法有诸多优势。

一、超高压技术的概念

超高压加工技术商称高压技术,它是指将食品物料置于弹性材料包装中,常以水或其他流体作为传压介质,在 100 MPa 以上的压力下进行处理,从而使食品达到杀菌、灭酶甚至改性等目的的加工技术。其应用到食品加工中的原理是基于食品物料中的生物大分子如蛋白质、淀粉、DNA 和 RNA 等在超高压的环境下,被挤压体积逐渐减小致使分子中的氢键、硫氢键、水化结构等发生变化或破坏从而引起蛋白质变性,酶失活,淀粉糊化。DNA 和 RNA 构象发生改变甚至断裂,最终导致生命活动停止。而瞬变高压技术应用到食品加工的原理是基于高压泵对食品物料瞬时增压和卸压作用,致使食品微生物疲劳破坏,从而达到杀菌、灭酶、改性等目的。

二、超高压技术加工食品的特点

1. 营养成分损失少

超高压处理的范围只对生物高分子物质立体结构中非共价键结合产生影响,不会使食品色、香、味等物理特性发生变化,加压后的食品最大程度地保持原有的生鲜风味和营养成分,并容易被人体消化吸收。传统的加热方式,均伴随有一个食品在较高温度下受热的过程,都会对食品中的营养成分有不同程度的破坏。

Muelenaere 和 Harper 曾经报告,在一般的加热处理或热力杀菌后,食品中维生素 C 的保留率不到 40%,即使挤压加工过程也只有大约 70% 的维生素被保留。而超高压食品加工是在常温或较低温度下进行的,它对维生素 C 的保留率可高达 96% 以上,从而将营养成分的损失程度降到了最低。

2. 超高压改善生物多聚体的结构,形成食品特有的色泽和风味,不产生异味

超高压处理不仅可以最大限度地保持食品的原有营养成分,而且可以改变其物质性质,改善食品高分子物质的构象,包括蛋白质变性、酶的激活与灭活、凝胶的形成工艺及对于某些物质的降解或提取。加压处理后的蛋白质的变性及淀粉的糊化状态与加热处理有所不同,从而获得新型物性的食品及食品素材。超高压能使蛋白质变性,使脂肪凝固并破坏生物膜,它还能改变蛋白质和肌肉的组织结构,影响淀粉的糊化。因此,尽管超高压在食品保藏领域距离商业规模应用还有一段路程,但作为一种食品质构调整的工具,超高压技术具有乐观的应用前景。

超高压会使食品组分间的美拉德反应速度减缓,多酚反应速度加快,而食品的黏度均匀性及结构等特性变化较为敏感,这将在很大程度上改变食品的口感及感官特性,消除传统的热加工工艺所带来的变色发黄及热臭性等弊端。并且当人们食用前再加热时,会获得高质量原有风味的食物,该特点也是超高压技术最突出的优势。

从超高压处理肉类和鱼类制品的研究中发现,超高压可以使肉类和鱼类制品形成独特的色、香、味。300 MPa 或更高的压力引起鱼肉或猪肉呈现一种"烹煮"过的现象,但其风味不受影响。在较低的压力下,还可以激活酶改善肉的嫩度。对于牛肉,80~100 MPa 的压力诱导产生的变化可以改善其在货架上颜色的稳定性。通过对超高压处理的豆浆凝胶特性的研究发现,高压处理会使豆浆中蛋白质颗粒解聚变小,从而便于人体的消化吸收。

3. 利用超高压处理技术,原料的利用率高,无"三废"污染

食品的超高压加工过程是一个纯物理过程,瞬间压缩,作用均匀,操作安全,耗能低,有利于生态环境的保护和可持续发展战略的推进。该过程从原料到产品的生产周期短,生产

工艺简洁,污染机会相对减少,产品的卫生水平高。

4. 超高压具有冷杀菌作用

超高压具有冷杀菌之称。当微生物受到超高压时,会发生许多变化,包括有菌体蛋白中的非共价键被破坏,蛋白质高级结构破坏,使其基本物性发生变异,产生蛋白质的压力凝固及酶(主要的酶,包括涉及 DNA 复制的那些酶)的失活;细胞膜中的分子被修饰,影响膜功能和渗透性;使菌体内的成分产生泄漏和细胞膜破裂等多种菌体损伤。所以超高压在常温下具有微生物灭活的作用。加压 400 MPa 和加热 60 ~ 90℃组合处理或 50 ~ 400 MPa 的压力循环处理都可以杀死大量微生物。

超高压处理也可以使食品腐败微生物失活。失活可以认为是在超高压环境中,细胞膜的功能受到了破坏,由此导致了细胞的渗漏,所以经过超高压处理后食品表现为原始微生物数量大大减少。

5. 超高压加工延长食品的保质期

经过超高压加工的食品无"回生"现象,杀菌效果良好,便于长期保存。以谷物食品中的淀粉为例,传统的热加工或蒸煮加工方法处理后的淀粉,在保存期内,会慢慢失水,淀粉分子之间会重新形成氢键而相互结合在一起,由糊化后的无序排布状态重新变为有序的分子排布状态,即 α - 淀粉化(即俗称的"回生"现象)。而超高压处理后的食品中的淀粉属于压制糊化,不存在热致糊化后的老化或称"回生"现象。与此同时,食品中的其他组分的分子在经一定的超高压作用之后,也同样会发生一些不可逆的变化,经超高压加工的食品可以延长保存期,同时又弥补了冷冻保藏引起的色泽变化,失去弹性等不足。

6. 超高压具有速冻及不冻冷藏效果

速冻是通过快速越过最大冰晶生成带,使组织内只能生成细小冰晶体,这是降低冷冻应力、提高冷冻制品质量的关键。目前一般采用 - 30℃以下低温快速冷冻法,然而因热阻的存在使冻结有一过程,相变就不可能瞬间完成,生成冰晶体较大,导致冷冻制品的组织产生不可逆性破坏和变性。因此水果、蔬菜、豆腐等高水分食品就不适于冷冻处理,这是至今食品保藏中的一大难题。

为此,在冻结过程中采用改变温度和压力两个参数的二维操作法,即所谓"压力移动冻结法"(pressure - Shift freezing method,PSF),这是根据高压冰点下降原理和压力传递可瞬间完成的原理进行的。该法将高水分物料加压到 200 MPa 后冷却至 - 20℃,因仍高于冰点而不冻结,然后迅速降至常压,此时 0℃成为冰点, - 20℃的水变为不稳定的过冷态,瞬间产生大量极微细的冰晶核,而且冷冻制品的组织中,使冷冻应力大大减小,避免了冷冻制品组织的破坏和变性,真正实现了速冻。

改善冷藏、冷冻食品贮藏特性。高压处理的另一个潜在应用是低温贮藏,在 200 MPa 压力下,水能被冷至 - 20℃而不冻结。因此,升高压力可允许食品在零度以下长期贮存,而避免了因形成晶核而引起的问题。然而,长期保持高压所需费用也是昂贵的。

7.超高压简化食品加工工艺,节约能源

超高压加工技术在生产中是把压力作为能量因子来利用。与热处理相反,水压瞬间就能以同样大小向各个方向传递,并且压力可以在瞬间传递到食品的中心,这是一个重要的特征。而不像热加工中能量的传递需要时间,于是食品的超高压加工时间短且不需要很大的压力容器,食品就可以获得均一的处理,从而使生产的工艺过程大大简化。从能耗来看,加压法的能耗仅为加热法能耗的十分之一。

8.超高压食品加工技术适用范围广,具有很好的开发推广前景

超高压技术不仅被应用于各种食品的杀菌,而且在植物蛋白的组织化、淀粉的糊化、肉类品质的改善、动物蛋白的变性处理、乳产品的加工处理以及发酵工业中酒类的催陈等领域均已有了广泛而成功的应用,并以其独特的领先优势在食品各领域中保持了良好的发展势头。

三、超高压杀菌的原理

一定的高压能够导致微生物的形态结构、生物化学反应、基因机制以及细胞壁膜发生多方面的变化。高压对细胞壁和细胞膜都有影响,一定的高压会破坏细胞壁,使细胞膜通透性发生改变,使细胞膜功能劣化导致氨基酸摄取受到抑制,超高压也会抑制细胞内酶的活性和 DNA 等遗传物质的复制。破坏蛋白质氢键、二硫键和离子键的组合,使蛋白质四维立体结构崩溃,基本物性发生变异,产生蛋白质的压力凝固及酶的失活,最终造成微生物的死亡。陆海霞等研究了超高压对单增李斯特菌细胞膜的损伤和致死机理,用透射电镜观察细胞,发现 250 MPa 压力下处理的细胞有一定程度的变性,细胞内细胞质局部皱缩,出现低电子区;450 MPa 压力下处理的细胞严重变形,细胞膜完整性遭到破坏,部分出现缺口,细胞内含物结构紊乱出现泄漏,胞浆蛋白凝固,核酸变性,在此压力下细菌全部死亡。通过测定上清液中 K^+、Mg^{2+} 的浓度,发现 K^+、Mg^{2+} 浓度随着压力升高而升高,说明高压处理让细胞膜通透性增加,细胞内无机盐离子流出胞外。蛋白质和核酸等物质也通过破损的细胞膜而流出,并且 ATP 水解酶活力也降低。

超高压杀菌效果的影响因素有:所加微生物种类、温度、加压方式、pH 值、压力大小、加压时间、水分活度、基质成分和添加剂等。

四、超高压技术在食品中的应用

超高压加工技术不仅可用于食品杀菌,灭酶与质构改善等,而且对食品的营养价值、色泽和天然风味也具有独特的保护效果。目前,超高压技术在果蔬制品、肉制品、乳制品、蛋类食品、水产品加工及有效成分提取中已得到广泛的应用。

1.超高压在果蔬加工中的应用

超高压技术在食品加工中最成功的应用是果蔬产品的杀菌。与传统的热力杀菌相比,超高压技术可以在常温或较低温度下达到杀菌,抑酶及改善食品性质的效果。不会破坏果

蔬制品的新鲜度和营养成分,符合消费者对果蔬制品营养和风味的要求。

新鲜果汁中含有丰富的维生素、蛋白质、氨基酸以及还原糖等营养成分,这些营养成分经过传统热力杀菌处理后损失很大,超高压杀菌技术则可以有效地避免果汁中营养成分大量损失。Butz等研究了超高压对部分果蔬产品中的抗诱变物质、抗氧化物质、抗坏血酸、类胡萝卜素等的影响,通常情况下超高压不会引起风味物质的损失。王寅等采用200～500 MPa高压分别对蓝莓汁处理5～15 min后,发现高压处理后,蓝莓汁的还原糖的含量变化不大,压力为500 MPa时,蓝莓汁的Vc保留率可达94.2%。

采用高压技术杀菌不仅使水果中的微生物致死,还可使酶活力降低。刘兴静等采用超高压处理鲜榨苹果汁,随着处理压力升高和保压时间延长,菌落总数,大肠菌群数均显著下降。姜莉等研究了超高压对马铃薯多酚氧化酶和过氧化物酶的影响。压力超过200 MPa时酶的活性下降,压力为400 MPa,随着时间的延长,多酚氧化酶和过氧化物酶活性都呈下降趋势。

果汁的感官品质包括颜色、香气、滋味等方面。超高压杀菌属于冷杀菌技术,其操作过程是在常温下进行,并且超高压只作用于非共价键,而不影响共价键,因而能较好保持果汁固有的口感、风味及色泽。林怡等将杨梅鲜果经过超高压处理后,样品的颜色没有显著变化,汁水流失的速率与鲜果硬度减小的速率与未处理的对照组相比明显降低。

2. 超高压在肉制品加工中的应用

采用超高压技术处理肉制品,可以有效改善肉制品的柔嫩度、风味、色泽和成熟度等特性,同时还可以延长肉制品的货架期。

肉的嫩度指肉在食用时口感的老嫩,反映肉的质地和食用品质,是消费者评价肉质优劣的常用指标。高海燕等采用超高压对鹅肉进行嫩化处理,发现超高压可使其失水率降低,持水率提高,明显增加了鹅肉的嫩度。

为研究超高压处理对南京盐水鸭货架期和品质指标的变化规律,沈旭娇等以200 MPa和400 MPa的压力分别在20℃、30℃、40℃条件下对真空包装盐水鸭胸脯肉进行10 min处理。4℃贮藏条件下,每周对超高压处理样品中的微生物总数、pH值、脂肪氧化程度、颜色及感官指标进行测定,结果表明超高压处理能够有效抑制南京盐水鸭中的微生物,从而有效地延长产品的货架期。而且经超高压处理的南京盐水鸭的滋味、风味、色泽、结构质地都与未经处理的产品无明显变化。

3. 超高压在水产品加工中的应用

水产品的加工比较特殊,要求具有水产品原有的风味、色泽,良好的口感与质地。常用的热处理、干制处理均不能满足要求。而经超高压处理的水产品,可较好地保持原有的新鲜风味。

胡庆兰等采用超高压处理鱿鱼片,对处理后的鱿鱼色泽、组织、口感进行感官评价和权重分析,并利用模糊数学综合评价法对超高压处理的样品进行综合评分,结果表明在300 MPa的条件下,鱿鱼片弹性最好,剪切力最低,白度值最高,品质达到最优。

　　欧仕益等以虾为试验原料,采用不同压力和保压时间处理鲜虾仁,研究了超高压的杀菌效果以及对产品质构的影响。结果表明,压力是影响杀菌效果的主要因素。当压力为500 MPa,具有最佳灭菌效果。与沸水中灭菌和高温灭菌相比,超高压灭菌对对虾质构的影响最小,能较好地保持虾仁的硬度、咀嚼性和弹性。

4. 超高压在酒类加工中的应用

　　酒类生产中酒的自然陈化是一个既耗时、又能耗大的处理过程。而超高压技术对酒的催陈可起到重要作用。

　　申圣丹等用超高压射流处理新酒,以总酸、电导率、异戊醇/异丁醇、四大酯为指标与常压(0.1 MPa)下的新酒对比,并将各酒样存放 1 个月,检测各项指标用以对比。结果随着压力的上升,总酸、电导率、乳酸乙酯增加,异戊醇/异丁醇等均有所变化,总的变化趋势是朝酒陈化方向变化。充分说明超高压射流技术对白酒的催陈作用显著。

　　此外,超高压技术在啤酒中还具有良好的杀菌作用,刘睿颖等采用超高压水射流设备对新鲜未经灭菌的啤酒清酒进行灭菌处理,分析压力对灭菌效果的影响。结果表明:超高压射流对啤酒中主要的腐败菌—乳酸菌具有很好的杀菌作用,而且随着射流压力的增大,其杀菌效力也不断增大,当压力控制在 150 MPa 以上时,可以将啤酒中的乳酸菌完全杀灭。

5. 超高压在蛋制品加工中的应用

　　将 600 MPa 的压力作用于鸡蛋时,蛋虽然是冷的,但却已经凝固。与加热煮熟的鸡蛋相比,这种蛋的味道非常鲜美,蛋黄呈鲜黄色且富有弹性。研究表明超高压处理使蛋白质变性的凝胶,比加热凝胶软且更富弹性,消化率较好。此外,氨基酸和维生素没有损失,保留了鸡蛋的自然风味,不会生成其他物质。

　　夏远景等对液体蛋超高压处理后细菌致死率与处理压力、保压时间的关系做了研究。结果表明,随着压力和保压时间的增加,液体蛋中细菌致死率逐渐增大;压力为 440 MPa,保压 20 min 时,细菌致死率为 99.90%。压力为 400 MPa,保压 20 min 的蛋液细菌总数由初始 13100 CFU/mL 降到 31 CFU/mL,完全符合国家鸡蛋卫生标准细菌总数的要求。经感官评定,室温下,密封于消毒培养皿中未经处理的液体蛋 10 d 后便已发霉,变质,而经过300 MPa,保压 10 min 处理的液体蛋 30 d 后依然新鲜如初。

6. 超高压在乳制品加工中的应用

　　热处理是在现代乳制品生产中最常见的加工处理方法。它虽然能杀灭乳品中部分(主要是病原菌和腐败菌)或全部的微生物,破坏酶类,延长产品的保质期,但是同时也会给产品带来不利的一面,而超高压技术不仅能够保证乳制品在微生物方面的安全性,而且还能较好地保持乳制品固有的营养品质、风味和色泽。

　　酪蛋白是牛奶中的主要蛋白质,超高压处理使酪蛋白胶粒直径变小,乳蛋白表面暴露的疏水性基团增加,引起乳清蛋白变性,使其进入凝块。胡志和等对酪蛋白用超高压进行处理,结果表明:经超高压处理的酪蛋白能够明显改善其加工特性,其乳化性、黏度、溶解性、持水性均有较大幅度的提高。在 400 MPa 时其乳化性、黏度、溶解性、持水性最好。
Anna Zamora 等通过对比用超高压处理的牛奶和经单一巴氏杀菌的牛奶生产的奶酪的不同，发现经超高压处理之后，奶酪的持水性更强，货架期明显高于传统的杀菌方法。

7. 超高压在有效成分提取中的应用

超高压技术在有效成分提取方面与传统提取方法相比具有提取时间短，提取得率高，能耗低的优点。超高压提取有效成分可以在室温条件下进行，故不会因热效应而使有效成分的活性降低。

目前，超高压技术已在多糖类成分、黄酮类成分、皂苷类成分、生物碱类成分、萜类及挥发油、酚类及易氧化成分、有机酸类成分等的提取中得到了应用。

岳亚楠等用超高压法提取苹果渣中的多酚并在相同实验条件下对比超高压法与超声波法、微波辅助提取法、超临界提取法等常用提取方法的苹果渣多酚得率，结果表明，超高压提取的苹果渣多酚得率比其他提取方法高出 10% 以上，且提取率高，环境污染小，安全性高。

五、超高压食品加工工艺

超高压食品加工工艺流程按食品形态不同分包装食品和散装液态食品高压处理两类。

1. 固态食品超高压加工工艺流程

动物类食品→清洗去杂→切块、切片(除蛋、虾)→装袋、封口→高压处理→检测

固态食品将原料进行前处理后，装入耐压、无毒、柔韧并能传递压力的软包装内，并进行真空包装，然后置于超高压容器中进行加压处理，必要时还需将小包装的食品集中装入大包装容器中才进行加压处理，高压处理完后，沥水干燥，然后进行鼓风干燥去除表面水分，即得待包装的成品。

超高压固态食品的关键处理工艺为先升压，再保压，再卸压。

2. 液态食品超高压加工工艺

(1) 果汁

水果→清洗→切割→榨汁→定量→灌装→封口→高压处理→检测

液态食品进行前处理后送入预贮罐，由泵直接注入超高压容器的处理室，处理后的成品又由泵抽(用气体排出)到成品罐中，若用无菌气体则可实现无菌包装，灌装出厂(例如果汁饮料即采用此法)。果汁的风味、组成成分都没有发生改变，在室温下可保持数月。另外，在鲜榨苹果汁的生产中可以将多酚氧化酶失活和杀菌同步进行。

超高压液态食品的关键处理工艺为先升压，再动态保压，再卸压。

(2) 果酱

果实→砂糖→果胶→混合→灌装、密封→加压→成品

由于超高压促进了果实、蔗糖及果胶混合物的凝胶化，糖液向果肉内浸透，并可同时灭菌。在实际生产时，在室温条件下，把粉碎的果实、砂糖、果胶等原料装入塑料瓶，密封，

加压到 400～600 MPa,保持 10～30 min,混合物凝胶化即可得到果酱,同时灭菌。感官评价结果表明,高压加工法基本保留了原料的诱人色泽和风味,营养素损失很小,产品弹性更好,透明性优于普通果酱。此外,由于在超高压过程中,物料的变性和作用是同步进行的,因而大大简化了生产工艺。

任务7.2 食品微胶囊技术

食品成分种类多,性质复杂,功能各异,它们和人们的日常生活及健康息息相关,这些物质在生产、贮运及使用过程中,往往存在稳定性差,对光、热敏感,易氧化不易贮存,处于液态不利于贮藏、运输,以及不易被人们接受的不良风味与色泽,挥发性强,溶解性或分散性欠佳等缺点,因此极大地限制了其生产及使用。一直以来人们迫切希望寻找到一种能很好地保护这些物质的方法,使用微胶囊包埋技术可以较好地解决上述问题。

目前,微胶囊技术在国外发展迅速,美国对它的研究一直处于领先地位。在美国约有60%的食品采用这种技术,我国的研究起步较晚,在20世纪80年代中期引进了这一概念,虽然在微胶囊技术应用方面也有许多发展,但同国外相比,我国仍处于起步阶段,在生产中进口微胶囊仍占主导地位。

微胶囊技术应用于食品工业始于20世纪50年代末,此技术可对一些食品配料或添加剂进行包裹,解决了食品工业中许多传统工艺无法解决的难题,推动了食品工业由低级的农产品初加工向高级产品的转变,为食品工业开发应用高新技术展现了美好前景。

一、微胶囊技术的基本概念

微胶囊是指一种具有聚合物壁壳的微型容器或包装物。微胶囊造粒技术就是将固体、液体或气体物质包埋、封存在一种微型胶囊内成为一种固体微囊产品的技术,这样能够保护被包裹的物料,使其与外界环境相隔绝,最大达到限度地保持物质原有的色、香、味、性能和生物活性,防止营养物质的破坏与损失。此外,有些物料经胶囊化后可掩盖自身的异味,或由原先不易加工贮存的气体、液体转化成较稳定的固体形式,从而大大地防止或延缓了产品劣变的发生。

二、微胶囊技术的功用

经微胶囊化后,可改变物质的色泽、形状、质量、体积、溶解性、反应性、耐热性和贮藏性等性质,能够储存微细状态的心材物质在需要时被释放出。由于这些特性,使得微胶囊技术在食品工业上能够发挥许多重要的作用。具体如下:

1. 改善物质的物理性质

可通过微胶囊将液态物质改制成固态物质,改变物质密度,改善流动性、可压性、分散性、贮藏性等。如液体心材经微胶囊化转变成细粉状固体物质,因其内部仍是液体相,故仍能保持良好的液相反应性,部分液体香料、液体调味品、酒类和油脂等,可经微胶囊化后转变成固体颗粒,以便于加工、贮藏与运输。

2. 释放控制

通过选择不同囊材组合和配比,使囊心物在适当条件下缓慢或立即释放,该性质已在医药、农业和化肥行业、食品工业里得到广泛应用。如利用微胶囊控制释放的特点,用在食品工业中可以滞留一些挥发性化合物,使其在最佳条件下释放。对于酸味剂来说,如在加工初始就与其他配料相混合,可能会使部分配料如蛋白质发生变性而影响产品的质地,经微胶囊化后就可控制它在需要时(如产品加工即将结束)再释放出来,这就避免了它可能带来的不良影响。饮料工业上部分防腐剂(如苯甲酸钠)与酸味剂的直接接触会引起失效。将苯甲酸钠微胶囊后可增强其对酸的忍耐性,并设计在最佳状态下释放苯甲酸钠发挥防腐作用,延长防腐剂作用时间。

3. 改善稳定性,保护囊心物免受环境影响

有些物质很容易受氧气、温度、水分、紫外线等各种因素影响,通过微胶囊化,使囊心物与外界环境相隔离。例如在配料丰富的食品体系中,某些成分间的直接接触会加速不良反应的进程,如某些金属离子的存在会加速脂肪的氧化酸败,也可能影响食品的风味系统。通过微胶囊技术,可使易发生作用的配料相互隔开,可以提高产品贮藏加工时的稳定性和产品的货架期。

4. 降低健康危害,减少毒副作用

利用微胶囊控制释放的特点,可通过适当的设计实现对心材的生物可利用性的控制,实际应用时,这种人为控制作用能够降低部分食品添加剂(特别是化学合成产品)的毒性。如硫酸亚铁、阿司匹林等药物包裹后,可通过控制释放速度来减轻对肠胃的副作用。对于制药工业来说,可采用微胶囊技术制造靶制剂,达到定向释放效果。

5. 屏蔽味道和气味

微胶囊化可用于掩饰某些化合物令人不愉快的味道,如环状糊精经常用于一些饮料中有异味特殊因子的包裹。部分食品添加剂,如某些矿物质、维生素等,因带明显的异味或色泽而会影响被添加食品的品质。若将这些添加剂制成微胶囊颗粒,既可掩盖它们所带来的不良风味与色泽,又可改善它在食品工业中的使用性。部分易挥发的食品添加剂,如香精香味等,经微胶囊化后可抑制其风味挥发,减少其在贮存加工时的挥发性,同时也减少了损失,节约了成本。

6. 减少复方制剂配伍禁忌

对于原料中相拮抗的物质,采用微胶囊化隔离各成分,阻止活性成分之间发生化学反应,故能保持其有效成分的稳定性。

7. 微胶囊的局限

微胶囊的上述功能主要是由壁材的物理与化学性质所引起的,但有时心材释放后所剩下的残壳也会引起一些问题。如果心材与壁材两者都能溶于水,则问题不大。但要选择一

种不同溶解度的聚合物使壁壳可以从填充物相中遗留下来而呈现出不连续的分离相,同时要求两相均溶于水,这是相当困难的。如将控制释放的微胶囊用于悬浮液介质中,则壁壳还会引起另一个复杂的问题,即可能由于增加了囊壁的厚度而使心材的释放变得困难。故在制备微胶囊时,需要权衡微胶囊释放速度和囊壁厚度两方面的因素。

三、微胶囊制备方法

微胶囊的制作过程是先将心材加工成微粉状,分散在适当介质中,然后引入壁材(成膜物质),使用特殊方法将壁材物质在心材粒子表面形成薄膜(也称外壳或保护膜),最后经过化学或物理处理,达到一定的机械强度,形成稳定的薄膜(也称为壁膜的固化)。制作微胶囊最关键的是心材物质的选择和成膜技术。选择心材的原则既要考虑心材的物性,又要兼顾心材和壁材的相容性及二者的相互作用。形象地说,微胶囊造粒是物质微粒(核心)的包衣过程。如图7-2-1所示,其过程可分为以下四个步骤:

①将心材分散在微胶囊化的介质中。

②再将壁材放入该分散体系中。

③通过某一种方法将壁材聚集、沉渍或包敷在已分散的心材周围。

④这样形成的微胶囊膜壁在很多情况下是不稳定的,尚需要用化学或物理的方法进行处理,以达到一定的机械强度。

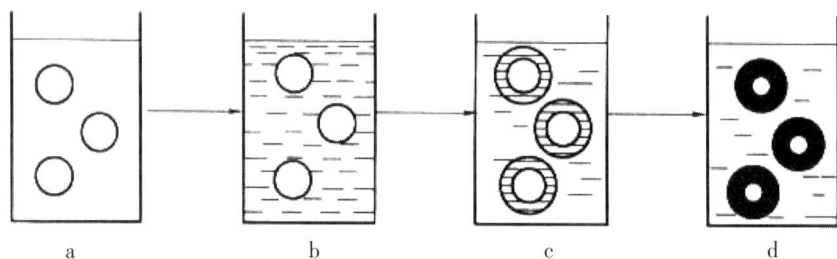

图7-2-1 制作微胶囊的一般过程

a.内相在介质中的分散 b.加入成膜材料(壁材) c.壁材的沉积 d.壁膜的固化

四、微胶囊技术在食品工业中的典型应用

微胶囊技术应用于食品工业是从20世纪50年代末期开始的,但由于微胶囊产品的成本较高,在相当长的一段时间内微胶囊技术在食品中的应用受到限制。随着生活水平的提高,人们更多的追求食品的营养、风味和功能,希望在食品中采用纯天然的风味配料或活性物质并且具有良好的贮存性能。传统的食品加工技术已不能满足这些要求,而微胶囊技术的独特功能可以使许多传统工艺无法解决的难题得以解决。这极大地促进了微胶囊技术的研究和开发工作,使得微胶囊技术成为当前食品工业重点开发的高新技术之一,其在食品工业中的应用越来越广泛,主要有以下领域:

1. 食品及原料的微胶囊

（1）粉末油脂

油脂是组成人类膳食结构的必需成分，也是食品工业生产中应用最广泛的原材料之一，其需求量与使用量都非常大。但传统生产和使用的油脂，因其本身不易保存，易氧化变质，影响产品质量及货架期，而且使用也不方便，极大地限制了油脂在食品工业中的应用。而采用微胶囊技术生产制造的粉末油脂，不仅克服了传统油脂的上述弊病，而且具有入水即溶，稳定性高，便于运输、生产、保存等优点，极大地拓宽了油脂的使用范围。所以，粉末油脂的生产将成为油脂行业新的开发生产方向。

近些年来，由于将微胶囊化技术应用到固体粉末油生产上，极大地提高了粉末油脂产品的质量，同时拓宽了应用范围。几乎所有的油脂，包括花生油、大豆油、小麦胚芽油、米糠油、玉米油、猪油、椰子油和棉籽油等，均可转化成粉末油脂。可用来包囊油脂的壁材，包括明胶、阿拉伯胶、海藻酸钠、卡拉胶、淀粉、改性淀粉、糊精、植物蛋白和微晶纤维素等。配合使用的乳化剂诸如卵磷脂、单甘酯和蔗糖酯等，有时还添加一些磷酸钙和食盐等作为稳定剂。

（2）固体饮料

利用微胶囊技术制备固体饮料，可使产品颗粒均匀一致，具有独特浓郁的香味，在冷热水中均能迅速溶解，色泽与新鲜果汁相似，不易挥发，产品能长期保存。如芦荟中含有多种游离氨基酸和生物活性物质，其营养价值和有效成分都很高。但新鲜的芦荟液汁中有效成分的性质不稳定，易挥发，而且芦荟汁中有一种令人难以接受的青草味和苦涩味，直接应用于食品不宜被人们接受。采用微胶囊技术将其包埋处理，可减少或消除异味，提高其稳定性，并能延长保存期。

（3）风味乳

在乳品生产中，应用微胶囊技术，可生产各种风味奶制品，如可乐奶粉、果味奶粉、姜汁奶粉、发泡奶粉、啤酒奶粉、粉末乳酒及膨化乳制品等。乳制品中添加的营养物质具有不愉快的气味，其性质不稳定易分解，影响产品质量。将这些添加物利用微胶囊技术包埋，可增强产品的稳定性，使产品具有独特的风味，无异味、无结块、泡沫均匀细腻、冲调性好、保质期长。

2. 食品添加剂的微胶囊

（1）香料香精

食品风味是衡量食品质量的重要因素之一。由于风味物质挥发性强，在食品加工与贮藏过程中，各种条件（包括温度、pH值、压力、密闭或开放式、时间和投料顺序等）均会对产品的风味造成影响。如条件没控制好，会导致风味成分的大量损失或劣变，引起食品品质的恶化。

（2）甜味剂

食品工业中使用的甜味剂通常是各种天然产物的糖类，湿度、温度对这些甜味剂的性能有很大影响。将甜味剂微胶囊化后可使其吸湿性大为降低,同时微胶囊的缓释作用能使甜味持久。

β – CD 包囊并经喷雾干燥生产粉末化香料的工艺流程:

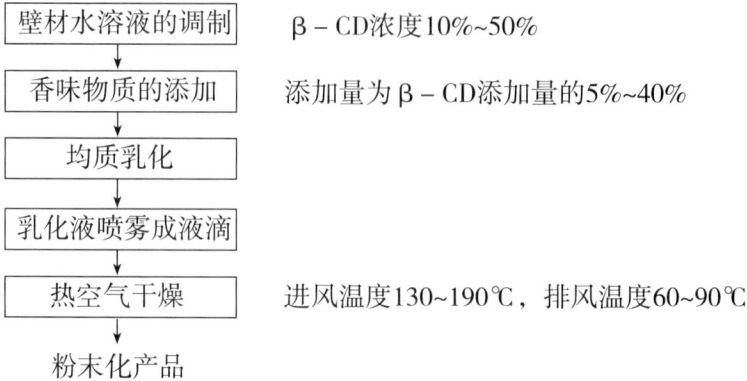

壁材水溶液的调制　　β – CD浓度10%~50%
↓
香味物质的添加　　添加量为β – CD添加量的5%~40%
↓
均质乳化
↓
乳化液喷雾成液滴
↓
热空气干燥　　进风温度130~190℃,排风温度60~90℃
↓
粉末化产品

（3）酸味剂

常见的食用酸味剂包括醋酸、柠檬酸、乳酸、磷酸、酒石酸和苹果酸等。由于酸味剂的酸味刺激性强,会导致配料系统 pH 值的下降,当与某些敏感成分(如不耐酸或对酸不稳定)混合时会对之产生某些不良影响。另外,某些酸味剂(如柠檬酸)的吸湿性强,易使产品发生吸水结块霉变现象。为了克服酸味剂可能带来的这些缺点,出现了微胶囊化酸味剂。而且,这种胶囊化酸味剂在生产的初始阶段就可直接加入,不必担心出现酸味剂与肉类蛋白质直接接触而引起蛋白质变性的这种不利影响。因此,目前美国常在肉禽加工中使用微胶囊化的乳酸或柠檬酸等,以改善产品风味同时简化加工工艺。除此之外,微囊化酸味剂已广泛使用于布丁粉、馅饼、点心粉及固体饮料等多种方便食品。

（4）抗氧化剂

不饱和脂肪酸易于氧化变质,在食品工业中常用油溶性天然维生素 E 作为抗氧化剂,其氧化产物可以与抗坏血酸反应重新生成维生素 E。但其氧化产物存在于油相中很难与水相中的抗坏血酸盐反应。最近研究用脂质体包埋抗氧化剂,如维生素 E 形成稳定的微囊系统,维生素 E 被包裹在脂质体壁内,而抗坏血酸盐被亲水相捕获。微胶囊加到亲水相中,并聚集在水油界面,因此,抗氧化剂就集中在氧化反应发生的地方,也避免了与其他食品组分的反应。

（5）防腐剂

食品中添加大量的防腐剂不仅影响产品的感官,而且对人类的健康也不利,为了解决这些矛盾,开发研制出了微胶囊化防腐剂,在实际应用中主要利用了微胶囊的控制释放和缓释性能。日本有微胶囊化的乙醇保鲜剂,在密封包装中缓慢释放乙醇蒸气以防止霉菌的生长繁殖,日本开发的质量分数为 6% 的乙醇微胶囊,杀菌能力相当于 70% 的乙醇,将微胶囊化的乙醇置入乙醇蒸气不易透过的密封包装中,利用胶囊缓慢释放的乙醇气体达到杀菌防腐的目的。

（6）膨松剂

利用微胶囊技术对膨松剂进行包埋,可有效地控制气体的产生速度,林家莲等用淀粉和固体奶油采用复相乳化法对 $Ca(H_2PO_4) \cdot H_2O$ 进行包埋,并在馒头中应用,试验发现可改善膨松剂的产气性能,效果较佳。

（7）天然色素

一些天然色素在应用中存在溶解性和稳定性差的问题,微胶囊化后不仅可以改变溶解性能,同时也提高了其稳定性。赵晓燕等研究了番茄红素微胶囊在不同时间、光、热及微波条件的稳定性。结果表明,番茄红素经微胶囊化后,在低温(4℃)、避光条件下贮藏,其色素保存率受温度影响较小,保存期明显延长,增加了产品的贮存稳定性,为番茄制品的护色与安全贮藏提供了参考和依据。

3.营养强化剂的微胶囊

食品中需要强化的营养素主要有氨基酸、维生素和矿物质等,这些物质在加工或贮藏过程中,易受外界环境因素的影响而丧失营养价值或使制品变色变味,给实际生产带来某些不便。例如,氨基酸在高温条件下易与可溶性羰基化合物(还原糖类)发生美拉德反应引起失效,部分氨基酸产品本身不稳定,且带有明显的异味。维生素大多不稳定,易受光、热、酸或碱的影响而破坏;有的维生素色泽较深;且各种维生素相互之间还存在不相配伍的问题。矿物元素也有这方面问题,如硫酸亚铁易被氧化而加深色泽,钙盐带有苦涩味,很多矿物元素带有明显的金属味。通过微胶囊技术,给这些不甚满意的添加剂粉末外包以一层保护薄膜,隔断了与外界环境的联系,就能完美地解决上述困难。

4.微生物的微胶囊化

双歧杆菌必须到达人体肠道才能发挥生理功能,而其对营养条件要求高,对氧极为敏感,对低pH值的抵抗力差,以及在胃酸的杀菌作用下产品中绝大多数活菌被杀死。采用微胶囊技术可以保护双歧杆菌以抵抗不利的环境,有报道采用双层包裹法,用棕榈油作内层壁材将双歧杆菌包裹起来,再用大分子明胶溶液包裹制成双层微囊,活菌数高、保存性好,可到达人体肠道,发挥相应的生理功能,真正起到有益于健康的作用。

微胶囊在食品中还有很多其他应用。例如微胶囊技术在饮料方面的应用主要表现在:

①应用微胶囊技术对饮料中的敏感物质进行包埋,防止敏感物质在饮料加工过程中的损失和破坏,如茶叶中含有维生素C、维生素B、茶多酚以及茶中的芳香物质和色素物质等多种对外界因素(光、热、氧气、酸、碱等)敏感的物质,因此在茶饮料生产中,要对茶叶的敏感物质进行有选择地包埋,避免茶饮料在萃取、杀菌和贮藏中发生不利的反应,最大限度地保持茶饮料原有的色泽和风味。梅丛笑等的研究表明,β-CD对绿茶茶汤中的茶多酚和叶绿素皆有显著的包埋作用,可使沉淀量分别减少58.61%和11.59%。

②β-CD具有无味、无毒、化学稳定性好、吸附能力强和在体内易水解等优点,对茶饮料中的组分进行包埋处理以后,可大大提高茶叶敏感物质对外界环境的抵抗力,因而在茶

饮料生产中得到广泛的应用。

任务7.3　食品生物制造

随着现代食品工业的发展,日益紧张的化石能源和不断加剧的环境污染迫切需要传统食品制造模式的革新。其中,生物技术集合了分子生物学、生物化学、微生物学、细胞生物学等诸多学科的科技成果,促进了食品生物制造的不断发展,有助于改良食品原料的品质,优化传统加工工艺,改善食品制造所用酶制剂和微生物的性能,提高能效,减少污染物排放,从而有效改造传统食品制造模式。

一、食品生物制造概述

食品生物制造是利用生物体机能进行大规模物质加工与物质转化,为社会提供工业化食品的新兴领域,是以微生物细胞或酶蛋白为催化剂,或以已经改造的新型物质为原料制造食品,促使其脱离石油化学工业路线的新模式,主要表现为基因工程、细胞工程、发酵工程、酶工程和生物工程等新技术的发明与应用。

二、食品生物制造领域的研究现状

近年来,生物科技的进步为食品生物制造领域的可持续发展提供了源源不断的动力支撑,主要体现在以下方面:

一是对用作食品资源的植物、动物和微生物遗传性状进行改造,改良品质。

二是对食品生物加工制造过程进行设计与工艺优化,提高食品品质,生产功能性食品,同时提高食品资源的利用率,降低能耗。

三是食品制造过程中生物工具的改良和创造,包括新型食品微生物资源的发掘、酶的定向改造等,以提升食品的风味和营养等品质,提高能效。

四是食品添加剂的生物制造。

1. 食品资源品质改造

利用基因工程和细胞工程技术可对作为食品资源的动物、植物等进行品质改良,主要体现在提高动植物抗逆增产性能、营养品质和加工性能等方面,有利于降低食品原料成本,提高食品品质。

2. 抗逆增产性能改造

世界上近一半人口,都以大米为食。提高水稻抗逆增产性能对于食品工业具有重要意义。科研人员将大麦中的转录因子过表达于水稻中,大田实验表明转基因水稻不仅使淀粉合成量增加,同时极大地降低了甲烷排放,是一种高产的环境友好型转基因水稻。三文鱼是国外常见的食品原料,随着国民生活水平的提高,我国对三文鱼的需求也呈现上升趋势。野生型三文鱼生长需要2～3年,周期较长。2015年11月,美国食品与药物管理局(FDA)

批准了一种快速生长的转基因三文鱼上市。转入来自体型较大的"大鳞大麻哈鱼"且含有"美洲绵鳚"抗冻蛋白启动子的生长素基因后,该转基因三文鱼一年半就能长成,长成的个体也较野生型大,能更快更好地满足人们的消费需求。

3. 食品资源营养改造

提高作为食品资源的动植物营养品质,包括提高维生素、必需氨基酸含量,改良脂肪酸组成等。

任务7.4 其他食品加工新技术

一、超临界流体萃取技术

超临界流体萃取是利用介质在超临界区域兼具有气、液两性的特点而实现溶质溶解并分离的一项新型的食品分离技术。超临界流体萃取一般采用 CO_2 作为萃取剂,具有温度低、选择性好、提取效率高、无溶剂残留、安全和节约能源等特点,它在食品工业中的应用主要集中在以下3个方面:第一,提取风味物质,如香辛料、呈味物质等。第二,食品中某些特定成分提取或脱除,如从可可豆、咖啡豆和向日葵中提取油脂,从鱼油和肝油中提取高营养和有药物价值的不饱和脂肪酸,从乳脂中脱除胆固醇等。第三,提取色素,脱除异味,如提取辣椒色素,从猪油中脱除雄酮和三甲基吲哚等致臭成分。

二、膜分离技术

膜分离技术是一种在常温下以半透膜两侧的压力差或电位差为动力对溶质和溶剂进行分离、浓缩、纯化等的操作过程。该技术是分离领域中公认有效而又经济的一种分离手段,它包括反渗透、微滤、超滤、纳滤、电透析、气体分离和液膜分离技术等。膜分离技术具有以下特点:分离过程不发生相变,减少了能耗;操作在常温下进行,适用于热敏性物质的分离;在闭合回路中运转,减少了与氧的接触。目前,膜分离技术主要应用于有效成分的分离、浓缩、精制和除菌等;应用于乳品、果汁、饮料、酒类、动植物蛋白质、食用胶、氨基酸、多糖、咖啡和茶的加工;应用于乳品深加工和马铃薯加工业废水中回收蛋白质、天然色素、食品添加剂的分离和浓缩、海水浓缩制食盐和食物中脱盐等方面。

三、挤压膨化技术

挤压膨化技术是按照预先设计的目标将调配均匀的食品原料通过螺旋挤压机完成输送、混合、加热、质构重组、熟制、杀菌、成型等多种加工单元,从而取代传统食品加工方法。物料在挤压机内受到强烈挤压、剪切和摩擦作用,使温度和压力渐渐增大,当这些物料在机械作用下通过一个专门设计的模具时,压力骤降而发生喷爆,使之形成具有多孔海绵状态。挤压膨化技术自20世纪问世以来,在食品工业中得到广泛应用。它具有产品种类多、生产效率高、成本低、产量高、质量好、无废弃物、可实现生产全过程的自动化和连续化操作等特点,是膨化食品加工技术发展的一个方向。现在,国内外食品行业中多采用同向旋转的双螺杆挤压机。据报道,目前美国挤压膨化食品的销售额已超过 10 亿美元。我国在挤压技术方面,研究开发出适应高蛋白、高油脂、高水分的挤压加工机械,用于生产各类工程肉、水产、谷物早餐等食品。

四、超微粉碎技术

根据原料和成品颗粒的大小和粒度,粉碎可分为粗粉碎、细粉碎、微粉碎和超微粉碎四种类型。近年来,超微粉碎技术随着现代化工、电子、生物、材料及矿产开发等高新技术的不断发展而兴起,它是一种利用特殊的粉碎设备,通过一定的加工工艺流程,对物料进行碾磨、冲击和剪切等作用,从而将粒径为 $0.5 \sim 5.0$ mm 的物料颗粒粉碎至 $10 \sim 25$ μm 的高科技尖端技术。当物料被加工到 10 μm 以下时,微粉体具有巨大的比表面、空隙率和表面能,从而使物料具有高溶解性、高吸附性、高流动性等多方面的活性和物理化学方面的新特性。因此,超微粉碎技术在食品工业中的应用,必将带动传统工艺、配方的改进,为新产品的开发带来巨大的推动力。目前超微粉碎技术广泛应用于各类食品的加工,包括果蔬加工、肉类加工和调味品加工等各个方面。

除了上述的新技术以外,目前还有超声波技术、食品杀菌新技术、冷冻干燥技术、速冻技术和包装技术等。食品行业高新技术的应用还在不断地发展,相信未来会有更多的技术被应用在食品加工领域,食品加工行业也必然会朝着好的方向发展。

从食品加工的发展趋势来看,未来的食品加工技术会更重视食物原材料中对人体有益的营养成分的保留,逐渐提高食品加工的工作效率,进一步减少加工过程对原材料的浪费和废料的排放,食品加工行业在力争经济效益的同时,也要提高社会效益。

【项目小结】

新时期,随着高新技术逐步应用到食品加工行业,食品加工呈现出迅猛发展的势头,技术研究和创新也成为食品加工专业人员追求的更高目标。本项目对食品加工领域应用的食品超高压技术、食品微胶囊技术、生物工程技术、食品分离技术和包装技术等高新技术做了介绍,技术新颖,通俗易懂,反映了当代食品加工业中有关高新技术的最实用的技术成果。

【问题探究】

①超高压技术加工食品的特点。

②液态食品超高压加工工艺。

③简述超高压技术在果蔬加工中的应用。

④微胶囊技术作为一种食品加工新方法,简述其发展趋势。

⑤选择微胶囊壁材的基本原则是什么? 食品工业中最常用的壁材有哪些?

⑥食品生物制造领域的研究现状。

⑦超临界萃取在食品工业中的应用有哪些?

⑧膜分离技术的特点。

参考文献

[1]田海娟.软饮料加工技术[M].北京:化学工业出版社,2018.

[2]李秀娟.食品加工技术[M].北京:化学工业出版社,2018.

[3]杨红霞.饮料加工技术[M].重庆:重庆大学出版社,2015.

[4]阮美娟,徐怀德.饮料工艺学[M].北京:中国轻工业出版社,2013.

[5]朱珠.软饮料加工技术[M].北京:化学工业出版社,2011.

[6]张志健.食品安全导论[M].北京:化学工业出版社,2015.

[7]张孔海.食品加工技术[M].北京:中国轻工业出版社,2018.

[8]白木,周洁.乳中的酶类[J].中国奶牛,2003(3):53-54.

[9]胡会萍,张志强.乳制品加工技术(第二版)[M].北京:中国轻工业出版社,2019.

[10]叶敏.饮料加工技术[M].北京:化学工业出版社,2008.

[11]罗红霞.乳制品加工技术[M].北京:中国轻工业出版社,2015.

[12]武建新.乳品生产技术[M].北京:科学出版社,2008.

[13]郭成宇.现代乳制品工程技术[M].北京:中国轻工业出版社,2004.

[14]王丽霞.食品生产新技术[M].北京:化学工业出版社,2016.

[15]任迪峰.现代食品加工技术[M].北京:中国农业科学技术出版社,2015.

[16]李双,王成忠,唐晓璇.超高压技术在食品工业中的应用研究进展[J].山东食品发酵,2014(4):13-16.

[17]张晓,王永涛,李仁杰,等.我国食品超高压技术的研究进展[J].中国食品学报,2015,15(5):157-165.

[18]刘明华,全永亮,郭群,等.食品发酵与酿造技术[M].武汉:武汉理工大学出版社,2011.

[19]姚薇.食品加工技术[M].北京:中央广播电视大学出版社,2016.

[20]李秀娟.食品加工技术(第二版)[M].北京:化学工业出版社,2019.

[21]岳春.食品发酵技术[M].北京:化学工业出版社,2010.

[22]侯真真.食品工业中的微胶囊技术及应用[J].食品科技,2019(14):78-80.

[23]杨小兰,袁娅,谭玉荣,等.纳米微胶囊技术在功能食品中的应用研究进展[J].食品科学,2013,34(21):359-368.